C. J. GRAY

Mechanismen der Enzymkatalyse

C. J. GRAY

Department of Chemistry,
University of Birmingham

Mechanismen der Enzymkatalyse

Herausgegeben von
Prof. Dr. Eberhard Hofmann, NPT
Physiologisch-Chemisches Institut der
Karl-Marx-Universität Leipzig

mit 82 Abbildungen
und 11 Tabellen

AKADEMIE-VERLAG · BERLIN
1976

Originaltitel:
C. J. Gray, Enzyme-Catalysed Reactions

Aus dem Englischen übersetzt von
Dr. med. Dipl.-Chem. Klaus-Wolfgang Wenzel
Dr. rer. nat. Hans-Joachim Böhme

Physiologisch-Chemisches Institut der
Karl-Marx-Universität Leipzig

Erschienen im Akademie-Verlag, 108 Berlin, Leipziger Str. 3—4

Lizenznummer: 202 · 100/515/75
Gesamtherstellung: VEB Druckhaus „Maxim Gorki", 74 Altenburg
Bestellnummer: 761 897 5 (6147) · LSV 1315
Printed in GDR
EVP: 39,50

VORWORT DES AUTORS

Die jüngsten Fortschritte der Biologie haben dazu geführt, den auf molekularem Niveau in lebendigen Systemen ablaufenden Prozessen größere Aufmerksamkeit zu schenken. Aus diesem Grund wird es immer schwieriger, die Unterschiede zwischen Biologie, Biochemie und Chemie zu definieren. In zunehmendem Maße finden es Biologen für notwendig, sich mit Vorgängen zu beschäftigen, die in der Vergangenheit vor allem den physikalischen und organischen Chemikern vorbehalten waren. Andererseits richten die Chemiker ihre Gedankengänge und Methoden auf die Untersuchung biologischer Prozesse. Ein Gebiet, das besonders die Aufmerksamkeit von Wissenschaftlern beider Fachrichtungen auf sich zieht, sind die enzym-katalysierten Reaktionen.

Ein Ziel dieses Buches ist es, eine Brücke zwischen den chemischen und biologischen Wissenschaften zu bauen, um dem Biologen zu zeigen, daß die ihm wohlbekannten Enzyme den Grundprinzipien der organischen Chemie folgen und um dem organischen Chemiker zu demonstrieren, daß die von ihm an einfachen Molekülen gewonnenen Erkenntnisse auf die Reaktionsweise der komplizierten Makromoleküle, von denen das Leben unmittelbar abhängt, übertragen werden können.

Das Buch richtet sich in erster Linie an Biochemiker und Chemiker sowie Studenten dieser Fachrichtungen. Im 1. Kapitel werden einige grundlegende Prinzipien der Theorie der Reaktionsmechanismen einschließlich thermodynamischer Aspekte dargestellt, wobei die Ausführungen einerseits nicht zu ausführlich, andererseits auch nicht zu knapp gehalten werden sollten. Es ist zu hoffen, daß damit für solche Leser, die mit diesen Grundlagen weniger vertraut sind, eine brauchbare Einführung entstanden ist. Wer tiefer in den Stoff einzudringen wünscht, sollte ausführlichere Lehrbücher [1, 2, 3, 4][1] benutzen. Das erste Kapitel ist vielleicht auch für diejenigen Leser von Nutzen, die mit dem Gegenstand schon vertraut sind, da es diese Probleme von dem Standpunkt der Beeinflussung der Reaktionsgeschwindigkeit durch organische Verbindungen betrachtet, was von der üblichen Darstellungsweise etwas abweicht.

In Kapitel 2 sind vorwiegend chemische Methoden beschrieben, die zur Erforschung von Enzymen und ihrer Wirkungsmechanismen benutzt werden. Sie bilden eine allgemeine Grundlage für die detailliertere Darstellung in den folgenden

[1] s. Lit. zum Kapitel 1.

Kapiteln. In den Kapiteln 3—8 werden ausgewählte Enzyme etwas ausführlicher dargestellt. Kapitel 9 enthält eine Zusammenstellung solcher Faktoren, von denen man gegenwärtig annimmt, daß sie bedeutsame Beiträge für die Mechanismen der Enzym-Katalyse leisten.

Bei der Darstellung des Materials sah sich der Autor notwendigerweise mit der Frage konfrontiert, die einzelnen Enzyme entweder umfassend oder stark selektiv zu behandeln. Abgesehen von der Tatsache, daß der Umfang des Buches beschränkt ist, geht der Autor, der eine umfassende Behandlung des Gebietes wählt und so viel Informationen wie möglich darzustellen versucht, das Risiko ein, daß der Leser wichtige Prinzipien nicht erkennt, da diese aus der überwältigenden Fülle an Einzelheiten nicht klar genug herausgearbeitet werden. Wählt der Autor andererseits eine selektive Darstellungsweise und beschreibt nur einige wenige Beispiele, die die Grundprinzipien verdeutlichen sollen, so besteht die Gefahr, daß dem Leser nur ein kleiner Ausschnitt aus dem reichen Wissensschatz dieses Gebietes vermittelt wird. Außerdem trägt eine Stoffauswahl durch den Autor stets subjektive Züge, was mitunter wenig wünschenswert ist. Obwohl das Gebiet der Enzymologie zu umfangreich ist, um in diesem Buch jedes Enzym diskutieren zu können, unternahm ich den Versuch einer umfassenderen und, wie ich hoffe, auch objektiveren Darstellungsweise, indem eine relativ große Zahl von Enzymen abgehandelt wird. Dies ermöglicht dem Leser, sich ein umfangreiches Bild von dem Gesamtgebiet zu erarbeiten. Ich denke, daß dieses Buch eine Lücke in dem vorhandenen Schrifttum schließt, in dem es für ein selektives Herangehen zahlreiche gute Beispiele gibt.

Ich danke allen denen, die mir die Erlaubnis gaben, Photographien und Zeichnungen, insbesondere solche, die dreidimensionale Molekülstrukturen wiedergeben, für dieses Buch zu verwenden.

1970 C. J. Gray

Vorwort zur deutschen Ausgabe

Zwei Gründe waren maßgebend für den Entschluß, eine deutsche Übersetzung des Werkes von C. J. Gray „Enzyme-Catalyzed Reactions“ herauszubringen, nämlich einmal die stürmischen Fortschritte, die auf dem Gebiet der Enzymologie und insbesondere bei der Erkennung der chemischen Grundmechanismen der Enzymkatalyse in den letzten Jahren erreicht wurden und zum anderen die Tatsache, daß das Buch von C. J. Gray diese Fortschritte voll berücksichtigt und eine ebenso gestraffte wie gründliche Darstellung der chemischen Mechanismen der Enzymwirkungen gibt.

Die von dem englischen Autor innerhalb der einzelnen Enzymklassen didaktisch geschickt ausgewählten Beispiele zeugen von seinen umfassenden Kenntnissen und seiner Fähigkeit, die Wirkungsweise von Enzymen auf theoretisch-organischer Basis einwandfrei darzustellen.

Das Buch legt Zeugnis darüber ab, daß sich die Wirkungsweise von Enzymen klar und eindeutig auf der Basis der organischen Chemie darstellen läßt und die chemische und enzymatische Katalyse prinzipiell gleichen Gesetzmäßigkeiten unterliegen. Gleichwohl wird die Besonderheit der Enzymkatalyse deutlich, die durch die Eiweißnatur der biologischen Katalysatoren bedingt ist und die in ihrer hohen Selektivität und Spezifität, ihrer unvergleichlichen Fähigkeit unter „milden“ Bedingungen sehr hohe Steigerungen der Reaktionsgeschwindigkeit zu erzielen und in ihrem eigentümlichen Verhalten gegenüber der Temperatur und der Wasserstoffionenkonzentration bestehen.

Der Leser wird durch dieses Werk damit vertraut gemacht, daß die Enzymproteine auf Grund der Besonderheiten in ihrer molekularen Architektur nicht nur als Katalysatoren, sondern auch als Regulatoren des Stoffwechsels der belebten Materie wirksam sind.

Die Zeit ist vermutlich nicht fern, daß biokatalytische Prinzipien vorteilhaft auch in ausgewählten industriellen Prozessen eingeführt werden. Das vorliegende Buch ist geeignet, einem breiten Kreis von Naturwissenschaftlern unterschiedlicher Fachgebiete gründliche Kenntnisse auf dem Gebiet der Biokatalyse und Enzymologie zu vermitteln.

Auf Anregung des Akademie-Verlages wurde jedem Kapitel eine Übersicht wichtiger neuerer Originalarbeiten angefügt, die seit dem Erscheinen der englischen Auflage (1971) veröffentlicht worden sind.

Möge es den Übersetzern und dem deutschen Herausgeber gelungen sein, die Qualität und die Vorzüge der englischen Ausgabe zu erhalten, so daß auch diese Ausgabe viele Freunde findet.

1975 Eberhard Hofmann

Inhaltsübersicht

Einteilung der Enzyme

In diesem Buch werden die Enzyme im allgemeinen nach dem von der Enzymkommission der Internationalen Union für Biochemie ausgearbeiteten Klassifizierungssystem eingeteilt. Der große Vorteil dieses Systems liegt darin, daß in ihm die Enzyme nach der durch sie katalysierten Gesamtreaktion geordnet werden. Auf dieser Grundlage kann ein Enzym unmittelbar nach seiner Entdeckung klassifiziert sowie mit einem systematischen Namen und einer Nummer versehen werden, da ein Enzym prinzipiell an Hand seiner Wirkung, d. h. der Reaktion erkannt wird, die es katalysiert. Ein anderes Prinzip der Einteilung der Enzyme könnte beispielsweise darin bestehen, ihren jeweiligen Wirkungsmechanismus zugrunde zu legen. In zahlreichen Fällen würden zwar beide Systeme übereinstimmen, jedoch würden auch manche Unterschiede auftreten. Das letztgenannte System besäße jedoch den großen Nachteil, daß ein Enzym erst dann klassifiziert und mit einem systematischen Namen belegt werden könnte, wenn sein Wirkungsmechanismus aufgeklärt worden ist. Da wir aber nur in wenigen Fällen eine genaue Vorstellung über den Mechanismus einer Enzymwirkung haben, entstünde bei Befolgung dieses Einteilungsprinzips eine unhaltbare Situation.

Da in dem vorliegenden Buch zur Erzielung einer möglichst einheitlichen Darstellungsweise die Enzyme vom Standpunkt ihrer möglichen Reaktionsmechanismen betrachtet werden, treten in einigen Fällen Abweichungen von der durch die Enzymkommission empfohlenen Anordnung auf.

Die wichtigste Veränderung ist die, daß die Hydrolasen in den Kapiteln 4 und 5 *vor* den Transferasen besprochen werden. Auf diese Weise wird es möglich, bestimmte Prinzipien und Begriffe von allgemeiner Bedeutung an den Anfang zu stellen. Weitere Abweichungen von der genannten Klassifizierung sind die im Kapitel 7 vorgenommene gemeinsame Behandlung der thiaminpyrophosphatabhängigen Transketolase mit den vom gleichen Coenzym abhängigen Lyasen, sowie die gemeinsame Besprechung der Transaldolase, an deren Reaktionsmechanismus ein aktiver Lysinrest beteiligt ist, mit den sog. Lysinlyasen (ebenfalls im Kapitel 7). Die biotinhaltigen Ligasen werden, ebenfalls abweichend von dem System der Enzymklassifizierung, in Verbindung mit den biotinabhängigen Transferasen dargestellt.

Es werden jedoch nicht alle Enzyme, die das gleiche Coenzym benötigen, gemeinsam besprochen. Zum Beispiel werden die vom Vitamin B_{12} abhängigen

Transferasen in Kapitel 6 und andere Enzyme, die ebenfalls dieses Coenzym enthalten, im Kapitel 8 beschrieben. Auch die pyridoxal-abhängigen Enzyme werden nicht gemeinsam im gleichen Kapitel abgehandelt.
Eine weitere Schwierigkeit sei erwähnt, die sich aus der von der Enzymkommission vorgeschlagenen Einteilung ergibt. Enzyme, die die gleiche Reaktion katalysieren, erhalten den gleichen Namen und die gleiche Nummer, obwohl sie aus verschiedenen Quellen stammen können. Zum Beispiel kann Alkoholdehydrogenase (Alkohol : NAD Oxidoreductase, 1.1.1.1) aus Säugetierleber oder aus Hefe gewonnen werden. Beide Enzyme sind nicht identisch, sondern weisen bestimmte Unterschiede in ihrem Wirkungsmechanismus auf. Man beobachtet oft, daß die Wirkungsmechanismen von zwei Enzymen, die die gleiche Reaktion katalysieren, aber aus verschiedenen Quellen stammen, nicht identisch sind. Dieses trifft aber nicht nur für Enzyme aus verschiedenen biologischen Spezies zu (z. B. Hefe, Bakterien, Säugetiere usw.), sondern auch für gleichartige Enzyme aus verschiedenen Organen ein und desselben Organismus. Die ATPase (ATP-Phosphohydrolase, 3.6.1.3) aus Muskel ist nicht identisch mit der ATPase aus den Zellmembranen des gleichen Tieres.
In diesem Buch werden die folgenden Bezeichnungen ohne weitere Definition gebraucht:

Apoenzym — die Proteinkomponente eines komplexen Enzyms, von dem Coenzym und Metallionen entfernt wurden.

Holoenzym — ein komplettes Enzym, das das Apoenzym und das erforderliche Coenzym oder Metallion enthält.

Kapitel 1

Reaktionsgeschwindigkeiten und Reaktionsmechanismen

Die Reaktionsgeschwindigkeit

Eine der wichtigsten Eigenschaften einer chemischen Reaktion ist die Geschwindigkeit, mit der sie abläuft. Zu den Faktoren, die die Reaktionsgeschwindigkeit bestimmen, gehören der Reaktionstyp, dem die Reaktion gehorcht, die Natur und die molekularen Eigenschaften der an der Reaktion beteiligten chemischen Substanzen sowie verschiedene äußere Parameter, wie die Umgebung der Moleküle (ob ein Lösungsmittel vorhanden ist oder nicht) und die Temperatur. Außerdem kann die Geschwindigkeit vieler chemischer Reaktionen durch die Anwesenheit zusätzlicher Substanzen, beispielsweise durch Katalysatoren, beeinflußt werden.

Geschwindigkeit und Geschwindigkeitskonstanten

Wenn eine chemische Reaktion entsprechend der Gleichung

$$X + Y \rightarrow P + Q \tag{1.1}$$

abläuft, d. h. auf molekularem Niveau als einziger Prozeß die Reaktion eines Moleküls Y mit einem Molekül X unter Bildung je eines Moleküls P und Q stattfindet, würden wir experimentell finden, daß die Geschwindigkeit der Reaktion durch die folgende Gleichung beschrieben werden kann,

$$\text{Geschwindigkeit} = k\,[X]\,[Y] \tag{1.2}$$

worin k die Reaktionsgeschwindigkeitskonstante ist, und der Term [X] die Aktivität der Substanz X darstellt. Wir werden uns im wesentlichen mit solchen Reaktionen beschäftigen, die in Lösung stattfinden, in denen die Konzentrationen der reagierenden Stoffe klein sind und daher die Aktivitäten den Konzentrationen gleichgesetzt werden können. [X] bezieht sich dann auf die Konzentration von X usw. Die Reaktion ist 1. Ordnung hinsichtlich X, da der Konzentrationsterm [X] in der Geschwindigkeitsgleichung (1.2) in der ersten Potenz auftritt. Entsprechend ist diese Reaktion auch 1. Ordnung für Y. Dies ist in Übereinstimmung mit dem oben Gesagten, daß ein Molekül X mit einem Molekül Y reagiert. Würden in diesem Vorgang zwei Moleküle X mit einem Molekül Y in einem einzigen Schritt reagieren,

$$2X + Y \rightarrow \text{Produkte} \tag{1.3}$$

erhielten wir die folgende Geschwindigkeitsgleichung,

$$\text{Geschwindigkeit} = k\,[X]^2\,[Y] \tag{1.4}$$

in der die Reaktion bezogen auf X 2. Ordnung ist. Durch die experimentelle Bestimmung der Abhängigkeit der Reaktionsgeschwindigkeit von der Konzentration der Reaktanten kann man demzufolge die Reaktionsordnung ermitteln und damit Angaben über den Reaktionsmechanismus erhalten. Läuft die Reaktion nicht in einem einzigen Schritt ab, ist die Situation komplizierter.

Aus dem Gesagten geht hervor, daß eine der Größen, die die Geschwindigkeit einer chemischen Reaktion bestimmen, die Konzentrationen der Reaktionspartner entsprechend der Reaktionsordnung ist. Alle anderen geschwindigkeitsbestimmenden Faktoren sind in der Geschwindigkeitskonstante k enthalten.

Die meisten Reaktionen der organischen Chemie und die meisten, mit denen wir uns in diesem Buch befassen werden, sind reversibel. Daher können in der Reaktion (1.1) die Produkte P und Q miteinander unter Rückbildung der Ausgangsstoffe X und Y reagieren. Diese Reaktion kann geschrieben werden als

$$X + Y \underset{k_{-1}}{\overset{k_{+1}}{\rightleftharpoons}} P + Q \tag{1.5}$$

wobei k_{+1} und k_{-1} die Geschwindigkeitskonstanten für die Vor- und Rückwärtsreaktion sind. Die Reaktion kann solange ablaufen, bis die Konzentrationen der verschiedenen Teilchen so groß sind, daß die Geschwindigkeit der Vorwärtsreaktion gleich der der Rückwärtsreaktion ist. Dann ist

$$k_{+1}\,[X]\,[Y] = k_{-1}\,[P]\,[Q] \tag{1.6}$$

und

$$\frac{k_{+1}}{k_{-1}} = \frac{[P]\,[Q]}{[X]\,[Y]} = K.$$

Das System ist im Zustand des dynamischen Gleichgewichts. Der Quotient aus den beiden Geschwindigkeitskonstanten ist als *Gleichgewichtskonstante* K bekannt. Diese Konstante ist vom thermodynamischen Standpunkt aus von großer Bedeutung, da sie in Beziehung mit der Änderung der freien Enthalpie der betreffenden Reaktion steht. Ist ΔG^0 die Änderung der freien Enthalpie unter Standardbedingungen, d. h. die Änderung der freien Enthalpie bei der Reaktion von einem Mol X und einem Mol Y unter Bildung von je einem Mol P und Q unter Normalbedingungen, gilt

$$\Delta G^0 = -RT \ln K. \tag{1.7}$$

Die Änderung der freien Enthalpie ΔG^0 steht mit den Änderungen der Reaktionsenthalpie und der Entropie im Zusammenhang:

$$\Delta G^0 = \Delta H^0 - T\Delta S^0 \tag{1.8}$$

ΔH^0 ist dabei die Änderung der Reaktionsenthalpie und ΔS^0 die Reaktionsentropie unter Normalbedingungen (für eine Einführung in die Thermodynamik und die Definition der hier verwendeten thermodynamischen Größen wird der Leser auf EVERETT [1] oder ein anderes Lehrbuch der Physikalischen Chemie verwiesen). Aus diesen Gleichungen kann man die folgende Beziehung ableiten, die die Temperaturabhängigkeit der Gleichgewichtskonstanten beschreibt.

$$\frac{d\,(\ln K)}{dT} = \frac{\Delta H^0}{RT^2} \quad \text{oder} \quad \frac{d\,(\ln K)}{d\left(\frac{1}{T}\right)} = \frac{-\Delta H^0}{R} \tag{1.9}$$

Ist die Reaktionsenthalpie temperaturunabhängig, geht Gleichung (1.9) über in

$$\ln K = \frac{-\Delta H^0}{R}\left(\frac{1}{T}\right) + \text{const.} \tag{1.10}$$

und man kann dann aus einer Auftragung von K über 1/T experimentell die Größe der Reaktionsenthalpie erhalten. Bei Verwendung von (1.7) bzw. (1.8) zur Berechnung von ΔG^0 bzw. ΔS^0 ist es möglich, alle thermodynamischen Parameter der Reaktion zu gewinnen.

Die Arrhenius-Gleichung und die Stoßtheorie

Die meisten chemischen Reaktionen laufen mit steigender Temperatur schneller ab; in erster Näherung bewirkt eine Temperaturerhöhung um zehn Grad eine Verdopplung der Geschwindigkeit [5]. ARRHENIUS [6] fand, daß die Beziehung zwischen der Geschwindigkeitskonstanten und der Temperatur durch die Gleichung

$$\ln k = \ln A - \frac{E}{RT} \quad \text{bzw.} \quad k = A \cdot e^{-E/RT} \tag{1.11}$$

beschrieben werden kann, wobei A und E Konstanten sind. Diese Beziehung ist als ARRHENIUS-Gleichung bekannt. Aus einer Auftragung von $\ln k$ gegen 1/T können die Werte für A und E erhalten werden.

Eine einfache Erklärung für diese Beziehung liefert die Stoßtheorie, die in folgender Weise kurz beschrieben werden kann. Zum Ablauf der Reaktion (1.1) muß ein Molekül X in Kontakt oder zur Kollision mit einem Molekül Y kommen. Die Geschwindigkeit der Reaktion hängt demzufolge von der Häufigkeit solcher Zusammenstöße ab. Findet die Reaktion in der Gasphase statt, kann die kinetische Gas-Theorie zur Berechnung der Stoßfrequenz benutzt werden. Unsere Betrachtung wird sich auf Reaktionen in Lösung konzentrieren und deshalb muß die kinetische Theorie für die Anwendung auf solche Bedingungen erweitert werden. Unter anderem hängt die Stoßfrequenz von der Konzentration eines jeden Teilchens ab.

$$\text{Frequenz} = \text{konstant} \cdot [X]\,[Y] \tag{1.12}$$

Die berechnete Stoßfrequenz ist jedoch sehr viel größer, als aus der Reaktionsgeschwindigkeit zu erwarten ist, woraus folgt, daß nur ein kleiner Teil der Zusammenstöße zu einer Reaktion führt. Tatsächlich führen nur solche Zusammenstöße zu einer Reaktion, an denen Moleküle beteiligt sind, die einen genügend großen Energiebetrag besitzen. Dieser Energiebetrag, den die Moleküle für einen erfolgreichen Zusammenstoß besitzen müssen, ist die *Aktivierungsenergie*. Aus dem MAXWELL-BOLTZMANN-Gesetz folgt, daß der Anteil der Moleküle eines Systems, der wenigstens den Energiebetrag E bei der Temperatur T besitzt, der Größe $e^{-E/RT}$ angenähert proportional ist. Die Frequenz der erfolgreichen Zusammenstöße, die aufgrund des Gesagten der Reaktionsgeschwindigkeit gleich sein sollte, kann daher wie folgt ausgedrückt werden.

$$\text{Frequenz} = \text{Geschwindigkeit} = A \cdot [X]\,[Y] \cdot e^{-E/RT} \qquad (1.13)$$

Der Vergleich mit (1.2) zeigt, daß die Geschwindigkeitskonstante k durch

$$k = A \cdot e^{-E/RT}$$

definiert ist.

Dieser Ausdruck entspricht Gleichung (1.11). Wir folgern daraus, daß der Faktor A in der ARRHENIUS-Gleichung mit der Stoßhäufigkeit zusammenhängt (Frequenzfaktor oder Häufigkeitsexponent), während E die Aktivierungsenergie der Reaktion ist. Es ist möglich, wie bereits gesagt wurde, die Werte für A und E experimentell zu bestimmen.[1] Schon frühzeitig fiel es den Forschern auf, daß in vielen Fällen die experimentell bestimmten Werte für A nicht mit den auf der Grundlage der Stoßfrequenzen berechneten Werten übereinstimmten, so daß ein weiterer Korrekturfaktor eingeführt wurde. Bei fast allen chemischen Reaktionen muß der Zusammenstoß der Moleküle in der richtigen Richtung bzw. Orientierung zueinander erfolgen. Die Mehrzahl der organischen Reaktionen wird durch strenge sterische Anforderungen dieser Art kontrolliert. Zum Beispiel führt zwischen Methylbromid und Chlorid (s. u.) nur dann ein Zusammenstoß zu einer Reaktion, wenn die Teilchen sich entsprechend der Richtung des Pfeiles (a) einander nähern. Jede andere Bewegungsrichtung, z. B. (b), ist nicht erfolgreich. Mit anderen Worten, das Methylbromid muß dem Chlorid die Oberfläche gegenüber dem Bromatom darbieten. Bei komplizierteren Reaktionen müssen

---

[1] Die graphische Methode der Bestimmung von A und E beruht auf der Annahme, daß sich A nicht mit der Temperatur ändert, so daß die Auftragung eine Gerade ergibt. Tatsächlich ändert sich aber die Anzahl der Kollisionen mit der Temperatur, indem sie proportional von $T^{1/2}$ ist. Jedoch ist die Abweichung in kleineren Temperaturbereichen nicht groß, insbesondere im Vergleich zu Änderungen des Terms $e^{-E/RT}$. A steigt beispielsweise im Bereich von 273 bis 303 °K um den Faktor 1,05 an, während der Term $e^{-E/RT}$ sich um den Faktor 18 erhöht (unter der Annahme, daß E einen Wert von etwa 22 kcal/Mol hat). In älteren Untersuchungen konnte keine Änderung von E mit der Temperatur beobachtet werden.

beide Reaktionspartner im Moment des Zusammenstoßes einander die richtigen Oberflächen „anbieten".

Da durch diesen Effekt die Zahl der Zusammenstöße, die zu einer Reaktion führen, weiter sinkt, ist der hierfür eingeführte sterische Faktor gewöhnlich kleiner als eins. In einigen Fällen jedoch, insbesondere bei Reaktionen an denen

$$Cl^{\ominus} + CH_3Br \longrightarrow Cl.CH_3 + Br^{\ominus}$$

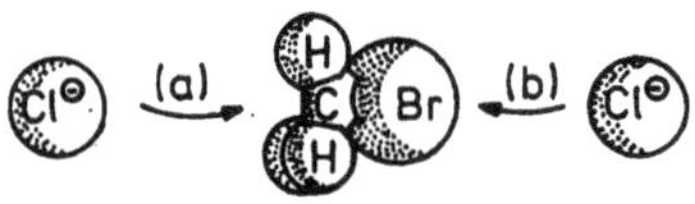

Ionen beteiligt sind, kann dieser Korrekturfaktor größer als eins werden. Definieren wir diesen sterischen Faktor P als die Wahrscheinlichkeit, daß zusammenstoßende Moleküle mit hinreichender Energie miteinander reagieren, so erhalten wir für die Geschwindigkeitskonstante den Ausdruck

$$k = A \cdot P \cdot e^{-E/RT} \qquad (1.14)$$

Die Theorie des Übergangszustandes

Der oben erwähnte sterische Faktor P ist eine rein empirische Größe und kann nur durch einen Vergleich der theoretischen mit den experimentell ermittelten Werten erhalten werden. Aus diesem Grund läßt die Stoßtheorie manche Wünsche offen. Die von EYRING und Mitarbeitern [7] entwickelte Theorie des Übergangszustandes nähert sich dem Problem von einem gänzlich anderen Standpunkt. Betrachten wir die Vorgänge bei der oben erwähnten Reaktion zwischen Methylbromid und Chlorid genauer, so können wir uns ein Zwischenstadium vorstellen, in dem die Bindungen zwischen dem Kohlenstoff- und dem Chloratom zunächst nur teilweise ausgebildet und die zwischen dem Kohlenstoff- und dem Bromatom erst teilweise gelöst sind. In einem bestimmten Stadium erreicht die freie Enthalpie des Systems ein Maximum. Dieser Zustand wird als aktivierter Komplex oder als Übergangszustand bezeichnet.

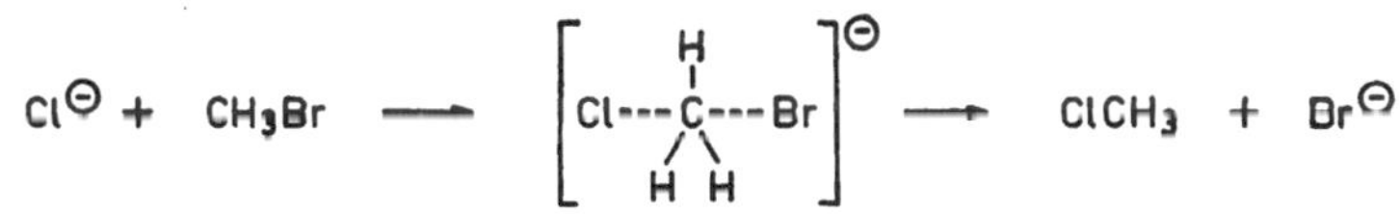

Alle Reaktionen sind dadurch gekennzeichnet, daß sie einen solchen Übergangszustand durchlaufen, von dem angenommen wird, daß er sich im Gleichgewicht mit dem Ausgangsmaterial befindet. Wenn K^* die Gleichgewichtskonstante dieses Prozesses ist, dann ist die Geschwindigkeitskonstante proportional zu K^*. Die Proportionalitätskonstante ist gleich $\varkappa T/h$, wobei $\varkappa$ die BOLTZMANNsche

Konstante, T die Temperatur und h das PLANCKsche Wirkungsquantum ist. Folglich ist

$$k = (\varkappa T/h) \cdot K^*. \tag{1.15}$$

Wie vorher, (1.7), können wir die Gleichgewichtskonstante in Beziehung zur Änderung der freien Enthalpie setzen. Ist ΔG^* die Änderung der freien Enthalpie beim Übergang vom Ausgangsmaterial zum aktivierten Komplex (freie Aktivierungsenthalpie), dann gilt

$$k = \left(\frac{\varkappa T}{h}\right) \exp\left(\frac{-\Delta G^*}{RT}\right). \tag{1.16}$$

Auch in diesem Falle kann ΔG^* durch die Änderungen der Enthalpie und der Entropie ausgedrückt werden

$$\Delta G^* = \Delta H^* - T\Delta S^*. \tag{1.17}$$

Aus Gleichung (1.17) erhalten wir

$$k = \left(\frac{\varkappa T}{h}\right) \exp\left(\frac{\Delta S^*}{R}\right) \exp\left(\frac{-\Delta H^*}{RT}\right), \tag{1.18}$$

wobei ΔH^* die Aktivierungsenthalpie und ΔS^* die Aktivierungsentropie darstellen.

Es kann gezeigt werden, daß die folgenden drei Beziehungen gültig sind und zur Berechnung der drei Aktivierungsparameter benutzt werden können.

$$\begin{aligned} \Delta G^* &= -RT \ln \frac{kh}{\varkappa T} \\ \Delta H^* &= -R\left[\frac{(d \ln k)}{d(1/T)} + T\right] \end{aligned} \tag{1.19}$$

$$\Delta S^* = \frac{\Delta H^* - \Delta G^*}{T} = R\left[\frac{Td \ln k}{dT} + \ln \frac{kh}{\varkappa T} + T\right] \tag{1.20}$$

Die Untersuchung der Gleichung (1.19) und der ihr entsprechenden Form von Gleichung (1.11) zeigt, daß sich die ARRHENIUSsche Aktivierungsenergie, die man aus einer Auftragung von $\ln k$ über $1/T$ erhält, von der Aktivierungsenthalpie ΔH^* um den Betrag RT unterscheidet. Bei normalen Temperaturen sind dies etwa 0,6 kcal/Mol, so daß diese Differenz oft innerhalb des experimentellen Fehlers liegt. Manchmal wird diese Differenz vernachlässigt und die Ausdrücke Aktivierungsenergie und Aktivierungsenthalpie synonym verwendet. Der Vergleich der Gleichungen (1.18) und (1.14) zeigt, daß der sterische Faktor P mit der Aktivierungsentropie im Zusammenhang steht. Wir haben P schon als

Wahrscheinlichkeit dafür eingeführt, daß ein Zusammenstoß dann zu einer Reaktion führt, wenn der hierfür notwendige Energiebetrag (oder besser Enthalpiebetrag) vorhanden ist. Die Entropie ist ein Maß für die Unordnung bzw. für die Zahl der Freiheitsgrade eines Systems. Die Aktivierungsentropie ist negativ, d. h., die Entropie sinkt bei der Bildung des Übergangszustandes, wenn der Übergangszustand der Reaktion einen höheren Ordnungsgrad oder weniger Freiheitsgrade besitzt als die Ausgangssubstanzen. Ein solcher Fall liegt dann vor, wenn strenge sterische Anforderungen erfüllt werden müssen. Dann können wir auch erwarten, daß P niedrig ist.

An dieser Stelle ist es wertvoll für uns, einige Beispiele zu untersuchen, deren Aktivierungsentropien leicht erkennbare Effekte haben. Diese Beispiele sollen helfen, die Natur von Entropieeffekten zu erklären. Reaktionen, die unter Assoziation von Molekülen ablaufen, bei denen also die Gesamtzahl der Teilchen sinkt, gehen mit einer negativen Aktivierungsentropie einher. Es ist verständlich, daß in einem solchen Fall, in dem sich zwei Moleküle unter Bildung eines aktivierten Komplexes miteinander verbinden, ihre Bewegungsfreiheit stark eingeschränkt wird, so daß der Übergangszustand eine niedrigere Entropie besitzt als die nicht assoziierten Ausgangssubstanzen. Die Ordnung einer Reaktion, die bei einem Einschrittprozeß ein Maß für die Anzahl der sich vereinigenden Teilchen ist, hat daher einen beträchtlichen Effekt auf die Aktivierungsentropie und damit auch auf die Geschwindigkeit der betreffenden Reaktion. Dieses Phänomen ist im Zusammenhang mit den Nachbargruppeneffekten, die auf Seite 69 besprochen werden, von großer Bedeutung.

Von zwei ähnlichen Reaktionen, die mit demselben Mechanismus ablaufen, wird diejenige die größere negative Aktivierungsentropie besitzen, deren Übergangszustand den dichteren Packungszustand aufweist. Dies kann bei einigen nucleophilen Substitutionsreaktionen deutlich gezeigt werden [8, 9, 10]. Die Aktivierungsentropie für die Bromidsubstitution beträgt zum Beispiel $-0{,}6$ kcal $\text{Grad}^{-1} \cdot \text{Mol}^{-1}$,

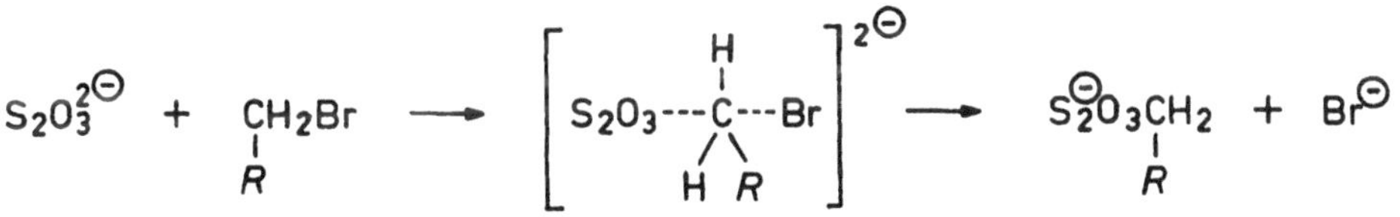

wenn der Rest R Wasserstoff ist; für den Fall, daß R aber eine Isopropylgruppe darstellt, wird eine Aktivierungsentropie von $-3{,}4$ kcal $\cdot$ $\text{Grad}^{-1} \cdot \text{Mol}^{-1}$ [8] gefunden. Die relativ große Isopropylgruppe schränkt die Bewegungsfreiheit aller Gruppen im Übergangszustand deutlich ein. Ebenso wie ΔG^* die Änderung der freien Enthalpie des gesamten Systems bei dem Übergang vom Ausgangsmaterial zum Übergangszustand darstellt, gibt ΔS^* die Entropieänderung des Gesamtsystems unter Einbeziehung des Lösungsmittels, in dem die Reaktion stattfindet, wieder. Lösungsmitteleffekte sind von besonderer Bedeutung, wenn Ionen an der Reaktion beteiligt sind. Die Moleküle eines Lösungsmittels, beispielsweise die des Wassers, ordnen sich mit einer gewissen Regelmäßigkeit um jedes Ion an, wodurch eine beträchtliche Ordnung in dem System als Ganzes entsteht. Die Lösungsmittelmoleküle müssen, wenn die geladenen Teilchen miteinander reagieren, ihre Lage verändern, wodurch es zu einer Änderung der Gesamtentropie kommt. Reagiert im Verlauf des Prozesses ein positiv geladenes Molekül mit einem negativ geladenen, so sind die Ladungen im Übergangszustand partiell neutralisiert und die Ordnung der Lösungsmittelmoleküle um die geladenen Teilchen herum gestört. Das führt zu einer Erhöhung der Entropie,

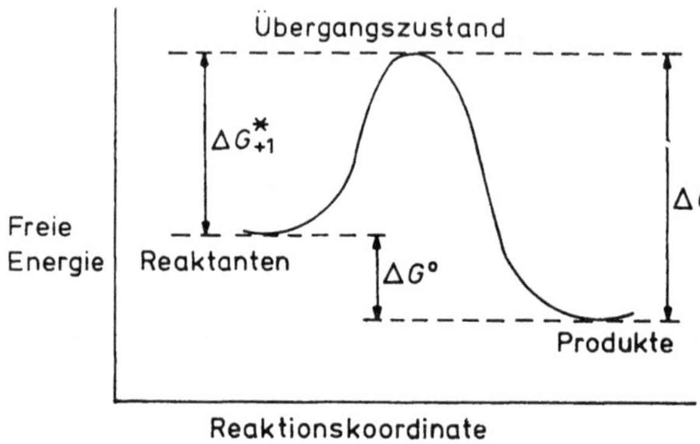

Abb. 1.1. Das Energieprofil einer Ein-Schritt-Reaktion

die Aktivierungsentropie wird positiv. Einige Reaktionen zwischen entgegengesetzt geladenen Teilchen besitzen tatsächlich einen Wert für P, der größer als eins ist. Entsprechend kommt es bei einer Reaktion, in der geladene Teilchen aus neutralen Molekülen entstehen, zu einer Erhöhung der Orientierung des Lösungsmittels um den Übergangszustand herum, so daß eine Abnahme der Entropie und folglich eine Verringerung der Reaktionsgeschwindigkeit beobachtet wird.
Aus Gleichung (1.16) wird verständlich, daß der wichtigste Faktor, von dem die Reaktionsgeschwindigkeit abhängt, die freie Aktivierungsenthalpie ΔG^* ist. Wir können sie als eine aus zwei Teilen zusammengesetzte Größe betrachten, nämlich der Aktivierungsenthalpie ΔH^* und dem Produkt aus Temperatur und Aktivierungsentropie $T \cdot \Delta S^*$. Ebenso wie eine große negative Aktivierungsentropie eine Reaktion verlangsamt, kann ein positiver Wert von $T \cdot \Delta S^*$ die Reaktionsgeschwindigkeit selbst dann erhöhen, wenn die Aktivierungsenthalpie hoch ist. Die Denaturierung von Proteinen z. B. kann bei relativ niedrigen Temperaturen sehr rasch ablaufen, ungeachtet der Tatsache, daß die Aktivierungsenthalpie ziemlich große Werte besitzt. Das rührt daher, daß die Reaktion Übergangszustände durchläuft, die „offener" und damit stärker ungeordnet sind als das native Protein. Dies führt zu einem positiven Wert für die Aktivierungsentropie.
Eine geeignete Art der Veranschaulichung der Richtung einer Reaktion unter Berücksichtigung der Zwischenschaltung eines Übergangszustandes ist das in

Abbildung 1.1. gezeigte Energieprofildiagramm. In diesem Diagramm drückt die horizontale Achse (Reaktionskoordinate) den Ablauf der Reaktion aus. ΔG^*_{+1} ist die Differenz zwischen der freien Enthalpie des Ausgangsmaterials und des Übergangszustandes, d. h. die freie Aktivierungsenthalpie für die Vorwärtsreaktion. ΔG^*_{-1} ist die freie Aktivierungsenthalpie für die Rückreaktion. Es ist deutlich zu sehen, daß ΔG^0, die Differenz zwischen diesen Größen, die Änderung der freien Standardenthalpie für die gesamte Reaktion ist. Auf diese Weise werden kinetische Parameter mit der Gleichgewichtslage der Gesamtreaktion in Beziehung gebracht.

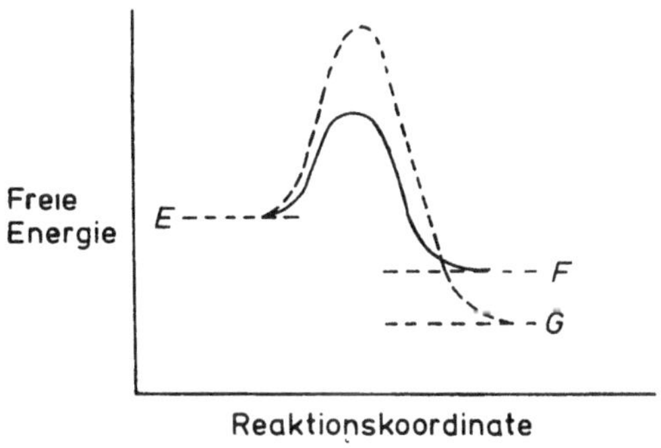

Abb. 1.2. Die Energieprofile einer kinetisch und einer thermodynamisch kontrollierten Reaktion

Das in Abbildung 1.1. gezeigte Energieprofil stellt den Fall dar, in dem die Produkte einen niedrigeren Gehalt an freier Enthalpie haben als die Ausgangsstoffe. In solch einem Falle wird K größer als eins sein. In der Gleichgewichtsmischung dominieren die Produkte.

In der vorangegangenen Diskussion wurde angenommen, daß das Energieniveau des Übergangszustandes für die Vorwärtsreaktion gleich dem der Rückreaktion ist. Das ist tatsächlich zwingend und eine Konsequenz aus einem wichtigen Prinzip der Theorie der Reaktionsmechanismen. Es ist das Prinzip der *mikroskopischen Reversibilität*, das kurz wie folgt ausgedrückt werden kann: der Mechanismus einer reversiblen Reaktion ist in seinen „mikroskopischen" Details unter gleichen Bedingungen für die Vorwärts- und die Rückwärtsreaktion identisch. Die Anwendung dieses Prinzips kann sehr nützlich sein, vor allem bei der Analyse von Reaktionen, die aus mehr als einem Schritt zusammengesetzt sind.

Die Unterscheidung zwischen kinetischen und thermodynamischen Faktoren bekommt Bedeutung, wenn wir den Fall annehmen, daß eine Substanz an zwei miteinander konkurrierenden Reaktionen teilnehmen kann. Betrachten wir das Teilchen E, das entsprechend den in Abbildung 1.2. dargestellten Energieprofilen entweder unter Bildung von F oder G reagieren kann, so ist die Produktbildung entweder unter kinetischer oder thermodynamischer Kontrolle. Die Reaktion, in der E in F umgewandelt wird, hat eine niedrigere Aktivierungsenthalpie und wird deshalb rascher als die andere ablaufen. Dadurch wird sich F in einem frühen

Stadium der Reaktion anhäufen. Da jedoch beide Reaktionen reversibel sind und das Energieniveau von G niedriger als das von F oder von E ist, wird in der Gleichgewichtsmischung G dominieren. Aus diesem Grund wird G schließlich zum Hauptprodukt, obwohl F kurze Zeit nach dem Beginn der Reaktion zunächst vorherrscht. Würden wir die Reaktion experimentell durchführen, könnten

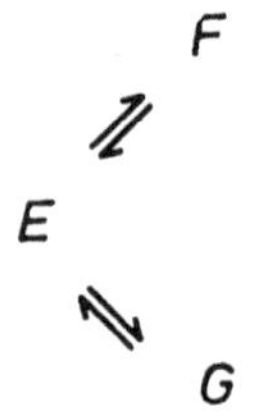

zu unterschiedlichen Zeiten jeweils entweder F oder G in hoher Ausbeute erhalten werden. Man sagt, die Bildung von F ist unter kinetischer und die von G unter thermodynamischer Kontrolle.

Ein Beispiel für dieses Phänomen ist die Sulfonierung des Naphthalins, bei der zwei Produkte auftreten können [11]. Die Reaktion kann entweder in 1- oder 2-Stellung unter Bildung von Naphthalin-1- oder Naphthalin-2-sulfonsäure stattfinden. Die 1-Stellung in Naphthalin ist wahrscheinlich reaktiver als die

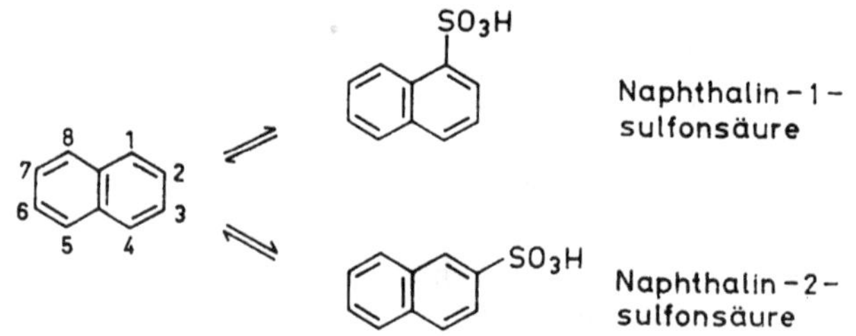

2-Stellung. Dies ist ein anderer Ausdruck dafür, daß die Aktivierungsenergie für die Reaktion in 1-Stellung niedriger ist als für die in 2-Stellung. Die 1-Sulfonsäure wird demnach schnell gebildet. Die 2-Sulfonsäure ist jedoch stabiler (da im 1-Isomeren durch die Wechselwirkung zwischen der voluminösen Sulfonsäuregruppe und dem Wasserstoffatom in 8-Stellung, der peri-Stellung, eine große Spannung entsteht) und wird deshalb bei verlängerter Reaktionszeit als Hauptprodukt erhalten.

Bisher haben wir nur Reaktionen besprochen, die in einem Schritt ablaufen. Viele chemische Prozesse bestehen jedoch aus mehreren Schritten. Jeder Schritt ist von der ihm zugehörigen Geschwindigkeitskonstanten abhängig. Für eine vollständige Beschreibung eines solchen Prozesses müssen alle Geschwindigkeitskonstanten berücksichtigt werden. Wenn z. B. in einer Reaktion das Teilchen A in zwei Stufen mit B als Zwischenprodukt in C umgewandelt wird,

$$A \underset{k_{-1}}{\overset{k_{+1}}{\rightleftharpoons}} B \underset{k_{-2}}{\overset{k_{+2}}{\rightleftharpoons}} C$$

können wir den Vorgang durch eines von mehreren verschiedenen Energieprofildiagrammen veranschaulichen. Zwei Möglichkeiten sind in Abbildung 1.3. gezeigt. Beim ersten Weg, der durch die ausgezogene Linie dargestellt wird, ist A_1* der Übergangszustand des ersten Schrittes. Das Zwischenprodukt B liegt in

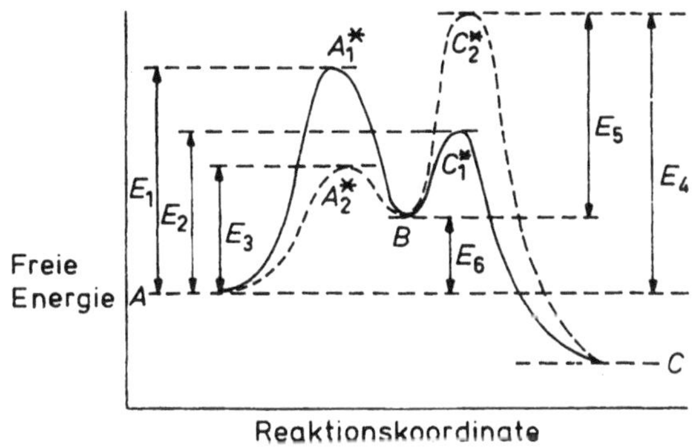

Abb. 1.3. Beispiele für zwei mögliche Energieprofile einer Zwei-Schritt-Reaktion. Weg 1 — ausgezogene Linie; Weg 2 — gestrichelte Linie

einem Energieminimum. C_1* ist der Übergangszustand für den zweiten Schritt. Dies ist natürlich auch der Übergangszustand des ersten Schrittes in der Rückreaktion (C → B). Die Übergangszustände für den hierzu alternativen Weg sind mit A_2* und C_2* angegeben. Im Weg 1 hat A_1* ein höheres Energieniveau als C_1*, wodurch die Geschwindigkeit des ersten Schritts kleiner ist als die des zweiten. Da in einer Folge von nacheinander ablaufenden Reaktionen die Gesamtgeschwindigkeit gleich der des langsamsten Schritts ist, können wir hier den ersten Schritt als den geschwindigkeitsbestimmenden Schritt bezeichnen. Wir werden den Ausdruck *geschwindigkeitsbestimmender Schritt* für den Schritt einer Reaktionsfolge benutzen, dessen Übergangszustand den höchsten Energieinhalt der gesamten Reaktionsfolge besitzt. Dasselbe kann auch auf andere Art und Weise ausgedrückt werden. Die Geschwindigkeit des ersten Schritts hängt von der Anzahl der Moleküle A ab, die genügend Energie E_1 haben, um den aktivierten Zustand A_1* zu erreichen. Vorausgesetzt, daß diese Energie beim Durchlaufen von B nicht in einer anderen Weise abgegeben wird, werden diese Moleküle mit Sicherheit soviel Energie besitzen, um C_1* zu erreichen und C zu bilden.

Beim Beschreiten des Weges 2 benötigen die Moleküle, die den Energiebetrag E_3 zum Erreichen von A_2* besitzen, mehr Energie (nämlich E_4), ehe der zweite Schritt ablaufen kann. Demzufolge bestimmt diejenige Geschwindigkeit, mit der die Moleküle den Übergangszustand mit dem höchsten Energieniveau passieren, die Gesamtgeschwindigkeit der Reaktion.

Es ist wichtig festzuhalten, daß in dem Fall, in dem der erste Schritt in einer Reaktionsfolge der geschwindigkeitsbestimmende Schritt ist, seine Aktivierungsenergie mit der der Gesamtreaktion (also der Energiedifferenz zwischen den Ausgangssubstanzen und dem Zustand mit höchstem Energieniveau) übereinstimmt. In allen anderen Fällen ist die Aktivierungsenergie des Gesamtprozesses eine komplexe Größe. Für den Weg 2 zum Beispiel setzt sich E_4 aus der Aktivierungsenergie des zweiten Schrittes (E_5) und der *Änderung* der freien Enthalpie des ersten Schrittes zusammen (E_6)

Obwohl die meisten der später in diesem Buch diskutierten Reaktionsmechanismen unter dem Gesichtspunkt der Theorie des Übergangszustandes betrachtet

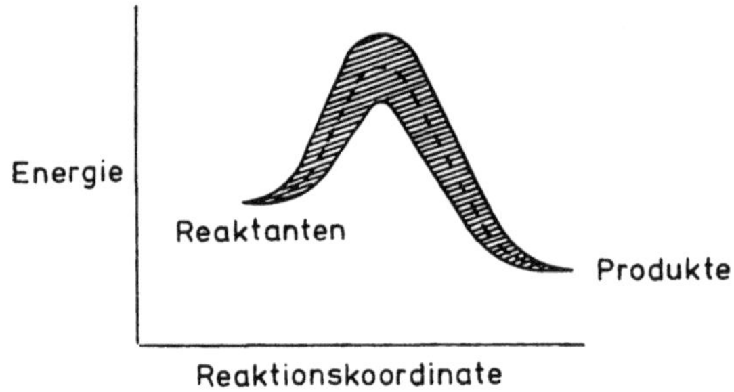

Abb. 1.4. Das Energieprofil für eine Ein-Schritt-Reaktion, in deren Verlauf eine bestimmte Anzahl von Molekülen einen Übergangszustand passiert, der innerhalb der Fläche liegt, die durch die ausgezogenen Linien begrenzt ist.

werden, sei betont, daß diese Vorstellung für den theoretischen Chemiker nicht weniger unbefriedigend ist als die einfache Stoßtheorie. Es scheint tatsächlich ungerechtfertigt zu sein, anzunehmen, daß jedes einzelne Molekül während seiner Umwandlung in ein Produkt einen klar definierten Übergangszustand durchläuft, dessen Gehalt an freier Enthalpie für alle Moleküle genau gleich ist. So wie die Temperatur eines Gegenstandes sich aus dem Mittelwert der Vibrations- und Translationsenergien aller ihn aufbauender Moleküle ergibt, stellt die experimentell bestimmte Aktivierungsenergie einen Mittelwert aus den freien Enthalpien aller möglichen Übergangszustände dar. Es muß weiterhin betont werden, daß kein Übergangszustand eine endliche Zeit existiert. Die Übergangszustände sind ihrer Natur nach sehr kurzlebig.

Wir können jedoch die Anwendung der Theorie des Übergangszustandes wenigstens als Grundlage für die Diskussion der organischen Reaktionsmechanismen mit der Annahme rechtfertigen, daß mit großer Wahrscheinlichkeit die Mehrheit der an solchen Reaktionen beteiligten Moleküle einen Zustand durchläuft, der dem hypothetischen Übergangszustand nahekommt. Dieser hypothetische Übergangszustand ist durch die experimentell bestimmten Werte für die Aktivierungsenthalpie und -entropie definiert. Auf dieser Grundlage können wir das Energieprofildiagramm aus Abbildung 1.1. so modifizieren, wie es in Abbildung 1.4. dargestellt ist. Die gestrichelte Linie stellt den hypothetischen Reaktionsweg dar, bei dem der Übergangszustand die experimentell bestimmte Aktivierungsenergie besitzt. Die schraffierte Fläche definieren wir so, daß wir annehmen, daß ein bestimmter Anteil (sagen wir 90%) aller Moleküle Übergangszustände durchläuft, die in dem angegebenen Bereich liegen. Eine ähnliche Ableitung wird auch zur Darstellung der Elektronendichten um ein Atom benutzt.

Säuren und Basen

In der Entwicklung der Chemie wurden solche Reaktionen besonders intensiv erforscht, die Wasser als Reaktionspartner oder als Lösungsmittel haben. Dies war aus verschiedenen Gründen unvermeidlich. Wasser ist nicht nur die von allen chemischen Stoffen auf der Erde am reichlichsten verfügbare, sondern auch eine der am leichtesten zu reinigende Verbindung. Außerdem ist es ein ausgezeichnetes Lösungsmittel. Alle lebenden Systeme sind von ihm abhängig und es war deshalb natürlich, daß die Menschen, die sich dem Studium der Chemie widmeten, einer solchen wichtigen Substanz einen besonderen Platz einräumten. Einer der häufigsten Prozesse in wäßrigen Lösungen ist die Übertragung von Wasserstoffionen, so daß aus verständlichen Gründen diesem Vorgang in Verbindung mit der Theorie der Säuren und Basen große Aufmerksamkeit gewidmet wurde.
Wir wollen uns mit dieser Theorie nur so weit befassen, wie sie uns bei unserer Untersuchung der katalytischen Prozesse von Nutzen ist. Dabei werden wir uns auf die Brönsted-Lowry-Definition der Säuren beschränken. Wo erforderlich, wird eine allgemeinere Definition verwendet. Nach der Brönsted-Lowry-Definition ist eine *Säure* eine chemische Substanz, die in der Lage ist, ein Wasserstoffion (Proton, $H^{\oplus}$) an andere Substanzen abzugeben. Eine Base ist eine Substanz, die fähig ist, ein Wasserstoffion aufzunehmen. An einem Protonentransfer ist demzufolge sowohl eine Base als auch eine Säure beteiligt. Zum Beispiel

$$A - H + B \rightleftharpoons A^{\ominus} + BH^{\oplus} \qquad (1.21)$$

In dieser Reaktion ist A — H die Säure und B die Base. Im Verlauf der Reaktion werden zwei neue Teilchen gebildet; $A^{\ominus}$ ist die *konjugierte Base* der Säure A — H und $BH^{\oplus}$ ist die *konjugierte Säure* der Base B. Der Vorgang ist reversibel, da ein Protonenaustausch zwischen $BH^{\oplus}$ und $A^{\ominus}$ möglich ist. Die Lage des Gleichgewichtes wird durch die zugehörige Gleichgewichtigskonstante bestimmt.
Es ist nützlich, einen solchen Protonentransfer auf zwei Halbreaktionen zurückzuführen:

$$A - H \rightleftharpoons A^{\ominus} + H^{\oplus}$$

$$B + H^{\oplus} \rightleftharpoons BH^{\oplus}$$

Einige Verbindungen können sowohl als Säuren als auch als Basen reagieren; die gebräuchlichste und wichtigste von ihnen ist das Wasser selbst, wie in den folgenden

Halbreaktionen gezeigt wird:

$$H^{\oplus} + H_2O \rightleftharpoons H_3O^{\oplus}$$

$$H_2O \rightleftharpoons H^{\oplus} + OH^{\ominus}$$

Im Wasser findet ständig ein kontinuierlicher Protonenaustausch zwischen den Wassermolekülen statt, dessen Gleichgewichtskonstante unter Normalbedingungen einen Wert von 10^{-14} hat.

$$H_2O + H_2O \rightleftharpoons H_3O^{\oplus} + OH^{\ominus}$$

$$K_w = [H_3O^{\oplus}]\,[OH^{\ominus}] = 10^{-14}$$

(Die Konzentration des Lösungsmittels, die als konstant angesehen werden kann, ist im allgemeinen nicht in der Gleichgewichtskonstante von Säure-Basen-Reaktionen enthalten.) Der kleine Wert von K_w zeigt, daß in reinem Wasser die meisten seiner Moleküle als neutrale Teilchen vorliegen und nur eine geringe Anzahl die protonisierte Form ($H_3O^{\oplus}$) bzw. Hydroxid-Form ($OH^{\ominus}$) angenommen haben.
Als Base kann Wasser von jeder Säure Protonen aufnehmen, so daß die Dissoziation der Essigsäure in folgender Art und Weise abläuft.

$$\underset{\text{Essigsäure}}{CH_3COOH} + H_2O \rightleftharpoons CH_3COO^{\ominus} + H_3O^{\oplus}$$

$$K_s = \frac{[CH_3COO^{\ominus}]\,[H_3O^{\oplus}]}{[CH_3COOH]} \tag{1.22}$$

Die Gleichgewichtskonstante K_s einer solchen Reaktion ist ein wichtiges Maß für die Fähigkeit der Säure, Protonen an Wasser abzugeben, d. h. sie ist ein Maß für die Stärke der Säure. Die Stärken verschiedener Säuren werden durch ihre K_s-Werte verglichen. Bei der Angabe von Zahlenwerten wird bevorzugt der Ausdruck pK_s ($= -\log_{10}K_s$) anstelle von K_s benutzt.
Aus Gleichung (1.22) können wir ableiten, daß unter Bedingungen, unter denen die Säure halbdissoziiert ist, d. h. wenn $CH_3COO^{\ominus}$ gleich CH_3COOH ist, der pK_s-Wert gleich dem pH-Wert ($= -\log_{10}H_3O^{\oplus}$) ist. Eine starke Säure hat einen kleinen pK_s-Wert. An dieser Stelle ist es wichtig zu vermerken, daß der Anteil der konjugierten Base dann überwiegt, wenn der pH-Wert einer verdünnten Säure oberhalb ihres pK_s-Wertes liegt. Andererseits liegt die Säure hauptsächlich in ihrer undissoziierten Form vor, wenn der pH der Lösung niedriger als der pK_s-Wert ist. Dies ist bei der Betrachtung von pH-abhängigen Reaktionen von großer Bedeutung.
Die Stärke einer Säure, die durch ihre Gleichgewichtskonstante angegeben wird, ist eine thermodynamische Eigenschaft, die mit der Änderung der freien Enthalpie des Protonenübertragungsprozesses zusammenhängt. Obwohl die Gleichgewichtskonstante eine Funktion der Geschwindigkeiten von Vor- und Rückwärtsreak-

tion ist, sagt sie uns sehr wenig über die Geschwindigkeit aus, mit der die Protonenübertragung selbst abläuft. In der Tat nehmen die meisten Autoren an, daß die Geschwindigkeiten der Säure-Basen-Reaktionen eher durch die Diffusionsgeschwindigkeiten der einzelnen Teilchen als durch Faktoren, die mit der Aktivierungsenergie zusammenhängen, begrenzt werden.
In gleicher Weise wie die Stärken verschiedener Säuren durch ihre Reaktion mit Wasser charakterisiert werden, können wir auch die Stärken der Basen vergleichen. Wir betrachten dabei das Wasser als Säure. Für die Base Ammoniak kann so die Konstante K_B definiert werden:

$$NH_3 + H_2O \rightleftharpoons NH_4^{\oplus} + OH^{\ominus}$$

$$K_B = \frac{[NH_4^{\oplus}][OH^{\ominus}]}{[NH_3]}$$

So ist es möglich, verschiedene Basen entsprechend ihrer unterschiedlichen K_B-Werte, d. h. ihrer Fähigkeit vom Wasser ein Wasserstoffion abzuspalten, miteinander zu vergleichen. Um ein allgemeiner anwendbares System zu erhalten, definieren die meisten Autoren die Basenstärken durch die K_s-Werte der zugehörigen konjugierten Säuren. Es kann gezeigt werden, daß für eine Base und ihre konjugierte Säure die Gleichung

$$pK_s = 14 - pK_B$$

gilt, wobei K_s sich auf die konjugierte Säure bezieht. Man sieht, daß einer starken Base eine schwache konjugierte Säure zugeordnet ist.
Ebenso wie Wasser können auch andere Verbindungen, z. B. auch Amine, sowohl als Säure als auch als Base reagieren. Äthylamin $C_2H_5NH_2$ kann z. B. ein Proton abgeben und dabei die konjugierte Base $C_2H_5NH^{\ominus}$ bilden. Dieses Anion ist eine viel stärkere Base als das Äthylamin selbst. Ähnlich kann Äthylalkohol C_2H_5OH in einigen Fällen als Säure reagieren. Seine protonisierte Form $C_2H_5OH_2^{\oplus}$ ist jedoch eine viel stärkere Säure.

Säure-Basen-Katalyse

Wenn eine Säure eine chemische Reaktion katalysiert, so geschieht dies durch Protonisierung eines der Reaktanten. Im allgemeinen wird die stärkste, in hoher Konzentration anwesende Säure, die konjugierte Säure des Systems sein, die sich von dem Lyoniumion ableitet (wenn z. B. das Lösungsmittel Wasser ist, so ist das Lyoniumion $H_3O^{\oplus}$). Es ist möglich, die Säure-Katalyse in zwei Kategorien zu unterteilen, je nachdem, ob die Katalyse von dem Lyoniumion allein oder von allen, in dem System anwesenden Säuren abhängig ist.
Dies kann kinetisch ermittelt werden. Tritt das Lyoniumion als einzig wirksamer Katalysator in Erscheinung, spricht man von einer spezifischen lyoniumionenkatalysierten Reaktion. Der andere Fall, in dem alle anwesenden Säuren zum katalytischen Effekt beitragen, wird als allgemeine Säure-Katalyse bezeichnet.

In analoger Weise katalysiert eine Base eine Reaktion, indem sie ein Proton von einer der reagierenden Substanzen entfernt. Von einer spezifischen Lyationen-Katalyse wird gesprochen, wenn nur die konjugierte Base des Lösungsmittels für die Katalyse verantwortlich ist (im Falle von Wasser ist dies das Hydroxidion $OH^{\ominus}$), während bei einer allgemeinen Basen-Katalyse alle anwesenden Basen beteiligt sind.

Obgleich viele Beispiele für spezifische Lyonium- und spezifische Lyationen-Katalysen beschrieben wurden (z. B. [12, 13]), folgt die Mehrheit der durch Säuren oder Basen katalysierten Reaktionen anscheinend der allgemeinen Form dieser Katalyse. Die allgemeine Säure-Katalyse führt zu einer komplizierteren Geschwindigkeitsgleichung als die spezifische Lyoniumionen-Katalyse. Unterliegt die Reaktion zwischen den Molekülen X und Y in Wasser einer spezifischen Säure-Katalyse, so gilt für die Geschwindigkeitsgleichung:

$$\text{Geschwindigkeit} = k \cdot [X] \cdot [Y] \cdot [H_3O^{\oplus}] \tag{1.23}$$

Im Falle einer allgemeinen Säure-Katalyse jedoch würde die Geschwindigkeitsgleichung aus vielen Termen bestehen, nämlich je einen für jede anwesende Säure. Jede dieser Säuren liefert einen Beitrag entsprechend ihrer katalytischen Konstante k.

$$\text{Rate} = [X][Y](k_{H_3O^{\oplus}} \cdot [H_3O^{\oplus}] + k_{HA}[HA] + k_{HA'}[HA'] + k_{HA''}[HA''] + k_{HA'''}[HA'''] \ldots) \tag{1.24}$$

Es ist offensichtlich, daß die Einteilung in spezifische und allgemeine Säure-Katalyse rein empirischer Natur ist. Die Sonderstellung der spezifischen Lyoniumionen-Katalyse kann einfach bedeuten, daß die katalytischen Konstanten für alle anderen anwesenden Säuren zu klein sind, um meßbar zu sein. Möglicherweise kann zu einem Zeitpunkt, zu dem verfeinerte Techniken zur Bestimmung sehr kleiner katalytischer Konstanten zur Verfügung stehen werden, für alle die Reaktionen, die im Augenblick als lyoniumionen-katalysiert betrachtet werden, eine Abhängigkeit von der allgemeinen Säure-Katalyse nachgewiesen werden.

Da Säuren Reaktionen durch die Abgabe eines Protons katalysieren, und die Säurestärke ein Maß für ihre Fähigkeit ist, Protonen abzugeben, ist es verständlich, daß eine Säure eine Reaktion um so besser katalysiert, je stärker sie ist, d. h. je größer ihre katalytische Konstante ist. Innerhalb bestimmter Grenzen ist das tatsächlich auch der Fall. Für eine gegebene Reaktion, die durch eine Serie ähnlicher Säuren katalysiert wird, wurde gefunden, daß deren katalytische Konstanten zu der Säurestärke in einer doppeltlogarithmischen Beziehung stehen.

$$\log k_a = a \log K_s + b \tag{1.25}$$

Diese lineare Beziehung zwischen $\log k_a$ und $\log K_s$ ist als BRÖNSTEDsches Katalyse-Gesetz bekannt geworden [14]. Die oben gemachten Einschränkungen sind die, daß die miteinander zu vergleichenden Säuren vom gleichen Typ sein müssen

(z. B. Carbonsäuren, Phenole oder β-Diketone) und daß beim Vergleich von einbasischen mit zweibasischen Säuren (z. B. Benzoesäure und Fumarsäure) die Anzahl der Säuregruppen pro Molekül in Rechnung gestellt werden muß. Diese lineare Abhängigkeit ist kein bloßer Zufall. Der Logarithmus der Dissoziationskonstanten K_s ist eine Funktion der Änderung der freien Enthalpie, die beim Transfer eines Wasserstoffions eintritt. Log k_a ist der freien Aktivierungsenthalpie der Reaktion proportional. Die lineare Beziehung entspricht folglich Beziehungen in Änderungen der freien Enthalpie und hat deshalb große Bedeutung.

Chemische Prozesse in der organischen Chemie

Auf den vorangegangenen Seiten haben wir die allgemeinen Prinzipien besprochen, die auf alle chemischen Reaktionen unabhängig von ihren Mechanismen angewendet werden können. Wir wenden uns nun den chemischen Prozessen selbst zu und wollen sie im Lichte dieser allgemeinen Prinzipien analysieren.

Bei chemischen Reaktionen werden zwischen den Atomen entweder Bindungen gebildet oder gespalten. Chemische Reaktionen reichen in ihrer Komplexität von einfachen monomolekularen Prozessen, bei denen eine Bindung gespalten wird, oder einfachen bimolekularen Prozessen, bei denen eine Bindung gebildet wird, bis zu komplizierten Umlagerungen, bei denen viele Bindungen gebildet und gespalten werden.

Die häufigste Art der Spaltung von Bindungen in der organischen Chemie ist die Heterolyse. Sehr vereinfacht kann man sich vorstellen, daß eine kovalente Bindung aus zwei Elektronen besteht, die mehr oder weniger gleichmäßig mit den beiden, an der jeweiligen Bindung beteiligten Atomen assoziiert sind. Bei einer heterolytischen Spaltung verbleiben die beiden Elektronen an einem der beiden Atome, wie dies nachstehend gezeigt wird.

Da die beiden Elektronen zwischen den beiden Teilchen mehr oder weniger gleichverteilt waren, erhält X eine einfache positive und Y eine einfache negative Ladung. Der Pfeil ↷ stellt die Bewegungsrichtung der Elektronen dar und gibt jeweils die Bewegung von *zwei* Elektronen an. Die Molekülspecies Y besitzt ein *freies* Elektronenpaar. Eine kovalente Bindung kann durch Umkehrung dieses Vorganges gebildet werden, an dem wiederum ein freies Elektronenpaar (dargestellt durch zwei Punkte :) beteiligt ist.

Ein Beispiel für einen derartigen Vorgang liefert die Reaktion von Fluorid mit Bortrifluorid.

Hier wird die negative Ladung, die zunächst am Boratom lokalisiert ist, auf alle fünf Atome des Moleküls verteilt. Diese Ladungsdelokalisation führt zu einer Stabilisierung des Systems.

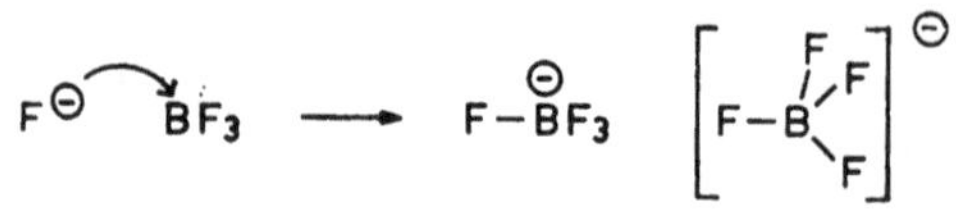

(1.26)

Die Elektronenkonfiguration einer kovalenten Bindung ist sehr stabil, d. h. sie stellt einen Zustand geringer Energie dar. Die Stabilität wird am größten, wenn die Entfernung zwischen den beiden an der Bindung beteiligten Atomen einen bestimmten Optimalwert besitzt; dieser Wert ist für jedes gegebene Atompaar angenähert konstant. Die stabilste Entfernung zwischen den Atomen ist als Bindungsabstand bekannt. Jede Einwirkung, die zu einer Vergrößerung des Abstandes zwischen den Atomen, d. h. zu einer Dehnung der Bindung führt, muß folglich eine Erhöhung des Energieinhaltes des Systems bewirken.

Es ist üblich, eine Verbindung, die ein freies Elektronenpaar enthält bzw. abgibt, als nucleophil, d. h. als „kernsuchendes“ Teilchen, und eine, die ein Elektronenpaar aufnimmt, als elektrophil („Elektronensucher“) zu bezeichnen. Eine nucleophile Substitution beinhaltet die Bildung einer Bindung und die im allgemeinen gleichzeitig ablaufende Spaltung einer anderen, wie dies schon an der Reaktion zwischen Chlorid und Methylbromid gezeigt wurde.

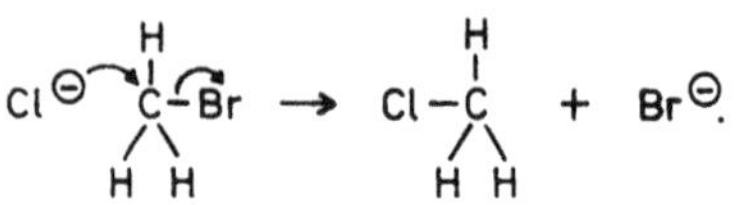

Ein solcher Prozeß wird als S_N2-Reaktion bezeichnet, weil er außer einer nucleophilen Substitution auch eine bimolekulare Reaktion darstellt. Der Vorgang beinhaltet eine Elektronenbewegung in einer Richtung, die zur Bildung einer neuen Bindung zwischen dem Kohlenstoff- und dem Chloratom führt, während die alte Kohlenstoff-Brom-Bindung gespalten wird. Die Vorstellung, daß eine Reaktion mit einer Elektronenbewegung verknüpft ist, kann an der Reaktion von Diäthylamin mit α-Methylallylchlorid deutlich demonstriert werden, wo an einem Kohlenstoffatom die neue Bindung gebildet und an einem anderen die Bindung gelöst wird [15]. In solch einem Fall, oft als S_N2'-Reaktion bezeichnet, wird ein Übergangszustand mit einer Elektronenbewegung vom Stickstoffatom über drei Kohlenstoffatome bis zum Chloratom durchlaufen.

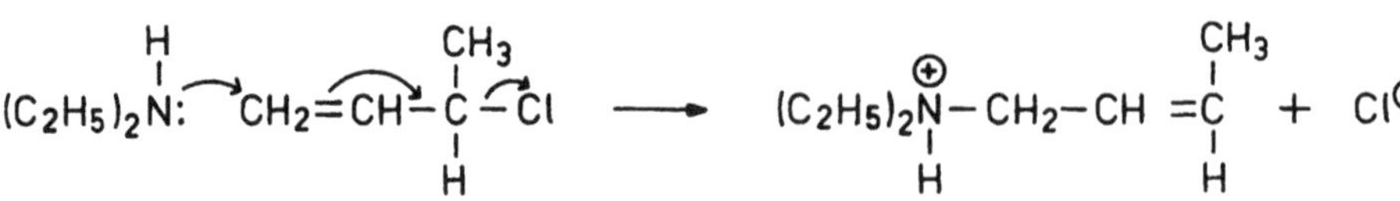

Die Aktivierungsenergie bei der nucleophilen Substitution

Wie bereits ausgeführt, repräsentiert eine kovalente Bindung eine stabile Elektronenkonfiguration, die sich in einem Energieminimum befindet. Die Lösung einer solchen Bindung erfordert in diesem System eine Erhöhung der Energie. Zum Lösen einer Bindung wird demnach Energie benötigt, während bei der Bildung

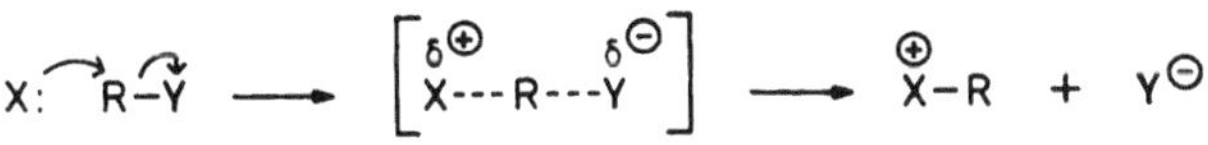 (1.27)

einer Bindung Energie frei wird. Es ist deshalb leicht verständlich, daß die Aktivierungsenergie einer nucleophilen Substitution, z. B. Reaktion (1.27) in einem beträchtlichen Ausmaße von der Natur der zu ersetzenden Gruppe Y abhängt. Damit sich die Reaktanten dem Übergangszustand nähern können, muß die R—Y-Bindung partiell gelöst werden. Die Höhe der „Barriere", die durch die Aktivierungsenergie gegeben wird, hängt von dem Energiebetrag ab, der für diese Teilreaktion benötigt wird, d. h. sie hängt von der Stärke der Bindung und dem Ausmaß ihrer Spaltung auf der Stufe des Übergangszustandes ab. In analoger Weise wird die X—R-Bindung partiell gebildet und die dabei freiwerdende Energie bewirkt ihrerseits eine Stabilisierung des Übergangszustandes. Mit anderen Worten, die bei der teilweisen Bildung der X—R-Bindung freiwerdende Energie wird benutzt, um die für die Spaltung der anderen Bindung benötigten Energie auszugleichen. Es darf jedoch nicht angenommen werden, daß die Aktivierungsenergie der Gesamtreaktion der entspricht, die für die Spaltung der R—Y-Bindung erforderlich ist. Auch andere Faktoren, die in manchen Fällen eine sehr große Bedeutung haben können, beeinflussen sie. Sind z. B. die Gruppen X und R sehr voluminös, so wird die Annäherung von X stark behindert und die Aktivierungsenergie vergrößert sich um einen Betrag, der den auftretenden Abstoßungskräften entspricht.

Die obige Verallgemeinerung, die aber nur eine begrenzte Gültigkeit hat, kann uns beim Verständnis der Faktoren helfen, die die Reaktionsgeschwindigkeiten beeinflussen.

Ein Protonentransfer, wie er bei Säure-Basen-Reaktionen stattfindet, beinhaltet ebenfalls eine heterolytische Spaltung der Bindung und wir können dementsprechend die Reaktion zwischen Wasser und Essigsäure als eine nucleophile Substitution betrachten:

In dieser Reaktion wirkt die Base als Nucleophil und der zu ersetzende Substituent ist die konjugierte Base der Säure. Da die Reaktion reversibel ist, kann das Acetation ebenfalls eine nucleophile Reaktion auslösen. Diese Beziehung zwischen Basen und nucleophilen Agenzien führte zu der von LEWIS [16] vorgeschlagenen verallgemeinernden Definition, wonach eine Base als eine Substanz definiert ist,

die als Donor eines freien Elektronenpaares fungieren kann. Diese Definition schließt nicht nur alle Basen im Sinne von Lowry-Brönsted ein, sondern auch alle nucleophilen Verbindungen. In analoger Weise ist eine Lewis-Säure eine Verbindung, die ein freies Elektronenpaar aufnehmen kann; dies schließt alle Säuren gemäß der Lowry-Brönsted-Definition ebenso wie alle elektrophilen Substanzen ein.
Solche Substanzen, die nach der Lowry-Brönsted-Definition keine Säuren, aber trotzdem elektrophil sind, wie z. B. Bortrifluorid in der Reaktion (1.26), werden zu den Lewis-Säuren gerechnet.

Die nucleophile Verbindung (Lewis-Base)

Eine gute nucleophile Verbindung ist eine solche, die an schnellen nucleophilen Substitutionen teilnimmt. Sie gibt ihre Elektronen leicht ab und bildet eine feste Bindung. Es besteht eine deutliche Beziehung zwischen der Nucleophilie eines Reagenzes, wie sie durch die Reaktionsgeschwindigkeit zum Ausdruck kommt, und seiner Basizität, die durch den K_B-Wert angegeben wird (oder umgekehrt durch den K_s-Wert seiner konjugierten Säure). Ein derartiger Vergleich besitzt jedoch bestimmte Grenzen, da eine kinetische Eigenschaft, die mit der Reaktionsgeschwindigkeit verknüpft ist, mit einer thermodynamischen, die auf einem Gleichgewicht beruht, in Beziehung gesetzt wird. In vielen Fällen existiert eine gute Korrelation zwischen der Basenstärke und der Nucleophilie, insbesondere dann, wenn wir chemisch ähnliche Moleküle betrachten. Vergleichen wir z. B. nucleophile Substanzen, in denen Sauerstoff als angreifendes Atom fungiert, so finden wir folgende Reihenfolge der Nucleophilie:

$$OH^{\ominus} > OPh^{\ominus} > OAc^{\ominus} > CH_3{-}C_6H_4SO_3^{\ominus} > BrC_6H_4SO_3^{\ominus} > H_2O$$

Die Anordnung erfolgt entsprechend der Basizität.

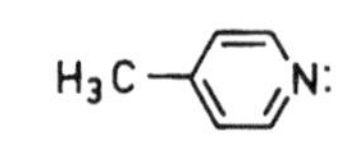

4-Methylpyridin

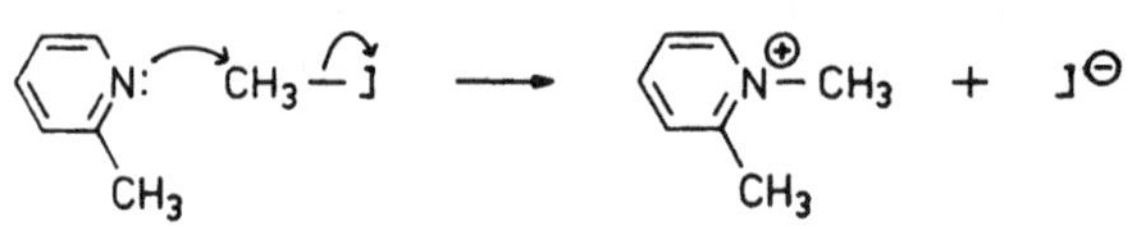

2-Methylpyridin

Nach der Darlegung dieser Verallgemeinerungen finden wir den oft auftretenden Fall, daß die Ausnahmen einer Regel besonders interessant sind, da sie uns einen tieferen Einblick in die Bedeutung verschiedener, ebenfalls zu beachtender Faktoren geben. Einer der wichtigsten Faktoren ist die sterische Hinderung. Das zeigt sich deutlich bei der Reaktion von Methylpyridinen mit Methyljodid. Obwohl

2-Methylpyridin und 4-Methylpyridin angenähert die gleiche Basenstärke (K_B) haben, ist die Reaktion des 2-Methylderivates mit Methyljodid etwa fünfzigmal langsamer als die der 4-Methylverbindung [7]. Dies ist darauf zurückzuführen, daß die Methylgruppe die Reaktion im ersteren, aber nicht im letzteren Fall behindert. Vom Standpunkt der Aktivierungsenergie können wir solch eine sterische Hinderung auf zwei Arten betrachten. Erstens kann sich infolge der störenden Gruppe das Stickstoffatom dem zentralen Kohlenstoffatom des Jodids nicht weit genug nähern, so daß die neue Bindung nicht in einem Maße gebildet wird, daß die Aktivierungsenergie kompensiert werden kann. Zweitens ist der Übergangszustand dichter gepackt, was zu einer ungünstigeren Aktivierungsentropie Anlaß gibt.

Andere Ausnahmen von der obigen Verallgemeinerung werden in solchen Reihen wie

$F^{\ominus}$, $Cl^{\ominus}$, $Br^{\ominus}$, $J^{\ominus}$

oder

$OR^{\ominus}$, $SR^{\ominus}$, $SeR^{\ominus}$

gefunden, in denen die angreifenden Atome denselben Gruppen des Periodensystems angehören. In diesen Fällen ist die Reihenfolge genau umgekehrt, d. h. die schwereren Atome, die die schwächsten Basen sind, sind am stärksten nucleophil.

Es werden im allgemeinen zwei Faktoren diskutiert, die für diese Anomalie verantwortlich sein könnten. Die schwereren Atome werden als stärker polarisierbar betrachtet; die äußeren Elektronen, die als einzige an der Ausbildung chemischer Bindungen beteiligt sind, besitzen einen beträchtlichen Abstand vom Atomkern und werden durch die inneren Elektronenschalen vom Kern abgeschirmt, so daß sie den Einflüssen von benachbarten Molekülen stärker ausgesetzt sind. Die Elektronenwolke kann demzufolge leichter deformiert werden, wodurch die Bildung einer Bindung begünstigt wird. Je leichter die Elektronenwolke deformiert werden kann, desto niedriger ist die Aktivierungsenergie und desto größer ist folglich die Nucleophilie.

Lösungsmitteleffekte werden ebenfalls oft herangezogen, um die bessere Nucleophilie der großen Atome zu erklären. Wir haben bereits erwähnt (Seite 21), daß in einer Lösung Wechselwirkungen zwischen den Molekülen des Lösungsmittels und den gelösten Stoffen stattfinden. Die meisten dieser Interaktionen sind auf Coulombsche Anziehungskräfte zurückzuführen. Ein positiv geladenes Natriumion zieht den negativ geladenen Teil eines dipolaren Wassermoleküls an. Die Wassermoleküle neigen deshalb dazu, sich um das Kation derart anzuordnen, daß die Sauerstoffatome diesem möglichst nahekommen.

Eine solche Anordnung bewirkt eine beträchtliche Stabilisierung (Abb. 1.5.). In ähnlicher Weise neigen die Moleküle des Wassers dazu, sich um eine gelöste, negativ geladene Substanz, wie z. B. ein Chloridion, so anzuordnen, daß die schwach positiven Wasserstoffatome dem Anion am nächsten sind. Im letzten

Fall erfolgt die Wechselwirkung zwischen dem Wasserstoff des Lösungsmittels und dem Anion durch „Wasserstoffbindungen", die als eine teilweise Abgabe eines Wasserstoffions (H^+) an eine elektronenreiche Substanz betrachtet werden können. Wasserstoffbindungen haben einen bedeutenden Anteil an der Solvatation vieler gelöster Substanzen, besonders von Amiden, Ketonen usw., die keine elektrische Nettoladung besitzen.

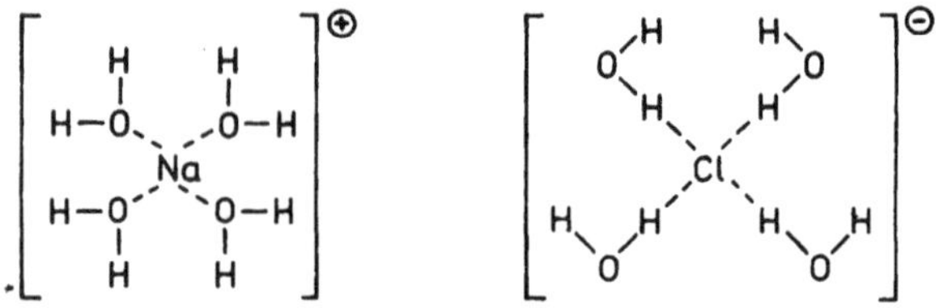

Abb. 1.5. Graphische Darstellung der Solvatation von Na^+ und Cl^- in Wasser

Die in der obigen Abbildung dargestellte Solvatation veranschaulicht ein wichtiges Prinzip der Chemie, das besagt, daß die Energie einer Ladung eine reziproke Funktion des Volumens ist, in dem sich die Ladung verteilt. Die Solvatation eines Anions erniedrigt die Energie, die mit dessen Ladung verknüpft ist, dadurch, daß sich diese über mehrere Lösungsmittelmoleküle und damit in einem größeren Volumen ausbreitet bzw. verteilt. Ein kleines Ion, das im nichtsolvatisierten Zustand seine Ladung auf engem Raum konzentriert hat, gewinnt durch die Solvatation beträchtlich mehr an Stabilität als ein größeres Ion. Nimmt ein solvatisiertes Anion an einer nucleophilen Substitution teil, so wird die Solvathülle zu einem großen Teil zerstört, was zu einem Stabilitätsverlust führt. Dieser Stabilitätsverlust spiegelt sich in einer höheren Aktivierungsenergie der Reaktion wider. Ein kleines Ion benötigt folglich eine höhere Aktivierungsenergie als ein großes Ion, welches weniger „Solvatationsstabilität" zu verlieren hat. Den bedeutenden Einfluß dieses Effektes zeigt die Tatsache, daß das kleine Fluoridion in nichthydroxylgruppenhaltigen Lösungsmitteln, in denen seine Solvatation geringer als in Wasser ist, eine größere Nucleophilie hat als in Wasser.
Im Zusammenhang mit den Solvatationseffekten wollen wir an dieser Stelle eine weitere Möglichkeit diskutieren, wodurch ein Lösungsmittel die Geschwindigkeit einer Reaktion beeinflussen kann. Die Kraft zwischen zwei entgegengesetzten elektrostatischen Ladungen und damit ihre Assoziationsenergie hängt von der Dielektrizitätskonstanten des sie umgebenden Mediums ab. Eine hohe Dielektrizitätskonstante bedeutet kleine Kraft und niedrige Energie. Entstehen während einer Reaktion im Übergangszustand elektrostatische Ladungen, dann erniedrigt sich in Abhängigkeit von der Dielektrizitätskonstanten des Lösungsmittels der Energiegehalt des Übergangszustandes und damit auch die Aktivierungsenergie der Reaktion.
Beide Effekte stimmen mit der HUGHES-INGOLD-Theorie der Lösungsmitteleffekte überein, die aussagt, daß ein Anstieg der Fähigkeit des Mediums zur

Ionensolvatation die Bildung und Konzentrierung von Ladungen beschleunigt und ihre Zerstörung und Zerstreuung hemmt [19]. Die Fähigkeit eines Lösungsmittels zur Ionensolvatation steht in Beziehung zu seiner Dielektrizitätskonstanten.

Der zu ersetzende Substituent

Wir stellten bereits fest, daß die Spaltung der R—Y-Bindung bei der nucleophilen Substitution einen beträchtlichen Einfluß auf die Aktivierungsenergie der Reaktion hat. Dementsprechend hat die im Verlauf der Substitution zu ersetzende Gruppe eine große Bedeutung. Ein leicht zu ersetzender Substituent sollte mit dem Rest des Moleküls nur durch eine relativ schwache Bindung verknüpft sein. Ebenso wie man die Basizität eines Substituenten mit seiner Nucleophilie in Beziehung setzen kann, findet man eine reziproke Beziehung zwischen der Basizität der zu substitutierenden Gruppe und ihrer Tendenz, das Molekül zu verlassen, d. h. eine leicht substituierbare Gruppe wird nur eine schwache Base sein. Umgekehrt können wir sagen, daß die sich von einer gut substituierbaren Gruppe ableitende konjugierte Säure eine starke Säure sein wird. Wir müssen noch einmal deutlich ausdrücken, daß die Basenstärke eine thermodynamische Größe ist, die auf der Gleichgewichtskonstanten beruht. Die Gleichgewichtskonstante selbst steht mit der Änderung der freien Enthalpie des Protonentransferprozesses in Beziehung. Mit anderen Worten, bei der Erörterung der Basenstärke der zu ersetzenden Gruppe Y müssen wir die relativen Stabilitäten der beiden Formen H—Y und $Y^{\ominus}$ betrachten. Ist $Y^{\ominus}$ im Vergleich zu H—Y sehr stabil, so ist H—Y eine starke Säure, die leicht ein Proton abgibt, und $Y^{\ominus}$ eine schwache Base (da sie nicht an Stabilität gewinnt, indem sie einer anderen Säure ein Proton entzieht). Wenn $Y^{\ominus}$ sehr stabil ist, wird es natürlich auch eine ausgezeichnet substituierbare Gruppe sein.

Da eine starke Base dazu neigt, Elektronen abzugeben, ist eine sehr schwache Base eine Substanz, die Elektronen anziehen kann, wobei sich die stabile konjugierte Base bildet. Folglich wird eine leicht substituierbare Gruppe dazu neigen, die Bindung zu dem Rest des Moleküls zu deformieren. Diese Deformation bewirkt, daß der R-Teil sogar vor der Annäherung des nucleophilen Substituenten eine kleine positive Ladung trägt. Dies kann zu einer Erleichterung des nucleophilen Angriffes führen:

$$X\colon\!\curvearrowright R^{\delta\oplus} \ldots Y^{\delta\ominus}$$

Eine Möglichkeit, die Basizität eines Substituenten zu vermindern und damit seine Substituierbarkeit zu verbessern, ist seine Protonisierung, d. h. seine Umwandlung in die konjugierte Säure; dieser Vorgang reduziert natürlich seine Basizität. Viele nucleophile Substitutionen werden unter Bedingungen, unter denen die substituierbare Gruppe protonisiert ist, tatsächlich schneller, mit anderen Worten, solche Reaktionen verlaufen säure-katalysiert. Natürlich kann die

Assoziation der substituierbaren Gruppe mit jeder LEWIS-Säure die Reaktionsgeschwindigkeit steigern. Dieser Effekt wird später in diesem Kapitel ausführlicher behandelt.

Die R-Gruppe

Auf Seite 33 wurde auf die Tatsache hingewiesen, daß ein voluminöser Substituent an einem Nucleophil die Reaktionsgeschwindigkeit dieses Teilchens auf zwei Wegen verlangsamen kann: erstens durch die Behinderung der Bildung der neuen Bindung und zweitens durch einen Entropieeffekt im Übergangszustand. Selbstverständlich können voluminöse Gruppen an dem Molekül, an dem die Substitution vor sich geht, denselben Effekt haben. Aus diesem Grunde ist die Reaktion von Triäthylamin (I) mit Isopropyljodid (II) wesentlich langsamer als mit Methyljodid [20]. Ein weiteres Beispiel, das die Rolle der Aktivierungsentropie hervorhebt, wurde auf Seite 22 gegeben.

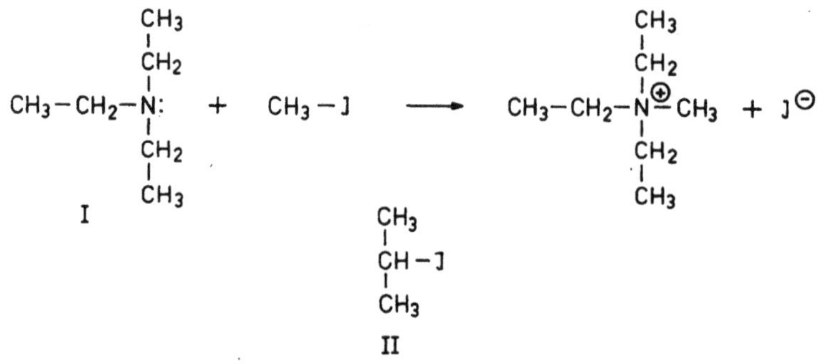

Dieses und andere Beispiele zeigen, daß die Größe der Gruppen, die an das zentrale Kohlenstoffatom der R-Gruppe gebunden sind, einen Effekt hat, der im wesentlichen sterischer Natur ist. Die Art der Gruppen kann einen anderen, einen elektronischen Effekt haben. Es ist leicht ersichtlich, daß eine teilweise (oder vollständige) Spaltung der C—Y-Bindung Anlaß gibt zu einer teilweisen (oder vollständigen) positiven Ladung am zentralen Kohlenstoffatom. Ferner bewirkt die teilweise Bildung der neuen X—C-Bindung eine partiell negative Ladung an diesem Atom. Die Größe und das Vorzeichen der Ladung am Zentralatom wird im Übergangszustand folglich davon abhängen, wieweit jeder dieser zwei Prozesse fortgeschritten ist.
Dominiert die Spaltung der C—Y-Bindung, was der Fall ist, wenn Y eine sehr gut substituierbare Gruppe ist, wird das Kohlenstoffatom eine positive Ladung tragen. Diese positive Ladung kann durch Verteilung auf den Rest des Moleküls stabilisiert werden, wenn das Zentralatom Substituenten trägt, die als Elektronendonatoren wirken können. Eine auf solche Weise zustande kommende Stabilisierung

des Übergangszustandes führt zu einer Erniedrigung der Aktivierungsenergie. Wenn die Bildung der neuen Bindung im Übergangszustand vorherrscht, können elektronenanziehende Gruppen dazu beitragen, die entstehende Ladung am Zentralatom zu stabilisieren.

Extremfälle der nucleophilen Substitution

Bisher haben wir uns mit S_N2-Reaktionen beschäftigt, d. h. mit Reaktionen, bei denen der Angriff des Nucleophils und die Abgabe des zu ersetzenden Substituenten synchron verlaufen. Unter bestimmten Umständen können diese beiden Ereignisse auch nicht gleichzeitig stattfinden. Die Spaltung der R—Y-Bindung kann unter geeigneten Bedingungen vor dem nucleophilen Angriff spontan erfolgen. In solch einem Fall läuft die nucleophile Substitution in zwei deutlich voneinander getrennten Stufen ab; die erste besteht in der heterolytischen Spaltung der Bindung

und die zweite in dem nucleophilen Angriff auf das entstandene Carboniumion

Die erste Stufe ist gewöhnlich der geschwindigkeitsbestimmende Schritt, und da es ein monomolekularer Prozeß ist, wird dieser Typ der nucleophilen Substitution als S_N1-Reaktion bezeichnet.

Folgende Bedingungen fördern einen S_N1-Mechanismus:

(a) eine sehr gut substituierbare Gruppe, z. B. die p-Bromphenylsulfonylgruppe; (b) ein Lösungsmittel, das die Bildung von Ionen begünstigt (hohe Dielektrizitätskonstante) und diese durch Solvatation stabilisiert; dieser Faktor steht in enger Beziehung zu (a), weil die schwach basische Natur des abdissoziierenden Substituenten von der Stabilisierung durch Solvatation abhängt; (c) die Struktur des Moleküls muß so sein, daß das Carboniumion stabil ist, d. h. die Ladung wird infolge von elektronendrückenden Substituenten über das gesamte Molekül verteilt; Phenylgruppen können ebenso wie Methylgruppen Carboniumionen auf diese Weise stabilisieren.

Im Zusammenhang mit (c) ist es wichtig zu bemerken, daß das Carboniumion notwendigerweise eine planare Struktur hat, und daß jeder sterische Faktor, der das Molekül hindert, die planare Struktur einzunehmen, auch den Ablauf der S_N1-Reaktion behindert.

Im anderen Extremfall kann die Bildung der neuen Bindung ohne Spaltung der alten stattfinden, so daß die Spaltung eine Folgereaktion ist. Dieser Reaktionstyp kommt nur vor, wenn das angegriffene Molekül fähig ist, die resultierende negative Ladung zu stabilisieren. Dies finden wir bei der nucleophilen aromatischen Substitution. Auch hier wird ein Lösungsmittel benötigt, das die Ionenbildung begünstigt. MEISENHEIMER [21] zeigte, daß die Reaktion von Trinitroanisol (III) mit einem Äthoxid (Alkoholat) über das Intermediat (IV) abläuft. In diesem Falle stabilisieren die Nitrogruppen und der aromatische Ring die negative Ladung.

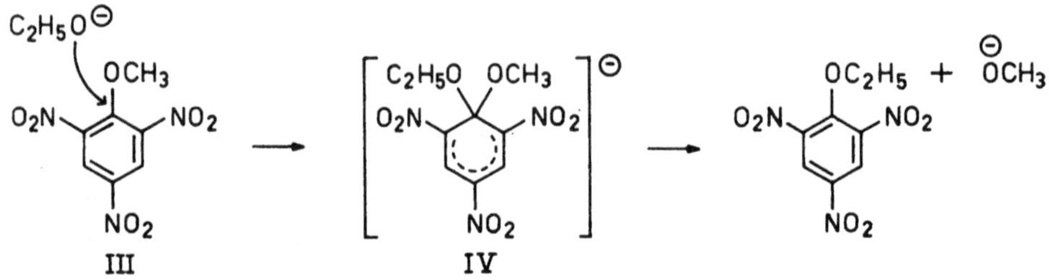

Die Tatsache, daß viele Reaktionen nach einem S_N1-Mechanismus bzw. als nucleophile aromatische Substitutionen ablaufen, macht die Vorstellung, daß eine chemische Reaktion einen Elektronenübergang von einer Elektronenquelle (im allgemeinen als Nucleophil bezeichnet) zu einer „Elektronenfalle" darstellt, nicht hinfällig. Es sind dies nur Extremfälle, bei denen die Elektronenübertragung in zwei Stufen stattfindet. SWAIN betrachtet jede nucleophile Substitution als aufgebaut aus einer „Druck"- und einer „Zug"-Wirkung und entwickelte ausgehend von dieser Vorstellung mit einem gewissen Erfolg eine Theorie für die Geschwindigkeiten derartiger Reaktionen [22].

Eliminierungsreaktionen

Wir haben uns mit der nucleophilen Substitution etwas ausführlicher beschäftigt, so daß alle die Faktoren, die die Reaktionsgeschwindigkeit beeinflussen können, besprochen wurden. Viele andere organische Reaktionen sind den nucleophilen Substitutionen sehr ähnlich, insbesondere dann, wenn Elektronenbewegungen beteiligt sind. Eine Elektronenbewegung benötigt eine treibende Kraft, die sich aus einem „Druck", der von einer Elektronenquelle und einem „Zug", der von einem elektronenaufnehmenden Teilchen ausgeübt wird, zusammensetzt. Demzufolge verläuft die Reaktion einer starken Base z. B. Äthoxid (Alkoholat) mit einem Alkylbromid nach dem folgenden Mechanismus.

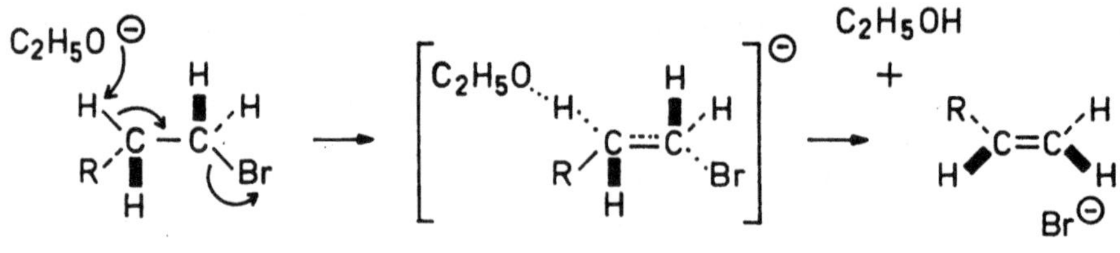

Da dies eine bimolekulare Reaktion ist, wird sie als E2-Reaktion bezeichnet.

Im Übergangszustand erstreckt sich der Elektronenfluß vom Sauerstoffatom des Alkoholations über das Wasserstoff- und zwei Kohlenstoffatome bis zum Brom. Wie bei der nucleophilen Substitution wird die Reaktion durch starke Basen und leichtabdissoziierende Gruppen begünstigt. Außerdem nähert sich der nucleophile Reaktionspartner, genau wie bei der S_N2-Reaktion, von der der abzuspaltenden Gruppe entgegengesetzten Seite (s. S. 19), so daß der durch die Base angegriffene Wasserstoff auch in den Eliminierungsreaktionen der abdissoziierenden Gruppe gegenüber liegt. Es ist eine allgemeine Regel, daß ein Elektronenfluß sich nur über koplanare Atome erstrecken kann; diese Bedingung wird in der obigen Reaktion nur dann erfüllt, wenn die Anordnung der gegebenen Darstellung entspricht.

Wir sahen, daß bei der nucleophilen Substitution Extremfälle beobachtet werden können, bei denen der Angriff und die Abspaltung nicht simultan erfolgen. Ähnliche extreme Fälle werden bei Eliminierungsreaktionen gefunden. Die E1-Reaktion verläuft in zwei Stufen, von denen die erste zur Bildung eines Carboniumions führt. Solch ein Prozeß wird durch Faktoren begünstigt, die auch einen fördernden Einfluß auf S_N1-Prozesse haben.

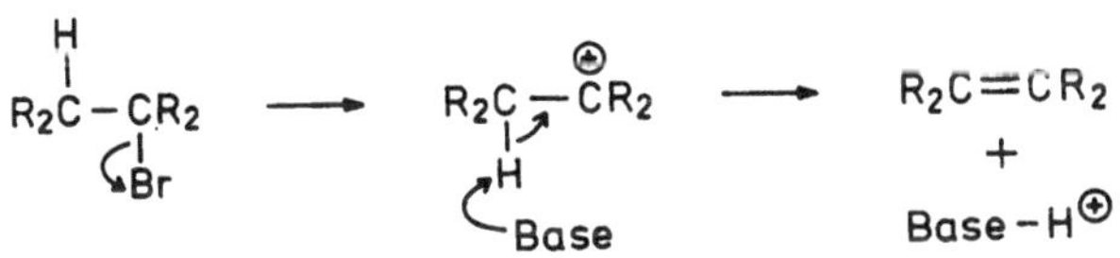

Im anderen Extremfall spaltet die Base ein Wasserstoffion ab, wobei sich ein Carbanion bildet, das durch verschiedene Faktoren stabilisiert wird. In einem nachfolgenden Schritt wird dann der Substituent eliminiert.

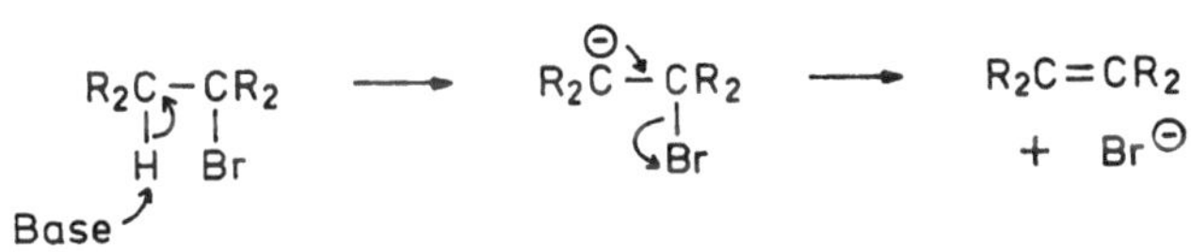

Da die konjugierte Base (kB) des Halogenids das Bromid in einem monomolekularen Prozeß verliert, wird dieser Vorgang als E1kB-Reaktion bezeichnet.

In beiden besprochenen Extremfällen sind die sterischen Anforderungen nicht sehr groß, da sowohl das Carbanion als auch das Carboniumion die für den nachfolgenden Schritt geeignete Konformation durch Drehung frei annehmen können.

Reaktionen der Carbonylgruppe

Da der Sauerstoff der Carbonylgruppe eine starke Anziehungskraft auf Elektronen ausübt, ist die Kohlenstoff-Sauerstoff-Doppelbindung polarisiert, so daß das Kohlenstoffatom eine kleine positive Ladung erhält.

Dadurch wird das Kohlenstoffatom für einen nucleophilen Angriff zugänglich. Der doppelt gebundene Sauerstoff kann als substituierbare Gruppe betrachtet werden, so daß eine derartige Reaktion die Form einer nucleophilen Substitution annimmt.

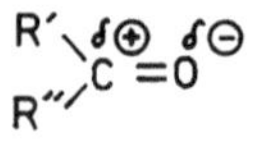

 (1.28)

Solch ein Vorgang ist stets der erste Schritt einer Carbonylreaktion. Die nachfolgenden Schritte werden durch die Natur der Substituenten R′, R″ und X determiniert. Unter bestimmten Bedingungen ist das System relativ stabil. Die quarternäre Verbindung unterliegt, nachdem der Sauerstoff ein Proton vom Lösungsmittel aufgenommen hat, keiner weiteren Reaktion. Das ist z. B. bei der Bildung von Hydraten und Halbacetalen der Fall.
Ist R′ oder R″ eine gut substituierbare Gruppe, dann kann eine Eliminierung ähnlich der zweiten Stufe der E1kB-Reaktion ablaufen. Findet eine solche Reaktion statt, so entspricht die Gesamtreaktion einer nucleophilen Substitution, die der vorher erwähnten nucleophilen Substitution an Aromaten ähnlich ist, d. h. es wird ein negativ geladenes Zwischenprodukt gebildet bevor die substituierbare Gruppe abgelöst wird. Solche Prozesse laufen in vielen Fällen bei Estern und anderen Carbonsäurederivaten ab.

Eine dritte Möglichkeit existiert, wenn der nucleophile Partner ein Amin (RNH_2) ist. In diesem Fall können unter Beteiligung des Lösungsmittels eine Reihe von Protonenübertragungen stattfinden, wobei der letzte Schritt eine Eliminierung ist.

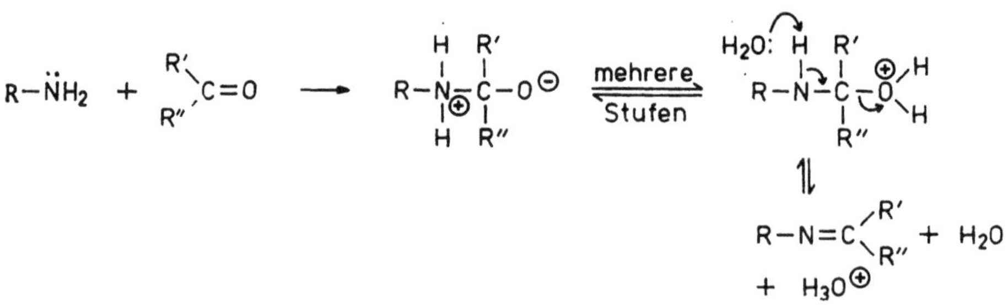

Die homolytische Spaltung chemischer Bindungen

Es wäre nicht richtig anzunehmen, daß alle Reaktionen der organischen Chemie durch heterolytische Spaltung oder ihre Umkehrung ablaufen. Während bei einer heterolytischen Spaltung beide Bindungselektronen bei einem der beiden Atome verbleiben, erhält bei einer homolytischen Spaltung der Bindung jedes Atom ein Elektron. Die Bewegung der Elektronen stellen wir durch einen gestrichelten Pfeil dar. Es werden zwei Teilchen erhalten, die je ein ungepaartes Elektron (·) besitzen und als Radikale bezeichnet werden. Der Besitz des ungepaarten Elektrons verleiht ihnen eine besondere Reaktivität.

Wir werden diesen Reaktionstyp in unserer Diskussion über Enzymmechanismen nur selten treffen. Er ist vor allem bei Oxidations-Reduktions-Vorgängen, in denen Ein-Elektronenübergänge vorkommen, wichtig (s. Kapitel 3).

Katalyse

Es ist seit langem bekannt, daß die Geschwindigkeit einer chemischen Reaktion durch die Anwesenheit fremder Substanzen, d. h. solcher Verbindungen, die in der Reaktionsgleichung nicht auftauchen, erhöht oder vermindert werden kann. Im allgemeinen werden wir den Ausdruck *Katalysator* nur für solch ein Agens benutzen, das die Geschwindigkeit einer Reaktion steigert, und den Ausdruck *negativer Katalysator* für eine Substanz, die die Reaktionsgeschwindigkeit herabsetzt. Der spezifische Ausdruck *Inhibitor*, der manchmal von anderen Autoren synonym für die Bezeichnung negativer Katalysator benutzt wird, soll hier für ein Reagenz benutzt werden, das einen Katalysator an der Ausübung seiner katalytischen Wirkung hindert. Viele Katalysatoren, insbesondere Enzyme, sind der Wirkung von Inhibitoren unterworfen.

Ein *Substrat* ist die chemische Verbindung, deren Umsetzung durch den Katalysator beeinflußt wird. Gewöhnlich kann eine kleine Anzahl von Katalysatormolekülen die Umsetzung einer großen Zahl von Substratmolekülen bewirken. Das beruht darauf, daß das Katalysatormolekül am Ende des Prozesses regeneriert wird und so mit anderen Substratmolekülen wiederholt reagieren kann. Die Tatsache, daß ein Katalysator immer wieder regeneriert wird (was dazu führt, das er in der Reaktionsgleichung nicht enthalten ist), ist von großer Bedeutung und wird als Kriterium für die Katalyse angesehen.

Wir haben bereits gesehen, daß für eine reversible Reaktion, z. B. (1.5), die Gleichgewichtskonstante eine Funktion der Änderung der freien Standardenthalpie ΔG^0 ist. Diese stellt die Änderung der freien Enthalpie dar, wenn ein Mol eines jeden Reaktanten zu je einem Mol der Produkte umgewandelt wird. Wird solch ein Prozeß durch Zugabe einer kleinen Menge der Substanz C katalytisch beschleunigt, so erhält die Reaktionsgleichung die Form

$$C + X + Y \rightleftharpoons F + Q + C \quad (1.29)$$

Da der Katalysator C durch die Reaktion nicht verändert wird, d. h. er in den Produkten denselben chemischen und energetischen Zustand wie im Ausgangsmaterial besitzt, kann seine Anwesenheit in dem System keinen Einfluß auf den ΔG^0-Wert der Reaktion und damit auf die Gleichgewichtskonstante haben. Das Gleichgewichtsverhältnis $[X] \cdot [Y]/[P] \cdot [Q]$ in diesem System bleibt folglich unverändert. Der Katalysator beeinflußt die Geschwindigkeiten der Vorwärts- und der Rückwärtsreaktion.
Gleichung (1.16) zeigt, daß die Geschwindigkeitskonstante jeder Reaktion allein von der freien Aktivierungsenthalpie abhängt. Eine katalysierte Reaktion muß demzufolge über einen Weg mit einer niedrigeren freien Aktivierungsenthalpie ablaufen als die nichtkatalysierte Reaktion. Die Wirkung des Katalysators kann auf zwei verschiedene Weisen erfolgen. Er kann die Reaktanten so modifizieren, daß die erforderliche Aktivierungsenergie herabgesetzt wird, oder er kann einen ganz anderen Reaktionsweg mit einer niedrigeren Aktivierungsenergie als bei dem nichtkatalysierten begünstigen. Unabhängig davon, welche dieser Möglichkeiten zutrifft, ist die katalysierte Reaktion aus mehr Stufen als der nichtkatalysierte Vorgang zusammengesetzt. Wenn zum Beispiel ein Einstufenprozeß, bei dem ein Molekül S in ein Molekül P umgewandelt wird,

$$S \rightleftharpoons P$$

durch die Anwesenheit einer Substanz C katalysiert wird, so kann die Folge von Ereignissen am einfachsten so dargestellt werden

$$S + C \rightleftharpoons C - S \rightleftharpoons C - P \rightleftharpoons P + C \quad (1.30)$$

In dieser Sequenz lagert sich das Substrat S an den Katalysator unter Bildung eines Katalysator-Substrat-Komplexes C—S an. Dieser unterliegt einer chemischen Umwandlung in den Katalysator-Produkt-Komplex, der dann dissoziiert und das Produkt P abgibt, wobei der Katalysator C regeneriert wird. Das Energieprofildiagramm einer solchen Reaktion könnte wie das in Abbildung 1.6. gezeigte

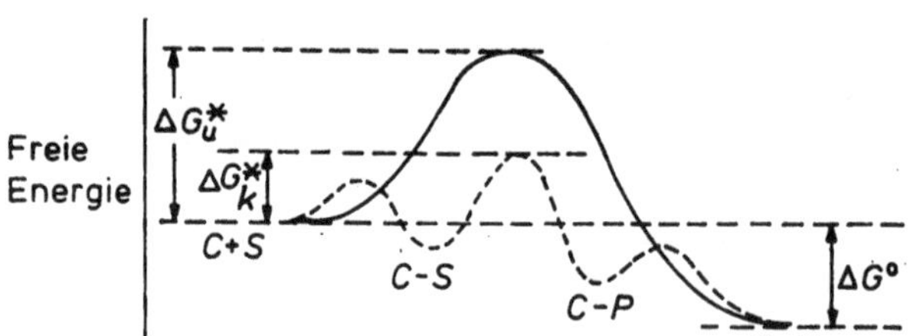

Abb. 1.6. Energieprofil einer katalysierten und einer nichtkatalysierten Reaktion

aussehen. Die ausgezogene Linie stellt die nichtkatalysierte Reaktion dar, wobei ΔG_u^* deren freie Aktivierungsenthalpie ist. Die gestrichelte Linie entspricht dem katalysierten Vorgang:

ΔG_k^* ist die freie Aktivierungsenthalpie des Gesamtprozesses

ΔG^0 ist selbstverständlich für beide Vorgänge identisch.

Die experimentell bestimmten Werte für die freie Aktivierungsenthalpie von katalysierten Reaktionen sind sehr wichtige Parameter, insbesondere dann, wenn sie mit denen der nichtkatalysierten Reaktionen verglichen werden können. Im Idealfall sollte die Besprechung des Mechanismus, durch den ein gegebener Katalysator eine Reaktion beeinflußt, die quantitative Analyse der Aktivierungsenthalpie und -entropie jedes Schrittes der Reaktionsfolge einschließen.
Tabelle 1.1. zeigt einige experimentell erhaltene Aktivierungsparameter. Die Zahlen bekräftigen die große Wirksamkeit von Enzymen als Katalysatoren.

Tabelle 1.1. Aktivierungsenergien chemischer Reaktionen

Reaktion	Katalysator	Aktivierungsenergie (kcal/Mol)
H_2O_2-Zerfall[a])	ohne	18,0 (ΔH^*)
	Platin	11,7 (ΔH^*)
	Katalase (1.11.1.6)	5,5 (ΔH^*)
p-Nitrophenylacetat-Hydrolyse[b])	Wasser (d. h. ohne zugesetzten Katalysator)	21,9 (ΔG^*)
	$H^\oplus$	18,0 (ΔH^* geschätzt)
	$OH^\ominus$	16,2 (ΔG^*)
	Imidazol	15,9 (ΔG^*)
Casein-Hydrolyse[a])	$H^\oplus$	20,6 (ΔH^*)
	Trypsin (3.4.4.4)	12,0 (ΔH^*)
Äthylbutyrat-Hydrolyse[a])	$H^\oplus$	13,2 (ΔH^*)
	Lipase (3.1.1.3)	4,2 (ΔH^*)

a) nach LINEWEAVER, J. Am. Chem. Soc. **61**, 403 (1939).
b) Lit. [43].

Katalyse durch Säuren und Basen

Wir haben bereits gesehen, daß bei einer S_N2-Reaktion die Natur der zu ersetzenden Gruppe ein die Aktivierungsenergie bestimmender Faktor ist, und daß eine Verminderung der Basizität dieser Gruppe zu einer Steigerung der Reaktionsgeschwindigkeit führt. Das kann durch eine Protonisierung bewirkt werden. Zum Beispiel sind das Hydroxyl- und das Alkoxidion sehr schlecht substituierbare Gruppen. Diese Anionen sind starke Basen, so daß nucleophile Substitutionen dieses Typs sehr selten sind:

In Gegenwart von Säuren liegen diese Verbindungen jedoch größtenteils in der Form ihrer konjugierten Säuren vor, wodurch die nucleophile Substitution bedeutend beschleunigt wird.

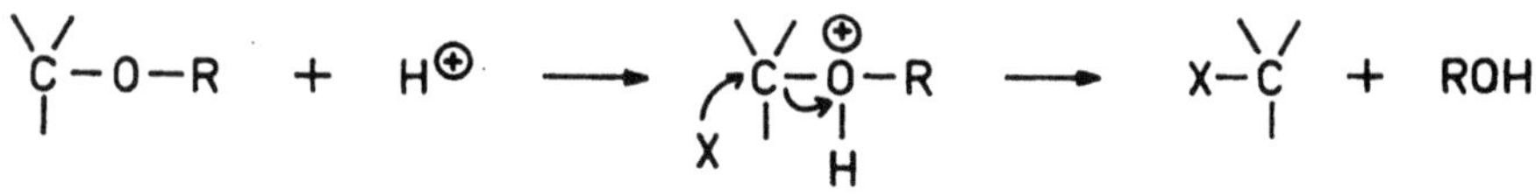

Das positiv geladene Sauerstoffatom zieht Elektronen an und bildet so einen besseren Elektronenacceptor. Auf diese Weise wird der Elektronenfluß und damit die Reaktion erleichtert.

Die Ätherspaltung durch Jodid und die Bildung von Alkylbromiden aus Alkoholen sind Reaktionen, die unter sauren Bedingungen durchgeführt werden müssen. Es ist wichtig zu bemerken, daß diese Reaktionen nicht zu den säure-katalysierten Reaktionen im engeren Sinne gehören, da das Wasserstoffion nicht regeneriert wird. Die Säure ist in diesen Fällen einfach ein Reaktionspartner. Diese Beispiele zeigen jedoch deutlich, wie die Anlagerung eines Wasserstoffions die Reaktanten so verändern kann, daß ihre Umsetzungsgeschwindigkeit ansteigt. Einige Reaktionen, besonders solche, in denen Lösungsmittelmoleküle selbst als nucleophile Partner wirken, sind Beispiele für eine Säure-Katalyse im engeren Sinne. Im Wasser z. B. ist die wichtigste saure Molekülspezies das Hydroniumion $H_3O^\oplus$; dieses katalysiert eine *Solvolyse* in der folgenden Weise.

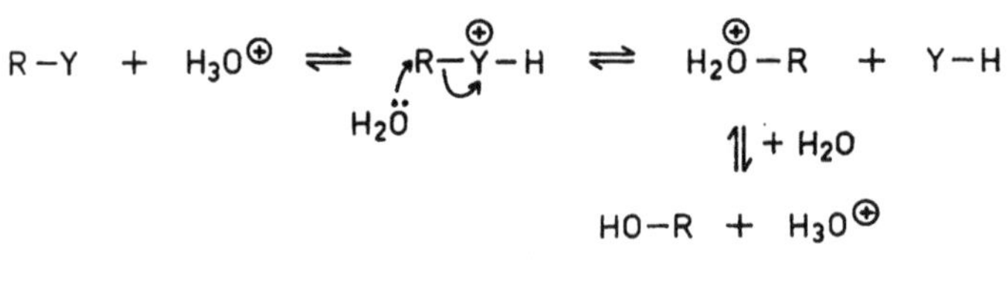

Die Rückbildung des Hydroniumions ist ein ausreichendes Kriterium für eine Katalyse. Für die Solvolyse einiger Alkylfluoride ist eine Säure-Katalyse dieser Art beschrieben worden [23].

Wie die Protonisierung (oder die Umwandlung in die konjugierte Säure) die Ablösbarkeit eines Substituenten verbessert, vergrößert die Deprotonisierung (oder Umwandlung in die konjugierte Base) die Nucleophilie der angreifenden

Gruppe. Das Hydroxidion reagiert z. B. mit Alkylhalogeniden wesentlich schneller als Wasser. Auf diesem Effekt beruht die spezifische Lyationen-Katalyse.
In den oben erwähnten Beispielen kommt der katalytische Effekt durch einen vollständigen Protonentransfer zustande. Bei der Säure-Katalyse wird die konjugierte Säure des Substrates gebildet, die dann die Reaktion eingeht. Es ist aber auch möglich, daß nur eine partielle Übertragung eines Protons, mit anderen Worten die Bildung einer Wasserstoffbindung, stattfindet. Diese kann ebenfalls eine Katalyse auslösen. Die Reaktion von Pyridin mit Methylbromid in benzolischer Lösung ist ein Beispiel für diesen Effekt [24]. Durch die Anwesenheit von kleinen Mengen hydroxylgruppenhaltiger Verbindungen, wie Alkoholen oder Phenolen, wird die Reaktionsgeschwindigkeit gesteigert. Der Katalysator scheint mit dem abdissoziierenden Bromidion über eine Wasserstoffbindung ein lockeres Assoziat zu bilden, wodurch die Abdissoziation unterstützt wird (s. Lit. [2], S. 272).

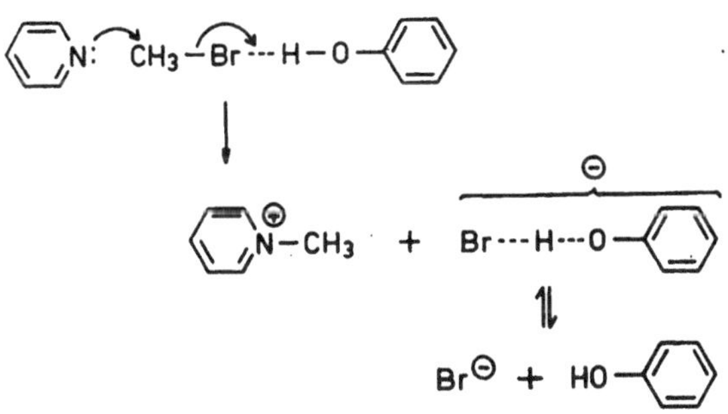

Bei einer allgemeinen Basen-Katalyse in Wasser laufen ähnliche Vorgänge ab. Jede vorhandene Base kann die Nucleophilie der Wassermoleküle durch Wasserstoffbindungen erhöhen, ohne sie in Hydroxidionen umzuwandeln. Ein Beispiel hierzu wird später in Verbindung mit der Aldehyddehydratisierung besprochen werden.
Die Reaktion von Pyridin mit Methylbromid kann, wie oben dargelegt, durch die Anwesenheit kleiner Mengen hydroxylgruppenhaltiger Verbindungen beeinflußt werden. Dieser Effekt ist um ein Vielfaches stärker, wenn das Lösungsmittel selbst hydroxylgruppenhaltig ist.

$$>C=O \quad + \quad H-A \quad \rightleftharpoons \quad >C=\overset{\oplus}{O}-H \quad + \quad A^{\ominus}$$

Die oben für die nucleophile Substitution beschriebene Säure- (oder Basen-) Katalyse ist ein wichtiger Faktor auch für andere Reaktionstypen. Reaktionen an der Carbonylgruppe können als säure-katalysiert angesehen werden, die entweder unter Bildung der konjugierten Säure der Carbonylverbindung oder mittels einer Wasserstoffbindung ablaufen.

In beiden Fällen wird ein für die Reaktion wirksamer Elektronenacceptor gebildet. Für die einfachste dieser Reaktionen, die Hydratisierung von Acetaldehyd, wurde von Bell [25] eine allgemeine Säure-Katalyse nachgewiesen und der folgende Mechanismus vorgeschlagen.

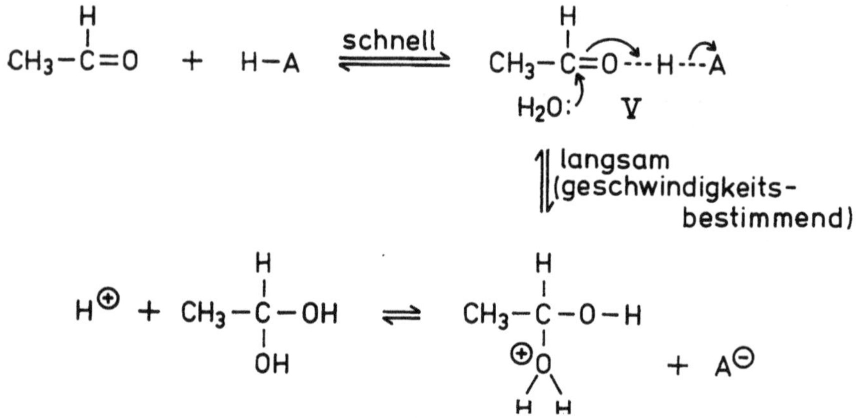

Der geschwindigkeitsbestimmende Schritt für die theoretisch nichtkatalysierte Reaktion ist der Angriff des Wassermoleküls auf den Acetaldehyd. Naturgemäß wird er viel langsamer verlaufen als der Angriff von Wasser auf die protonisierte bzw. eine Wasserstoffbindung enthaltende Form (V). Da Wasser diese Reaktion selbst katalysieren kann, müssen wir bei der Betrachtung der theoretisch nichtkatalysierten Reaktion annehmen, daß die Reaktion in einem Lösungsmittel wie Benzol stattfindet, welches nur eine kleine Menge Wasser als Reagenz enthält.

Die Hydratation des Acetaldehyds unterliegt auch einer allgemeinen Basen-Katalyse. Allgemeine Basen-Katalyse heißt, daß jede vorhandene basische Sub-

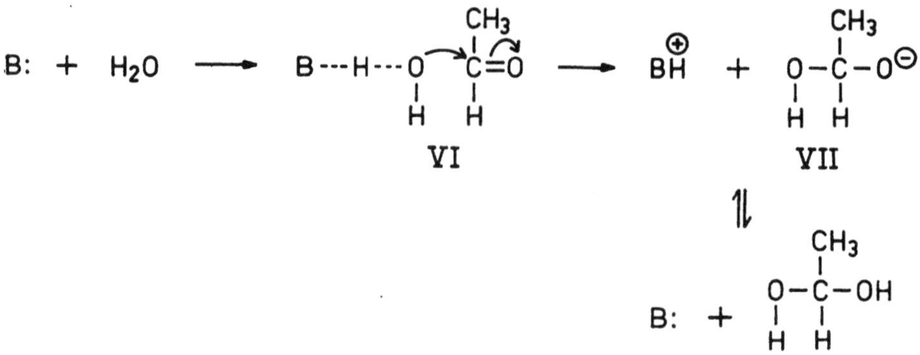

stanz einen Beitrag zum Ablauf des Vorganges liefert. Als Mechanismus wird deshalb angenommen, daß die Reaktion durch Wassermoleküle erfolgt, die durch Wasserstoffbindungen mit den anwesenden Basen stärker nucleophil geworden sind.

Es ist interessant, daß bei dem sehr ähnlichen Vorgang der Hydratisierung des Acetons eine spezifische Basen-Katalyse gefunden wurde [26], d. h. nur das Hydroxidion als nucleophiler Partner zu wirken scheint. Wahrscheinlich sind alle Wasser-Basen-Komplexe in ihrer Nucleophilie zu schwach, um einen meßbaren Effekt auszuüben.

Obwohl wir das Wasser für die allgemeine Basen-Katalyse bei der Hydratisation des Acetaldehyds nur als Reagenz dargestellt haben, wirken die neutralen Wassermoleküle aller Wahrscheinlichkeit nach auch wie saure Katalysatoren, indem sie Wasserstoffbindungen zum Acetaldehyd ausbilden (VIa) und das Anion solvatisieren (VIIa). Es ist in der Tat nahezu unmöglich, die Bedeutung des Lösungsmittels bei derartigen Reaktionen und darüber hinaus in der gesamten organischen Chemie zu überschätzen. Bei vielen später zu besprechenden Reaktionsmechanismen werden wir die Teilnahme von Lösungsmittelmolekülen feststellen können, ohne daß wir weitere Erläuterungen dazu geben werden.

VIa VIIa

Die Aldolkondensation ist ein anderes Beispiel für eine basen-katalysierte Carbonylreaktion. Hier wird die konjugierte Base des potentiell nucleophilen Reaktanten durch einen vollständigen Protonentransfer gebildet.

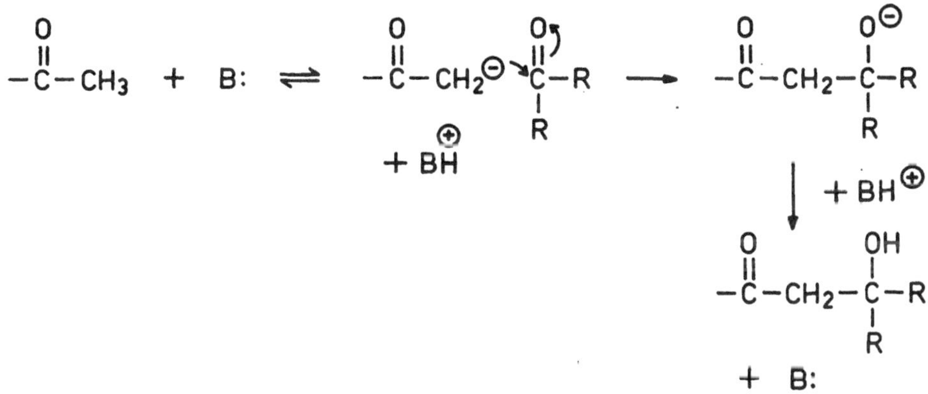

Die Tatsache, daß die Cyanhydrinbildung mit HCN basen-katalysiert ist, weist darauf hin, daß der Angriff des Cyanidions ($CN^{\ominus}$) auf den Carbonylkohlenstoff der reaktionsgeschwindigkeitsbestimmende Schritt ist [27].
Ein Katalysator beeinflußt beide Richtungen einer reversiblen Reaktion. Die Umkehrung der Hydratisierung von Carbonylverbindungen ist eine Eliminierung und wir können die basenkatalysierte Dehydratisierung des Acetaldehydhydrates wie folgt darstellen:

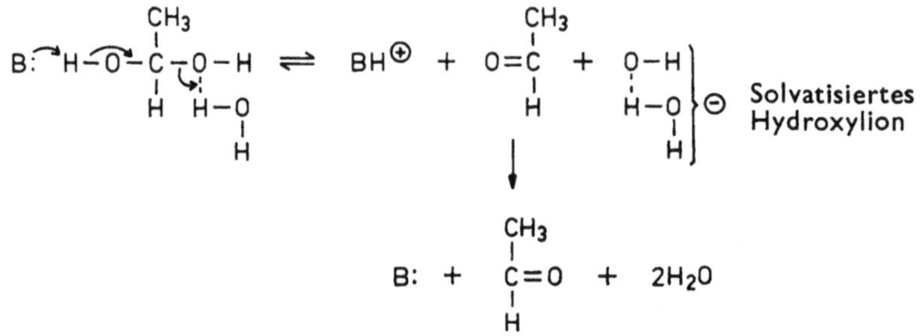

Die eingehende Untersuchung dieses Mechanismus zeigt, daß er tatsächlich genau die Umkehrung der lösungsmittelunterstützten, basen-katalysierten Hydratisierung ist (mit der Ausnahme, daß B: und $OH^{\ominus}$ vertauscht sind). Diese Reaktionen genügen somit vollständig den Anforderungen des Prinzips der mikroskopischen Reversibilität.
Viele Reaktionen der organischen Chemie beinhalten Additionen an Carbonylgruppen, denen eine Eliminierungsreaktion, die formal dem Dehydratisierungsvorgang vergleichbar ist, folgt. Beispiele sind die Bildung von Carbonylderivaten wie Oximen, Semicarbazonen usw. und auch die Reaktionen verschiedener Carbonsäurederivate. Diese Reaktionen unterliegen ebenfalls einer Säure- oder Basen-Katalyse bzw. einer Katalyse durch beide Katalysetypen. Die Oximbildung ist säure-katalysiert [28], die verschiedenen Stufen der Reaktion können wie folgt dargestellt werden.

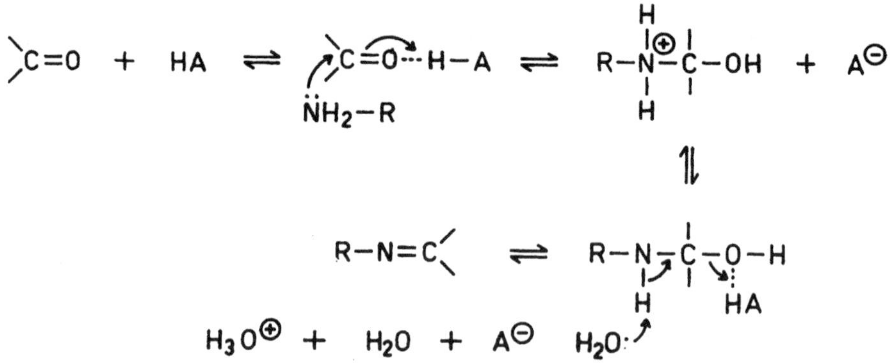

Bei diesen und anderen säure-katalysierten Reaktionen führt gewöhnlich eine Erniedrigung des pH-Wertes zu einem Ansteigen der Reaktionsgeschwindigkeit. Eine zu große pH-Änderung kann jedoch eine Umkehrung des Effektes zur Folge haben. In zu stark saurem Medium wird die Reaktion wieder verlangsamt. Das kommt vor allem daher, daß das nucleophile $R-NH_2$ in die reaktionsträge konjugierte Säure umgewandelt wird. Es ist deshalb verständlich, daß für eine solche Reaktion ein pH-Optimum gefunden wird, das jenen ähnlich ist, die bei den meisten enzymatischen Reaktionen beobachtet werden.

Die Hydrolyse von Carbonsäurederivaten, z. B. von Estern, verläuft ähnlich, obwohl der Eliminierungsvorgang etwas anders vonstatten geht. Die Hydrolyse eines Esters in reinem neutralem Wasser, wo die Katalyse nur durch Wasser erfolgt, kann wie folgt beschrieben werden.

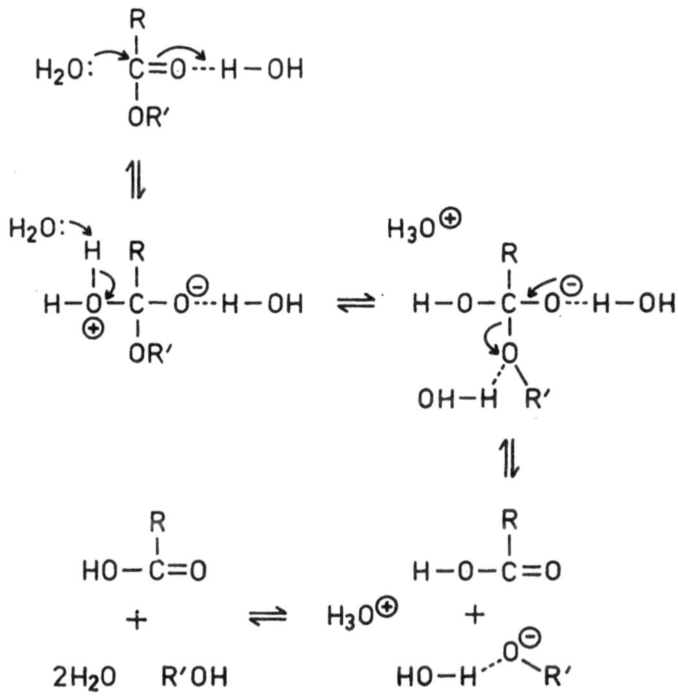

Die Eliminierung führt zur Freisetzung eines solvatisierten Alkoxidions, das vom Lösungsmittel ein Wasserstoffion unter Bildung eines neutralen Alkoholmoleküls aufnimmt.

Die Katalyse durch eine Säure oder eine Base ist jedoch wirksamer. In dem für die oben erwähnte Reaktion geltenden Mechanismus sind in dem Formelbild zur Erhöhung der Übersichtlichkeit einige Protonentransfer nicht dargestellt.

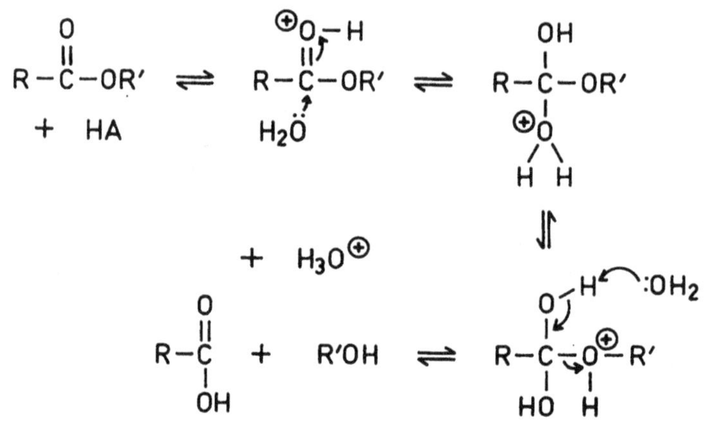

Die Mutarotation der Glucose und ihrer Derivate

Die Spaltung der Hemiketale und Hemiacetale ist, wie die Dehydratisierung des Acetaldehydhydrates, eine Eliminierungsreaktion und kann in entsprechender Weise sowohl durch Säuren als auch durch Basen katalysiert werden. Die Umwandlung von reiner α- oder β-Glucose in eine Mischung beider Formen, die als Mutarotation bekannt ist,. verläuft über die offenkettige Aldehydform. Wesentlich ist, daß mit diesem Prozeß eine Eliminierungsreaktion und ihre Umkehrung verknüpft ist.

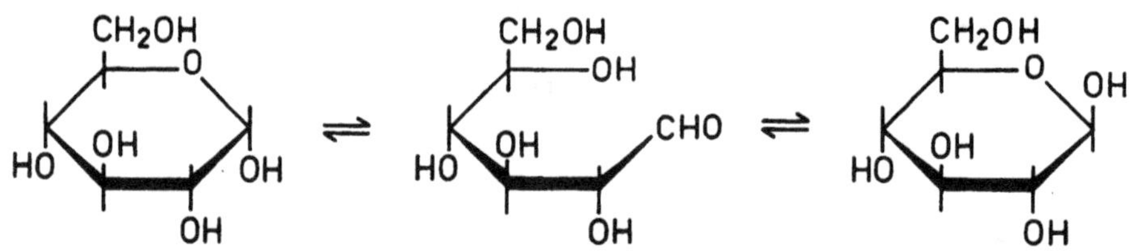

Die Mutarotation der Glucose in wäßrigen Systemen ist eine allgemeine Säure- bzw. Basen-Katalyse; sie folgt dem nachstehenden Mechanismus.

Offensichtlich erfordert die Reaktion sowohl die Anwesenheit einer Säure als auch einer Base. Die Doppelnatur des Wassers erlaubt es, diese Funktionen zu erfüllen. Im Falle der Tetramethylglucose in Benzol als Lösungsmittel müssen sowohl eine Säure als auch eine Base als Katalysatoren zugegeben werden. In Gegenwart der Base Pyridin oder der Säure Kresol läuft die Reaktion nur sehr langsam ab. Wird dagegen eine Mischung beider Substanzen zugesetzt, erhöht sich die Reaktionsgeschwindigkeit beträchtlich.

1952 berichteten Swain und Brown [29] im Zusammenhang mit dieser Reaktion über eine Beobachtung, die von großem Einfluß auf unsere Vorstellungen über

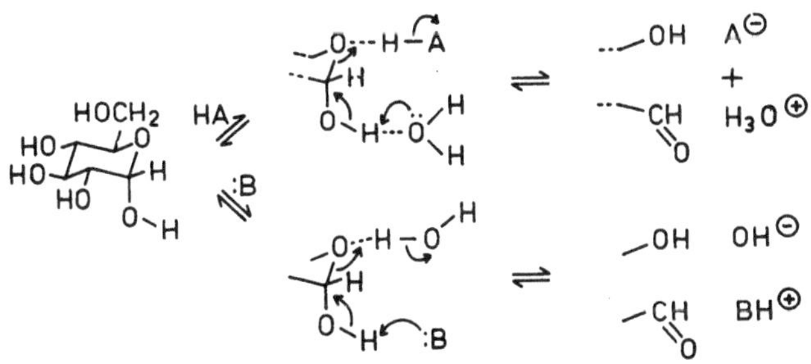

diesen katalytischen Vorgang war. Sie fanden, daß die bifunktionelle Verbindung 2-Hydroxypyridin (VIII) ein ausgezeichneter Katalysator für die Mutarotation der Tetramethylglucose ist. Ihre Wirkung beruht darauf, daß sie sowohl eine saure wie auch eine basische Gruppe enthält, die beide räumlich so angeordnet sind, daß sie eine „konzertierte Säure-Basen-Katalyse" bewirken können.

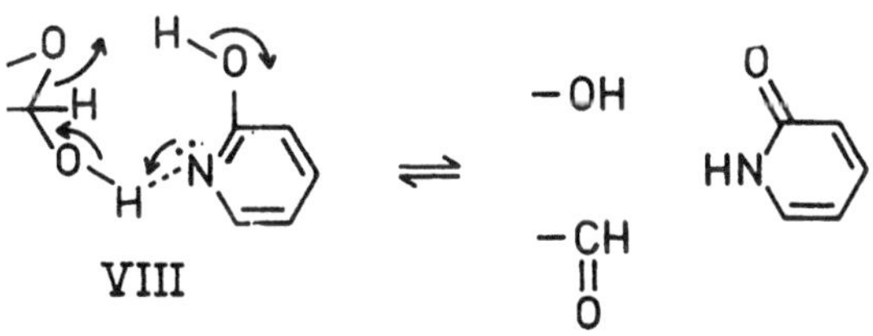

VIII

Die Reaktion verläuft sowohl in bezug auf die Tetramethylglucose als auch auf das 2-Hydroxypyridin nach einem Reaktionstyp erster Ordnung. Der Katalysator ist 7000mal effektiver als eine Mischung aus Pyridin und Kresol in gleichen Konzentrationen, obwohl er eine schwächere Base als Pyridin und eine schwächere Säure als Kresol ist. Swain und Brown entwickelten die Vorstellung, daß die Enzym-Katalyse auf ähnlichen konzertierten Prozessen beruhen könnte, und gegenwärtig scheint es, daß dies zumindest für einige Fälle wirklich zutrifft.

Die Decarboxylierung von β-Ketosäuren

Westheimer und Jones [30] zeigten, daß die Decarboxylierung der 2,2-Dimethylacetessigsäure (IX), die eine Eliminierungsreaktion komplizierteren Typs darstellt, über einen intramolekularen Protonentransfer verläuft. Der Elektronenfluß erfolgt, wie im Formelbild dargestellt; das Zwischenprodukt ist ein Enol, welches eine Tautomerisierung zum Keton erfährt. Wir können diese Reaktion als konzertierte intramolekulare Säure-Basen-Katalyse auffassen, in der als Base der Carbonylsauerstoff wirkt; dieser entfernt ein Proton von der Carboxylgruppe, die als Elektronenquelle fungiert. Gleichzeitig protonisiert die saure Carboxylgruppe die Carbonylgruppe und erhöht deren Fähigkeit, Elektronen aufzunehmen.

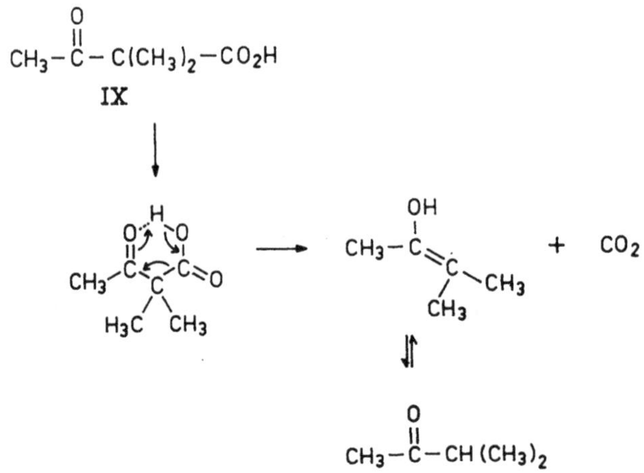

Metallionen

Bei der bisherigen Betrachtung der Säure-Basen-Katalyse haben wir uns auf die Brönsted-Lowry-Definition beschränkt, d. h. wir haben nur Protonentransferreaktionen betrachtet. Es sind jedoch alle Säuren und Basen, jene eingeschlossen, die unter die Definition von Lewis fallen, in der Lage, die Geschwindigkeiten chemischer Reaktionen durch Mechanismen zu beeinflussen, die den oben besprochenen vergleichbar sind. Das Zusammenwirken irgendeiner potentiell substituierbaren Gruppe oder eines Elektronendonators mit einer Lewis-Säure steigert den Elektronenfluß und damit die Reaktionsgeschwindigkeit. Zu den gebräuchlichsten Lewis-Säuren gehören Metallderivate, einschließlich Metall kationen. Es sind viele Fälle bekannt, wo Reaktionen durch diese Agenzien katalysiert werden.

Viele Metallkationen bilden mit bestimmten Molekülen Komplexverbindungen, die in der Lage sind, Elektronen zur Knüpfung einer chemischen Bindung abzugeben. Die Substanz, die die Elektronen abgibt, die Lewis-Base, wird als Ligand bezeichnet. Die Bildung eines Metallion-Ligand-Komplexes unterliegt der Gleichgewichtskonstanten dieses Vorganges.

$$M + L \rightleftharpoons ML$$

$$K = \frac{[ML]}{[M] \cdot [L]}$$

Die so definierte Gleichgewichtskonstante der Reaktion wird oft als *Stabilitätskonstante* bezeichnet, sie spiegelt die Stärke der Metallion-Ligand-Bindung wider.

Eine die Untersuchungen komplizierende Eigenschaft der Ligand-Metallion-Interaktion ist die Tatsache, daß jedes Metallion mit mehr als einem Liganden in Wechselwirkung treten und so eine Serie von Stabilitätskonstanten für die Assoziation eines bestimmten Ions mit entsprechenden Liganden erhalten werden kann.

$$M + L \rightleftharpoons ML; \quad ML + L \rightleftharpoons ML_2;$$
$$ML_2 + L \rightleftharpoons ML_3 \ldots ML_{n-1} + L \rightleftharpoons ML_n$$

$$K_1 = \frac{[ML]}{[M]\,[L]}; \qquad K_2 = \frac{[ML_2]}{[ML]\,[L]}$$

$$K_3 = \frac{[ML_3]}{[ML_2]\,[L]} \quad \ldots \quad K_n = \frac{[ML_n]}{[ML_{n-1}]\,[L]}$$

Im allgemeinen sinkt die Stabilitätskonstante eines Komplexes mit der Erhöhung der Zahl der Liganden im Komplex. Es gilt also $K_1 > K_2 > K_3 > K_n$. Für die Komplexe des Imidazols mit Kupferionen findet man zum Beispiel $\log K_1 = 4{,}36$, $\log K_2 = 3{,}51$, $\log K_3 = 2{,}85$ und $\log K_4 = 2{,}66$ [31]. Der Eintritt eines neuen Liganden in den Komplex wird, besonders wenn der Ligand eine negative Ladung trägt, zunehmend erschwert, da der neu hinzukommende Ligand durch elektrostatische Kräfte abgestoßen wird. Potentiell mögliche Liganden werden dann durch elektrostatische Kräfte abgestoßen.

Metallionen können normalerweise zwei, vier oder sechs Liganden binden. Zwei Liganden werden dabei linear angeordnet und vier können entweder einen planaren oder einen tetraederförmigen Komplex mit dem Metallion in ihrem Zentrum bilden. Sechs Liganden ordnen sich um das zentrale Metallion derart an, daß sie die Ecken eines Oktaeders bilden. Die Natur des Metallions und die der Liganden bestimmen jeweils, welche dieser Strukturen in einem gegebenen Fall gebildet wird.

Genau wie die Stärke einer BRÖNSTED-LOWRY-Säure, d. h. ihre Fähigkeit, ein Proton abzugeben, durch die Gleichgewichtskonstante ausgedrückt wird, kann die Stabilitätskonstante eines Metallion-Ligand-Komplexes als Maß für die Fähigkeit des Metallions betrachtet werden, Elektronen aufzunehmen. Es ist deshalb zu erwarten, daß solche Metallionen, die die stärksten Komplexe bilden, auch die wirksamsten Katalysatoren chemischer Reaktionen darstellen. Dies wird durch die Praxis bestätigt. Die Metallionen der Gruppen IA, IIA und IIIA des periodischen Systems bilden relativ schwache Komplexe, die die nachfolgend aufgeführte Reihenfolge in ihrer Stabilität aufweisen [32].

$$Cs^{I} < Rb^{I} < K^{I} < Na^{I} < Li^{I} < Ba^{II} < Sr^{II} < Ca^{II} < Mg^{II} < La^{III} < Y^{III} < Al^{III}$$

Die ersten fünf davon sind als Katalysatoren unwirksam.

Die Übergangselemente bilden viel stabilere Komplexe, was im allgemeinen durch die Kombination ihres kleinen Kationenradius mit ihrer zwei- bzw. dreifach positiven Ladung und ihren nicht aufgefüllten Elektronenschalen, die weitere Elektronen aufnehmen können, verursacht wird. Es war deshalb zu erwarten, daß die Kationen der Übergangselemente chemische Reaktionen wirksam katalysieren können und es ist interessant zu beobachten, daß die mit Enzymen assoziierten Metallionen häufig Übergangselemente, insbesondere Mn, Fe, Co, Ni, Cu und Zn sind.

Die Stabilität des Ligand-Metallion-Komplexes hängt in einem bestimmten Maße von der Natur des Liganden ab. Der Komplex ist gewöhnlich viel stabiler, wenn zwei als Liganden fungierende Gruppen miteinander verbunden sind, als wenn beide getrennt voneinander vom Komplex aufgenommen werden. Für die Assoziation von Ammoniak mit Kupferionen wurden $\log K_1 = 4.2$ und $\log K_2 = 3.5$ gefunden. Für den Äthylendiamin-Kupfer-Komplex (X) beträgt jedoch $\log K = 10{,}6$ [33]. Der bifunktionelle Ligand Äthylendiamin wird demzufolge von dem Metallion besser gebunden als zwei einzelne Ammoniakmoleküle. Glycin bindet sich ebenfalls besser an Metallionen als eine Mischung aus Essigsäure und Ammoniak (XI). In diesen Komplexen, die als Chelate bekannt sind, werden Ringstrukturen gebildet. Zu den Besonderheiten der organischen Chemie gehört, daß die Bildung eines fünf- oder sechsgliedrigen Ringes in einer Verbindung oder einem Übergangszustand stets stark begünstigt ist.

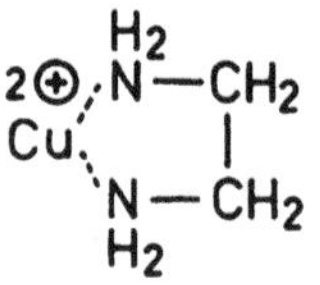

X

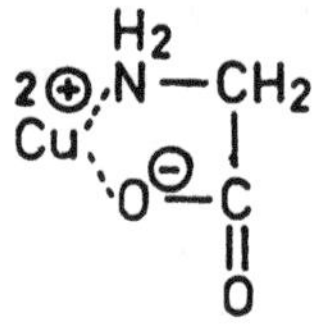

XI

Es ist interessant, einige durch Metallionen katalysierte Reaktionen im Hinblick auf diese Feststellungen zu untersuchen. Obwohl die Ligand-Metallionen-Bindungen gewöhnlich sehr fest und den kovalenten Bindungen sehr ähnlich sind, wollen wir sie der Übersichtlichkeit halber als gestrichelte Linien darstellen, wie dies in (X) und (XI) der Fall ist.

Decarboxylierung. Viele Carbonylreaktionen werden durch Wasserstoffionen katalysiert. Es ist schwierig nachzuweisen, daß die Decarboxylierung von β-Ketosäuren durch eine zugesetzte Säure katalytisch gesteigert wird, da unter den Bedingungen, wo die Carbonylgruppe protonisiert wird, die Carboxylgruppe nicht in der Anionenform vorkommt, was jedoch eine wichtige Voraussetzung für den Ablauf der Reaktion ist. Es wird allgemein angenommen, daß ein intramolekularer Protonentransfer in diesem „nicht-katalysierten“ Vorgang stattfindet. Das Mangan-Ion wurde als wirksamer Katalysator für die Decarboxylierung der Dimethyloxalessigsäure nachgewiesen [34].

Die Assoziation des Kations mit der Carbonylgruppe ergibt einen für diesen Vorgang geeigneten Elektronenacceptor. Dabei entsteht bei neutralem pH-Wert, der die Anwesenheit eines Carboxylatanions in einem anderen Teil des Moleküls erlaubt, an der Carbonylgruppe eine Lewis-Säure.

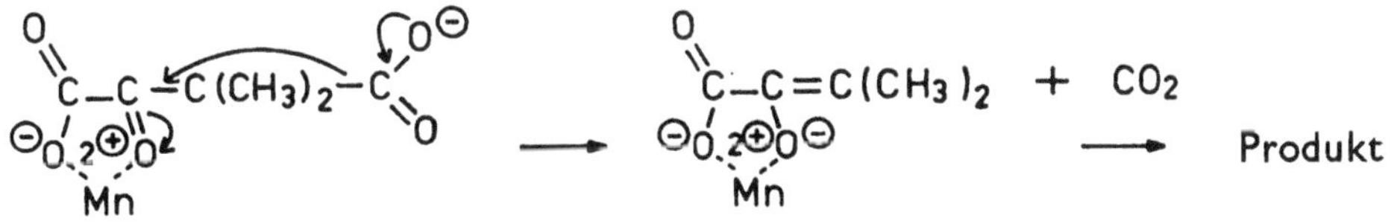

Die große Stabilität des Chelatkomplexes ist dafür ein Beweis, er scheint für diese Reaktion tatsächlich unabdingbar zu sein. Die Decarboxylierung der Acetessigsäure und des Esters $C_2H_5OCOCOC(CH_3)_2CO_2H$ kann durch Metallionen nicht katalysiert werden, da in diesen Fällen die Bildung von katalytisch wirksamen Chelaten unmöglich ist. Da das Manganion einige β-Ketosäuren decarboxylieren kann und andere nicht, wird es als selektiver Katalysator bezeichnet.

Esterhydrolyse. Die Protonen-Katalyse bei der Esterhydrolyse wurde bereits erwähnt (Seite 51). Es ist nicht überraschend, daß diese Reaktion auch durch Metallionen katalysiert werden kann [35]. Die Hydrolyse von Aminosäureestern, insbesondere denen des Glycins und Phenylalanins, wird in Glycinpuffer durch Kupferionen stark beeinflußt [36]. Dafür wurde folgender Mechanismus vorgeschlagen:

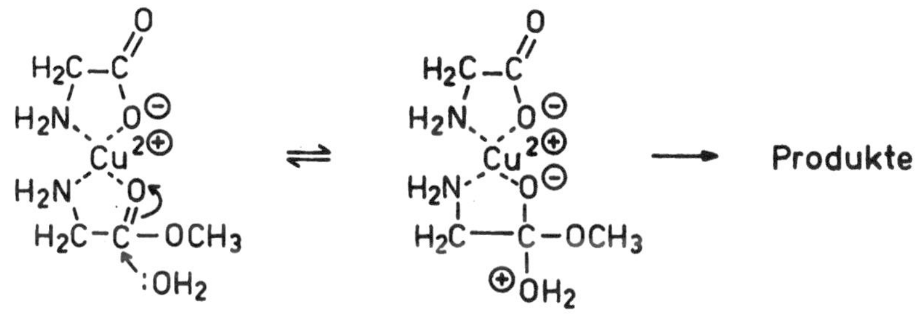

Auch in diesem Falle ist das Substrat ein bifunktioneller Ligand, so daß der Komplex sehr stabil ist. Die unbesetzten Bindungsstellen des Metallions werden durch ein Glycinmolekül des Puffers besetzt. Meriweather und Westheimer zeigten, daß die Hydrolyse von Aminosäureamiden ebenfalls auf diese Weise katalysiert werden kann [37].

Eine hochinteressante hydrolytische Reaktion wird durch einen Kobaltkomplex in Gang gesetzt, das cis-Hydroxyaquotriäthylentetramin-Kobalt (III) [Co-trien (H_2O) $(OH^-)^{2+}$] (XII). Dieses Reagenz reagiert mit Peptiden unter Spaltung der N-terminalen Peptidbindung und Freisetzung der N-terminalen Aminosäure, die mit dem Kobaltion [38, 39] einen Komplex bildet, wie dies die nachstehenden

Beispiele zeigen:

$$\text{Co-trien(OH)(H}_2\text{O)} + \text{Gly} \cdot \text{Gly} \cdot \text{Gly} \rightarrow \text{Co-trien} \cdot \text{Gly} + \text{Gly} \cdot \text{Gly}$$

$$\text{Co-trien(OH)(H}_2\text{O)} + \text{Phe} \cdot \text{Gly} \rightarrow \text{Co-trien} \cdot \text{Phe} + \text{Gly}$$

$$\text{Co-trien(OH)(H}_2\text{O)} + \text{Gly} \cdot \text{Phe} \cdot \text{NH}_2 \rightarrow \text{Co-trien} \cdot \text{Gly} + \text{Phe} \cdot \text{NH}_2$$

Es wird angenommen, daß der erste und geschwindigkeitsbestimmende Schritt der Reaktion die Verdrängung des komplexgebundenen Wassers durch die N-terminale Aminosäure ist. Der nächste Schritt könnte die Substitution des Hydroxid-Liganden durch die Carbonylgruppe der zu spaltenden Peptidbindung sein (XIII), wodurch der Angriff von Hydroxidionen auf die Carbonylgruppe erleichtert wird. Beweise, daß die metallionen-katalysierte Hydrolyse von Carbonsäurederivaten mit einen nucleophilen Angriff durch Hydroxidionen verknüpft ist, wurden von ANGELICI und LEACH [40] erbracht.
Obwohl die Verbindung (XII) im strengen Sinne kein Katalysator ist, da die aktive Form nicht zurückgebildet und ein Molekül XII für die Spaltung von einem Mol Peptid verbraucht wird, ist diese Reaktion zweifellos von großer Bedeutung

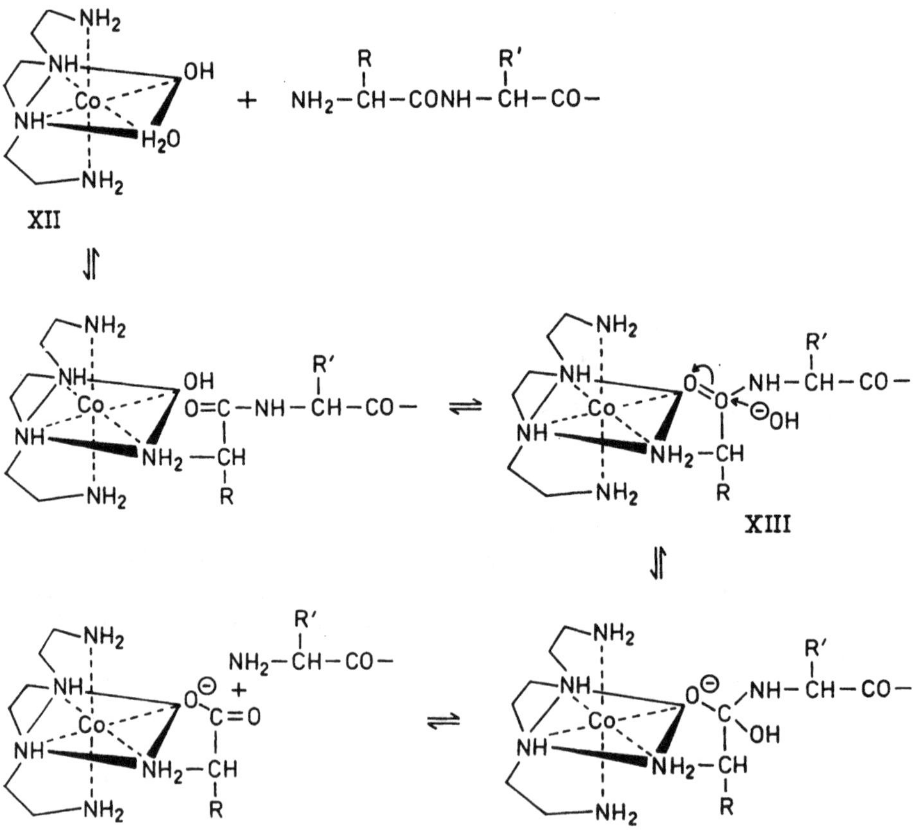

XII

für das Studium der Katalyse. Von besonderem Interesse ist die Spezifität, die dieses Reagenz mit der Spaltung von ausschließlich N-terminalen Peptidbindungen aufweist. Sie ist ähnlich der Wirkung von Aminopeptidasen, so daß dieser Typ von Verbindungen als Vorläufer für viele synthetische, enzymähnliche Katalysatoren aufgefaßt werden kann.

Es ist möglich, daß die Metallionen, die für die Wirkung von Amino- und Carboxypeptidasen essentiell sind, ähnliche Funktionen wie die eben beschriebenen im katalytischen Prozeß ausüben (s. Kapitel 4).

Eine andere biologisch wichtige Reaktion, die durch Metallionen katalysiert werden kann, ist die Hydratisierung von Carbonylverbindungen. POCKER und Mitarbeiter [41] zeigten, daß die Hydratisierung von Pyridin-2-aldehyd (XIV) sowohl durch Zn(II)- als auch durch Co(II)-Ionen katalysiert wird. Dies zeigt der folgende mögliche Reaktionsmechanismus. Dabei ist bemerkenswert, daß diese Ionen bei der Hydratisation von Pyridin-4-aldehyd (XV) viel weniger wirksam sind. In diesem Zusammenhang sei darauf hingewiesen, daß das Enzym Carbonathydrolyase (Carboanhydrase, EC 4.2.1.1), welches die Dehydratisierung von Kohlensäure und auch die Hydratisierung vieler Aldehyde katalysiert, Zinkionen für seine Aktivität benötigt.

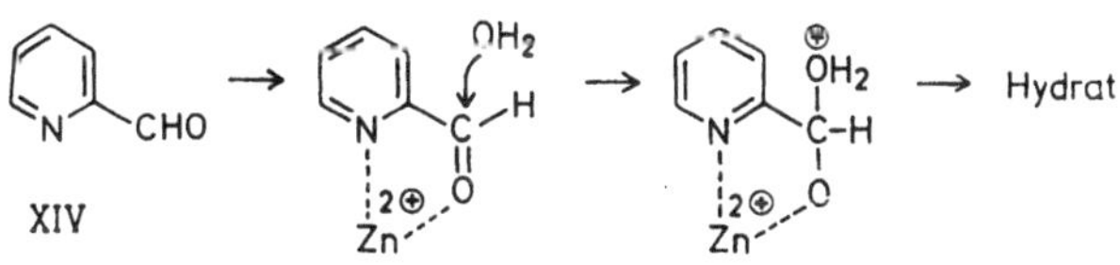

XIV

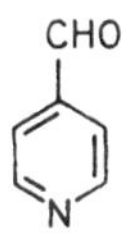

XV

Die zahlreichen Reaktionen des Coenzyms Pyridoxal und seiner Derivate werden ebenfalls durch Metallionen katalysiert. Dieses soll später in den entsprechenden Kapiteln besprochen werden.

Nucleophile Substitutionen. Vor der Beendigung der Besprechung der Metallionen-Katalyse sei noch vermerkt, daß auch nucleophile Substitutionen durch Metallionen beeinflußt werden können. Die FRIEDEL-CRAFTS-Reaktion kann als Substitution betrachtet werden, die durch die ausgezeichnete LEWIS-Säure Aluminiumchlorid katalysiert wird. Dieses unterstützt die Ablösung eines Chloridions von einem entsprechenden Reaktanten, z. B. dem Methylchlorid.

Andere nucleophile Substitutionsreaktionen an Alkylhalogeniden können durch Silber(I)- und Quecksilber(II) ionen beeinflußt werden, da diese eine große Affinität für die abdissoziierenden Halogenide besitzen und so deren Substitution begünstigen. In einigen dieser Fälle kann die dadurch erleichterte Ablösung der zu ersetzenden Gruppe dazu führen, daß die Reaktion Eigenschaften einer S_N1-Reaktion annimmt.

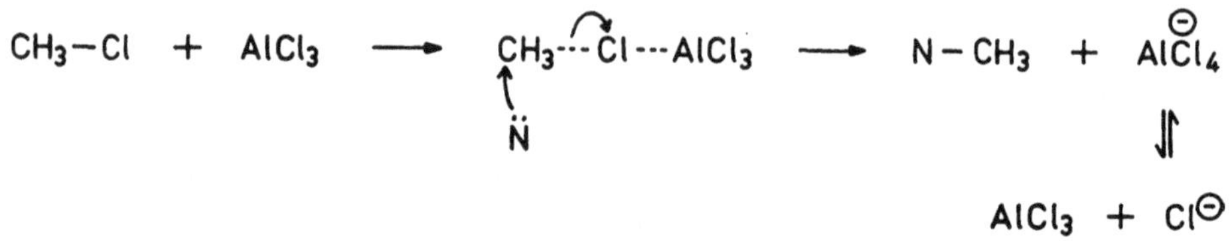

Katalyse durch alternative Reaktionswege

Die in dem vorangegangenen Abschnitt beschriebenen katalytischen Vorgänge beinhalten Modifizierungen der Reaktanten durch den Katalysator, wodurch sich die Durchsatzrate des geschwindigkeitsbestimmenden Schrittes vergrößert. Die Wege der katalysierten und der nichtkatalysierten Reaktion erwiesen sich dabei als praktisch identisch; es sind die gleichen Atome beteiligt; die gleichen Bindungen werden gebildet oder gespalten. Der Katalysator übt seine Wirkung durch den relativ einfachen Vorgang seiner Anlagerung an das Substrat aus, ohne daß neue oder zusätzliche Stoffe außerdem daran beteiligt wären. Wir wollen diesen Typ von Prozessen als *Katalyse durch Modifizierung* bezeichnen.
Es gibt jedoch noch eine andere Art, mittels der Katalysatoren eine gegebene Reaktionsgeschwindigkeit beeinflussen können, nämlich durch das Einschlagen eines „alternativen“ Reaktionsweges für die Umwandlung der Reaktanten in die Produkte. Dabei können neue Bindungen geknüpft und neue chemische Substanzen gebildet werden, die bei dem nichtkatalysierten Vorgang nicht auftreten. Dieser Typ kann als *Katalyse durch alternative Reaktionen* bezeichnet werden. Viele Reaktionen der organischen Chemie unterliegen diesem Katalysetyp. Das folgende Beispiel ist eine geeignete Demonstration der Vorgänge, die für diesen Mechanismus typisch sind. Die Reaktion von Wasser mit Methylbromid, die gewöhnlich ziemlich langsam ist, liefert durch direkte nucleophile Substitution Methanol und ein Bromidion.

$$H_2O\!:\ CH_3 - Br \rightarrow H_2\overset{\oplus}{O} - CH_3 + \overset{\ominus}{Br} \xrightarrow{H_2O} HO \cdot CH_3 + Br^{\ominus} + H_3\overset{\oplus}{O} \qquad (1.31)$$

Die Zugabe von Jodidionen zu dem Reaktionsgemisch hat einen bemerkenswerten Effekt. Da Jodid eine größere Nucleophilie als Wasser besitzt, läuft die Reaktion (1.32) schneller ab als (1.31). Jodid ist aber auch insofern eine ungewöhnliche Substanz, da es überdies auch eine leicht substituierbare Gruppe ist. Deshalb geht Reaktion (1.33) schneller vor sich als (1.31). Die gesamte Reaktionsfolge

(1.32) und (1.33),

$$J^{\ominus} + CH_3-Br \rightarrow J - CH_3 + Br^{\ominus} \quad (1.32)$$

$$H_2O: CH_3 - J \rightarrow \overset{\oplus}{H_2O} - CH_3 \xrightarrow[H_2O]{+J^{\ominus}} HO \cdot CH_3 + J^{\ominus} + \overset{\oplus}{H_3O} \quad (1.33)$$

in deren Verlauf Methyljodid gebildet und hydrolysiert wird, erweist sich als schneller als die Reaktion des Wassers mit dem Methylbromid. Die Reaktanten werden aus diesem Grund schneller durch Beschreiten dieses Alternativweges in die Produkte umgewandelt als in Abwesenheit von Jodid. Dieses wird während der Reaktion regeneriert und es genügt praktisch eine kleine Menge von ihm zur Umwandlung einer großen Menge Methylbromid. Diese Reaktion ist damit eine Katalyse im engeren Sinne.

Ester. Bei der Esterhydrolyse gibt es verschiedene Beispiele dieses Katalysetyps. Imidazol katalysiert die Hydrolyse des gut untersuchten p-Nitrophenylacetats (XVI) [42, 43], wobei Acetylimidazol (XVII) als Zwischenprodukt entsteht.

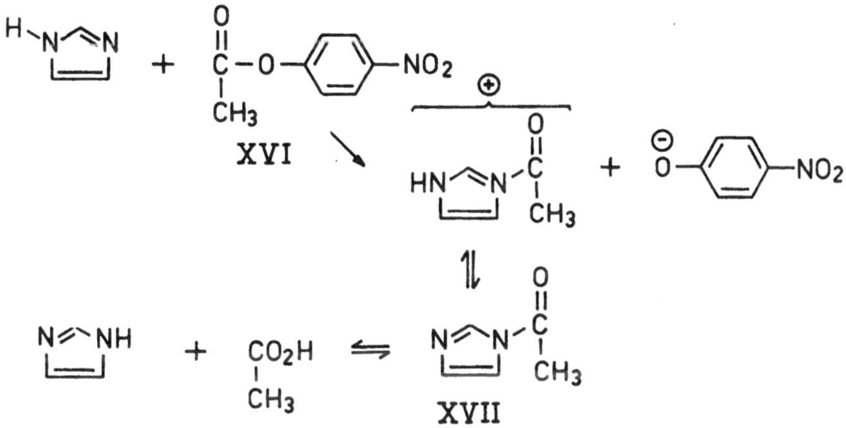

Dieses wurde isoliert und getrennt untersucht. Es ist interessant, daß Imidazol auf diese Weise nicht nur als nucleophiler, sondern auch als basischer Katalysator wirken kann. Die Hydrolyse des Acetylimidazols kann ebenfalls durch Imidazol katalysiert werden [11], was natürlich kein nucleophiler Angriff sein kann, da sonst lediglich Ausgangsmaterial zurückerhalten würde. Das Formelbild zeigt den wahrscheinlichen Mechanismus; das Imidazol erhöht die Nucleophilie des Wassers durch eine Wasserstoffbindung (XVIII). In diesem Schema ist das Imidazol, wie dies von Bruice und Benkovic ([4], Seite 66) vorgeschlagen wurde in seiner protonisierten Form dargestellt.

Die Frage nach der Möglichkeit, experimentell zwischen den zwei Katalysetypen, an denen Imidazol beteiligt ist — allgemeine Basenkatalyse und Katalyse durch Einschlagen eines alternativen Weges — zu unterscheiden, ist natürlich von allgemeiner Bedeutung für das Studium von Reaktionsmechanismen.

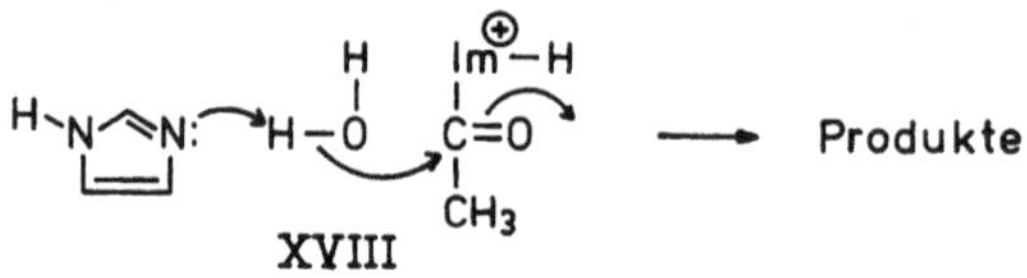

XVIII

Im allgemeinen stehen zwei wichtige Kriterien für diese Unterscheidung zur Verfügung. Das erste ist der Nachweis oder besser die Isolierung des durch die nucleophile Katalyse gebildeten Zwischenproduktes. In der durch Imidazol katalysierten Reaktion des p-Nitrophenylacetats wurde das Zwischenprodukt Acetylimidazol sowohl spektroskopisch nachgewiesen als auch isoliert und identifiziert. Bei der durch Imidazol katalysierten Hydrolyse des Äthylacetats konnte hingegen kein Zwischenprodukt nachgewiesen werden.
Das zweite Kriterium, daß einer Untersuchung zugänglich ist, ist die Möglichkeit des Nachweises eines Isotopeneffektes. Erfolgt die imidazol-katalysierte Äthylacetathydrolyse entsprechend einer allgemeinen Basen-Katalyse, so wie es dar-

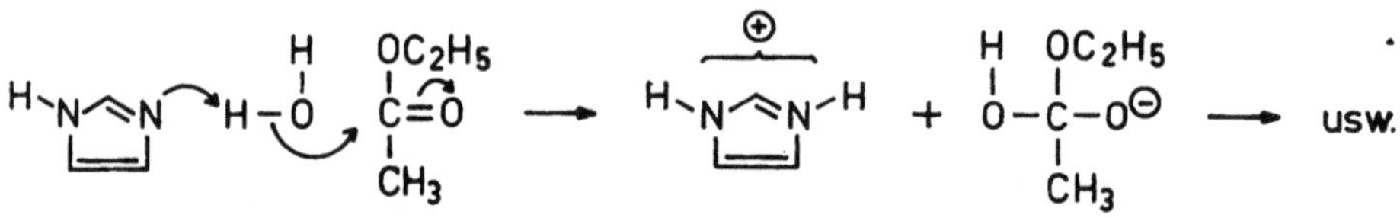

gestellt ist, so tritt in ihrem Ablauf als geschwindigkeitsbestimmender Schritt ein Protonentransfer auf. Wird die Reaktion in Deuteriumoxid anstelle von Wasser durchgeführt, so muß ein Deuteriumiontransfer stattfinden. Jede Reaktion, die einen Deuteriumtransfer enthält, ist normalerweise zwei- bis dreimal langsamer als die korrespondierende Reaktion, in der ein Proton übertragen wird.

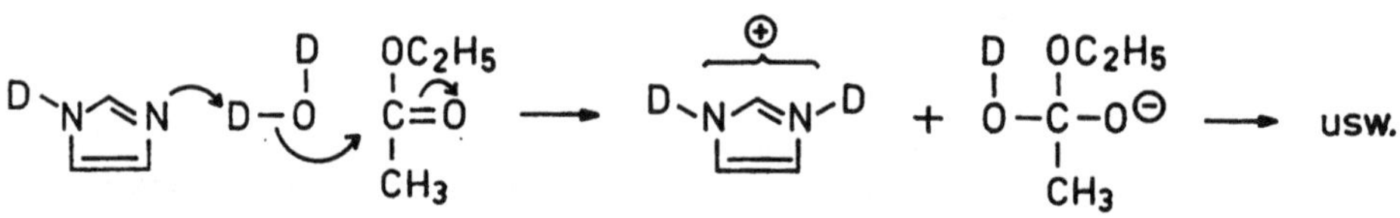

Da der acide Wasserstoff in fast allen Säuren schnell gegen Deuterium ausgetauscht wird, unterliegen alle Reaktionen, die einer Säure- oder Basen-Katalyse mit einem Protonentransfer als geschwindigkeitsbestimmenden Schritt folgen, diesem Effekt.
Es wurde gefunden, daß bei der durch Imidazol katalysierten Hydrolyse des Äthylacetats ein solcher Isotopeneffekt auftritt. Dieser Befund beweist im Zusammenhang mit der Tatsache, daß ein Zwischenprodukt nicht isoliert oder nachgewiesen werden konnte, das Vorliegen einer allgemeinen Basen-Katalyse. Die

durch Imidazol katalysierte Hydrolyse des m-Nitrophenylacetats zeigt einen solchen Isotopeneffekt nicht [45], d. h. während dieser Reaktion geht offenbar ein nucleophiler Angriff des Imidazols vor sich.

Die Fähigkeit der Imidazolgruppe, an solchen katalytischen Prozessen teilnehmen zu können, wurde intensiv untersucht, da sich Histidinreste in den aktiven Zentren vieler Enzyme befinden und für die Wirkung dieser Enzyme notwendig sind.

Viele andere tertiäre Amine sind in der Lage, die Hydrolyse von Estern mittels Mechanismen zu katalysieren, die zu acylierten Zwischenprodukten führen. Im allgemeinen sieht das wie folgt aus:

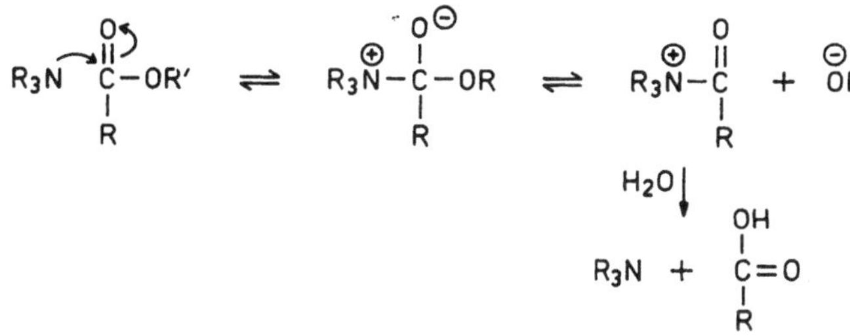

Zu diesen Aminen gehören Triäthylamin, Pyridin und Picolin [42].

In den oben genannten Beispielen besaßen die nucleophilen Reaktanten Stickstoffatome. An derartigen Reaktionen können aber auch Sauerstoffanionen teilnehmen. So tritt bei der durch Acetationen katalysierten Hydrolyse von 2,4-Dinitrophenylbenzoat ein gemischtes Anhydrid (XIX) als Zwischenprodukt auf [46].

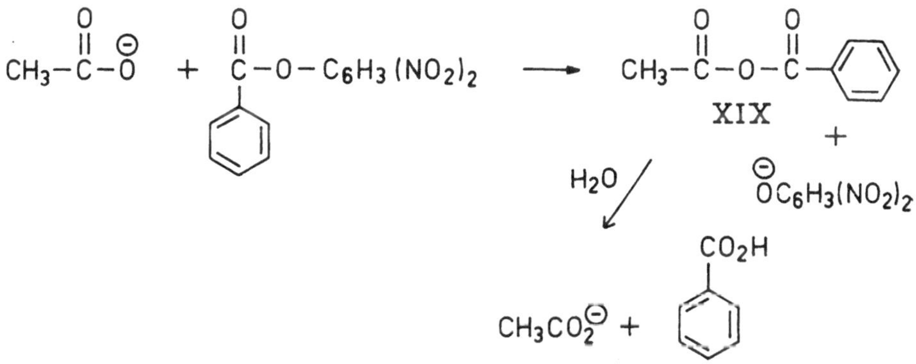

Jedoch werden, wie im Falle des Imidazols, auch bei der Katalyse durch Acetat nicht in allen Fällen solche Zwischenprodukte gefunden. Zum Beispiel wirkt wahrscheinlich das Acetat bei der Hydrolyse von p-Nitrophenylacetat als basischer Katalysator. Die Hydrolyse von Essigsäureanhydrid wird ebenfalls durch Acetationen katalysiert.

Reaktionen unter Beteiligung von Carbonylgruppen. Wir sahen bereits, daß die Reaktion einer Carbonylverbindung mit einem Amin zur Bildung eines Imins führt. Wird Hydroxylamin benutzt, so entsteht ein Oxim. Die Bildungsgeschwindigkeit der Oxime wird durch die Zugabe eines primären Amins, beispielsweise Anilin, erhöht, und es wurde nachgewiesen, daß diese katalysierte Reaktion über eine Schiffsche Base des Anilins verläuft [47].

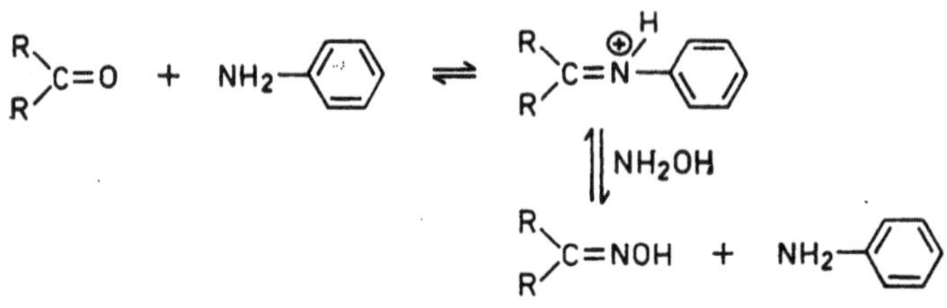

Die Reaktion selbst ist einer Säure-Katalyse unterworfen. Das Anilin reagiert mit der Carbonylgruppe schneller als das Hydroxylamin, und die protonisierte Schiffsche Base des Anilins ist dem Angriff durch das Hydroxylamin zugänglicher als das ursprüngliche Keton. Die Bildung analoger Derivate, wie z. B. der Semicarbazone, wird auf eine ähnliche Weise beeinflußt.

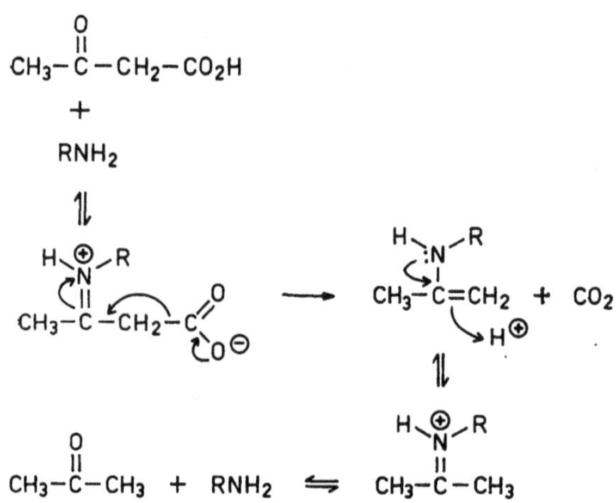

Schiffsche Basen werden bei vielen Reaktionen als Zwischenprodukte gebildet, die durch Amine katalysiert werden. β-Ketosäuren zum Beispiel unterliegen in der Gegenwart primärer Amine einer schnellen Decarboxylierung [48].
Dieser Reaktionstyp scheint für die Wirkung des decarboxylierenden Enzyms Acetoacetatcarboxylase (Acetoacetatdecarboxylase, EC 4.1.1.4) von Bedeutung zu sein, bei dem die Bildung einer Schiffschen Base zwischen Enzym und Substrat nachgewiesen werden konnte [49].

Durch einen ähnlichen, aber komplizierteren Prozeß können Amine auch α-Ketosäuren decarboxylieren. Langenbeck [50] führte diese Reaktionen in phenolischen Lösungsmitteln durch, wo das Phenol die benötigten sauren und basischen Gruppen liefert. Der erste Schritt ist die säure-katalysierte Bildung einer Schiffschen Base. So wird bei der Decarboxylierung der Phenylglyoxylsäure in Phenol in Gegenwart des Amins RCH_2NH_2 die Schiffsche Base (XX) gebildet.

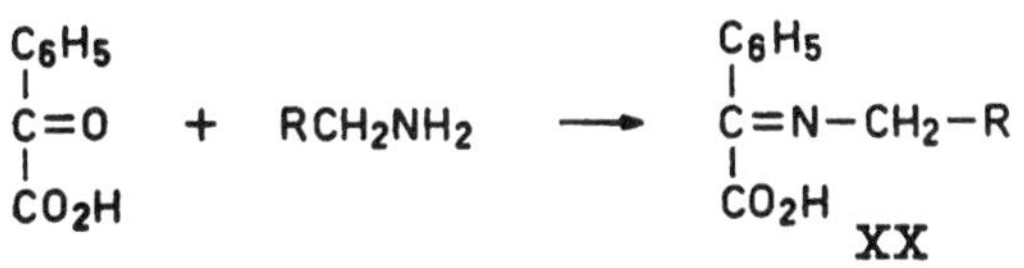

XX

Der nächste Schritt ist die Wanderung der Doppelbindung, hervorgerufen durch einen Zwei-Protonentransfer, der sowohl eine Base als auch eine Säure benötigt (eine prototrope Umlagerung). Dabei wird eine β-, γ-ungesättigte Säure (XXI) gebildet, die einer raschen Decarboxylierung unterliegt. Diese Decarboxylierung wird sowohl durch Säuren als auch durch Basen katalysiert.

In der Praxis sind Decarboxylierungen normalerweise nicht reversibel, da das gebildete Kohlendioxid aus dem Reaktionsgemisch entweicht. Wenn das nicht der Fall wäre, könnten wir erwarten, daß der umgekehrte Vorgang ebenfalls durch Amine katalysiert wird. Im biologischen Sinne kann eine Decarboxylierung als Abbau betrachtet werden. Synthetische Prozesse, d. h. Vorgänge, bei denen Kohlenstoff—Kohlenstoff-Bindungen gebildet werden, können katalysiert ebenfalls über Imine als Zwischenprodukte verlaufen. Hierzu gehören die unten beschriebenen Acyloin- und Aldolkondensationen.

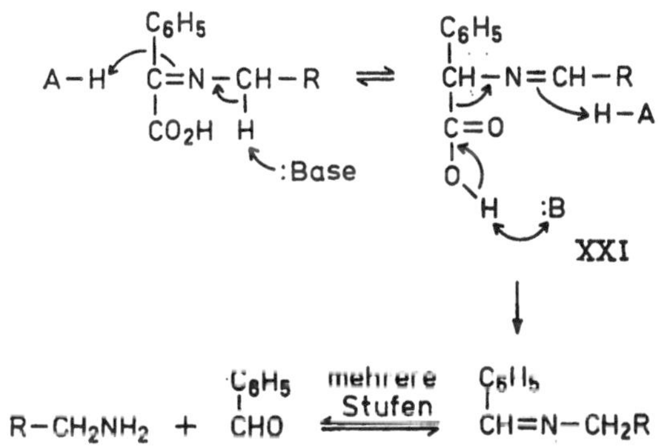

XXI

Unter Bedingungen, unter denen die Decarboxylierung von α-Ketosäuren wie Brenztraubensäure begünstigt ist, können auch Acyloine gebildet werden [50]. Die Reaktion beinhaltet wahrscheinlich die Kondensation der Schiffschen Base der α-Ketosäure mit einem Mol Aldehyd, das bereits durch Decarboxylierung gebildet wurde. Danach folgt eine weitere CO_2-Abspaltung. Wie in dem vorangegangenen Fall benötigt die Reaktion saure und basische Katalysatoren ([46], Seite 195).

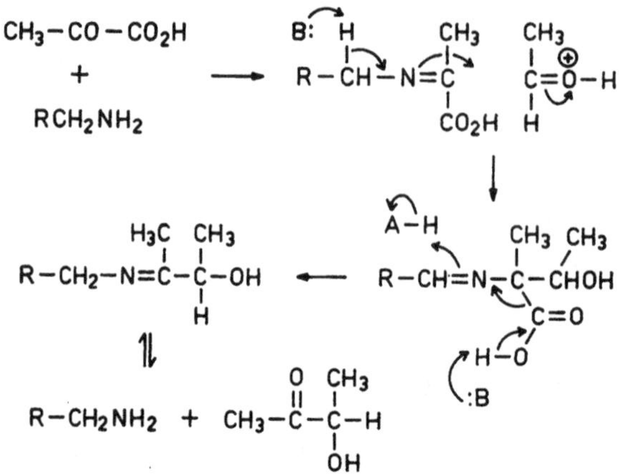

Durch primäre Amine katalysierte Aldolkondensationen führen über eine interessante prototrope Umlagerung, wobei ein Enamin (XXII) gebildet wird [51]. Die „Aldolisierung" des Acetons kann folgendermaßen formuliert werden:

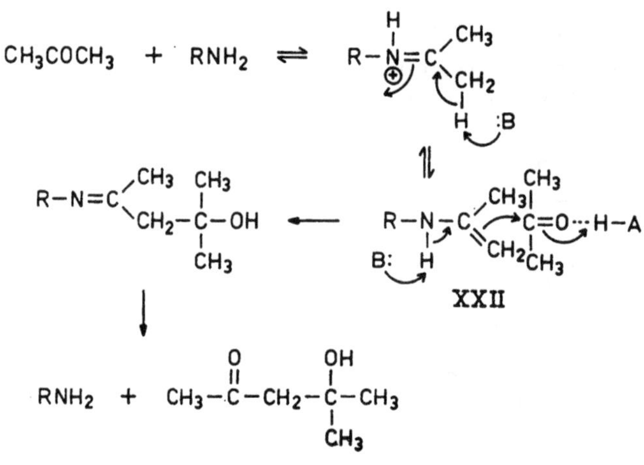

Für das Aceton liegt das Gleichgewicht so, daß die synthetische Reaktion nicht begünstigt und die Aldolspaltung deshalb experimentell leichter zu untersuchen ist.

Zur Aufstellung des obigen Mechanismus wurde das Prinzip der mikroskopischen Reversibilität angewandt. Die von YASNIKOV [51] untersuchte Kinetik der Butyraldehydkondensation zeigte im wesentlichen die gleichen Resultate. Da das

Enzym Fructose-1,6-diphosphat-D-glycerinaldehyd-3-phosphatlyase (Fructosediphosphataldolase, oft als Aldolase bezeichnet, EC 4.1.2.13), das eine ähnliche Reaktion katalysiert, ebenfalls mit dem Substrat ein Imin bildet [52], wird angenommen, daß an diesem Enzym ein analoger Mechanismus abläuft.

Primäre Amine sind nicht die einzigen Reagenzien der organischen Chemie, die Carbonylreaktionen über einen Alternativweg katalysieren können. Das Cyanidion ist in dieser Hinsicht sehr vielseitig. Es kann die Umwandlung der Aldehyde in Acyloine unterstützen. Der Reaktionsmechanismus wurde von LAPWORTH [27] aufgeklärt. Bei der Reaktion wird ein Carbanion (XXIII) gebildet, daß durch die Gegenwart der benachbarten Nitrilgruppe stabilisiert wird.

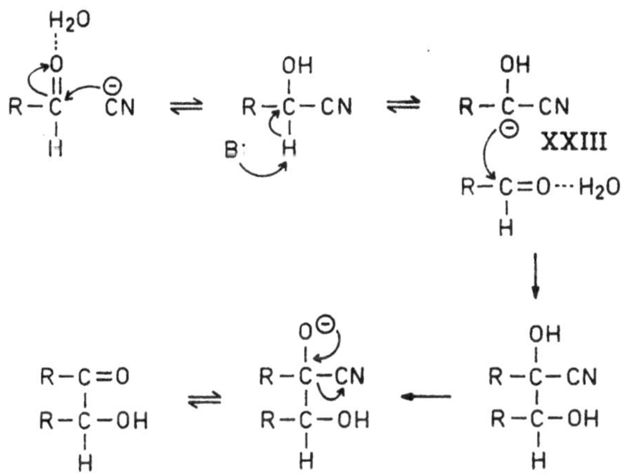

Ist R gleich C_6H_5, wird die Reaktion als Benzoinkondensation bezeichnet. Sie kann auch durch andere Substanzen katalysiert werden. Hierzu gehört das Thiazoliumion (XXIV), das auf die gleiche Weise eine Stabilisierung des Carbanions (XXV und XXVI) bewirkt [54].

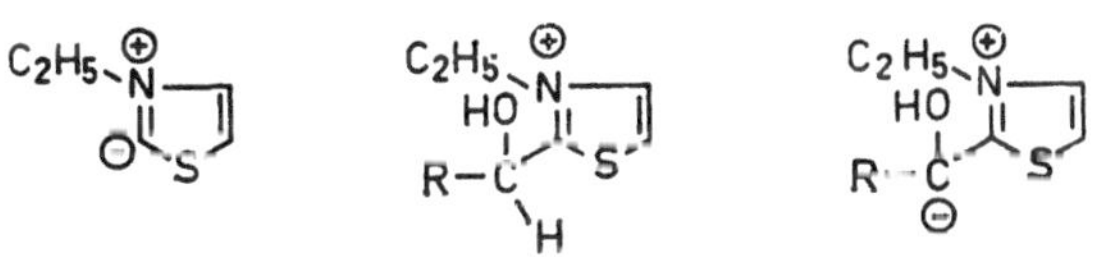

XXIV XXV XXVI

Die Decarboxylierung der α-Ketosäuren ist eine weitere Reaktion, an der Cyanid teilnehmen kann [55]. Hierbei wird das Carbanion wiederum durch die Anwesenheit der Nitrilgruppe (XXVII) stabilisiert.

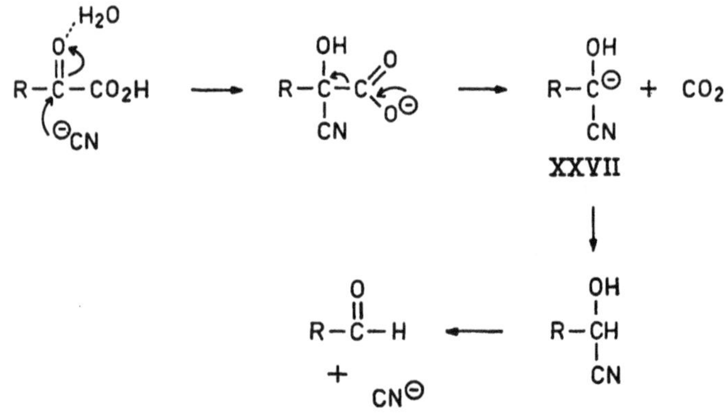

Bei derartigen Reaktionen ist die Fähigkeit der Nitrilgruppe von großer Bedeutung, Carbanionen zu stabilisieren. Es ist vor allem diese Eigenschaft und nicht nur seine Nucleophilie, was das Cyanidion für diesen Reaktionstyp so geeignet macht. Das zeigt sich deutlich bei der Reaktion von α-Diketonen. Hier katalysieren die beiden Nucleophilen Cyanid- und Hydroxidionen völlig unterschiedliche

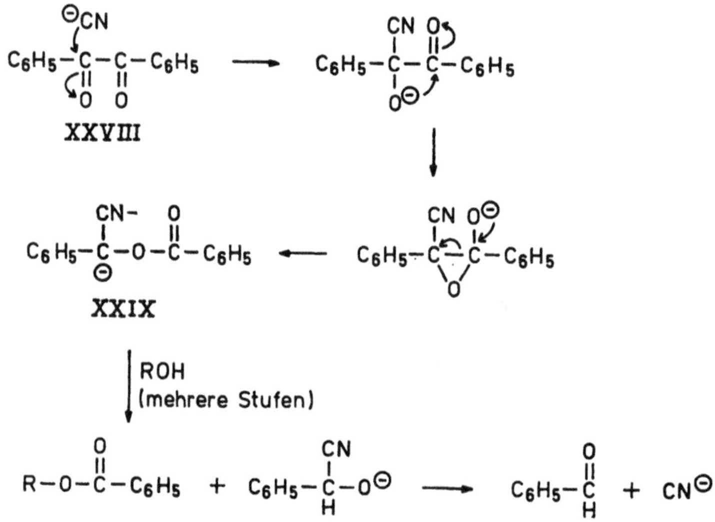

Reaktionen. In alkoholischer Lösung wird (XXVIII) durch Cyanidionen in einen Aldehyd und einen Ester umgewandelt [56]. Bei der Reaktion erfolgt ein Angriff der Carbonylgruppe auf ein benachbartes Sauerstoffanion, was schließlich zu einem nitrilstabilisierten Carbanion (XXIX) führt. Im Gegensatz dazu bewirken Hydroxidionen eine Umwandlung des Benzils in Benzilsäure (XXX). Hierbei findet eine ungewöhnliche Umlagerung unter Wanderung einer Kohlenstoff—Kohlenstoff-Bindung statt.

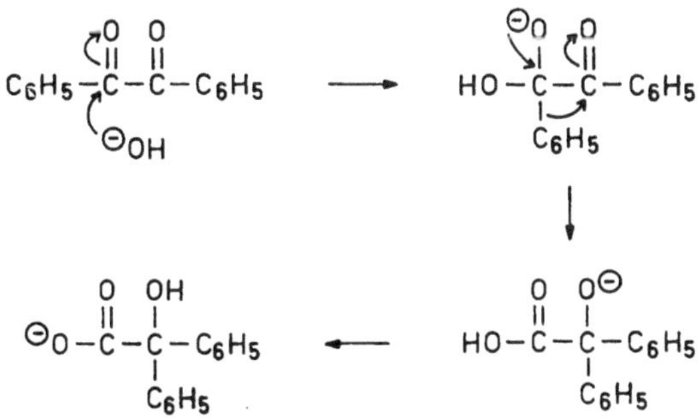

XXX

Cyanid- und Hydroxidionen führen bei ihrer Reaktion mit Tropolon (XXXI) ebenfalls zu unterschiedlichen Produkten. Das Hydroxidion als starke Base löst ein Proton unter Bildung des Tropolonanions (XXXII) ab, welches sehr stabil ist und keine weitere Umsetzung erfährt. Cyanid jedoch, das keine starke Base, trotzdem aber ein gutes Nucleophil ist, bewirkt eine Umwandlung des Tropolons in Benzoesäure [57].

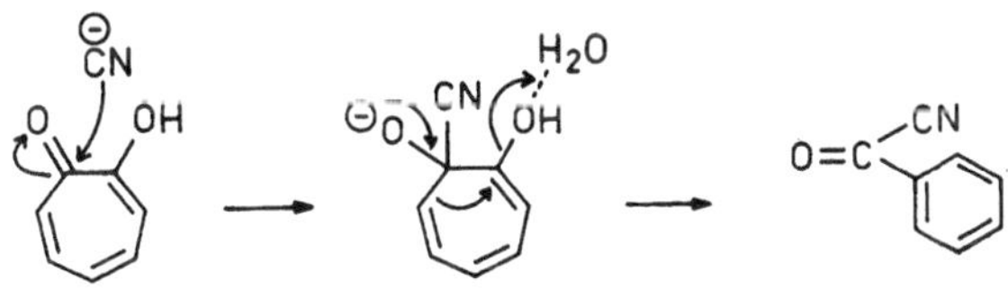

XXXI

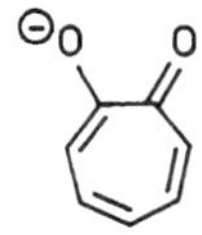

XXXII

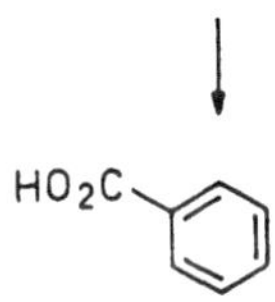

Andere Substanzen können ebenfalls chemische Reaktionen durch einen Alternativweg-Prozeß katalysieren; von ihnen sind wahrscheinlich Thiamin bzw. Pyridoxal und ihre Derivate am bedeutungsvollsten. Die Untersuchung dieser Verbindungen hat zu großen Fortschritten in unseren Kenntnissen über die Mechanismen der enzymatischen Katalyse geführt. Die Besprechung dieser und anderer Coenzyme erfolgt in jenen Kapiteln, die sich mit den betreffenden Enzymen befassen.

Nachbargruppeneffekte

An dieser Stelle wollen wir ein Phänomen untersuchen, das einen beträchtlichen Einfluß auf die Geschwindigkeit chemischer Reaktionen hat, obgleich es keine Form der Katalyse darstellt. Diese Erscheinung wird als Nachbargruppeneffekt oder Annäherungseffekt (manchmal auch als Nachbarschafts-Katalyse) bezeichnet. Er soll anhand einiger Beispiele erläutert werden.

Die Hydrolyse von Phenylacetat (XXXIII) kann, wie auf Seite 63 beschrieben wurde, durch Trimethylamin (XXXIV) katalysiert werden. Der Gesamtvorgang ist sowohl in bezug auf das Amin als auch auf den Ester erster Ordnung und hat eine bimolekulare Geschwindigkeitskonstante k_B. Die Hydrolyse des Esters (XXXV) ist viel schneller; sie ist in bezug auf den Aminoester erster Ordnung, und ihre

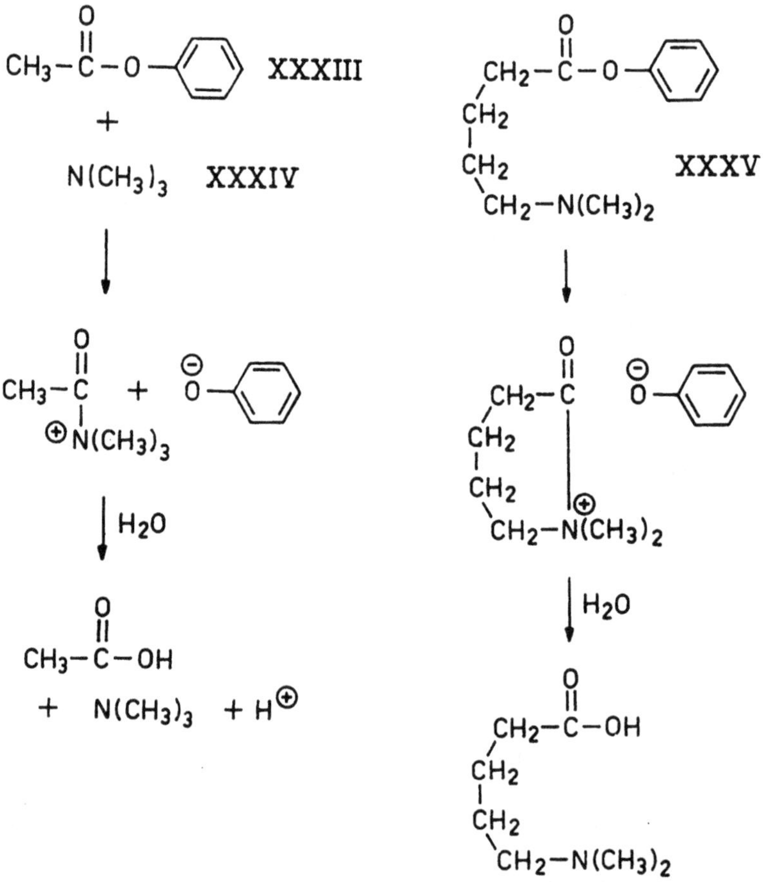

monomolekulare Geschwindigkeitskonstante k_m ist etwa 10^3mal größer als k_B [58]. Es ist unwahrscheinlich, daß die Nucleophilie der Aminogruppe in der Verbindung (XXXV) sich von der in (XXXIV) sehr unterscheidet; jeder elektrische Effekt auf die Estercarbonylgruppe kann vernachlässigt werden, da die Gruppen durch eine Kette von vier Kohlenstoffatomen getrennt sind. Entsprechend sollte die Zugänglichkeit beider Estergruppen für einen nucleophilen Angriff fast identisch sein. In beiden Fällen ist die zu ersetzende Gruppe (das Phenolatanion) die gleiche. Es ist nicht wahrscheinlich, daß die Bildung eines sechsgliedrigen Ringes in einem der Fälle zu großen Differenzen in der Bindungsstärke oder dem Ausmaß, in dem die Bindungen im Übergangszustand gebildet oder gelöst werden, führt.

Ähnliche Betrachtungen können auch für die zweite Stufe des Vorganges, in der Wasser das Nucleophil ist, gemacht werden. Die Aktivierungsenthalpien der beiden Reaktionen können deshalb als ziemlich ähnlich angesehen werden, und wahrscheinlich werden die Differenzen in den Geschwindigkeiten vor allem durch Unterschiede in den Aktivierungsentropien verursacht. Der monomolekulare Prozeß hat eine höhere Aktivierungsentropie (einen niedrigeren negativen Wert) als der bimolekulare Vorgang.

Auf den ersten Blick scheint das ein überraschendes Resultat zu sein. Der Übergangszustand bei der Reaktion von (XXXV) muß ein cyclisches, relativ starres System sein und demzufolge einen niedrigen Entropiewert besitzen, während der Übergangszustand für die Reaktion des Esters (XXXIII) mit dem Amin (XXXIV) nicht so starr ist. Der absolute Entropiewert des Übergangszustandes ist jedoch nicht der entscheidende Parameter, sondern die Differenz zwischen der Entropie des Übergangszustandes und der des Ausgangsmaterials. Das System (XXXV) hat bereits einen viel niedrigeren Entropieinhalt, da es im Vergleich zu den Systemen (XXXIII) und (XXXIV), in denen die zwei Moleküle voneinander unabhängig sind und sich frei in dem Lösungsmittel bewegen können, weniger Freiheitsgrade hat. Die Entropieänderung ist folglich für den monomolekularen Prozeß günstiger.

Bruice und Benkovic [58] zeigten, daß die Aktivierungsentropie einer Reaktion in enger Beziehung mit der Reaktionsordnung (siehe Seite 21) steht. Für eine Serie von Substitutionen an Phenylestern wurde die folgende empirische Beziehung erhalten ([4], Band 1, Seite 23):

$$\frac{T_{\Delta}S^* \text{ (experimentell bestimmt)}}{4-5 \text{ (kcal/Mol)}} = \text{kinetische Ordnung.}$$

Werden demzufolge zwei Reaktionen miteinander verglichen, die sich hauptsächlich darin unterscheiden, daß die Ordnung der einen Reaktion um eins niedriger ist als die der anderen, so werden sich die $T_{\Delta}S^*$-Werte dieser beiden Reaktionen um 4—5 kcal/Mol unterscheiden. Die Reaktion mit der niedrigeren Ordnung wird eine geringere negative Aktivierungsentropie und damit eine größere Geschwindigkeit haben als die andere. Ein Absinken der freien „Gesamt"-Aktivierungsenthalpie um 4—5 kcal/Mol hat im Mittel einen Geschwindigkeitsanstieg um das tausendfache zur Folge. Sogar in den Fällen, wo sterische Faktoren zu Änderungen der Aktivierungsenthalpie führen, können derartige Nachbargruppeneffekte noch beträchtliche Geschwindigkeitssteigerungen hervorrufen.

In unserem Beispiel ist es klar, daß die Hydrolyse des Phenylesters, deren Geschwindigkeit schon durch die Gegenwart von Trimethylamin mittels einer Alternativweg-Katalyse vergrößert wird, durch die enge Nachbarschaft der Aminogruppe in der Verbindung (XXXV) noch größer wird.

Es sind viele Beispiele für Nachbargruppeneffekte bekannt. Ein besonders interessantes ist die Bildung von Acylimidazolen aus p-Nitrophenylestern. Die Geschwindigkeit der Freisetzung des p-Nitrophenolatanion aus dem Ester (XXXVI) ist viel größer als die bei der Reaktion zwischen Imidazol und p-Nitrophenylacetat

[59, 60]. Die Reaktionsgeschwindigkeit von (XXXVI) ist sogar gering größer als die der Reaktion des p-Nitrophenylacetat mit dem Enzym Chymotrypsin (EC 3.4.4.5), die unter Freisetzung von einem p-Nitrophenolation zur Bildung von Acetylchymotrypsin führt [61] (siehe Kapitel 4). Acylimidazole, die wie das oben beschriebene mit Wasser unter Bildung der freien Säure reagieren, sind ein weiteres Beispiel für eine katalysierte Hydrolyse, die durch den Nachbargruppeneffekt noch zusätzlich beschleunigt wird.

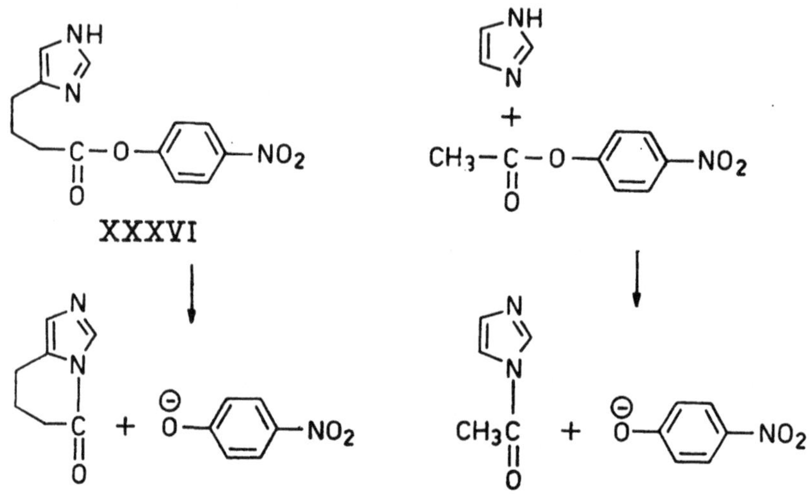

XXXVI

Wie wir bereits gesehen haben, können Sauerstoffanionen an Alternativweg-Katalysen teilnehmen und es gibt Beispiele, daß auch solche Katalyseprozesse durch Nachbargruppeneffekte beeinflußt werden. Die Hydrolyse der Acetylsalicylsäure wird durch den Angriff des benachbarten Carboxylations auf solche Weise bewerkstelligt [62]. Das intermediäre Anhydrid zerfällt schnell.

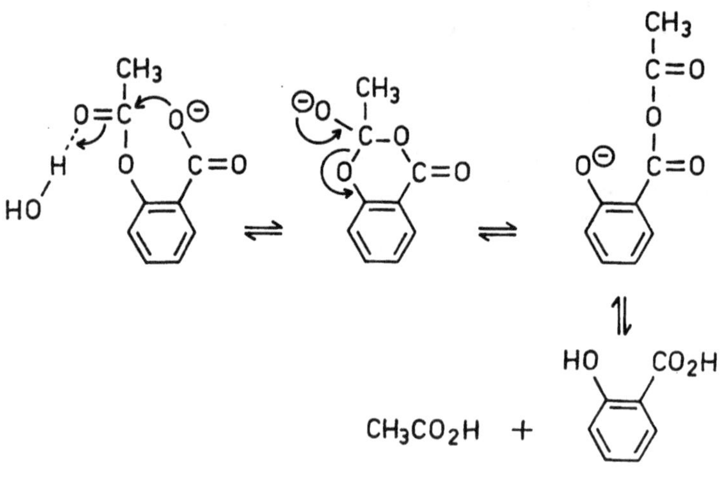

Spannungseffekte

Der Nachbargruppeneffekt selbst ist eigentlich kein Katalysemechanismus. Er ist ein charakteristisches Merkmal der Molekülstruktur. Als Folge dieser Eigentümlichkeit ist die Reaktivität einer Gruppe beträchtlich höher als in dem Falle, wenn das Molekül dieses Merkmal nicht besäße. Eine ähnliche molekulare Eigenschaft ist die *Spannung*. Besitzt ein Molekül eine Spannung, so wird jede Reaktion, die diese Spannung verringert, schneller ablaufen als bei einem „ungespannten" Molekül. Das beruht darauf, daß bei Verminderung der Spannung Energie freigesetzt wird, die die Aktivierungsenergie der Reaktion kompensiert. Die Reaktivität einer Gruppe in einem derartigen Molekül kann deshalb als erhöht angesehen werden. Zum Beispiel hydrolysiert ein γ-Lacton, daß infolge des viergliedrigen Ringes hoch gespannt ist, mit einer viel größeren Geschwindigkeit als ein δ-Lacton, das einen weniger gespannten fünfgliedrigen Ring besitzt. Durch diese besondere molekulare Eigenschaft ist die Hydrolyseempfindlichkeit der Estergruppe erhöht.

Schlußbetrachtung

Wir haben in diesem Kapitel gesehen, daß die Geschwindigkeit einer chemischen Reaktion von ihrer freien Aktivierungsenthalpie abhängt. Die freie Aktivierungsenthalpie ist aus zwei Termen, der Aktivierungsenthalpie und der Aktivierungsentropie, zusammengesetzt. Die Stärke der während der Reaktion gebildeten und gespaltenen Bindungen und das Ausmaß ihrer Spaltung bzw. Bildung bestimmen zumindest in der ersten Näherung die Aktivierungsenthalpie. Die Aktivierungsentropie wird durch die Änderungen in der Gesamtunordnung und Starrheit des Systems einschließlich der dreidimensionalen Anordnung der Moleküle determiniert. Es sollte beachtet werden, daß sterische Effekte auf zwei Wegen wirken können; erstens durch eine Beeinflussung der Aktivierungsentropie und zweitens durch die Begünstigung und Behinderung der Bindungsbildung im Übergangszustand, d. h. durch Beeinflussung der Aktivierungsenthalpie.

Ein Katalysator beeinflußt die Reaktionsgeschwindigkeit entweder durch eine Modifizierung der Reaktanten oder durch die Ermöglichung eines alternativen Weges; die Aktivierungsenergie ist in jedem Falle niedriger als bei der nichtkatalysierten Reaktion. Außerdem betrachteten wir Katalysatoren, die ein System durch Veränderung der Dielektrizitätskonstante des Mediums oder durch Einführung von Spannung in das Molekül so modifizieren, daß der geschwindigkeitsbestimmende Schritt eine niedrigere kinetische Ordnung als in der nichtkatalysierten Reaktion hat.

Die Aufgabe der weiteren Kapitel dieses Buches ist es, einen breiten Überblick über die chemischen Informationen, die über die Enzyme verfügbar sind, zu geben und die Mechanismen, durch welche die Enzyme wirken, zu diskutieren.

Literatur

[1] EVERETT, D. H., An Introduction to the Study of Chemical Thermodynamics (Longmans, 1960)
[2] GOULD, E. S., Mechanism and Structure in Organic Chemistry (Holt, Rinehart und Winston, 1959)
[3] HINE, J., Physical Organic Chemistry (McGraw-Hill, 1962)
[4] BRUICE, T. C., und BENKOVIC, S. J., Bioorganic Mechanisms Band 1 und 2 (Benjamin, 1966)
[5] HARCOURT, A. V., J. chem. Soc. **20**, 460 (1867)
[6] ARRHENIUS, S., Z. physik. Chem. **4**, 226 (1889)
[7] GLASSTONE, S., LAIDLER, K. J., und EYRING, H., The Theory of Rate Processes (McGraw-Hill 1941)
[8] CROLWELL, T. I., und HAMMETT, L. P., J. Am. chem. Soc. **70**, 3444 (1948)
[9] DUNBAR, P. M., und HAMMETT, L. P., J. Am. chem. Soc. **72**, 109 (1950)
[10] HINE, J., und BRADER, W. H., jr., J. Am. chem. Soc. **75**, 3964 (1953)
[11] SPRYKSOW, A. A., J. gen. Chem. U.S.S.R. **17**, 1309 (1947) (Chem. Abst. **42**, 1921 (1948)); J. gen. Chem. U.S.S.R. **16**, 1059 (1946) (Chem. Abst. **41**, 2720 (1947))
[12] BRÖNSTED, J. N., und WYNNE-JONES, W. F. K., Trans. Faraday Soc. **25**, 59 (1929)
[13] COOMBS, E., und EVANS, D. P., J. chem. Soc. 1295 (1940)
[14] BRÖNSTED, J. N., und PEDERSON, K., Z. physik. Chem. **108**, 185 (1924)
[15] DE WOLFE, R. H., und YOUNG, W. G., Chem. Rev. **56**, 769 (1956); KEPNER, R. E., WINSTEIN, S., und YOUNG, W. G., J. Am. chem. Soc. **71**, 115 (1949)
[16] LEWIS, G. N., Valence and the Structure of Atoms and Molecules (Chemical Catalogue Co., New York, 1923)
[17] BROWN, H. C., und CANN, A., J. Am. chem. Soc. **77**, 1715 (1955)
[18] HINE, J., Physical Organic Chemistry, Seite 160 (McGraw-Hill, 1962)
[19] HUGHES, E. D., und INGOLD, C. K., J. chem. Soc. 244 (1935)
[20] BROWN, H. C., und ELDRED, N. R., J. Am. chem. Soc. **71**, 445 (1949)
[21] MEISENHEIMER, J., Ann. **323**, 205 (1902)
[22] SWAIN, C. G., J. Am. chem. Soc. **70**, 1911 (1948); SWAIN, C. G., und SCOTT, C. B., J. Am. chem. Soc. **75**, 141 (1953); SWAIN, C. G., und MOSELY, R. B., J. Am. chem. Soc. **77**, 3727 (1955); SWAIN, C. G., MOSELY, R. B., und BROWN, D. E., J. Am. chem. Soc. **77**, 3731 (1955)
[23] CHAPMAN, N. B., und LEVY, J. L., J. chem. Soc. 1677 (1952)
[24] SWAIN, C. G., und EDDY, R. W., J. Am. chem. Soc. **70**, 2989 (1948); POCKER, Y., J. chem. Soc. 1279 (1957)
[25] BELL, R. P., und HIGGINSON, W. C. E., Proc. R. Soc. **197 A**, 141 (1949); BELL, R. P., und DARWENT, B. DE B., Trans. Faraday Soc. **46**, 36 (1950)
[26] COHN, M., und UREY, H. C., J. Am. chem. Soc. **60**, 679 (1938)
[27] LAPWORTH, A., J. chem. Soc. **83**, 995 (1903)
[28] BARRETT, E., und LAPWORTH, A., J. chem. Soc. **93**, 85 (1908); LAPWORTH, A., J. chem. Soc. **91**, 1133 (1907)
[29] SWAIN, C. G., und BROWN, J. F., jr., J. Am. chem. Soc. **74**, 2534, 2538 (1952)
[30] WESTHEIMER, F. H., und JONES, W. A., J. Am. chem. Soc. **63**, 3283 (1941)
[31] MAHLER, H. R., und CORDES, E. H., Biological Chemistry (Harper and Row, New York, 1967)
[32] WILLIAMS, R. J. P., The Enzymes, Hrsg. P. D. Boyer, H. Lardy, und K. Myrbäck, Seite 391, Band 1 (Academic Press, New York, 1959)

[33] Martin, R. B., Introduction to Biophysical Chemistry, Seite 337 (McGraw-Hill, 1964)
[34] Steinberger, R., und Westheimer, F. H., J. Am. chem. Soc. **73**, 429 (1951); Prue, J. E., J. chem. Soc. 2331 (1952); siehe auch Pederson, K., Acta chem. Scand. **6**, 285 (1952)
[35] Kroll, H., J. Am. chem. Soc. **74**, 2036 (1952)
[36] Bender, M. L., und Turnquest, B. W., J. Am. chem. Soc. **79**, 1889 (1957)
[37] Meriweather, L., und Westheimer, F. H., J. Am. chem. Soc. **78**, 5119 (1956)
[38] Buckingham, D. A., Callman, J. P., Happer, D. A., und Marzilli, L. G., J. Am. chem. Soc. **89**, 1082 (1967)
[39] Collman, J. P., und Buckingham, D. A., Chem. Engng. News **41**, 38 (1963)
[40] Angelici, R. J., und Leach, B. E., J. Am. chem. Soc. **90**, 2499 (1968)
[41] Pocker, Y., und Meany, J. E., J. Am. chem. Soc. **89**, 631 (1967), und die darin zitierte Literatur
[42] Bender, M. L., und Turnquest, B. W., J. Am. chem. Soc. **79**, 1656 (1957)
[43] Bruice, T. C., und Schmir, G. L., J. Am. chem. Soc. **79**, 1663 (1957)
[44] Jencks, W. P., und Carriuolo, J., J. biol. Chem. **234**, 1280 (1959)
[45] Bruice, T. C., und Benkovic, S. J., J. Am. chem. Soc. **86**, 418 (1964)
[46] Bender, M. L., und Beveu, M. C., J. Am. chem. Soc. **80**, 5388 (1958)
[47] Cordes, E. H., und Jencks, W. P., J. Am. chem. Soc. **84**, 826 (1962)
[48] Pederson, K. J., J. Am. chem. Soc. **60**, 595 (1938) und dort zitierte Literatur
[49] Westheimer, F. H., Proc. chem. Soc. 235 (1963)
[50] Langenbeck, W., Die organischen Katalysatoren, 2. Aufl. (Springer, Berlin (1949))
[51] Yasnikov, A. A., Boiko, T. S., Volkova, N. V., und Mel'nichenko, I. V., Biokhimiya **31**, 969 (1966) (Chem. Abst. **66**, 8418q (1967))
[52] Grazi, E., Cheng, T., und Horecker, B. L., Biochem. biophys. Res. Commun. **7**, 250 (1962); Grazi, E., Rowley, P. T., Cheng, T., Tchola, O., und Horecker, B. L., Biochem. biophys. Res. Commun. **9**, 38 (1962)
[53] Ide, W. S., und Buck, J. S., Org. Reakt. **4**, 269 (1948)
[54] Breslow, R., Chemy. Ind. 893 (1957)
[55] Franzen, V., und Fikentscher, L., Ann. **613**, 1 (1958)
[56] Kwart, H., und Baevsky, M. H., J. Am. chem. Soc. **80**, 580 (1958)
[57] Forbes, E. J., und Warrell, D. C., persönliche Mitteilung
[58] Bruice, T. C., und Benkovic, S. J., J. Am. chem. Soc. **85**, 1 (1963)
[59] Bruice, T. C., und Sturtevant, J. M., Biochim. biophys. Acta **30**, 208 (1958)
[60] Bruice, T. C., und Sturtevant, J. M., J. Am. chem. Soc. **81**, 2860 (1959)
[61] Spencer, T., und Sturtevant, J. M., J. Am. chem. Soc. **81**, 1874 (1969)
[62] Garrett, E. R., J. Am. chem. Soc. **79**, 3401 (1957) und dort zitierte Literatur

Neuere Literatur

Kirsch, J. F., und Kline, A., Acyl substituent effects in the general base catalyzed ammonolysis reactions of esters. J. Am. Chem. Soc. **93**, 1841 (1971)

Barnett, R. E., und Jencks, W. P., Diffusion-controlled proton-transfer in intramolecular thiol ester aminolysis and thiazoline hydrolysis. J. Am. Chem. Soc. **93**, 2358 (1971)

Sigman, D. S., Wahl, G. M., und Creighton, D. J., Models for metalloenzymes. Zinc ion catalyzed phosphorylation of 1,10-phenanthrolin-2-carbinol by adenosine triphosphate. Biochemistry **11**, 2236 (1972)

Sigman, D. S., und Jorgensen, C. T., Models for metalloenzymes. The zinc(II)-catalyzed transesterification of N-(β-hydroxyethyl)-ethylenediamine by p-nitrophenylpicolinate. J. Am. Chem. Soc. **94**, 1724 (1972)

Kapitel 2

Enzyme als Katalysatoren

Einleitung

Im ersten Kapitel untersuchten wir, auf welche Weise verschiedene organische Verbindungen als Katalysatoren chemischer Reaktionen wirken können. In diesem Kapitel gehen wir zur Besprechung einer Gruppe organischer Moleküle über, deren Fähigkeiten in dieser Hinsicht von besonderer Art sind. Enzyme sind Proteine, die die in lebenden Organismen stattfindenden chemischen Reaktionen katalysieren. Ihre katalytischen Fähigkeiten sind weit größer als die irgendeines anderen Katalysators, darüber hinaus weisen sie außergewöhnliche Eigenschaften in ihrer Spezifität auf. Das Enzym Mannitol-1-phosphatdehydrogenase (D-Mannitol-1-phosphat:NAD Oxidoreductase, 1.1.1.17) zum Beispiel katalysiert die Oxidation nur einer von fünf Hydroxylgruppen im Substrat. Das Enzym katalysiert die Oxidation der 5-Hydroxylgruppe, wobei als Produkt D-Fructose-6-phosphat entsteht.

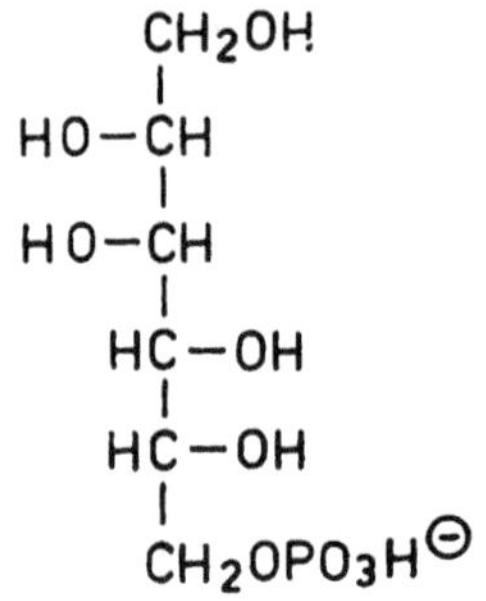

D-Mannitol-1-phosphat

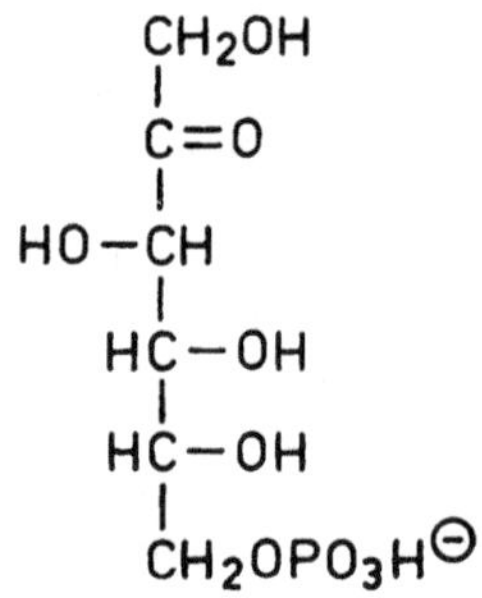

D-Fructose-6-phosphat

β-Glucosidase (β-D-Glucosidglucohydrolase, 3.2.1.21) vermag die Hydrolyse von β-Glucosiden, nicht aber die von β-Mannosiden zu katalysieren; der einzige Unterschied zwischen diesen beiden Verbindungstypen besteht in der Stellung einer Hydroxylgruppe. β-Glucosidase zeigt auch Stereospezifität für β-Glucoside, während α-Glucoside nicht hydrolysiert werden.

Stereospezifität zeigen auch die beiden Enzyme Steroid-11-α-hydroxylase (1.99.1.6) und Steroid-11-β-hydroxylase (1.99.1.7).

Während das erstgenannte Enzym Steroide an der 11-Stellung zu 11-α-Hydroxyverbindungen oxidiert, katalysiert das letztgenannte die Oxidation des gleichen Substrats zu 11-β-Hydroxyprodukten (s. Abb. 2.1.).

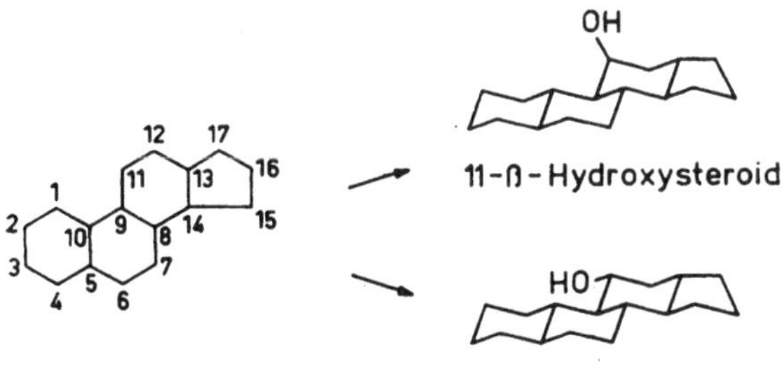

Abb. 2.1. Überblick über die Struktur der Steroide und ihre Hydroxylierung in 11-α- und 11-β-Stellung.

Bemerkt werden muß allerdings, daß nicht alle Enzyme eine solch hohe Spezifität zeigen; einige katalysieren Reaktionen über einen breiten Bereich von Substraten. Da alle Enzyme Proteine sind, müssen deren Natur und die chemischen Reaktionen, die sie eingehen können, im Mittelpunkt jeder Diskussion über den Wirkungsmechanismus der Enzyme stehen. Proteine sind kompliziert gebaute Moleküle; ihre Komplexität resultiert aus der großen Zahl der verschiedenen Aminosäurereste, die bei der Bildung der Peptidketten miteinander verknüpft werden und im Proteinmolekül enthalten sind. Tabelle 2.1. gibt ein Verzeichnis der einundzwanzig normalerweise in Proteinen vorkommenden Aminosäuren und zeigt die große Variabilität ihrer Seitenketten. Die Aminosäuren werden entsprechend der chemischen Natur ihrer Seitenketten klassifiziert. Alanin, Valin, Leucin und Isoleucin besitzen aliphatische Seitenketten, während Phenylalanin, Tyrosin und Tryptophan aromatische Seitenketten haben. Zusätzlich zum aromatischen Charakter besitzt Tyrosin auch eine Hydroxylgruppe, die als saure Gruppe wirken, Wasserstoffbrücken bilden und acyliert werden kann. Serin und Threonin sind Hydroxyaminosäuren und besitzen deshalb die entsprechenden Eigenschaften von Hydroxyverbindungen. Eine weitere Gruppe sind die Dicarboxylaminosäuren und ihre Amide (Asparaginsäure und Glutaminsäure, Asparagin und Glutamin); eine andere Gruppe besitzt basische Seitenketten (Lysin, Arginin, Histidin). Die Imidazolgruppe in der Histidinseitenkette hat interessante Eigenschaften; sie kann sowohl als saurer als auch basischer Katalysator wirken und außerdem leicht acyliert werden. Cystein und Methionin besitzen schwefelhaltige Seitenketten. Cystein wird oft in Proteinen in seiner dimeren Form Cystin gefunden, das durch Oxidation des Cysteins entsteht. Die Schwefelatome im Cystein und im Methionin haben nucleophile Eigenschaften. Cystein ist zusätzlich zur Wasserstoffbrückenbildung befähigt, während die Seitenkette vom Methionin hydrophob ist.

Die Aminosäuren sind aufgrund der Verschiedenheit ihrer funktionellen Seitenketten zur Bildung verschiedener Bindungstypen befähigt. Wechselwirkungen von sauren und basischen Gruppen können ionische (elektrostatische) Bindungen hervorbringen, während Wasserstoffbindungen mit hydrophilen Gruppen, den Amiden und den Hydroxyverbindungen gebildet werden können. Aliphatische und aromatische Seitenketten können in Wechselbeziehung treten und sogenannte apolare Bindungen bilden.

Tabelle 2.1. Aminosäuren mit der allgemeinen Struktur $NH_2-CH(R)-CO_2H$

Aminosäure	R
Glycin (Gly)	$-H$
Alanin (Ala)	$-CH_3$
Serin (Ser)	$-CH_2OH$
Threonin (Thr)	$-CH(CH_3)OH$
Cystein (Cys)	$-CH_2SH$
Methionin (Met)	$-CH_2CH_2SCH_3$
Valin (Val)	$-CH(CH_3)_2$
Leucin (Leu)	$-CH_2CH(CH_3)_2$
Isoleucin (Ile)	$-CH(CH_3)CH_2CH_3$
Phenylalanin (Phe)	$-CH_2C_6H_5$
Tyrosin (Tyr)	$-CH_2C_6H_4OH$
Glutaminsäure (Glu)	$-CH_2CH_2CO_2H$
Glutamin (Gln)	$-CH_2CH_2CONH_2$
Asparaginsäure (Asp)	$-CH_2CO_2H$
Asparagin (Asn)	$-CH_2CONH_2$
Lysin (Lys)	$-CH_2CH_2CH_2CH_2NH_2$
Arginin (Arg)	$-CH_2CH_2CH_2NH-C(=NH)NH_2$
Histidin (His)	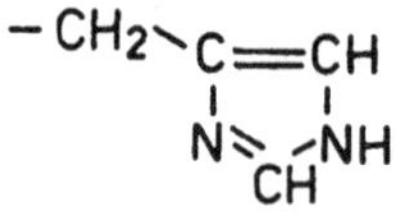
Tryptophan (Try)	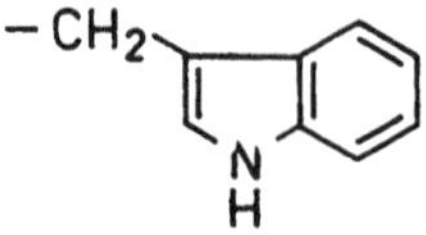

Hinzu kommen:

Aminosäure	Struktur
Prolin	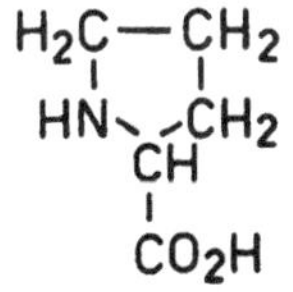
Hydroxyprolin	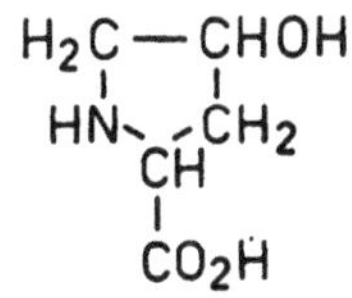

Die Stabilität apolarer Bindungen entsteht durch zwei Mechanismen. Erstens überlappen die σ- und speziell die π-Elektronen in den apolaren Gruppen unter Bildung partiell covalenter Bindungen; der zweite Faktor beruht auf dem Einfluß des Lösungsmittels. Ein polares Lösungsmittel wie Wasser besitzt einen beträchtlichen Strukturgrad entsprechend den zwischen den einzelnen Molekülen wirkenden intermolekularen Kräften. Die Gegenwart einer apolaren Gruppe zerstört im Wasser viele intermolekulare Bindungen und führt damit zu einem bestimmten Grad an Instabilität. Die Instabilität zweier getrennter apolarer Gruppen in Wasser kann verhindert werden, wenn diese zwei Gruppen schließlich so weit einander genähert werden, daß sie die Wassermoleküle zwischen sich „wegdrücken".
Das Ergebnis ist eine kleine apolare Region, die dadurch stabilisiert wird, daß die Wassermoleküle ihre Strukturen zurückbilden.
Die komplexe Gesamtstruktur eines Proteins wird in vier Ebenen eingeteilt. Die Primärstruktur beinhaltet die Sequenz der Aminosäurereste in der Proteinkette. Beispiele hierfür werden in späteren Kapiteln erörtert werden. Die Sekundärstruktur beschreibt bestimmte Regelmäßigkeiten in der Anordnung der Aminosäurereste entlang der Polypeptidkette und beschäftigt sich hauptsächlich mit Wasserstoffbindungen, die zwischen den Carbonyl- und N—H-Gruppen der Peptidbindungen, gebildet werden (s. Formelbild). Aus der Lage dieser Wasserstoff-

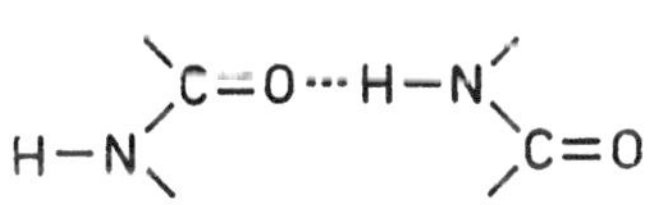

bindungen konnten Pauling et al. [1] ableiten, daß helicale Strukturen durch Wechselwirkungen innerhalb der Ketten gebildet werden und Faltblattstrukturen durch Bindungen zwischen verschiedenen Ketten entstehen. Die stabilste helicale

Struktur ist die α-Helix, in der ein Carbonylsauerstoff über eine Wasserstoffbrücke an einen etwa drei Aminosäurereste entfernt stehenden Amidstickstoff innerhalb derselben Peptidkette gebunden ist. Einige Enzyme enthalten Regionen mit helicalen und Faltblattstrukturen.

Die nächst höhere Ebene der Proteinstruktur ist die Tertiärstruktur, unter der man die Art, in der die Peptidkette gewunden und um sich selbst gedreht ist (kurz ausgedrückt ihre räumliche Struktur), versteht. Die komplexe dreidimensionale Struktur kommt entweder durch Wechselwirkungen zwischen den Seitenketten der Aminosäurereste oder zwischen den Seitenketten und den Peptidbindungen zustande. Die Tertiärstruktur wird demzufolge nur durch die Sequenz der Aminosäurereste in der Kette bestimmt. Die Abbildungen 4.2., 5.7. und 4.12. zeigen die räumlichen Strukturen der Peptidketten von drei verschiedenen Enzymen.

In einigen Fällen assoziieren einzelne Proteinuntereinheiten und bilden Dimere, Trimere, Tetramere usw. Proteine, die aus derartigen Untereinheiten aufgebaut sind, besitzen eine Quartärstruktur. Die Wechselwirkungen zwischen den Subeinheiten erfolgen hier wiederum hauptsächlich durch die Seitenketten, die an der Oberfläche der einzelnen Subeinheit angeordnet sind.

Das Ergebnis aller dieser Faktoren ist für ein gegebenes Protein ein sehr großes komplexes Molekül, in dem die dreidimensionale Struktur Regionen enthält, in denen sich bestimmte Aminosäureseitenketten räumlich einander nähern. Somit entstehen auf der Oberfläche oder im Inneren des Enzyms Regionen, die mehrere geladene Gruppen enthalten und hochpolare Mikroumgebungen ausbilden. In anderen Regionen können apolare Reste zusammengeführt werden, und demzufolge hydrophobe Mikroumgebungen verursachen. Andere Stellen im Enzymmolekül besitzen wieder andere funktionelle Gruppen, die zu nucleophilen Reaktionen oder zur Bildung von Wasserstoffbindungen oder zur Säure- und Basen-Katalyse fähig sind. Eine derartige, für jedes individuelle Enzym einmalige räumliche Struktur ist die Voraussetzung für die jeweilige enzymatische Katalyse.

Zusätzlich zu den verschiedenen reaktiven Gruppen, die in Form der Seitenketten der Aminosäuren zur Verfügung stehen, enthalten bestimmte Enzyme noch andere Bestandteile, nämlich Coenzyme oder Metallionen. Die Coenzyme, die in den entsprechenden Kapiteln genauer beschrieben werden, erhöhen ihrerseits die Vielseitigkeit der Reaktionsbereitschaft von Proteinmolekülen durch Bereitstellung zusätzlicher reaktiver Gruppen. Das Coenzym NAD besitzt zum Beispiel ein zum Wasserstofftransfer geeignetes molekulares System, das in reinen Proteinen nicht vorhanden ist. FAD ermöglicht einen anderen Typ von Oxidations-Reduktions-Vorgängen (siehe Kapitel 3). Pyridoxal liefert in Verbindung mit einem aromatischen heterocyclischen System eine Aldehydgruppe, welche an verschiedenen Desaminierungen, Transaminierungen und anderen Reaktionen, an denen Aminosäuren beteiligt sind, teilnehmen kann. Das Vitamin B_{12} ist als Coenzym zum Methylgruppentransfer befähigt, während Thiaminpyrophosphat hervorragend geeignet für bestimmte Umsetzungen im Kohlenhydratstoffwechsel ist.

Einige Enzyme benötigen zur vollen Aktivität Metallionen, deren mögliche Rolle in der Enzymfunktion von großem Interesse ist. Man kann sich im allgemeinen drei mögliche Aufgaben eines Metallions vorstellen. Erstens kann es mit verschiedenen Seitenketten des Proteinmoleküls selbst in Wechselwirkung treten und damit zur Stabilisierung der dreidimensionalen Struktur des Enzyms, die essentiell für die Erhaltung der Aktivität ist, beitragen. Zweitens kann es an der Bindung eines Substrates (oder eines Coenzyms) an das Enzym durch Komplexbildung mit Gruppen sowohl des Enzyms als auch des Substrates (oder Coenzyms) beteiligt sein und auf diese Weise eine Brücke zwischen beiden bilden. Drittens kann es als Lewis-Säure in einer ähnlichen Weise an katalytischen Vorgängen teilnehmen, wie dies im Kapitel 1 für metall-katalysierte Reaktionen beschrieben wurde. Die drei denkbaren Funktionen eines Metallions schließen sich natürlich gegenseitig nicht aus. Ein Metallion, das zum Beispiel durch Komplexbildung mit dem Carbonylsauerstoff eines Peptides zur Bindung eines Substrates beiträgt, wird in diesem Komplex die Carbonylgruppe polarisieren und damit ihre Reaktivität erhöhen. Dieser Fall trifft für die Funktion des Zinkatoms in der Carboxypeptidase zu (3.4.2.1).
Zu den Seitenketten, von denen erwartet werden kann, daß sie mit Metallionen Komplexe bilden, gehören die Thiolgruppe des Cysteins, die Carboxylgruppen der Asparagin- und Glutaminsäure, die Imidazolgruppe des Histidins, die ε-Aminogruppe des Lysins und die α-Amino- und α-Carboxylgruppen der terminalen Aminosäurereste. Andere Möglichkeiten werden von den Hydroxylgruppen des Serins und Threonins und vom Schwefelatom des Methionin geliefert. In den Carboxypeptidasen sind zum Beispiel die Seitenketten einer Glutaminsäure und die zweier Histidinreste mit dem Zinkatom, das für die Aktivität des Enzyms essentiell ist, komplex verbunden [2,2a].

Das aktive Zentrum

Die Enzyme sind große Moleküle, die die Reaktionen von Substraten katalysieren, die viel kleiner als sie selbst sind. Ist das Substrat des Enzyms selbst ein sehr großes Molekül wie bei der Ribonuclease (2.7.7.16), die die Depolymerisation der Ribonucleinsäure katalysiert, so verbindet sich das Enzym jeweils nur mit einem sehr kleinen Teil des Substrates. Es konnte nämlich gezeigt werden, daß Ribonuclease die Hydrolyse von Molekülen zu katalysieren vermag, die im Vergleich zur Ribonucleinsäure sehr klein sind. Proteolytische Enzyme treten ebenfalls nur mit einem kleinen Teil ihres Proteinsubstrates in Wechselwirkung und sind auch zur Hydrolyse kleiner Peptide und mit ihnen verwandter Verbindungen befähigt. Der große Unterschied in der Größe zwischen Enzym und Substrat bedeutet demnach, daß während des katalytischen Vorgangs ein nur sehr kleiner Teil des Enzyms mit dem Substrat in Kontakt kommt. Für unsere Zwecke wollen wir den Anteil des Enzyms, der während der Reaktion in Kontakt mit dem Substrat tritt oder sich in seiner unmittelbaren Nähe befindet, als *aktives Zentrum* bezeichnen. Ein großer Teil der an Enzymen durchgeführten Arbeiten wurde auf die Aufklärung der Natur des aktiven Zentrums und damit auf den Mechanismus des katalytischen Vorgangs im Vergleich zur räumlichen Beschaffenheit dieses Zentrums gerichtet.

Der erste Schritt einer enzymatischen Reaktion ist die Assoziation des Enzyms mit dem Substrat zu einem Enzym-Substrat-Komplex. Die Bildung dieses Komplexes ist reversibel und wird von einer Gleichgewichtskonstanten K_s bestimmt. Die Bindung zwischen Enzym und Substrat ist im allgemeinen nichtkovalent und erfolgt durch Einbeziehung ionischer und apolarer Kräfte sowie von Wasserstoffbindungen. Auch hier kann die Carboxypeptidase als ein lehrreiches Beispiel dienen. Das Substrat wird durch eine Vielzahl von Kräften an das Enzym gebunden. Das Carboxylation des Substrates bildet mit einer Argininseitenkette ein Ionenpaar, die Phenylgruppe wird in einer hydrophoben „Tasche“ gebunden und der Amidstickstoff ist wahrscheinlich über eine Wasserstoffbindung an einen Tyrosinrest gebunden. Diese Kräfte liefern unter Einbeziehung der Komplexbildung des Zinkatoms mit dem Carbonylsauerstoff ein geeignetes System für die Bindung des Substrates an das Enzym. Ähnlich ist beim Chymotrypsin eine apolare Region im katalytischen Zentrum für die Aufnahme der aromatischen Seitenkette des Substrates vorhanden. Diese Art von Bindungskräften liefert den Schlüssel für das Verständnis der Spezifität von Enzymen. Die Anwesenheit apolarer Regionen im aktiven Zentrum sowohl der Carboxypeptidase als auch des Chymotrypsins ist die Ursache für die Spezifität dieser Enzyme für aromatische Aminosäuren. Das Trypsin, dessen Spezifität auf Aminosäurederivate mit basischen Seitenketten gerichtet ist, besitzt an der Stelle, an der das Chymotrypsin eine apolare Region aufweist, die Carboxylatseitenkette des Aspartatrestes Nummer 177, die mit der Seitenkette des Substrats ein Ionenpaar bilden kann.

Die Substratspezifität rührt in einigen Fällen jedoch nicht nur aus der exakten Komplementarität zwischen Enzym und Substrat her. KOSHLAND [3] entwickelte in seiner *induced-fit-Theorie* den Gedanken, daß die Bindung des Substrates an das Enzym eine Konformationsänderung im Enzym und damit eine genau kontrollierte geometrische Anordnung des katalytischen Zentrums verursachen kann. Eine solche Konformationsänderung wurde in röntgenkristallographischen Studien an der Carboxypeptidase tatsächlich nachgewiesen [2].

Bei einigen Enzymen ist die Bindung zwischen Substrat und Enzym kovalent, zum Beispiel bei den Lysinlyasen, während in anderen Fällen eine kovalente Bindung zwischen Substrat und Coenzym gebildet wird wie bei den Pyridoxal- und Thiaminpyrophosphatenzymen. In diesen Fällen geht der Bildung des kovalenten Enzym-Substrat-Komplexes die nichtkovalente Assoziation des Substrats mit dem Enzym voraus.

Chemische Modifizierung

In zahlreichen Arbeiten wurde versucht herauszufinden, welche Aminosäurereste in den aktiven Zentren der Enzyme vorkommen. Größtenteils wurden dabei die Enzyme mit chemischen Reagenzien behandelt, welche mit bestimmten Aminosäureseitenketten reagieren und danach die katalytische Aktivität des modifizierten Enzyms gemessen. Wenn durch die Modifikation die Enzymaktivität aufgehoben wurde oder abgenommen hat, so wurde gewöhnlich gefolgert, daß die modifizierten Aminosäurereste sich im aktiven Zentrum befinden könnten. Eine derartige Annahme ist jedoch nicht immer gerechtfertigt. Die Zerstörung oder die Modifizierung eines Aminosäurerestes kann aus verschiedenen Gründen einen Aktivitätsverlust verursachen. Der Aminosäurerest kann beispielsweise zur Aufrechterhaltung der korrekten dreidimensionalen Struktur des Enzyms beitragen. Die Destruktion eines solchen Restes würde das Enzym inaktivieren. Um diese Möglichkeit auszuschließen, sollten chemische Modifizierungen in Gegenwart des Substrates oder anderer verwandter Verbindungen, z. B. eines kompetitiven Inhibitors, durchgeführt werden, die sich an das aktive Zentrum binden. Schützt das Substrat oder der Inhibitor das Enzym vor Inaktivierung, so kann mit einiger Berechtigung angenommen werden, daß die Reaktion das aktive Zentrum betraf. Selbst wenn dies wahrscheinlich gemacht werden konnte, sollte man sich vergegenwärtigen, daß eine gegebene Aminosäure im aktiven Zentrum zwei verschiedene Aufgaben haben kann. Erstens kann sie für die Bindung des Substrates an das Enzym erforderlich sein. Ist dies der Fall, so führt ihre Modifizierung nicht zu einem vollständigen Verlust der Aktivität. Lediglich die Dissoziationskonstante K_s könnte verändert werden, so daß aber in Gegenwart hoher Substratkonzentrationen sich die Maximalgeschwindigkeit V (siehe später) als unverändert erweist. Zweitens könnte der Aminosäurerest am eigentlichen katalytischen Vorgang beteiligt sein. Seine Modifizierung würde das Enzym zwar völlig inaktivieren, es könnte aber das Substrat noch binden.

Die große Zahl reaktiver Seitengruppen in einem Proteinmolekül erlaubt es dem Chemiker, viele verschiedene chemische Reagenzien zu Modifizierungen eines Enzyms zu verwenden. Um eindeutige Resultate zu erhalten, werden nach Möglichkeit hochselektive Reagenzien bevorzugt. Jedoch ist ein vollkommen selektives Reagenz sehr selten erhältlich.

Die Imidazolgruppe des Histidins ist von großer Bedeutung in der Enzymchemie. Sie ist wichtig aufgrund ihrer Fähigkeit, an Säure-Basen-Reaktionen mit einem pK von ungefähr 6 teilzunehmen. In der Nähe eines pH-Wertes, bei dem die meisten Enzyme optimal wirken, fungiert dieser Rest demnach als ein Protonendonator oder -acceptor. Sein Vorkommen im aktiven Zentrum vieler Enzyme wurde durch eine Vielzahl von Reaktionen nachgewiesen, die auf den Eigenschaften des Imidazols als einer aromatischen heterocyclischen Verbindung beruhen. Die Stickstoffatome des Imidazols sind nucleophil und können durch geeignete Halogenverbindungen alkyliert sowie mit Diazoverbindungen gekuppelt werden.

Ein interessantes Beispiel für die Inaktivierung eines Enzyms durch Alkylierung des Histidins ist die Ribonuclease [4]. Dieses Enzym scheint zwei Histidinreste im aktiven Zentrum zu enthalten, wobei jeder einzelne für sich, aber nicht beide zugleich, mit Jodacetat reagieren kann. Jodacetamid ist dabei wirkungslos. Aus dem Alkylierungsprodukt konnte 1- oder 3-Carboxymethylhistidin isoliert werden.

Die Inaktivierung der Ribonuclease durch Jodacetat wird durch die Anwesenheit von Phosphat, das sich an das aktive Zentrum bindet, verhindert.

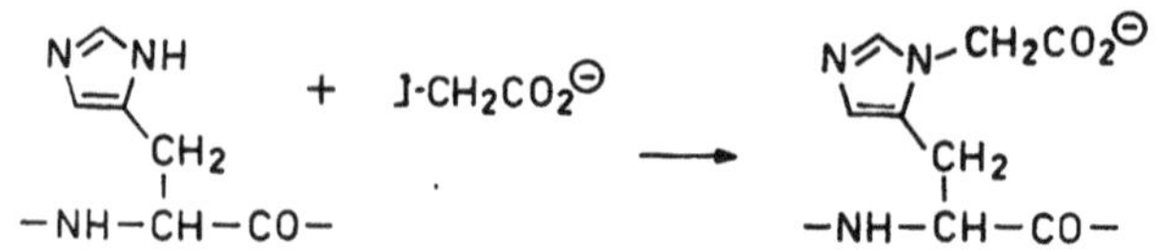

1-Carboxymethylhistidylrest

Die wichtigsten halogenhaltigen Alkylierungsreagenzien, die zur Modifizierung von Histidinresten in Enzymen benutzt werden, sind solche, die den Substraten der betreffenden Enzyme sehr ähnlich sind. SCHOELLMANN und SHAW [5] benutzten Chlorketone, die den Estersubstraten des Chymotrypsins und Trypsins verwandt sind (siehe Kapitel 4). TPCK inaktiviert Chymotrypsin völlig durch Alkylierung des Histidins in Position 57 der Polypeptidkette. β-Phenylpropionat und Benzamid, beides kompetitive Inhibitoren des Chymotrypsins, schützen in einem bestimmten Ausmaß das Enzym vor der Inaktivierung durch TPCK. Das Chlorketon inaktiviert deshalb besonders wirksam, weil es aufgrund seiner Ähnlichkeit mit dem Substrat zunächst an das aktive Zentrum des Enzyms durch die üblichen nichtkovalenten Kräfte gebunden wird. Dies bringt die Chlorketongruppe in eine enge Beziehung zu dem im aktiven Zentrum befindlichen Histidinrest. Im Gegensatz dazu wird Trypsin durch TPCK nicht inaktiviert, da dieses nicht spezifisch für Phenylalaninderivate, sondern für Lysinderivate ist. Das entsprechende Chlorketon TLCK jedoch inaktiviert Trypsin, in dem es ebenfalls ein essentielles Histidin alkyliert.

Die Bedeutung von spezifischen Inhibitoren vom Typ der Substratanaloga kann nicht überschätzt werden, da sie nicht nur für das Studium der Enzyme selbst wichtig sind, sondern hauptsächlich auch für die pharmazeutischen Wissenschaften als Enzym-Inhibitoren von großem therapeutischen Wert sind [6].

Ein Histidinrest im aktiven Zentrum der Carboanhydrase (4.2.1.1) kann durch ein Reagenz alkyliert werden, das sich nicht von ihrem Substrat, sondern von einem spezifischen Inhibitor ableitet. Acetazolamid bindet sich fest an das Zinkatom im aktiven Zentrum des Enzyms. Chloracetazolamid als eine vom Acetazolamid abgeleitete aktive Halogenverbindung hemmt das Enzym irreversibel, indem es sich zuerst an das Zink bindet und anschließend mit einem Histidinrest reagiert [7].

Die Imidazolgruppe reagiert auch mit Diazoverbindungen wie Diazosulfanilsäure (I). Diese bildet einen Chromophor, der bei 450 nm absorbiert und dessen Bildung bei der Modifizierung leicht zu verfolgen ist. Diazosulfanilsäure inaktiviert Fructose-diphosphataldolase (4.1.2.13); die Inaktivierung wird in Gegenwart des Substrates Fructosediphosphat verhindert [8]. Es ist wahrscheinlich, daß diese

Inaktivierung auf eine Reaktion mit einem Histidinrest zurückzuführen ist, obgleich Diazosulfanilsäure auch mit Tyrosin- und Lysinseitenketten reagieren kann [8].

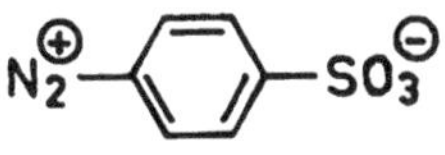

I

Eine andere Methode zur Modifizierung von Histidinresten in Proteinen ist die Photooxidation. Darunter versteht man eine lichtinduzierte Oxidation dieser Reste durch aktivierten Sauerstoff in Gegenwart eines Photosensibilisators wie Methylenblau oder Rose Bengal. Leider ist diese Methode nicht völlig spezifisch für Histidin; Tyrosin, Tryptophan, Methionin und Cystein können in manchen Fällen auch oxidiert werden [8, 9, 10]. Unter bestimmten Bedingungen kann sie jedoch auch spezifisch sein. Westhead [9] zeigte, daß in Gegenwart von Rose Bengal nur ein Histidinrest der Enolase (4.2.1.11) zerstört wird und dies einen Aktivitätsverlust des Enzyms zur Folge hat. Das Enzym wird durch Magnesiumionen, die für die Enzymreaktion essentiell sind, geschützt, woraus Westhead schloß, daß dieser Histidinrest an der Bindung des Metallions an das Enzym beteiligt ist. In manchen Fällen war es möglich, Inaktivierungen von Enzymen auf die Photooxidation von Histidinresten zurückzuführen, obwohl noch andere Reste davon betroffen waren. Koshland et al. [10] zeigte am Beispiel des Chymotrypsins, daß sowohl Histidin als auch Methionin durch Photooxidation verändert werden kann, die Zerstörung von Histidin dabei eine totale, die Oxidation von Methionin jedoch nur eine partielle Inaktivierung verursachte.
Die Photooxidation von Fructosediphosphataldolase [8, 11] bewirkt eine Zerstörung von 50—70% der Histidinreste. Damit verbunden ist die Änderung einiger Eigenschaften des Enzyms. Hoffee et al. [11] interpretierten ihre Resultate als Hinweis darauf, daß ein Histidinrest an einem Protonentransferprozeß beteiligt ist, der für den Ablauf der Reaktion essentiell ist (siehe Kapitel 7).

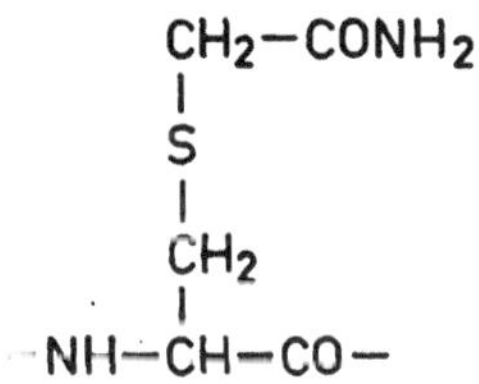

II

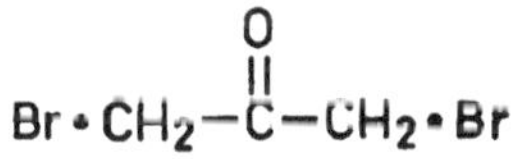

III

Die Thiolgruppe des Cysteinrestes ist eine andere chemisch modifizierbare Gruppe. Diese Gruppe wird leicht durch Halogenverbindungen alkyliert, die jenen ähnlich sind, die auch Histidin alkylieren. Der essentielle Cysteinrest des Papains reagiert

mit Jodacetamid unter Bildung des Carboxamidomethylcysteins (II) [12]. Das Chlorketon TPCK, das Chymotrypsin infolge seiner Reaktion mit Histidin inaktiviert, führt auch beim Papain durch seine Reaktion mit Cystein zu einem Aktivitätsverlust [13]. HUSAIN und LOWE [14] behandelten Papain mit dem bifunktionellen Reagenz 1,3-Dibromaceton (III) und zeigten, daß dieses Reagenz sowohl mit einem Cystein als auch mit einem Histidinrest reagiert und eine Brücke zwischen beiden bildet.
Die SH-Gruppe des Cysteins addiert sich auch an ungesättigte Verbindungen, zum Beispiel an N-Äthylmaleimid (IV). N-Äthylmaleimid hemmt die Myosin-ATPase (siehe Kapitel 5) und die Benzylalkoholdehydrogenase (1.1.1.-) [15], während ein Derivat dieses Inhibitors, das N-(N-Acetyl-4-sulfamoylphenyl)-maleimid sowohl die L-Glutamatdehydrogenase (1.4.1.2) [16] als auch die Pyrophosphatase (3.6.1.1) [17] inaktiviert.

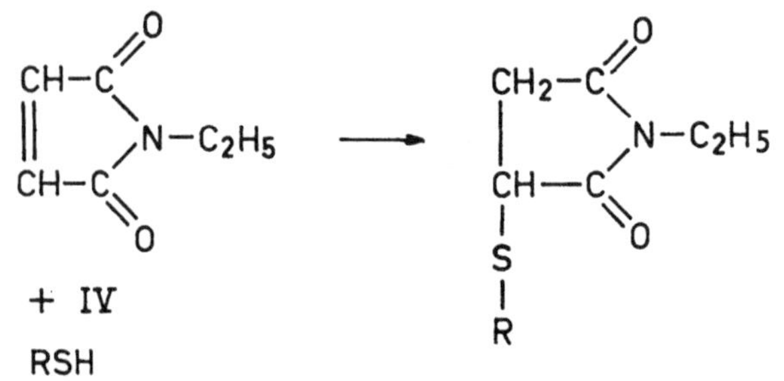

Die große Affinität von Metallionen, insbesondere der Quecksilberionen, führte zu ihrer breiten Verwendung als Inhibitoren thiolhaltiger Enzyme. Die Mercaptidbildung ist für den Chemiker oft wertvoll für die quantitative Bestimmung der Zahl der SH-Gruppen in einem gegebenen Protein. Hierfür sind verschiedene titrimetrische und amperometrische Methoden entwickelt worden [18, 19]. Außerdem gibt es hierfür spektrophotometrische Methoden [20]. Die Mercaptidbildung durch p-Mercuribenzoat ist mit einem Anstieg der Lichtabsorption bei 250 nm verbunden, der zur Bestimmung der Zahl der SH-Gruppen in einem Protein benutzt werden kann. Verschiedene Quecksilberverbindungen, insbesondere p-Chlormercuribenzoat (PCMB), wurden als Inhibitoren von Sulfhydrylenzymen benutzt. Zum Beispiel werden dadurch die cysteinhaltigen Enzyme Papain und Ficin inaktiviert [12]. Andere Enzyme, für deren Aktivität SH-Gruppen besonders wichtig sind und die durch Quecksilberverbindungen inaktiviert werden, sind z. B. einige Acyltransferasen [21], die Myosin-ATPase (3.6.1.3) [22], die Phospholipase D (3.1.4.4) [23] und viele andere. Obwohl viele Enzyme durch Thiolgruppenreagenzien inaktiviert werden, ist es nicht möglich, aus einem solchen Resultat zu schlußfolgern, daß sich die Thiolgruppe im aktiven Zentrum befindet und wirklich am katalytischen Vorgang beteiligt ist [20]. Deshalb müssen die Ergebnisse, die an Enzymen gewonnen wurden, die durch solche Reagenzien inaktiviert werden, mit Vorsicht betrachtet werden. Die Carboxypeptidase liefert ein Beispiel für einen derartigen Fall, wo das Enzym mit Schwermetallionen reagiert, jedoch überhaupt keine Thiolgruppe besitzt (siehe Kapitel 4).

Methionin ist ein anderer, in der Enzymchemie wichtiger Aminosäurerest, der im aktiven Zentrum verschiedener Enzyme nachgewiesen wurde. Dies wurde bei der Besprechung der Photooxidation von Chymotrypsin bereits erwähnt. Diese führte zur Oxidation eines Methioninrestes im aktiven Zentrum und verursachte einen Abfall der Affinität des Enzyms zum Substrat. Dieser Methioninrest kann auch alkyliert werden, das resultierende Chymotrypsinderivat besitzt ebenfalls eine erniedrigte Affinität zum Substrat [23, 24]. Ein Methioninrest im aktiven Zentrum der Isocitratdehydrogenase (1.1.1.4.1) kann durch Jodacetat alkyliert werden; Isocitrat schützt dieses Enzym vor Inaktivierung [25]. Die Oxidation des Methioninrestes in Position 13 der Ribonuclease beeinflußt sehr stark die Art der Bindung des S-Peptidfragments an das S-Protein [26]. Das bedeutet, daß das Methionin in einigen Enzymen an der Aufrechterhaltung der dreidimensionalen Struktur des aktiven Moleküls beteiligt ist.

Die Gegenwart eines Tyrosinrestes im aktiven Zentrum der Carboxypeptidase A wurde mittels verschiedener chemischer Modifizierungen nachgewiesen, die die Enzymaktivität beeinflussen. Diese Modifizierungen können entweder den Ring (Jodierung, Nitrierung) oder die Hydroxylgruppe (Acetylierung, Acylierung) betreffen [27]. Pugh und Horecker [28] behandelten Fructosediphosphataldolase mit Acetylimidazol, von dem man annimmt, daß es für Tyrosylreste spezifisch ist, und zeigten, daß das Produkt eine verminderte Fähigkeit zur Fructosediphosphatspaltung besaß. Die Abspaltung der terminalen Tyrosylreste durch Carboxypeptidase hatte das gleiche Resultat zur Folge [29]. Acetylierung, Jodierung und Kupplung mit Diazoverbindungen inaktivieren, wahrscheinlich ebenfalls durch Reaktion am Tyrosin, das Pepsin [30]. Pontremoli et al. [31] berichteten, daß die Acetylierung der Tyrosinreste durch Acetylimidazol und auch deren Kupplung mit Diazosulfanilsäure zu einem Aktivitätsverlust der Fructosediphosphatase (3.1.3.11) führen.

Die Identifizierung eines ungewöhnlich reaktiven Serinrestes im aktiven Zentrum bestimmter hydrolytischer Enzyme erfolgte mittels chemischer Reaktionen, die an dessen Hydroxymethylgruppe angreifen. In Kapitel 4 werden einige dieser Reaktionen ausführlich diskutiert.

Im aktiven Zentrum einiger Enzyme wurden die Carboxylatgruppen der Asparagin- und der Glutaminsäure nachgewiesen. Gewöhnlich führt deren chemische Modifizierung zur Bildung von Estern. p-Bromphenacylbromid inaktiviert Pepsin durch Bildung eines Esters mit der Carboxylseitenkette eines Aspartylrestes [32]. Bestimmte aliphatische Diazoverbindungen wurden auch zur Identifizierung der funktionellen Gruppe im aktiven Zentrum des Pepsins benutzt. So verestert 1-Diazo-6-phenyl-3-toluolsulfonamidobutan-2-on (das Diazoketonanaloge des Chlorketons TPCK) eine Carboxylgruppe und inaktiviert dabei das Enzym [32a]. Im Falle der β-Glucosidase (3.2.1.21) wurde die Anwesenheit einer Carboxylgruppe in deren aktivem Zentrum durch ein anderes Reagenz, das zur Bildung eines Esters befähigt ist, gezeigt. Dies ist Conduritol-B-epoxid, das der

Struktur des Substrates ähnelt und sich zuerst an das aktive Zentrum bindet und dann die Carboxylgruppe verestert [33].

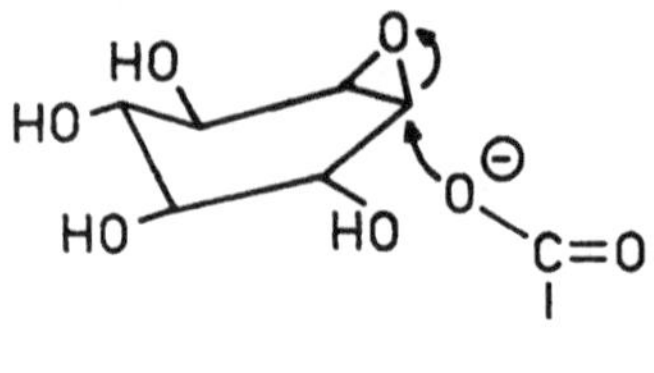

Conduritol-B-epoxid

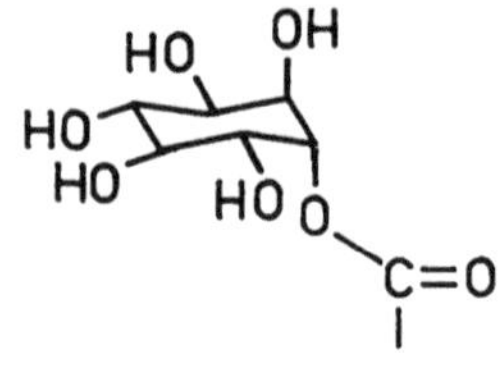

Ester des (+)-Inositol

In vielen Fällen, in denen die Bildung von Estern eine Inaktivierung verursacht, kann die Esterbindung mit Hydroxylamin wieder gespalten werden.
Als eine mögliche Bindungsstelle für die Substrate an die Ribonuclease ist ein Lysinrest identifiziert worden. Dinitrofluorbenzol (V) reagiert mit der freien Aminogruppe des Lysins-41 und inaktiviert das Enzym [34].

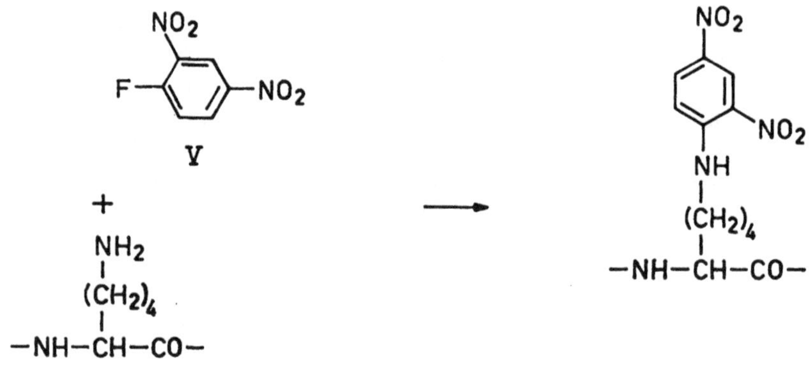

Ein Lysinrest ist offenbar auch im aktiven Zentrum der Myosin-ATPase vorhanden, was durch Reaktion mit Trinitrobenzolsulfonat nachgewiesen wurde [35].

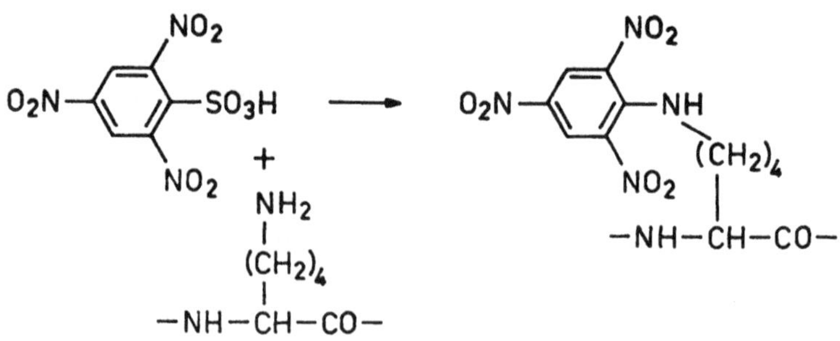

Die Anwesenheit von Lysinresten im aktiven Zentrum einer Anzahl von Enzymen wurde durch einen anderen Typ chemischer Modifizierung nachgewiesen. In den meisten Fällen wird die chemische Modifizierung, die zur Inaktivierung führt, in Abwesenheit der Substrate durchgeführt, da deren Gegenwart das Enzym vor Inaktivierung schützt. Gerade das Gegenteil ist aber der Fall bei den Lyasen mit „aktivem Lysin". Natriumborhydrid bewirkt deren irreversible Inaktivierung nur in Gegenwart des Substrates. Wenn zum Beispiel Acetoacetatdecarboxylase (4.1.1.4) in Gegenwart von Substrat mit Borhydrid behandelt wird, kommt es zu einer Enzyminaktivierung, in Abwesenheit von Substrat jedoch tritt kein Aktivitätsverlust ein [36]. Ähnliche Ergebnisse wurden an der Fructosediphosphataldolase, der Transaldolase (2.2.1.2) und der 2-Keto-3-desoxy-L-arabinonatdehydratase (4.2.1) [37, 38, 39] erhalten. Eine Inaktivierung wurde auch bei Einwirkung von Borhydrid auf Pyridoxalphosphatenzyme beobachtet, jedoch nur in Gegenwart von Pyridoxalphosphat [40]. In all diesen Fällen wird zwischen der ε-Aminogruppe eines Lysins und der Carbonylgruppe des Substrates (bzw. der Aldehydgruppe des Pyridoxalenzyms) eine Schiffsche Base gebildet. Normalerweise ist dieser Vorgang reversibel, aber bei Reduktion mit Borhydrid wird die Schiffsche Base zu einem sekundären Amin reduziert, das nicht dissoziieren kann. In derartigen Fällen kann der an der Reaktion beteiligte Rest leicht dadurch identifiziert werden, daß er radioaktiv markiert wird. Nach hydrolytischer Spaltung läßt sich das markierte Aminosäurederivat leicht nachweisen.

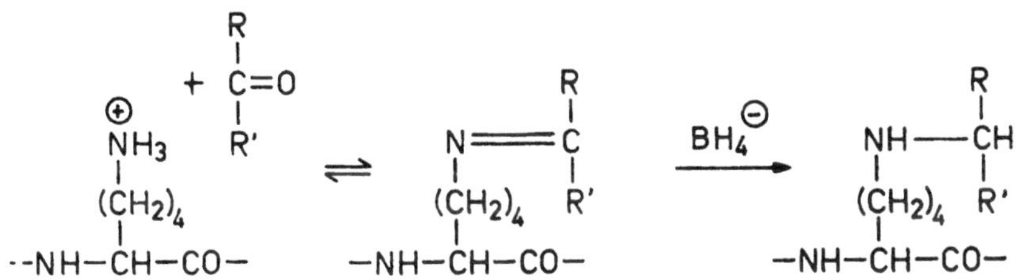

Proteolytische Enzyme können dazu eingesetzt werden, die für die Aktivität von Enzymen wichtigen Aminosäurereste zu identifizieren. Ein Beispiel dafür ist die Abspaltung der terminalen Tyrosylreste von der Fructosediphosphataldolase durch Carboxypeptidase [29]. Das vielleicht beste Beispiel für die Anwendung eines derartigen Enzyms für diese Art der Untersuchung ist die Ribonuclease. Die Behandlung dieses Enzyms mit Subtilopeptidase A (3.4.4.16) bewirkt die Spaltung der Peptidkette in Position 20; das Produkt kann in zwei Fraktionen zerlegt werden, in ein Eicosapeptid (S-Peptid) und in den Rest des Enzyms (S-Protein). Die isolierten Bruchstücke sind inaktiv, nach deren Rekombination wird die volle Aktivität zurückgewonnen. Demnach besitzen beide Bruchstücke Areale, die zusammen das vollständige aktive Zentrum ergeben [41]. Chemische Modifizierungen [42] und die Syntheseexperimente von Hofmann et al. [26] trugen zur Erkenntnis bei, daß das Histidin in Position 12 für die katalytische Aktivität der Ribonuclease essentiell ist.

Viele Schlüsse über die Natur von Aminosäuren in aktiven Zentren wurden aus Veränderungen der Enzymaktivität in Abhängigkeit vom pH-Wert gezogen. Jedoch ist ein Herangehen dieser Art mit großer Vorsicht zu betrachten.

Die Kinetik von enzym-katalysierten Reaktionen

Kinetische Untersuchungen haben wahrscheinlich mehr zu unseren Kenntnissen über die Mechanismen enzym-katalysierter Reaktionen beigetragen als irgendeine andere Art des Herangehens. Es wurden Geschwindigkeitsgleichungen für viele Reaktionsmechanismen abgeleitet, wobei der Biochemiker durch geeignete Messungen von Reaktionsgeschwindigkeiten gewöhnlich in der Lage ist, viele mögliche, aber nicht zutreffende Mechanismen auszuschließen. Die häufig komplizierten Ableitungen derartiger Geschwindigkeitsgleichungen liegen außerhalb des Rahmens dieses Buches, so daß nur in einer kurzen Einführung gezeigt werden soll, wie kinetische Untersuchungen zur Aufklärung eines wahrscheinlichen Reaktionsmechanismus für ein gegebenes Enzym beitragen können. Für detaillierte Diskussionen der Ableitungen von Geschwindigkeitsgleichungen wird der Leser auf die Publikationen von Dixon [43], Haldane [44], Dalziel [45], Cleland [46], Alberty [47], King und Altmann [48], Briggs und Haldane [49], Gutfreund [50], Dixon und Webb [51], Wong und Hanes [52] und viele andere verwiesen.

Es ist jedoch für uns notwendig, einige Aspekte der kinetischen Theorie der Enzym-Katalyse zu erörtern, um bestimmte Definitionen und gebräuchliche Begriffe einzuführen. Als erster Schritt wird die reversible Bildung eines Enzym-Substrat-Komplexes angenommen (Gleichung 2.1, wobei E, S und ES Enzym, Substrat und Enzym-Substrat-Komplex bedeuten). Die Geschwindigkeit der Produktentstehung ist durch die Gleichung (2.2) gegeben.

$$E + S \underset{k_{-1}}{\overset{k_{+1}}{\rightleftharpoons}} ES \xrightarrow{k_{+2}} \text{Produkte} \qquad (2.1)$$

$$\text{Geschwindigkeit } (v) = k_{+2}\,[ES] \qquad (2.2)$$

Die grundlegende Annahme der Michaelis-Menten-Theorie ist, daß k_{+2} genügend klein ist, so daß der zweite Schritt dieses Vorganges nicht die Gleichgewichtseinstellung des ES-Komplexes beeinflußt. Unter diesen Bedingungen liegt für den Fall einer konstanten Enzymkonzentration und niedrigen Substratkonzentrationen nur ein Bruchteil der Gesamtzahl der Enzymmoleküle in Form des Enzym-Substrat-Komplexes vor. Wenn die Substratkonzentration erhöht wird, erhöht sich auch die Konzentration von ES, und damit wächst die Geschwindigkeit der Gesamtreaktion. In Gegenwart sehr hoher Substratkonzentrationen wird sich das Gleichgewicht so einstellen, daß praktisch alle Enzymmoleküle als Enzym-Substrat-Komplex vorliegen, d. h. das Enzym ist dann mit dem Substrat gesättigt. Wenn diese Situation erreicht ist, wird eine Erhöhung der Substratkonzentration keine weitere Zunahme der Reaktionsgeschwindigkeit hervor-

rufen. Demnach ist für eine gegebene Enzymkonzentration eine Maximalgeschwindigkeit erreichbar. Dies wird in Abbildung 2.2. erläutert.
Wenn wir K_s als die Gleichgewichtskonstante für die Dissoziation des Enzym-Substrat-Komplexes in Enzym und Substrat definieren und wenn [E'] die anfangs eingesetzte Konzentration des Enzyms, d. h. die Gesamtmenge des vorliegenden Enzymes ist, so wird die Konzentration des freien Enzyms ([E'] – [ES]) sein.

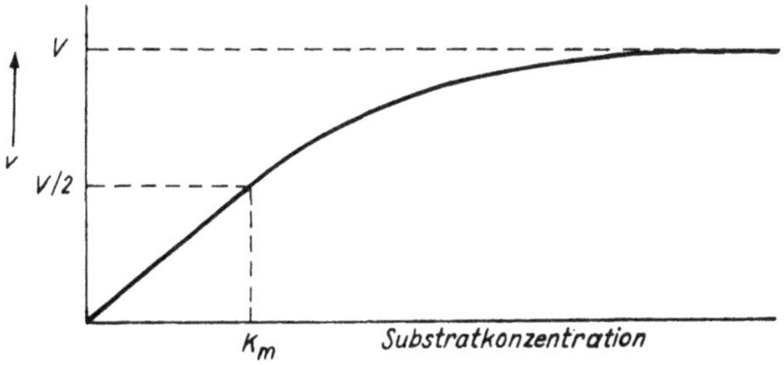

Abb. 2.2. Auftragung der Reaktionsgeschwindigkeit v gegen die Substratkonzentration. Bei hoher Substratkonzentration nähert sich die Geschwindigkeit einem Maximalwert V. K_m ist gleich der Substratkonzentration bei halbmaximaler Geschwindigkeit.

Folglich ist

$$K_s = \frac{[E]\,[S]}{[ES]} = \frac{([E'] - [ES])\,[S]}{[ES]} \tag{2.3}$$

Hieraus folgt

$$K_s = \frac{[E']\,[S] - [ES]\,[S]}{[ES]} \tag{2.4}$$

und

$$[ES] = \frac{[E']\,[S]}{K_s + [S]}$$

Aus Gleichung (2.2) ergibt sich

$$v = \frac{k_{+2}\,[E']}{(1 + K_s/[S])} \tag{2.5}$$

Wenn die Konzentration des Substrates sehr hoch ist, d. h., wenn das Enzym mit Substrat gesättigt ist, dann gibt Gleichung (2.5) die Maximalgeschwindigkeit V und erhält den Wert:

$$V = k_{+2}[E']$$

Nach Einsetzen dieses Ausdruckes in (2.5) ergibt sich:

$$v = \frac{V}{(1 + K_s/[S])} \tag{2.6}$$

Dies ist die Michaelis-Menten-Gleichung.

Wenn [S] gleich K_s ist, dann wird die Geschwindigkeit der Reaktion gleich V/2 sein. Dies entspricht der gebräuchlichsten Definition der Michaelis-Konstanten als derjenigen Substratkonzentration, die die halbe Maximalgeschwindigkeit verursacht. Unter der Grundannahme von Michaelis-Menten wird dann $K_m = K_s$. Die Werte für K_m können experimentell unter Benutzung von Gleichung (2.6) erhalten werden. Obgleich es mittels einer graphischen Darstellung wie in Abbildung 2.2. möglich ist, die Maximalgeschwindigkeit und hieraus die Substratkonzentration, die die halbmaximale Geschwindigkeit ergibt, zu bestimmen, würde ein ziemlich ungenauer Wert aufgrund der Schwierigkeit der asymptotischen Bestimmung der Maximalgeschwindigkeit erhalten werden. In praxi bevorzugen viele Experimentatoren die Anwendung von Gleichung (2.7), die aus (2.6) abgeleitet werden kann:

$$1/v = 1/[S] \cdot (K_m/V) + 1/V \tag{2.7}$$

Eine Auftragung von 1/v gegen 1/[S], die als doppelt reziproke oder Lineweaver-Burk-Auftragung bekannt ist [54], ergibt eine Gerade mit einem Ordinatenabschnitt 1/V und einer Neigung von K_m/V. Der Abschnitt auf der Abszisse ist $-1/K_m$ [51]. Abbildung 2.3. zeigt ein auf solche Weise erhaltenes Diagramm.

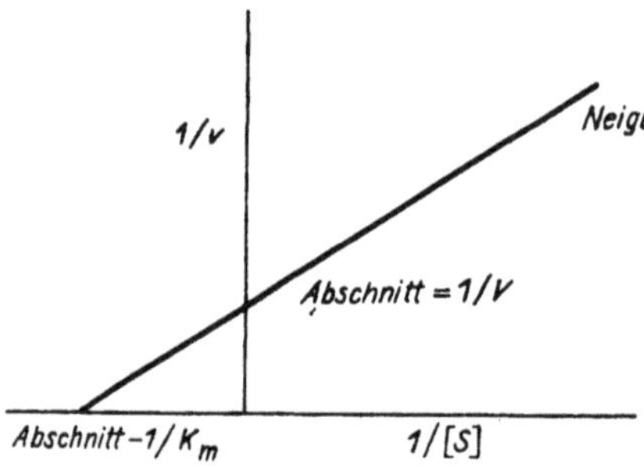

Abb. 2.3. Auftragung von 1/v gegen 1/[S] (doppelt reziproke Auftragung) einer der Michaelis-Menten-Kinetik gehorchenden enzym-katalysierten Reaktion.

Ein aus solchen Experimenten erhaltener K_m-Wert stellt einen wichtigen Parameter eines Enzyms dar. Da bei einer Michaelis-Menten-Kinetik $K_m = K_s$ ist, ist K_m für ein bestimmtes Enzym ein direktes Maß für die Stärke der Bindung zwischen dem Enzym und dem Substrat.

Die doppelt reziproken Auftragungen sind nützlich für die Untersuchung eines anderen Phänomens in der Enzymchemie, das der Hemmung. In diesem Zusammenhang wird als ein Inhibitor eine chemische Verbindung bezeichnet, deren Anwesenheit eine Abnahme der Enzymaktivität verursacht. Eine Hemmung kann *reversibel* oder *irreversibel, kompetitiv* oder *nichtkompetitiv* sein. Ein irreversibler Inhibitor wirkt mittels einer chemischen Reaktion im aktiven Zentrum des Enzyms und verhindert entweder die Substratbindung oder beseitigt im Falle eines essentiellen Aminosäurerestes dessen Fähigkeit, am katalytischen Prozeß teilzunehmen. Der Inhibitor wird bei diesem Hemmtyp gewöhnlich über eine covalente Bindung an das Enzym gebunden, dissoziiert vom Enzym nicht ab und kann z. B. nicht durch Dialyse abgetrennt werden. Das Chlorketon TPCK und die organische Phosphorverbindung Diisopropylfluorophosphat (Kapitel 4) sind Beispiele für irreversible Inhibitoren dieser Art. Es ist wichtig zu bemerken, daß ein chemisches Reagenz, das eine Inaktivierung eines Enzyms durch einen unspezifischen Abbau des Proteins hervorruft, nicht als ein irreversibler Inhibitor bezeichnet wird. Der Effekt bestimmter irreversibler Inhibitoren kann auf chemischem Wege aufgehoben werden. Eine Acetylierung der Carboxypeptidase verursacht zum Beispiel den Verlust der Enzymaktivität, doch durch Behandlung des Acetylenzyms mit Hydroxylamin kann die Acetylgruppe wieder entfernt und das Enzym reaktiviert werden. Das acetylierende Agens muß trotzdem als ein irreversibler Inhibitor betrachtet werden.

Ein reversibler Inhibitor wird gewöhnlich durch nichtcovalente Kräfte an das Enzym gebunden. Es stellt sich ein Gleichgewicht ein, bei dem die Dissoziation des Komplexes EI die Gleichgewichtskonstante K_I besitzt und

$$E + I \rightleftharpoons EI$$

$$K_I = [E] \cdot [I]/[EI]$$

wobei I den Inhibitor bezeichnet.

Wenn der Inhibitor dem Substrat des Enzyms sehr ähnlich ist, wird oft eine kompetitive Hemmung gefunden. Das bedeutet, daß sowohl Substrat als auch Inhibitor durch die gleiche Stelle des Enzyms gebunden werden, d. h. um diese Stelle konkurrieren. Die Gegenwart eines solchen Inhibitors hat eine Verminderung der Zahl der vorhandenen Enzymmoleküle zur Folge, die sich mit dem Substrat verbinden können. Damit wird eine größere Substratkonzentration zur Erreichung der Halbsättigung des Enzyms mit Substrat benötigt. Daher verändert ein kompetitiver Inhibitor den scheinbaren K_m-Wert von Enzym und Substrat. Wenn jedoch genügend hohe Substratkonzentrationen verwendet werden, tritt eine Substratsättigung des Enzyms ein, so daß in diesem Fall die Maximalgeschwindigkeit V des Enzyms nicht verändert wird. Doppelt reziproke Auftragungen in Abwesenheit und in Gegenwart eines kompetitiven Inhibitors würden demnach die in Abbildung 2.4. wiedergegebene Form haben.

Ein nichtkompetitiver Inhibitor wird reversibel an eine Stelle des Enzyms gebunden, die nicht die Bindungsstelle für das Substrat ist. Auch wenn sich eine solche Substanz nicht an das aktive Zentrum bindet, vermag sie dennoch eine Aktivitätsabnahme zu verursachen, indem sie eine Konformationsänderung des Proteins bewirkt. Nichtkompetitive Inhibitoren brauchen mit dem Substrat strukturell nicht verwandt zu sein. Dieser Inhibitortyp konkurriert nicht um die Bindungsstelle des Substrates und ist demzufolge nicht nur zur Bildung eines EI-Komplexes, sondern auch zur Bildung eines ternären EIS-Komplexes befähigt.

$$ES + I \rightleftharpoons EIS$$

$$EI + S \rightleftharpoons EIS$$

Da der nichtkompetitive Inhibitor die Bindung des Substrates nicht beeinflußt, hat er auch keinen Einfluß auf K_m. Der Inhibitor kann jedoch, wie gerade gezeigt wurde, auch dann noch einen ternären Komplex bilden, wenn das Enzym mit Substrat gesättigt ist. Auf diese Weise kann er den Wert von V verkleinern. Doppelt reziproke Auftragungen haben demnach das Aussehen wie dies in Abbildung 2.5. wiedergegeben ist.

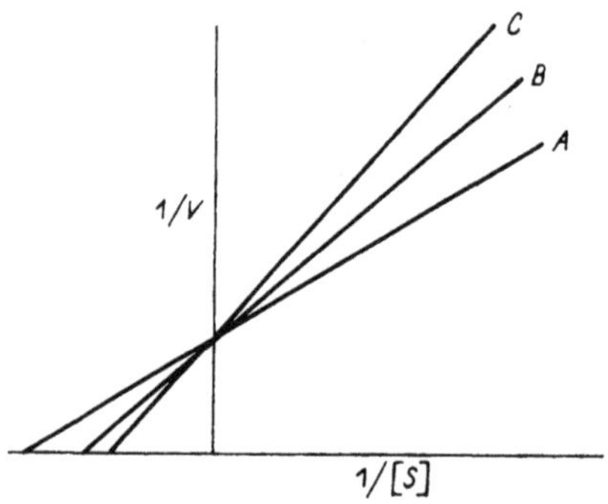

Abb. 2.4.

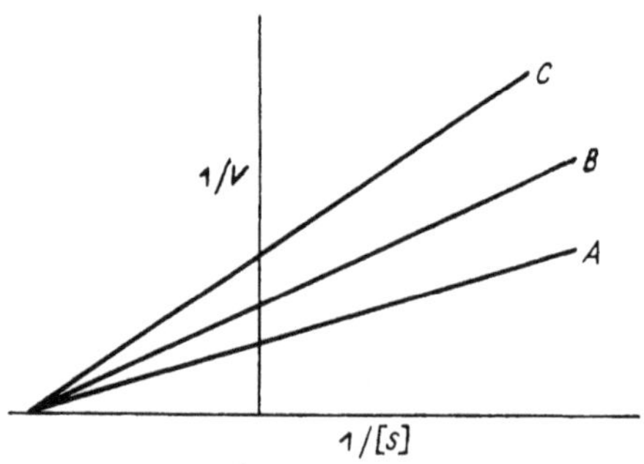

Abb. 2.5.

Abb. 2.4. Doppelt reziproke Auftragungen für eine Reaktion in Abwesenheit (A) und in Gegenwart (B und C) eines kompetitiven Inhibitors. B und C stellen die Geraden dar, die mit verschiedenen Inhibitorkonzentrationen erhalten werden.

Abb. 2.5. Doppelt reziproke Auftragungen für eine Reaktion in Abwesenheit (A) und in Gegenwart (B und C) eines nicht-kompetitiven Inhibitors. B und C stellen die Geraden dar, die bei verschiedenen Inhibitorkonzentrationen erhalten wurden.

Der Chemiker ist also durch Anwendung doppelt reziproker Auftragungen in der Lage, zwischen diesen beiden Typen der reversiblen Hemmung zu unterscheiden. In einigen Fällen kann beobachtet werden, daß die Hemmung offenbar gemischter Natur ist. Diese würde zum Beispiel eintreten, wenn die Inhibitorbindung an einer anderen Stelle als dem aktiven Zentrum erfolgt und dies eine Konformationsänderung des Proteins derart verursacht, daß die Fähigkeit des Enzyms zur Substratbindung vermindert wird. Ein solcher Inhibitor würde demzufolge nicht nur eine Änderung von V, sondern auch von K_m hervorrufen.

In der obigen Darlegung wurden nur Einsubstratreaktionen berücksichtigt. Tatsächlich gibt es aber nur sehr wenige enzym-katalysierte Reaktionen, an denen

nur ein Substrat beteiligt ist. In solchen Fällen, bei denen das zweite Substrat Wasser ist, zum Beispiel bei den Hydrolasen, sind die kinetischen Modelle ähnlich denen der Einsubstratreaktionen, da die Wasserkonzentration sehr hoch ist und demzufolge als konstant angenommen werden kann. Bei den meisten enzymkatalysierten Reaktionen, an denen zwei oder drei Substrate beteiligt sind, muß eine Vielzahl möglicher Reaktionsmechanismen berücksichtigt werden. Für solche Fälle wurden die Geschwindigkeitsgleichungen abgeleitet und an vielen Beispielen überprüft. Eine detaillierte Darstellung derartiger Untersuchungen liegt ebenfalls außerhalb des Rahmens dieses Buches, so daß der Leser auf die bereits genannte Literatur hingewiesen wird [43—52]. Wir wollen jedoch einige allgemeine Charakteristika möglicher Reaktionstypen betrachten und untersuchen, wie sie voneinander unterschieden werden können.
Ein möglicher Mechanismus einer enzym-katalysierten Reaktion zwischen zwei Substraten A und B ist der sogenannte *Ping-Pong*-Mechanismus. Das Wesen dieses Mechanismus ist, daß das erste Substrat A mit dem Enzym reagiert und das Produkt Q abgelöst wird, bevor das zweite Substrat B mit dem Enzym reagiert (Gleichung 2.8a und 2.8b). Eine andere Möglichkeit der Darstellung dieses Mechanismus ist in (2.9) gezeigt. Diese Schreibweise beruht auf der Cleland-Methode, bei der die horizontale Linie den Ablauf der Gesamtreaktion unter Einbeziehung der Reihenfolge der durchlaufenen Zwischenschritte angibt. Die Anlagerung des Substrates und die Abgabe der Produkte

$$A + E \rightleftharpoons EA \rightleftharpoons E'Q \rightleftharpoons E' + Q \qquad (2.8a)$$

$$E' + B \rightleftharpoons E'B \rightleftharpoons EP \rightleftharpoons E + P \qquad (2.8b)$$

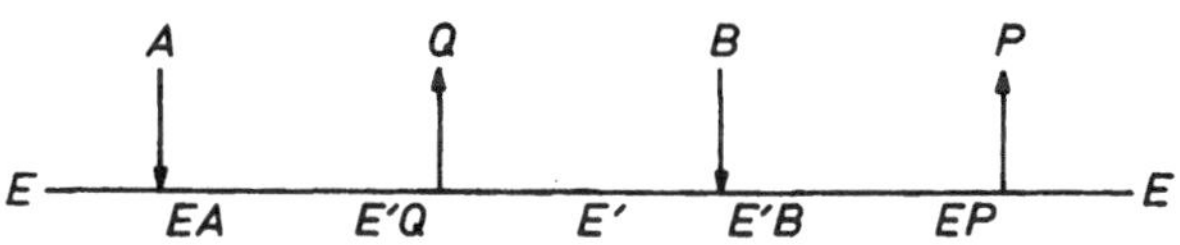

(2.9)

sind durch entsprechende Pfeile angegeben. Die Reaktion des Enzyms mit dem ersten Substrat und die Abgabe des ersten Produktes (Gleichung 2.8a) wandelt das Enzym in eine modifizierte Molekülspezies E' um. B reagiert nur mit E' und nicht mit E selbst. Dieser Mechanismus, bei dem jedes Substrat mit einer anderen Form des Enzyms reagiert und beide Substrate niemals gleichzeitig an das Enzym gebunden werden, äußert sich in einer charakteristischen kinetischen Verhaltensweise, die in einfacher Weise durch eine Serie doppelt reziproker Auftragungen erkannt werden kann. Die Reaktionsgeschwindigkeit wird bei verschiedenen Konzentrationen von A bei einer bestimmten Konzentration B_1 der Substanz B gemessen und danach eine doppelt reziproke Auftragung angefertigt. Eine Serie solcher Auftragungen kann bei verschiedenen Konzentrationen von B (B_1, B_2, B_3 usw.) erhalten werden. Beim Vorliegen einer Schar paralleler Geraden (Abb. 2.6.) kann man auf einen Ping-Pong-Mechanismus schließen. Fromm und Zewe [58] erhielten ein derartiges Ergebnis bei der Untersuchung der Gehirn-Hexokinase

(2.7.1.1). Hexokinase katalysiert die Reaktion (2.10), bei

ATP + D-Hexose → ADP + D-Hexose-6-phosphat (2.10)

der eine Phosphatgruppe von ATP auf eine Hexose übertragen wird. Ein Ping-Pong-Mechanismus für diese Transferreaktion kann so interpretiert werden, daß

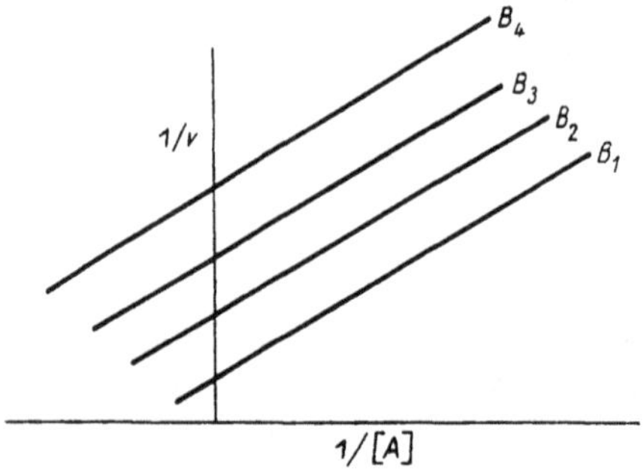

Abb. 2.6. Doppelt reziproke Auftragungen einer Zweisubstratreaktion, die einem Ping-Pong-Mechanismus folgt. Das Substrat A wird in seiner Konzentration verändert, während verschiedene, jeweils fixierte Konzentrationen des Substrats B verwendet wurden. Die Auftragungen von 1/v gegen 1/(A) wurden bei verschiedenen Konzentrationen von B (B_1, B_2, B_3 usw.) gemacht.

die Phosphatgruppe zuerst auf das Enzym übertragen wird und später vom Enzym auf den Acceptor. Danach muß das modifizierte Enzym E' ein phosphoryliertes Enzym (EP) sein. Die Reaktion wird wie folgt dargestellt:

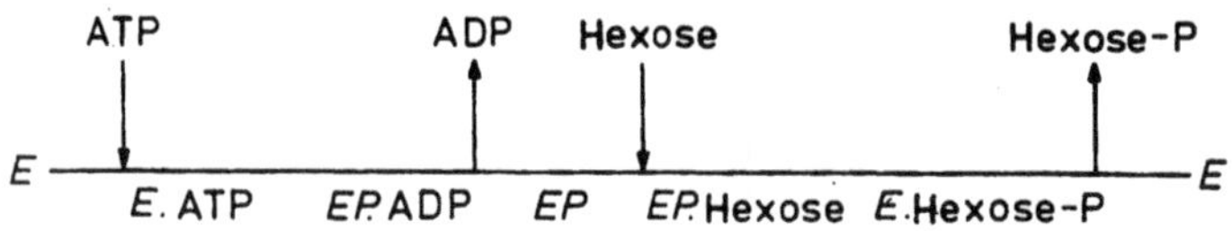

Wenn eine Transferreaktion kinetisch den Charakteristika eines Ping-Pong-Mechanismus folgt, sollte dies im allgemeinen als ein wichtiger Hinweis für eine Reaktionsweise angesehen werden, bei der die transferierte Gruppe zuerst auf das Enzym übertragen wird und (normalerweise) einen covalenten Komplex bildet. Ein anderes Beispiel bietet der Fall der Saccharoseglucosyltransferase (2.4.1.7), die die Phosphorolyse von Saccharose (Gleichung 2.11) katalysiert, eine Reaktion, bei der eine α-D-Glucosylgruppe von der Saccharose auf Phosphat übertragen wird. Das Vorliegen einer Kinetik, die dem Ping-Pong-Mechanismus folgt [56], deutet darauf hin, daß ein Glucosylenzym

α-D-Glucosyl-1-fructose + Pa → α-D-Glucosyl-1-P + Fructose (2.11)
(Saccharose)

als Intermediat gebildet wird. Auch aus anderen Untersuchungen wurden Hinweise auf die Existenz eines Glucosyl-Enzym-Komplexes [56] erhalten, so daß dadurch die kinetischen Ergebnisse erhärtet werden konnten.

Hersh und Jencks [57] konnten nachweisen, daß Succinyl-CoA:3-ketosäure-CoA-transferase (2.8.3.5) einem Ping-Pong-Verhalten folgt und leiteten von diesen und anderen Befunden den Mechanismus der Gesamtreaktion ab (Gleichung 2.12), die über ein Enzym-CoA-Intermediat, wie dies im Schema (2.13) dargestellt ist, verläuft. Hersh und Jencks [57] waren in der Lage, den Mechanismus durch Isolierung des Enzym-CoA-Intermediates zu erhärten.

$$\text{Succinyl-CoA} + \text{3-Ketosäure} \rightleftharpoons \text{Succinat} + \text{3-Ketoacyl-CoA} \qquad (2.12)$$

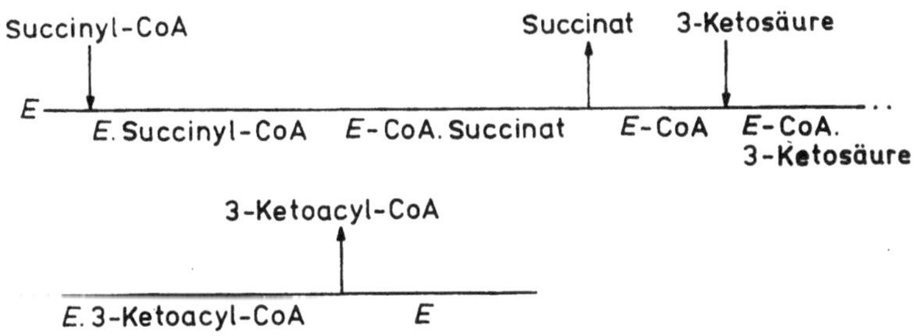

(2.13)

Im Falle des Ping-Pong-Mechanismus werden nur Binärkomplexe gebildet (EA, E'Q, E'B und EP). An anderen Mechanismen jedoch sind Ternärkomplexe beteiligt. Eine Möglichkeit ist die, daß ein ternärer Komplex zwischen dem Enzym und den beiden Substraten gebildet wird, bei dessen Bildung die Reihenfolge der Anheftung der Substrate an das Enzym unwichtig ist. Demnach kann der ternäre Komplex EAB, wie in Gleichung (2.14) gezeigt ist, auf zwei Wegen gebildet werden. Die Reaktion verläuft dadurch, daß zwei ternäre Komplexe ineinander umgewandelt werden.

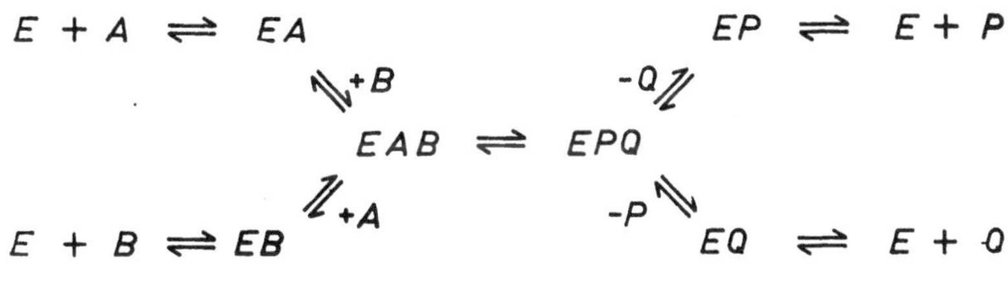

Der Komplex EPQ kann unter Abgabe von P oder Q zerfallen. Da sowohl die Reihenfolge der Anlagerung der beiden Substrate an das Enzym als auch die der Abgabe der beiden Produkte unwichtig ist, wird der Mechanismus als ein *random-order*-Mechanismus („Zufalls-Mechanismus") bezeichnet.

Eine Alternative zu diesem Mechanismus ist derjenige, bei dem die Reihenfolge, in der die beiden Substrate an das Enzym gebunden werden, genau festgelegt ist. In einem solchen Fall gibt es nur einen einzigen Weg zur Bildung von EAB und auch nur einen einzigen Weg für die Spaltung von EPQ. Demnach kann sich in Gleichung (2.15) B nicht mit dem Enzym binden, wenn A nicht vorher gebunden wurde. Desgleichen kann Q nicht abgegeben werden, bevor P nicht vorher das Enzym verlassen hat.

$$E + A \rightleftharpoons EA \xrightleftharpoons{+B} EAB \rightleftharpoons EPQ \xrightleftharpoons{-P} EQ \rightleftharpoons E + Q \tag{2.15}$$

Doppelt reziproke Auftragungen, in denen die Geraden in einem Punkt links der Ordinate konvergieren (s. Abb. 2.7), werden sowohl bei einem determinierten Reaktionsmechanismus (compulsory order mechanism) als auch bei einem nichtdeterminierten (random order mechanism) erhalten.

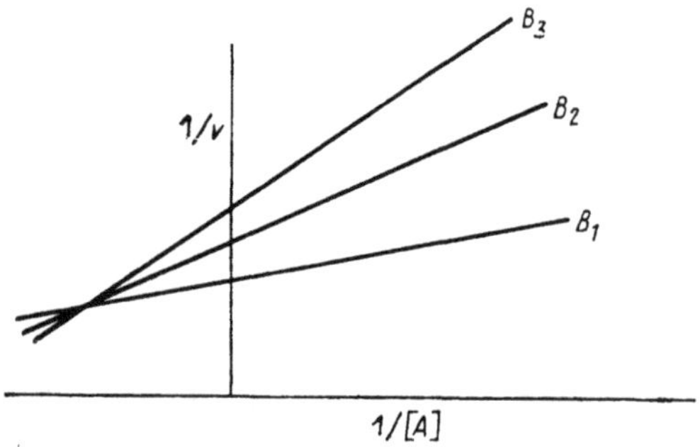

Abb. 2.7. Doppelt reziproke Auftragungen einer Reaktion mit einem „compulsory-order"-Reaktionsmechanismus bzw. mit einem „random-order"-Mechanismus, bei denen beide Substrate an das Enzym unter Bildung eines ternären Komplexes gebunden werden. Die Auftragungen von 1/v gegen 1/[A] sind für verschiedene fixierte Konzentrationen (B_1, B_2, B_3) des zweiten Substrats B durchgeführt worden.

FROMM und ZEWE [58] erhielten konvergierende Geraden, ähnlich denen in Abbildung 2.7., für Hexokinase aus Hefe und nahmen deshalb an, daß im Gegensatz zur Gehirn-Hexokinase im Verlauf der Reaktion der Hefe-Hexokinase ein ternärer Komplex gebildet wird. Möglicherweise schließt sie den direkten Transfer der Phosphatgruppe vom ATP auf die Hexose ohne Bildung eines Phosphoenzyms als Zwischenprodukt ein. Dieselben Autoren [59] erhielten ähnliche Resultate mit der Lactatdehydrogenase (1.1.1.27) und deuteten dieses Ergebnis so, daß der Oxidations-Reduktions-Schritt in einem Ternärkomplex stattfindet.

Die Reaktionsgeschwindigkeit v, die für die doppelt reziproke Auftragung benutzt wird, sollte stets die Initialgeschwindigkeit der Reaktion sein, die gemessen wird, bevor sich die Substratkonzentration wesentlich ändert. Unter Benutzung der Initialgeschwindigkeiten ist es jedoch nicht möglich, zwischen random-order- und compulsory-order-Mechanismen zu unterscheiden. Messungen der Reaktionsgeschwindigkeiten im Zustand des Gleichgewichtes können wertvolle Aussagen hierzu liefern [60]. Alle Enzymreaktionen sind zumindest theoretisch reversibel, so daß ein System, das Enzym und Substrate enthält, einen Gleichgewichtszustand erreichen wird, in dem die Geschwindigkeit der Vorwärtsreaktion gleich der der Rückreaktion ist.

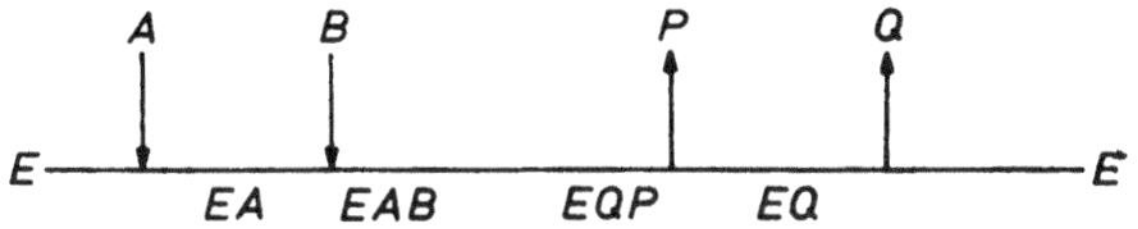

(2.16)

Die Reaktionsgeschwindigkeiten im Gleichgewicht werden vorteilhaft unter Benutzung isotopenmarkierter Substrate gemessen. Wir wollen die in Gleichung (2.15) dargestellte enzym-katalysierte Reaktion als *compulsory-order-Prozeß* betrachten. Sie kann auch durch (2.16) dargestellt werden. Im Gleichgewicht stehen die Konzentrationen der Substrate und Produkte miteinander entsprechend Gleichung (2.17) in Beziehung. Die Reaktionsgeschwindigkeit von A im Gleichgewicht, das heißt die Geschwindigkeit, mit der A in Q umgewandelt wird, kann durch Zusatz einer so kleinen Menge von radioaktiv markiertem A bestimmt werden, das durch sie das Gleichgewicht selbst nicht beeinflußt wird.

$$K = \frac{[Q]\,[P]}{[A]\,[B]} \tag{2.17}$$

In bestimmten Zeitabständen wird die Menge des gebildeten markierten Q gemessen. In gleicher Weise kann im Gleichgewicht die Umwandlungsgeschwindigkeit von B in P gemessen werden. Die Umwandlungsgeschwindigkeit von A in Q im Zustand des Gleichgewichtes in Abhängigkeit von den Konzentrationen von B und P (natürlich muß [B]/[P] konstant sein) gibt einen Hinweis darauf, ob der Mechanismus geordnet ist oder nicht. So verursacht beim Vorliegen eines compulsory-order-Mechanismus ein Anstieg der Konzentrationen von B und P eine Erniedrigung der Umwandlungsgeschwindigkeit von A in Q. [60]. Bei Anwendung dieses Verfahrens auf die Hefe-Hexokinase konnten Fromm et al. [61] zeigen, daß für dieses Enzym ein geordneter Mechanismus nicht zutrifft. Ähnlich zeigten Joyce und Himes [62], daß Formyltetrahydrofolatsynthetase (6.3.4.3), die eine Reaktion mit drei Substraten katalysiert, über einen random-Mechanismus wirkt und bei Bindung der Substrate an das Enzym letztlich einen Quarternärkomplex bildet. Andere Methoden zur Entscheidung, ob eine Reaktion einem random-order- oder einem compulsory-order-Mechanismus unterliegt, werden durch Bindungsstudien [63] oder detaillierte quantitative Vergleiche der kinetischen Ergebnisse mit Geschwindigkeitsgleichungen für verschiedene Reaktionsschemen geliefert. Zum Beispiel haben kinetische Untersuchungen [64, 65] an Leber-Alkoholdehydrogenase (1.1.1.1), die die in (2.18) dargestellte Reaktion katalysiert, gezeigt, daß die

$$NAD^{\oplus} + CH_3CH_2OH \rightleftharpoons NADH + CH_3CHO + H^{\oplus} \tag{2.18}$$

Maximalgeschwindigkeit der Vorwärtsreaktion mit der Dissoziationsgeschwindigkeit des aus Enzym und reduziertem Coenzym bestehenden Komplexes gleichgesetzt werden kann. Aufgrund dieses und anderer kinetischer Ergebnisse wird der Mechanismus der Leber-Alkoholdehydrogenase am besten als ein geordneter Vorgang beschrieben, bei dem die Ternärkomplexe offenbar kinetisch ohne Bedeutung sind, da sie sehr schnell umgewandelt und gespalten werden im Vergleich zu der Geschwindigkeit, mit der der Enzym-Coenzym-Komplex zerfällt (Gleichungen 2.19, 2.20, 2.21). Dieser spezielle Fall eines geordneten Mechanismus

$$E + NAD^{\oplus} \rightleftharpoons E.NAD^{\oplus} \tag{2.19}$$

$$E.NAD^{\oplus} + C_2H_5OH \rightleftharpoons E.NADH + CH_3CHO \tag{2.20}$$

$$E.NADH \rightleftharpoons E + NADH \tag{2.21}$$

kann wie folgt durch die Cleland-Methode dargestellt werden:

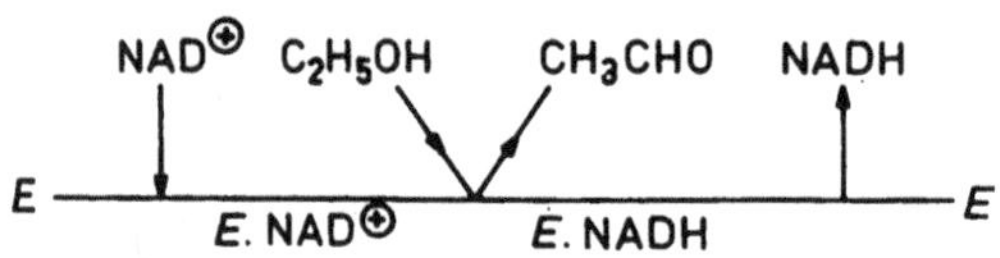

Im Gegensatz dazu scheint Hefe-Alkoholdehydrogenase über einen random-order-Mechanismus zu wirken (s. Kapitel 3).

Die obige Darstellung ist kurz und qualitativ. In den meisten Fällen wird der ermittelte Mechanismus durch quantitative Vergleiche der kinetischen Ergebnisse mit geeigneten Geschwindigkeitsgleichungen unterstützt. Auf diesem Wege können numerische Werte für die einzelnen Geschwindigkeitskonstanten und die Gleichgewichtskonstanten erhalten werden.

Es sei betont, daß sich die vorstehende Diskussion auf solche Bedingungen beschränkt, unter denen die Konzentrationen der Intermediate stationär konstante Werte erreichen (steady-state-Kinetik). Beträchtlich mehr Informationen können oft durch Analyse solcher Bedingungen erhalten werden, die vor dem Erreichen des stationären Zustandes bei einer Enzymreaktion gegeben sind (pre-steady-state-Kinetik).

Die Wirkung des pH-Wertes auf die Enzymaktivität[1]

Die Aktivität eines Enzyms ist stets vom pH-Wert abhängig. Jedes Enzym besitzt ein pH-Optimum, d. h. bei einem bestimmten pH-Wert erreicht seine Aktivität ein Maximum. Bei einer Verschiebung des pH-Wertes zu höheren oder niedrigeren Werten kommt es zu deutlichen Erniedrigungen der Aktivität. Die

[1] Unter bestimmten pH-Bedingungen können Enzyme irreversibel inaktiviert werden. Jede Messung der Aktivitätsänderung eines Enzyms mit dem pH sollte eine solche Inaktivierung berücksichtigen. Bei dieser Darlegung der Beziehungen zwischen pH-Wert und Enzymaktivität und ihrer möglichen Bedeutung für den Wirkungsmechanismus der Enzyme wird diese Tatsache nicht berücksichtigt.

pH-Abhängigkeit eines Enzyms wird gewöhnlich in Beziehung zu prototropen Gruppen im aktiven Zentrum gebracht, obwohl diese Interpretation eine zu starke Vereinfachung bedeutet. Wenn eine Säure entsprechend Gleichung (2.22) ionisiert, dann wird sich

$$HA \rightleftharpoons H^{\oplus} + A^{\ominus} \quad (2.22)$$

die Menge der konjugierten Base $A^{\ominus}$, die in Lösung vorliegt, entsprechend dem pH-Wert des Mediums verändern.

In Abbildung 2.8. ist dies dargestellt. Die Kurve ist s-förmig und der pK_s gibt den pH-Wert an, bei dem die Hälfte der Säure als $A^{\ominus}$ vorliegt. Wenn eine bestimmte chemische Reaktion von der konjugierten Base der Verbindung HA abhängt, sei es als Reaktionspartner oder als Katalysator, so wird sich die Geschwindigkeit der Reaktion mit dem pH-Wert ändern, wobei die gleiche s-Förmigkeit auftritt. Für eine Reaktion, die dieses Verhalten zeigt, wäre

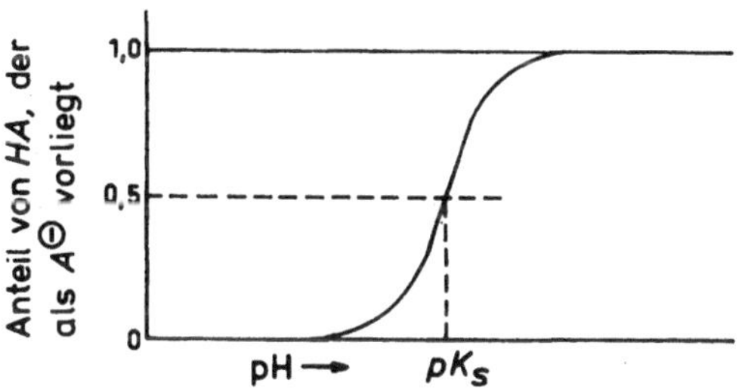

Abb. 2.8. Auftragung des Anteils einer Säure (HA), der in Form der konjugierten Base ($A^{\ominus}$) vorliegt, gegen den pH-Wert. Der pH-Wert, bei dem die halbe Menge der Säure ionisiert vorliegt, ist der pK_s-Wert der Säure. Wenn eine chemische Reaktion von $A^{\ominus}$ abhängt, so wird sich die Geschwindigkeit der Reaktion mit dem pH-Wert ändern und diese Kurve gibt auch die Geschwindigkeits-pH-Kurve wieder.

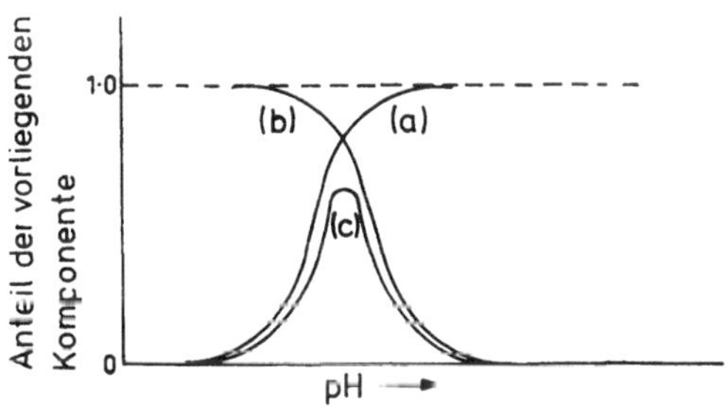

Abb. 2.9. Ein System, das zwei saure Gruppen HA und HB enthält und in dem Kurve (a) den Anteil von HA, der als $A^{\ominus}$ vorliegt, (b) den Anteil von HB in ihrer nichtionisierten Form und (c) die Zahl der Moleküle, die sowohl $A^{\ominus}$ als auch HB beinhalten, wiedergibt. Wenn eine chemische Reaktion HA in der ionisierten Form $A^{\ominus}$ und HB in der nichtionisierten Form benötigt, so repräsentiert die Kurve (c) auch die Veränderung der Geschwindigkeit dieser Reaktion mit dem pH-Wert.

es möglich, den pK_s der beteiligten Verbindung durch Messung des pH-Wertes zu erhalten, bei der die Geschwindigkeit der Reaktion halbmaximal ist (am besten durch Anpassen einer theoretischen an die experimentell erhaltene Kurve).
Ebenso wird sich der nichtionisierte Anteil einer Säure HB mit dem pH-Wert entsprechend Kurve (b) in Abbildung 2.9. ändern und die von der nichtionisierten Form dieser Säure abhängige Reaktion würde die gleiche pH-Abhängigkeit in ihrer Geschwindigkeit zeigen.
Wenn eine Reaktion von zwei dissoziierenden Spezies HA und HB abhängt, wobei die erstere in der konjugierten Basenform ($A^{\ominus}$) und HB in ihrer nichtionisierten Form vorliegen muß, so wird die Geschwindigkeit dieser Reaktion proportional dem Produkt aus $A^{\ominus}$ und HB sein. Eine solche Reaktion würde ein pH-Geschwindigkeitsprofil zeigen ((c) Abb. 2.9.), das durch das Produkt der Kurven (a) und (b) gegeben ist. Diese Abhängigkeit bringt die glockenförmige Kurve hervor, die für viele enzym-katalysierte Reaktionen typisch ist.

Tabelle 2.2. Angenäherte pK_s-Werte ionisierbarer Gruppen in Proteinen

Gruppe	pK_s
α-Carboxyl-	2
Seitenkettencarboxyl-(Asparagin- oder Glutaminsäure)	4
α-Amino-	9
ε-Amino-(Lysin)	10
Imidazol-(Histidin)	6
Guanidino-(Arginin)	12
Thiol-(Cystein)[1]	8,5
Phenol-(Tyrosin)	10

[1] Dies ist der von BENESCH und BENESCH (J. Am. chem. Soc. **77**, 5877 (1955)) erhaltene pK_s-Wert der Thiolgruppe des Cysteins, bei dem die α-Aminogruppe protoniert bleibt.

Wenn wir enzym-katalysierte Reaktionen von einem derartigen Standpunkt aus betrachten, müssen wir mehrere Aspekte berücksichtigen. Erstens gibt es ionisierbare Gruppen an den Seitenketten verschiedener Aminosäuren. Diese sind in Tabelle 2.2. zusammen mit ihren pK_s-Werten, die jeweils bei den freien Aminosäuren gemessen wurden, aufgeführt. Zu beachten ist dabei, daß sich diese pK_s-Werte aus Gründen, die später diskutiert werden, verändern können, wenn eine gegebene Aminosäure in ein Protein eingebaut wird. Zweitens kann das Substrat selbst ionisieren und drittens, selbst wenn mehrere ionisierende Gruppen an der Wirkung des Enzyms teilnehmen, können sie in verschiedenen Stadien der Reaktion mitwirken. Zum Beispiel kann eine einzelne ionisierende Gruppe für die Bindung des Substrates an das Enzym verantwortlich sein, während eine andere für den katalytischen Vorgang selbst erforderlich ist. Mit Hilfe kinetischer Untersuchungen bei verschiedenen pH-Werten und unter Benutzung von

Lineweaver-Burk-Auftragungen ist es beispielsweise möglich, Auskunft darüber zu erhalten, wie sich sowohl K_m als auch V in einem Enzym-Substrat-System mit dem pH-Wert ändern. DIXON [66] zeigte, daß die Auftragungen von pK_m/pH und von pV/pH so interpretiert werden können, daß die pK_s-Werte der ionisierbaren Gruppen im Enzym, im Substrat und im Enzym-Substrat-Komplex bestimmbar werden. Zum Beispiel zeigen die Ergebnisse von DODGSON et al. [51, 67], daß die freie, d. h. nicht substratgebundene Arylsulfatase (3.1.6.1) zwei für die Reaktionen wichtige ionisierbare Gruppen mit pK_s-Werten von 8,1 und 9,4 hat, während der Enzym-Substrat-Komplex (Enzym-p-nitrophenylsulfat) eine ionisierbare Gruppe mit einem pK_s-Wert von etwa 7,8 besitzt.
Folglich erlaubt uns die Methode nach DIXON, die pK_s-Werte verschiedener ionisierbarer Gruppen im aktiven Zentrum des Enzyms zu bestimmen und auch Schlußfolgerungen über ihre Funktionen auf verschiedenen Stufen des Gesamtprozesses zu ziehen. In einigen Fällen ist es möglich, die pH-Abhängigkeit einzelner Reaktionsgeschwindigkeitskonstanten zu bestimmen. Detaillierte Studien [68] zeigten, daß z. B. die chymotrypsin-katalysierte Hydrolyse von Substraten, die über die Bildung eines Acylenzyms (Gleichung 2.23) verläuft, folgende pH-Abhängigkeit hat:

$$E + S \underset{}{\overset{K_s}{\rightleftharpoons}} ES \xrightarrow{k_{+2}} ES' \xrightarrow{k_{+3}} E + P \qquad (2.23)$$

E + S	ES	ES′	E + P
Enzym + Substrat	Enzym-Substrat-Komplex	Acyl-enzym	Produkt

K_s hängt von einer Gruppe mit einem pK_s-Wert von etwa 9 ab.
Diese Gruppe muß in ihrer Säureform vorliegen. Sowohl k_{+2} als auch k_{+3} hängen von der basischen Form einer Gruppe mit einem pK_s von ungefähr 6,8 ab.
In ähnlicher Weise zeigten BENDER et al. [69], daß der Deacylierungsschritt in der Papainreaktion von einer basischen Gruppe mit einem pK_s zwischen 4 und 5 abhängt.
Nachdem der pK_s einer ionisierbaren Gruppe im aktiven Zentrum eines Enzyms bestimmt wurde, liegt es nahe, die betreffende Seitenkette vollständig zu identifizieren. Wenn eine Gruppe mit einem pK_s von 6—7 in einem Enzym gefunden wird, so wird diese immer als die Imidazolgruppe eines Histidinrestes angesehen. Ähnlich wird eine Gruppe mit einem pK_s von 4 als eine Carboxylgruppe der Seitenkette von Asparagin- oder Glutaminsäure angenommen. Obgleich derartige Interpretationen in vielen Fällen durch andere Untersuchungen bestätigt wurden, ist es wichtig, die Grenzen einer solchen Betrachtungsweise zu beachten. Jedes Protein bestitzt eine komplizierte Struktur und diese bedingt, daß sich eine bestimmte ionisierbare Gruppe fast immer in einer Umgebung befindet, die einen Einfluß auf ihren pK_s-Wert hat. Eine solche Umgebung kann polar oder unpolar sein; die ionisierbare Gruppe kann in Nachbarschaft einer Gruppe sein, die Wasserstoffbindungen bilden oder die durch ihre Ladungsverteilung einen bestimmten Ionisierungszustand stabilisieren oder auch destabilisieren kann.

Diese Faktoren können eine Änderung des pK_s-Wertes einer Gruppe um zwei pH-Einheiten oder mehr bewirken. Deshalb wurde die Vorstellung entwickelt [70], das aktive Zentrum eines Enzyms nicht als einen Ort zu betrachten, an dem mehrere Gruppen mehr oder weniger unabhängig voneinander vorkommen, sondern dieses als eine Einheit besonderer Art aufzufassen, dessen Eigenschaften die Resultante vieler Faktoren ist. Bevor nicht alle Faktoren, die zur Funktion des aktiven Zentrums beitragen, bekannt sind, ist es eine zu starke Vereinfachung, eine scheinbar ionisierbare Gruppe im aktiven Zentrum eines Enzyms mit einem bestimmten Aminosäurerest gleichzusetzen. Dieser Standpunkt wird unterstützt durch die Resultate der Röntgenkristallographie am Chymotrypsin [71]. Die aktive nucleophile Gruppe im Chymotrypsin ist die Hydroxylgruppe eines Serinrestes, die unter dem Einfluß einer Imidazolgruppe steht. Die Röntgenanalyse zeigte, daß dieses Imidazol selbst wieder beeinflußt wird durch die Carboxylatgruppe eines Aspartylrestes, der sich in einer hydrophoben Region des Proteins befindet.
Daraus folgt, daß sowohl die Serin- als auch die Histidin- und Aspartylseitenketten sowie alle jene Gruppen, die zur apolaren Natur der Mikroumgebung beitragen, zur pH-Abhängigkeit der Chymotrypsinreaktion einen bestimmten Beitrag leisten.

Allosterische Effekte

Die Enzymaktivität wird oft durch die Gegenwart kleiner Moleküle beeinflußt. Auf die Hemmung, die kompetitiv oder nichtkompetitiv sein kann, wurde in diesem Kapitel schon eingegangen. Im allgemeinen üben kompetitive Inhibitoren ihre Wirkung durch Bindung an das aktive Zentrum des Enzyms aus. Wenn das aktive Zentrum auf diese Weise besetzt ist, kann es das Substrat nicht binden. Andere Moleküle, die entweder Inhibitoren oder Aktivatoren sein können, scheinen mit dem Enzym an einer anderen Stelle in Wechselwirkung zu treten, die mehr oder weniger weit vom aktiven Zentrum entfernt ist und deren Effekte nicht durch sehr hohe Substratkonzentrationen beseitigt werden. Das hat zur Folge, daß sie sich nicht kompetitiv zum Substrat verhalten. Moleküle, die auf diesem Wege wirken, sind als *allosterische* Effektoren bekannt, sie spielen eine wichtige Rolle bei der Kontrolle der Enzymaktivität im Stoffwechsel lebender Systeme.
Manchmal können die Substrate selbst als allosterische Effektoren wirken, in diesem Falle wird der Vorgang als *homotrop* bezeichnet. Beim Vorliegen einer solchen Situation würde die Abhängigkeit der Initialgeschwindigkeit von der Substratkonzentration nicht wie in Abbildung 2 dargestellt, sondern s-förmig (sigmoidal) sein. Ist der allosterische Effektor nicht mit dem Substrat verwandt, wird der Effekt als *heterotrop* bezeichnet. Ob homotrop oder heterotrop, gewöhnlich wird ein derartiger Effekt auf Änderungen der Tertiär- oder Quartärstruktur des Enzyms zurückgeführt.
In den meisten Fällen kann eine befriedigende Erklärung der allosterischen Effekte durch das von Monod et al. [72] vorgeschlagene Modell geliefert werden.

Diese Autoren fassen die allosterischen Enzyme als Aggregate zweier oder mehrerer identischer Untereinheiten (Protomere) auf. Abbildung 2.10. zeigt ein Modell, das eine Erklärung für eine homotrope Aktivierung gibt, wenn also das Substrat gleichzeitig als Aktivator des Enzyms wirkt. Das Modell besteht aus zwei Protomeren und kann in den beiden Formen A und B, die miteinander im Gleichgewicht stehen, existieren. Die Umwandlung der einen Form in die andere wird als eine Konformationsänderung aufgefaßt. In Form A besitzt jede Untereinheit eine Substratbindungsstelle, während in Form B diese Bindungsstellen so „verbogen" sind, daß sie eine geringere Affinität zum Substrat als in A haben. Wenn A das Substrat bindet, ist es nicht in der Lage, sich in B umzuwandeln; seine Konformation ist somit fixiert. Die Gegenwart von Substrat stört das Gleichgewicht zwischen A und B und sichert, daß mehr Enzymmoleküle in der für die Reaktion vorteilhafteren Form vorliegen. An diesem Modell können folgende Vorgänge veranschaulicht werden: (a) eine Aktivierung durch Substrat manifestiert sich in einer besonderen kinetischen Ordnung im Hinblick auf das Substrat und (b) es tritt eine Konformationsänderung in der Molekülpopulation ein. Das Modell kann natürlich auch auf Beispiele mit mehr als zwei Protomeren erweitert werden.

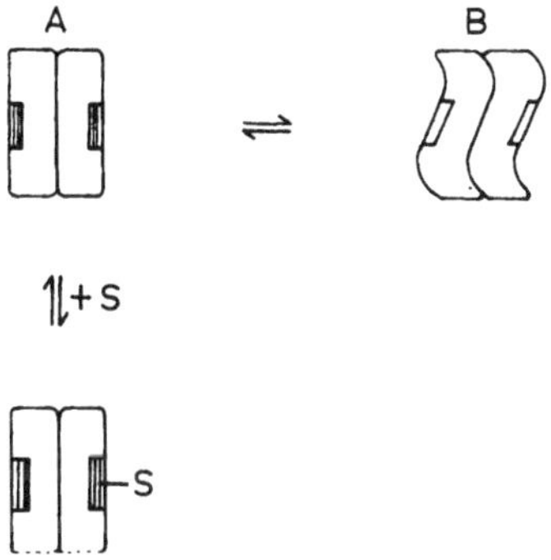

Abb. 2.10. Modell zur Illustration der homotropen allosterischen Aktivierung. A und B sind die „aktiven" und die „verbogenen" Formen des Enzyms, das aus zwei Protomeren besteht. Die senkrecht schraffierten Flächen stellen die Substratbindungsstellen dar. In B sind diese „verbogen" und als Bindungsstellen für das Substrat unwirksam. Deshalb sind sie in B nicht schraffiert gezeichnet.

Dasselbe Modell kann zur Beschreibung heterotroper allosterischer Effekte, nämlich sowohl der Aktivierung als auch der Hemmung dienen. Das Enzym existiert in Abbildung 2.11. in den beiden, sich im Gleichgewicht befindlichen Formen A und B. Das Molekül soll wiederum aus zwei Untereinheiten bestehen. In A besitzt jede Untereinheit eine Substratbindungsstelle sowie eine Bindungsstelle für den allosterischen Aktivator AA. Diese Stellen liegen in B in „verbogener" Form vor, das demzufolge nur eine geringe oder gar keine Affinität zu ihm hat, jedoch den Inhibitor I zu binden vermag. Die Inhibitorbindungsstelle ist in Abbildung 2.11. als die „verbogene" Form der Bindungsstelle für AA dargestellt. I wird folglich nicht an die Form A gebunden.
Die Bindung des Aktivators an die Form A führt zu einer Vergrößerung der Anzahl der zur Substratbindung befähigten Enzymmoleküle und folglich zu einem Anstieg der Gesamtaktivität des Enzyms. Der Inhibitor I wirkt durch die Fixierung

des Enzyms in der Konformation mit niedriger Affinität zum Substrat, die somit für die enzymatische Reaktion ungeeignet ist.

Das Enzym Aspartatcarbamyltransferase (Carbamoylphosphat:L-Aspartatcarbamoyltransferase, 2.1.3.2) ist wahrscheinlich diesem Typ der allosterischen Aktivierung und Hemmung unterworfen. Die Carbamoylierung von Aspartat ist ein wichtiger Schritt in der Synthese von Cytidintriphosphat (CTP). Das Endprodukt dieser metabolischen Sequenz, das CTP, ist selbst ein Inhibitor der

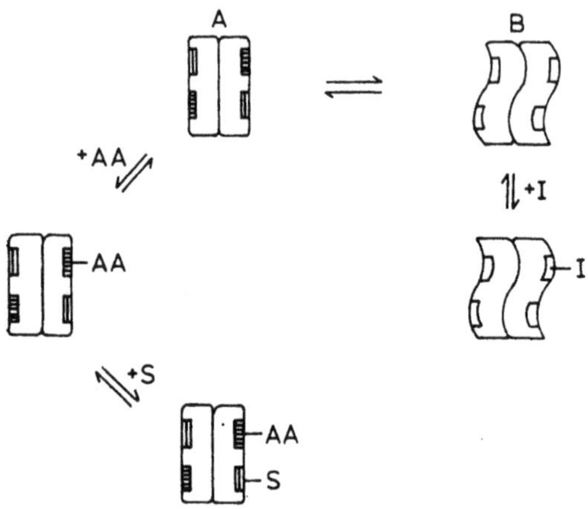

Abb. 2.11. Modell zur Illustration heterotroper Aktivierung und Hemmung. A und B stellen die „aktiven" und die „verbogenen" Formen des Enzyms dar, das aus zwei Protomeren aufgebaut ist. Die Substratbindungsstellen werden durch die senkrecht schraffierten Flächen dargestellt. Die horizontal schraffierten Flächen geben die Bindungsstellen des allosterischen Aktivators AA wieder. In B sind die Zentren „verbogen" und daher nicht fähig, Substrat und Aktivator zu binden. Diese Stellen sind nicht schraffiert dargestellt. Die Inhibitorbindungsstelle ist in B als „verbogene" Aktivatorbindungsstelle gezeichnet.

Aspartatcarbamoyltransferase, so daß dadurch eine bedeutende Kontrolle des Enzyms durch Rückkopplung erfolgt. ATP jedoch ist ein Aktivator des Enzyms. Somit verfügt dieses biologische System über einen Mechanismus, der die Balance zwischen den Nucleosidtriphosphaten aufrechterhält.

Röntgenkristallographie [73, 74]

Das gegenwärtig wahrscheinlich aussagekräftigste Verfahren zum Studium der Enzyme und darüber hinaus aller Proteine ist die Röntgenkristallographie. Obgleich im allgemeinen die Arbeit der Röntgenkristallographen leichter gemacht wird, wenn die Aminosäuresequenz eines Proteins bekannt ist, haben kristallographische Studien auch zu den Kenntnissen über die Sequenzen beigetragen. Beispiele hierfür sind das Papain, bei dem mit dieser Methode die Positionen bestimmter Sequenzen in der Primärstruktur festgelegt wurden, und das Chymo-

trypsin, bei dem die Unterscheidung zwischen Aspartyl- und Asparaginylresten durch die Röntgenanalyse unterstützt wurde [75, 76].
In den folgenden Kapiteln werden die Ergebnisse von kristallographischen Studien in Beziehung zu der Art und Weise, mit denen sie zu unseren Kenntnissen über die Mechanismen enzym-katalysierter Reaktionen beigetragen haben, diskutiert. Im Falle von Lysozym war es nicht nur möglich, die an der Enzym-Substratbindung beteiligten Gruppen (sowohl vom Substrat als auch vom Enzym) genau zu beschreiben, sondern auch den Weg zu ermitteln, der von dem Enzym im Verlauf der Katalyse beschritten wird [77]. Ähnlich konnte im Falle des Chymotrypsins die gegenseitige Zuordnung aller wichtigen Gruppen im Enzym erkannt werden und zusätzlich die sehr wichtige und vorher nicht vermutete Rolle des Carboxyls der Aspartylgruppe 102 im katalytischen Prozeß festgelegt werden [71].
Ursprünglich wurde angenommen, daß die Resultate der Röntgenkristallographie für die Erforschung der Enzym-Katalyse sehr begrenzt sein würden. Es mußte erstens nachgewiesen werden, daß die dreidimensionale Struktur eines Enzyms im kristallinen Zustand die gleiche ist wie jene, die in Lösung vorhanden ist. Da in mehreren Fällen gezeigt wurde, daß Enzyme im kristallinen Zustand aktiv sind [78], wurde es klar, daß es keinen Grund für die Annahme von Unterschieden zwischen der Konformation von Eiweißen im Kristall und in Lösung gibt. Eine andere mögliche Limitierung, die mit der eben diskutierten Problematik verwandt ist, hätte sein können, daß das Protein im kristallinen Zustand relativ starr und wenig flexibel ist, während es in Lösung hohe Elastizität aufweist und ohne Schwierigkeiten von einer Konformation in eine andere übergehen kann. Da gerade bei Enzymen allosterische oder induced-fit-Effekte als wesentlich angesehen wurden, wurden Zweifel daran geäußert, daß die Röntgenkristallographie einen großen Beitrag zum Studium von Enzymen leisten kann. Es ist deshalb interessant, daß LIPSCOMB et al. [2] durch Verwendung der Röntgenkristallographie sehr deutlich induced-fit-Effekte an der Carboxypeptidase A nachweisen konnten. Somit konnte, scheinbar paradoxerweise, mit Hilfe dieser Technik, die „starr" zusammengehaltene Moleküle zum Gegenstand hat, die hohe Flexibilität von Enzymen demonstriert werden.

Literatur

[1] PAULING, L., COREY, R. B., und BRANSON, H. R., Proc. natn. Acad. Sci. U.S.A. **37** 205 (1951); PAULING, L., und COREY, R. B., Proc. natn. Acad. Sci. U.S.A. **37**, 235, 241, 251, 256, 261, 272 (1951)

[2] LIPSCOMB, W. N., HARTSUCK, J. A., REEKE, G. N., jr., QUIOCHO, F. A., BETHGE, P. H., LUDWIG, M. L., STEITZ, T. A., MUIRHEAD, H., und COPPOLA, J. C., Brookhaven Symposia in Biology, No. 21 (Brookhaven National Laboratory, Upton, New York, 1968); REEKE, G. N., HARTSUCK, J. A., LUDWIG, M. L., QUIOCHO, F. A., STEITZ, T. A., und LIPSCOMB, W. N., Proc. natn. Acad. Sci. U.S.A. **58**, 2220 (1967); LIPSCOMB, W. N., HARTSUCK, J. A., QUIOCHO, F. A., und REEKE, G. N., Proc. natn. Acad. Sci. U.S.A., im Druck

[3] Koshland, D. E., jr., The Enzymes, Hrsg. P. D. Boyer, H. Lardy und K. Myrback, Bd. 1, S. 305 (Academic Press, New York, 1959)
[4] Crestfield, A. M., Stein, W. H., und Moore, S., J. biol. Chem. **238**, 2413, 2421 (1963)
[5] Schoellman, G., und Shaw, E., Biochemistry **2**, 252 (1963); Biochem. biophys. Res. Commun, **7**, 36 (1962); Ong, E. B., Shaw, E., und Schoellman, G., J. Am. chem. Soc. **86**, 1271 (1964); J. biol. Chem. **240**, 694 (1965)
[6] Baker, B. R., Design of Active-Site-Directed Irreversible Enzyme Inhibitors. The Organic Chemistry of the Enzymic Active Site (Wiley, New York, 1967)
[7] Whitney, P. L., Folsch, G., Nyman, P. O., und Malmstrom, B. G., J. biol. Chem. **242**, 4206, 4212 (1967)
[8] Ingram, J. M., und Hochster, R. M., Can. J. Biochem. **45**, 929, 1505 (1967)
[9] Westhead, E. W., Biochemistry **4**, 2139 (1965)
[10] Koshland, D. E., jr., Strumeyer, D. H., und Ray, W. J., jr., Brookhaven Symposia in Biology, No. 15, S. 101 (Brookhaven National Laboratory, Upton, New York, 1962); Chaplin, M. F., Gray, C. J., und Kennedy, J. F., Workshop Conference on Gonadotrophins (Birmingham, England, 1969),
[11] Hoffee, P., Lai, C. Y., Pugh, E. L., und Horecker, B. L., Proc. natn. Acad. Sci. U.S.A. **57**, 107 (1967)
[12] Kimmel, J. R., und Smith, E. L., J. biol. Chem. **207**, 515 (1954); Finkle, B. J., und Smith, E. L., J. biol. Chem. **230**, 669 (1958)
[13] Brubacher, L. J., und Bender, M. L., J. Am. chem. Soc. **88**, 5800 (1966)
[14] Husain, S. S., und Lowe, G., Chem. Commun. 310 (1968)
[15] Katagiri, M., Takemori, S., Nakazawa, K., Suzuki, H., und Agaki, K., Biochim. biophys. Acta **139**, 173 (1967)
[16] Pfleiderer, G., Holbrook, J. J., Nowicki, L., und Jeckel, R., Biochem. Z. **346**, 297 (1966)
[17] Eifler, R., Glaesmer, R., und Rapoport, S., Acta biol. med. Ger. **17**, 716 (1966) zitiert aus Chem. Abst. **66**, 91831y
[18] Chinard, F. P., und Hellerman, L., Methods of Biochemical Analysis Bd. 1, S. 1 (Interscience, New York, 1954)
[19] Nogare, S. D., Organic Analysis Bd. 1, S. 329 (Interscience, New York, 1953)
[20] Boyer, P. D., The Enzymes, Hrsg. P. D. Boyer, H. Lardy, und K. Myrback, Bd. 1, S. 511 (Academic Press, New York, 1954)
[21] Folk, J. E., und Cole, P. W., J. biol. Chem. **241**, 5518 (1966)
[22] Bocharnikova, I. M., und Petushkova, E. V., Biokhimiya **32**, 119 (1967)
[23] Yang, S. F., Freer, S., und Benson, A. A., J. biol. Chem. **242**, 477 (1967)
[24] Kezdy, F. J., Feder, J., und Bender, M. L., J. Am. chem. Soc. **89**, 1009 (1967); Hille, M. B., und Koshland, D. E., jr., J. Am. chem. Soc. **89**, 5945 (1967)
[25] Coleman, R. F., Biochem. biophys. Res. Commun. **28**, 222 (1967)
[26] Finn, F. M., und Hofmann, K., J. Am. chem. Soc. **87**, 645 (1965)
[27] Simpson, R. T., Riordan, J. F., und Vallee, B. L., Biochemistry **2**, 616 (1963); Riordan, J. F., und Vallee, B. L., Fedn Proc. **22**, 594 (1963); Riordan, J. F., und Vallee, B. L., Biochemistry **2**, 1460 (1963); Vallee, B. L., Fedn Proc. **23**, 8 (1964); Coleman, J. E., Pulido, P., und Vallee, B. L., Biochemistry **5**, 2019 (1966)
[28] Pugh, E. L., und Horecker, B. L., Biochem. biophys. Res. Commun. **26**, 360 (1967)
[29] Drechsler, E. R., Boyer, P. D., und Kowalsky, A. G., J. biol. Chem. **234**, 2627 (1959); Rutter, W. J., Richards, O. C., und Woodfin, B. M., J. biol. Chem. **236**, 3293 (1961)

[30] PHILPOTT, J. ST. L., und SMALL, P. A., Biochem. J. **32**, 542 (1938); HERRIOTT, R. M., J. Gen. Physiol. **19**, 283 (1935); HERRIOTT, R. M., J. Gen. Physiol. **31**, 19 (1947); LI, C. H., J. Am. chem. Soc. **67**, 1065 (1945)
[31] PONTREMOLI, S., GRAZI, E., und ACCORSI, A., J. biol. Chem. **242**, 61 (1967); Biochemistry **5**, 3072 (1966)
[32] GROSS, E., und MORELL, J. L., J. biol. Chem. **241**, 3638 (1966); ERLANGER, B. F., VRATSANOS, S. M., WASSERMANN, N., und COOPER, A. G., J. biol. Chem. **240**, PC 3447 (1965); Biochem. biophys. Res. Commun. **23**, 243 (1966)
[32a] DELPIERRE, G. R., und FRUTON, J. S., Proc. natn. Acad. Sci. U.S.A., **56**, 1817 (1966)
[33] LEGLER, G., Z. physiol. Chem. **349**, 767 (1968)
[34] HIRS, C. H. W., Brookhaven Symposia in Biology, Nr. 15 (Brookhaven National Laboratory, Upton, New York, 1962); MARFEY, P. S., UZIEL, M., und LITTLE, J., J. biol. Chem. **240**, 3270 (1965); MARFEY, P. S., NOWACK, H., UZIEL, M., und YPHANTIS, D. A., J. biol. Chem. **240**, 3264 (1965)
[35] KANAZAWA, T. und TONOMURA, Y., J. Biochem., Tokio **57**, 604 (1965); KUBO, S., TOKURA, S. und TONOMURA, Y., J. biol. Chem. **235**, 2835 (1960)
[36] WESTHEIMER, F. H., Proc. chem. Soc., 253 (1963)
[37] VENKATARAMAN, R., und RACKER, E., J. biol. Chem. **236**, 1883 (1961); PONTREMOLI, S., PRANDINI, B. D., BONSIGNORE, A., und HORECKER, B. L., Proc. natn. Acad. Sci. U.S.A. **47**, 1942 (1961); HORECKER, B. L., PONTREMOLI, S., RICCI, C., und CHENG, T., Proc. natn. Acad. Sci. U.S.A. **47**, 1947 (1961)
[38] GRAZI, T., CHENG, T., und HORECKER, B. L., Biochem. biophys. Res. Commun. **7**, 250 (1962)
[39] PORTSMOUTH, D., STOOLMILLER, A. C., und ABELES, R. H., J. biol. Chem. **242**, 2751 (1967)
[40] MORINO, Y., und SNELL, E. E., J. biol. Chem. **242**, 2793, 2800 (1967)
[41] RICHARDS, F. M., und VITHAYATHIL, P. J., J. biol. Chem. **234**, 1459 (1959)
[42] KENKARE, U. W., und RICHARDS, F. M., J. biol. Chem. **241**, 3197 (1966); VITHAYATHIL, P. J., und RICHARDS, F. M., J. biol. Chem. **235**, 2343 (1960)
[43] DIXON, M., Biochem. J. **55**, 170 (1953)
[44] HALDANE, J. B. S., Enzymes (Longmans, London, 1930)
[45] DALZIEL, K., Acta chem. Scand. **11**, 1706 (1957)
[46] CLELAND, W. W., Biochim. biophys. Acta **67**, 104, 173, 188 (1963)
[47] ALBERTY, R. A., Advances in Enzymol. **17**, 1 (1956); The Enzymes, Bd. 1, S. 143 (Academic Press, New York, 1958)
[48] KING, E. L., und ALTMAN, C. J., J. phys. Chem. **60**, 1375 (1956)
[49] BRIGGS, G. E., und HALDANE, J. B. S., Biochem. J. **19**, 338 (1925)
[50] GUTFREUND, H., An Introduction to the Study of Enzymes (Blackwell, Oxford, 1965)
[51] DIXON, M., und WEBB, E. C., Enzymes 2. Aufl. (Longmans, London, 1964)
[52] WONG, J. T.-F., und HANES, C. S., Can. J. Biochem. Physiol. **40**, 763 (1962)
[53] MICHAELIS, L., und MENTEN, M. L., Biochem. Z. **49**, 333 (1913)
[54] LINEWEAVER, H., und BURK, D., J. Am. chem. Soc. **56**, 658 (1934)
[55] FROMM, H. J., und ZEWE, V., J. biol. Chem. **237**, 1661 (1962)
[56] SILVERSTEIN, R., VOET, J., REED, D., und ABELES, R. H., J. biol. Chem. **242**, 1338 (1967)
[57] HERSH, L. B., und JENCKS, W. P., J. biol. Chem. **242**, 3468 (1967)
[58] FROMM, H. J., und ZEWE, V., J. biol. Chem. **237**, 3027 (1962)
[59] ZEWE, V., und FROMM, H. J., J. biol. Chem. **237**, 1668 (1962)

[60] Boyer, P. D., Archs. Biochem. Biophys. 82, 387 (1959); Boyer, P. D., und Silverstein, E., Acta chem. Scand. **17**, 5195 (1963)
[61] Fromm, H. J., J. biol. Chem. **239**, 3645 (1964)
[62] Joyce, B. K., und Himes, R. H., J. biol. Chem. **241**, 5716, 5725 (1966)
[63] Mahler, H. R., und Cordes, E. H., Biological Chemistry S. 243 (Harper und Row, New York, 1966)
[64] Dalziel, K., J. biol. Chem. **238**, 2850 (1963)
[65] Theorell, H., Harvey Lectures, Serie **61**, S. 17 (1966)
[66] Dixon, M., Biochem. J. **55**, 161, 170 (1953)
[67] Dodgson, K. S., Spencer, B., und Williams, K., Biochem. J. **61**, 374 (1955)
[68] Bender, M. L., Gibian, M. J., und Whelan, D. J., Proc. natn. Acad. Sci. U.S.A. **56**, 833 (1966); Himoe, A., Parks, P. C., und Hess, G. P., J. biol. Chem. **242**, 919 (1967); Biochem. biophys. Res. Commun., **23**, 234 (1965)
[69] Brubacher, L. J., und Bender, M. L., J. Am. chem. Soc. **88**, 5871 (1968); Bender, M. L., und Brubacher, L. J., J. Am. chem. Soc. **88**, 5880 (1968)
[70] Gutfreund, H., British Biophysical Society Meeting (London, 1968)
[71] Matthews, B. W., Sigler, P. B., Henderson, R., und Blow, D. M., Nature, Lond. **214**, 652 (1967)
[72] Monod, J., Wyman, J., und Changeux, J.-P., J. molec. Biol. **12**, 88 (1965)
[73] Crick, F. H. C., und Kendrew, J. C., Adv. prot. Chem. **12**, 133 (1957)
[74] Low, B. W., J. polym. Sci. **49**, 153 (1961)
[75] Drenth, J., Jansonius, J. N., Koekoek, R., Swen, H. M., und Wolthers, B, G., Nature, Lond., **218**, 929 (168)
[76] Hartley, B. S., Meeting of the Royal Society (London, Dez. 1968)
[77] Blake, C. C. F., Mair, G. A., North, A. C. T., Phillips, D. C., und Sarma, V. R. Proc. R. Soc. **167B**, 365 (1967); Blake, C. C. F., Johnson, L. N., Mair, G. A., North, A. C. T., Phillips, D. C., und Sarma, V. R., Proc. R. Soc. **167B**, 378 (1967); Blake, C. C. F., Koenig, D. F., Mair, G. A., North, A. C. T., Phillips, D. C., und Sarma, V. R., Nature, Lond. **206**, 757 (1965)
[78] Quiocho, F. A., und Richards, F. M., Proc. natn. Acad. Sci. U.S.A. **52**, 833 (1964)

Neuere Literatur

Klotz, I. M., Langermann, N. R., und Darnall, D. W., Quaternary structure of enzymes. Ann. Rev. Biochem. **39**, 25 (1970)
Blow, D. M., und Steitz, T. A., X-ray diffraction studies of enzymes. Ann. Rev. Biochem. **39**, 63 (1970)
Glazer, A. N., Specific modification of proteins. Ann. Rev. Biochem. **39**, 101 (1970)
Rose, I. A., Stereochemistry of pyruvate kinase, pyruvate carboxylase, and malate enzyme reactions. J. Biol. Chem. **245**, 6052 (1970)
Nowak, T., und Mildvan, A. S., Stereoselective interactions of phosphoenolpyruvate analogues with phosphoenolpyruvate-utilizing enzymes. J. Biol. Chem. **245**, 6057 (1970)
Hess, G. P., und Rupley, J. A., Structure and function of proteins. Ann. Rev. Biochem. **40**, 1014 (1971)
Keleti, T., New method to differentiate between some mechanisms of action of enzymes with three substrates. FEBS Letters **28**, 287 (1972)
Cornish-Bowden, A. J., Analysis of progress curves in enzyme kinetics. Biochem. J. **130**, 637 (1972)

TAN, K. H., und LOVRIEN, R., Enzymology in aqueous-organic cosolvent binary mixtures. J. Biol. Chem. **247**, 3278 (1972)

CARPENTER, F. H., und HARRINGTON, K. T., Intermolecular cross-linking of monomeric proteinsand cross-linking of oligomeric proteins as a probe of quarternary structure. Application to leucine aminopeptidase (bovine lens). J. Biol. Chem. **247**, 5580 (1972)

DIXON, H. B. F., Shapes of curves of pH-dependence of reactions. Biochem. J. **131**, 149 (1973)

ATKINS, G. L., und NIMMO, J. A., The reliability of Michaelis constants and maximum velocities estimated by using the integrated Michaelis-Menten equation. Biochem. J. **135**, 779 (1973)

BRITTON, H. G., Methods of determining rate constants in single-substrate-single-product enzyme reactions. Use of induced transport: limitations of product inhibition. Biochem. J. **133**, 255 (1973)

DARVEM, J. G., The steady-state kinetics of isotope exchange for one substrate-one product enzymatic reactions. Biochem. J. **135**, 861 (1973)

BARDSLEY, W. G., und CHILDS, R. E., Inhibition of enzymes by metal ion-chelating reagents. Theory and new graphical methods of study. Biochem. J. **137**, 55 (1974)

CORNISH-BOWDEN, A., A simple graphical method for determining inhibition constants of mixed, uncompetitive and non-competitive inhibitors. Biochem. J. **137**, 143 (1974)

Kapitel 3

Oxidation und Reduktion

Oxidation und Reduktion

Oxidations-Reduktions-Reaktionen sind für alle biologischen Systeme von großer Bedeutung. Diese Reaktionen sind nicht nur an den wichtigen Prozessen der Energiespeicherung und -umwandlung beteiligt, sondern auch an der Synthese und dem Abbau verschiedener organischer Verbindungen, die für die vollständige Funktion einer lebenden Zelle notwendig sind. Die Enzyme, die diese Reaktionen katalysieren, folgen mehreren verschiedenen Typen von Mechanismen, die auf der Grundlage von „*in vitro*-Reaktionen" aus der organischen Chemie verständlich werden. Wir werden daher zunächst einige Aspekte der Oxidation und Reduktion besprechen wie sie in der „normalen" organischen Chemie verwendet werden. In einigen Fällen haben enzym-katalysierte Reaktionen gewisse Ähnlichkeiten mit Reaktionen von Modellverbindungen und, obgleich solche Ähnlichkeiten nicht überschätzt werden sollten, können sie dennoch zum Verständnis von Enzymreaktionen beitragen.

Die ursprüngliche Bedeutung der Bezeichnung Oxidation bezieht sich auf die Anlagerung von Sauerstoff an eine chemische Verbindung. Jetzt wird dieser Begriff in der organischen Chemie für verschiedene Arten chemischer Reaktionen benutzt. Unter Beibehaltung seiner ursprünglichen Bedeutung wird die Umwandlung von Acetaldehyd zu Essigsäure, bei der der Sauerstoffgehalt des Moleküls um ein Atom zunimmt, als Oxidation und der umgekehrte Vorgang als Reduktion bezeichnet.

$$CH_3{-}CHO \underset{\text{Reduktion}}{\overset{\text{Oxidation}}{\rightleftharpoons}} CH_3COOH$$

Die Entfernung von Wasserstoff aus einem Molekül wird ebenfalls als ein oxidativer Prozeß betrachtet. Auf diesem Wege wird Äthanol zu Acetaldehyd oxidiert.

$$CH_3{-}CH_2{-}OH \rightarrow CH_3{-}CHO$$

Oxidations- und Reduktionsreaktionen können somit mit der Terminologie von Transferreaktionen ausgedrückt werden; die Übertragung von Sauerstoff auf ein Molekül (oder die Entfernung von Wasserstoff von diesem) hat eine Oxidation dieses Moleküls zur Folge. Ein *Oxidationsmittel* ist eine Verbindung, die einen solchen Transfer bewirkt, wobei der Vorgang der Oxidation einer Verbindung stets mit der Reduktion des Oxidationsmittels verknüpft ist (d. h. es gibt Sauerstoff ab oder nimmt Wasserstoff auf).

Es ist möglich, die organischen Verbindungen in Reihen zu ordnen, die den unterschiedlichen Oxidations- oder Reduktionsgrad ihrer Komponenten widerspiegeln. Zwei solche Reihen sind:

$$CH_3{-}CH_3;\ CH_3{-}CH_2{-}OH;\ CH_3{-}CHO;\ CH_3{-}COOH;$$

$$CH_3{-}CH_3;\ CH_2{=}CH_2;\ CH{\equiv}CH$$

Jede Verbindung hat einen höheren Oxidationsgrad als die links von ihr stehende und kann von ihr (wenigstens formal) entweder durch Entfernung von Wasserstoff oder durch Aufnahme von Sauerstoff abgeleitet werden.
Natürlich bestehen nicht alle Umwandlungen in der organischen Chemie in einer Oxidation oder Reduktion. Zum Beispiel ist die Addition von Wasser an eine Verbindung kein oxidativer Prozeß; man sagt, daß Äthylen und Äthanol den gleichen Oxidationsgrad besitzen. Desgleichen stellt die Addition von Halogenwasserstoffverbindungen oder von Ammoniak sowie ähnlicher H—X-Verbindungen weder eine Oxidation noch eine Reduktion dar. Äthanol besitzt zum Beispiel den gleichen Oxidationsgrad wie Äthylchlorid oder Äthylamin, und Acetylen besitzt den gleichen Oxidationszustand wie Acetaldehydimin, $CH_3CH{=}NH$. Säure-Basen-Reaktionen werden auch in diese Kategorie eingereiht; wir stellen somit fest, daß die Addition eines Protons ($H^{\oplus}$) an eine Verbindung deren Oxidationsgrad nicht verändert, während die Addition eines Wasserstoffatoms ($H^{\cdot}$) einen reduktiven Prozeß darstellt.
Der Unterschied zwischen diesen beiden Teilchen ($H^{\oplus}$ und $H^{\cdot}$) besteht in einem Elektron, und dies führt zu einer anderen Konzeption von Oxidation und Reduktion, die hauptsächlich aus der anorganischen Chemie abgeleitet ist. Demnach wird die Oxidation als ein *Elektronentransfer* betrachtet; z. B. führt die Entfernung eines Elektrons von einem Eisen(II)-ion durch dessen Oxidation zum Eisen(III)-zustand.

$$Fe^{2\oplus} \xrightarrow{-1e^{\ominus}} Fe^{3\oplus}$$

Umgekehrt bedeutet die Aufnahme eines Elektrons eine Reduktion. Zwischen dieser Vorstellung und der oben erwähnten besteht ein formaler Zusammenhang derart, daß die Addition zweier Elektronen der Aufnahme zweier Wasserstoffatome oder der Abgabe eines Sauerstoffatoms entspricht. Die Beziehung kann wie folgt veranschaulicht werden. Betrachten wir die Addition

$$CH_2{=}CH_2 + 2e^{\ominus} \rightarrow \overset{\ominus}{C}H_2{-}\overset{\ominus}{C}H_2 \xrightarrow{2H^{\oplus}} CH_3{-}CH_3$$

zweier Elektronen an ein Äthylenmolekül, so kann das resultierende Dianion unter Bildung von Äthan zwei Protonen aufnehmen; das Endergebnis ist der Addition zweier Wasserstoffatome äquivalent. Da der zweite Schritt keine Reduktion darstellt, wird die Änderung des Oxidationsgrades nur durch die Addition der Elektronen hervorgerufen. Wir können Verbindungen unterschiedlichen Oxidationsgrades anhand der Anzahl der Elektronen (oder ihrer Äquivalente) vergleichen, die für ihre gegenseitige Umwandlung erforderlich sind.

Die meisten organischen Oxidationen oder Reduktionen beinhalten einen Zweielektronentransfer. Ein Einelektronentransfer führt zur Bildung eines Radikals und ein zweiter Elektronentransfer ist normalerweise zur Bildung eines stabilen Produktes erforderlich.

Reduktionspotentiale

Ebenso wie eine Säure-Basen-Reaktion, an der Protonen beteiligt sind (s. Kapitel 1, Seite 27), kann ein Oxidations-Reduktions-Vorgang als ein aus zwei Halbreaktionen, an denen Elektronen beteiligt sind, zusammengesetzter Vorgang betrachtet werden. Demzufolge können wir die Reaktion (3.1) so betrachten, als sei sie aus zwei Halbreaktionen (3.2 und 3.3) zusammengesetzt, wobei die Indices O und R die oxidierten bzw. reduzierten Formen von A und B kennzeichnen. Wir nehmen an, daß eine Einelektronenoxidation stattfinden soll.

$$A_R + B_O \rightleftharpoons A_O + B_R \qquad (3.1)$$

$$A_R \rightleftharpoons A_O + e \qquad (3.2)$$

$$B_O + e \rightleftharpoons B_R \qquad (3.3)$$

Die Messung der Stärke eines jeden Teilchens, Elektronen aufzunehmen, d. h. reduziert zu werden, liefert ihr *Reduktionspotential.* Dieses Potential, in Volt ausgedrückt, entspricht der experimentell bestimmten elektrischen Potentialdifferenz, die erhalten wird, wenn eine aus der oxidierten und reduzierten Form zusammengesetzte Halbzelle mit einer Standardzelle verbunden wird (eine genaue Beschreibung der entsprechenden theoretischen Grundlagen wird von GLASSTONE [1] angegeben). Für die Verbindung B zum Beispiel ist diese Potentialdifferenz durch die Gleichung (3.4) gegeben

$$E = E_O{}^B - \frac{RT}{n \cdot F} \ln \frac{[B_R]}{[B_O]}, \qquad (3.4)$$

in der R die Gaskonstante, T die absolute Temperatur, F die Faraday-Zahl (23000 cal/Absolutäquivalent in Volt) und n die Zahl der an der Reduktion von B_O zu B_R beteiligten Elektronen bedeuten. $E_O{}^B$ ist das Standardreduktionspotential für B_R' bei pH 0 und E ist die gemessene Potentialdifferenz des Systems, in dem eine B_R und B_O enthaltende Halbzelle mit einer Standardwasserstoffhalbzelle verbunden ist.

$E_O{}^B$ ist numerisch gleich der erhaltenen Potentialdifferenz, wenn in der Halbzelle $[B_O] = [B_R]$ ist. In den Fällen, in denen an der Halbreaktion Wasserstoffionen beteiligt sind und E_O vom pH-Wert abhängig ist, ist es gebräuchlicher, für das Standardreduktionspotential den entsprechenden Wert bei pH 7 zu benutzen. Tabelle 3.1. enthält ein Verzeichnis einiger in biologischen Systemen wichtiger chemischer Redoxsysteme mit den entsprechenden Werten E_0', die auf pH 7 bezogen sind.

Betrachten wir nun die Reaktion (3.1), wenn sie das Gleichgewicht erreicht hat. Das Potential des Systems B_R/B_O kann ausgedrückt werden durch

$$E = E_O{}^B - \frac{RT}{n \cdot F} \ln \frac{[B_R]}{[B_O]}$$

Tabelle 3.1. Standardreduktionspotentiale biologisch wichtiger Systeme [2][1]

System	E_0' (pH 7) Volt
Sauerstoff/Wasser	0,815
Eisen(III)/Eisen(II)	0,77
Nitrat/Nitrit	0,42
Hexacyanoferrat(III)/Hexacyanoferrat(II)	0,36
Sauerstoff/Wasserstoffperoxid	0,30
Cytochrom a; Eisen(III)/Eisen(II)	0,29
Cytochrom c; Eisen(III)/Eisen(II)	0,22
Crotonyl-SCoA/Butyryl-SCoA	0,19
Methämoglobin/Hämoglobin	0,17
Cytochrom b_2; Eisen(III)/Eisen(II)	0,12
Ubichinon; ox/red	0,10
Dehydroascorbinsäure/Ascorbinsäure	0,08
Metmyoglobin/Myoglobin	0,046
Fumarsäure/Bernsteinsäure	0,03
Methylenblau; ox/red	0,01
Gelbes Enzym, FMN/$FMNH_2$	−0,122
Pyruvat + Ammonium/Alanin	−0,13
α-Ketoglutarat + Ammonium/Glutaminsäure	−0,14
Oxalacetat/Malat	−0,17
Pyruvat/Lactat	−0,19
Acetaldehyd/Äthanol	−0,20
Riboflavin; ox/red	−0,21
Glutathion; ox/red	−0,23
Acetoacetat/β-Hydroxybutyrat	−0,27
Liponsäure; ox/red	−0,29
$NAD^{\oplus}$/NADH	−0,32
Pyruvat/Malat	−0,33
Harnsäure/Xanthin	−0,36
Kohlendioxid/Formiat	−0,42
$H^{\oplus}/H_2$	−0,42
Acetat/Acetaldehyd	−0,60
Succinat/α-Ketoglutarat	−0,67
Acetat + Kohlendioxid/Pyruvat	−0,70

[1] Freundlicherweise von E. H. CORDES und Harper Rowe zur Verfügung gestellt.

und das Potential des Systems A_R/A_O durch

$$E = E_O{}^A - \frac{RT}{n \cdot F} \ln \frac{[A_R]}{[A_O]}.$$

Im Gleichgewicht müssen diese beiden Potentiale gleich sein und somit gilt

$$E_O{}^B - \frac{RT}{n \cdot F} \ln \frac{[B_R]}{[B_O)} = E_O{}^A - \frac{RT}{n \cdot F} \ln \frac{[A_R]}{[A_O]}.$$

Hieraus folgt:

$$E_O{}^B - E_O{}^A = \frac{RT}{n \cdot F} \ln \frac{[B_R][A_O]}{[A_R][B_O]} = \frac{RT}{n \cdot F} \ln K,$$

wobei *K* die Gleichgewichtskonstante der Reaktion (3.1) ist. Damit kann unter Benutzung von Gleichung (1.7) geschrieben werden

$$\varDelta G^0 = -nF(E_O{}^B - E_O{}^A),$$

was uns zeigt, daß die Änderung der freien Standardenthalpie einer jeden Oxidations-Reduktions-Reaktion eine Funktion der Differenz der Standardreduktionspotentiale der beiden Halbreaktionen, aus der sie zusammengesetzt ist, darstellt. Aus dieser Feststellung folgt, daß das Reduktionspotential eines jeden Redoxsystems ein thermodynamischer Parameter ist und auf die Änderung der freien Enthalpie, die bei der Reduktion seiner oxidierten Komponente eintritt, bezogen wird.

Tabelle 3.1. enthält einige interessante Beispiele, wie das Reduktionspotential eines Redoxsystems durch seine unmittelbare Umgebung beeinflußt werden kann. Das Eisen(III)-/Eisen(II)-System hat ein Reduktionspotential von +0,77 Volt. Dies bezieht sich auf wäßrige Lösungen, in denen die Ionen von Wassermolekülen umgeben sind. Das Hexacyanoferrat(III)-/Hexacyanoferrat(II)-Potential ist jedoch niedriger und liegt bei +0,36 Volt. Es geht daraus hervor, daß die Gegenwart der 6 Cyanidionen als Liganden um das Metallion einen starken energetischen Effekt auf die Übertragung eines Elektrons auf das Eisen ausüben. Das Potential ist kleiner in den Cytochromen a, c, b_2 usw., in denen das Eisenatom von Liganden umgeben ist, die die in Abb. 3.1. wiedergegebenen Hämgruppen sind.

Da Änderungen im Reduktionspotential einer Komponente eines Oxidations-Reduktions-Systems die Geschwindigkeit der Reaktion beeinflussen können (s. Seite 127), ist es wahrscheinlich, daß Änderungen des Reduktionspotentials von Metallionen, die durch besondere Ligandensysteme in Enzymen erzeugt werden, wichtige Faktoren für deren Aktivität sind.

In der bisherigen Erörterung wurden die Oxidation und Reduktion nur als formale, lediglich deren Strukturformeln berücksichtigende Beziehungen zwischen den

Molekülen betrachtet. Weder die praktische Durchführbarkeit einer bestimmten Reaktion noch ihr Mechanismus, nach dem sie wirklich abläuft, wurden dabei dargestellt. Eine Reaktion, die auf einfache Weise als eine Addition zweier Elektronen und anschließend zweier Protonen *formuliert* werden kann, braucht nicht wirklich nach diesem Mechanismus abzulaufen. Einige Mechanismen organischer Oxidations- und Reduktionsreaktionen werden im folgenden diskutiert.

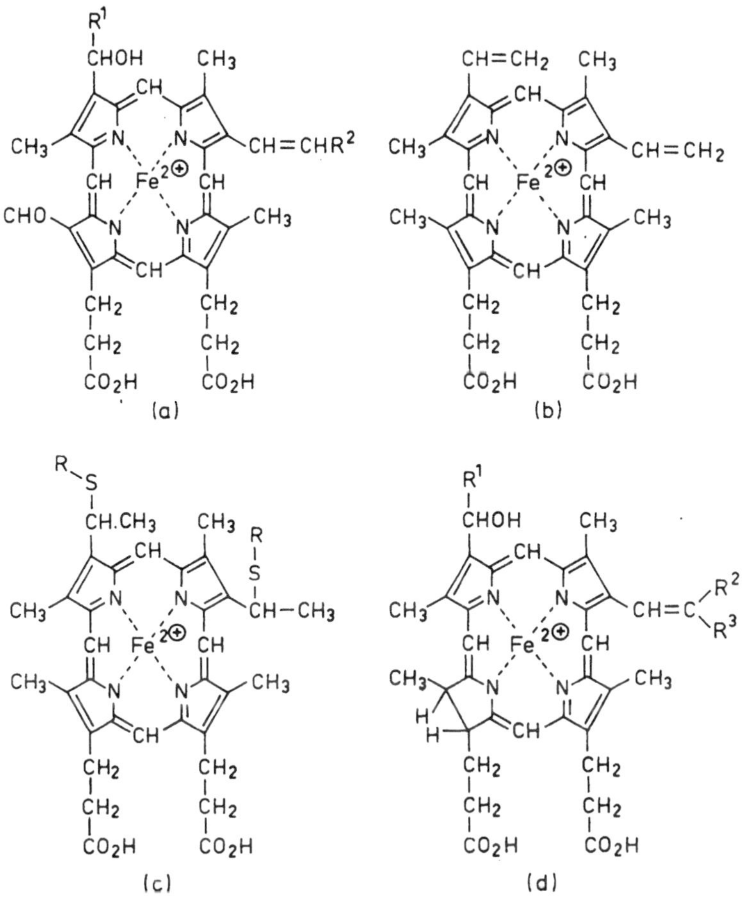

Abb. 3.1. Hämgruppen verschiedener Cytochrome. (a) eine Hämgruppe, die Formylporphyrin enthält; (b) Protoporphyrin; (c) substituierte Mesohämgruppe, die kovalent an das Protein gebunden ist (über R–S-); (d) Häm, das ein Dihydroporphyrin enthält. Die vier Stickstoffatome der Porphyringruppe bilden vier Liganden an einem Eisenion. Wenn dieses Eisen im Eisen(II)zustand vorliegt, wird der Komplex als Eisen(II)-cytochrom bezeichnet. (Aus Literatur [3].) (Freundlicherweise überlassen von M. Dixon und der Longman Group Ltd.)

Hydridtransfer

Die Reduktion einer Carbonyl- zu einer Alkoholgruppe erfordert als Äquivalent zwei Wasserstoffatome, jedoch scheint in vielen Fällen der Mechanismus, nach dem eine solche Reduktion wirklich verläuft, in der Addition eines Hydridions ($H^{\ominus}$) und eines Protons zu bestehen. Im Laboratorium werden zur Umwandlung von Ketonen und Aldehyden in Alkohole oft Metallhydride verwendet; das am häufigsten benutzte ist das Lithium-Aluminium-Hydrid. Der Mechanismus besteht in einem nucleophilen Angriff des Wasserstoffatoms, das mit seinem Elektronenpaar vom Aluminiumhydrid auf die Carbonylgruppe übertragen wird.

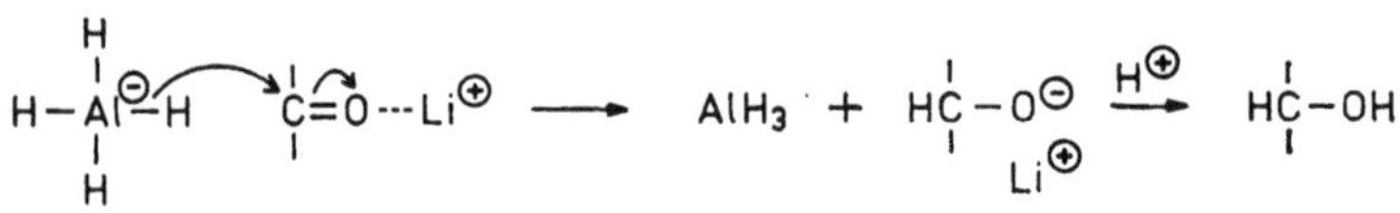

Es muß bemerkt werden, daß das Hydridion nicht unbedingt als unabhängiges Teilchen existieren muß, denn der Transfer erfolgt — wie hier dargestellt — direkt. Viele Reaktionen, die mit einem Hydridtransfer verbunden sind, werden in sauren Lösungen durchgeführt, in denen ein freies Hydridion nicht existieren kann, da es eine extrem starke Base darstellt.

Das basen-katalysierte Carbinol-Carbonyl-Gleichgewicht verläuft ebenfalls mit großer Wahrscheinlichkeit über einen Hydridtransfer. Daß die Übertragung direkt erfolgt, wurde durch Isotopenaustausch mit Deuterium und durch andere Untersuchungen gezeigt [4]. Der vorgeschlagene Mechanismus besteht in einem direkten Hydridtransfer von einem Alkoxidion.

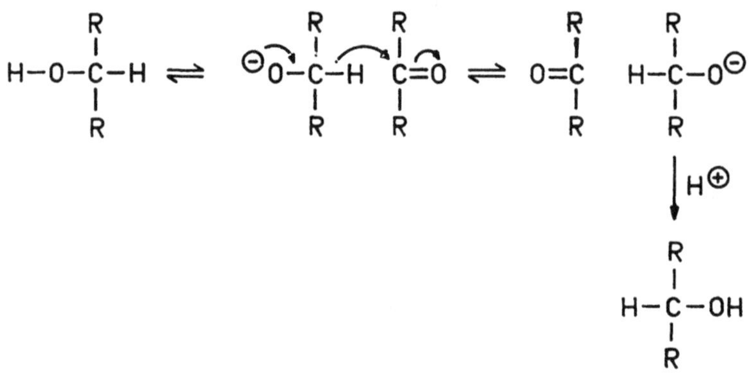

Ein sehr ähnlicher Mechanismus wird zur Erklärung der CANNIZARRO-Reaktion, bei der zum Beispiel Benzaldehyd in eine Mischung von Benzylalkohol und Benzoesäure umgewandelt wird, herangezogen. Der Angriff des Hydridions auf die Aldehydgruppe erzeugt ein Anion (I), von dem sich das Hydrid abspaltet [5].

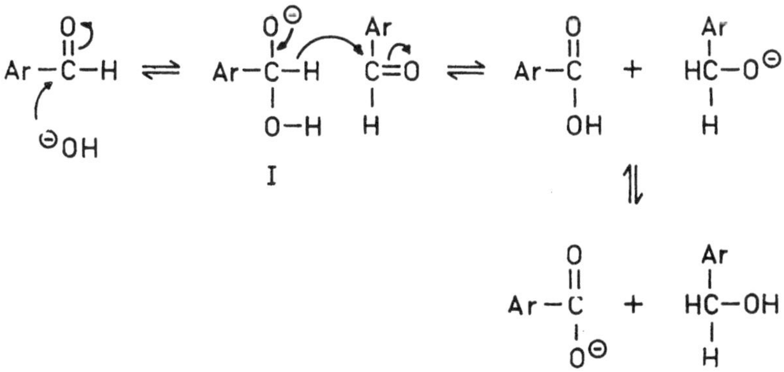

Auch für diesen Fall wurde die direkte Übertragung des Wasserstoffs nachgewiesen, indem die Reaktion in D_2O durchgeführt wurde. Der gebildete Alkohol enthält in diesem Fall kein Deuterium [6, 7].
Ein nahezu gleicher Vorgang findet während der intramolekularen Umlagerung des Phenylglyoxals (II) in das Mandelsäureion (III) statt [8]. In jeder der letzten

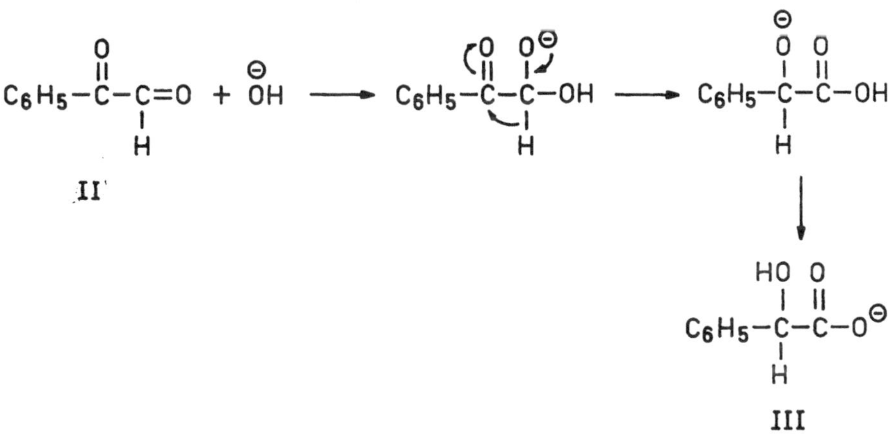

drei Reaktionen ist die treibende Kraft für den Vorgang ein Anion, das als Elektronenquelle dient. Die Carbonylgruppe bildet den Elektronenacceptor, wobei die resultierende negative Ladung, wie in Kapitel 1 beschrieben, durch Solvatation stabilisiert wird. Für ein anderes Carbonyl-Alkohol-Gleichgewicht (das MEERWEIN-PONDORFF-OPPENHAUER-Gleichgewicht) wurde ein cyclischer Mechanismus vorgeschlagen [9], bei dem die Fähigkeit der Carbonylgruppe das Hydrid aufzunehmen, durch die räumliche Annäherung eines Metallatoms erhöht wird (IV). Der begünstigende Effekt eines anwesenden Metallions bei der Hydridübertragung auf ein Carbonyl wurde auch zur Erklärung der Mechanismen einiger enzymatischer Reduktionen (s. Seite 136) herangezogen.

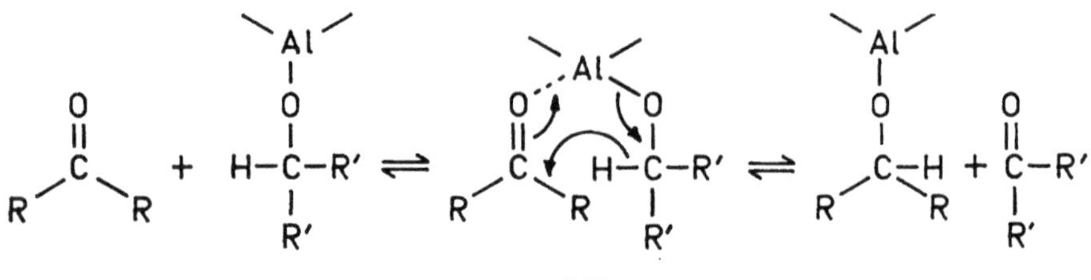

IV

Ein intramolekularer Hydridtransfer unter Beteiligung ganz verschiedener Gruppen wurde zur Erklärung des Zerfalls der Diazoniumverbindung (V), wobei Indol (VII) entsteht, vorgeschlagen [10]. Die extrem stark elektronenanziehende Diazoniumgruppe, die sich als molekularer Stickstoff abspaltet, liefert einen hohen Beitrag als treibende Kraft dieser Reaktion. Der Vorgang verläuft in zwei Stufen; erstens dem Hydridtransfer und zweitens der Abgabe eines Protons zur Bildung des vollaromatischen Indolsystems.

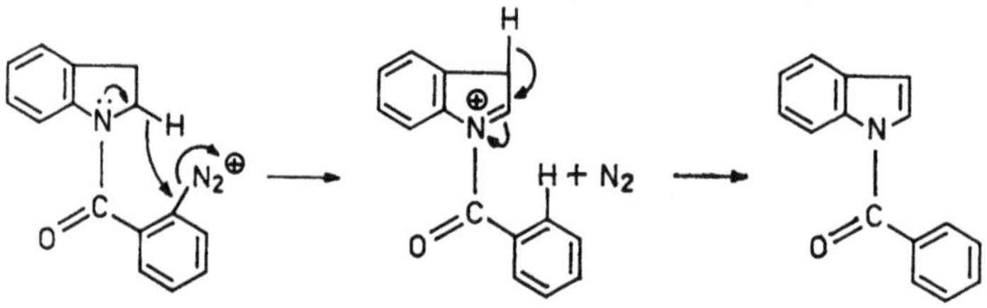

V VI VII

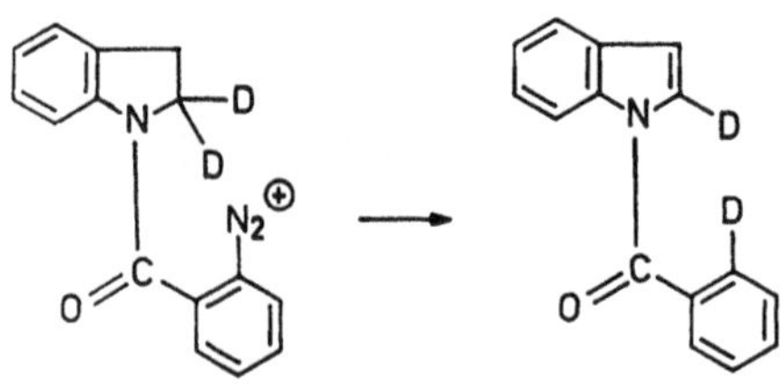

VIII IX

Ein Hinweis auf die direkte, intramolekulare Natur des Hydridtransfers wurde auf zwei Wegen erhalten. Wurde die Reaktion in D_2O durchgeführt, so wurde in dem Produkt kein Deuterium nachgewiesen. Die Diazoniumverbindung (VIII) wurde so präpariert, daß sie in Stellung C-2 des Indolrings zwei Deuteriumatome trug. Es konnte gezeigt werden, daß eins dieser zwei Deuteriumatome beim Zerfall auf den Benzolring des Produktes übertragen wurde (IX).

Dies ist ein Beispiel eines Hydridtransfers von einem hydroaromatischen Ring, der mittels des Transfers nahezu (oder eventuell voll-)aromatisch werden kann.

In praxi ist diese Reaktion nicht reversibel, da das Stickstoffmolekül abgegeben wird, und die positive Ladung des Stickstoffatoms in (VI) verlorengeht, wenn der Indolring voll aromatisch wird. Die positive Ladung würde zur Durchführung des umgekehrten Prozesses unbedingt erforderlich sein.
Ein Beispiel für einen Hydridtransfer in umgekehrter Richtung, d. h. auf einen heterocyclischen aromatischen Ring, der ein positiv geladenes Heteroatom besitzt, liefert die Reduktion von Chinolinmethojodid durch Lithium-Aluminiumhydrid [11].

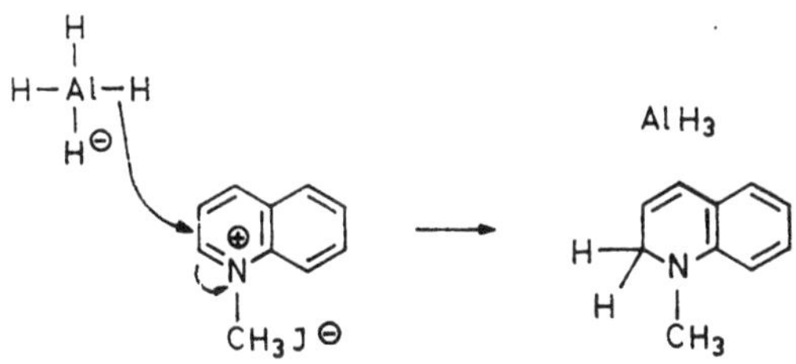

Über eine sehr interessante Hydridtransferreaktion wurde von ABELES, HUTTON und WESTHEIMER [12] berichtet. Sie besteht in der Reduktion von Thioketonen durch eine reduzierte Pyridinverbindung. Durch Deuteriummarkierung wurde eine direkte Wasserstoffübertragung nachgewiesen:

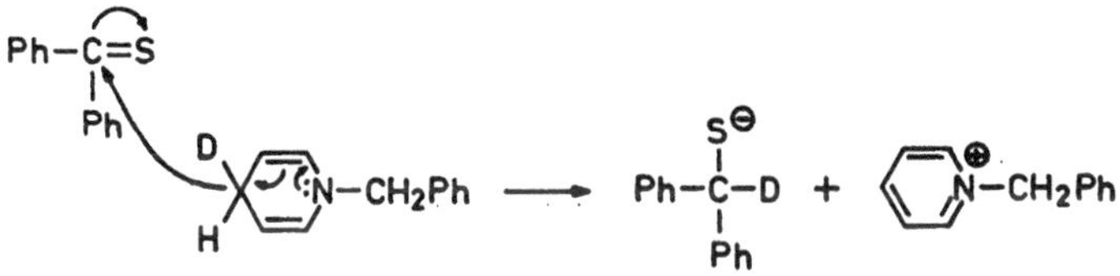

Die Bedeutung dieser Reaktion liegt darin, daß das reduzierende Agens den Pyridinnucleotidcoenzymen sehr ähnlich ist, die für viele enzymatische Oxidations-Reduktions-Reaktionen unbedingt erforderlich sind.
Allgemein wird angenommen, daß viele andere organisch-chemische Reaktionen einschließlich derer, die GRIGNARD-Reagenzien sowie Derivate der Ameisensäure und Carboniumionen benutzen, nach ähnlichen Mechanismen ablaufen [13, 14, 15].

Oxidative Eliminierung

Obgleich die Entfernung eines Protons aus einem organischen Molekül selbst nicht zum oxidativen Vorgang gehört, kann ein Protonentransfer an einer Eliminierung, die zur Oxidation führt, beteiligt sein. Innerhalb bestimmter Grenzen können wir solche Oxidationen mit der Elektronentransfervorstellung der Oxidations-Reduktions-Vorgänge vergleichen, da die sich abspaltende Gruppe zwei zusätzliche Elektronen aufnimmt. Ein Beispiel dieses Eliminierungstyps ist die Zerlegung von Benzylnitrat, eines Esters aus Benzylalkohol und der Salpetersäure, unter Bildung von Benzaldehyd und Nitrit. Untersuchungen dieser Reaktion zeigen, daß die Reaktion von Benzylnitrat mit Äthoxid über einen Eliminierungsvorgang verläuft [16].

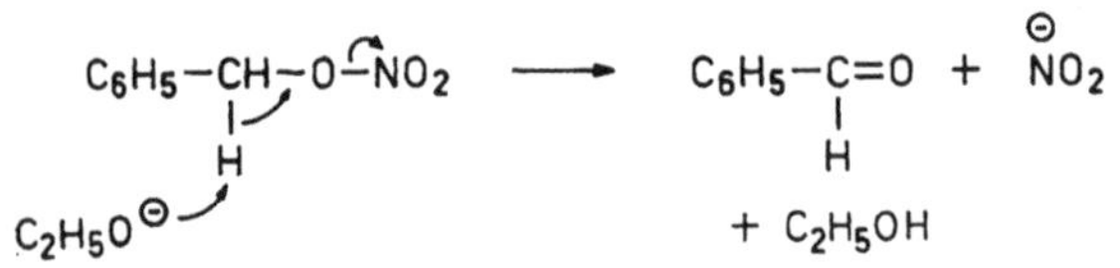

Verschiedene Typen von Estern können ähnliche Eliminierungen eingehen. Im allgemeinen kann ein Ester R—CH_2OZ auf diesem Wege reagieren, wenn das Teilchen $Z^{\ominus}$ stabiler als $OZ^{\ominus}$ ist. Ein Beispiel, das häufig in der präparativen organischen Chemie verwendet wird, ist die Oxidation von Alkoholen zu Aldehyden mittels Chromsäure. Westheimer und seine Gruppe [17] postulierten für die Oxidation von Isopropylalkohol durch dieses Reagenz die Bildung eines Chromatesters, die von einer Eliminierung gefolgt wird. Das resultierende Cr(IV)-Teilchen kann weiter an der Oxidation teilnehmen.

$$(CH_3)_2CHOH + HCrO_4^{\ominus} + 2H^{\oplus} \longrightarrow (CH_3)CHOCrO_3H_2^{\oplus} + H_2O$$

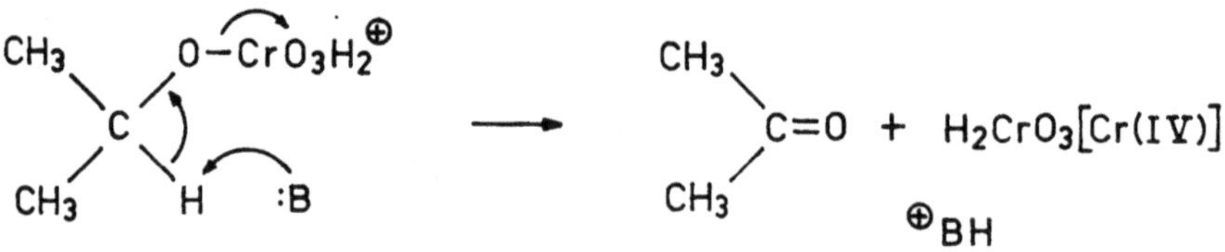

Anscheinend sind andere Verbindungen, wie Hypochlorite und verschiedene Bromatester, zu ähnlichen Eliminierungen befähigt [18].

Ein- und Zweielektronenübertragungen

Da eine Reduktion als Aufnahme von Elektronen durch eine Verbindung angesehen werden kann, ist es denkbar, daß bestimmte Oxidations-Reduktions-Reaktionen tatsächlich in direkten Elektronenübertragungen bestehen. Es ist jedoch außerordentlich schwierig, experimentell zwischen einer Elektronenübertragung und einem Transfer eines Wasserstoffradikals, speziell bei Reaktionen, die in bestimmten Lösungsmitteln einschließlich Wasser ablaufen, zu unterscheiden. Dies ist sogar der Fall für den anscheinend einfachen Ladungsaustausch zwischen Eisen(II)- und Eisen(III)-ionen, für den zusätzlich zu einem Einelektronentransfer ein Wasserstoffradikaltransfer unter Einbeziehung von Lösungsmittelmolekülen in Betracht kommen kann [19].

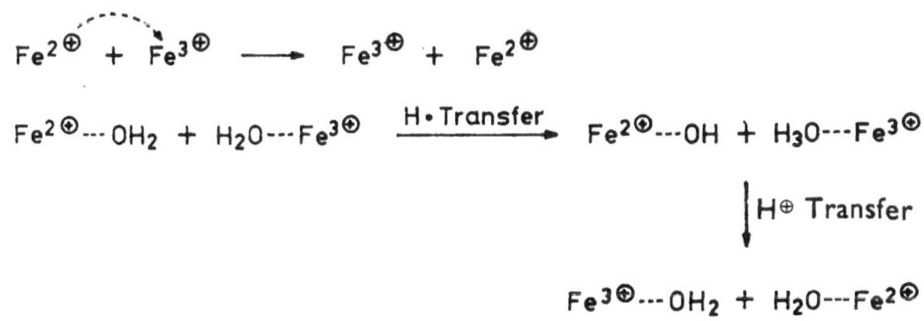

Die Reduktion organischer Verbindungen durch Natrium in flüssigem Ammoniak wird häufig als eine Anlagerung von Elektronen betrachtet. Somit kann die Reduktion von Naphthalin durch dieses Reagenz wie folgt dargestellt werden. Die Anlagerung eines Elektrons ergibt das Monoanionradikal. Das ungepaarte Elektron wird infolge Resonanz[1] zwischen der Ortho- und der Parastellung verteilt. Das Radikalanion nimmt ein zweites Elektron auf und bildet ein Dianion.

$$Na \longrightarrow Na^{\oplus} + e^{\ominus}$$

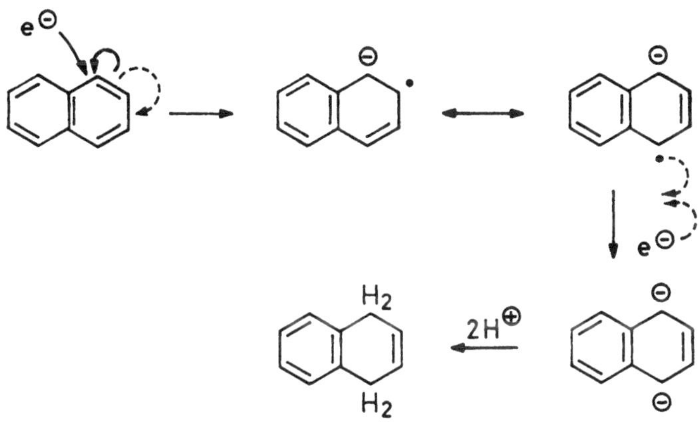

Unter geeigneten Bedingungen verbindet sich dieses Dianion mit zwei Protonen unter Bildung von 1,4-Dihydronaphthalin. Ein solcher Prozeß, der in zwei aufeinander folgendenden Anlagerungsschritten von je einem Elektron besteht, verläuft über ein *intermediär* auftretendes freies Radikal. Das Hexacyanoferrat(III)-ion, das ein einelektronenoxidierendes Agens darstellt, veranlaßt auch die Bildung

[1] Für eine detaillierte Beschreibung der Resonanz siehe S. 21 der Literaturstelle [2] aus Kapitel 1. Der in den Diagrammen benutzte doppelköpfige Pfeil zeigt, daß sich die wahre Struktur der betreffenden Verbindung in der Mitte zwischen den abgebildeten befindet und gewisse Charakteristika jeder einzelnen Verbindung besitzt.

von Radikalzwischenprodukten. Die Oxidation des Phenolatanions durch Hexacyanoferrat(III), die zur Dimerisierung des Phenols führt, beinhaltet somit als ersten Schritt die Abgabe eines Elektrons. Es ist nicht bekannt, ob dabei eine direkte Elektronenübertragung erfolgt oder nicht.

Die Dimerisierung kann in ortho-ortho-, para-para- oder ortho-para-Stellung stattfinden [20].

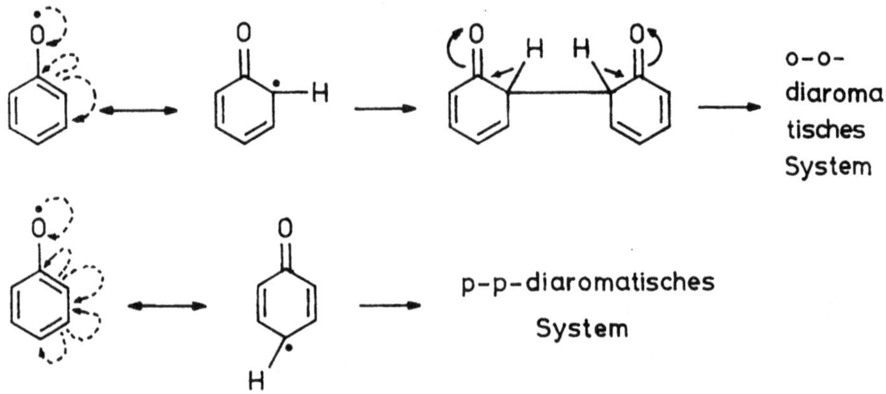

Radikale werden auch gebildet, wenn Hydrochinonanionen mit Hexacyanoferrat(III) reagieren, wobei in diesem Falle die Radikale sehr stabil sein können. Derartige Spezies (X), die als Semichinone bekannt sind, sind die Intermediate bei der Zweielektronenumwandlung von Hydrochinonen in Chinone [21].

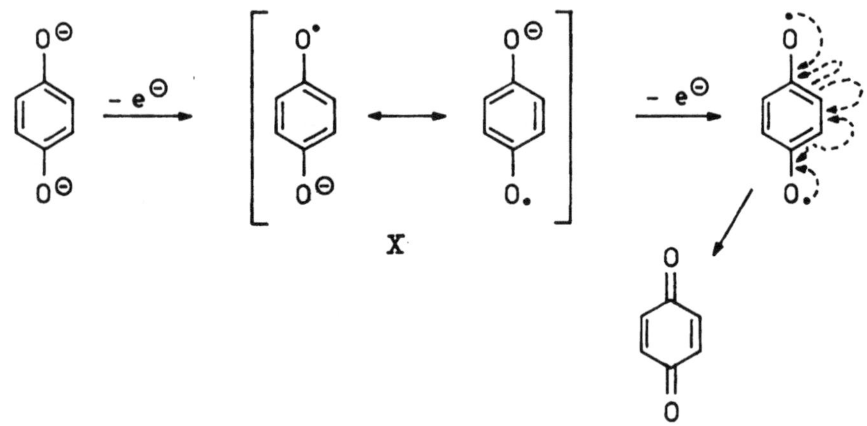

Diese Prozesse sind reversibel, und wir können daraus ersehen, daß die Semichinone sowohl als Acceptoren als auch als Donatoren bei Einelektronenprozessen auftreten können. Daraus läßt sich weiterhin ableiten, daß zwischen zwei Semichinonmolekülen eine Einelektronenübertragung unter Bildung je eines Moleküls Chinon und Hydrochinon stattfinden kann [21].
Oxidationen mit molekularem Sauerstoff selbst verlaufen fast ausnahmslos über Radikalprozesse. Eine Zweielektronenreduktion von Sauerstoff führt zur Bildung von Wasserstoffperoxid oder seines Anions, während zur Bildung von Wasser eine Vierelektronenreduktion erforderlich ist. In biologischen Systemen erfordert

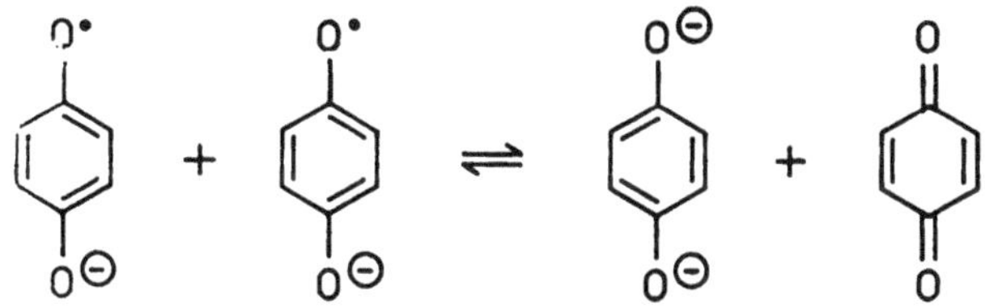

die Reduktion des Sauerstoffs zu Wasser oft zwei Stufen, wobei in einem Zwischenschritt gewöhnlich Wasserstoffperoxid gebildet wird.
Die nichtbiologische Reaktion von Alkanen mit Sauerstoff wird gewöhnlich durch einen zur Bildung eines Radikals führenden Vorgang eingeleitet, das anschließend mit Sauerstoff reagiert. Wenn das ROO$^{\cdot}$-Radikal von einem neuen R—H-Molekül $R{-}H \xrightarrow{-H^{\cdot}} R^{\cdot} + O_2 \rightarrow R{-}O{-}O^{\cdot} \xrightarrow{R-H} ROOH + R^{\cdot} \rightarrow$ usw. ein Wasserstoffatom entfernt, führt dies zu einer Kettenreaktion [22]. Ein Produkt dieser Reaktionsfolge, in dem der Sauerstoff einer Zweielektronenreduktion ausgesetzt ist, ist das Hydroperoxid ROOH. Der Initiierungsprozeß kann durch verschiedene Faktoren einschließlich ionisierender Strahlung, hoher Temperaturen oder Gegenwart fremder Radikale ausgelöst werden. Das Sauerstoffmolekül selbst kann zur Auslösung von Radikalkettenreaktionen fähig sein [23, 24].
Die Anionen von Phenolen, Enolen und Mercaptanen reagieren mit molekularem Sauerstoff in erster Linie unter Bildung von Radikalen, wobei aber wenig über die genauen Mechanismen bekannt ist [25]. Wir können also die Reaktion wie dargestellt formulieren.

$2Z^{\ominus} + O_2 \rightarrow 2Z^{\cdot} + O_2^{2\ominus}$ (Peroxiddianion)

In einigen Fällen bilden die Z$^{\cdot}$-Radikale Dimere, wenngleich dies auch nicht das einzige mögliche Schicksal eines Radikals ist. Die Oxidation der anionischen Form der Ascorbinsäure (XI) durch Sauerstoff führt zur Bildung eines Diketons (XII). Diese Reaktion wird durch Kupferionen katalysiert, wie dies auch für die ziemlich ähnliche Oxidation von Hydrochinon zu Chinon durch Sauerstoff der Fall ist. Der für diese Katalyse vorgeschlagene Mechanismus schließt die Reduktion der Kupfer(II)- zu Kupfer(I)-Ionen ein, die anschließend mit Sauerstoff reagieren.

$H_2A \rightarrow HA^{\ominus} + Cu^{2\oplus} \rightarrow HA^{\cdot} + Cu^{\oplus}$

$2Cu^{\oplus} + O_2 + 2H^{\oplus} \rightarrow 2Cu^{2\oplus} + H_2O_2$

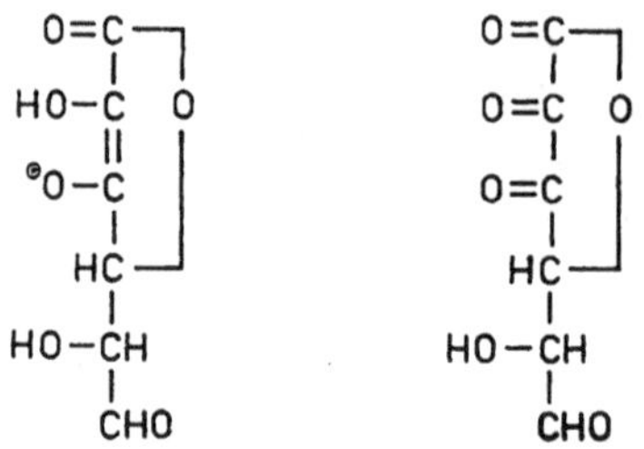

XI XII; (Dehydroascorbinsäure)

Ein anderer oxidativer Vorgang, der mit größter Wahrscheinlichkeit radikalisch abläuft und bedeutsam für die Chemie lebender Organismen ist, ist die Hydroxylierung aromatischer Ringe. Das bekannteste System für den Ablauf eines derartigen Reaktionstyps ist das FENTON-Reagenz [27], das aus Eisen(II)-Ionen und Wasserstoffperoxid besteht. Es wurde nachgewiesen, daß diese Reaktion über die Bildung von Hydroxylradikalen abläuft, die anscheinend durch einen Einelektronentransfer, der von den Eisen(II)-Ionen ausgeht, entstehen [28].

$$Fe^{2\oplus} + H_2O_2 \rightarrow Fe^{3\oplus} + {}^{\cdot}OH + OH^{\ominus}$$

Die Reaktion dieses Radikals mit dem aromatischen Ring erfolgt über die Bildung eines Adduktes (XIII), das durch eine Einelektronenoxidation entweder durch $Fe^{3\oplus}$ oder durch Sauerstoff (gebildet durch die eisen(II)- oder eisen(III)-ionen-katalysierte Zerlegung des Wasserstoffperoxids) zu Phenol umgewandelt werden kann. Das $^{\cdot}$OH-Radikal hat die Eigenschaften eines Elektrophils, was in der Verteilung der erhaltenen Isomere bei Hydroxylierung eines substituierten aromatischen Rings zum Ausdruck kommt.

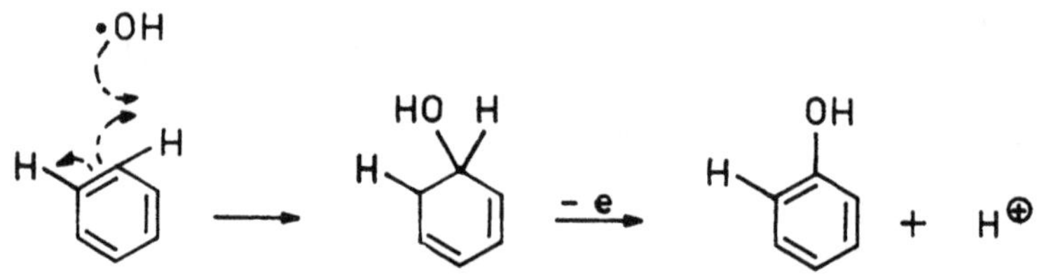

XIII

In letzter Zeit hat das von UDENFRIEND et al. [29] entwickelte System große Aufmerksamkeit erregt, bei dem eine Hydroxylierung durch eine Mischung aus Eisen(II)-Ionen, EDTA, Ascorbinsäure und molekularem Sauerstoff erreicht wird. Der Sauerstoff kann durch Wasserstoffperoxid ersetzt werden, so daß UDENFRIEND annimmt, daß Wasserstoffperoxid ein Intermediat dieser Reaktion ist. Wäre dies der Fall, so würde das System nur eine geringfügige Modifikation des FENTON-Reagenzes darstellen. Jedoch ist es unwahrscheinlich, daß an der Reaktion Hydroxylradikale beteiligt sind, da sie, verglichen mit dem FENTON-Reagenz, zu einer anderen Verteilung der gebildeten Isomeren führt [28]. STAUDINGER et al. [30] nehmen an, daß das hydroxylierende Agens im UDENFRIEND-System $HO_2^{\cdot}$-Radikale sind, während NORMAN und LINDSAY SMITH [28] einem Mechanismus den Vorzug geben, bei dem ein aus $Fe^{2\oplus}$ und O_2 bestehender Komplex gebildet wird und bei dem das hydroxylierende Agens ein Sauerstoffradikal $\overset{\ominus}{O}-O^{\cdot}$ ist, das mit einem Metallion komplex verbunden ist.

Ein wichtiges Merkmal dieser Reaktion ist, daß sie einen Elektronendonator benötigt. STAUDINGER et al. [30] berichteten, daß die ursprünglich verwendete Ascorbinsäure durch andere Elektronendonatoren ersetzt werden kann.

Das UDENFRIEND-System liefert ein interessantes Beispiel dafür, wie ein Reagenz aufgrund der Änderung des Redoxpotentials eines Einzelschrittes die Gesamtgeschwindigkeit einer Reaktionskette beeinflussen kann. Dies geht aus der folgenden Darlegung hervor.

Bei pH 5,8 besitzt die $Fe^{2\oplus}/O_2$-Mischung die Fähigkeit zur Hydroxylierung von Substraten, jedoch verläuft unter diesen Bedingungen die Reaktion extrem langsam. Mit dem Anstieg des pH-Wertes nimmt die Reaktionsgeschwindigkeit zu; bei höheren pH-Werten wird das Redoxpotential des $Fe^{2\oplus}/Fe^{3\oplus}$-Systems stärker negativ. Wird EDTA, das mit den Metallionen Komplexe bildet, zugesetzt, so erniedrigt sich das Redoxpotential von +0,77 auf +0,14 Volt. In Verbindung damit steigt die Geschwindigkeit der Hydroxylierung beträchtlich an [30]. Bei Ersatz von Eisen-EDTA durch $Cu^{\oplus}$ oder $Ti^{3\oplus}$ ($E_0 = +0{,}17$ bzw. 0,03 Volt) wird ebenfalls eine hohe Hydroxylierungsaktivität erhalten.

Folglich kann durch eine Änderung des Oxidationspotentials eines Systems die Geschwindigkeit einer Teilreaktion dieses Systems beeinflußt werden. Bemerkenswert ist, daß damit ein Zusammenhang zwischen einem Gleichgewicht, also einem thermodynamischen Parameter (das Redoxpotential ist ein Maß für die Änderung der freien Standardenthalpie, die mit der Abgabe eines Elektrons vom $Fe^{2\oplus}$ verbunden ist) und einem kinetischen Parameter (die Reaktionsgeschwindigkeit spiegelt die freie Aktivierungsenthalpie der Reaktion wider) zum Ausdruck gebracht wird. In Kapitel 1, Seite 25 sahen wir, daß die freie Aktivierungsenthalpie einer Reaktion, die über mehrere Stufen abläuft, eine zusammengesetzte Größe ist, die die Änderungen der freien Standardenthalpie aller Reaktionsschritte, auch derjenigen, die vor dem geschwindigkeitsbestimmenden Schritt liegen, einschließt. Folglich ist auch zu erwarten, daß eine Änderung des Redoxpotentials einer Teilreaktion in einem Reaktionssystem die Gesamtaktivierungsenergie und damit auch die Reaktionsgeschwindigkeit beeinflussen kann.

Oxidoreduktasen

Die durch die Enzymkommission vorgeschlagene Klassifizierung der Enzyme, die Oxidationen katalysieren, beinhaltet eine Differenzierung der Enzyme in Abhängigkeit von der Natur ihrer Substrate sowie der erforderlichen Elektronenacceptoren. Es ist eine große Anzahl möglicher Elektronenacceptoren bekannt.

Zu den wichtigsten gehören die Nicotinamidadenindinucleotide, Flavinmononucleotid, Flavinadenindinucleotid und der molekulare Sauerstoff. In einigen Fällen können für Laboratoriumsuntersuchungen auch synthetische Elektronenacceptoren benutzt werden, auch wenn sie in der lebenden Zelle nicht die physiologischen Acceptoren sind.

Nicotinsäureamidadenindinucleotid(NAD)-abhängige Enzyme

Viele, von Enzymen katalysierte Oxidationen sind abhängig von der Gegenwart eines bestimmten Cofaktors, den man mit verschiedenen Namen, z. B. Coenzym I oder Diphosphopyridinnucleotid (DPN) belegt hat. Wir werden die allgemein anerkannte Nomenklatur verwenden und die entsprechende Bezeichnung für dieses Coenzym, wie in der Überschrift angegeben, benutzen. Seine Formel ist in (XIV a) gezeigt [31]. Im Verlaufe der Reaktion, in der das Substrat oxidiert

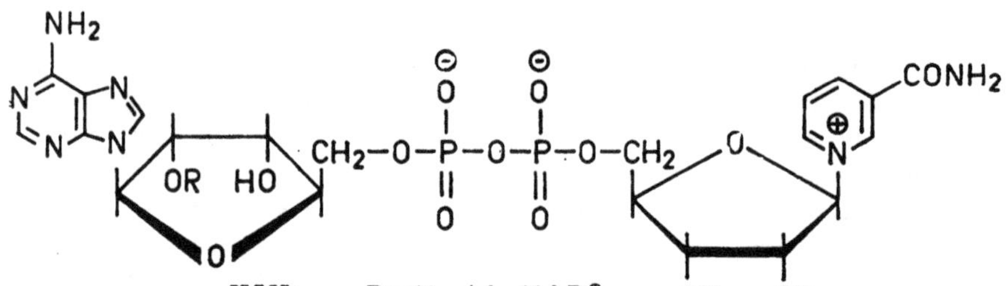

XIV: *a*, R=H, d.h. $NAD^{\oplus}$
b, R=$PO_3^{2\ominus}$ d.h. $NADP^{\oplus}$

wird, wird das Coenzym reduziert. In der reduzierten Form hat sich nur der Nicotinsäureamidanteil des Moleküls verändert, indem ein Dihydropyridinsystem entstanden ist (XV) [32]. Ein sehr nahe verwandtes Coenzym ist das Nicotinsäureamidadenindinucleotidphosphat (XIV b). Es unterscheidet sich von $NAD^{\oplus}$

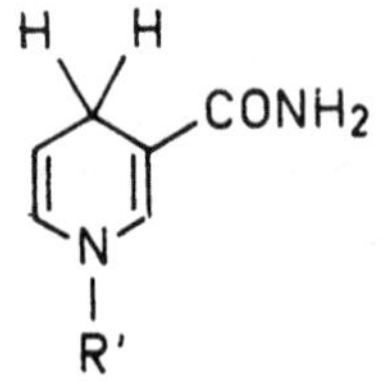

XY

dadurch, daß es am Adenosinteil des Moleküls eine Phosphatgruppe trägt. Wir werden die oxidierten Formen beider Verbindungen als $NAD^{\oplus}$ und $NADP^{\oplus}$ und ihre reduzierten Formen als NADH und NADPH bezeichnen. Einige Enzyme sind in bezug auf diese Coenzyme sehr spezifisch und benötigen entweder $NAD^{\oplus}$ oder $NADP^{\oplus}$, während andere Enzyme befähigt sind, mit beiden Verbindungen zu reagieren.

Die Reduktion des Nicotinsäureamidrings dieser Coenzyme ist mit einer Änderung der Ultraviolettabsorption verbunden, die reduzierte Form zeigt eine zusätzliche Absorptionsbande bei 340 nm. Auch Fluoreszenzänderungen werden beobachtet. Die spektroskopischen Änderungen können benutzt werden, um die Reaktionen, an denen diese Coenzyme teilnehmen, kinetisch zu verfolgen.

Alkoholdehydrogenasen. Es gibt zahlreiche Enzyme, die die Oxidation von Alkoholen zu Carbonylverbindungen katalysieren können, viele von ihnen sind hochspezifisch in bezug auf ihre Alkoholsubstrate. Der von der Enzymkommission vorgeschlagene Name Alkohol:NAD Oxidoreduktase (Alkoholdehydrogenase, 1.1.1.1) bezieht sich auf Enzyme verschiedener Herkunft, die eine ziemlich breite Spezifität gegenüber aliphatischen primären und sekundären Alkoholen aufweisen. Am intensivsten wurden die Enzyme aus Pferdeleber und aus Hefe untersucht, die viele gemeinsame Eigenschaften haben, obwohl sie zweifellos verschiedene Proteine darstellen.

Stereochemische Aspekte. An der Alkoholdehydrogenase aus Hefe wurden mittels isotopenmarkierter Substrate außerordentlich aufschlußreiche Untersuchungen durchgeführt. Wurde Äthanol, der am α-Kohlenstoff zwei Deuteriumatome besaß, CH_3CD_2OH, in Gegenwart dieses Enzyms mit $NAD^{\oplus}$-oxidiert, so enthielt die resultierende reduzierte Nicotinsäureamidgruppe ein Deuteriumatom in einer Stellung, die in der Formel angegeben ist [33]. Das reduzierte deuterierte Coenzym wurde anschließend mit nichtmarkiertem Acetaldehyd und mit Hilfe des gleichen Enzyms reoxidiert. Das Deuteriumatom wurde im Ergebnis dieser Reaktion wieder vollständig vom Coenzym auf den Acetaldehyd unter Bildung von Monodeuteroäthanol übertragen. Dieser vollständige Transfer des Deuteriumatoms zeigt, daß die enzym-katalysierte Reaktion in bezug auf den Nicotinsäureamidring stereospezifisch verläuft. Die beiden Hälften des Rings sind wegen der Anwesenheit der Carboxamidgruppe sterisch einander nicht äquivalent. Das $NAD^{\oplus}$ wird so an das Enzym gebunden, daß nur eine „Hälfte“ zur Aufnahme

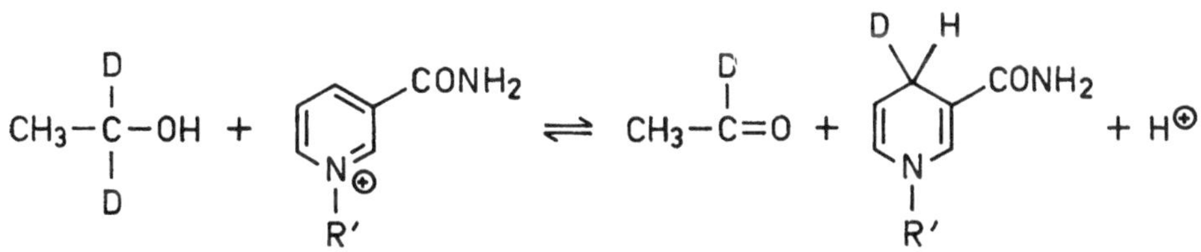

des transferierten Deuteriumatoms befähigt ist. Wenn dieses deuterierte reduzierte Coenzym für den umgekehrten Prozeß, d. h. für die Reduktion von Acetaldehyd, benutzt wird, so wird wiederum die gleiche Hälfte in den Vorgang einbezogen und auf diese Weise das Deuteriumatom zurück übertragen. Wäre dies nicht der Fall, sondern wären die beiden Hälften identisch oder wäre der Nicotinsäureamidring fähig zu rotieren, so daß beide Hälften an der Reaktion teilnehmen könnten, dann würde nur ein halbes Deuteriumatom pro Molekül auf den Aldehyd übertragen werden.

Es gibt zwei mögliche Isomere des reduzierten deuterierten Coenzyms. Das Isomer, das durch den obigen Vorgang erhalten wird, d. h. durch die Reaktion von NAD⊕ mit deuteriertem Äthanol in Gegenwart von Hefe-Alkoholdehydrogenase, wird als „Form A“ bezeichnet. Die absolute Konfiguration dieses Isomers wurde aufgeklärt [34] und ist unten wiedergegeben (XVI). Wird die Ebene des Ringes so in die Papierebene gelegt, daß die Carboxamidgruppe auf der rechten Seite liegt, so befindet sich das Deuteriumatom über der Ringebene und das Wasserstoffatom am gleichen Kohlenstoff unter dieser.

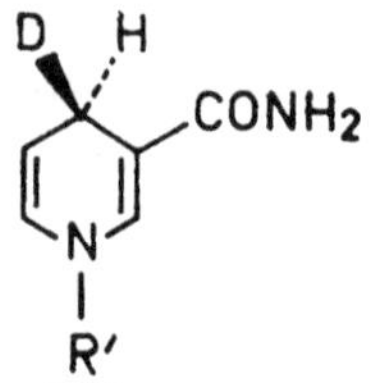

XVI

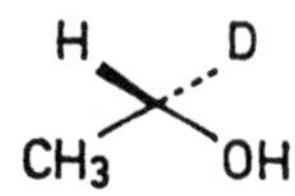

XVIIa

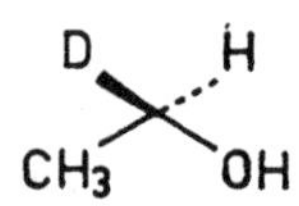

XVIIb

Die Stereospezifität der Reaktion ist nicht auf den Nicotinsäureamidring beschränkt. Es konnte auch gezeigt werden, daß die Reduktion von Acetaldehyd zu Äthanol einer genauen sterischen Kontrolle unterworfen ist. Acetaldehyd, der am Carbonylkohlenstoff durch ein Deuteriumatom markiert wurde, wurde mit nichtmarkiertem NADH reduziert und anschließend der Monodeuteroäthanol (XVIIa) isoliert. Die enzymatische Reoxidation durch NAD⊕ ergab einen Acetaldehyd, der noch das Deuterium besaß. Daraus folgt, daß dasselbe Wasserstoffatom, das im reduktiven Prozeß auf den Acetaldehyd übertragen wird, bei dessen Oxidation auch wieder abgespalten wird. Damit wird deutlich, daß das Enzym zur Unterscheidung zwischen den beiden Wasserstoffatomen am C-1-Atom des Alkohols befähigt ist. Eine Umkehrung der D-Stellung am C-1-Atom, die zu Monodeuteroäthanol mit der Formel (XVIIa) führt, ergab das andere Isomer (XVIIb), von dem das Deuterium erwartungsgemäß auf das NAD^+ übertragen wurde [35]. Möglicherweise wird der planare Acetaldehyd so an das Enzym gebunden, daß nur eine seiner zwei Seiten gegen diejenige Gruppe gerichtet ist, die im Verlauf seiner Reduktion den Wasserstoff auf ihn überträgt. Diese sind in (XVIII) und (XIX) so dargestellt, daß der Leser aus der Richtung auf sie sieht, aus der der transferierte Wasserstoff kommt. Folglich nähert sich bei der Reduktion des Acetaldehyds durch das deuterierte reduzierte Coenzym das Deuteriumatom dem Carbonylkohlenstoff des Acetaldehyds von oben in Richtung auf die Papierebene. Nur wenn das Moleküle wie in (XVIII) angeordnet ist, wird das Isomer (XVIIb) erhalten.

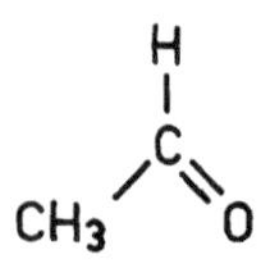

XVIII

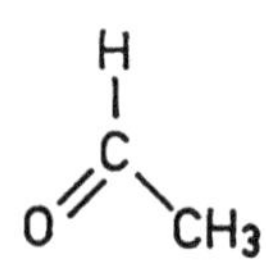

XIX

Nicht allein die Alkoholdehydrogenase aus Hefe zeigt diese Art von Stereospezifität gegenüber Alkohol und Coenzym, auch die Alkoholdehydrogenase aus Pferdeleber zeigt diese Eigenschaften. Die Reduktion von NAD⊕ mit Deuteroäthanol führt ebenfalls in Gegenwart des Leberenzyms zur Bildung der „A-Form“ des reduzierten deuterierten Coenzyms [36]. Außerdem gilt es als nahezu sicher, daß sowohl durch das Hefe- als auch durch das Leberenzym das gleiche Wasserstoffatom vom Äthanol auf das Coenzym übertragen wird [35].
Eine unbedingte Voraussetzung für diesen Mechanismus ist natürlich, daß die Moleküle räumlich so angeordnet werden, daß die Erfordernisse der Stereospezifität erfüllt sind. Der Vorgang der Katalyse selbst erfordert wahrscheinlich die korrekte Ausrichtung der verschiedenen miteinander in Wechselwirkung tretenden Moleküle. Dies wird durch die Bindung der Substrate und des Coenzyms an das Enzym erreicht. Eine vollständige Beschreibung des Wirkungsmechanismus dieser und auch aller anderen Enzyme müßte diese Eigentümlichkeiten der Bindung in die Betrachtung einschließen.

Die Bindung zwischen Enzym, Coenzym und Substrat. Alkoholdehydrogenase aus Leber hat ein Molekulargewicht von etwa 80000 [37] und besitzt pro Molekül zwei Bindungsstellen für NAD⊕ bzw. NADH. Die Bindungsstellen sind voneinander unabhängig und anscheinend identisch. Die Bindung von NAD⊕ erfolgt streng kompetitiv zu der von NADH [38]. Der Adenosindiphosphatriboseteil des Coenzymmoleküls leistet einen wichtigen Beitrag zur Bindung des Coenzyms an das Enzym. Dies wird dadurch gezeigt, daß Adenosindiphosphatribose ein Inhibitor von Dehydrogenasen ist und sich bei neutralem pH sogar fester als das NAD⊕ an das Enzym bindet [39]. Außerdem ist weder Nicotinsäureamidmethojodid (XX) noch Nicotinamidmononucleotid (XXI) in der Lage, bei der Reaktion als Coenzym zu wirken [40]. Die Aminogruppe des Adenins ist nicht essentiell, da Desamino-NAD⊕ genauso wie NAD⊕ wirkt [41]. Eine Modifizierung des Zuckerrestes der Adenosinhälfte beeinflußt jedoch die Aktivität. NAD⊕, das an Stelle von Ribose im Adenosin eine Desoxyribose enthält, zeigt nur eine geringe Aktivität [42] und NADP⊕, bei dem dieser Zuckerrest phosphoryliert ist (XIVb), besitzt nur ein Hundertstel der Aktivität von NAD⊕ [41]. Da diese beiden Veränderungen im Molekül die Fähigkeit des Nicotinsäureamidrings an der

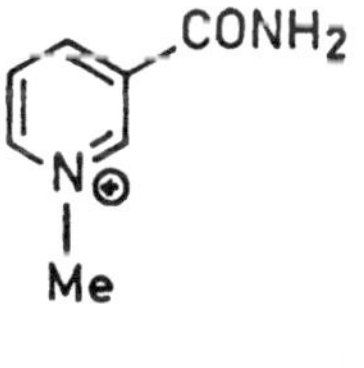

XX

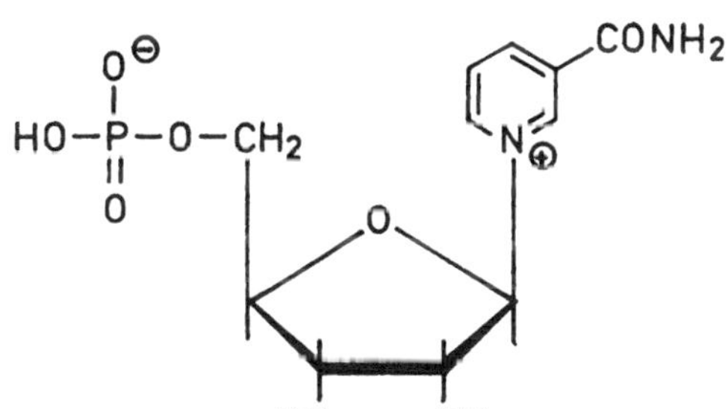

XXI

Teilnahme am Oxidations-Reduktionsprozeß nicht beeinflussen können, müssen sie einen Einfluß auf die Coenzymbindung an das Enzym haben.
Da durch zugesetztes Phosphat nur ein sehr kleiner Effekt auf die Dissoziationskonstante des Enzym-Coenzym-Komplexes ausgeübt wird, wurde geschlossen, daß die Pyrophosphatgruppe keine wesentliche Rolle für die Enzym-Coenzym-Bindung spielt [43].
Die sterischen Anforderungen für die Reaktion machen es wahrscheinlich, daß die Carboxamidgruppe der Nicotinamidhälfte an das Enzym gebunden wird. Diese Annahme wird durch Befunde aus NMR-Studien an $NAD^{\oplus}$ und NADH in Gegenwart von Leber-Alkoholdehydrogenase gestützt. Hollis [44] berichtete über einen dabei zu beobachtenden Intensitätsabfall in den Spektren, der sowohl von der Nicotinsäureamid- als auch von der Adeningruppe der reduzierten und oxidierten Formen des Coenzyms herrührt. Dies weist auf niedrige Umsatzgeschwindigkeiten in den Assoziations-Dissoziations-Gleichgewichten hin und bedeutet, daß beide Gruppen sehr fest an das Enzym fixiert sein müssen.
Die Fähigkeit des Enzyms, zwischen den beiden Wasserstoffen am C-1 des Äthanols zu unterscheiden, bedeutet zwangsläufig, daß der Alkohol durch wenigstens zwei Bindungsstellen an das aktive Zentrum angeheftet wird. Vermutlich treten diese mit der Alkoholgruppe selbst und mit der Alkylseitenkette in Wechselwirkung. Wir können somit vorhersagen, daß das aktive Zentrum der Leber-Alkoholdehydrogenase eine hydrophobe Region, die sich mit der Alkylseitenkette des Alkohols oder des Aldehyds verbindet, besitzt. Dies wird durch die Tatsache erhärtet, daß Fettsäuren und Alkohol um dieselbe Bindungsstelle am Enzym konkurrieren, wobei die Bindung zwischen Fettsäure und Enzym mit zunehmender Länge der Kohlenwasserstoffkette der Fettsäure fester wird. In ähnlicher Weise konkurrieren Fettsäureamide mit Aldehyden um diese Bindungsstelle[1] [43, 45]. Einige andere, die Bindung des Alkohols betreffende Aspekte, werden später besprochen.
Ein wichtiges Merkmal dieses Enzyms ist die Gegenwart von Zink (als $Zn^{2\oplus}$), das für die Enzymaktivität essentiell ist. Es wurden verschiedene Angaben über die Zahl der Zinkatome pro Enzymmolekül gemacht [46], jedoch wird ein Wert von vier Zinkatomen [47] gegenwärtig allgemein anerkannt. Vallee et al. [48] nehmen an, daß die bei der Bestimmung des Zinkgehaltes verschiedener Präparationen aufgetretenen Schwierigkeiten auf dem unterschiedlichen Gehalt von Isoenzymen in diesen Präparaten beruht. Von den vier Zinkionen im Enzymmolekül sind zwei relativ locker gebunden; letztere sind für die katalytische Aktivität essentiell. Die beiden anderen, fester gebundenen Zinkionen scheinen für den Zusammenhalt des Enzyms (das aus zwei Einheiten mit einem Molekulargewicht von je 40000 aufgebaut ist) und die Aufrechterhaltung seiner aktiven Konformation verantwortlich zu sein [48]. Die beiden locker gebundenen und für die Aktivität unbe-

---

[1] Interessant ist, daß Fettsäuren nicht um die Aldehydbindungsstelle und Fettsäureamide nicht um die Alkoholbindungsstelle konkurrieren. Diese Verhältnisse wurden detailliert von Theorell und Sund [43] untersucht.

dingt erforderlichen Zinkionen befinden sich im aktiven Zentrum, d. h. an der Stelle, die sich mit dem Substrat und dem Coenzym verbindet. Daß Zinkionen für die Enzymaktivität wirklich wesentlich sind, wurde mittels zweier Reagenzien nachgewiesen, die mit Metallionen Chelate bilden. Das sehr stark komplexbildende Agens Natriumdiäthyldithiocarbamat (XXII) inaktiviert das Enzym, indem es die Zinkionen vollständig bindet [48]. Schwächer komplexbildende Agenzien können das Enzym hemmen. Diese Hemmung erfolgt nicht durch die Entfernung des Zinks, sondern durch die Bildung einer Komplexverbindung, die das aktive Zentrum besetzt. In dem resultierenden inaktiven Komplex sind die Zinkionen sowohl an das Enzym als auch an den Inhibitor gebunden. 1,10-Phenanthrolin (XXIII) und 0,0′-Dipyridyl sind Beispiele für derartige Agenzien, die mit jedem der aktiven Zentren des Enzyms stöchiometrische Komplexe im Verhältnis 1:1 bilden können [49, 50, 51].

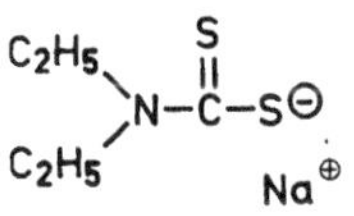

XXII

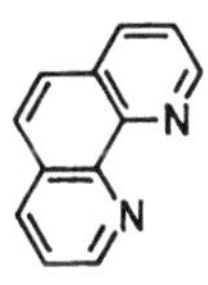

XXIII

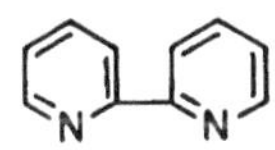

XXIV

Theorell et al. [50] untersuchten kinetisch die Hemmung der Alkoholdehydrogenase durch Phenanthrolin. Sie fanden in Übereinstimmung mit Coombs und Vallee [49], daß die Phenanthrolin-Hemmung kompetitiv gegenüber $NAD^{\oplus}$ und NADH, aber nichtkompetitiv gegenüber Acetaldehyd ist. Mit Alkohol wurde ein gemischter Hemmungstyp erhalten. Dies zeigt, daß der Alkohol entweder an das Zink oder in dessen Nähe an das aktive Zentrum gebunden wird. Die Annahme, daß sich der Alkohol in der Nähe des Zinkatoms befindet, aber nicht wirklich an dieses gebunden wird, wurde von Sigman [51] bekräftigt, der die Reaktion des Enzyms mit Dipyridyl untersuchte. Die Bildung des Enzym-Dipyridyl-Komplexes führt zu einem Anstieg der Ultraviolettabsorption bei 308 nm. In Gegenwart von Substraten (Alkohole oder Aldehyde) wird diese Absorption als Ausdruck der Konkurrenz der Substrate mit dem Dipyridyl um das Zinkion vermindert (Dipyridyl ist ein schwächer komplexbildendes Agens als das Phenanthrolin). Die Bindung der Substrate an das Enzym, die durch ihre Wirkung auf die Absorption des Enzym-Dipyridyl-Komplexes bestimmt wurde, steigt mit wachsender Länge der Kohlenwasserstoffkette an. Dieses Resultat stimmt mit der Substratspezifität des Enzyms überein. Mercaptane werden fester an das Enzym gebunden als Alkohole. Da bekannt ist, daß Thiole fester als Alkohole an Metallionen gebunden werden, ist anzunehmen, daß der Alkohol in diesem Falle an das Zinkatom des Enzyms gebunden wird.

Adenosindiphosphatribose konkurriert weder mit Dipyridyl noch mit Phenanthrolin um das Zinkatom. Damit scheidet die Möglichkeit aus, daß das Coenzym mit diesem Teil des Moleküls über eine Zinkbrücke an das Enzym gebunden wird [51, 52]. Für das $NAD^{\oplus}$ gilt, daß der Nicotinsäureamidteil des Coenzyms nicht koordinativ an das Zinkatom gebunden werden kann. SIGMAN zeigte, daß die Carboxamidgruppe nicht mit dem Zink in Wechselwirkung tritt [51]. KOSOWER stellte fest, daß eine Wechselwirkung des Zinkions mit der Carboxamidgruppe mit den spektralen Daten unvereinbar ist [53] und es wahrscheinlicher ist, daß der positiv geladene Pyridinring durch das Metallion abgestoßen und nicht angezogen wird [39, 43]. Um die kompetitive Hemmung der Coenzymbindung durch komplexbildende Agenzien erklären zu können, muß jedoch angenommen werden, daß sich der Nicotinsäureamidring sehr nahe am Zinkion im Enzym-Coenzym-Komplex befindet. Diese Annahme kann auch zur Erklärung der Spektraldaten dienen, die KOSOWER [53] erhielt.

Zusammenfassend scheinen diese Resultate zu zeigen, (a) daß das Coenzym über die Adenosindiphosphatribose und über den Carboxamidteil direkt an das Enzym nnd nicht etwa koordinativ an das Zinkion gebunden wird, (b) daß die aliphatische Kette des Alkohols als Substrat an eine komplementäre Stelle des Enzyms gebunden wird und (c) daß die Hydroxylgruppe des Alkohols sich sehr nahe an dem Zinkatom befindet und wahrscheinlich mit diesem koordinativ verbunden ist. Die Carbonylgruppe des Aldehyds als Substrat ist wahrscheinlich ebenfalls koordinativ an das Zink gebunden. Die Natur der an der Bindung des Zinkions an das Enzym beteiligten Gruppen wurde noch nicht geklärt.

Kinetische Untersuchungen. Es gilt als sicher, daß die von THEORELL und CHANCE [54] für die Leber-Alkoholdehydrogenase aufgestellte Reaktionsordnung tatsächlich zutrifft. Diese Vorstellung ist in den Reaktionen 3.5 bis 3.7 dargestellt.

$$\mathrm{E} + \mathrm{O} \underset{k_2'}{\overset{k_1'}{\rightleftharpoons}} \mathrm{EO} \quad \text{(Gleichgewichtskonstante } \mathrm{K}_{EO}) \tag{3.5}$$

$$\mathrm{EO} + Alk \underset{k_3}{\overset{k_3'}{\rightleftharpoons}} \mathrm{ER} + Ald + \mathrm{H}^{\oplus} \tag{3.6}$$

$$\mathrm{ER} \underset{k_1}{\overset{k_2}{\rightleftharpoons}} \mathrm{E} + \mathrm{R} \quad \text{(Gleichgewichtskonstante } \mathrm{K}_{ER}) \tag{3.7}$$

E bedeutet dabei Leber-Alkoholdehydrogenase und O, R, *Alk* und *Ald* das oxidierte und reduzierte Coenzym, Alkohol und Aldehyd. Aus Gleichung (3.8), die aus dem obigen Schema unter Anwendung einer steady-state-Behandlung erhalten wird, ist es möglich, experimentelle Werte für einzelne Geschwindigkeitskonstanten zu erhalten. In Gleichung (3.8) stellen e die Gesamtenzymkonzentration, S' den Alkohol und v die Reaktionsgeschwindigkeit dar. DALZIEL benutzte eine Modifikation dieser Gleichung [55].

$$\frac{e}{v} = \frac{1}{k_2} + \frac{1}{k_1'[\mathrm{O}]} + \frac{1}{k_3'[\mathrm{S'}]} + \frac{k_2'}{k_1'[\mathrm{O}]\,k_3'[\mathrm{S'}]} \tag{3.8}$$

Bei der Oxidation von Alkoholen nach dem THEORELL-CHANCE-Mechanismus ist der geschwindigkeitsbestimmende Schritt der letzte, also die Dissoziation des Enzym-NADH-Komplexes (k_2). Folglich sollte die Oxidation verschiedener Alkohole bei

hohen Substrat- und Coenzymkonzentrationen die gleiche Maximalgeschwindigkeit ergeben. THEORELL und BONNICHSEN [38] bestätigten dies experimentell für n-Propanol, n-Butanol und Allylalkohol. In ähnlicher Weise sollten unter den Bedingungen, unter denen Maximalgeschwindigkeiten nicht erreicht werden, die experimentell bestimmten Werte für k_1, k_1', k_2 und k_2' unabhängig von der Art des Alkohols oder des Aldehyds sein; für Äthanol, Acetaldehyd, Butanol und Butyraldehyd konnte DALZIEL dieses Verhalten tatsächlich beweisen [56]. Eine weitere Bestätigung dieses Reaktionsschemas wurde durch Ermittlung der Gleichgewichtskonstanten K_{EO} und K_{ER} mittels Gleichgewichtsuntersuchungen erhalten, die in guter Übereinstimmung mit den Werten stehen, die aus Messungen der einzelnen Geschwindigkeitskonstanten ermittelt wurden [57, 58, 38].
Der Mechanismus erfordert einen compulsory order-Mechanismus für die Bildung des Ternärkomplexes. Das Coenzym bindet sich an das Enzym und anschließend wird das Substrat angelagert. Das bedeutet jedoch nicht, daß ein Enzym-Alkohol-Komplex nicht gebildet werden könnte, doch führt dies wahrscheinlich nicht zu einer Reaktion. In einer neueren Arbeit haben THEORELL et al. einen Grund für diese obligate Reaktionsordnung wenigstens für die umgekehrte Reaktion angegeben [59]. Die Intensität der Fluoreszenz von NADH nimmt zu, wenn ein Enzym-NADH-Komplex gebildet wird. Es wurde gefunden, daß die Bildung dieses Komplexes nicht einfach einen Einstufenvorgang darstellt, sondern daß zuerst ein Intermediat, ER_0, entsteht (3.9). In diesem Intermediat ist die Fluoreszenz des NADH unverändert. Anscheinend unterliegt ER_0 einer Konformations-

$$E + R \underset{k_{-1}}{\overset{k_{+1}}{\rightleftharpoons}} ER_0 \underset{k_{-2}}{\overset{k_{+2}}{\rightleftharpoons}} ER \tag{3.9}$$

änderung, durch die die reduzierte Nicotinsäureamidgruppe in eine neue Position gebracht wird, die eine Zunahme der Fluoreszenz bewirkt. Erst in dieser Position kann die Nicotinsäureamidgruppe am Vorgang der Wasserstoffübertragung teilnehmen. Es ist anzunehmen, daß erst durch diese Konformationsänderung das „wahre" aktive Zentrum entsteht, das sich mit dem Substrat verbinden kann; dadurch wird eine Erklärung für das Vorliegen eines compulsory order-Mechanismus gegeben. Das Coenzym wirkt folglich nicht nur als Reaktant, sondern auch als allosterischer Aktivator. Diese Art der Konformationsänderung liefert eine Erklärung für die frühere Beobachtung von THEORELL, CHANCE und YONETANI [60], wonach die Zunahme der Fluoreszenz bei Bindung von NADH an das *kristalline* Enzym viel geringer ist als an das gelöste Enzym. Im kristallinen Zustand ist offenbar der ER_0-Komplex infolge der Starrheit des Systems an einer Konformationsänderung, die den Anstieg der Fluoreszenz ergibt, gehindert.
Der THEORELL-CHANCE-Mechanismus steht mit allen Daten über die Leber-Alkoholdehydrogenase in Übereinstimmung. Er gilt aber nicht für die Alkoholdehydrogenase aus Hefe, die nach einem anderen kinetischen Mechanismus reagiert. Zum Beispiel gibt es bei diesem Enzym keine obligate Reihenfolge für die Bindung des Substrates und des Coenzyms an das Enzymprotein. Es wurde ein schnelles Gleichgewicht für die Bildung aller möglichen Komplexe postuliert,

wobei die gegenseitige Umwandlung der beiden inneren ternären Komplexe offenbar den geschwindigkeitsbestimmenden Schritt darstellt. Detaillierte Studien zur Aufstellung des kinetischen Schemas (3.10) wurden durchgeführt [61].

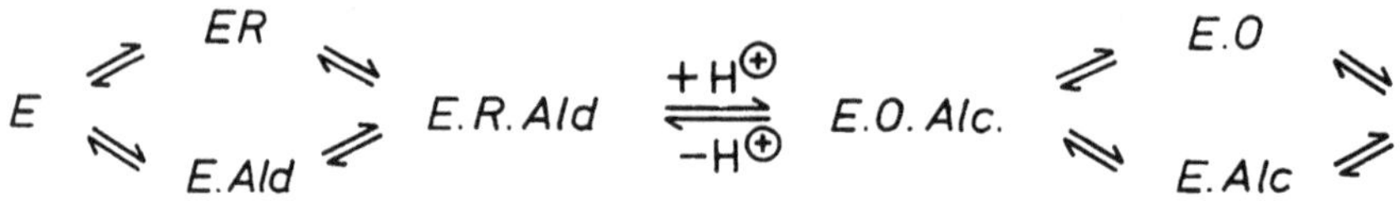

(3.10)

Der Mechanismus der Reaktion. Die beschriebenen Experimente über die Deuteriumübertragung weisen darauf hin, daß der Transfer von Wasserstoff zwischen NAD⊕ und Alkohol und der zwischen NADH und Aldehyd direkt und wahrscheinlich unter Beteiligung eines Hydrids erfolgt. Die Ähnlichkeit zwischen diesen Reaktionen und den früher in diesem Kapitel beschriebenen Hydridübertragungen ist auffallend. Ein direkter Hydridtransfer ist den meisten für die Leberalkoholdehydrogenase vorgeschlagenen Mechanismen gemeinsam [43], die in der folgenden Darstellung zusammengefaßt werden. Zuerst wird ein Enzym-Coenzym-Komplex gebildet, indem der ADPR-Anteil und die Carboxamidgruppe an das Enzym gebunden werden. Durch das Enzym wird der Nicotinsäureamidring so fixiert, daß dessen „richtige" Hälfte zum Alkohol zeigt, von dem der Wasserstoff übernommen wird. In dieser Stellung könnte der Pyridinring dem Zinkatom sehr nahe sein. Im nächsten Schritt wird der Alkohol über seine Hydroxylgruppe, die anscheinend zu einem Liganden des Metallions wird, an den Enzym-Coenzym-Komplex gebunden. Auf diesem Stadium wird von der Hydroxylgruppe ein Proton abgegeben. Der Alkohol ist dabei auch über seine aliphatische Seitenkette (Methylgruppe), die eine Affinität zu einer hydrophoben Region des Enzyms besitzt, an letzteres gebunden. Auch die Bindung des Alkohols erfolgt in der „richtigen" sterischen Stellung. Nach Bildung des Ternärkomplexes findet der Hydridtransfer statt (3.11). Der Aldehyd dissoziiert anschließend unter Zurücklassung des Komplexes ER ab, in dem das reduzierte Coenzym fest an das Enzym gebunden ist. Danach erfolgt unter Bildung von ER_0 die Konformationsänderung, die die Freisetzung des reduzierten Coenzyms ermöglicht. Die Rolle des Zinkions in diesem Mechanismus könnte einfach darin bestehen, daß es den Alkohol bindet. In der Rückreaktion jedoch könnte dieses Kation auf solche Weise die Reaktion begünstigen, wie dies vom Aluminiumion bei der Meerwein-Ponndorf-Oppenhauer-Reaktion (siehe Seite 119) angenommen wird.

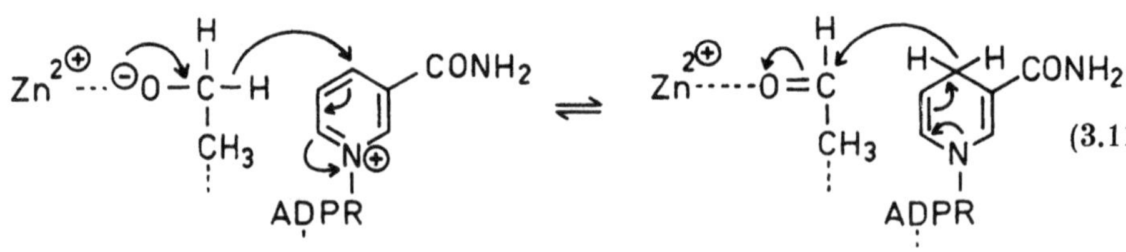

(3.11)

Dem Wesen nach verlaufen die meisten der für die NAD-Enzyme vorgeschlagenen Mechanismen ähnlich demjenigen in Gleichung (3.11). Aufgrund des Befundes von Schellenberg, daß während der enzym-katalysierten Oxidation tritium-markierten Äthanols etwas Tritium in das Enzymprotein eingebaut wird [62], werden die Vorstellungen einer direkten Hydridübertragung in einem einzigen Schritt, zumindest für die Hefe-Alkoholdehydrogenase in Frage gestellt. Daß diese Inkorporation im Verlauf der Enzymreaktion stattfindet, wurde aus Experimenten abgeleitet, in denen (a) hitzeinaktiviertes Enzym verwendet wurde, (b) der benutzte Alkohol mit Tritium in der Position markiert war, von der man weiß, daß sie an der Übertragung nicht teilnimmt (s. Seite 130) und (c) NAD abwesend war. Unter jeder dieser drei experimentellen Bedingungen war der Tritiumeinbau in das Enzym unbedeutend.

Schellenberg konnte zeigen, daß sich das eingebaute Tritium an einer Methylengruppe eines Tryptophanrestes befand, worauf er seine Vorstellung begründete, daß der Hydridtransfer zwischen Substrat und Coenzym indirekt über einen Tryptophanylrest abläuft. Der von Schellenberg vorgeschlagene Mechanismus ist in seinen Hauptzügen in dem Reaktionsschema (XXV) bis (XXVII) dargestellt.

Man kann sich danach vorstellen, daß der Hydridtransfer auf das NAD$^{\oplus}$ durch einen am Stickstoff des Indolrings des Tryptophans (XXV) beginnenden und am

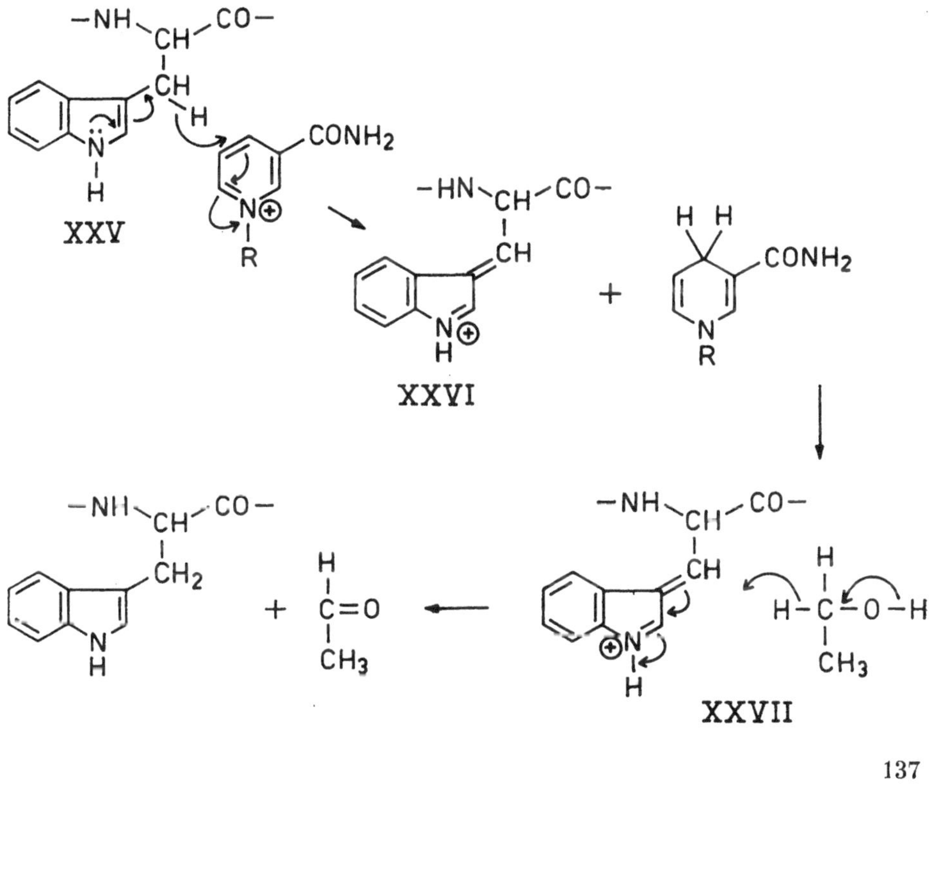

XXV XXVI XXVII

positiv geladenen Stickstoff der Nicotinsäureamidgruppe endenden Elektronenfluß hervorgerufen wird. Dadurch wird ein Indolenin (XXVI) gebildet. Die Reduktion dieses Indolenins wird durch einen zweiten Hydridtransfer bewirkt, der jetzt vom Alkohol erfolgt (XXVII). Diese Reaktion führt zur Markierung des Tryptophans im Protein. Es ist bekannt, daß diese Stelle am Indolenin gegen einen nucleophilen Angriff empfindlich ist [63]. Der in (XXV) dargestellte Hydridtransfer ist dem in (V) (s. Seite 120) gezeigten ähnlich; das Tryptophanmolekül besitzt eine zusätzliche Doppelbindung und repräsentiert somit ein stärker konjugiertes System.

Neuere Arbeiten [62a] haben jedoch gezeigt, daß der Tritiumeinbau in die Seitenkette eines Tryptophanrestes nicht unbedingt mit dem enzymatischen Vorgang selbst verknüpft sein muß, sondern eine allgemeine Reaktion von Tryptophanresten in allen Proteinen ist. Unter Berücksichtigung dieser Arbeiten wollen wir diese Reaktion weiterhin als einen direkten Transfer zwischen Substrat und Enzym betrachten, solange nicht weitere Ergebnisse hierzu vorliegen.

Substratspezifität. Obgleich sowohl die Hefe- als auch die Leber-Alkoholdehydrogenase die Oxidation einer großen Anzahl von Alkoholen katalysieren, zeigt das Hefeenzym eine höhere Spezifität. Dies läßt sich deutlich durch den Vergleich der Wirkung der beiden Enzyme auf die Stereoisomeren des Butan-2-ols (XXVIII und XXIX) zeigen. Beide Isomere dieses Alkohols werden durch Leberenzym oxidiert, hingegen ist das Hefeenzym für das (+)-Enantiomere spezifisch. Das Fehlen der Stereospezifität im Falle der Alkoholdehydrogenase aus Leber hebt jedoch nicht das Unterscheidungsvermögen dieses Enzyms zwischen den beiden Wasserstoffen in der C-1-Stellung des Äthanols auf. Dickinson und Dalziel [35] erklärten dieses Phänomen auf der Basis der Strukturen der aktiven Zentren beider Enzyme. Danach gibt es am aktiven Zentrum des Leberenzyms zwei Bindungsstellen für das Substrat Alkohol. Diese sind (im Diagramm (XXX) mit (1) und (2) bezeichnet) der Methyl- und der Hydroxylgruppe des Äthanols angepaßt. Vom Monodeuteroäthanol wird, wie gezeigt wurde, das Deuteriumatom selektiv übertragen. Die andere vom zentralen Kohlenstoffatom getragene Gruppe (im Falle des Äthanols ein Wasserstoff) besetzt einen Raum, der mit (3) bezeichnet ist. Ein primärer Alkohol wird immer diese Stellung am Enzym einnehmen, da (1) eine Bindungstelle für aliphatische Seitenketten darstellt. Im Falle des sekundären Alkohols Butan-2-ol sind zwei Möglichkeiten gegeben. Beim (+)-Butan-2-ol wird die Äthylgruppe an Stelle (1) gebunden, während die Methylgruppe die Stelle (3) besetzt (XXVIII). Die umgekehrte Situation tritt bei (—)-Butan-2-ol ein (XXIX). Da beide Isomere durch das Leberenzym oxidiert werden, ist offensichtlich, daß die Region (3) von der Äthylgruppe besetzt werden kann. Dies zeigt sich auch darin, daß Cyclohexanol ein Substrat für dieses Enzym ist [64, 65]. Da jedoch das Hefeenzym die Oxidation des (—)-Enantiomers nicht katalysieren kann, muß dies bedeuten, daß die Region (3) im aktiven Zentrum pieses Enzym die Äthylgruppe nicht binden kann. Vermutlich kann sie keine Gruppen, die größer als die Methylgruppe sind, aufnehmen. Diese Erklärung erlaubt die Vorhersage, daß Alkoholdehydrogenase aus Hefe die Oxidation sekundärer Alkohole, in denen beide Alkylgruppen größer als die Methylgruppe sind, nicht katalysieren kann. Dieses Enzym kann im Gegensatz zur Alkoholdehydrogenase aus Leber weder mit Cyclohexanol [64] noch mit Hexan-3-ol [66] reagieren [67].

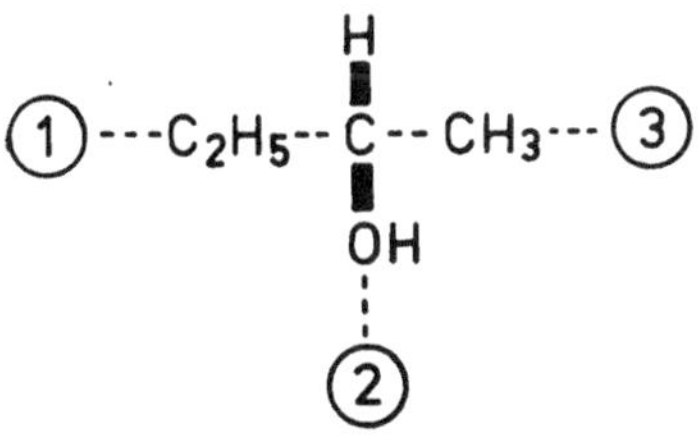

XXVIII
(+)-Butan-2-ol

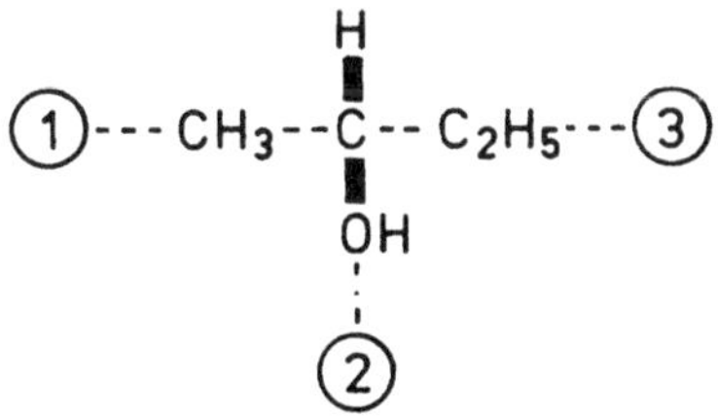

XXIX
(-)-Butan-2-ol

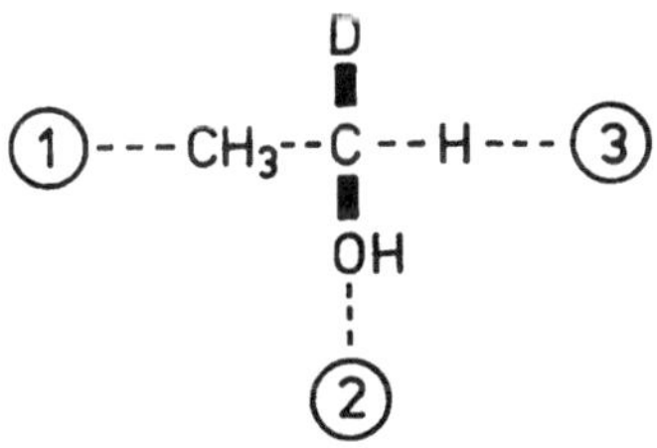

XXX transferiert

Die Bezeichnung „Alkoholdehydrogenase" bezieht sich auf solche Enzyme, die die Oxidation einer ziemlich großen Anzahl primärer und sekundärer Alkohole katalysieren. Jedoch sind die meisten $NAD^{\oplus}$- und $NADP^{\oplus}$-abhängigen Enzyme, die die Oxidation von Hydroxy- zu Carbonylverbindungen katalysieren, als sehr spezifisch zu betrachten. Die Enzymkommission hat außer den Alkoholdehydrogenasen (Alkohol:NAD Oxidoreductase 1.1.1.1); Alkohol:NADP Oxidoreductase 1.1.1.2) noch sechsundsechzig spezifische Enzyme katalogisiert, denen verschiedene Arten von Hydroxyverbindungen als Substrate dienen. Im Vergleich zu den üblichen Reaktionen in der organischen Chemie ist die von diesen Enzymen entwickelte Spezifität sehr groß. Von den beiden bekannten Lactatdehydrogenasen oxydiert die eine (1.1.1.27) nur L-Lactat zu Pyruvat und die andere nur D-Lactat zum gleichen Produkt. Die Oxidation von 3-α-Hydroxysteroiden wird durch ein bestimmtes Enzym (1.1.1.50) und die der 3-β-Hydroxysteroide durch ein anderes (1.1.1.51) katalysiert. Von den fünf Hydroxylgruppen im Ribitol wird nur eine, die am C-2, durch die Wirkung der Ribitol:NAD-Oxidoreductase (1.1.1.56) oxidiert. Diese hohen Spezifitäten entstehen durch die jeweils einmalige Beschaffenheit des aktiven Zentrums jedes einzelnen Enzyms, das in der Lage ist, auf spezifische Weise das jeweilige Substrat zu binden. Diese nachgewiesenen Stereospezifitäten müssen auf der Anwesenheit asymmetrischer Bindungsstellen und auf sehr festen Enzym-Substrat-Bindungsverhältnissen beruhen, die bewirken, daß das Substrat wirklich nur mit den für den Hydridtransfer verantwortlichen Gruppen an das aktive Zentrum gebunden wird. Abgesehen von diesen Spezifitäten ist es sehr wahrscheinlich, daß die Wirkungsmechanismen der Dehydrogenasen im Prinzip gleich sind. An allen von ihnen sind primäre oder sekundäre Alkohole und Nicotinsäureamidcoenzyme beteiligt. Wird ein deuteriertes Substrat verwendet, so entsteht gewöhnlich ein stereochemisch reines, deuteriertes, reduziertes Coenzym, obgleich nicht alle Enzyme die sogenannte „A-Form“ bilden (s. Tabelle 3.2.). Alle NAD-abhängigen Enzyme scheinen Metallionen und reduzierte Thiolgruppen in ihrem Proteinanteil zu benötigen.

Tabelle 3.2. Einige Beispiele für die Stereospezifität bei der Reduktion von NAD und NADP[1]

„A-Form“ bildende Enzyme

Alkoholdehydrogenase (1.1.1.1) aus Leber oder Hefe (NAD)
L-Lactatdehydrogenase (1.1.1.27) aus Herz (NAD)
D-Lactatdehydrogenase (1.1.1.28) aus Bakterien (NAD)
Glyceratdehydrogenase (1.1.1.29) aus Spinat (NAD)
Malatdehydrogenase (1.1.1.37) aus Herz oder Weizenkeimlingen (NAD)
Dihydroorotatdehydrogenase (1.3.3.1) aus Bakterien (NAD)
Aldehyddehydrogenase (1.2.1.3) aus Leber (NAD)
Isocitratdehydrogenase (1.1.1.42) aus Herz (NADP)

„B-Form“ bildende Enzyme

Glycerophosphatdehydrogenase (1.1.1.8) aus Muskel (NAD)
Glucose-6-phosphatdehydrogenase (1.1.1.49) aus Hefe (NADP)
Glucosedehydrogenase (1.1.1.47) aus Leber (NAD)
3-α-Hydroxysteroiddehydrogenase (1.1.1.50) aus Bakterien (NAD)
Phosphogluconatdehydrogenase (1.1.1.44) aus Hefe (NADP)
Glyceraldehydphosphatdehydrogenase (1.2.1.12) aus Hefe oder Muskel (NAD)

[1] Entnommen aus Literatur [3].

Oxidative Decarboxylierungen. In einigen Fällen kann ein Enzym mehr als nur eine Oxidation katalysieren. Während zum Beispiel L-Malat:NAD Oxidoreductase (1.1.1.37) nur die Oxidation von L-Malat zu Oxalacetat hervorruft, verursacht ein anderes Enzym (decarboxylierende Malatdehydrogenase 1.1.1.38) dessen Umwandlung zu Pyruvat und Kohlendioxid; an diesem Prozeß ist demnach eine Decarboxylierung beteiligt. Ähnlich dient Isocitrat einem Enzym (Isocitratdehydrogenase 1.1.1.41) als Substrat, das sowohl dessen Oxidation als auch dessen Decarboxylierung bewirkt. Bemerkenswert ist dabei, daß die Decarboxylierung selbst weder mit einer Oxidation noch mit einer Reduktion einhergeht.

In einem solchen Falle gibt es für den Weg der Reaktion zwei Möglichkeiten. Die Hydroxyverbindung kann oxidiert werden und die resultierende β-Ketosäure anschließend einer Decarboxylierung unterliegen. Die andere Möglichkeit beinhaltet den simultanen Ablauf der beiden Prozesse Decarboxylierung und Oxidation. Im Falle der Malatdehydrogenase (1.1.1.38) kann ein Zweistufenmechanismus nicht ausgeschlossen werden, da die Decarboxylierung des Oxalacetats als Produkt des Oxidationsschrittes durch das Enzym ebenfalls katalysiert wird [68]. Daß als Intermediat kein freies Oxalacetat nachgewiesen werden konnte, schließt einen Zweischrittmechanismus nicht aus, da das gebildete Oxalacetat sehr fest an das Enzym gebunden sein kann [69, 70]. Das Enzym erfordert ein Metallion ($Mn^{2\oplus}$ oder $Mg^{2\oplus}$) für seine Aktivität, wobei offenbar dieses Metallion eine Rolle im Decarboxylierungsmechanismus spielt (s. Kapitel 1)[1].

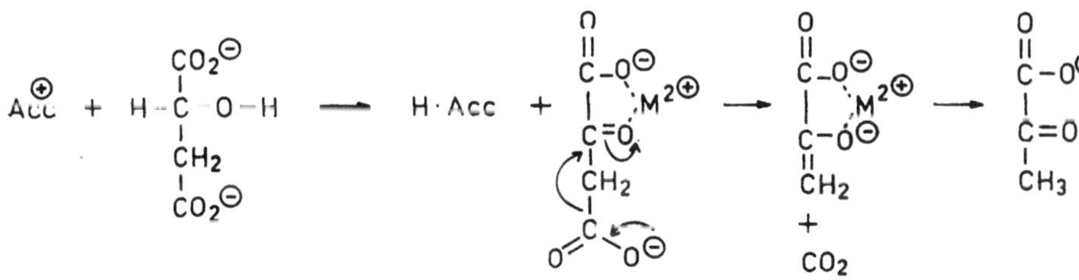

Eine andere decarboxylierende Malatdehydrogenase katalysiert jedoch die Decarboxylierung von Oxalacetat nicht (1.1.1.39) [71]. Auch katalysiert dieses Enzym nicht den Einbau von $^{14}CO_2$ in Oxalacetat (die umgekehrte Richtung), obgleich dessen Inkorporation in das Malat nachgewiesen werden konnte. Offenbar verläuft bei diesem Enzym die oxidative Decarboxylierung des Malats in einem Schritt, wobei die gleichzeitig ablaufende CO_2-Abgabe und Hydridübertragung dem nachstehend aufgeführten Mechanismus folgen könnten:

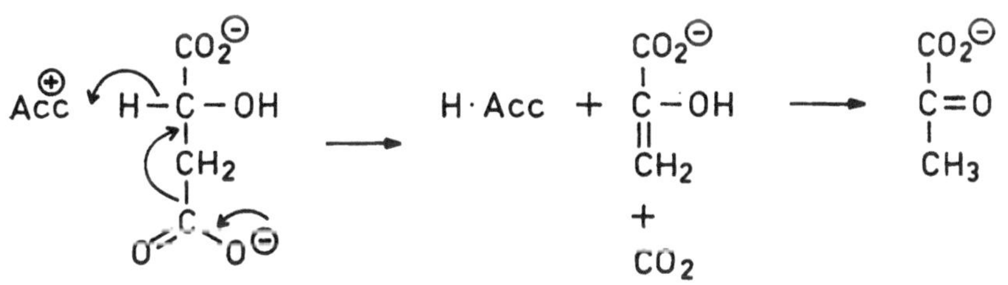

[1] In der Darstellung der Mechanismen, mittels derer diese Reaktionen ablaufen, werden wir das Symbol Acc$^\oplus$ für die Gruppe benutzen, die ein Hydrid von dem Molekül, das oxidiert wird, aufnimmt. Acc$^\oplus$ stellt folglich NAD$^\oplus$ dar, aber im Lichte der SCHELLENBERGschen Arbeit ist es nicht unmöglich, daß zumindest in einigen Fällen Acc$^\oplus$ auch ein Indoleninrest sein könnte.

Einen ähnlichen Mechanismus kann man sich für die (decarboxylierende) Isocitratdehydrogenase aus Hefe (1.1.1.41) vorstellen, die nicht die Decarboxylierung von Oxalsuccinat katalysiert [72].

Die Oxidation von Aldehyden. Leber-Alkoholdehydrogenase vermag außer der Oxidation von Alkoholen auch die Oxidation von Formaldehyd zu Ameisensäure zu katalysieren [73]. In Gegenwart von Methanol wird Methylformiat gebildet. Die Fähigkeit dieses Enzyms zur Katalyse der Oxidation zweier anscheinend verschiedener Gruppen, nämlich der Alkohole und der Aldehyde, ist nicht unbedingt ein Beispiel großer Anpassungsfähigkeit. Die Reaktionen sind einander sehr ähnlich, da der Formaldehyd in wäßriger Lösung hauptsächlich in seiner hydratisierten Form vorliegt, die ein primärer Alkohol ist. In Gegenwart von Methanol wird die Halbacetalform gebildet. Die Oxidation verläuft wie die eines normalen Alkohols. Die durch die D-Glucose-6-phosphatdehydrogenase (1.1.1.49) katalysierte Oxidation von D-Glucose-6-phosphat zu 6-Phosphogluconolacton ist dieser Reaktion sehr vergleichbar, da sie in der Oxidation eines Aldehyds zur Carbonsäure besteht, die über die Pyranoseform abläuft (XXXI) und offenbar direkt zum Lacton führt [74].

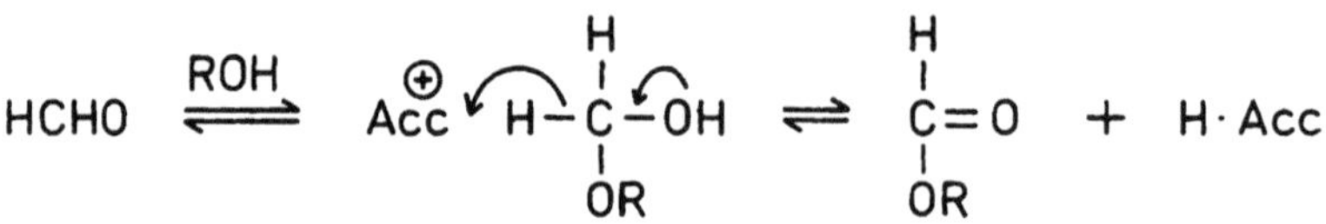

Die Grundlage für die Einordnung von Enzymen in die erste Gruppe der Oxidoreductasen ist demnach die Oxidation einer Hydroxyl- zu einer Carbonylgruppe.

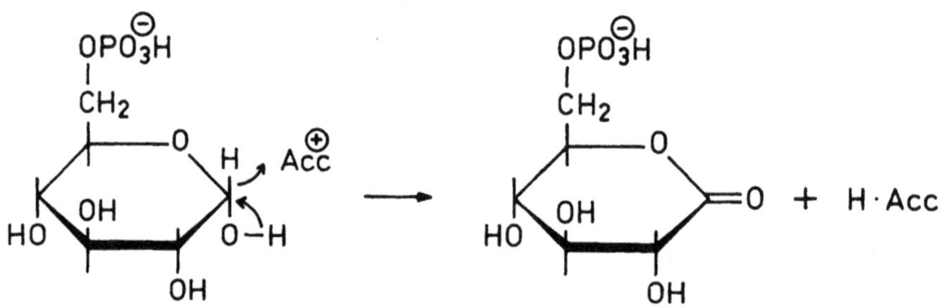

XXXI

Bei den NAD⊕-abhängigen Enzymen, die Aldehyde oxidieren, ist das NAD⊕ wahrscheinlich in derselben Weise an der Reaktion beteiligt wie bei den Alkoholdehydrogenasen. Der Deuteriumtransfer auf das Coenzym erfolgt unter Bildung des reduzierten Coenzyms, das entweder in der A- oder in der B-Form auftreten kann. In Tabelle 3.2 sind mehrere NAD⊕- und NADP⊕-abhängige Enzyme unter Berücksichtigung der stereochemischen Form des Coenzyms aufgeführt, die beim enzym-katalysierten Deuteriumtransfer gebildet wird.

Von besonderem Interesse in dieser Gruppe ist das Enzym D-Glyceraldehyd-3-phosphat:NAD-Oxidoreductase (phosphorylierend) (1.2.1.12), dessen wahrscheinlicher Wirkungsmechanismus aufgeklärt wurde [75]. Dieses Enzym katalysiert in Gegenwart von Phosphationen die Oxidation von D-Glyceraldehyd-3-phosphat zu 1,3-Diphospho-D-glycerinsäure (XXXII), die anstelle der Aldehydgruppe ein Anhydrid, bestehend aus der Carboxyl- und der Phosphatgruppe, enthält. Das Enzym besitzt auch eine Hydrolaseaktivität für Phosphatester, die aus dem postulierten Mechanismus heraus erklärbar ist. Die Reaktion (3.12) wird durch das Enzym in zwei Stufen katalysiert.

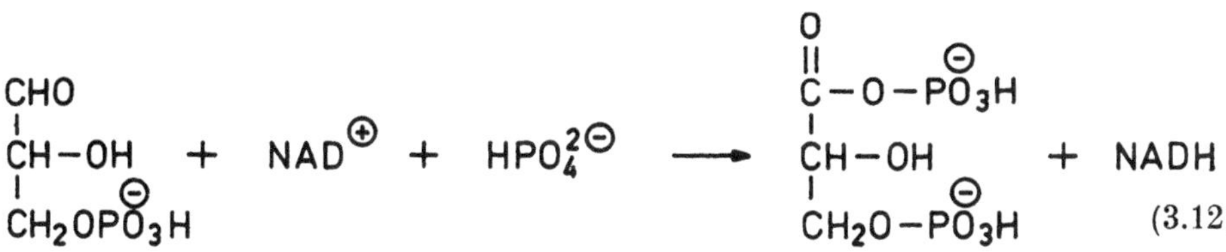

(3.12)

XXXII

In Abwesenheit von Phosphat erfolgt die Reduktion von NAD⊕ (3.12) zum NADH stöchiometrisch zur Menge des vorhandenen Enzyms. Das Enzym wirkt in diesem Falle nicht als Katalysator, sondern als ein Reaktionspartner [76, 77], wobei ein relativ stabiles Acylderivat des Proteins gebildet wird. Bei Zusatz von Phosphat wird das Acylenzym unter Freisetzung des Enzyms gespalten und dabei das NAD⊕ reduziert. Die Rückbildung des freien Enzyms ermöglicht diesem somit, seine katalytische Funktion auszuüben.

Dies war der erste Fall, bei dem die Bildung eines kovalent an das Enzym gebundenen Substrates nachgewiesen werden konnte. In den späteren Darlegungen werden wir bei vielen Enzymreaktionen die Mitwirkung kovalenter Komplexe kennenlernen. Das Acetylderivat dieses Enzymproteins kann durch Behandlung des Enzyms mit Acetaldehyd in Gegenwart von NADH, aber in Abwesenheit von Phosphat dargestellt werden [78, 79]. Die Proteolyse von Acetylglyceraldehyd-3-phosphatdehydrogenase führt zur Bildung von Peptiden, deren Struktur aufgeklärt werden konnte [81]. Derartige Studien haben gezeigt, daß die Acetylgruppe über eine Thioesterbindung mit einem Cysteinrest verknüpft ist. Die Aminosäuresequenz zu beiden Seiten dieses Cysteins ist in (XXXIII) gezeigt. Das Acetylenzym kann auch durch Behandlung mit Acetylphosphat oder mit p-Nitrophenylacetat [78, 80, 83] hergestellt werden, wobei jeweils derselbe Cysteinrest substituiert wird. Darüber hinaus ist dieser Cysteinrest derselbe, der während

$COCH_3$ (an Cys)

Lys. Ile. Val. Ser. Asn. Ala. Ser. Cys. Thr. Thr. Asn. Cys. Leu. Ala. Pro.
Leu. Ala. Lys.

XXXIII

der Oxidation des Glyceraldehyd-3-phosphats acyliert wird. Die Carboxymethylierung dieses Cysteins mit Jodacetat verursacht einen vollständigen Verlust der enzymatischen Aktivität [82].
Die Darstellung des Acetylderivates des Enzyms mit Acetylphosphat ist ein Hinweis darauf, daß der Gesamtprozeß frei reversibel ist. In Gegenwart von NADH gibt das Acetylenzym Acetaldehyd ab [79].
Auf der Grundlage aller vorhandenen Informationen wurde für die Reaktion folgendes mechanistisches Schema entwickelt. Enzym, Coenzym und Substrat assoziieren unter Bildung eines Ternärkomplexes, in dem die für die Reaktion erwünschte dreidimensionale Anordnung gesichert ist. Innerhalb dieses Komplexes läuft die Reaktion durch einen nucleophilen Angriff einer Thiolgruppe auf das Carbonyl der Aldehydgruppe ab. Mathew et al. [78] zeigten für die Rückreaktion, daß die Nucleophilie die Thiolgruppe durch basische Katalyse einer Histidinseitenkette verstärkt werden kann; möglicherweise ist ein solcher Prozeß auch an der Vorwärtsreaktion beteiligt. Es wird ein Thiohalbacetal gebildet, das

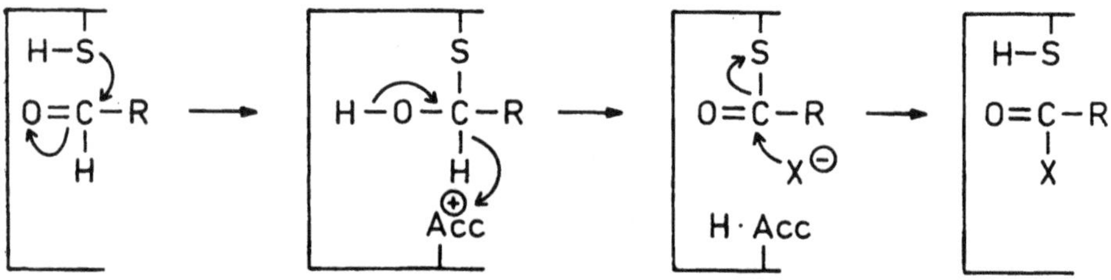

durch einen Hydridtransfer unter Bildung des Acylenzyms gespalten wird, das eine Thioesterbindung enthält. Im Grunde genommen ist dieser Vorgang denjenigen ähnlich, die für die Oxidation von Hydraten und Halbacetalen mittels Alkoholdehydrogenasen angegeben wurden. In Abwesenheit von Phosphat wird das Acylenzym langsam hydrolysiert. In seiner Gegenwart tritt eine Bildung von Acylphosphat unter Regeneration der Thiolgruppe und Rückbildung des freien Enzyms ($X = HPO_4^{2\ominus}$) ein. Wenn eine Thiolgruppe das Phosphat ersetzt, so kann ein Thioester gebildet werden.
In Abbildung 3.2. sind einige wichtige Reaktionen der Glyceraldehyd-3-phosphatdehydrogenase zusammengestellt.
Bolotina et al. [84] hoben die Bedeutung des Coenzyms für die Konformation des Enzyms hervor und berichteten, daß die Bindung von $NAD^{\oplus}$ an das Enzym

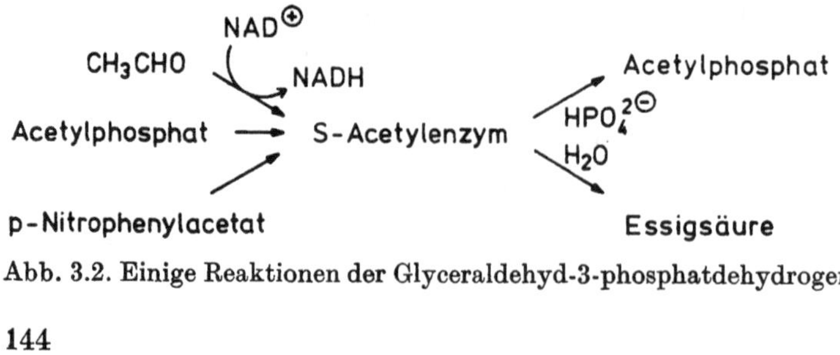

Abb. 3.2. Einige Reaktionen der Glyceraldehyd-3-phosphatdehydrogenase (aus Lit. [78]).

eine Änderung der Konformation unter Bildung einer Struktur mit größerem α-Helixgehalt verursacht. Solch eine Struktur weist wahrscheinlich eine besondere Starrheit auf. Diese Resultate stimmen mit denen von FURFINE et al. [85] überein. Aus dem in Abbildung 3.2. gezeigten Reaktionsschema können wir entnehmen, daß Acetylphosphat durch die Glyceraldehyd-3-phosphatdehydrogenase in Abwesenheit von Phosphat über das Acetylenzym zu Essigsäure hydrolysiert wird. Es liefert eine Erklärung für die beobachtete Phosphataseaktivität des Enzyms.

JAKOBY [86] betonte in einer Übersicht die grundlegende Bedeutung der Thiolgruppe für alle Dehydrogenasen, die die Oxidation von Aldehyden mittels $NAD^{\oplus}$ oder $NADP^{\oplus}$ katalysieren. Diese Enzyme können sich nicht nur in ihren Substratspezifitäten, sondern auch in der Art ihrer Endprodukte unterscheiden. Einige bilden freie Säuren, andere Phosphate und wieder andere Thioester usw. JAKOBY ist der Auffassung, daß alle diese Enzyme über Mechanismen wirken, die dem der Glyceraldehyd-3-phosphatdehydrogenase grundsätzlich ähnlich sind.

Flavinenzyme

Von bestimmten Abkömmlingen des Isoalloxazins, die als Flavine bezeichnet werden, kennt man schon lange ihre Bedeutung für biologische Oxidationsreaktionen. Sie enthalten Riboflavin (XXXIV), in dem ein 6,7-Dimethylisoalloxazin in 9-Stellung eine vom Ribitol abgeleitete Gruppe trägt. Riboflavin-5'-phosphat (XXXV) wird gewöhnlich als Flavinmononucleotid (FMN) bezeichnet; das dritte wichtige Flavin ist das Flavinadenindinucleotid (XXXVI, FAD).

FMN und FAD wirken als Coenzyme bei einer großen Zahl von Enzymen, die Oxidations-Reduktions-Vorgänge katalysieren. In ihrer Wirkungsweise unterscheiden sie sich allerdings von den Pyridinnucleotiden. Während die Pyridin-

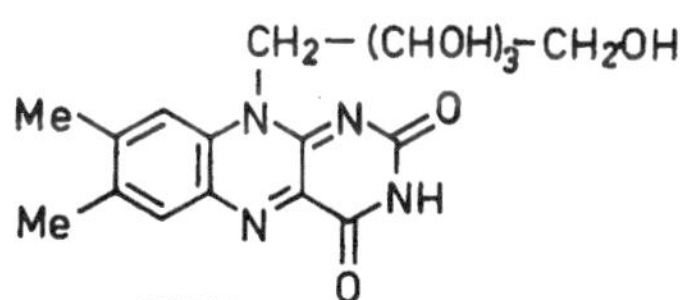

XXXIV

Riboflavin

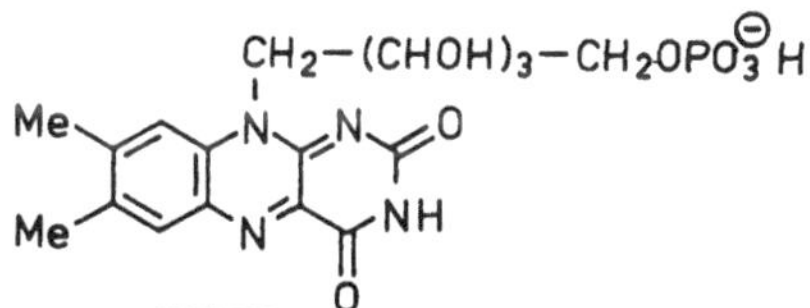

XXXV

FMN

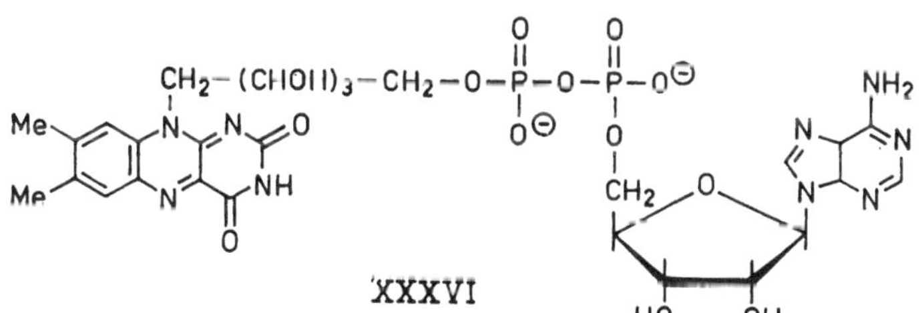

XXXVI

FAD

nucleotide als terminale Elektronendonatoren oder -acceptoren bei diesen Reaktionen wirken und wie normale Substrate nach Abschluß der Reaktion von den Enzymen dissoziieren können, sind die Flavincoenzyme üblicherweise sehr fest an ihre Proteine gebunden und dissoziieren nicht ab. Darüber hinaus wirken sie nicht als terminale Elektronenacceptoren oder -donatoren, d. h. sie stellen keine Substrate dar, sondern fungieren in Elektronenübertragungsketten als Intermediate.

Die Ultraviolettspektren der Flavine und Flavoproteine sind sehr charakteristisch und nicht nur für die Identifizierung der Flavoproteine und die Bestimmung ihrer Flavingehalte von Bedeutung, sondern auch für die Erforschung der Kinetik

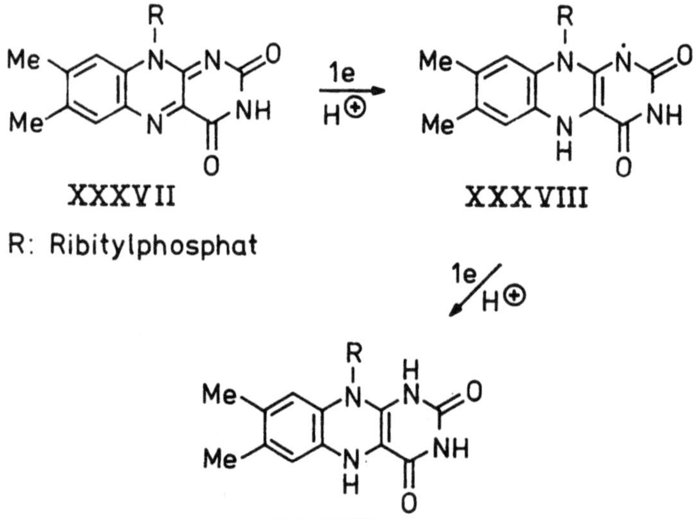

XXXVII XXXVIII

R: Ribitylphosphat

XXXIX

und der Mechanismen der Reaktionen, an denen sie in ihren oxidierten und reduzierten Formen teilnehmen. Die Ultraviolettspektren von Riboflavin und FMN in Wasser sind nahezu identisch; sie besitzen Banden bei 220, 265, 375 und 447 nm. Die Spektren sind stark von der Natur des die Moleküle umgebenden Mediums abhängig. Bei der Bildung molekularer Komplexe mit aromatischen Verbindungen zeigen die Spektren dieser Flavine deutliche Änderungen. Solche Änderungen können auch im Spektrum des FAD beobachtet werden, und es ist anzunehmen, daß die Adeningruppe des Moleküls in sehr enger Beziehung (wahrscheinlich coplanar) zum Flavinanteil steht. Die Fähigkeit der Flavine zur Bildung von Komplexen mit bestimmten aromatischen Ringen kann zumindest teilweise für die Bindung dieser Coenzyme an die Proteine verantwortlich gemacht werden. Penzer und Radda [87] schlossen aus den Daten der Ultraviolettabsorption, daß der Flavinchromophor in den Flavinproteinen von apolaren Gruppen umgeben ist und gleichzeitig an einer anderen Stelle in eine Wechselwirkung mit einer polaren Gruppe tritt.

Die Reduktion des Flavinkerns kann entweder durch eine Zweielektronenübertragung oder durch zwei nacheinander stattfindende Einelektronenreaktionen erfolgen. Die Einelektronenreduktion von FMN (XXXVII) ergibt bei normalen pH-Werten das Radikal FMNH˙ (XXXVIII), während die zweite Elektronenübertragung zur voll reduzierten Form $FMNH_2$ führt (XXXIX). Das Radikal FMNH˙ wird durch Resonanz stabilisiert; dies ist mit dem Chinon-Hydrochinon-System vergleichbar (Seite 124). Deshalb wird die FMNH˙-Form oft auch als Flavinsemichinon bezeichnet. Hervorgehoben wird diese Ähnlichkeit durch eine Reaktion, in der die oxidierten und reduzierten Flavine einem Elektronentransfer unter Bildung eines Radikals unterliegen.

$$FMNH_2 + FMN \rightleftharpoons 2FMNH^{\cdot} \qquad (3.13)$$

Bei Flavinenzymreaktionen kann die Semichinonform oft aufgrund ihrer charakteristischen Eigenschaften mittels ESR sowie im ultravioletten oder im sichtbaren Spektralbereich (sie besitzt eine distinkte rote Farbe) nachgewiesen werden.
Als Radikal reagiert das Flavinsemichinon mit Sauerstoff, wobei durch Oxidation zweier Mole Semichinon aus einem Mol Sauerstoff Wasserstoffperoxid gebildet wird [88]. Die voll reduzierten Flavine werden ebenfalls durch Sauerstoff in einem Zweielektronenvorgang, an dem ein Flavinperoxid (XL)

$$2\,FMNH^{\cdot} + O_2 \rightleftharpoons 2FMN + H_2O_2$$

beteiligt ist, schnell oxidiert. Die Gleichgewichtseinstellung zwischen dem entstandenen FMN und dem $FMNH_2$ (Gleichung 3.13) kann zur Bildung eines Semichinons führen, das mit Sauerstoff zu reagieren vermag; folglich kann die Oxidation von $FMNH_2$ mittels Luft über zwei gleichzeitig ablaufende kompetitive Vorgänge erfolgen [88].

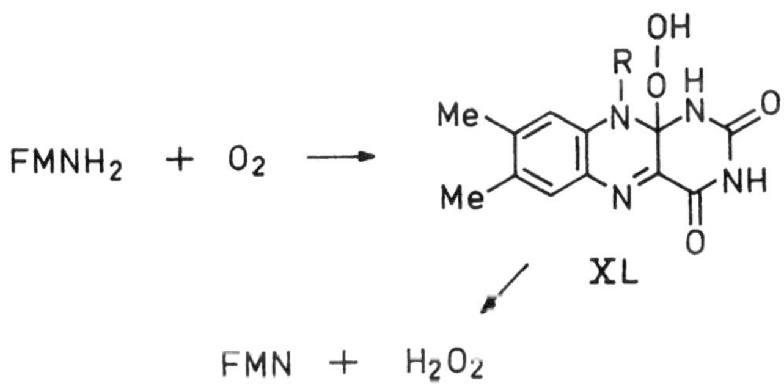

(3.14)

Dehydrogenasen für reduzierte Pyridinnucleotide. Diese Enzyme katalysieren Reaktionen entsprechend der allgemeinen Gleichung (3.15). Verschiedene Enzyme dieser Gruppe sind spezifisch für

$$NAD(P)H + \text{Acceptor} \rightleftharpoons NAD(P)^{\oplus} + \text{reduzierter Acceptor} \qquad (3.15)$$

bestimmte Elektronenacceptoren. Einige typische Acceptoren sind: oxidierte Pyridinnucleotid-NAD(P)-transhydrogenase (1.6.1.1), Cytochrom b_5 (Cytochrom b_5 reductase; 1.6.2.2), bei der ein Fe(III)- zu einem Fe-(II)-Ion reduziert wird, Disulfide wie Cystin (Cystinreductase; 1.6.4.1) oder Lipoamid (Lipoamid-dehydrogenase; 1.6.4.3), Ascorbat (oxidierte Ascorbatreductase, 1.6.5.4) und das eisenhaltige Protein Ferredoxin (Ferredoxin-NADP-reductase 1.6.99.4).
Die Gesamtreaktion (3.15) läuft in wenigstens zwei Stufen ab. Der erste Vorgang besteht in der Reaktion zwischen dem NADH (oder NADPH) und dem Flavinprotein unter Bildung eines reduzierten Flavinproteins. Im Verlauf der folgenden Schritte erfolgt die Elektronenübertragung vom reduzierten Flavin auf das Acceptormolekül.

a) NADH + $H^{\oplus}$ + Flavin → $NAD^{\oplus}$ + reduziertes Flavin

b) reduziertes Flavin + Acceptor → Flavin + reduzierter Acceptor

Es wurden Untersuchungen an vergleichbaren nichtenzymatischen Vorgängen durchgeführt, die die Reaktion zwischen NADH und FMN [89] und die Reduktion von Sauerstoff oder des Cytochroms durch NADH mittels verschiedener Flavine betrafen [90]. Es wurde gefunden, daß Flavinradikale bei der Reaktion von NADH mit FMN gebildet werden. Fox und Tollin [89] zeigten jedoch, daß die Radikale nicht in einer Reaktion wie in (3.16) angegeben direkt gebildet werden, sondern daß vielmehr eine initiale Zweielektronenreduktion stattfindet und die Radikale im Verlauf der folgenden Reaktion entstehen. Suelter und Metzler [91] fanden bei Verwendung deuterierter Analoger

$$\text{NADH} + \text{FMN} \rightleftharpoons \text{FMNH}^{\cdot} \ldots \quad (3.16)$$

des NADH einen Isotopeneffekt in der in (3.16) dargestellten Reaktion. Es wurde deshalb für die Reaktion zwischen NADH und FMN ein direkter Wasserstofftransfer angenommen, der in Verbindung mit zwei Elektronen in Form eines Hydridtransfers ablaufen sollte. Die direkte Art des Hydridtransfers läßt sich schwer beweisen, da im Gegensatz zum NAD (Seite 128), der auf ein reduziertes

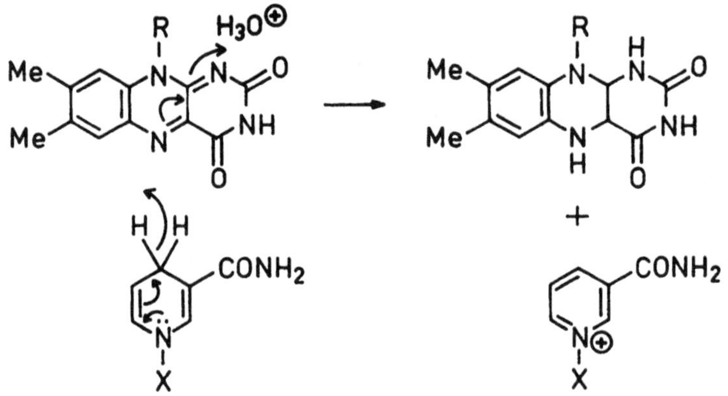

Flavin übertragene Wasserstoff schnell mit dem Lösungsmittel ausgetauscht wird. Die Reduktion eines Flavins durch ein reduziertes Pyridinnucleotid kann demnach mechanistisch wie im obigen Formelbild dargestellt beschrieben werden.

Die Flavinradikale werden anschließend durch eine Reaktion gebildet, die dem Chinon-Hydrochinon-Typ ähnelt (3.13). Fox und Tollin wiesen im Reaktionssystem einen $FMNH_2$-FMN-Komplex nach.

Nicht unbegründet ist die Annahme, daß die enzymatische Reduktion der Flavine durch reduzierbare Pyridinnucleotide über einen dem nichtenzymatischen Prozeß ähnlichen Mechanismus, d. h. über einen Hydridtransfer, abläuft. Die zweite Phase der Gesamtreaktion (die Reoxidation des Flavins) ist komplizierter. Es gibt für die verschiedenen Enzyme eine Vielzahl an Elektronenacceptoren, von denen einige durch Zweielektronen- und andere durch Einelektronenübergänge wirken. Für den Fall der NAD(P)-transhydrogenase, für die der terminale Elektronenacceptor ein oxidiertes Pyridinnucleotid ist, würde man aus Symmetriegründen eine Reoxidation des reduzierten Flavins durch einen Hydridtransfer annehmen.

Gascoigne und Radda [92] untersuchten die nichtenzymatische Reduktion von FMN durch Dihydroliponsäure (XLI) und zeigten, daß an der Reaktion zwischen diesen Verbindungen ein Hydridtransfer beteiligt ist. Das hierfür verantwortliche Enzymsystem scheint jedoch komplizierter zu sein. Hemmungsstudien an Lipo-

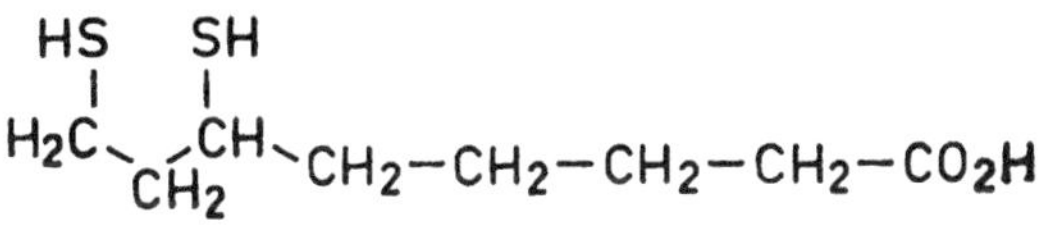

XLI

amiddehydrogenase führten zu der Annahme, daß zwei benachbarte Thiolgruppen im Enzym in die Reaktion einbezogen sind [93]. Nach Ide et al. [94] ist die Reihenfolge des Elektronentransfers bei der Oxidation von NADH durch Lipoamid in Gegenwart des Enzyms wie folgt.

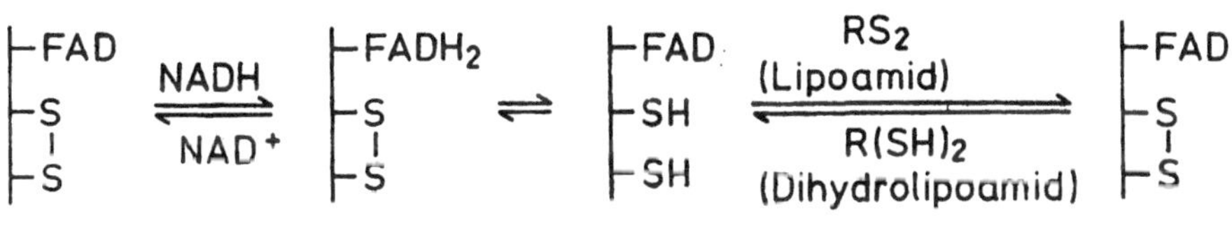

Die Reoxidation des reduzierten Flavins verläuft folglich über das Dithiolsystem. Bei einigen nichtenzymatischen Systemen können an der Oxidation der Thiole zu Disulfiden Radikale beteiligt sein und Massey und Veeger [95] wiesen bei der enzymatischen Reaktion ein freies Flavinradikal nach. Sie nehmen eine Stabilisierung des Radikals durch eine Thiolgruppe und ein Diradikal als Intermediat der Reaktion an.

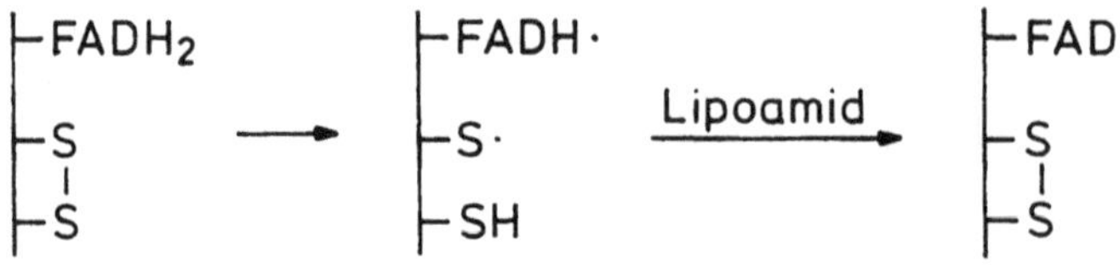

Einige Elektronenacceptoren sind stets Einelektronenreagenzien. Fox und Tollin benutzten ein (nichtenzymatisches) Modellsystem, in dem ein komplexgebundenes Eisen(III)-ion als Elektronenacceptor fungiert. Durch eine Einelektronenübertragung wird bei der Reduktion des Eisen(III)-ions durch $FMNH_2$ das Flavinradikal gebildet; anschließend können die Radikale disproportionieren (Gleichung 3.13) und für die Fortführung des Vorgangs das vollreduzierte Flavin zurückbilden. Masters et al. [96] schlugen einen

$$FMNH_2 + Fe^{3\oplus} \rightarrow FMNH^{\cdot} + Fe^{2\oplus} + H^{\oplus}$$

ähnliche Mechanismen für die NADPH-Cytochrom c reductase vor, bei dem als Elektronenacceptor ein komplex gebundenes Eisen fungiert. Diesem Mechanismus liegt die Vorstellung zugrunde, daß das Flavin sowohl als Semichinon als auch als voll reduzierte Form vorkommen kann. Ein derartiger Mechanismus ist nur möglich, wenn das Enzym zwei Flavingruppen pro aktives Zentrum enthält, die einander nahe genug sein müssen, um in Wechselwirkungen treten zu können. In anderen Fällen wird das reduzierte Flavin einfach durch zwei aufeinanderfolgende Einelektronenschritte reoxidiert.
Insgesamt stellen wir uns vor, daß die NAD(P)H-Dehydrogenasen initial durch eine Hydridübertragung vom reduzierten Nicotinsäureamid auf das proteingebundene Flavin wirken. Das reduzierte Flavin kann entweder über einen Zweielektronenvorgang oder durch zwei Einelektronenübertragungen je nach Art des Elektronenacceptors und des vorliegenden Enzyms reoxidiert werden.

Glucoseoxidase (*1.1.3.4*). Dieses Flavinprotein katalysiert die Oxidation von D-Glucose zu D-Glucono-δ-lacton (XLII) durch molekularen Sauerstoff (Gleichung 3.17). Das Produkt ist demnach ähnlich dem, das bei der Oxidation von Glucose-6-phosphat durch die Dehydrogenase erhalten wird (Seite 142). Die Reaktion erfolgt in zwei Schritten. Im ersten Schritt wird die Glucose zum Produkt oxidiert und reduziertes Flavin gebildet. Bevor die Reoxidation des Flavins durch Sauerstoff stattfindet,

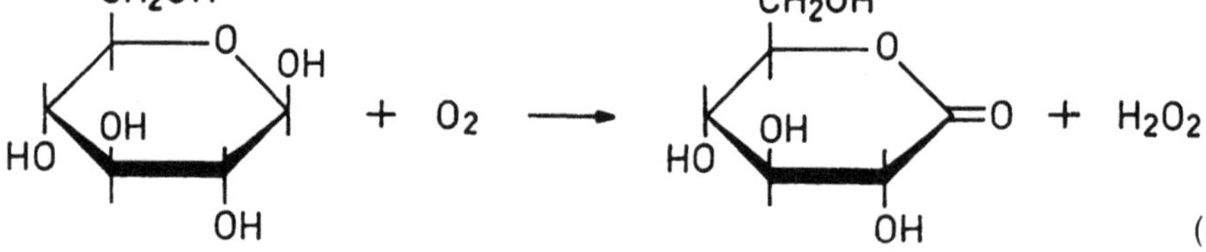

(3.17)

XLII

dissoziiert das Gluconolacton vom reduzierten Enzym ab [97]. Das kinetische Schema ist in (3.18) wiedergegeben, es wurde von BRIGHT und GIBSON [98] durch Geschwindigkeits- und Hemmungsstudien bestätigt. S bedeutet D-Glucose, P_1 Gluconolacton, P_2 H_2O_2, E_{ox} das Enzym mit oxidiertem Flavin und E_{red} mit reduziertem Flavin.

$$E_{ox} + S \underset{}{\overset{k_{+1}}{\rightleftharpoons}} E_{ox} \ldots S \underset{}{\overset{k_{+2}}{\rightleftharpoons}} E_{red} \ldots P_1 \underset{}{\overset{k_{+3}}{\rightleftharpoons}} E_{red} + P_1$$

$$E_{red} + O_2 \underset{}{\overset{k_{+4}}{\rightleftharpoons}} E_{ox} \ldots P_2 \underset{}{\overset{k_{+5}}{\rightleftharpoons}} E_{ox} + P_2 \qquad (3.18)$$

In Abwesenheit von Sauerstoff verläuft die Reaktion bis einschließlich des Schrittes k_{+3}. Wird Glucose-1-^{2}H verwendet, ist k_{+2} signifikant erniedrigt. Dieser kinetische Isotopeneffekt legt nahe, daß bei der Reaktion zwischen Glucose und der Flavingruppe tatsächlich eine Wasserstoffübertragung stattfindet. Sollte es sich um einen Hydridtransfer handeln, müßte die Reaktion folgendermaßen formuliert werden:

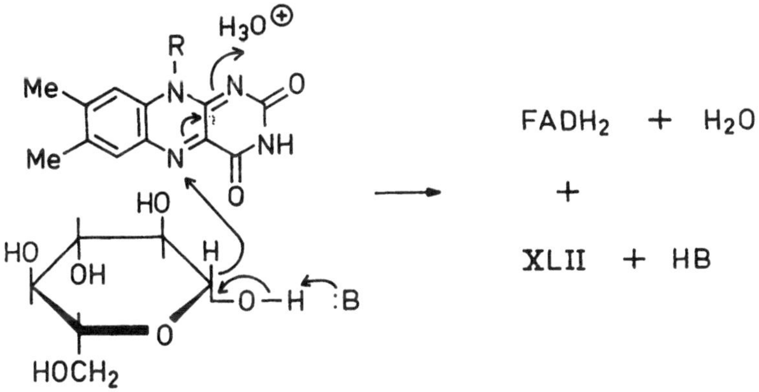

Die spektralphotometrischen Studien deuten darauf hin, daß das Enzym nur in zwei Zuständen, einem oxidierten und einem reduzierten, existiert [99]. Erfolgt die Reduktion des oxidierten Enzyms durch eine Zweielektronenübertragung, so muß die reduzierte Form als $FADH_2$ vorliegen, so daß das Semichinon an dem Vorgang nicht beteiligt ist. Dies wird durch Befunde unterstützt, nach denen die Semichinonform, die beispielsweise durch Bestrahlung gebildet werden kann, nicht mit Glucose reagieren kann [100] und während der Reaktion auch keine ESR-Signale nachweisbar sind. Bei Richtigkeit dieser Vorstellung müßte auch die Reoxidation des reduzierten Flavins durch Sauerstoff ein Zweielektronenvorgang sein, der möglicherweise ähnlich wie die nichtenzymatische Reaktion von $FMNH_2$ mit Sauerstoff abläuft (s. Seite **147**).

BRIGHT und GIBSON wiesen darauf hin, daß es neben der Zweielektronenreduktion des Flavins durch Glucose einen alternativen, ebenfalls mit den Daten übereinstimmenden Mechanismus geben könnte. Dieser Mechanismus einer zum gleichen

Produkt führenden nichtenzymatischen Oxidation liegt der Umwandlung der Glucose durch Brom zugrunde. Er ist ein Beispiel für die oxidative Eliminierung (s. Seite 121).

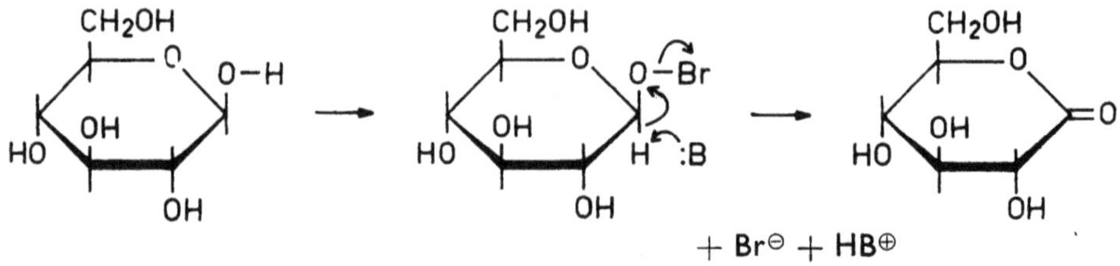

Wichtige Eigentümlichkeit dieser Reaktion ist, daß die β-Form der Glucose schneller als die α-Form reagiert. Gewöhnlich wird dieser Sachverhalt auf die Stellung der Hydroxylgruppe in 2-Stellung zurückgeführt. Diese Beobachtungen würden bedeuten, daß bei einer Hydridübertragung nach dem oben vorgeschlagenen Mechanismus das α-Isomer begünstigt sein müßte. Tatsächlich reagiert aber die Glucoseoxidase wesentlich schneller mit dem β-Isomer als mit dem α-Isomer. Folglich schlugen Bright und Gibson einen Mechanismus vor, bei dem die Flavingruppe covalent nach Art eines Halbacetals an die Glucose gebunden und durch eine Eliminierung reduziert wird. In die Reaktion ist die Spaltung der C—H-Bindung in 1-Stellung einbezogen, die den kinetischen Isotopeneffekt erklären könnte.

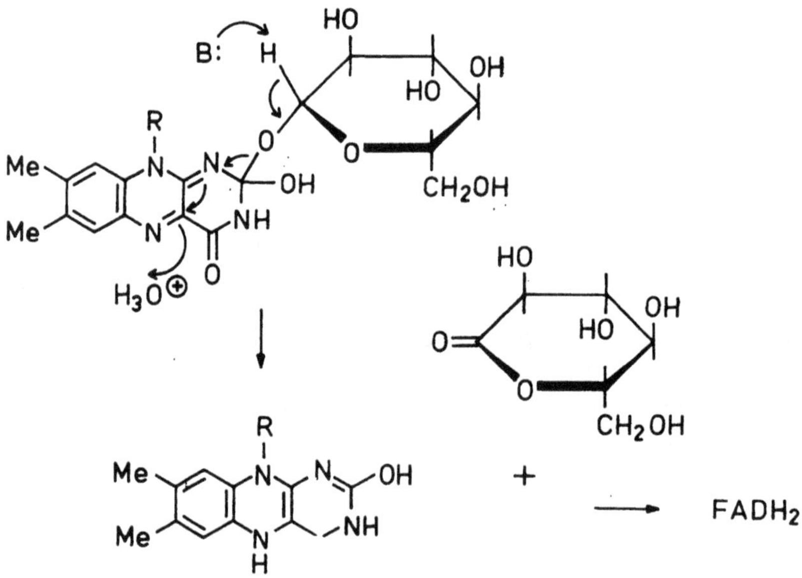

Es muß jedoch festgestellt werden, daß die β-Stereospezifität des Enzyms nicht die Möglichkeit eines Hydridübertragungsmechanismus ausschließt. Der asymmetrische Aufbau des aktiven Zentrums und die richtige Anordnung der beteiligten

Gruppen (einschließlich der basischen Gruppe :B) können wie bei den meisten anderen Enzymen auch die Stereospezifität erklären.

Aminosäureoxidasen. Diese Flavinenzyme katalysieren die oxidative Desaminierung von Aminosäuren, wobei als Reaktionsprodukte Ketosäuren entstehen. Es besteht wenig Zweifel daran, daß das Aminosäuremolekül wenigstens zwei Reaktionen unterliegt, zuerst erfolgt die Oxidation zu einer Iminosäure (XLIII) und dann werden durch Hydrolyse die Ketosäure und Ammoniak als Produkte gebildet.

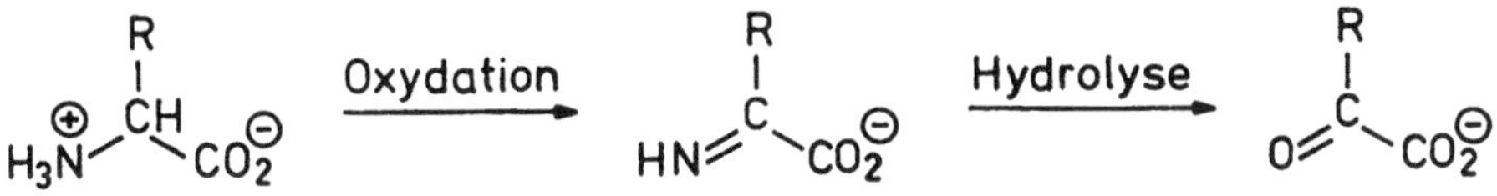

XLIII

Einige Aminosäureoxidasen sind auch zur Oxidation von α-Hydroxysäuren befähigt. In diesem Vorgang sind dieselben aktiven Zentren einbezogen, und es ist sehr wahrscheinlich, daß die Mechanismen dieser Oxidationen ähnlich sind [101].

Früher nahm man bezüglich des Mechanismus an, daß ein Hydridtransfer von der Aminosäure ausgeht. Ähnliche Mechanismen kann man sich für die Oxidation von Aminosäuren zu Iminosäuren durch NAD$^{\oplus}$-abhängige Enzyme vorstellen. Es ist klar, daß α-Hydroxysäuren durch einen solchen Mechanismus oxidiert werden können.

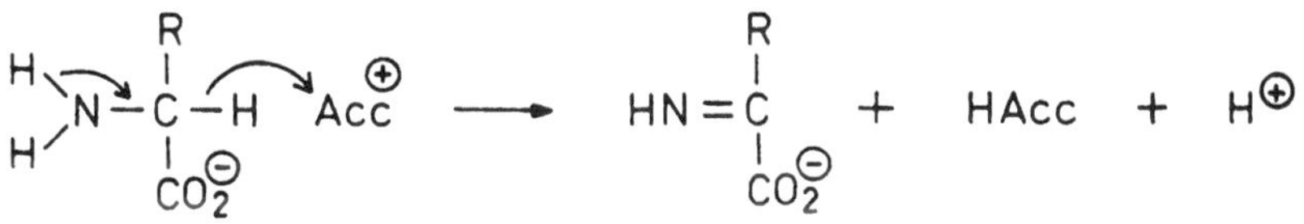

MASSEY et al. [102] untersuchten die D-Aminosäureoxidase aus Schweineniere (1.4.3.3) und entwickelten für die Oxidation der Aminosäuren einen anderen Mechanismus. In Abwesenheit von Sauerstoff kann die Aminosäure als Substrat die Flavingruppe im Enzym (FAD) völlig reduzieren. In dieser Reaktion wird ein Intermediat gebildet, das als ein Komplex aus Enzym, Flavinsemichinon und dem Aminosäureradikal (XLIV) anzusehen ist. MASSEY und seine Gruppe entwickelten deshalb die Vorstellung, daß die Oxidation des Substrates zur Iminosäure über zwei nacheinander stattfindende Einelektronenschritte abläuft; in der folgenden Darstellung bedeuten AA die D-Aminosäure und IA die Iminosäure.

Die vollständige Reduktion des Flavins erfolgt viel zu langsam, als daß das voll reduzierte Flavin ein Zwischenprodukt in der aeroben Reaktion darstellen könnte. Am aeroben Vorgang ist das Biradikal (XLIV) als Intermediat beteiligt.

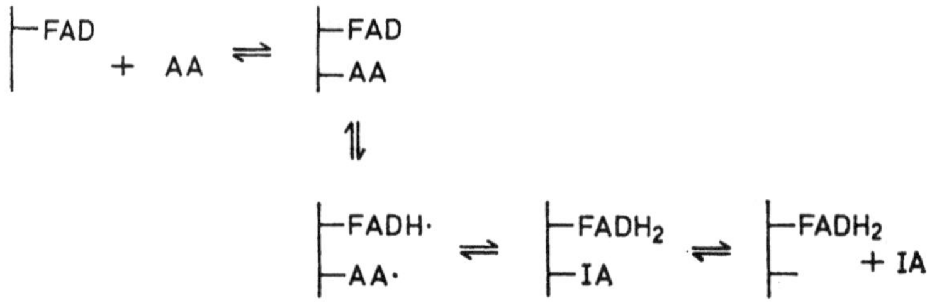

XLIV

Die Natur dieses „Biradikals“ (XLIV) ist noch unklar. Es ist nicht einfach ein halbreduziertes Enzym (in dem alle Flavingruppen in der Semichinonform vorliegen). Das halbreduzierte Enzym kann auf anderem Wege dargestellt werden; es ist mit Sicherheit von diesem Intermediat verschieden. Seine vielleicht wichtigste Eigenschaft ist die, daß sich sein Ultraviolettspektrum mit der Aminosäure als Substrat ändert. Folglich muß die Aminosäure oder eines ihrer Derivate fest in den Komplex einbezogen sein, vermutlich in sehr enger Nachbarschaft zum Flavinanteil als den Chromophor.

Gegenwärtig möge die Benennung dieses Intermediats als ein „Biradikal“ (XLIV) genügen. Massey wies auf die Möglichkeit eines Ladungsübertragungskomplexes (Charge-transfer-complexes) zwischen dem reduzierten Flavin und der Iminosäure hin. Die gesamte aerobe Reaktion könnte wie folgt beschrieben werden:

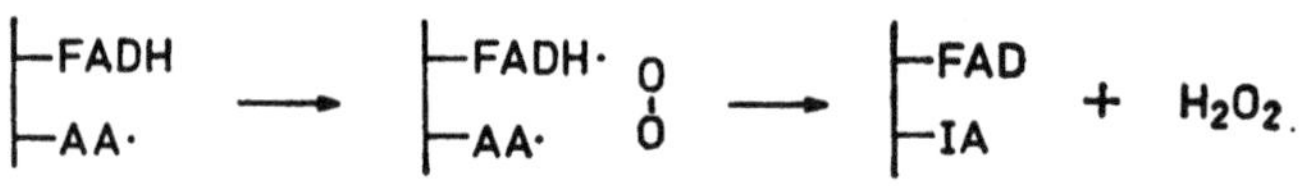

XLIV

Der geschwindigkeitsbestimmende Schritt ist der letzte, d. h. die Dissoziation der Iminosäure vom Komplex.

An der Gesamtreaktion ist ein Ternärkomplex aus Enzym, Aminosäure und Sauerstoff beteiligt, was in Übereinstimmung mit den kinetischen Untersuchungen ist. Sehr ähnliche Resultate wurden von Massey und Curti [103] an der L-Aminosäureoxidase (1.4.3.2) aus dem Gift von *Crotalus adamanteus* erhalten. Auch in diesem Falle scheint ein Zwischenprodukt aufzutreten, das dem der D-Aminosäureoxidasereaktion ähnlich ist. Auch an diesem Beispiel werden Hinweise dafür erbracht, daß nicht einfach das halbreduzierte Enzym als Zwischenprodukt in Erscheinung tritt und daß auch hier das Intermediat Abhängigkeiten von der vorliegenden Aminosäure aufweist.

Hellerman und Coffey [104] erzielten an der D-Aminosäureoxidase aus der Säugetierniere ein interessantes Resultat, das möglicherweise zur Aufklärung der Strukturen der Zwischenprodukte, die bei diesen Enzymreaktionen durchlaufen werden, beitragen kann. Sie behandelten den Enzym-FAD-Alanin-^{14}C-Komplex mit Natriumborhydrid und erhielten ein markiertes Protein. Da nach Hydrolyse des Proteins ε-N-(1-Carboxyäthyl)-lysin (XLVI) im Produkt nachgewiesen wurde, ist offenbar die ε-Aminogruppe eines Lysinrestes an der Reaktion beteiligt. Dies weist darauf hin, daß das Alanin als ein Imin an das Protein gebunden wird.

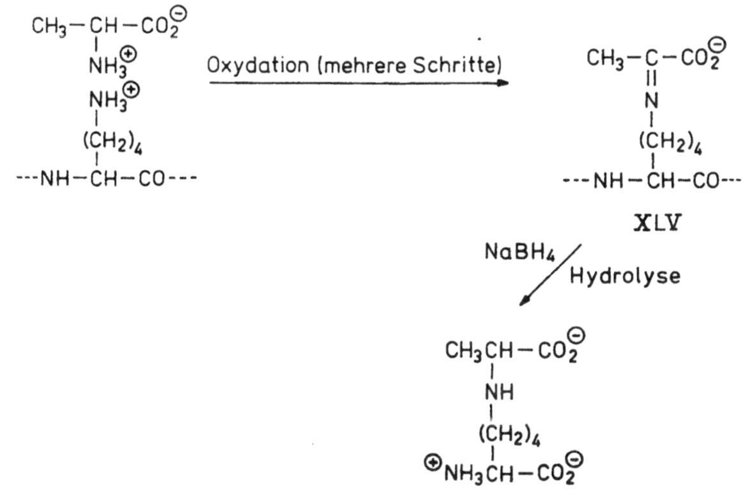

Die Bildung des Imins ist wahrscheinlich bei diesem katalytischen Vorgang der essentielle Schritt, da (a) das Ausmaß der Proteinmarkierung unter Bedingungen, wo maximale Enzymaktivität vorliegt, am größten ist und (b) der Markierungsvorgang an der D-Aminosäureoxidase stereospezifisch ist, was daraus hervorgeht, daß für die Markierung eine D-Aminosäure nötig ist, während die L-Aminosäureoxidase aus Schlangengift nur markiert wird, wenn eine L-Aminosäure als Substrat vorliegt. Pro mol FAD im Enzym werden 0,9 Mol markiertes Alanin eingebaut. Es könnte sein, daß das in dem von Massey entwickelten Mechanismus auftretende substratcharakteristische Intermediat (XLIV) eine Ketiminstruktur (XLV) besitzt. Ein solches System befindet sich natürlich auf derselben Oxidationsstufe wie die Iminosäure selbst.

Metallflavinenzyme. Enthält ein Enzym zusätzlich zum Flavin als prosthetische Gruppe ein oder mehrere Metallionen, so nimmt die Zahl der möglichen Schritte im Elektronenübertragungsvorgang zu, so daß die Situation komplizierter wird. Die L-4,5-Dihydroorotat: Sauerstoff-oxidoreduktase (Dihydroorotatdehydrogenase, 1.3.3.1) enthält zum Beispiel bei Annahme eines Molekulargewichtes von 115000 pro Molekül 2 FAD, 2 FMN und 4 Eisengruppen. Wahrscheinlich enthält jedes aktive Zentrum 1 FAD, 1 FMN und 2 Fe. Das Enzym katalysiert die Oxidation von L-4,5-Dihydroorotat (XLVII) zu Orotat (XLVIII) mit molekularem Sauerstoff.

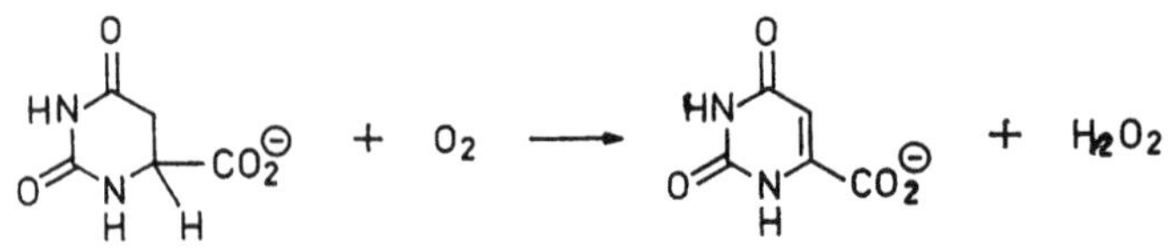

XLVII XLVIII

Wie die anderen Flavinenzyme wird das Enzym durch das Substrat reduziert und danach durch Sauerstoff reoxidiert. Ein interessantes Merkmal ist die Vielseitigkeit des Enzyms. So kann es anstelle von Sauerstoff $NAD^{\oplus}$ für die Oxidation von Dihydroorotat benutzen. Auch kann es die Oxidation von NADH durch Sauerstoff katalysieren. Das bedeutet,

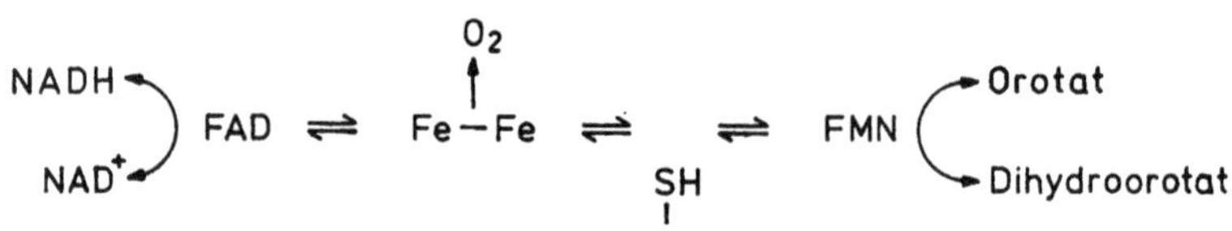

(3.19)

daß sowohl NADH als auch Dihydroorotat das Enzym reduzieren können und daß $NAD^{\oplus}$ und Sauerstoff seine reduzierte Form oxidieren können. ALEMAN-ALEMAN et al. [105] haben zur Erklärung der verschiedenen Aspekte des enzymatischen Vorgangs den Reaktionsweg (3.19) vorgeschlagen.

Dieses Schema zeigt, daß die Reduktion des Enzyms sowohl durch Dihydroorotat als auch durch NADH bewirkt werden kann, allerdings durch unterschiedliche Mechanismen.

Diese Vorstellung beruht auf folgenden Resultaten. Die anaerobe Reduktion des Enzyms durch NADH (ein Mol) führt zur Bildung von ESR-Signalen bei $g = 2.00$ und 1.94. Das Signal bei $g = 2.00$ wird einem Flavinsemichinon zugeordnet und das bei $g = 1.94$ einem reduzierten Eisensystem [105]. Kinetische Studien haben gezeigt, daß die vollständige Reduktion (d. h. Aufnahme von zwei Elektronen) einer Flavingruppe durch NADH die Initialreaktion darstellt und nachfolgend eine partielle Reoxidation der beteiligten Eisenatome statt findet. Der Endzustand besteht somit in einem Flavinsemichinon und reduziertem Eisen.

Die Reduktion der anderen Flavingruppe im aktiven Zentrum kann durch Zusatz von mehr als einem Mol NADH bewirkt werden. Die Ergebnisse der Absorptionsspektroskopie deuten auf die Bindung von Dihydroorotat und Orotat an das Enzym in der Nähe einer Flavingruppe hin, wobei die Auslöschung der Fluoreszenz darauf hinweist, daß es sich um eine FMN-Gruppe handeln könnte

[106]. In diesem Falle kann man sich vorstellen, daß an der Reduktion des Enzyms durch Dihydroorotat die FMN-Gruppe beteiligt ist, die Reduktion durch NADH jedoch das FAD betrifft.

Die anaerobe Reduktion des Enzyms durch ein Mol Dihydroorotat ergibt die vollständige Reduktion eines der Flavine (wahrscheinlich FMN), wobei kein Semichinon gebildet wird [105]. Diese Zweielektronenreduktion kann auch über einen Hydridtransfermechanismus ablaufen. In Verbindung mit diesem Aspekt der enzymatischen Reaktion spielen Aktivatoren wie Cystein eine wichtige Rolle. Das auf normalem Wege isolierte Enzym benötigt gewöhnlich Cystein oder ein anderes Thiol als Aktivator zur Erreichung der Maximalaktivität bei der Oxidation von Dihydroorotat.

Diese Aktivierung ist jedoch für die Reduktion des Enzyms durch NADH und für die aerobe Oxidation von NADH nicht erforderlich. Außerdem wird die Oxidation von Dihydroorotat durch Aufnahme von einem Mol p-Chlormercuribenzoat in das Enzym gehemmt, was aber auf die aerobe Oxidation von NADH keinen Einfluß hat. Offenbar ist für die Reaktionen, an denen Dihydroorotat beteiligt ist, die Gegenwart einer Thiolgruppe (wahrscheinlich ein Cysteinrest des Proteins), die in ihrer reduzierten Form vorliegen muß, erforderlich. Liegt diese Thiolgruppe, die von HANDLER [107] als ein „Schalter" bezeichnet wurde, im reduzierten Zustand vor, können die Elektronen in alle Richtungen, die im Schema (3.19) angegeben sind, ungehindert fließen. Wird jedoch diese Thiolgruppe oxidiert oder durch Quecksilberverbindungen blockiert, dann wird der Elektronentransfer an der mit —SH bezeichneten Stelle unterbrochen, obwohl in den anderen Teilen des Systems die Reaktionen unbeeinflußt ablaufen können. Sogar wenn der „Schalter" in seiner reduzierten Form vorliegt, verbleibt das erste Elektronenpaar, das in das oxidierte Enzym eintritt an der Seite des „Schalters", an dem es eintritt. Es können sich also zwei Elektronen vom NADH über die Systeme FAD und Fe—Fe, nicht aber über die FMN-Gruppe verteilen. Zwei Elektronen eines Mols Dihydroorotat können das FMN zu $FMNH_2$ reduzieren, aber in der Kette nicht weitergeleitet werden. Wird ein zweites Mol reduziertes Substrat in das System eingeführt, so überqueren die Elektronen in jedem Falle die Barriere [107].

ALEMAN-ALEMAN et al. [105] wiesen auf die Bildung von Sauerstoffradikalen ($O_2^{\cdot}$) während der Oxidation der reduzierten Form des Enzyms durch molekularen Sauerstoff hin. Es wurden verschiedene Kriterien über die Beteiligung solcher Radikale an der Enzymreaktion ermittelt; solche sind die Initiierung der Sulfitautoxidation, die sauerstoffabhängige Reduktion von Cytochrom c und die Induktion der Chemilumineszenz von Luminol. Die Bildung von $O_2^{\cdot}$-Radikalen im Falle der Dihydroorotatdehydrogenase wurde durch alle diese Kriterien nachgewiesen. Diese Eigenschaft ist mehreren eisenhaltigen Flavinenzymen (insbesondere der Xanthinoxidase und der Aldehydoxidase) eigen. Die eisenfreien Flavinenzyme bilden jedoch keine Radikale, was zu der Annahme führt, daß die Radikale durch Wechselwirkungen zwischen dem reduzierten Eisensystem des Enzyms mit dem molekularen Sauerstoff entstehen.

Wir können entsprechend dem gegenwärtigen Stand unserer Kenntnisse den Wirkungsmechanismus der Dihydroorotatdehydrogenase somit wie folgt zusammenfassen. NADH reduziert wahrscheinlich über einen Hydridübertragungsvorgang die FAD-Gruppe des Enzyms zu $FADH_2$. Durch einen Einelektronentransfer von diesem reduzierten Flavin auf das $Fe^{2\oplus}-Fe^{3\oplus}$-System wird das Flavinsemichinon und (möglicherweise) ein $Fe^{2\oplus}-Fe^{3\oplus}$-Komplex gebildet. Dieser und/oder ein ähnlicher reduzierter Eisenkomplex tritt mit molekularem Sauerstoff in Wechselwirkung und überträgt zunächst ein Elektron (unter Bildung des Sauerstoffradikals), daran anschließend ein weiteres (wobei die Oxidationsstufe des Peroxids erreicht wird).

Ähnlich reagiert Dihydroorotat mit der FMN-Gruppe unter Bildung von $FMNH_2$, möglicherweise ebenfalls über einen Hydridtransfer. Die Elektronen werden mit Hilfe einer Thiolgruppe vom $FMNH_2$ auf das Fe—Fe-System so übertragen, daß keine FMNH-Semichinone entstehen. Miller und Massey [108] haben einen Mechanismus vorgeschlagen, in dem für die Thiolgruppe spezifische Aufgaben formuliert sind.

Eine noch kompliziertere Situation scheint bei der Xanthinoxidase (1.2.3.2) und bei der Aldehydoxidase (1.2.3.1), zwei einander sehr ähnlichen Enzymen, zu bestehen. Die Xanthinoxidase (aus Kuhmilch) hat ein Molekulargewicht von 275000 und enthält 8 Eisen, 2 FAD und 2 Molybdängruppen im Molekül [109]. Es ist anzunehmen, daß jedes aktive Zentrum 1 FAD-Gruppe, 1 Molybdän und 4 Eisenatome, von denen nur eines an der Reaktion beteiligt ist, trägt. Das Enzym katalysiert die Oxidation einer Anzahl von Substraten einschließlich Purine (wie Xanthin und Hypoxanthin), Pteridine und andere heterocyclische Moleküle, Aldehyde und auch NADH zu $NAD^{\oplus}$. Als Elektronenacceptoren für das Enzym können $NAD^{\oplus}$, O_2, Methylenblau, Chinone, Hexacyanoferrat(III) und Nitrat fungieren [110]. Sowohl hinsichtlich ihrer Zusammensetzung als auch in ihrer Wirkung ist die Leber-Aldehydoxidase diesem Enzym sehr ähnlich, wenngleich ihr Substratspektrum stärker eingeschränkt ist.

Typisch für die durch diese Enzyme katalysierten Reaktionen ist die Umwandlung von Xanthin (XLIX) in Harnsäure (L). Mit Ausnahme der Oxidation von NADH zu $NAD^{\oplus}$ können all diese Reaktionen als Hydroxylierungen betrachtet werden,

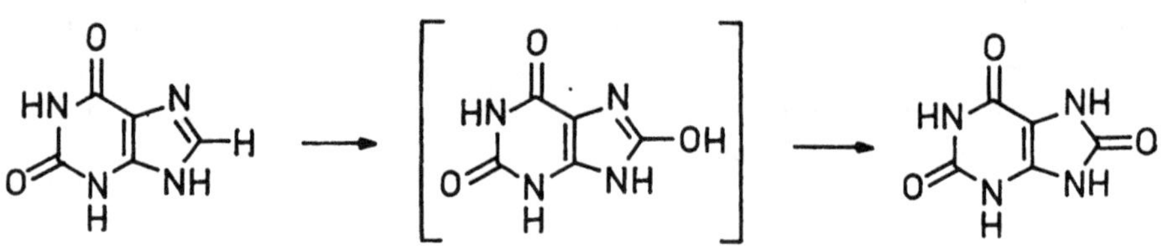

XLIX L

d. h. als Reaktionen, bei denen ein Wasserstoffatom durch eine Hydroxylgruppe, wie dies unten für Xanthin und einen Aldehyd [111] dargestellt ist, ersetzt wird.

Versuche mit Isotopen haben ergeben, daß das in das Molekül eingebaute Sauerstoffatom aus dem Lösungsmittel stammt und nicht vom molekularen Sauerstoff herrührt, der jedoch als Elektronenacceptor fungieren kann [112].

Die Reihenfolge der Elektronenübertragung bei der Xanthinoxidase wurde von Bray et al. [110] hauptsächlich durch ESR-Studien ermittelt. Das „ruhende", oxidierte Enzym gibt kein ESR-Signal, wird es jedoch reduziert, so treten mehrere Signale bei $g = 2.00$, $g = 1.97$ und bei $g = 1.9$ auf, wobei das letzte ein breites, temperaturempfindliches Doppelsignal darstellt. Das erste Signal ist dem Flavinsemichinon zuzuordnen (wie bei der Dihydroorotatdehydrogenase), während das dritte einem reduzierten Eisensystem zu entsprechen scheint. Das 1.97 g-Signal ist sehr komplex und wird durch das $Mo^{5\oplus}$-Ion verursacht, das im Enzym in zwei durch ESR unterscheidbaren Formen vorliegt. Diese beiden Formen werden als $Mo_{\alpha\beta}$ und $Mo_{\gamma\delta}$ bezeichnet. Wird die Xanthinoxidase mit Xanthin in Gegenwart von Sauerstoff zusammengebracht, so läßt sich mittels einer schnellen Reaktionstechnik zeigen, daß die Signale in folgender Reihenfolge erscheinen. Das $Mo_{\gamma\delta}$-Signal erreicht sein Maximum nach 15 msec, dann das $Mo_{\alpha\beta}$ nach 40 msec, dem das Flavinradikal nach 45 msec und schließlich das Fe-Signal nach ungefähr 100 msec folgen. Folglich scheinen alle Komponenten an der Elektronenübertragung beteiligt zu sein, wobei das Molybdänion zuerst und das Eisenion zuletzt reagiert.

Von großem Interesse ist dabei die Rolle des ziemlich ungewöhnlichen Molybdänions in der Reaktion. Da es in der Reihenfolge des Elektronentransfers sehr früh beteiligt ist, muß angenommen werden, daß es sich in unmittelbarer Nähe zur substratbindenden Region des Enzyms befindet, wenn es nicht sogar ein Teil davon ist. Das ESR-Spektrum ist mit einer Schwefelgruppe, die als Ligand eines Molybdänions fungiert [113], vereinbar, die Gegenwart einer Thiolgruppe an der Bindungsstelle wurde durch die Tatsache nachgewiesen, daß diese gegen Thiolreagenzien durch Anwesenheit der Substrate geschützt werden kann [114]. Aufgrund dieser Resultate schlußfolgerten Aleman-Aleman et al. [105], daß im Enzym ein $Mo^{6\oplus}$-S-Komplex vorliegt und die Reduktion dieses Komplexes durch das Substrat die Initialreaktion sein könnte.

Das Enzym wird in Gegenwart von Substraten durch Methanol gehemmt. Das normale Signal bei 1.97 nimmt bei dem durch Methanol gehemmten Enzym merklich zu, wobei die Art des Signals auf den Ersatz mindestens eines Wassermoleküls durch ein Methanolmolekül als Ligand des Molybdänions hindeutet [105]. Die Reaktion von Methanol mit dem Enzym erfordert die Gegenwart von Substrat (d. h. es reagiert das reduzierte Enzym); es ist sehr wahrscheinlich, daß das Methanol mit dem Molybdän in der $Mo^{5\oplus}$-Form einen Komplex bildet und das Enzym in einem Zustand „einfriert", in dem die Reduktion des Flavins und der Eisengruppen nicht stattfinden kann. Im methanolgehemmten Enzym wurde eine Reduktion von Flavin oder Eisen nicht beobachtet, was die Annahme des

Molybdäns als das erste Glied in der Kette des Elektronentransportes erhärtet. Durch Cyanidion werden beide Enzyme gehemmt, wobei auch für diese Hemmung wiederum ein Ersatz einer der Liganden des Molybdänions anzunehmen ist.
Die Oxidation von NADH muß nach einem Mechanismus ablaufen, der von dem für normale Substrate zutreffenden unterschiedlich ist, da Methanol die Oxidation dieses Coenzyms durch das Enzym nicht hemmt [107]. Die NADH-Oxidation scheint das gesamte Mo-System zu umgehen; wie Spektraluntersuchungen an Xanthinoxidase aus Hühnerleber zeigten, wird das Nicotinsäureamidcoenzym nahe der Flavingruppe gebunden [115]. Wir müssen folglich in das von BRAY et al. [110] vorgeschlagene Schema des Elektronentransfers, das die Substrate, Molybdän, Flavin, Eisen und Sauerstoff in der genannten Reihenfolge umfaßt, eine Abzweigung für NADH einfügen. BRAY et al. [110] schlußfolgerten, daß in der Reihe vom Substrat zum Sauerstoff

$$\text{Substrat} \rightarrow \text{Mo} \rightarrow \underset{\curvearrowleft \text{NADH}}{\text{Flavin}} \rightarrow \text{Fe} \rightarrow O_2$$

Einelektronenschritte vorkommen und außerdem Substrat- und Sauerstoffradikale gebildet werden müssen. Auf die Bildung von Sauerstoffradikalen wurde durch die Chemilumineszenz aufmerksam gemacht [116].
Aufgrund der erhaltenen Befunde kann ein Mechanismus für die Oxidation von Xanthin durch Sauerstoff entwickelt werden. Zuerst wird ein Enzym-Substrat-Komplex, in dem sich das Xanthin sehr nahe dem $Mo^{6\oplus}$-Komplex befindet, gebildet. Das Substrat wird oxidiert, wobei das Molybdän zu $Mo^{5\oplus}$ reduziert wird. Durch einen Einelektronenübergang wird das Molybdän zu $Mo^{6\oplus}$ reoxidiert und ein Flavinradikal gebildet. Die Übertragung eines Elektrons vom Flavinsemichinon auf Sauerstoff über das Eisen(III)-Eisen(II)-System kann zur Entstehung von Sauerstoffradikalen führen. An der Oxidation von Xanthin zu Harn-

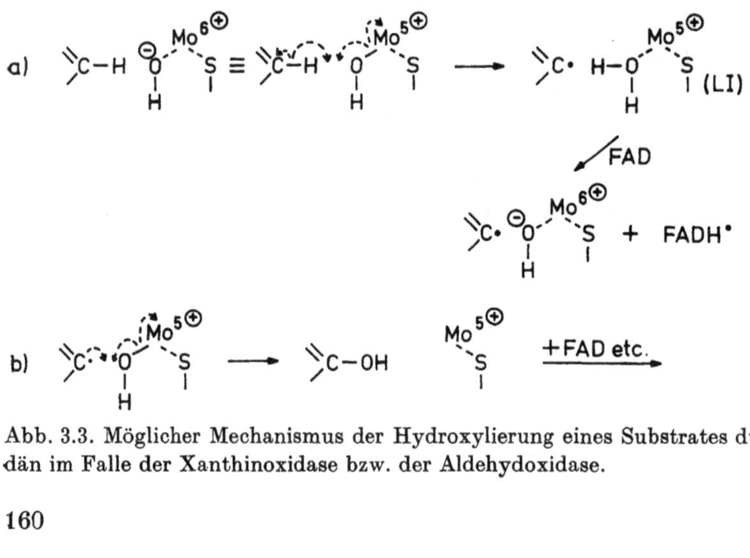

Abb. 3.3. Möglicher Mechanismus der Hydroxylierung eines Substrates durch das Molybdän im Falle der Xanthinoxidase bzw. der Aldehydoxidase.

säure oder eines Aldehyds zur Carbonsäure sind zwei Elektronen beteiligt; folglich muß für jedes Substratmolekül die oben angegebene Sequenz zweimal durchlaufen werden. Auf „halbem Wege" müssen Substrat- und Sauerstoffradikale vorliegen. In Abbildung 3.3. ist ein möglicher Mechanismus für die Hydroxylierung des Substrates an der Molybdänbindungsstelle angegeben. Der Ersatz des Wassermoleküls in (LI) durch ein Methanolmolekül blockiert die weitere Reaktion, was die Methanolhemmung erklären könnte. Beim Start eines jeden Einelektronenübergangs besitzt das Molybdänion ein Hydroxidion als Liganden.

Hydroxylierungen und Ringspaltung

Bei den oben angegebenen Hydroxylierungen durch die Xanthinoxidase und die Aldehydoxidase stammt das in die jeweiligen Substrate eingebaute Sauerstoffatom aus dem Lösungsmittel und nicht aus dem molekularen Sauerstoff. Eine davon abweichende Situation ergibt sich jedoch für bestimmte andere hydroxylierende Enzyme. Diese Enzyme, die als Hydroxylasen bezeichnet werden, katalysieren Reaktionen, die in Gleichung (3.20) allgemein formuliert sind:

$$AH + DH_2 + O_2^* \rightarrow A^*OH + D + H_2O^* \quad (3.20)$$

Dabei bedeuten AH das Substrat, das hydroxyliert wird, und DH_2 einen Elektronendonator. Die Gesamtreaktion besteht in einem Vierelektronenvorgang. Wie Isotopenversuche zeigten, wird das in das Substrat eingebaute Sauerstoffatom dem molekularen Sauerstoff entzogen; das andere Atom erscheint im Wasser als Reaktionsprodukt [117]. Enzyme, die derartige Reaktionen katalysieren, werden oft als „gemischt funktionelle Oxidasen" bezeichnet [118]. Ein besonderes Merkmal dieser Reaktionen ist die notwendige Gegenwart eines Elektronendonators, DH_2. Das bedeutet, daß das Enzym in der Tat zusätzlich zum Sauerstoff mit zwei weiteren Substraten, nämlich dem, das hydroxyliert wird, und dem Elektronendonator, der manchmal als Cosubstrat bezeichnet wird, reagiert.
Alle Hydroxylasen scheinen Metallionen (sehr häufig Eisen) zu enthalten. Bei oberflächlicher Betrachtung ähneln die Reaktionen den durch das System von Udenfriend hervorgebrachten Hydroxylierungen. Es ist deshalb nicht überraschend, daß einige der für die enzymatischen Reaktionen vorgeschlagenen Mechanismen dem der Udenfriend-Reaktion sehr ähnlich sind. Goldstein et al. [119] haben für die Hydroxylierung von 3,4-Dihydroxyphenyläthylamin (Dopamin), die durch das kupferhaltige Enzym Dopaminhydroxylase (1.14.2.1) katalysiert wird, folgendes Reaktionsschema vorgeschlagen. Es wird zuerst das Cu(II) zu Cu(I) reduziert. Anschließend wird ein Komplex des Cu(I)-Ions mit molekularem Sauerstoff gebildet; dieser Komplex ist an der Hydroxylierung beteiligt. Er erinnert an den von Norman und Lindsay-Smith [28] postulierten Komplex aus Fe(II)-ionen und molekularem Sauerstoff, der an nichtenzymatischen Hydroxylierungen teilnimmt (Seite 126).

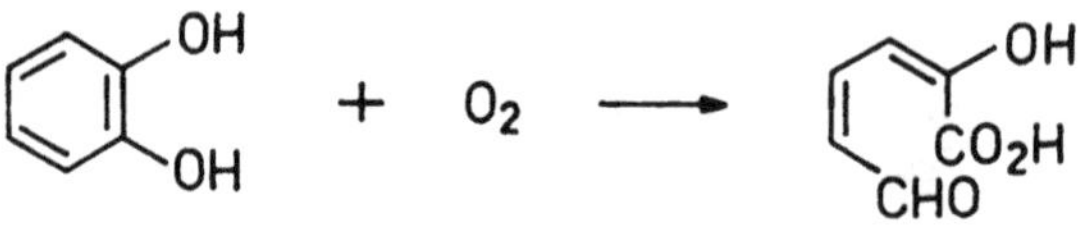

LII LIII

Im Gegensatz zu den Hydroxylasen katalysieren die echten Oxygenasen Reaktionen, bei denen beide Atome des Sauerstoffs in das Substrat eingebaut werden. Gewöhnlich handelt es sich um Reaktionen, in denen Ringsysteme geöffnet werden. Die Catechol:Sauerstoff-2,3-oxidoreductase (Catechol-2,3-oxygenase, 1.13.1.2) verursacht zum Beispiel die Umwandlung von Catechol (LII) zu 2-Hydroxymuconatsemialdehyd (LIII). Bei Verwendung von ^{18}O-markiertem Sauerstoff erscheint das gesamte Isotop im Produkt.

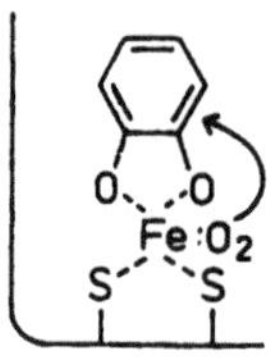

Abb. 3.4. Anordnung von Eisenatom, Substrat, Sauerstoffmolekül und der Thiolgruppen in der Catechol-2,3-oxygenase. (Freundlicherweise überlassen von C. Hayaishi und John Wiley & Sons Ltd.)

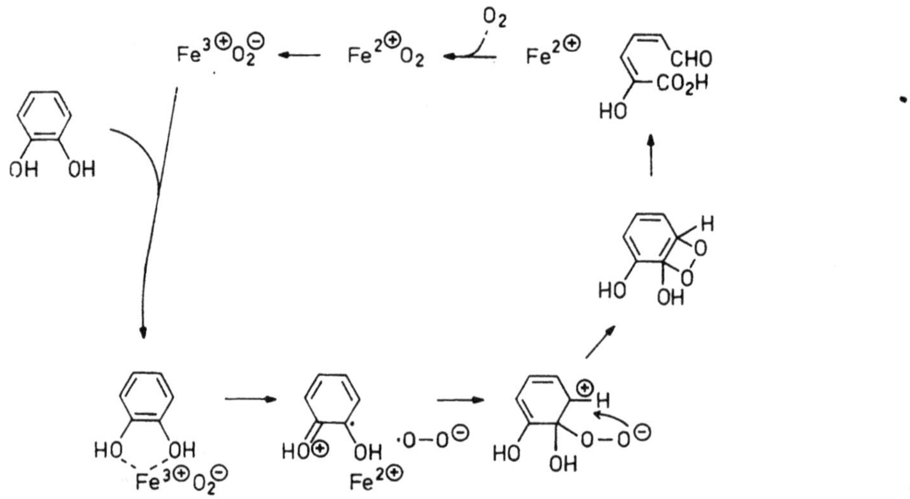

Abb. 3.5. Mechanismus der Ringspaltung in Gegenwart der Catechol-2,3-oxygenase. (Freundlicherweise überlassen von O. Hayaishi und John Wiley & Sons Ltd.)

Ähnlich wird in Gegenwart der Tryptophanoxygenase (1.13.1.12) der Indolring des Tryptophans unter Bildung von L-Formylkynurenin (LIV) gespalten. Hayaishi [120] schlug für die Catechol 2,3-oxygenasereaktion einen Mechanismus vor, nach dem der Sauerstoff an das Eisen(II)-ion des Enzyms gebunden wird (Abb. 3.4) und der aromatische Ring durch ein an ein Metallion gebundenes

LIV

Sauerstoffradikal (O_2) angegriffen wird (Abb. 3.5). Bei dem von HAYAISHI für die Tryptophanoxygenasereaktion vorgeschlagenen Mechanismus wird wiederum ein an ein Metallion gebundenes Sauerstoffradikal als angreifende Gruppe postuliert (Abb. 3.6).

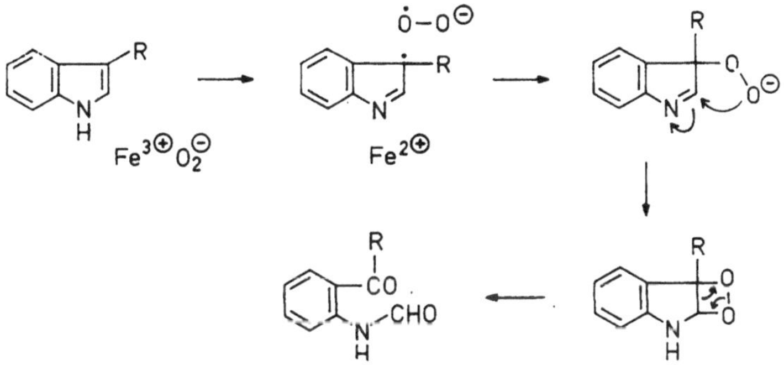

Abb. 3.6. Mechanismus der Tryptophanoxygenasereaktion. (Freundlicherweise überlassen von O. HAYAISHI und JOHN WILEY & Sons Ltd.)

Molekularer Sauerstoff als Elektronenacceptor

Im allgemeinen enthalten die Enzyme, die molekularen Sauerstoff als Elektronenacceptor benutzen, entweder Flavine oder Metallionen (oder beides). HANDLER [107] legte Befunde vor, die zeigen, daß Sauerstoffradikale nur von metallhaltigen Enzymen gebildet werden. Somit müssen die Reduktionen des molekularen Sauerstoffs durch metallfreie Flavinenzyme in einstufigen Zweielektronenvorgängen bestehen ebenso wie die auf Seite 147 angegebene nichtenzymatische Reaktion von $FMNH_2$ mit Sauerstoff oder die Reduktion von Sauerstoff durch Aminosäureoxidasen (Seite 153). Bei metallhaltigen Enzymen scheint der Sauerstoff eine Verbindung mit der reduzierten Form des Metalls einzugehen. Durch einen Einelektronenübergang werden dann das Sauerstoffradikal und die oxidierte Form des Metallions gebildet. In einigen Fällen, wie bei der Dihydroorotatdehydrogenase, nimmt das Sauerstoffradikal, das durch verschiedene chemische Methoden nachgewiesen werden kann, ein zweites Elektron möglicherweise unter Bildung von Wasserstoffperoxid auf. In anderen Fällen kann das metallgebundene Sauerstoffradikal ein Substrat angreifen, wobei entweder eine Hydroxylierung oder eine Ringspaltung erfolgt.

Literatur

[1] Glasstone, S., Textbook of Physical Chemistry (Macmillan, London, 1962)

[2] Mahler, H. R., und Cordes, E. H., Biological Chemistry S. 207 (Harper and Row, New York, 1966)

[3] Dixon, M., und Webb, E. C., Enzymes, 2. Aufl. (Longmans, London, 1964)

[4] Doering, W. von E., und Aschner, T. C., J. Am. chem. Soc. **75**, 393 (1953)

[5] Molt, E. L., Recl Trav. chim. **56**, 233 (1937); Eitel, A., und Lock, G., Monatsh. **72**, 392 (1939)

[6] Tommila, E., Ann. Acad. Sci. Fennicae **59 A**, 8 (1942); Hammett, L. P., Physical Organic Chemistry S. 350 (McGraw-Hill, New York, 1940)

[7] Fredenhagen, H., und Bonhoeffer, K. F., Z. physik. Chem. **181 A**, 379 (1938)

[8] Alexander, E. R., J. Am. chem. Soc. **69**, 289 (1947)

[9] Woodward, R. B., Wendler, N. L., und Brutschy, F. J., J. Am. chem. Soc. **67**, 1425 (1945)

[10] Forbes, E. J., und Gray, C. J., Tetrahedron **24**, 6223 (1968)

[11] Schmid, H., und Karrer, P., Helv. chim. Acta **32**, 960 (1949)

[12] Abeles, R. H., Hutton, R. F., und Westheimer, F. H., J. Am. chem. Soc. **79**, 712 (1957)

[13] Dunn, G. E., und Warkentin, J., Can. J. Chem. **34**, 75 (1956)

[14] Moore, M. L., Organic Reactions, Hrsg. R. Adams, W. E. Bachman, A. H. Blatt, L. F. Fieser, J. R. Johnson und H. R. Snyder, Bd. 5, S. 301 (Wiley, New York)

[15] Leonard, N. J., und Sauers, R. R., J. Am. chem. Soc. **79**, 6210 (1957)

[16] Baker, J. W., und Heggs, T. G., J. chem. Soc. 616 (1955); Buncel, E., und Bourns, A. N., Can. J. Chem. **38**, 2457 (1960)

[17] Leo, A., und Westheimer, F. H., J. Am. chem. Soc. **74**, 4383 (1952); Westheimer, F. H., Chem. Rev. **45**, 419 (1949)

[18] Barker, I. R. L., Overend, W. G., und Rees, C. W., Chemy Ind. 1297, 1298 (1960); Bentley, R., Nature, Lond. **176**, 870 (1955); Bentley, R., The Enzymes Bd. 7, S. 567 (Academic Press, New York, 1963)

[19] Hudis, J., und Dodson, R. W., J. Am. chem. Soc. **78**, 911 (1956); Halpern, J., Q. Rev. chem. Soc. **15**, 207 (1961)

[20] Barton, D. H. R., und Cohen, T., Festschrift A. Stoll S. 117 (Birkhauser, Basel, 1957)

[21] Michaelis, M., Currents in Biochemical Research, Hrsg. D. E. Green, S. 213 (Interscience, New York, 1946)

[22] Bateman, L., Q. Rev. chem. Soc. **8**, 147 (1954)

[23] Kahn, N. A., J. chem. Phys. **22**, 2090 (1954)

[24] Bateman, L., Hughes, H., und Morris, A. L., Diss. Faraday Soc. **14**, 190 (1953)

[25] Gersmann, H. R., und Bickel, A. F., J. chem. Soc. 2356 (1962)

[26] Levitski, A., Pecht, I., und Anbar, M., Nature, Lond. **207**, 1386 (1965)

[27] Fenton, H. J. H., J. chem. Soc. **65**, 899 (1894); Fenton, H. J. H., und Jones, H. O., J. chem. Soc. **77**, 69 (1900)

[28] Norman, R. O. C., und Lindsay Smith, J. R., Oxidases and Related Redox Systems, Hrsg. King, T. E., Mason, H. S., und Morrison, M., Bd. 1, S. 131 (Wiley, New York, 1965)

[29] Udenfriend, S., Clark, C. T., Axelrod, J., und Brodie, B. B., J. biol. Chem. **208**, 731 (1954); Brodie, B. B., Axelrod, J., Shore, P. A., und Udenfriend, S., J. biol. Chem. **208**, 731 (1954)

[30] Staudinger, H., Kerekjarto, B., Ullrich, V., und Zubrzyicki, Z., Oxidases and Related Redox Systems, Bd. 2, S. 815 (Wiley, New York, 1965)

[31] Kaplan, N. O., The Enzymes Bd. 3, S. 105 (Academic Press, New York, 1959)

[32] Warburg, O., und Christian, W., Biochem. Z. **286**, 81, 142 (1936)

[33] Vennesland, B., und Westheimer, F. H., The Mechanism of Enzyme Action, Hrsg. McElroy, W. D., und Glass, B., S. 357 (Johns Hopkins Press, Baltimore, 1954)

[34] Cornforth, J. W., und Ryback, G., Biochem. biophys. Res. Commun. **9**, 371 (1962)

[35] Dickinson, F. M., und Dalziel, K., Biochem. J. **104**, 165 (1967)

[36] Levy, H. R., und Vennesland, B., J. biol. Chem. **228**, 85 (1957)

[37] Ehrenberg, A., und Dalziel, K., Acta chem. scand. **12**, 465 (1958); Ehrenberg, A., Acta chem. scand. **11**, 1257 (1957)

[38] Theorell, H., und Bonnichsen, R., Acta chem. scand. **5**, 1105 (1951); Theorell, H., und Winer, A. D., Archs biochem. Biophys. **38**, 291 (1959)

[39] Theorell, H., Harvey Lectures, Serie **61**, 17 (1966)

[40] Dixon, M., und Webb, E. C., Enzymes, 2. Aufl., S. 368 (Longmans, London, 1964)

[41] Pullman, M. E., Colowick, S. P., und Kaplan, N. O., J. biol. Chem. **194**, 593 (1952)

[42] Fawcett, C. P., und Kaplan, N. O., J. biol. Chem. **237**, 1709 (1962)

[43] Sund, H., und Theorell, H., The Enzymes Bd. 7, S. 25 (Academic Press, New York, 1963)

[44] Hollis, D. P., Biochemistry **6**, 2080 (1967)

[45] Winer, A. D., und Theorell, H., Acta chem. scand. **14**, 1729 (1960)

[46] Vallee, B. L., und Foch, F. L., J. biol. Chem. **225**, 185 (1957); Theorell, H., Nygaard, A. P., und Bonnichsen, R., Acta chem. scand. **9**, 1148 (1955)

[47] Akeson, A., Biochem. biophys. Res. Commun. **17**, 211 (1964); Oppenheimer, H. L., und McKay, R. H., Fedn Proc. **25**, 585 (1966)

[48] Drum, D. E., Harrison, J. H., Li, T.-K., Bethune, J. L., und Vallee, B. L., Proc. natn Acad. Sci. U.S.A. **57**, 1434 (1967)

[49] Vallee, B. L., und Coombs, T. L., J. biol. Chem. **234**, 2615 (1959)

[50] Plane, R. A., und Theorell, H., Acta chem. scand. **15**, 1866 (1961)

[51] Sigman, D. S., J. biol. Chem. **242**, 3815 (1967)

[52] Yonetani, T., und Theorell, H., Archs biochem. Biophys. **106**, 243 (1964)

[53] Kosower, E. M., Molecular Biochemistry S. 217 (McGraw-Hill, New York, 1962)

[54] Theorell, H., und Chance, B., Acta chem. scand. **5**, 1127 (1951)

[55] Dalziel, K., Acta chem. scand. **11**, 1706 (1957)

[56] Dalziel, K., Biochem. J. **84**, 244 (1962)

[57] Theorell, H., und McKinley-McKee, J. S., Acta chem. scand. **15**, 1797 (1961)

[58] Boyer, P. D., und Theorell, H., Acta chem. scand. **10**, 447 (1956)

[59] Theorell, H., Ehrenberg, A., und De Zalenski, C., Biochem. biophys. Res. Commun. **27**, 309 (1967)

[60] Theorell, H., Chance, B., und Yonetani, T., J. molec. Biol. **17**, 513 (1966)

[61] Nygaard, A. P., und Theorell, H., Acta chem. scand. **9**, 1300 (1955); Mahler, H. R., und Douglas, J., J. Am. chem. Soc. **79**, 1159 (1957); Hayes, J. E., und Velick, S. F., J. biol. Chem. **207**, 225 (1954)

[62] Schellenberg, K. A., J. biol. Chem. **240**, 1165 (1965); J. biol. Chem. **241**, 2446 (1966)

[62a] Gutfreund, H., und Rabin, B. R., mitgeteilt auf dem British Biophysical Society Meeting (London, Dezember 1968)

[63] Burr, G. O., und Gortner, R. A., J. Am. chem. Soc. **46**, 1224 (1924); Thesing, J., und Mayer, H., Chem. Ber. **87**, 1084 (1954)
[64] Merritt, A. D., und Thomkins, G. M., J. biol. Chem. **234**, 2778 (1958)
[65] Dalziel, K., und Dickinson, F. M. Biochem. J. **100**, 491 (1966)
[66] van Eys, J., und Kaplan, N. O., J. Am. chem. Soc. **79**, 2782 (1957)
[67] Winer, A. D., Acta chem. scand. **12**, 1695 (1958)
[68] Veiga Salles, J. B., und Ochoa, S., J. biol. Chem. **187**, 849 (1950)
[69] Kun, E., The Enzymes Bd. 7, S. 149 (Academic Press, New York, 1963)
[70] Boyer, P. D., Ann. Rev. Biochem. **29**, 15 (1960)
[71] Saz, H. J., und Hubbard, J. A., J. biol. Chem. **225**, 921 (1957)
[72] Kornberg, A., und Pricer, W. E., J. biol. Chem. **189**, 123 (1951)
[73] Abeles, R. H., und Lee, H. A., jr., J. biol. Chem. **235**, 1499 (1960)
[74] Noltmann, E. A., und Kuby, S. A., The Enzymes Bd. 7, S. 223 (Academic Press, New York, 1963)
[75] Waley, S. G., Q. Rev. chem. Soc. **21**, 379 (1967)
[76] Velick, S. F., und Furfine, C., The Enzymes Bd. 7, S. 243 (Academic Press, New York, 1963)
[77] Velick, S. F., und Hayes, J. E., J. biol. Chem. **203**, 545 (1953)
[78] Mathew, E., Meriweather, B. P., und Park, J. H., J. biol. Chem. **242**, 5024 (1967)
[79] Harting, J., Fedn Proc. **10**, 195 (1951); Harting, J., und Velick, S. F., J. biol. Chem. **207**, 857 (1954)
[80] Park, J. H., Meriweather, B. P., Clodfelder, P., und Cunningham, L. W., J. biol. Chem. **236**, 136 (1961)
[81] Harris, J. I., Meriweather, B. P., und Park, J. H., Nature, Lond. **198**, 154 (1963); Perham, R. N., Biochem. J. **99**, 14C (1966)
[82] Harris, J. I., und Polger, L., J. molec. Biol. **14**, 630 (1965)
[83] Park, J. H., Agnello, C. F., und Mathew, E., J. biol. Chem. **241**, 769 (1966)
[84] Bolotina, I. A., Markowich, D. S., Volkenstein, M. V., und Zavodsky, P., Biochim. biophys. Acta **132**, 260 (1967)
[85] Listowsky, I., Furfine, C., Bethell, I., und Englard, S., J. biol. Chem. **240**, 4253 (1965)
[86] Jakoby, W. B., The Enzymes Bd. 7, S. 203 (Academic Press, New York, 1963)
[87] Penzer, G. R., und Radda, G. K., Q. Rev. chem. Soc. **21**, 43 (1967)
[88] Gibson, Q. H., und Hastings, J. W., Biochem. J. **83**, 368 (1962)
[89] Fox, J. L., und Tollin, G., Biochemistry **5**, 3865, 3873 (1966)
[90] Singer, T. P., und Kearney, E. B., J. biol. Chem. **183**, 409 (1950)
[91] Suelter, C. H., und Metzler, D. E., Biochim. biophys. Acta **44**, 23 (1960)
[92] Gascoigne, I. M., und Radda, G. K., Chem. Commun. 211 (1965)
[93] Searls, R. L., Peters, J. M., und Samadi, D. R., J. biol. Chem. **236**, 2317 (1961); Matthew, J., und Reed, L. J., J. biol. Chem. **238**, 1869 (1963); Williams, C. H., jr., J. biol. Chem. **240**, 4793 (1965)
[94] Ide, S., Hayakawa, T., Okabe, K., und Koike, M., J. biol. Chem. **242**, 54 (1967)
[95] Massey, V., und Veeger, C., Biochim. biophys. Acta **48**, 33 (1961)
[96] Masters, B. S. S., Bilimoria, M. H., und Kamins, H., J. biol. Chem. **240**, 4081 (1965)
[97] Gibson, Q. H., Swoboda, B. E. P., und Massey, V., J. biol. Chem. **239**, 3927 (1964)
[98] Bright, H. J., und Gibson, Q. H., J. biol. Chem. **242**, 994 (1967)
[99] Gibson, Q. H., Swoboda, B. E. P., und Massey, V., J. biol. Chem. **239**, 3927 (1964)
[100] Massey, V., und Gibson, Q. H., Fedn Proc. **23**, 18 (1964)

[101] MEISTER, A. und WELLNER, D., The Enzymes Bd. 7, S. 609 (Academic Press, New York, 1963)
[102] MASSEY, V., GANTHER, H., BRUMBY, P. E., und CURTI, P., Oxidases and Related Redox Systems Bd. 1, S. 335 (Wiley, New York, 1965)
[103] MASSEY, V., und CURTI, P., J. biol. Chem. **242**, 1259 (1967)
[104] HELLERMAN, L., und COFFEY, D. S., J. biol. Chem. **242**, 582 (1967)
[105] ALEMAN-ALEMAN, V., RAJAGOPALAN, K. V., HANDLER, P., BEINERT, H., und PALMER, G., Oxidases and Related Redox Systems Bd. 1, S. 380 (Wiley, New York, 1965)
[106] ALEMAN, V., und HANDLER, P., J. biol. Chem. **242**, 4087 (1967)
[107] HANDLER, P., Oxidases and Related Redox Systems Bd. 1, S. 399 (Wiley, New York, 1965)
[108] MILLER, R. W., und MASSEY, V., J. biol. Chem. **240**, 1453 (1965)
[109] BRAY, R. C., The Enzymes Bd. 7, S. 533 (Academic Press, New York, 1963)
[110] BRAY, R. C., PALMER, G., und BEINERT, H., Oxidases and Related Redox Systems Bd. 1, S. 359 (Wiley, New York, 1965)
[111] RAJAGOPALAN, K. V., und HANDLER, P., J. biol. Chem. **239**, 2027 (1964)
[112] HANDLER, P., Oxidases and Related Redox Systems Bd. 1, S. 400 (Wiley, New York, 1965)
[113] MERIWEATHER, L. S., MARZLUFF, W. F., und HODGSON, W. G., Nature, Lond. **212**, 465 (1966); BRAY, R. C., und MERIWEATHER, L. S., Nature, Lond. **212**, 469 (1966)
[114] DAVIDSON, A. J., und WAINIO, W. W., Fedn Proc. **23**, 323 (1964)
[115] RAJAGOPALAN, K. V., und HANDLER, P., J. biol. Chem. **242**, 4097 (1967)
[116] TROTTER, J. R., DE DUGROS, E. C., und RIVIERO, C., J. biol. Chem. **235**, 1839 (1960); STAUFF, J., SCHMIDKUNZ, H., und HARTMAN, G., Nature, Lond. **198**, 281 (1963)
[117] MASON, H. S., FOULKS, W. L., und PETERSON, E., J. Am. chem. Soc. **77**, 2914 (1957)
[118] MASON, H. S., Adv. Enzymol. **19**, 79 (1957); Science **125**, 1185 (1957)
[119] GOLDSTEIN, M., LAUBER, E., BLUMBERG, W. E., und PEISACH, J., Fedn Proc. **24**, 604 (1965)
[120] HAYAISHI, O., Oxidases and Related Redox Systems Bd. 1, S. 286 (Wiley, New York, 1965)
[121] HAYAISHI, O., Oxidases and Related Redox Systems Bd. 1, S. 527 (Wiley, New York, 1965)

Neuere Literatur

BROWN, L. E., und HAMILTON, G. A., Some model reactions and a general mechanism for flavoenzyme-catalyzed dehydrogenations. J. Am. Chem. Soc. **92**, 7225 (1970)
LINDBLAD, B., LINDSTEDT, G., und LINDSTEDT, S., The mechanism of enzymic formation of homogentisate from p-hydroxyphenylpyruvate. J. Am. Chem. Soc. **92**, 7446 (1970)
HOLLOCHER, T. C., YOU, K.-S., und CONJALKA, M., Rate-determining steps in the oxydation of succinate catalyzed by succinic dehydrogenase. J. Am. Chem. Soc. **92**, 1032 (1970)
HEMMERICH, P., NAGELSCHNEIDER, G., und VEEGER, C., Chemistry and molecular biology of flavoproteins. FEBS Letters 8, 69 (1970)
ONDARZA, R. N., und ABNEY, R., On the active site of NADPH-dependent CoA-SS glutathione reductase from yeast and rat liver. FEBS Letters 7, 227 (1970)
FENSELEAN, A., Nicotinamide adenine dinucleotide as an active site director in glyceraldehyde 3-phosphate dehydrogenase modification. J. Biol. Chem. **245**, 1239 (1970)

Plapp, P. V., Enhancement of the activity of horse liver alcohol dehydrogenase by modification of amino groups at the active sites. J. Biol. Chem. **245**, 1727 (1970)

Cross, D. G., und Fisher, H. F., The mechanism of glutamate dehydrogenase reaction. J. Biol. Chem. **245**, 2612 (1970)

Rippa, M., Picco, C., und Pontremoli, S., Rose Bengal as a specific photosenitizer for a histidine residue at the triphosphopyridine nucleotide binding site of 6-phosphogluconate dehydrogenase. J. Biol. Chem. **245**, 4977 (1970)

Massey, V., und Edmondson, D., On the mechanism of inactivation of xanthine oxidase by cyanide. J. Biol. Chem. **245**, 6595 (1970)

Creighton, D. J., und Sigman, D. S., A model for alcohol dehydrogenase. The zinc ion catalyzed-reduction of 1,10-phenanthroline-2-carboxyaldehyde by N-propyl-1,4-dihydronicotinamide. J. Am. Chem. Soc. **93**, 6314 (1971)

Bradbury, S. L., und Jakoby, W. B., Ordered binding of substrates to yeast aldehyde dehydrogenase. J. Biol. Chem. **246**, 1834 (1971)

Stevenson, R. M., und Lé John, H. B., Glutamic dehydrogenases of oomycetes. J. Biol. Chem. **246**, 2127 (1971)

Browne, D. T., Hixson, S. S., und Westheimer, F. H., A diazo compound for the photochemical labeling of yeast alcohol dehydrogenase. J. Biol. Chem. **246**, 4477 (1971)

Levi, A. S., und Kaplan, N. O., Physical and chemical properties of reversible inactivated lactate dehydrogenase. J. Biol. Chem. **246**, 6409 (1971)

Walsh, C. T., Schonbrunn, A., und Abeles, R. H., Studies on the mechanism of action of D-amino acid oxidase. J. Biol. Chem. **246**, 6855 (1971)

Iweibo, I., und Weiner, H., Role of zinc in horse liver alcohol dehydrogenase. Biochemistry **11**, 1003, 1010 (1972)

Aitken, D. M., und Brown, A. D., Properties of halophil nicotinamide-adenine dinucleotide phosphate-specific isocitrate dehydrogenase. True Michaelis constants, reaction mechanisms and molecular weights. Biochem. J. **130**, 645 (1972)

Lowe, D. J., Lynden-Bell, R. M., und Bray, R. C., Spin-spin interaction between molybdenium and one of the iron-sulphur systems of xanthin oxidase and its relevance to the enzymic mechanism. Biochem. J. **130**, 239 (1972)

Villafranca, J. J., und Colman, R. F., Role of metal ions in reactions catalyzed by pig heart triphosphopyridine nucleotide-dependent isocitrate dehydrogenase. J. Biol. Chem. **247**, 209 (1972)

Colman, R. F., Role of metal ions in reactions catalyzed by pig heart triphosphopyridine nucleotide-dependent isocitrate dehydrogenase. J. Biol. Chem. **247**, 215 (1972)

Ainslie, G. R., jr., und Cleland, W. W., Isotope exchange studies on liver alcohol dehydrogenase with cyclohexanol and cyclohexanone as reactants. J. Biol. Chem. **247**, 946 (1972)

Goldin, B. R., und Frieden, C., The effect of pyridoxal phosphate modification on the catalytic and regulatory properties of bovine liver glutamate dehydrogenase. J. Biol. Chem. **247**, 2139 (1972)

Brooks, R. L., Shore, J. D., und Gutfreund, H., The effect of pH and temperature on hydrogen transfer in the liver alcohol dehydrogenase mechanism. J. Biol. Chem. **247**, 2382 (1972)

Kenney, W. C., Walker, W. H., und Singer, T. P., Studies on succinate dehydrogenase. J. Biol. Chem. **247**, 4510 (1972)

FELBERG, N. T., und HOLLOCHER, T. C., Inactivation of succinate dehydrogenase by N-ethylmaleimide. J. Biol. Chem. **247**, 4539 (1972)

SPECTOR, T., und MASSEY, V., p-Hydroxybenzoate hydroxylase from Pseudomonas fluorescens. Reactivity with oxygen. J. Biol. Chem. **247**, 7123 (1972)

COLEN, A. H., PROUGH, R. A., und FISHER, H. F., The mechanism of glutamate dehydrogenase reaction. J. Biol. Chem. **247**, 7905 (1972)

LOCKBRIDGE, O., MASSEY, V., und SULLIVAN, P. A., Mechanism of action of the flavoenzyme lactate oxidase. J. Biol. Chem. **247**, 8097 (1972)

EVERSE, J., und KAPLAN, N. O., Lactate dehydrogenase; structure and function. Adv. Enzymol. **37**, 61 (1973)

SINGER, T. P., KEARNEY, E. B., und KENNEY, W. C., Succinat dehydrogenase. Adv. Enzymol. **37**, 189 (1973)

UMBARGER, H. E., Threonine desaminase. Adv. Enzymol. **37**, 349 (1973)

HOLBROCK, I. J., und GUTFREUND, H., Approaches to the study of enzyme mechanism. Lactate dehydrogenase. FEBS Letters **31**, 157 (1973)

HARRIGAN, P. J., und TRENTHAM, D. R., Kinetic studies of the acylation of pig muscle-D-glyeraldehyde 3-phosphate dehydrogenase by 1,3-diphosphoglycerate and of proton uptake and release in the overall enzyme mechanism. Biochem. J. **135**, 695 (1973)

BARDSLEY, W. G., CRABBE, M. J. C., und SHINDLER, J. S., Kinetics of diamine oxidase reaction. Biochem. J. **131**, 459 (1973)

BESSEL, E. M., und THOMAS, P., The effect of substitution at C 2 of D-glucose 6-phosphate on the rate of dehydrogenation by glucose-6-phosphate dehydrogenase (from yeast and from rat liver). Biochem. J. **131**, 83 (1973)

OSHINO, N., OSHINO, R., und CHANCE, B., The characteristics of the "peroxidative" reaction of catalase in ethanol oxidation. Biochem. J. **131**, 555 (1973)

HANSCH, C., KIM, K. H., und SARMA, R. H., Structure-activity relationship in benzamides inhibiting alcohol dehydrogenase. J. Am. Chem. Soc. **95**, 6447 (1973)

KUCZENSKI, R., Rat brain tyrosine hydroxylase. Activation by limited tryptic proteolysis. J. Biol. Chem. **248**, 2261 (1973)

NIELSEN, N. C., ZAHLER, W. L., und FLEISCHER, S., Mitochondrial D-β-hydroxybutyrate dehydrogenase. Kinetic analysis of reaction mechanism. J. Biol. Chem. **248**, 2556 (1973)

PISZKIEWICZ, D., LANDON, M., und SMITH, E. L., Sequence of bovine liver glutamate dehydrogenase. Isolation and sequences of peptic peptides. J. Biol. Chem. **248**, 3067 (1973)

MOON, K., und SMITH, E. L., Sequence of bovine liver glutamate dehydrogenase. Peptides produced by specific chemical cleevages, the complete sequence of the protein. J. Biol. Chem. **248**, 3082 (1973)

SMITH, E. L., und PISZKIEWICZ, D., Bovine glutamate dehydrogenase. The pH dependence of native and nitrated enzyme in the presence of allosteric modifiers. J. Biol. Chem. **248**, 3089 (1973)

MOON, K., PISZKIEWICZ, D., und SMITH, E. L., Amino acid sequence of chicken liver glutamate dehydrogenase. J. Biol. Chem. **248**, 3093 (1973)

PLAPP, B. V., BROOKS, R. L., und SHORE, J. D., Horse liver alcohol dehydrogenase. Amino groups and rate-limiting steps in catalysis. J. Biol. Chem. **248**, 3470 (1973)

TU, S.-C., und MCCORMICK, D. B., Photoinactivation of porcine D-amino acid oxidase with flavin adenine dinucleotide. J. Biol. Chem. **248**, 6339 (1973)

GERSHMAN, H., und ABELES, R. H., Deuterium isotope effects in the oxidation of alcohols in vitro and in vivo. Arch. Biochem. Biophys. **154**, 659 (1973)

CROSS, D. G., MCGREGOR, L. L., und FISCHER, H. F., The binding of α-ketoglutarate in a binary complex and in a ternary complex with $NADP^+$ by L-glutamate dehydrogenase. Biochim. Biophys. Acta **289**, 28 (1973)

GREENWOOD, C., WILSON, M. T., und BRUNORY, M., Studies on partially reduced mammalian cytochrome oxidase. Reaction with carbon monoxide and oxygen. Biochem. J. **137**, 205 (1974)

WHITE, J. H., und JEFFERY, J., Structural feature of ring C of 20-oxosteroids and the interactions with cortisone reductase. Biochem. J. **137**, 349 (1974)

Kapitel 4

Hydrolyse I

Es wurden bereits die Gründe dafür diskutiert, warum das Klassifikationssystem der Enzymkommission auf den Typen der katalysierten Reaktionen und nicht auf ihren Mechanismen beruht. Da wir uns jedoch in erster Linie mit den Mechanismen beschäftigen wollen, kann die Reihenfolge, in der wir die Enzyme besprechen, von derjenigen des Klassifikationssystems abweichen. Das trifft insbesondere für Hydrolasen zu, bei denen Enzyme, die ähnliche Reaktionen katalysieren, z. B. die verschiedenen peptidspaltenden Enzyme, mit unterschiedlichen Mechanismen wirken. Außerdem wirken einige Peptidasen mittels eines Mechanismus, der demjenigen mancher Esterasen ähnlich ist.

In diesem Kapitel werden Enzyme behandelt, die die Hydrolyse von Carbonsäurederivaten, d. h. von Estern, Amiden und Peptiden katalysieren. Wie wir bereits in Kapitel 1 sahen, kann die Hydrolyse derartiger Verbindungen durch Säuren, Basen und Metallionen sowie durch bestimmte Nucleophile, beispielsweise Imidazol oder Acetat, katalysiert werden. Es gibt gute Gründe für die Annahme daß die enzymatische Katalyse von hydrolytischen Reaktionen teilweise durch Mechanismen dieser Art erklärt werden kann.

Für unsere Zwecke ist es angebracht, die betreffenden Enzyme in vier Gruppen einzuteilen. Die Enzyme der ersten Gruppe folgen wahrscheinlich untereinander sehr ähnlichen Mechanismen; dasselbe läßt sich auch von der zweiten Gruppe sagen. Über die Wirkungsmechanismen der in den letzten zwei Gruppen zusammengefaßten Enzyme wissen wir gegenwärtig sehr wenig.

1. Peptid- und Carboxylesterhydrolasen, die einen aktiven Serinrest besitzen.
2. Hydrolasen mit aktiven Cysteinresten
3. Metallionenabhängige Hydrolasen
4. Peptidhydrolasen mit sehr niedrigem pH-Wirkungsbereich

Hydrolasen mit einem aktiven Serinrest

Zu dieser Gruppe von Enzymen gehören bestimmte Peptidhydrolasen, wie Chymotrypsin A (3.4.4.5), Trypsin (3.4.4.4), Thrombin (3.4.4.13), Plasmin (3.4.4.14) und Subtilopeptidase A (3.4.4.16) sowie bestimmte Esterasen, wie die Carboxylesterase (3.1.1.1), die Acetylcholinesterase (3.1.1.7) und die Cholinesterase (3.1.1.8).

Ihre wichtigste gemeinsame Eigenschaft ist die, daß sie alle durch organische Phosphorsäureverbindungen, wie Diisopropylfluorophosphat (I), gehemmt werden, und daß bei der Reaktion mit dem Reagenz ein Phosphatester mit der Hydroxymethylgruppe eines Serinrestes des Enzymmoleküls gebildet wird [1].

I 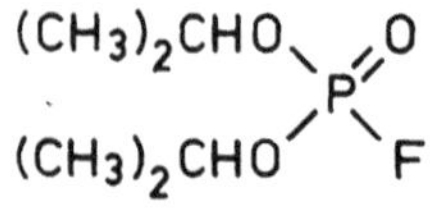

Von diesen Enzymen ist das Chymotrypsin A am besten untersucht worden, so daß es jetzt möglich ist, den Mechanismus für die Katalyse dieses Enzyms zu formulieren. Es kann angenommen werden, daß die anderen Enzyme dieser Gruppe ähnlichen Mechanismen folgen, was in einigen Fällen tatsächlich bewiesen werden konnte, obwohl auch geringe Unterschiede in den jeweiligen Feinmechanismen vorhanden sein können.

Chymotrypsin A (3.4.4.5)

Chymotrypsin A kommt zusammen mit dem ihm nahe verwandten Trypsin und dem ihm noch ähnlicheren Chymotrypsin B (3.4.4.6) im Pankreassekret der Säugetiere als inaktive Vorstufe vor, die im Duodenum in das aktive Enzym umgewandelt wird. Es ist ein proteolytisches Enzym und seine biologische Funktion besteht darin, Nahrungsprotein während der Verdauung abzubauen.
Die inaktive Vorstufe, das Chymotrypsinogen A (die Enzymkommission schlug ursprünglich den Namen Pochymotrypsin A vor), ist ein Protein mit einer einzigen Polypeptidkette und einem Molekulargewicht von 25000. Die native Konformation des Moleküls wird durch fünf intramolekulare Disulfidbrücken stabilisiert. Die Aminosäuresequenz ist in Abbildung 4.1. dargestellt. Die Umwandlung des Chymotrypsinogen besteht aus einer komplizierten Folge von Prozessen. Insbesondere tritt dabei eine durch Trypsin verursachte Umwandlung in π-Chymotrypsin ein, bei der die Arginyl-15-Isoleucin-16-Bindung gespalten wird. Dieser Reaktion folgt eine autokatalytische Spaltung der Leucyl-13-Serin-14-Bindung unter Bildung von δ-Chymotrypsin. In zwei weiteren Reaktionen werden die Tyrosyl-146-Threonin-147- und die Asparaginyl-148-Alanin-149-Bindungen hydrolysiert. Das Endprodukt ist das α-Chymotrypsin [3]. Der Gesamtprozeß beinhaltet folglich die Spaltung von vier Peptidbindungen, wobei zwei Dipeptide freigesetzt werden. α-Chymotrypsin besteht demzufolge aus drei ungleich langen Polypeptidketten; zwei der Disulfidbrücken befinden sich jeweils zwischen zwei verschiedenen auf derartige Weise entstandenen Ketten. Außerdem sind zwei neue C-terminale Aminosäurereste (Leucin-13 und Tyrosin-146) und zwei neue N-terminale Aminosäurereste (Isoleucin-16 und Alanin-149) entstanden. Der Verlust der beiden Peptide gestattet es dem Protein, eine neue

Konformation einzunehmen, wobei das aktive Zentrum entsteht. Daß wirklich eine Konformationsänderung stattfindet, wird durch die Beobachtung unterstützt, daß die Aktivierung des Chymotrypsinogens eine Abnahme der optischen Drehung verursacht. Offensichtlich bildet das Protein im Verlauf des Prozesses ein dichteres Knäuel [4]. Das UV-Spektrum verändert sich ebenfalls [5]. Da das Proenzym, obgleich es inaktiv ist, die Fähigkeit besitzt, zahlreiche potentielle Substrate zu binden [6], kann die Konformationsänderung nicht sehr erheblich sein.

Chymotrypsin bewirkt spezifisch eine Spaltung von Tyrosyl-, Tryptophanyl- und Phenylalaninpeptiden sowie deren Amide und Ester [7]. Es ist folglich für Derivate aromatischer Aminosäuren spezifisch. Jedoch werden auch Derivate anderer Aminosäuren, wie Leucin, Methionin sowie Asparagin und Glutamin, wirksam hydrolysiert, wodurch offensichtlich wird, daß seine Spezifität nicht hoch ist. Auch Ester wie p-Nitrophenylacetat werden mit beträchtlicher Geschwindigkeit hydrolysiert.

Chemische Untersuchungen am Chymotrypsin. Einer der wichtigsten chemischen Prozesse, der mit der Aktivität des Chymotrypsins verbunden ist, ist der Aktivierungsvorgang selbst. In Abbildung 4.1. sind die vier dabei gelösten Peptidbindungen mit A, B, C und D bezeichnet. Die Spaltung der Bindung A führt zum π-Chymotrypsin und die ihr folgende Spaltung von B liefert die δ-Form. Diese wird in das α-Chymotrypsin durch die Spaltung von C und D umgewandelt. Unter anderen Bedingungen wird ein davon unterschiedliches Zwischenprodukt gebildet, das Neo-Chymotrypsin, in dem die Bindungen C und D gespalten, A und B aber noch intakt sind. Neo-Chymotrypsin ist inaktiv, während die anderen Formen (α-, π- und δ-) aktiv sind. Daraus folgt, daß die Spaltung der Bindung A dem Protein Aktivität verleiht. Die Spaltung der Bindung A liefert als neuen N-terminalen Rest das Isoleucin-16.

Mehr Informationen über die Bedeutung dieses N-terminalen Isoleucinrestes wurden von Hess und Mitarbeitern [8] erbracht. Wird Chymotrypsinogen mit Essigsäureanhydrid behandelt, so werden alle Aminogruppen acetyliert. Die Einwirkung von Trypsin auf dieses Produkt ergibt ein aktives Chymotrypsin, das die Hydrolyse von N-Acetyl-L-tyrosinäthylester katalysieren kann und mit Diisopropylfluorophosphat (DFP) (I) reagiert. In diesem aktiven Präparat wurde als einzige N-terminale Aminosäure das Isoleucin-16 nachgewiesen. Eine weitere Acetylierung, die zur Blockung der Aminogruppe dieses Isoleucins führte, bewirkte einen kompletten Aktivitätsverlust. Die pH-Abhängigkeit der katalytischen Aktivität des Chymotrypsins zeigt, daß eine Gruppe mit einem pK_s von etwa 9 an der Reaktion beteiligt ist und daß diese Gruppe als konjugierte Säure vorliegen muß [6, 9]. Es ist möglich, daß dies die Aminogruppe des Isoleucin-16-Restes ist.

Chemische Reaktionen anderer Aminosäurereste vermögen ebenfalls die katalytische Aktivität des Enzyms zu beeinflussen; ein derartiger Rest ist das Methionin in Position 192. Knowles [10] zeigte, daß die Oxidation der Seitenkette des

Methionins eine Erniedrigung, aber keinen totalen Verlust der Enzymaktivität hervorruft. Wahrscheinlich beeinflußt diese Oxidation mehr die Bindung der Substrate als den katalytischen Vorgang selbst.

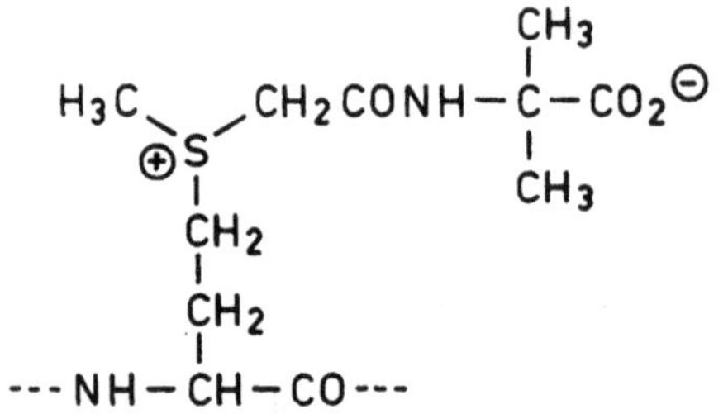

II

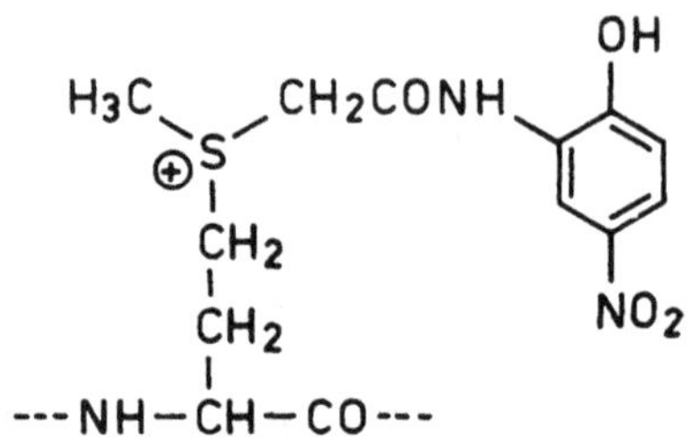

III

Dies wird durch die Beobachtung unterstützt, daß die Alkylierung des Methionins mit dem N-(1,1-Dimethyl-1-carboxymethyl)-acetamidorest, die unter Bildung des Methioninderivates (II) erfolgt, ebenfalls ein Absinken der Aktivität infolge einer Behinderung der Substratbindung bewirkt [11]. Ein damit übereinstimmendes Ergebnis wurde von Hille und Koshland erhalten, die eine „reporter"-Gruppe (III) mit dem Methioninrest verknüpften [12]. Auch dieses Produkt besaß eine verminderte Aktivität. Befunde dieser Art zeigen, daß der Methioninrest in der Position 192 sich in der Nähe des aktiven Zentrums befindet, aber nicht am katalytischen Vorgang selbst beteiligt ist. Offensichtlich trägt er zur Substratbindung an das Enzym bei.

Wie die Ergebnisse verschiedener Oxidationsversuche zeigen, befindet sich ein Tryptophanrest entweder im oder in der Nähe des aktiven Zentrums [13, 14].

Die besondere Bedeutung eines oder mehrerer Histidinreste für die Aktivität des Chymotrypsins konnte mehrfach demonstriert werden. Dies ergab u. a. auch die Photooxidation des Enzyms [13, 15]. Insbesondere konnten Koshland, Strumeyer und Ray zeigen, daß unter bestimmten Bedingungen durch die Photooxidation ein Histidinrest zerstört und ein Methioninrest (Position 192) zu seinem Sulfoxid oxidiert wird. Durch die Anwendung ihres „Alles oder Nichts"-Testes waren diese Autoren in der Lage zu zeigen, daß die Zerstörung des Histidinrestes eine totale Inaktivierung bewirkt, während die Oxidation des Methionins nur einen partiellen Aktivitätsverlust verursacht [15]. Der hierfür in Frage kommende Histidinrest befindet sich in Position 57.

Whitaker und Jandorf behandelten Chymotrypsin unter solchen Bedingungen mit Dinitrofluorbenzol (pH 10,7), daß nur die Imidazolgruppen der Histidinreste mit dem Reagenz reagieren konnten [16]. Dabei wiesen sie nach, daß die Reaktion eines einzigen Histidinrestes pro Molekül einen vollständigen Aktivitätsverlust verursacht. In Analogie dazu zeigte Schramm [17], daß die Inaktivierung des Chymotrypsins durch 1,4-Dibrom-2-phenylacetoin auf eine Reaktion dieses Reagenzes mit dem Histidinrest in Position 57 zurückzuführen ist.

Die Beteiligung eines oder mehrerer Histidinreste am katalytischen Vorgang wurde auch aus der pH-Abhängigkeit der Enzymaktivität abgeleitet [18], obwohl Schlußfolgerungen aus Experimenten dieser Art prinzipiell mit Vorsicht behandelt werden müssen.

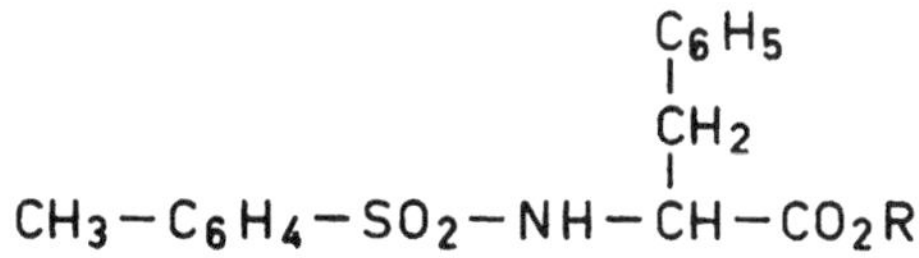

IV

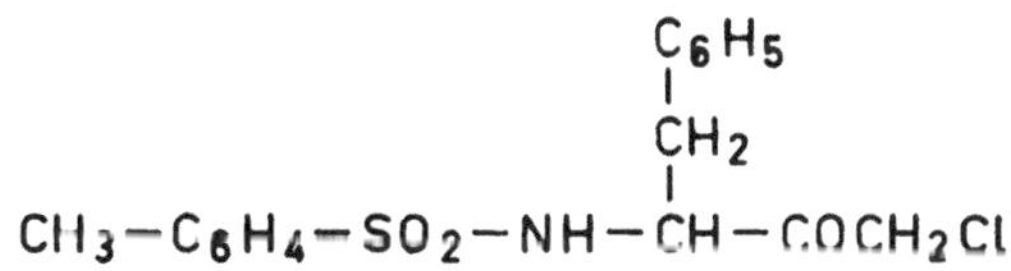

V

Die Verwendung von Chlorketonen, die den Substraten des Enzyms ähnlich sind, durch SCHOELLMAN und SHAW [19] lieferte die schlüssigsten Beweise für die Beteiligung eines Histidinrestes am Aufbau des aktiven Zentrums des Chymotrypsins. Ester des N-Toluolsulfonyl-L-phenylalanins (IV) sind gute Substrate des Enzyms. Wesentlich ist, daß sie fest an das aktive Zentrum gebunden werden. SCHOELLMAN und SHAW behandelten Chymotrypsin mit der Chlorverbindung (V), die dem Ester (IV) ähnlich ist und allgemein unter dem Trivialnamen Tosylphenylalaninchlorketon (TPCK) bekannt ist. Das Reaktionsprodukt, in dem der Histidinrest 57 alkyliert ist, erwies sich als inaktiv [20]. Trypsin wird durch dieses Agens nicht angegriffen, da es nicht für aromatische Aminosäurederivate, sondern für basische Aminosäurederivate wie Lysin und Arginin spezifisch ist. Es wird jedoch durch ein analoges Derivat des Lysins, das Tosyllysinchlorketon (TLCK) (VI), völlig inaktiviert. Letzteres hat wiederum keinen Effekt auf Chymotrypsin.
Die Enzymhemmungen durch diese beiden Chlorketone zeigen demzufolge die gleichen Spezifitäten wie die Hydrolyse der jeweiligen Estersubstrate. Das wird durch die Tatsache unterstrichen, daß weder das N-Methyl-TPCK (VII) noch das D-Isomere des TPCK als Inhibitoren wirksam sind [21]. Die entsprechenden

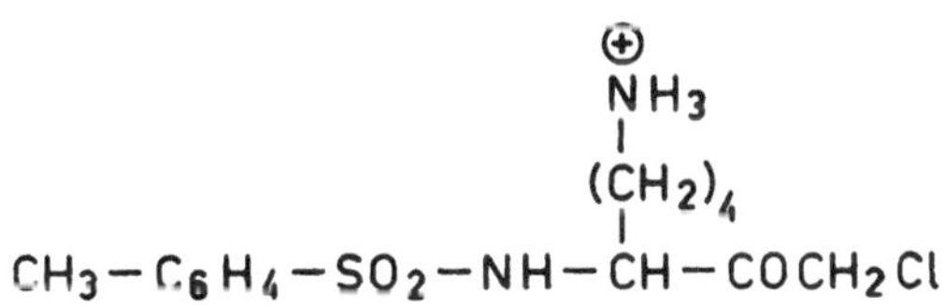

VI

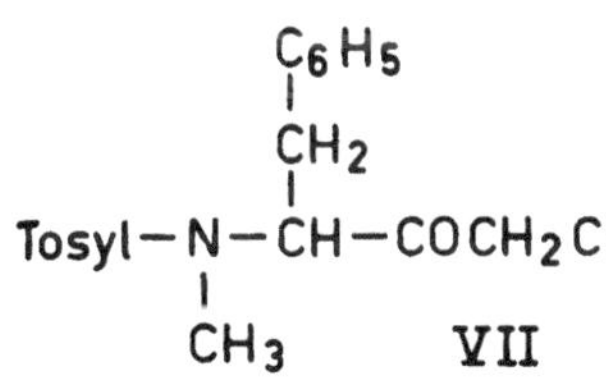

VII

Derivate der Phenylalaninester sind ebenfalls keine Substrate. Daß TPCK wirklich mit dem aktiven Zentrum des Chymotrypsins reagiert, wird durch die Tatsache bewiesen, daß das Produkt inaktiv ist und überdies durch den Nachweis unterstützt, daß die üblichen Inhibitoren des Chymotrypsin, wie β-Phenylpropionat und Benzamid die Inaktivierungsgeschwindigkeit herabsetzen [21]. Die Alkylierung des Methionins-192, das die Substrat-Bindung an das Enzym beeinflußt, hemmt ebenfalls die Reaktion zwischen TPCK und Enzym [1].
Viele wichtige chemische Modifizierungen des Chymotrypsins betreffen die Hydroxymethylgruppe eines Serinrestes. Die Hemmung des Enzyms durch Dialkylfluorophosphate wurde bereits erwähnt. Im Ergebnis dieser Hemmung findet man einen Dialkylphosphatrest pro Molekül inaktives Produkt. Nach saurer Hydrolyse konnte Phosphoserin isoliert werden [22]. Der enzymatische Abbau des Dialkylphosphochymotrypsins ergab ein Peptid, das eine mit Serin verknüpfte Phosphatgruppe enthielt; die Sequenzanalyse des Peptides bewies, daß es sich dabei um das Serin- 195 handelt [23]. Ganz entsprechend kann nach Reaktion von p-Nitrophenylacetat mit Chymotrypsin im sauren Milieu ein Intermediat isoliert werden, in dem eine Acetylgruppe kovalent an das Enzym gebunden ist. Die Analyse der durch enzymatischen Abbau des inaktiven Acetylchymotrypsins erhaltenen Peptide zeigte wiederum die Beteiligung des Serin-195 [24, 25]. Zahlreiche weitere in analoger Weise dargestellte Acylchymotrypsine konnten isoliert werden und in jedem Fall wurde eine Esterbindung zwischen dem Serin-195 und dem Acylrest nachgewiesen [26].

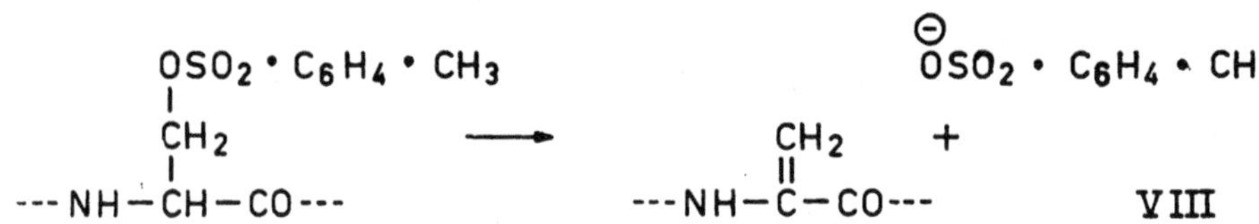

VIII

Die absolute Notwendigkeit der Hydroxylgruppe des Serin-195 für den katalytischen Vorgang wurde von KOSHLAND und Mitarbeitern [27] schlüssig demonstriert. Das Monotoluolsulfonsäurederivat des Chymotrypsins (Tosylchymotrypsin), das eine Sulfonyl-Serin-Esterbindung enthält, ist inaktiv. Dies könnte auf die Größe der Tosylgruppe zurückgeführt werden, da ein voluminöser Substituent die Bindung des Substrates behindern würde, wenn sich der Serinrest im oder in der Nähe des aktiven Zentrums befindet. Bei der Abspaltung der Toluolsulfonsäuregruppe wird jedoch das ursprüngliche Serin in einen Dehydroalaninrest (VIII) umgewandelt. Das Produkt, das Dehydrochymotrypsin, ist ebenfalls inaktiv. Es reagiert interessanterweise, ähnlich wie das Phosphochymotrypsin, ebenfalls nicht mit dem Inhibitor TPCK [28].

Das Milieu des aktiven Zentrums. Wie bei anderen Enzymen, besitzt die aktive Region des Chymotrypsins ein besonderes Milieu, in dem die Reaktion der Substrate stattfindet. Allein aus der Betrachtung der Spezifität kann geschlossen werden, daß ein hydrophober oder nichtpolarer Bereich vorhanden sein muß, wodurch das Enzym befähigt wird, eine hydrophobe Bindung mit dem aromatischen Ring des jeweiligen Substrates zu bilden. Hier besteht ein deutlicher Unterschied zum Trypsin. Trypsin, das für Moleküle mit positiv geladener Seitenkette spezifisch ist, sollte eine Region enthalten, die entweder negativ geladen oder hinreichend polar ist, um die geladene Gruppe aufnehmen zu können.

Die wichtigste Konsequenz der besonderen Natur des Milieus des aktiven Zentrums ist jedoch die, daß die Reaktivität bestimmter Gruppen stark erhöht ist. Die Hydrolyse des Acetylchymotrypsins zum Beispiel, in deren Verlauf Essigsäure und freies Enzym entstehen, verläuft viel schneller als es für ein normales O-Acetylderivat zu erwarten wäre. Acetylchymotrypsin reagiert auch mit Hydroxylamin rasch, wobei Acetylhydroxamsäure entsteht. In 8 M Harnstoff jedoch, einem Medium, welches das Protein denaturiert und das aktive Zentrum zerstört, laufen diese Reaktionen des Acetylenzyms nicht schneller ab als es für einen normalen Ester zu erwarten ist [29]. Bender, Schonbaum und Zerner erhielten ähnliche Ergebnisse mit einem anderen Acylenzym, dem trans-Cinnamoylchymotrypsin [30]. Die Geschwindigkeit der nichtenzymatischen Hydrolyse dieser Verbindung in Gegenwart einer hohen Harnstoffkonzentration ist mit der Hydrolysegeschwindigkeit von O-Cinnamoyl-N-acetylserinamid nahezu identisch. Bei der Entfernung des Harnstoffes aus den Lösungen des Acylchymotrypsins mittels Dialyse wird das aktive Zentrum so weit rückgebildet, daß dessen hohe Reaktivität wiedergewonnen wird.

Die Tatsache, daß dieser Serinrest überhaupt acyliert wird, ist ein Hinweis auf eine erhöhte Nucleophilie seiner Hydroxylgruppe. Von den 29 Serinresten des gesamten Moleküls wird durch DFP nur ein einziger phosphoryliert bzw. durch Carboxylderivate acyliert. Unter normalen Bedingungen würde eine Seringruppe nicht mit diesen Substanzen reagieren. Die Tatsache, daß ein Histidinrest im aktiven Zentrum nachgewiesen wurde, führte zu der Annahme, daß die Bildung des Acylenzyms in zwei Stufen abläuft. Entsprechend dieser Vorstellung greift in der ersten Stufe die Imidazolgruppe des Histidinrestes das jeweilige Reagenz unter Bildung von Phosphoryl- bzw. Acylimidazol an. Dieser Reaktion folgt die Übertragung der Phosphoryl- bzw. der Acylgruppe auf das Serin. Der Mechanismus wird durch die Beobachtung gestützt, daß Imidazol unter normalen Bedingungen mit DFP unter Bildung eines Phosphoimidazols (IX) reagiert, das ein ausgezeichnetes Phosphorylierungsmittel für Alkohole ist [31]. In Kapitel 1 sahen wir ferner, daß Imidazol mit Estern unter Bildung von Acylimidazolen reagieren kann, welche gute Acylierungsmittel sind.

Unter Verwendung von Techniken zur Messung schneller Reaktionen [18, 32] wurde versucht, acylierte Imidazole als Zwischenprodukte der Chymotrypsinreaktion nachzuweisen. Selbst für den Fall, daß Acylimidazol intermediär gebildet werden sollte, ist es mit den gegenwärtig verfügbaren Techniken nicht nachweisbar. Das erste nachweisbare Intermediat ist vielmehr die O-Acylserinverbindung. Bei der Besprechung des Wirkmechanismus des Chymotrypsins (s. später) werden wir deshalb das Acylimidazol außer acht lassen.

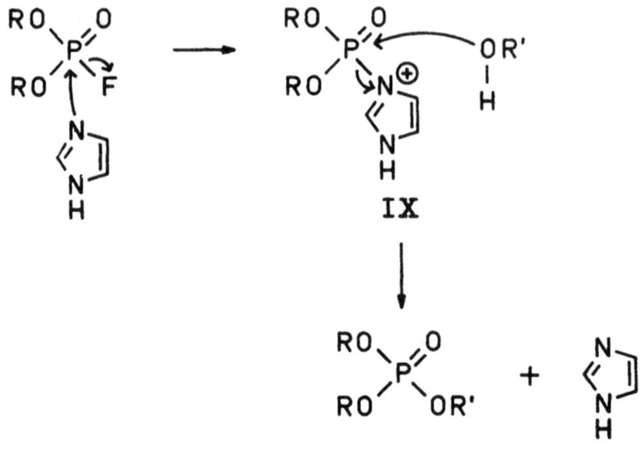

Die besondere Natur des aktiven Zentrums ist auf mehrere verschiedene Weisen untersucht worden. Ein Beispiel dafür ist die spektroskopische Studie von KALLOS und AVATIS [33]. Diese Autoren zeigten, daß sich die UV-Absorptionsspektren von p-Nitrophenylsulfonyl-(Nisyl) und Toluolsulfonyl-(Tosyl)estern voneinander unterscheiden und die Größe der beobachteten Differenz von der Polarität des Mediums abhängt, in dem sich diese Gruppen jeweils befinden. Aus den Differenzspektren von Nisyl- und Tosylchymotrypsin wurde geschlußfolgert, daß die aromatischen Substituenten von einem stark hydrophoben Milieu umgeben sind. Die Dielektrizitätskonstante dieser Region ist ähnlich der des Cyclohexans. Für Wassermoleküle ist dieser Bereich völlig unzugänglich.
Die Zerstörung der dreidimensionalen Struktur des Proteins führt zu einer Verlagerung der Substituenten in das wäßrige Milieu, was eine Änderung des Spektrums verursacht. Dieser Teil des aktiven Zentrums ist wahrscheinlich an der Bindung der aromatischen Gruppen der Substrate beteiligt. Unter Verwendung ihrer „reporter"-Gruppe — ein über eine Acetamidobrücke an das Methionin-192 gebundenes p-Nitrophenol (III) — untersuchten HILLE und KOSHLAND einen anderen Bereich des aktiven Zentrums [12]. Das Absorptionsspektrum des p-Nitrophenols wies auf ein Medium hin, das polarer als Wasser ist. Die pH-Abhängigkeit des Absorptionsspektrums deutet auf die enge Nachbarschaft einer positiv geladenen Gruppe mit einem pK_s von etwa 7 hin. In Gegenwart eines Substrates oder eines kovalent gebundenen Inhibitors wird der Einfluß dieser Gruppe aufgehoben. Man nimmt an, daß diese Gruppe das Histidin ist, von dem man weiß, daß es sich im aktiven Zentrum befindet und von Bedeutung für die Aktivität ist. Auf der Grundlage neuerer Befunde ist es jedoch richtiger, diesen pK_s-Wert von etwa 7 dem gesamten System des aktiven Zentrums zuzuschreiben (s. Seite 189 und Abb. 4.4).
Die oben zitierten Ergebnisse zeigen, daß es zwei Bereiche, einen hydrophoben und einen stark polaren, im aktiven Zentrum des Chymotrypsins gibt. Es wird vermutet, daß alle Substrate, die aromatische Gruppen enthalten, sich so anord-

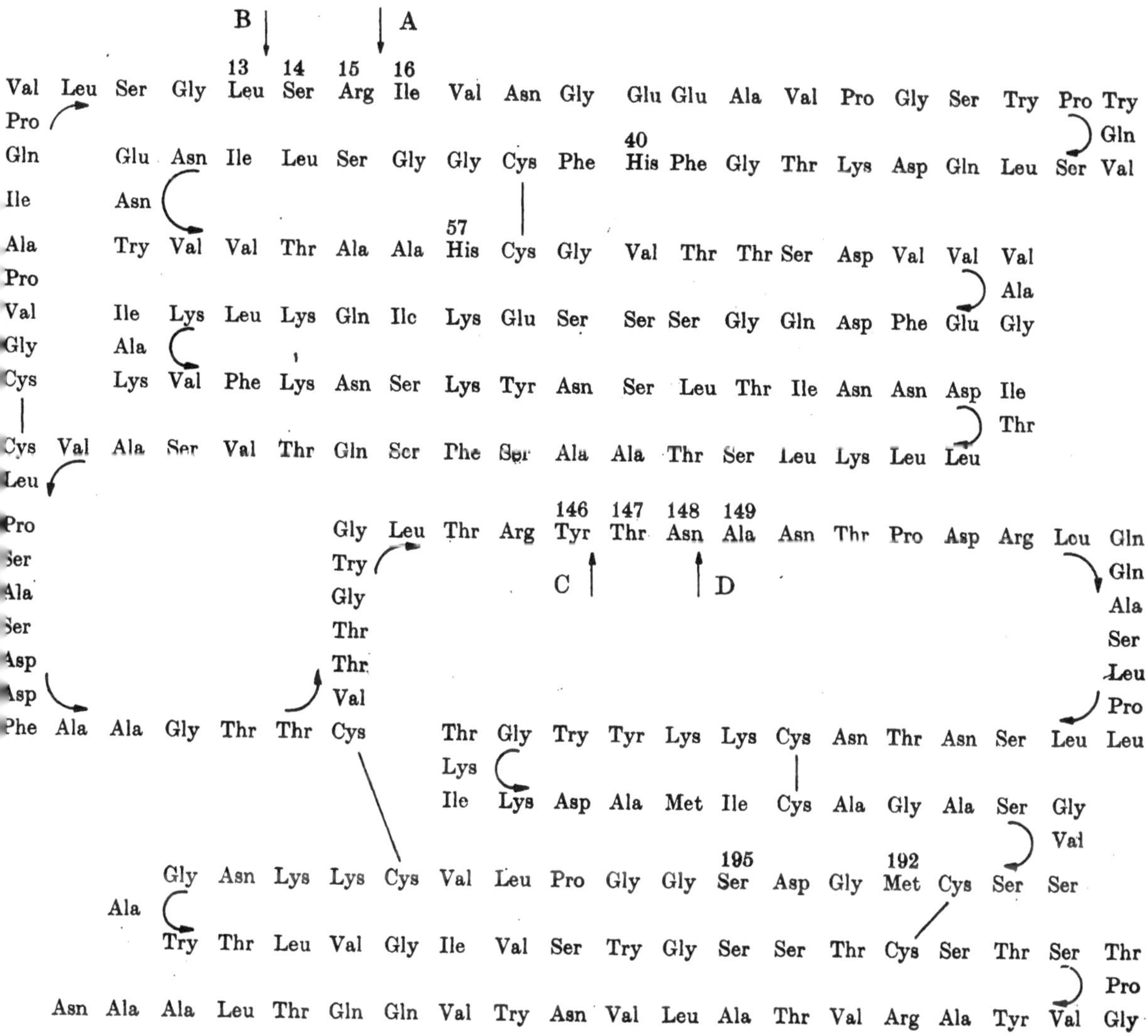

.1. Aminosäuresequenz des α-Chymotrypsinogens [2]. Die gekrümmten Pfeile zeigen die Sequenz vom N-terminalen zum C-terminalen Ende. Die bei der Umwandlung in α-Chymotrypsin zu spaltenden Bindungen sind mit A, B, C bezeichnet.

nen, daß die letzteren in die hydrophobe Region eingelagert werden. Die trans-Cinnamoylgruppe hat einen aromatischen Kern, von dem man annehmen kann, daß er bei Bildung des Cinnamoylchymotrypsins mit dem hydrophoben Bereich in Wechselwirkung tritt. BENDER und Mitarbeiter [30] berichteten jedoch über davon ziemlich abweichende Ergebnisse. Beim Vergleich der UV-Spektren des Cinnamoylchymotrypsins mit dem des O-Cinnamoyl-N-acetylserinamids in verschiedenen Lösungsmitteln fanden sie, daß sich die Cinnamoylgruppe im Acylenzym in einer Region mit sehr hoher Polarität (die etwa einer 10 M LiCl-Lösung äquivalent ist) befinden könnte. Dieses unerwartete Ergebnis kann die folgenden zwei Ursachen haben. Die Cinnamoylgruppe könnte sich nicht an der hydrophoben Bindungsstelle, sondern in einem anderen Bereich des aktiven Zentrums mit großer Polarität befinden. Das ist jedoch unwahrscheinlich, da die Anwesenheit eines aromatischen Systems in einem hochpolaren Medium energetisch ungünstig ist. Die zweite Möglichkeit ist, daß sich die Cinnamoylgruppe an der hydrophoben Bindungsstelle befindet und ihr UV-Spektrum durch einen anderen bisher unbekannten Faktor modifiziert wird.
Ein direkter chemischer Beweis für die enge Nachbarschaft eines Histidinrestes zum aktiven Serin wurden durch WESTHEIMER und Mitarbeiter [34] erhalten, die Chymotrypsin mit p-Nitrophenyldiazoacetat (X) behandelten. Das dabei entstehende Diazoacetylchymotrypsin, indem der Diazoacetylrest am aktiven Serin lokalisiert ist, wurde der Photolyse unterworfen und die Produkte analysiert. Die Hydrolyse ergab Carboxymethylserin, daß sich wahrscheinlich durch eine Umlagerung des O-Diazoacetylserins gebildet hatte. In dem Hydrolysat wurde auch 1-Carboxymethylhistidin (XI) identifiziert, das durch einen nucleophilen Angriff des Imidazols auf das benachbarte Serinderivat (XII) und nachfolgende Hydrolyse der Esterverbindung entstanden ist. Es ist interessant, daß auch Carboxymethyltyrosin in den Reaktionsprodukten nachgewiesen werden konnte. WESTHEIMER leitete daraus jedoch nicht ab, daß sich ein Tyrosinrest in der Nähe des aktiven Zentrums im monomeren Chymotrypsin befindet, sondern nimmt vielmehr die Beteiligung einer dimeren Form des Enzyms am Zustandekommen dieses Ergebnisses (s. Abb. 4.3.) an.
Die oben zusammengefaßten chemischen Untersuchungen lieferten sehr viele Einblicke in das aktive Zentrum des Chymotrypsins. Insbesondere wurde ge-

$$NO_2-C_6H_4-OCO-CHN_2$$

X

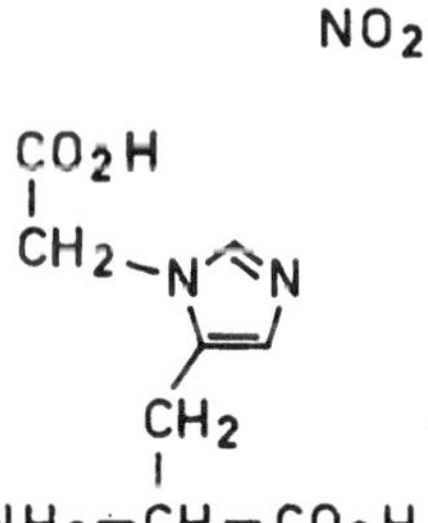

XI

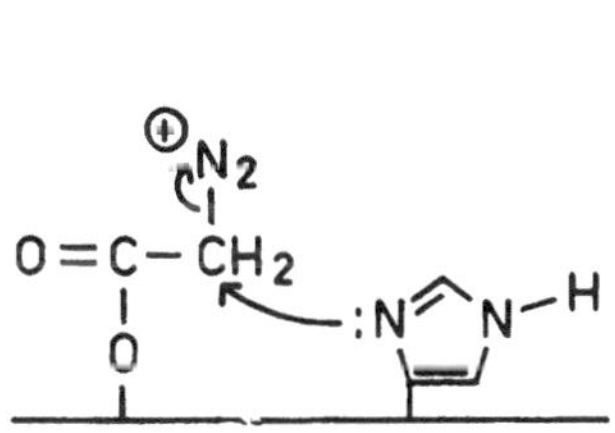

XII

funden, daß dieses einen Serinrest enthält, dessen Hydroxylgruppe reaktionsfreudiger als normal ist und dessen Ester ebenfalls viel schneller als gewöhnlich hydrolysieren. In der Nähe des Serins befindet sich ein für die Aktivität essentieller Histidinrest. Ebenfalls in der Nähe ist ein Methionrest, dessen Oxidation oder Alkylierung die katalytische Reaktion zu behindern scheint. Die Region um den Serin-, Histidin- und Methioninrest herum ist sehr stark polar. In der Nachbarschaft dazu befindet sich eine hydrophobe Region, die offenbar die Hauptbindungsstelle der apolaren Seitenketten der Substratmoleküle ist.

Kinetische Untersuchungen. Vom kinetischen Standpunkt kann man zwischen drei Typen von Substraten unterscheiden: (a) spezifische Substrate, das sind Derivate aromatischer Aminosäuren und ähnliche Verbindungen, in denen eine Esterbindung gespalten wird, (b) spezifische Substrate mit Amidstruktur und (c) nichtspezifische Substrate mit leicht ablösbaren Gruppen, z. B. p-Nitrophenylacetat. Da mit diesen verschiedenartigen Substraten unterschiedliche Ergebnisse erhalten wurden, bestanden Zweifel, ob sie alle nach dem gleichen Mechanismus hydrolysiert werden. Offensichtlich erfolgt jedoch die Hydrolyse aller dieser Substrate durch Chymotrypsin gleichartig nach dem in Gleichung (4.1) wiedergegebenem Schema. In diesem Schema ist E das Enzym und S das Substrat. Zuerst wird gemäß der Dissoziationskonstanten K_s ein nichtkovalenter Enzym-Substrat-Komplex (E—S) gebildet. Der nächste Schritt ist die Bildung des Acylenzyms (E—S'), bei dem die Gruppe P_1 abgespalten wird. Bei der Hydrolyse von p-Nitrophenylacetat beispielsweise ist E—S' das Acetylchymotrypsin und P_1 das p-Nitrophenolatanion. Der letzte Schritt ist die Reaktion des Acylenzyms mit einem nucleophilen Partner, normalerweise Wasser, unter Bildung des Produktes P_2 und Regenerierung des Enzyms.

$$\begin{array}{c} E + S \overset{K_s}{\rightleftharpoons} E - S \underset{k_{-2}}{\overset{k_{+2}}{\rightleftharpoons}} E - S' \underset{k_{-3}}{\overset{k_{+2}}{\rightleftharpoons}} E + P_2 \\ + \\ P_1 \end{array} \tag{4.1}$$

Der beste Beweis für die Existenz eines Acylenzyms als Intermediat in einer derartigen Reaktionsfolge ist natürlich dessen Isolierung und Identifizierung sowie der Nachweis, daß es die darauf folgenden Reaktionen eingehen kann. Dies wurde für verschiedene chymotrypsin-katalysierte Reaktionen tatsächlich nachgewiesen. Die Möglichkeit der Isolierung des Acetylchymotrypsins bei der Reaktion des Enzyms mit p-Nitrophenylacetat zum Beispiel wurde bereits erwähnt. Die Reaktion dieses Acetylderivates mit Wasser, Hydroxylamin, Äthanol bzw. verschiedenen Aminen ergibt Essigsäure, Acetylhydroxamsäure, Äthylacetat bzw. Acetamid. Ganz entsprechende Ergebnisse wurden auch mit anderen Acylderivaten erhalten [24, 35, 36].

Viele andere Experimente stützen ebenfalls die Vorstellung von der Existenz eines intermediär auftretenden Acylenzyms. Chymotrypsin katalysiert den Sauerstoffaustausch zwischen Wasser und verschiedenen Carbonsäuren, die als Acylkomponenten spezifischer Substrate fungieren können [37]. Dieser reversible Vorgang stellt den letzten Schritt der Reaktionsfolge (4.1) dar. Ein anderes Beispiel wird durch die Konkurrenz zweier Nucleophiler um das gleiche Acylenzym geliefert.

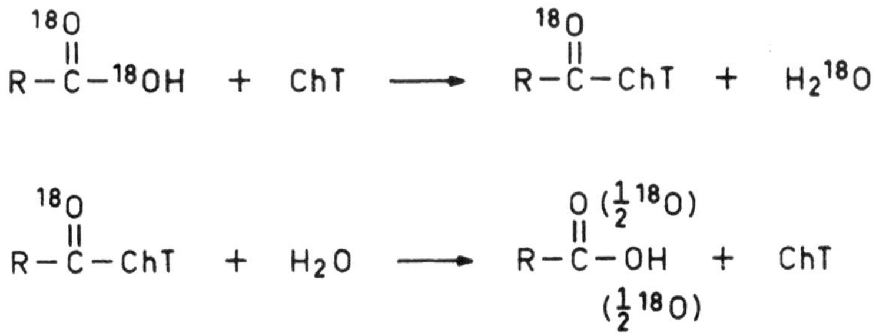

Wird die Reaktion in Gegenwart zweier nucleophiler Verbindungen, z. B. Wasser und einem Amin R—NH_2 durchgeführt, werden zwei Produkte erhalten (Gleichung (4.2)). Das Verhältnis der beiden gebildeten Produkte ist abhängig von k_{+3} und k_{+4} sowie von den Bedingungen der experimentellen Durchführung. Folglich sollte unter sonst gleichen Bedingungen die Spaltung zweier Substrate, die das gleiche Acylenzym liefern, zur Bildung der entsprechenden Produkte im gleichen Verhältnis führen.

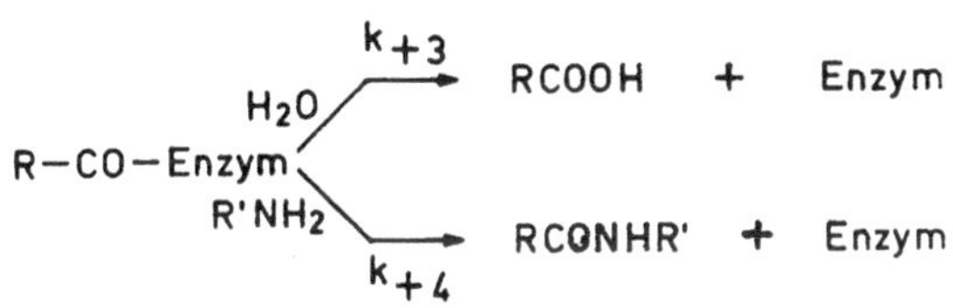

(4.2)

EPAND und WILSON zeigten, daß bei der Reaktion von Chymotrypsin mit verschiedenen Hippursäureestern in Gegenwart von 0,5 M Hydroxylamin jeweils gleiche Anteile Hydroxamsäuren gebildet werden [38, 39].
Beim Vergleich der Reaktionsfolge (4.1) mit dem üblichen MICHAELIS-MENTEN-Schema einer enzymatischen Reaktion, bei der keine kovalenten Zwischenprodukte gebildet werden, ist die experimentell gemessene, scheinbare MICHAELIS-Konstante K_m nicht unbedingt mit der Bindungskonstanten K_s und die Geschwindigkeitskonstante k_{kat} weder mit k_{+2} noch mit k_{+3}

$$E + S \xrightarrow{K_m(app)} ES \xrightarrow{k_{kat}} E + P_1 + P_2 \tag{4.3}$$

identisch. Es kann gezeigt werden, daß zwischen dem K_m-Wert (app) und der wahren Dissoziationskonstante K_s folgende Beziehung besteht

$$K_m(app) = \{k_{+3}/(k_{+2} + k_{+3})\}\, K_s \tag{4.4}$$

und daß für die Geschwindigkeitskonstanten gilt:

$$k_{kat} = k_{+2} \cdot k_{+3}/(k_{+2} + k_{+3}). \tag{4.5}$$

Diese Beziehungen können entsprechend der relativen Größe von k_{+2} und k_{+3} vereinfacht werden. Ist $k_{+2} \gg k_{+3}$,

dann wird

$$K_m(app) = (k_{+3}/k_{+2})\, K_s \tag{4.6}$$

und

$$k_{kat} = k_{+3}, \tag{4.7}$$

d. h. k_{+3} stellt dann den geschwindigkeitsbestimmenden Schritt dar.
Ist $k_{+3} \gg k_{+2}$,

dann wird

$$k_{kat} = k_{+2} \tag{4.8}$$

und

$$K_m(app) = K_s. \tag{4.9}$$

Bei einem nichtspezifischen Substrat, wie p-Nitrophenylacetat, das eine gut abspaltbare Gruppe besitzt, ist k_{+3} sehr viel kleiner als k_{+2} [40, 24]. Die Reaktion nimmt eine interessante Form an, wenn man die Freisetzung von p-Nitrophenol spektroskopisch verfolgt. Anfangs beobachtet man eine schnelle Freisetzung von p-Nitrophenol, der ein langsamerer Prozeß 0. Ordnung folgt [41]. Die anfängliche schnelle Freisetzung der abspaltbaren Gruppe (der „Initialstoß") entspricht den ersten zwei Stufen des Schemas (4.1), die zum Acylenzym führen und solange ablaufen, bis praktisch alles Enzym acyliert ist. Danach kontrolliert der langsamere Deacylierungsschritt die Gesamtreaktion. Im Extremfall, unter sauren Bedingungen, ist der Deacylierungsschritt so langsam, daß das Acylenzym zu einer stabilen Verbindung wird.
Bender und Mitarbeiter [39, 42] diskutierten einige Konsequenzen des Schemas (4.1) für die zwei Arten spezifischer Substrate, die Ester und Amide. Die Ergebnisse von Hemmstudien mit den D-Isomeren spezifischer Substrate zeigten, daß die abspaltbare Gruppe (der Ester- bzw. Amidanteil) sehr wenig, wenn überhaupt, zu der Bindung der Substrate bzw. Inhibitoren an das Enzym beiträgt. Die K_s-Werte der Amide und Ester gleicher Acylaminosäuren sind deshalb ähnlich. Jedoch unterscheiden sich die scheinbaren K_m-Werte dieser Verbindungen sehr stark, was mit dem obigen Schema in Einklang zu bringen ist. Bei spezifischen Substraten, z. B. Amiden, ist k_{+2} geschwindigkeitsbestimmend und deshalb gelten die Gleichgewichte (4.8) und (4.9). Im Gegensatz dazu ist bei spezifischen Substraten vom Estertyp k_{+2} größer als k_{+3}, wodurch die Deacylierung zum geschwin-

digkeitsbestimmenden Schritt wird; demgemäß gelten Gleichung (4.6) und (4.7). Da für derartige Ester k_{+3} geschwindigkeitsbestimmend ist, folgt daraus, daß die Gesamtgeschwindigkeit der Hydrolyse aller Ester ein und derselben Säure gleich sein muß und jeweils auch das gleiche Acylenzym gebildet werden sollte. Das ist eine wichtige Konsequenz aus dieser Vorstellung, deren Richtigkeit auch gleichzeitig ein guter Beweis für die Acylenzymhypothese ist.
Es wurde dargelegt, daß die K_s-Werte für die Ester und Amide ein und derselben als spezifisches Substrat fungierenden Aminosäure gleich sein sollten. Da für ein Amid (z. B. N-Acetyltyrosinamid) K_s gleich K_m ist, kann dieser experimentell bestimmte Wert folglich als K_s für den zugehörigen Ester (N-Acetyl-L-tyrosin-äthylester) benutzt werden. Auf diese Weise wird es möglich, alle Geschwindigkeitskonstanten für verschiedene Substrate zu ermitteln. Ein interessantes Ergebnis einer derartigen Analyse war, daß bei der Hydrolyse der Äthylester des N-Acetyltyrosins, des Phenylalanins und des Tryptophans der Deacylierungsschritt sich als geschwindigkeitsbestimmend erwies, während beim N-Acetylglycinäthylester der Acylierungsschritt die Geschwindigkeit des Gesamtprozesses bestimmte. In dieser Hinsicht ähneln die Ester nichtspezifischer Aminosäuren den Amiden spezifischer Aminosäuren. In jedem Fall ist der Acylierungsschritt der langsamere; im erstgenannten Fall möglicherweise deshalb, weil die schwache Bindung ungünstig ist, im letzteren Fall weil die Amidverbindung eine schlecht abspaltbare Gruppe besitzt.
In dieser Publikationsreihe veröffentlichte die Arbeitsgruppe von BENDER auch Werte für die Aktivierungsparameter einiger chymotrypsin-katalysierter Hydrolysen [43]. Von besonderem Interesse sind ihre Werte für die Deacylierung einiger Acylchymotrypsin-Verbindungen, die in Tabelle 4.1. wiedergegeben werden.
Die Werte für k_{+3} sind auf den entsprechenden Wert von Acetylchymotrypsin bezogen. Mit abnehmender Spezifität des Enzyms für das jeweilige Substrat ist auch eine Verringerung der zugehörigen k_{+3}-Werte festzustellen. Offensichtlich ist jedoch, daß die Aktivierungsenthalpien (ΔH^*) für alle Derivate ähnlich sind. Die Aktivierungsentropien leisten die größten Beiträge zu den unterschiedlichen Reaktionsgeschwindigkeiten. BENDER und Mitarbeiter diskutieren diese Ergebnisse als Folge der Starrheit des Acylenzyms, die aus der festen Bindung zwischen

Tabelle 4.1. Aktivierungsparameter für die Deacylierung verschiedener Acylchymotrypsin-Verbindungen

Acylenzym	k_{+3} (a)	ΔG^* (b)	ΔH^* (b)	$-T\Delta S^*$ (b)	ΔS^* (c)
Acetyltyrosyl-	3540	14,3	10,3	4,0	−13,4
Acetyltryptophanyl-	942	17,9	12,0	5,9	−19,8
Cinnamoyl-	14,7	20,1	11,2	8,9	−29,6
Acetyl-	1	20,4	9,7	10,7	−35,9

Nach Lit. [43]. (a) Relative Geschwindigkeit bezogen auf Acetylchymotrypsin, (b) kcal/Mol, (c) cal/Mol · Grad.

der Acylgruppe und dem Enzym resultiert. Dieser Beweis stützt folglich die Annahme (s. vor allem Kapitel 9), daß Faktoren, die mit der Entropie zusammenhängen, einen wesentlichen Beitrag zur Enzym-Katalyse liefern.

Ein anderes wichtiges Merkmal der Chymotrypsin-Katalyse ist der Einfluß des pH-Wertes auf die verschiedenen Reaktionskonstanten. Die Gesamtreaktion des Chymotrypsins benötigt offensichtlich (a) eine Gruppe mit einem pK_s von 6,8, die in der Basenform vorliegt, und (b) eine Gruppe mit einem pK_s von 9 in der Form der konjugierten Säure [44]. Die jüngste sorgfältig durchgeführte Analyse der pH-Abhängigkeit zeigte [9, 45], daß die einzelnen Schritte der Reaktionsfolge (4.1) in folgender Weise vom pH-Wert beeinflußt werden. Der K_s-Wert hängt von der Gruppe mit dem pK_s von 9 ab und es wird angenommen, daß bei der Protonisierung dieser Gruppe eine Konformationsänderung eintritt. Nur diejenige Konformation, die die protonisierte Gruppe trägt, ist in der Lage, das Substrat zu einem aktiven Enzym-Substrat-Komplex zu binden. Gut begründet ist die Vorstellung, daß diese Gruppe die N-terminale Aminogruppe des Isoleucin-16 ist. Die beiden folgenden Schritte k_{+2} und k_{+3} sind von der basischen Form der Gruppe mit einem scheinbaren pK_s-Wert von 6,8 abhängig. Die ursprüngliche Vermutung, daß dies die Imidazolgruppe des Histidinrestes sei, erscheint jetzt als eine zu starke Vereinfachung.

Mehr Information über die Bedeutung des prototropen Systems mit dem scheinbaren pK_s von 6,8 wurde durch die Untersuchung der Reaktion in Deuteriumoxid erhalten. In D_2O gibt sich ein Protonentransfer gewöhnlich durch einen kinetischen Effekt, der zu einem Absinken der Geschwindigkeit um den Faktor 2—3 führt, zu erkennen. Für den Deacylierungsvorgang des Chymotrypsins wurde gezeigt, daß er in D_2O 2,5mal langsamer abläuft als in Wasser [46, 47], so daß es den Anschein hat, daß auf dieser Stufe mindestens eine Protonenübertragung stattfindet, d. h. eine Basen-Katalyse offenbar beteiligt ist. Die gesamte pH-Geschwindigkeitskurve ist, in Übereinstimmung mit den obigen Ergebnissen in D_2O, außerdem um etwa 0,6 pH-Einheiten nach höheren pH-Werten hin verschoben. Es ist zu erwarten, daß der Acylierungsvorgang dem Deacylierungsvorgang zumindestens formal sehr ähnlich ist. Wir nehmen an, daß die gleiche Gruppe in bestimmter Weise an beiden Vorgängen beteiligt ist.

Substratbindung und Substratspezifität. Chymotrypsin zeigt zwar keine ausgeprägte Spezifität, doch sind einige Besonderheiten in der Struktur der Substrate unabdingbar für die Aktivität. Die besten Substrate sind N-Acylaminosäurederivate, die eine cyclische Gruppe in der Seitenkette tragen (XIII) [48, 49]. Diese cyclische Gruppe muß jedoch nicht aromatisch sein [49]. Die Stereospezifität ist sehr groß. Chymotrypsin katalysiert die Hydrolyse von L-Aminosäurederivaten, aber kaum die von D-Isomeren. D-Isomere können jedoch Inhibitoren sein. Die Natur der Acylgruppe (R) hat gewöhnlich wenig Einfluß auf die Reaktion. Dementsprechend kann das Substrat eine lange Peptidkette oder einfach ein Acetylderivat ($R = CH_3$) sein. Der Amidstickstoff ist bedeutungsvoll, die Substitution des Wasserstoffs durch eine Methylgruppe macht das Molekül als Substrat unwirksam.

Untersuchungen der Substratspezifität und der Hemmung führten zu dem Schluß, daß in dem Enzymmolekül verschiedene Bindungsstellen existieren. Das sind (a) der Serinrest, der mit dem Substrat eine kovalente Bindung eingeht, (b) die apolare Region, die die hydrophobe Seitenkette aufnimmt, (c) ein Bereich, der eine Wasserstoffbindung mit der Acylamidogruppe des Substrates bilden kann und (d) eine Stelle, die dem Wasserstoffatom am α-Kohlenstoff zugeordnet ist (die entsprechenden Regionen am Substrat sind im Diagramm (XIII) gekennzeichnet) [50, 51]. Die ablösbare Gruppe (Y) liefert, wie schon betont wurde, keinen Beitrag zur Bindung des Substrates an das Enzym.

XIII 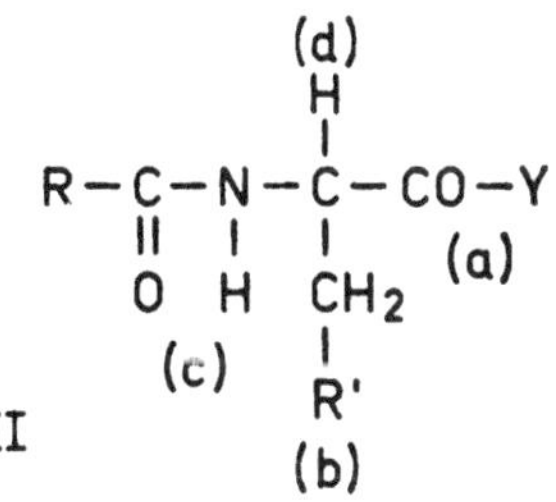

KNOWLES und Mitarbeiter veröffentlichten einige interessante Beobachtungen über die Spezifität der Deacylierung von Acylchymotrypsin [52]. Sie zeigten, daß in der L-Reihe die Reaktion um so schneller abläuft, je besser die Bindung zwischen der Acylgruppe und dem Enzym ist. Das stimmt mit den Ergebnissen von BENDER, KEZDY und GUNDER, die auf Seite 183 beschrieben wurden, überein, die zeigten, daß Spezifitätsfaktoren einen großen Einfluß haben. KNOWLES et al. zeigten auch, daß in der D-Reihe, d. h. bei Acylchymotrypsinen, die sich von D-Aminosäuren ableiten, die Deacylierungsgeschwindigkeit um so langsamer ist, je besser die Bindung ist. Diese Ergebnisse weisen darauf hin, daß für Derivate von L-Aminosäuren die Acylgruppe von drei unterschiedlichen Stellen gebunden wird und daß diese Bindung die Carbonylgruppe in einer Stellung fixiert, die für den Angriff des deacylierenden Nucleophils günstig ist. Je fester die Bindung der Seitenkette ist, desto starrer ist die Carbonylgruppe in dieser Stellung fixiert. Wird ein D-Aminosäurederivat in der gleichen Weise gebunden, so muß die Carbonylgruppe in einer ungünstigen Stellung fixiert sein. Je fester die Bindung ist, desto weniger ist die Carboxylgruppe einem nucleophilen Angriff zugänglich. Solche Experimente unterstreichen die Bedeutung der dreidimensionalen Anordnung der Bindungsstellen in einem stereospezifisch wirkenden Enzym. Es wurden einige Ausnahmen der von KNOWLES aufgestellten Regel „je besser die Bindung, desto besser die Reaktion“ beobachtet. Hier sind insbesondere die Fälle der „wrong-way“-Bindung von RAPP u. a. zu nennen [53].

Die dreidimensionale Struktur des Tosylchymotrypsins Die Röntgendiffraktionsuntersuchungen von BLOW et al. [54] ergaben Elektronendichteverteilungen mit hoher Auflösung, die die Konformation der Polypeptidketten abzuleiten gestatteten. Das Ergebnis ist in Abbildung 4.2. dargestellt. Die drei Peptidketten und die Disulfidbrücken sind deutlich zu erkennen. Das Modell bestätigt viele der aus chemischen Untersuchungen erhaltenen Informationen. So ist das aktive Serin, das die Tosylgruppe trägt, wie erwartet dem Histidin-57 sehr nahe. Ebenfalls in der Nähe ist das Methionin-192. Das Histidin-40 wurde in einem Abstand von mindestens 13 Å vom Histidin-57 gefunden. Die Positionen der Kettenenden

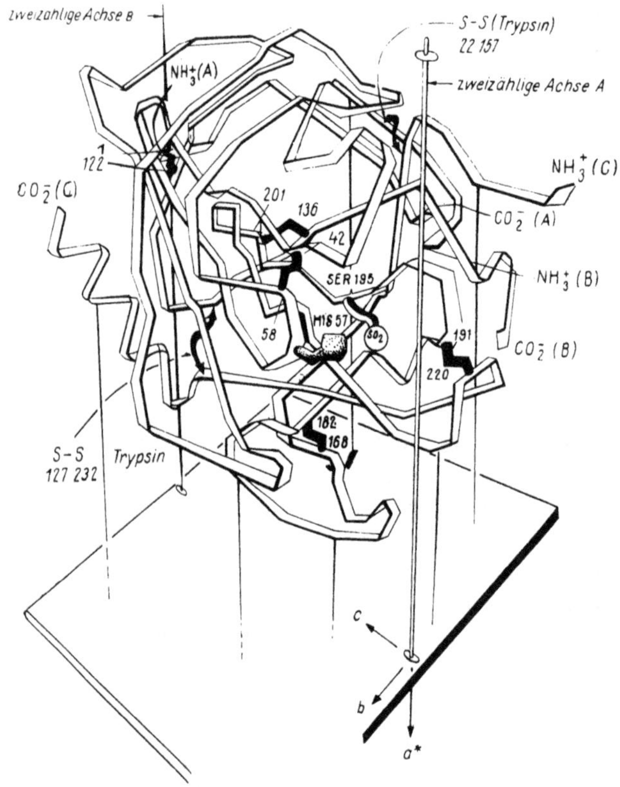

Abb. 4.2. Die Faltung der Peptidkette des Chymotrypsins. Die N- und C-terminalen Enden der drei Ketten A, B und C sind deutlich zu sehen. Die Imidazolseitenkette des Histidin-57 und die an das Serin-195 gebundene p-Toluolsulfonylgruppe sind ebenfalls dargestellt. (Freundlicherweise überlassen von D. M. Blow und dem M. R. C.)

(die Ketten sind entsprechend der Reihenfolge der Aminosäuren mit A, B und C bezeichnet) sind mit dem Verlust zweier kleiner Peptide aus der Enzymvorstufe vereinbart, dem eine relativ kleine Konformationsänderung folgt.

Die dreidimensionale Struktur leistet aber mehr als nur die Bestätigung der chemischen Ergebnisse. Sie erlaubt eine exakte Beschreibung der Bedeutung der Aminogruppe des Isoleucin-16. Die Elektronendichteverteilung macht deutlich, daß das Carboxylation der Seitenkette des Asparaginsäurerestes (Asp-194) in der

Nähe des aktiven Serins mit der protonisierten Aminogruppe des Isoleucin-16 ein Ionenpaar bildet, wie es in Abbildung 4.3. gezeigt wird. Diese ionische Wechselwirkung fixiert das aktive Zentrum in der erforderlichen Konformation. In der nichtprotonisierten Form (oberhalb pH 9) oder in den acetylierten Derivaten kann sich dieses Ionenpaar nicht ausbilden, so daß die aktive Konfiguration zerstört wird.

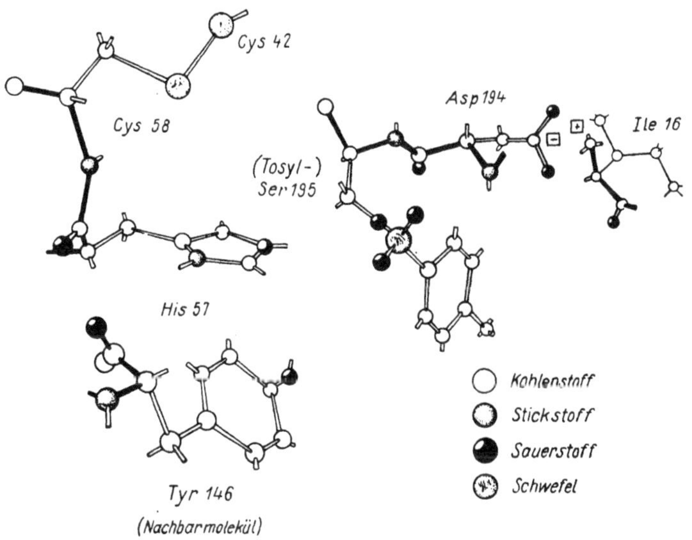

Abb. 4.3. Die Anordnung des Histidin-57, des Serin-195, des Aspartat-194 und des Isoleucin-16 in der dreidimensionalen Struktur des α-Chymotrypsins. Neben der Disulfidbrücke zwischen den Cysteinen-58 und -42 ist das Tyrosin-146 von einem benachbartem Molekül zu sehen. (Freundlicherweise überlassen von D. M. Blow und dem M. R. C.)

Ein anderes charakterisitisches Merkmal in Abbildung 4.3. ist die Anwesenheit eines Tyrosinrestes (Tyr-146) in der Nähe des aktiven Zentrums. Es sei daran erinnert, daß Westheimer et al. [34] auf die Anwesenheit einer solchen Gruppe aufgrund der Untersuchungen mit Diazoacetylchymotrypsin geschlossen haben.

Die wahrscheinlich wichtigste Konsequenz der Feinaufklärung der dreidimensionalen Struktur des Enzyms war jedoch, daß sie Licht auf einen vorher nicht vermuteten Aspekt des aktiven Zentrums warf und damit eine wichtige Grundlage für das Verständnis der katalytischen Aktivität des Enzyms lieferte. Es wurde klar, daß der Imidazolring des Histidin-57, der an dem katalytischen Prozeß als allgemeine Base teilnimmt, über eine Wasserstoffbindung mit der Carboxylseitenkette des Asparaginyl-102-restes verbunden ist, der im Inneren des Proteinmoleküls verborgen ist. Der Bereich um diesen Asparaginylrest ist wahr-

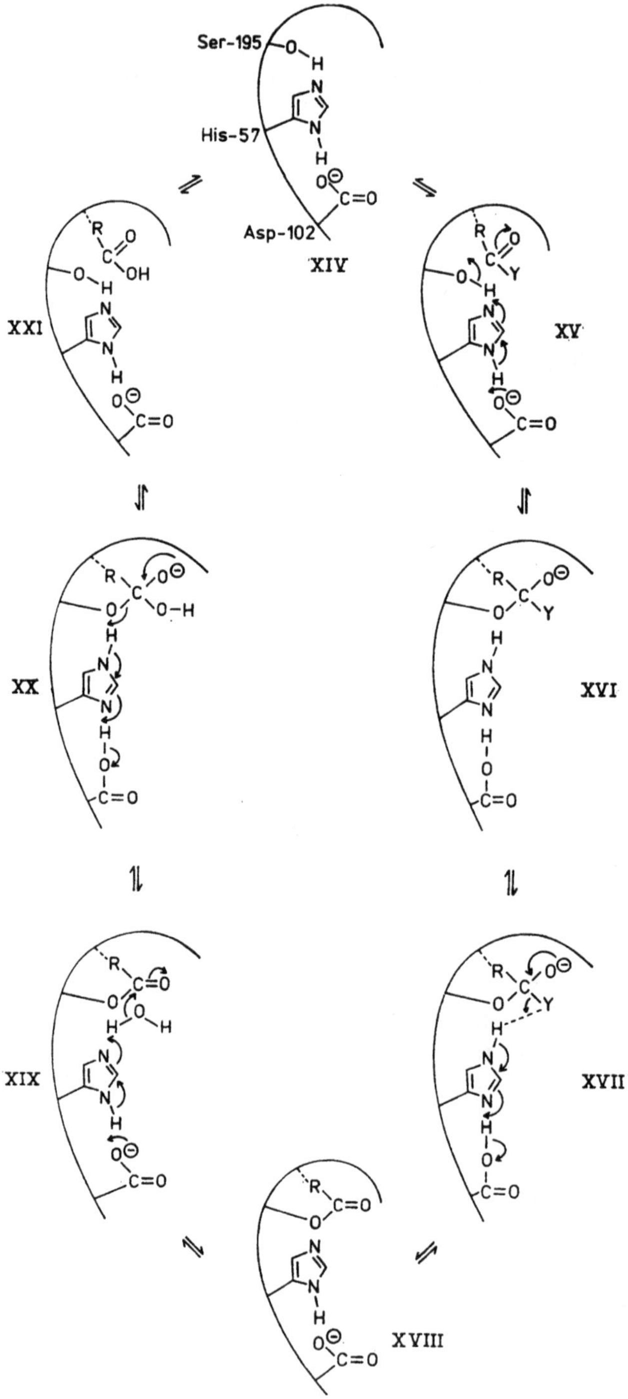

Ser-195
His-57
Asp-102
XIV
XV
XVI
XVII
XVIII
XIX
XX
XXI

scheinlich stark hydrophob und Blow und Mitarbeiter [54a] wiesen darauf hin, daß die Gruppe mit dem pK_s von 6,8, die an der katalytischen Reaktion beteiligt ist, in Wahrheit ein kompliziertes System ist, das aus der Carboxyl-, der Imidazol- und der Hydroxymethylgruppe des Asparaginsäure-, Histidin- und Serinrestes des aktiven Zentrums besteht. Dieses komplexe System kann, wie es in Gleichung (4.10) dargestellt ist, in einer sauren und einer basischen Form existieren.

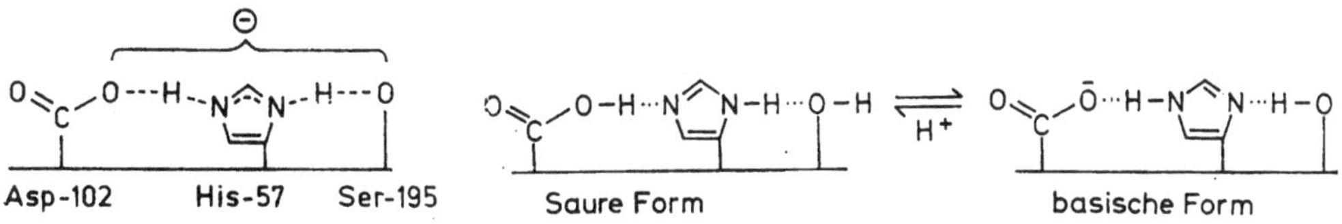

Da die Basenform als resonanzstabilisiert angesehen werden kann, kann der Serin-sauerstoff im pH-Bereich um 7 als stärker negativ und damit als besseres Nucleophil betrachtet werden als im Falle des freien Serins.

Der Mechanismus der Chymotrypsin-Katalyse. Der Mechanismus der katalytischen Hydrolyse eines Esters durch Chymotrypsin, wie er in Abbildung 4.4 dargestellt ist, basiert auf den Vorstellungen vieler Arbeitsgruppen [47, 41, 29b, 55] und insbesondere auf den Arbeiten von Blow und seinen Mitarbeitern [54a]. Dieser Mechanismus steht mit nahezu allen aus diesen Arbeiten erhaltenen Ergebnissen in Übereinstimmung.

In diesem Schema stellt XIV das freie Enzym dar, in dem die Carboxylgruppe des Asp-102, der Imidazolring des His-57 und die Hydroxylgruppe des Ser-195 in festgelegten Positionen zueinander angeordnet sind. Das Substrat wird gebunden (XV) und die Carbonylgruppe einem nucleophilen Angriff durch den Sauerstoff des Serinhydroxyls unterworfen. Die große Nucleophilie dieser Gruppe ist auf die negative Ladung, die von der Carboxylgruppe aus dem hydrophoben Inneren des Enzyms über den Imidazolring übertragen wird, zurückzuführen. Es entsteht ein tetrahedrales Zwischenprodukt (XVI). Dieser Vorgang ist wahrscheinlich der geschwindigkeitsbestimmende Schritt im Acylierungsprozeß [47]. Der Imidazol-Carboxyl-Komplex unterstützt die Ablösung der Y-Gruppe, indem er als saurer Katalysator wirkt (XVII), und der Verlust von HY führt zur Bildung des Acylenzyms (XVIII). Der Deacylierungsvorgang ist in seinem Mechanismus ähnlich; der nucleophile Angriff durch Wasser wird durch das gleiche Imidazol-Carboxyl-System (XIX) gefördert. Das dabei entstehende tetrahedrale Intermediat (XX) zerfällt, wobei die Ablösung der substituierbaren Gruppe (das Serinhydroxyl) durch eine Säure-Katalyse erleichtert wird. Es entsteht der nicht-

←

Abb. 4.4. Der für die chymotrypsin-katalysierte Hydrolyse eines Esters oder eines Amids vom Typ R—CO—Y vorgeschlagene Mechanismus.

kovalente Enzym-Säure-Komplex (XXI), der unter Rückbildung des freien Enzyms dissoziiert.
Die Säure-Katalyse bei der Ablösung der substituierbaren Gruppen (XVII und XX) ist obligatorisch, wenn das Prinzip der mikroskopischen Reversibilität gewahrt bleiben soll[1]. Es ist weiterhin zu bemerken, daß sowohl bei der Acylierung als auch bei der Deacylierung die nucleophilen Vorgänge geschwindigkeitsbestimmend sind [47]. Die Eigenschaften des aktiven Zentrums sollten diesen Reaktionstyp vor allem durch die Wirkung der negativen Ladung des Carboxyls, die aus dem apolaren Inneren des Moleküls in den stark polaren Bereich des aktiven Zentrums übertragen wird, begünstigen.
Für die Chymotrypsin-Katalyse wurden viele andere Mechanismen vorgeschlagen. Hierzu gehören Prozesse, an denen zwei Imidazolreste in einer konzertierten Reaktion beteiligt sind [56, 47]. Die Aminosäuresequenz des Chymotrypsins (s. Abb. 4.1.) zeigt deutlich, daß das Histidin-40 in enger Nachbarschaft zu dem am katalytischen Vorgang beteiligten Histidin-57 sein muß. Gegenwärtig erscheint eine konzertierte Reaktion jedoch sehr unwahrscheinlich. Der Anstieg der pH/log k_{+2}-Kurve ist 1,0, was darauf hindeutet, daß nur eine Gruppe beteiligt ist (Lit. [40], Seite 251). Außerdem zeigt das dreidimensionale Modell des Tosylchymotrypsins, daß die beiden Histidinreste zu weit voneinander entfernt sind, um auf diese Weise miteinander in Wechselwirkung treten zu können.
Weitere Mechanismen, in denen eine direkte Beteiligung des Asparaginsäurerestes ins Auge gefaßt wurde, der dem aktiven Serin am nächsten ist, konnten aufgrund von Ergebnissen des Sauerstoffisotopenaustausches und anderer Experimente [57, 58, 59, 60] ausgeschlossen werden.

Trypsin und andere Enzyme mit aktivem Serin

Trypsin (3.4.4.4). Trypsin und Chymotrypsin sind einander sehr ähnlich; der wichtigste Unterschied zwischen ihnen besteht in ihrer Spezifität. Trypsin katalysiert die Hydrolyse von Estern und Amiden, die sich von L-Aminosäuren mit basischer Seitenkette ableiten, d. h. von Arginin und Lysin [61]. Die Spezifität ist groß, obwohl auch für das Trypsin wie für das Chymotrypsin einige nichtspezifische Substrate bekannt sind [62, 63].
Abbildung 4.5. zeigt die Aminosäuresequenzen von Trypsinogen und Chymotrypsinogen [64]. Beiden gemeinsame Aminosäurereste sind jeweils durch große Buchstaben gekennzeichnet. Die Übereinstimmung ist auffallend, besonders wenn man beachtet, daß viele Unterschiede solche Aminosäurepaare betreffen,

---

[1] Blow et al. [54a] schlugen einen etwas anderen Mechanismus vor, in dem die nucleophile Substitution an der Carbonylgruppe in einem Schritt stattfindet und nicht über ein tetrahedrales Zwischenprodukt führt. Die Säure-Katalyse bei der Abspaltung der zu ersetzenden Gruppe erfolgt demnach gleichzeitig mit dem nucleophilen Angriff. Dies stimmt mit der Annahme einer elektrophilen Komponente in der Chymotrypsin-Katalyse überein (s. Holloway, M. R., Ann. Rev. 1968).

die einander sehr ähnlich sind, z. B. Serin und Threonin, Arginin und Lysin sowie Asparaginsäure und Glutaminsäure. Aromatische Aminosäuren sind oft gegen solche ausgetauscht, die andere apolare Seitenketten haben, wie Valin, Leucin und Isoleucin. Die Disulfidbrücken zwischen den jeweiligen Halbcystinen sind einander ähnlich, so daß zu erwarten ist, daß die dreidimensionalen Strukturen der beiden Enzyme nicht sehr voneinander abweichen. BLOW drückte diese Ähnlichkeit in der Darstellung des Chymotrypsins dadurch aus (Abb. 4.2.), daß er eine Markierung der möglichen Positionen der Disulfidbrücken im Trypsin vornahm. Disulfidbrücken in diesen Stellungen besitzen eine hohe Wahrscheinlichkeit.

Nimmt man an, daß das Trypsin eine ähnliche dreidimensionale Struktur wie das Chymotrypsin hat, so ist die Spezifität des Trypsins für basische Aminosäurereste leicht zu erklären. Der Aminosäurerest 177, der im aktiven Zentrum an einer für die Wechselwirkung mit dem Substrat geeigneten Stelle zu finden ist, wurde als Asparaginsäure identifiziert. Diese liefert offenbar die geladene Gruppe, die für die Substratbindung erforderlich ist.

Es wurden viele Ähnlichkeiten im Mechanismus gefunden, nach denen diese zwei Enzyme wirken. Ein Serinrest ist beteiligt, denn Trypsin wird durch Diisopropylfluorophosphat unter Bildung eines Phosphoserinderivates [65] gehemmt. Das aktive Serin befindet sich in Position 183 [56, 64, 66, 67]. Die pH-Abhängigkeit der Reaktionsgeschwindigkeit zeigt, daß eine basische Gruppe mit dem pK_a von 6,25 für die Aktivität essentiell ist. Die Ionisationswärme dieser Gruppe wurde mit 7 kcal/Mol bestimmt. Die Beteiligung eines Histidinrestes wird durch die Hemmung des Trypsins durch das vom N-α-Tosyllysin abgeleitete Chlorketon (TLCK) bestätigt. Die Reaktion des Trypsins mit diesem Reagenz führt zur Alkylierung eines Histidinrestes [69], der sich in Stellung 46 [70] befindet. Beachte, daß dieser mit dem Histidin-57 in der Sequenz des Chymotrypsins übereinstimmt, der durch TPCK acyliert wird. TPCK hat keinen Effekt auf Trypsin, während TLCK das Chymotrypsin unbeeinflußt läßt [69].

Die Gesamtreaktion (4.1) der Chymotrypsin-Katalyse stimmt mit der des Trypsins überein. Folglich sollte ein Acyltrypsin als Zwischenprodukt der Reaktion gebildet werden. Obwohl die Isolierung des Acyltrypsins sich als ein schwieriges Problem herausstellte, z. B. ist das trans-Cinnamoyltrypsin extrem instabil, während das entsprechende Chymotrypsinderivat isoliert werden kann [63], war es möglich, die Hydrolyse einiger nichtspezifischer Substrate unter Bedingungen zu untersuchen, unter denen der Acylierungsschritt vom Deacylierungsschritt unterschieden werden kann [62, 63]. Beweise für die Bildung von Acyltrypsin als Zwischenprodukt bei der Hydrolyse spezifischer Substrate wurden durch Untersuchungen erhalten, die zeigten, daß die Hydrolyse verschiedener Ester des N-Benzoylarginins mit gleicher Maximalgeschwindigkeit verläuft. Es wurden hierfür der Methyl-, Äthyl-, Isopropyl-, Benzyl- und Cyclohexylester benutzt [63]. Das entspricht dem Fall, der für das Chymotrypsin durch die Gleichungen (4.5) und (4.6) dargestellt ist, in dem die Deacylierung des normalen Acylenzyms der geschwindigkeitsbestimmende Schritt ist.

Einige Unterschiede sind jedoch bemerkenswert. Beispielsweise besitzt Trypsin keinen Methioninrest, der dem in Position 192 des Chymotrypsins entsprechen würde, so daß keine analogen Alkylierungs- oder Oxidationsreaktionen am Trypsin durchgeführt werden können. Der K_m-Wert scheint nicht durch eine Gruppe mit einem pK_s von 9,0 beeinflußt zu werden. Im Falle des Chymotrypsin war dies die Aminogruppe des Isoleucin-16. Obwohl das Isoleucin-6 des Trypsins, das dem Isoleucin-16 des Chymotrypsins entspricht, bei der Umwandlung von Trypsinogen zu Trypsin frei wird, zeigt dieses keinerlei Einfluß auf die Substratbindung. Das wird durch die Tatsache unterstrichen, das eine Acetylierung zwar das Chymotrypsin inaktiviert, die Aktivität des Trypsins hingegen nicht verringert [71, 72]. Einigen Substraten gegenüber scheint die Aktivität des Enzyms durch die Acetylierung sogar gesteigert zu werden [73].
In irgendeiner Weise scheinen ein oder mehrere Tyrosinreste an der Aktivität des Trypsins beteiligt zu sein. Es können sechs der zehn Tyrosinreste des nativen Enzyms mit Cyanursäurefluorid reagieren, wobei das Produkt 75% seiner Aktivität [74] behält. Reagiert Cyanursäurefluorid jedoch mit dem inaktiven Diisopropylphosphotrypsin, so werden nur vier Tyrosinreste substituiert. Das könnte bedeuten, daß die übrigen zwei Reste sich sehr nahe am aktiven Zentrum befinden. Weitere Resultate hinsichtlich der Tyrosinreste wurden aus Acetylierungsversuchen erhalten [72]. Die Reaktion des Trypsins mit N-Acetylimidazol verringert normalerweise nicht die Enzymaktivität. In Gegenwart von Harnstoff oder Guanidinhydrochlorid (die beide die dreidimensionale Struktur zerstören) werden jedoch einige Tyrosinreste, die vorher wahrscheinlich „verborgen“ waren, freigelegt und acetyliert. Das Produkt ist inaktiv. Durch Deacylierung mit Hydroxylamin wird das Enzym reaktiviert. VALLEE et al. [72] nehmen an, daß die Tyrosinreste an der Fixierung des Proteins in der erforderlichen Konformation beteiligt sind.
Aus den im Vergleich zum Chymotrypsin nur unvollständigen Kenntnissen über das Trypsin kann geschlossen werden, daß sein Wirkungsmechanismus dem des Chymotrypsins sehr ähnlich ist. Das gleiche kann auch für einige andere Peptidasen gesagt werden, die ganz analoge Eigenschaften zeigen. Zu diesen gehören a) Chymotrypsin B, das eine ähnliche Spezifität wie Chymotrypsin A besitzt, b) Thrombin und Plasmin, die eine ähnliche Spezifität wie Trypsin haben, c) Pankreaspeptidase E (Elastase, 3.4.4.7), die die Hydrolyse von Peptiden vor allem an Bindungen katalysiert, die an neutrale Aminosäuren grenzen, und d) Subtilopeptidase A. Subtilisin BPN′ (vgl. mit Subtilopeptidase A, 3.4.4.16) zeigt als bakterielles Enzym viele Ähnlichkeiten mit dem Chymotrypsin. Seine Röntgenkristallstruktur wurde aufgeklärt [54b] und das Ergebnis zeigt, daß das aktive Serin über eine Wasserstoffbindung mit einem Histidin verknüpft ist. Der Histidinrest selbst könnte über eine Wasserstoffbindung mit einem Aspartyl- bzw. Asparaginylrest verbunden sein. Es ist deshalb wahrscheinlich, daß der Wirkungsmechanismus des Subtilisins BPN′ dem des Chymotrypsins entspricht.

Hydrolasen von Carboxylestern

Viele der Esterhydrolasen, die von der Nomenklaturkommission in die Gruppe 3.1.1.— eingeordnet wurden, scheinen über einen Mechanismus zu wirken, der dem der vorstehend besprochenen Peptidasen ähnlich ist.[1] Sie werden durch DFP (I) gehemmt, das mit einem Serinrest reagiert; ihre Aktivität hängt von einer Gruppe (oder Gruppen) mit einem pK_s von 6—7 ab und für einige von ihnen

$$HO \cdot CH_2 \cdot CH_2 \cdot \overset{\oplus}{N}(CH_3)_3$$

Cholin

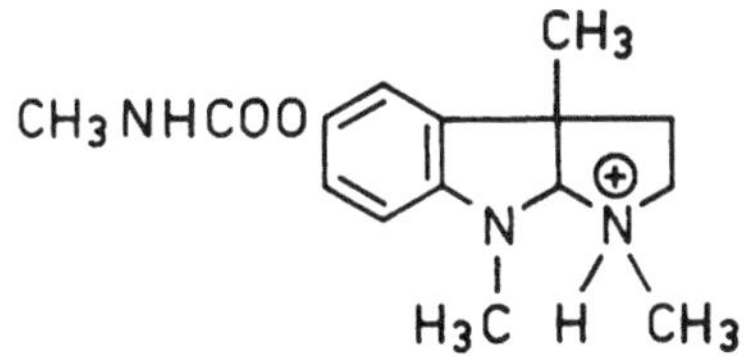

Physostigmin (Eserin)

wurde ein Acylintermediat nachgewiesen. Sie unterscheiden sich in ihrer Spezifität und werden dementsprechend in zwei Gruppen unterteilt: solche, deren Spezifität gegen Cholinester gerichtet ist und jene, die andere Ester einschließlich der Fettsäureester hydrolysieren. Ihre Unterscheidung wird im allgemeinen durch Physostigmin (Eserin) vorgenommen, das Cholinesterasen stark hemmt, auf die einfachen Esterasen jedoch keinen hemmenden Effekt hat.

Die Spezifitäten der physostigmin-unempfindlichen Esterasen überlappen sich bis zu einem gewissen Grade; sie hängen gewöhnlich von der Anzahl der Kohlenstoffatome des Acylanteils der Ester ab. Die Carboxylesterase (ali-Esterase; 3.1.1.1) z. B. scheint ihre Maximalaktivität gegen Ester der m-Hydroxybenzoesäure zu haben, die sich von Säuren mit 7—10 Kohlenstoffatomen ableiten. Es wurde vermutet, daß verschiedene natürliche Gewebe eine Reihe von Esterasen enthalten können, die für Ester von Säuren unterschiedlicher Kettenlänge spezifisch sind [76]. Auf der Grundlage von Spezifitätsuntersuchungen nehmen Malhotra und seine Mitarbeiter [78] an, daß das Bindungszentrum der Carboxylesterase von Ziegen ein schmaler hydrophober Bezirk von 16—17 Å Länge ist, der die lange Kette des Fettsäureanteils des Substrates bindet. Im Gegensatz dazu scheint eine Citrusesterase (eine Acetylesterase) Ester der Essigsäure zu bevorzugen und es gibt Beweise, daß bei diesem Enzym der Alkoholanteil des Substrates einen bedeutenden Beitrag zu dessen Bindung leistet [39].

Die Cholinesterasen zeigen ebenfalls überlappende Spezifitäten. Die Acetylcholinesterase, deren physiologisches Substrat Acetylcholin ist, ist auch in der Lage,

[1] Es wirken allerdings nicht alle auf diese Weise. Die Acetylesterase tierischer Gewebe, durch die Kommission als C-Esterase (3.1.1.6) klassifiziert, wird nicht durch DFP gehemmt [75], so daß sie wahrscheinlich mittels eines anderen Mechanismus wirkt. Hofstee [76] berichtet jedoch über zwei andere Acetylesterasen aus Pflanzengewebe, die durch dieses Reagenz gehemmt werden. Die Arylesterase (A-Esterase, 3.1.1.2) ist wiederum völlig anders; sie ist metallabhängig [77].

die Hydrolyse von Propionyl- und Butyrylcholin zu katalysieren, wenn auch mit geringerer Geschwindigkeit. Andere Enzyme dieser Gruppe hydrolysieren Acetylcholin weniger schnell als andere Acylcholine [80].

Aus Untersuchungen über den pH-Einfluß auf die Hemmung der Cholinesterase durch Physostigmin und ähnliche Verbindungen geht hervor, daß hauptsächlich die positive Ladung an dem Inhibitormolekül für dessen Bindung verantwortlich ist [81]. Dementsprechend besitzt das aktive Zentrum der Cholinesterase wenigstens zwei unterschiedliche Bereiche, ein anionisches Zentrum, das die positive Ladung des Substrates bindet, und ein katalytisches Zentrum, das die Esterbindung sowie deren Spaltung vornimmt. Einige dieser Enzyme müssen außerdem eine Bindungsstelle für den Acylanteil des Substrates besitzen, der für die Spezifität verantwortlich ist. Die experimentelle Beobachtung, daß Dimethylaminoäthanol (XXII) besser von der Acetylcholinesterase gebunden wird als Isoamylalkohol (XXIII) (beide sind dem Cholin strukturell ähnlich), betont die Bedeutung der Coulombschen Anziehungskräfte. Die Tatsache, daß das Tetramethylammoniumion $N^+(CH_3)_4$ ein besserer Inhibitor als das nichtsubstituierte Ammoniumion $(NH_4)^+$ ist, deutet weiter darauf hin, daß die an den Substratstickstoff gebundenen Methylgruppen ebenfalls an der Enzym-Substrat-Wechselwirkung beteiligt sind. Die anionische Gruppe des Enzyms scheint einen pK_s von 4—4,5 zu haben und ist mit großer Wahrscheinlichkeit ein Carboxylation [83].

XXII XXIII

Krupka untersuchte die pH-Abhängigkeit der verschiedenen Schritte der acetylcholinesterase-katalysierten Hydrolyse geladener und ungeladener Ester (damit sind spezifische und nichtspezifische Substrate gemeint [83]). Bei spezifischen Substraten ist wahrscheinlich die Deacylierung der geschwindigkeitsbestimmende Schritt, während bei nichtspezifischen Substraten die Acylierung die Reaktionsgeschwindigkeit limitiert. Der Acylierungsvorgang benötigt offenbar eine Gruppe mit einem pK_s von 5,2—5,5 in ihrer Basenform, die etwa 8—10 Å von dem anionischen Zentrum entfernt ist. Die Deacylierung hängt von einer Gruppe mit einem pK_s von 6,3 ab, deren Abstand vom anionischen Zentrum mit 5,5 Å bestimmt wurde. Außerdem wird für die Acylierung (und möglicherweise auch für die Deacylierung) eine saure Gruppe mit einem pK_s von 9,2 benötigt. Ein Wirkungsmechanismus, der auf diesen Beobachtungen basiert, wurde von Krupka vorgeschlagen und ist in Abbildung 4.6. dargestellt.

Diesem Schema gemäß wird der nucleophile Angriff durch das Hydroxyl des aktiven Serins durch die Base B_2 gefördert, die vermutlich das Seitenkettenimidazol eines Histidinrestes ist. Ihr ziemlich niedriger pK_s-Wert (5,5) kann die Folge eines ungewöhnlichen Milieus sein. Das Carboxylatanion bindet das positiv

					1	2	3	4	5	6
Chymotrypsinogen					Cys–	Gly–	Val–	Pro–	Ala–	Ile–
Trypsinogen										

19	20	21	22	23	24	25	26	27	28	29
Asp–	Glu–	Glu–	Ala–	Val–	Pro–	Gly–	Ser–	Trp–	PRO–	Trp–
Gly–	Tyr–	Thr–	Cys–	Gly–	Ala–	Asn–	Thr–	Val–	PRO–	Tyr–
10	11	12	13	14	15	16	17	18	19	20
42	43	44	45	46	47	48	49	50	51	52
CYS–	GLY–	GLY–	SER–	LEU–	ILE–	ASN–	Glu–	Asn–	TRP–	VAL
CYS–	GLY–	GLY–	SER–	LEU–	ILE–	ASN–	Ser–	Gln–	TRP–	VAL
31	32	33	34	35	36	37	38	39	40	41
65	66	67	68	69	70	71	72	73	74	75
VAL–	Val–	Val–	Ala–	Gly–	Glu–	Phe–	Asp–	Gln–	Gly–	Ser–
VAL–	Arg–	Leu–	Gly–	Glu–	Asp–	Asn–	Ile–	Asn–	Val–	Val–
54	55	56	57	58	59	60	61	62	63	64
88	89	90	91	92	93	94	95	96	97	98
Val–	Phe–	Lys–	Asn–	SER–	Lys–	TYR–	ASN–	Ser–	Leu–	Thr–
Ile–	Val–	His–	Pro–	SER–	–	TYR–	ASN	(Pro,	Leu,	Thr,
77	78	79	80	81		82	83	84	85	86
111	112	113	114	115	116	117	118	119	121	122
ALA–	ALA–	SER–	Phe–	Ser–	Gln–	Thr–	VAL–	Ser–	Ala–	Val–
ALA–	ALA–	SER–	Leu–	Asn–	Ser–	Arg–	VAL–	Ala–	Ser–	Ile–
99	100	101	102	103	104	105	106	107	108	109
134	135	136	137	138	139	140	141	142	143	144
THR–	Thr–	CYS–	Val–	Thr–	Thr–	GLY–	TRP–	GLY–	Leu–	THR
THR–	Gln–	CYS–	Leu–	Ile–	Ser–	GLY–	TRP–	GLY–	Asn–	THR
120	121	122	123	124	125	126	127	128	129	130
157	158	159	160	161	162	163	164	165	166	167
Gln–	Ala–	Ser–	Leu–	PRO–	Leu–	LEU–	SER–	Asn–	Thr–	Asn–
Cys–	Leu–	Lys–	Ala–	PRO–	Ile–	LEU–	SER–	Asp–	Ser–	Ser–
143	144	145	146	147	148	149	150	151	152	153
180	181	182	183	184	185	186	187	188	189	
MET–	Ile–	CYS–	ALA–	GLY	Ala–	Ser–	Gly–	Val–	Ser–	
MET–	Phe–	CYS–	ALA	GLY	Tyr–	Leu–	Glu–	Gly–	Gly–	Lys–
166	167	168	169	171	171	172	173	174	175	176
201	202	203	204	205	206	207	208	209	210	211
CYS–	Lys–	Lys–	Asn–	Gly–	Ala–	Trp–	Thr–	Leu–	Val–	GLY
CYS–	Ser–	Gly–	Lys–	Leu–	Gln–				–	GLY
189	190	191	192	193	194					195
224	225	226	227	228	229	230	231	232	233	234
Ser–	Thr–	PRO–	GLY–	VAL–	TYR–	Ala–	Arg–	VAL–	Thr–	Ala–
Asn–	Lys–	PRO–	GLY–	VAL–	TYR–	Thr–	Lys–	VAL–	Cys–	Asn–
207	208	209	210	211	212	213	214	215	216	217

Abb. 4.5. Strukturelle Analogien zwischen Trypsinogen und Ch
Aufmerksamkeit auf die identischen Bereiche zu lenken. In bei
staben gekennzeichnet. (K. A. WALSH und H. NEURATH, Proc.
trypsinogen und der Rest 177 im Trypsinogen wurden jetzt als
National Academy of Sciences.)

	10	11	12	13	14	15	16	17	18
al–	Leu–	Ser–	Gly–	Leu–	Ser–	Arg–	ILE–	VAL–	GLY–
	Val–	Asp–	Asp–	Asp–	Asp–	Lys–	ILE–	VAL–	GLY–
	1	2	3	4	5	6	7	8	9
2	33	34	35	36	37	38	39	40	41
ER–	LEU–	Gln–	Asp–	Lys–	Thr–	GLY–	Phe–	HIS–	PHE–
ER–	LEU–	Asn–			–Ser–	GLY–	Tyr–	HIS–	PHE–
3	24	25			26	27	28	29	30
5	56	57	58	59	60	61	62	63	64
LA–	ALA–	HIS–	CYS–	Gly–	Val–	Thr–	Thr–	Ser–	Asp–
LA–	ALA–	HIS	CYS–	Tyr–	Lys–	Ser–	Gly–	Ile–	Gln–
4	45	46	47	48	49	50	51	52	53
8	79	80	81	82	83	84	85	86	87
lu–	Lys–	Ilc–	Gln–	Lys–	Leu–	Lys–	Ilc–	Ala–	Lys–
sp–	Glu–	Gln–	Phe–	Ilc–	Ser–	Ala–	Ser–	Lys–	Ser–
7	68	69	70	71	72	73	74	75	76
01	102	103	104	105	106	107	108	109	110
SN–	Asn–	ILE–	Thr–	LEU–	Leu–	LYS–	LEU–	Ser–	Thr
SN–	Asp–	ILE–	Met–	LEU–	Ile–	LYS–	LEU–	Lys–	Ser–
9	90	91	92	93	94	95	96	97	98
25	126	127	128	129	130	131	131	132	133
RO–	Ser–	Ala–	Ser–	Asp–	Asp–	Phe–	Ala–	ALA–	GLY–
RO–	Thr–	Ser–	Cys–			–Ala–	Ser–	ALA–	GLY
12	113	114	115			116	117	118	119
47	148	149	150	151	152	153	154	155	156
hr–	Asn–	Ala–	Asn–	Thr–	PRO–	ASP–	Arg–	LEU–	Gln–
er–	Gly–	Thr–	Ser–	Tyr–	PRO–	ASP–	Val–	LEU–	Lys–
33	134	135	136	137	138	139	140	141	142
70	171	172	173	174	175	176	177	178	179
ys–	Tyr–	Trp–	Gly–	Thr–	Lys–	ILE–	Lys–	Asp–	Ala–
er–	Ala–	Tyr–	Pro–	Gly–	Gln–	ILE–	Thr–	Ser–	Asn–
56	157	158	159	160	161	162	163	164	165
191	192	193	194	195	196	197	198	199	200
YS–	Met–	GLY–	ASP–	SER–	GLY–	GLY–	PRO–	Leu–	VAL–
YS–	Gln–	GLY–	Asp–	SER–	GLY–	GLY–	PRO–	Val–	VAL–
179	180	181	182	183	184	185	186	187	188
214	215	216	217	218	219	220	221	222	223
ER–	SER–	TRP–	GLY–	SER–	Ser–	Thr–	Cys–	Ser–	Thr–
–	SER–	TRP–	GLY–	SER–	Gly–	Cys–	Ala–	Gln–	Lys–
	198	199	200	201	202	203	204	205	206
237	238	239	240	241	242	243	244	245	246
sn–	TRP–	Val–	Gln–	GLN–	THR–	Leu–	ALA	Ala	ASN–
er–	TRP–	Ile–	Lys–	GLN–	THR–	Ile–	ALA–	Ser–	ASN–
220	221	222	223	224	225	226	227	228	229

n. Die Lücken in der Sequenz wurden eingefügt, um die
übereinstimmende Aminosäuren sind durch große Buch-
i. U.S.A. 52, 884 (1061).) Beachte: der Rest 102 im Chymo-
t. (Freundlicherweise überlassen von H. NEURATH und der

geladene Zentrum des Substrates. Die Säuregruppe H—A (pK_s 9,2) unterstützt die Ablösung der substituierbaren Gruppe. Das entstandene Acylenzym lagert sich um, so daß die Acylgruppe sich gegen die basische Gruppe B_1 (ein anderes Imidazol, pK_s 6,3) bewegt, die den nucleophilen Angriff des Wassermoleküls unterstützt. Auch diese Reaktion kann durch H—A begünstigt werden.
Der interessanteste Aspekt von KRUPKAS Vorstellung ist die Beteiligung von zwei Histidinresten auf unterschiedlichen Reaktionsstufen. Dagegen könnte jedoch eingewandt werden, daß ein Mechanismus, der zwei Histidinreste benötigt, für Chymotrypsin und ähnliche Enzyme mit einem aktiven Serin ausgeschlossen würde. In Hinblick auf die großen Ähnlichkeiten in Struktur und Funktion von

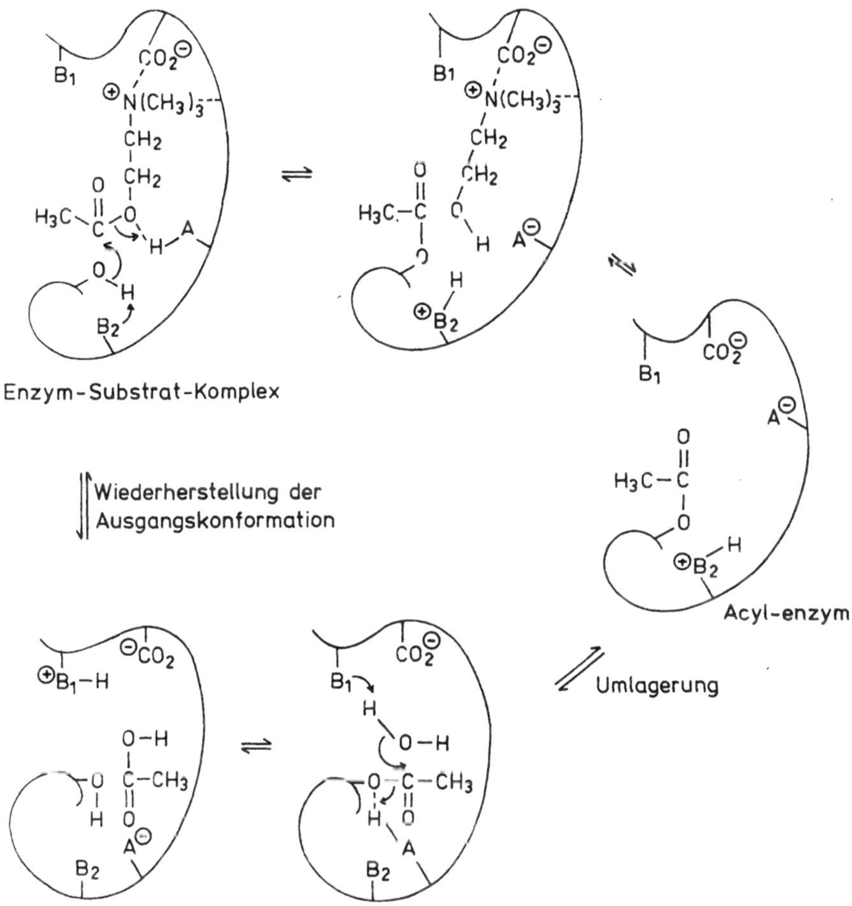

Abb. 4.6. Der mögliche Mechanismus der acetylcholinesterase-katalysierten Hydrolyse von Acetylcholin nach KRUPKA [83]. (Freundlicherweise überlassen von R. M. KRUPKA und dem Comitee of Editors, American Chemical Society Journals, und gedruckt mit Erlaubnis der Besitzer der Urheberrechte.)

Chymotrypsin und Acetylcholinesterase muß dieser Mechanismus deshalb gegenwärtig als vorläufig betrachtet werden.

Strukturelle Beziehungen

Die Ähnlichkeiten in der Struktur von Chymotrypsin und Trypsin wurden bereits besprochen. Eine Identität bzw. große Ähnlichkeit von Aminosäuresequenzen in der Nähe des aktiven Zentrums gilt jedoch nicht nur für diese zwei Enzyme. Tabelle 4.2. zeigt die Aminosäuresequenz in der Nachbarschaft des aktiven Serins für verschiedene hydrolytische Enzyme. Die Ähnlichkeiten sind offensichtlich. Es wird angenommen, daß diese Enzyme auf eine gemeinsame „Urform" zurückzuführen und aus dieser durch Mutationen entstanden sind [64, 86].

Tabelle 4.2. Aminosäuresequenzen um das aktive Serin hydrolytischer Enzyme

Enzym	Aminosäuresequenz
Chymotrypsin A	Cys.Met.Gly.Asp.*Ser*.Gly.Pro.Leu.Val.
Chymotrypsin B	Cys.Met.Gly.Asp.*Ser*.(Gly.Gly.Pro.Leu.)Val.
Trypsin	Cys.Gln.Gly.Asp.*Ser*.Gly.Gly.Pro.Val.Val.
Elastase	Cys.Gln.Gly.Asp.*Ser*.(Gly.Gly.Pro.)Leu.His.
Subtilopeptidase A	Asn.Gly.Thr.*Ser*.Met.Ala.Ser.Pro.His.
Butyrylcholinesterase	Phe.Gly.Glu.*Ser*.Ala.Gly.(Ala.Ala.Ser)
Acetylcholinesterase	Glu.*Ser*.Ala
Carboxylesterase	Gly.Glu.*Ser*.Ala.Gly.Gly

Nach Lit. [84] und [85] und darin zitierte Lit.

Hydrolasen mit einem aktiven Cysteinrest

Papain (3.4.4.10) und Ficin (3.4.4.12) sind die bestuntersuchten Enzyme dieser Gruppe von Proteasen. Papain besteht aus einer einzigen Polypeptidkette mit 211 Resten und hat ein Molekulargewicht von 23000. Den größten Anteil an der Aufklärung seiner Aminosäuresequenz haben Smith und seine Arbeitsgruppe [87]. Deren Ergebnisse wurden von Drenth et al. [88] auf der Basis von Röntgendiffraktionsmessungen modifiziert und von Husain und Lowe [88 a] schließlich vervollständigt. Die Sequenz ist in Abbildung 4.7. dargestellt.
Frühere Untersuchungen am Papain machten die große Bedeutung der Thiolgruppe eines Cysteinrestes für die enzymatische Aktivität deutlich. So zerstören verschiedene Oxidationsmittel, die mit der Sulfhydrylgruppe reagieren, die enzymatische Aktivität, während Reduktionsmittel, die das Sulfhydryl nach der Oxidation regenerieren, auch eine Reaktivierung bewirken [89]. Weitere Beweise für die Bedeutung der Sulfhydrylgruppe wurden von Finkle und Smith [90] sowie von Kimmel und Smith [91] erhalten, die zeigten, daß Papain durch Quecksilber-

derivate inaktiviert wird und daß die Inaktivierung des Enzyms durch Jodacetamid auf die Alkylierung eines Cysteinrestes zurückgeführt werden kann.
Der Inhibitor TPCK, der mit serinabhängigen Enzymen unter Alkylierung der Imidazolgruppe eines Histidinrestes reagiert, hemmt auch Papain [92, 93]. In diesem Fall wird jedoch kein Imidazol angegrifffen, die Ergebnisse deuten vielmehr darauf hin, daß ein Cysteinrest alkyliert wird. Dies wird dadurch unterstützt, daß die Reaktion von TPCK mit Papain von einer Gruppe mit einem pK_s von 8,3 abhängt, die in ihrer basischen Form vorliegen muß [92]. Dieser pK_s-Wert kommt dem einer Sulfhydrylgruppe sehr nahe.

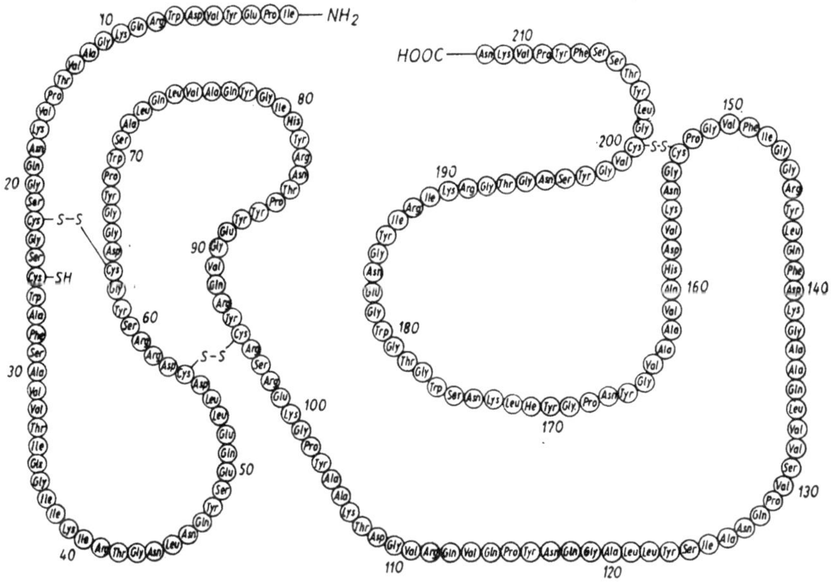

Abb. 4.7. Die Aminosäuresequenz des Papains, die auf den chemischen Untersuchungen von SMITH und seinen Mitarbeitern [87] sowie der Röntgenstrukturanalyse von DRENTH et al. [88] basiert und von HUSAIN und LOWE [88a] vervollständigt wurde. (Freundlicherweise überlassen von G. LOWE und der Schriftleitung des Biochemical Journal.)

Es wird allgemein angenommen, daß die durch Papain katalysierten Reaktionen über ein intermediäres Acylenzym verlaufen. Solch ein Zwischenprodukt (Thionohippurylpapain) wurde von LOWE und WILLIAMS [94] spektroskopisch nachgewiesen. Trans-Cinnamoylpapain wurde isoliert und seine Deacylierung untersucht [92]. Weitere Beweise für die Acylenzymhypothese lieferte die Beobachtung, daß die katalytischen Geschwindigkeitskonstanten für die Hydrolyse einer Reihe von Hippursäureestern alle gleich sind [95]. Das legt nahe, daß die Deacylierung eines gemeinsamen Acylenzyms geschwindigkeitsbestimmend ist. Es wurde ebenfalls gezeigt, daß die k_{+3} Werte (s. Gleichung 4.1 — sie gilt auch für Papain) verschiedener Ester des N-α-Benzyloxycarbonyl-L-lysins identisch sind

[92]. Die verschiedenen Transpeptidierungen, die Papain katalysieren kann, können auch nur durch die Annahme eines intermediären Acylenzyms verstanden werden [96].

Die Kenntnisse über die Natur des intermediären Acylenzyms sind ebenfalls gut begründet. Aus spektroskopischen Daten [92, 94] und aus Untersuchungen der Reaktivität des Acylenzyms gegenüber verschiedenen Nucleophilen [92] geht hervor, daß es Thioester sind (d. h. im Vergleich zu den Oxoestern ist ein Cysteinrest anstelle der Serinseitenkette beteiligt).

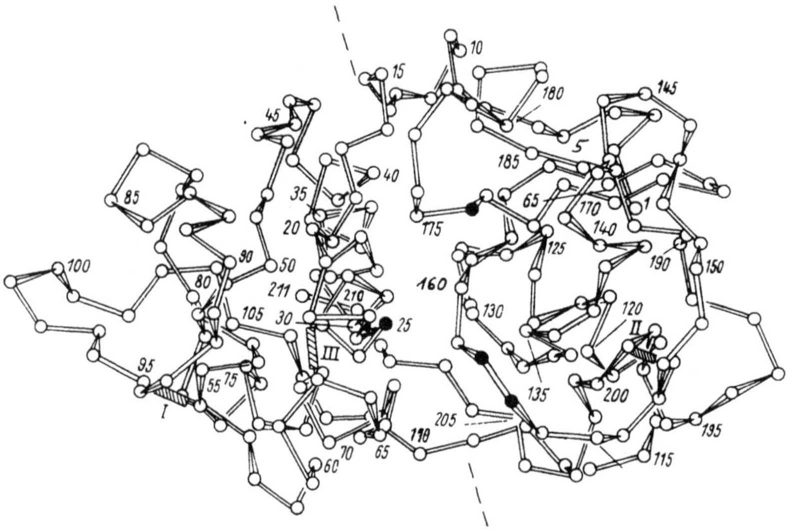

Abb. 4.8. Perspektivische Zeichnung der Konformation der Hauptkette des Papains. Die Kreise stellen die α-Kohlenstoffe der 211 Aminosäurereste dar. (Freundlicherweise überlassen von J. Drenth und den Herausgebern von Nature.)

Die dreidimensionale Struktur des Papains, wie sie von Drenth und seinen Mitarbeitern erarbeitet wurde [88], liefert neben Informationen über die Aminosäuresequenz ein klares Bild vom aktiven Zentrum. Das Molekül enthält eine tiefe Furche, die, wie in Abbildung 4.8. gezeigt wird, die ganze Breite des Enzyms durchzieht. Diese Furche trägt das aktive Zentrum; Cystein-25, das deutlich sichtbar ist, ist für die Aktivität essentiell. Dicht daneben ist das Histidin-158[1], das Husain und Lowe mit Hilfe von 1,3-Dibromaceton mit dem Cystein-25 verbinden konnten.

Da die detaillierte Untersuchung der dreidimensionalen Struktur zeigt, daß das Histidin-158 über eine Wasserstoffbindung mit einem Aspartylrest (Rest 174[1]), der ursprünglich als Asparagin identifiziert wurde, verknüpft ist, erlaubt der

---

[1] Die hier und in Abbildung 4.8., 4.9. und 4.10. zitierten Nummern der Reste sind die in Lit. [88] angegebenen Originalnummern. Sie unterscheiden sich von denen in Abbildung 4.7.

Vergleich mit dem Chymotrypsin die Spekulation [97a], daß das aktive Zentrum so aufgebaut ist, wie dies in Abbildung 4.9. dargestellt ist, und der Mechanismus folglich dem des Chymotrypsins völlig analog ist. Die SH-Gruppe des Cysteins spielt dabei die Rolle der OH-Gruppe des Serins. Abbildung 4.10. zeigt den wahrscheinlichen Wirkungsmechanismus des Papains, der auf dieser Vorstellung beruht. Sowohl der Acylierungs- wie auch der Deacylierungsschritt sind pH-abhängig, an ihnen ist eine Gruppe mit einem scheinbaren pK_s von etwa 4 beteiligt.

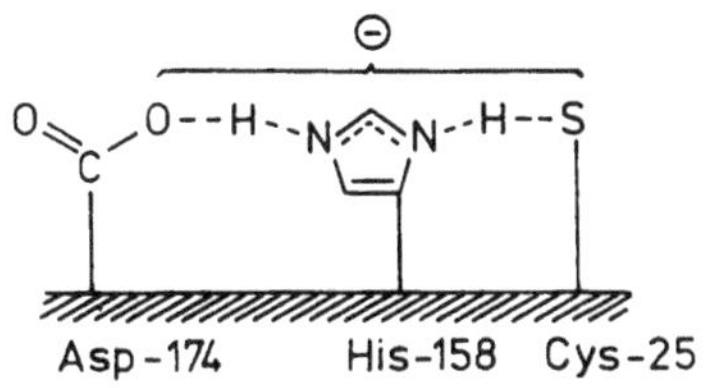

Abb. 4.9. Anordnung des Aspartyl-, Histidyl- und Cysteinylrestes im aktiven Zentrum des Papains.

Das in Abbildung 4.9. dargestellte System kann, insbesondere in Hinblick auf die Komplexität des umgebenden Milieus, Eigenschaften annehmen, die einem pK_s von vier nahekommen. Das offensichtlich ähnliche System im Chymotrypsin besitzt einen pK_s von etwa 6,5.

Wie bei vielen anderen Enzymen lieferten die Beziehungen zwischen Substratstruktur und Enzymaktivität weitere Informationen über die Eigenschaften und die Größe des aktiven Zentrums des Papains. Wie beim Trypsin, werden durch Papain Arginyl- und Lysylpeptidbindungen bevorzugt, jedoch ist die Spezifität nicht so groß [98]. Das empfindlichste bekannte Substrat ist das Benzoyl-L-argininamid, aber auch viele andere Verbindungen, die normalerweise mit anderen Enzymen reagieren, werden durch Papain hydrolysiert; dazu gehören Benzyloxycarbonylglycyltyrosin, Acetyltyrosinamid, Leucylglycylglycin und Leucinamid [96]. Einige Derivate von Aminosäuren mit sauren Seitenketten können ebenfalls als Substrate fungieren, jedoch weisen in diesen Fällen pH-Untersuchungen darauf hin, daß die Ionisation der Carboxylgruppe die Empfindlichkeit gegenüber der enzymatischen Hydrolyse senkt [90].

Wie die serinabhängigen Enzyme katalysiert Papain nicht nur die Hydrolyse von Amiden, sondern auch von Estern [90] und Thioestern [99].

Bei den bereits in diesem Kapitel besprochenen proteolytischen Enzymen sind die Seitenketten der Aminosäuren, die die Carbonylgruppe der zu spaltenden Peptidbindungen liefern, der Hauptfaktor, der die Angreifbarkeit des Substrates und damit die Bindung des Substrates an das Enzym bestimmt. SCHECHTER und BERGER [100] sowie BRUBACHER und BENDER [101] veröffentlichten Daten, die zeigen, daß beim Papain verschiedene Aminosäurereste in einem Peptidsubstrat zur Bindung beitragen können. SCHECHTER und BERGER untersuchten die Hydrolyse verschiedener Oligopeptide des Alanins, die D-Alaninreste anstelle ihrer L-Isomeren enthielten. Weder bei Bindungen, an denen D-Reste beteiligt sind, noch bei L-L-Bindungen in einer D L L Sequenz findet eine Hydrolyse statt [102]. Einige Beispiele sollen dazu beitragen, die Ergebnisse dieser Forscher zu ver-

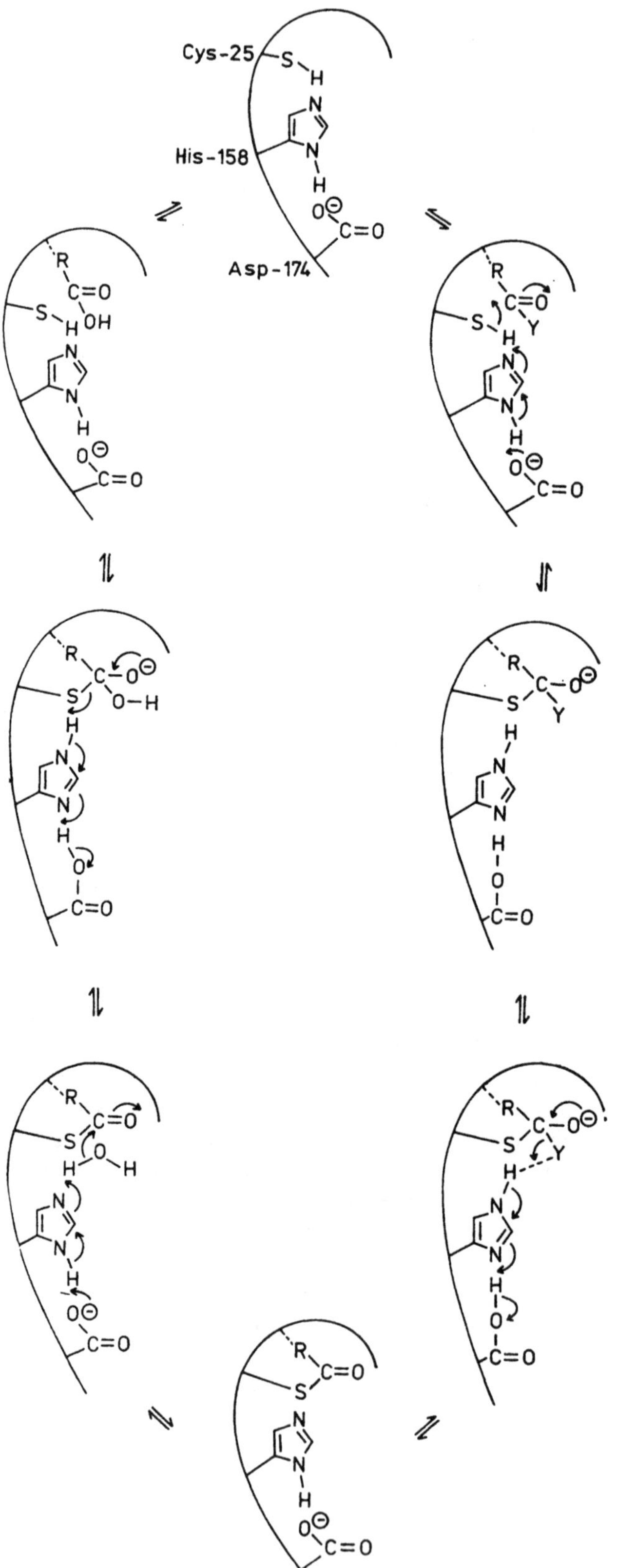

Cys-25
His-158
Asp-174

anschaulichen. Bei der Untersuchung der papain-katalysierten Hydrolyse von Penta-L-alanin (XXIV) wurde gefunden, daß die Hydrolyse der 2,3-Peptidbindung 2,7 mal langsamer ist, wenn der Alanin-5-rest durch ein D-Isomeres ersetzt ist.

$$\underset{}{NH_2}\text{—}\underset{1}{\text{Ala}}.\underset{2}{\text{Ala}}.\underset{3}{\text{Ala}}.\underset{4}{\text{Ala}}.\underset{5}{\text{Ala}}.\text{COOH}$$

XXIV

Demzufolge hat der Austausch eines Restes gegen sein Diastereoisomeres in einer Stellung, die drei Reste vom Ort der katalytischen Wirkung entfernt ist, einen starken Einfluß auf die Reaktivität. Ähnlich führt der Austausch des Alanin 1 gegen das D-Isomere zu einer Reduzierung der Spaltungsgeschwindigkeit der

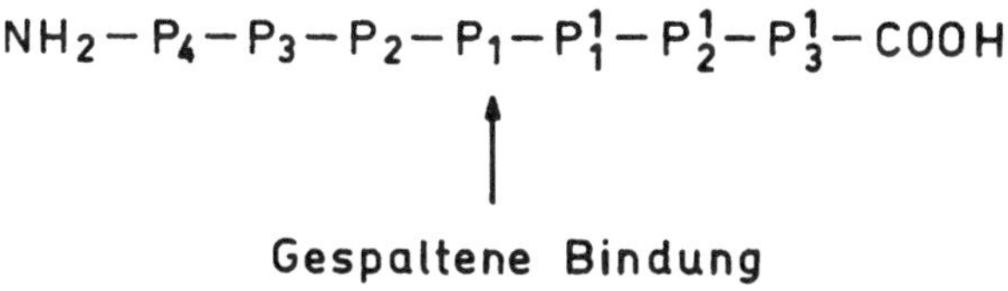

XXV

4,5-Peptidbindung um den Faktor 2,2. Dieser Austausch ist vier Reste von der angegriffenen Bindung entfernt. Für ein hypothetisches Peptidsubstrat (XXV) werden Ergebnisse, wie sie in Tabelle 4.3. zusammengestellt sind, erhalten. Es wird das Absinken der Hydrolysegeschwindigkeit beim Diastereoisomerenaustausch eines einzelnen Restes gezeigt.

Tabelle 4.3. Der Effekt des Diastereoisomerenaustausches auf die Hydrolysegeschwindigkeit von Papainsubstraten[a]

Position des Austausches (siehe XXV)	Angenäherter Faktor, um den die Geschwindigkeit sinkt
P_1	1000
P_2	100
P_3	5
P_4	2,5
P_1^1	1000
P_2^1	10
P_3^1	3,5

[a] Entnommen aus den in Lit. [100] zitierten Ergebnissen.

Abb. 4.10. Mechanismus der papain-katalysierten Hydrolyse eines Esters oder Amids vom Typ R—CO—Y, der auf der Hypothese basiert, daß der Mechanismus dem des Chymotrypsins ähnlich ist.

Aus diesen Ergebnissen wird deutlich, daß die Wirkung des Diastereoisomerenaustausches über einen Bereich von sieben Aminosäureresten, drei auf der Aminoseite der hydrolysierten Bindung (rechts) und vier auf der Carboxylseite, deutlich bemerkbar ist. Mit der Entfernung vom Ort der Katalyse sinkt die Wirkung.
BRUBACHER und BENDER [101] kamen bei der Untersuchung der Deacylierung von Cinnamoylpapain in Gegenwart verschiedener Polyglycinamide zu ähnlichen Schlußfolgerungen. Tabelle 4.4. zeigt die relativen Geschwindigkeiten, mit denen diese Peptide mit dem Acylpapain reagieren.

Tabelle 4.4. Die Deacylierung von trans-Cinnamoylpapain in Gegenwart von Polyglycinamiden[a]

Nucleophil	Relative Reaktionsgeschwindigkeit des Nucleophils mit dem Acylenzym
Glycinamid	1,0
Diglycinamid	19
Triglycinamid	37
Tetraglycinamid	50

[a] Nach Lit. [101].

Unter der Voraussetzung, daß diese Nucleophilen gleich stark sind (ihre pK_s-Werte sind ähnlich), sollten die Unterschiede in der Reaktivität vor allem Differenzen in der Bindung widerspiegeln. Wie aus der Tabelle zu erkennen ist, reagiert Diglycinamid schneller als Glycinamid, und es kann folglich angenommen werden, daß es fester gebunden wird. Das Tripeptid ist reaktiver und das Tetrapeptid noch ein wenig mehr. Eine weitere Verlängerung der Peptidkette hat wahrscheinlich nur noch einen geringen steigernden Effekt. Diese Ergebnisse, die vor der Aufklärung der dreidimensionalen Struktur des Enzyms erhalten wurden, zeigten, daß das aktive Zentrum des Papains in der Lage ist, ein Peptid mit mindestens sieben Resten, von denen jeder einen Beitrag zu der Enzym-Substrat-Bindung liefert, aufzunehmen und mit ihm in Wechselwirkung zu treten. Für das aktive Zentrum wurde eine lange Furche in dem Proteinmolekül postuliert, was die Röntgenstrukturanalyse bestätigte.
Ursprünglich wurde angenommen, daß die Substratspezifität des Papains der des Trypsins ziemlich ähnlich ist, z. B. sollte das Peptid XXV ein gutes Substrat sein, wenn P_1 Lysin oder Arginin ist. Neuere Untersuchungen von SCHECHTER und BERGER [100a], die eine Reihe synthetischer Peptide einsetzten, zeigten aber, daß zwar die Aminosäure in der Position P_1 nicht ohne Einfluß ist, der nächste Rest in der Stellung P_2 jedoch eine größere Bedeutung hat. Die Affinität zwischen Enzym und Substrat ist stark erhöht, wenn R_2 eine aromatische Aminosäure ist.
Die für das Ficin bekannten Fakten deuten darauf hin, daß es in seiner Wirkung dem Papain sehr ähnlich ist [103, 104, 105].

Beziehung zwischen serin- und cysteinabhängigen Enzymen

Auf die strukturellen Eigentümlichkeiten der serinabhängigen Enzyme haben wir bereits hingewiesen. Ähnlichkeiten bestehen auch, wie LOWE [106] zeigte, zwischen den serin- und den cysteinabhängigen Enzymen. So hat die Aminosäuresequenz in der Nähe des aktiven Serins des Trypsins eine große Ähnlichkeit mit derjenigen, die am aktiven Cystein im Papain bzw. Ficin besteht.

Tabelle 4.5. Aminosäuresequenzen in der Nähe der aktiven Aminosäurereste[a]

Papain	Lys.Asn.Glu.Gly.Ser.Cys.Gly.Ser.Cys.*
Ficin	Arg.Gln.Glu.Gly.Glu.Cys.Gly.Ser.Cys.*
Trypsin	Lys.Asn.Ser.Cys.Glu.Gly.Gly.Asp.Ser.*

[a] Nach Lit. [106] * aktive Aminosäurereste.

Es ist bemerkenswert, daß die Spezifitäten dieser drei Enzyme einander sehr ähneln, obwohl sie verschiedener Herkunft sind. Die Sequenzen in der Nähe der aktiven Aminosäurereste sind in Tabelle 4.5. dargestellt.

Wenn man die beiden Dipeptide Ser.Cys. und Glu.Gly. z. B. im Trypsin gegeneinander austauscht, so werden die Analogien noch deutlicher. Solche „cross-overs" werden in verwandten Proteinen oft beobachtet [107]. Diese und andere Analogien erlauben die Annahme, daß beide Gruppen proteolytischer Enzyme auf gemeinsame Urformen zurückgeführt werden können. Der nicht selten anzutreffende Austausch von Serin gegen Cystein (oder umgekehrt) hat offensichtlich wenig Einfluß auf die biologische Funktion.

Zwei voneinander unabhängige Arbeitsgruppen untersuchten einen sehr interessanten Aspekt dieser Verwandtschaften. NEET und KOSHLAND [108] sowie POLGAR und BENDER [109] überführten den aktiven Serinrest der Subtilopeptidase A in einen Cysteinrest. Die nachstehend dargestellte Reaktionsfolge konnte nur deshalb beschritten werden, weil das Enzym keine Disulfidbrücken besitzt. Die gebildete Thioacetylsubtilopeptidase entspricht dem Acetylpapain; die Deacylierung erfolgt leicht. Obwohl das Produkt Thiosubtilopeptidase gegenüber normalen Substraten nahezu völlig inaktiv ist, besitzt es gegenüber p-Nitrophenylacetat katalytische Aktivität. Diese ist allerdings nur etwa ein Drittel derjenigen, die die natürliche Subtilopeptidase gegenüber diesem Ester hat. Kinetische Untersuchungen zeigten, daß auch in diesem Fall ein Acylenzym als Zwischenprodukt gebildet wird.

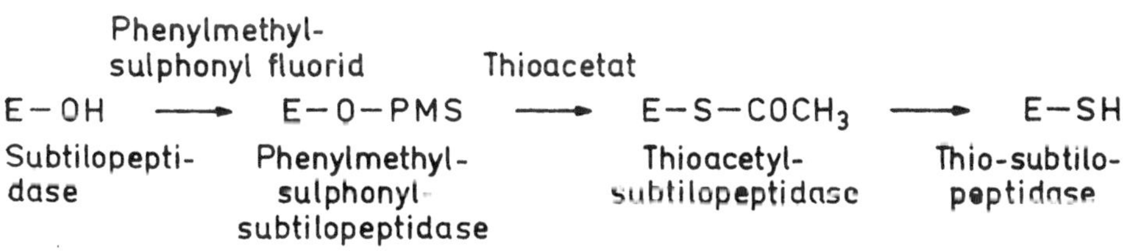

Wenn in der natürlichen Subtilopeptidase A, wie es den Anschein hat, ein Carboxyl-Imidazol-Hydroxyl-Komplex existiert, muß in dem Thioenzym ein Carboxyl-Imidazol-Thiol-System vorhanden sein. Da Ähnlichkeiten auch dieser Art zwischen den serin- und den cysteinabhängigen Enzymen existieren, scheint die Annahme eines ähnlichen Mechanismus für Papain und Chymotrypsin noch mehr gerechtfertigt zu sein.

Metallionenabhängige Hydrolasen

Die Enzyme, die zu den zwei in diesem Kapitel bereits besprochenen Kategorien gehören, sind *Endopeptidasen,* d. h. sie können die Hydrolyse von Peptidbindungen in der Mitte der Peptidkette katalysieren. Das schließt jedoch nicht die Möglichkeit aus, daß sie auch die Hydrolyse von Bindungen in Dipeptiden oder einfachen Aminosäurederivaten katalysieren können. Die *Exopeptidasen* andererseits besitzen derartige Eigenschaften nicht. Sie können nur solche Peptidbindungen spalten, die durch endständige Aminosäurereste eines Peptides gebildet werden. So spalten die Carboxypeptidasen die C-(Carboxyl)-terminalen Peptidbindungen eines Substrates, während die Aminopeptidasen die Hydrolyse von Peptidbindungen am N-(Amino-)terminalen Ende bewirken. Im allgemeinen brauchen Carboxypeptidasen die Anwesenheit freier Carboxylgruppen in ihren Substraten, während die Aminopeptidasen freie Aminogruppen benötigen. Einige Enzyme, nämlich die Dipeptidhydrolasen, wirken nur bei Anwesenheit von sowohl freien Carboxyl- als auch freien Aminogruppen in ihren Dipeptidsubstraten. Die Beobachtung, daß viele dieser Enzyme metallabhängig sind, führte zu Vorstellungen über die Rolle der Metallionen sowohl bei der spezifischen Auswahl der Substrate, als auch im katalytischen Prozeß selbst (Lit. [1], Seite 304). Es ist jedoch deutlich geworden, daß Verallgemeinerungen dieser Art gefährlich sind; nicht alle Exopeptidasen sind metallabhängig und nicht alle metallabhängigen Hydrolasen sind Exopeptidasen. Es ist deshalb nötig, wie bei allen anderen Gruppen von Enzymen, jedes Enzym individuell zu analysieren.

Peptidyl-L-aminosäurehydrolase (*Carboxypeptidase A 3.4.2.1*)

Von allen metallabhängigen Hydrolasen ist die Carboxypeptidase A am besten untersucht, jedoch wurden erst in neuerer Zeit einige Vorstellungen über ihren Wirkungsmechanismus entwickelt. Dies ist auf verschiedene Ursachen zurückzuführen, zu denen ihr kompliziertes kinetisches Verhalten [110] sowie fehlende Kenntnisse über die an der Bindung des Metallions an das Apoenzym beteiligten Aminosäurereste und einige außergewöhnliche Änderungen der Enzymeigenschaften bei chemischer Modifizierung des Enzymproteins gehören. Alle diese Befunde weisen darauf hin, daß das Enzym mit mindestens zwei getrennten und unterschiedlichen Mechanismen wirken kann [111].

Carboxypeptidase A ist ein Pankreasenzym, dessen biologische Funktion mit der Eiweißverdauung zusammenhängt. Wie im Falle anderer hydrolytischer Enzyme wird es in vivo als inaktive Vorstufe gebildet und durch die Einwirkung von

Trypsin in die aktive Form umgewandelt. Procarboxypeptidase A kommt wahrscheinlich als Molekülaggregat vor, das aus drei Untereinheiten I, II und III zusammengesetzt ist. Die Untereinheit I ist der direkte Vorläufer der Carboxypeptidase A [112]. Für die Aktivierung von I ist eine Endopeptidase erforderlich, die dem Chymotrypsin sehr ähnelt und aus der Untereinheit II gebildet wird. Der Untereinheit III konnte bis jetzt noch keine Funktion zugeordnet werden.
Wie der Name sagt, katalysiert die Carboxypeptidase A die Hydrolyse von Peptiden an jenem endständigen Aminosäurerest, der eine freie Carboxylgruppe trägt (C-terminaler Rest) und dessen Aminogruppe an der durch sie gespaltenen Peptidbindung beteiligt ist. Die Vorbedingungen für die Wirksamkeit des Enzyms sind, daß der C-terminale Rest L-Konfiguration hat und eine freie Carboxylgruppe besitzt [110, 113]. Substrate, in denen die Seitenkette R (XXVI) aroma-

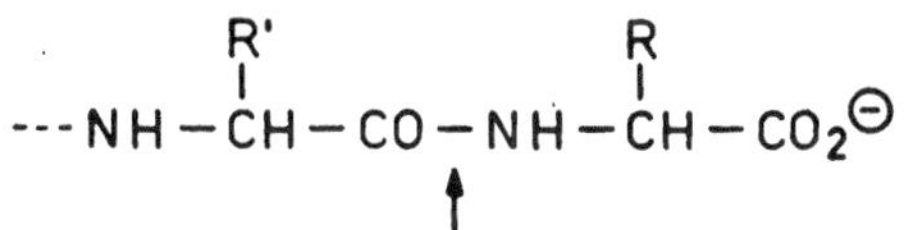

XXVI

tisch ist, werden bevorzugt gespalten, obwohl die Carboxypeptidase A in dieser Beziehung eine ziemlich breite Spezifität aufweist. Fast jede beliebige C-terminale Aminosäure, außer Prolin, vermag das Enzym abzuspalten. Die Spezifität ist demzufolge der des Chymotrypsins ähnlich mit dem signifikanten Unterschied, daß die die Spezifität bestimmende Aminosäure beim Chymotrypsin links von der Peptidbindung liegt (d. h. sie steuert zur Peptidbindung die Carboxylgruppe bei), während bei der Carboxypeptidase die aromatische Aminosäure die Aminogruppe liefert. Die Art der Seitenkette R′ ist von geringerer Bedeutung, obwohl eine saure Seitenkette die Hydrolysegeschwindigkeit senkt, während ein aromatischer Rest sie zu steigern vermag [114]. Dipeptide mit freien Aminogruppen werden im allgemeinen nicht hydrolysiert.
Nicht alle Eigentümlichkeiten der Struktur des Substrates (XXVI) sind für die Enzymwirkung essentiell. Der terminale Rest kann eine α-Hydroxysäure sein; Benzoylglycyl-L-phenylmilchsäure ist ein gutes Substrat für das Enzym [115, 116]. Der vorletzte Rest braucht nicht eine vollständige Aminosäure, sondern kann einfach eine Acylgruppe sein, die einen elektronegativen Substituenten besitzt, wie z. B. im Chloracetylphenylalanin [115].
β-Phenylpropionsäure, in der der aromatische Ring und die Carboxylgruppe durch zwei Kohlenstoffatome voneinander getrennt sind, und die demzufolge den spezifischen Substraten sehr ähnlich ist, ist ein wirkungsvoller kompetitiver Inhibitor [117].
Carboxypeptidase A besteht aus einer Polypeptidkette mit 307 Resten und hat ein Molekulargewicht von 34600 [118, 119]. Die Aminosäuresequenz ist gegenwärtig fast völlig aufgeklärt [120, 121, 119a]. Das Enzym enthält pro Molekül ein Zinkatom [122], das für die Aktivität essentiell ist. Es kann sowohl durch Dia-

lyse bei niedrigem pH-Wert als auch durch Dialyse bei neutralem pH gegen einen Puffer, der den Chelatbildner 1,10-Phenanthrolin enthält, entfernt werden [123]. Der Aktivitätsverlust von Präparaten, die auf diese Weise behandelt wurden, geht mit dem Zinkverlust parallel. Die Entfernung des Zinkatoms scheint die Gesamtstruktur des Proteins nur wenig zu beeinflussen, da die optische Drehung des nativen und des metallfreien Enzyms ebenso wie ihr Sedimentationsverhalten identisch [124] sind. Die Zugabe von Zinkionen zu dem Apoenzym regeneriert die enzymatische Aktivität. Die Aktivität des rekonstituierten Enzyms ist der zugesetzten Menge Zink bis zu einem Wert von einem Atom pro Proteinmolekül proportional.

Zahlreiche andere Ionen der Übergangsmetalle können das Zink ersetzen und die Peptidaseaktivität des Apoenzyms wiederherstellen; dazu gehören Fe(II), Mn(II), Co(II) und Ni(II) [123, 125]. Offensichtlich besetzen diese Metallionen die Bindungsstelle, die vorher das Zinkatom innehatte. Unter den spezifischen Bedingungen des Tests ist das Co(II)-Enzym gegenüber Benzyloxycarbonylglycylphenylalanin aktiver als das Zinkderivat [125, 126].

Die Bindung der Zinkionen an das Apoenzym. Seit 1960 hat sich unsere Kenntnis über die Natur der Aminosäurereste, die an der Bindung des Zinkions an das Protein beteiligt sind, sehr vertieft. Die Mehrzahl der Ergebnisse wiesen darauf hin, daß die Thiolgruppe eines Cysteinrestes als Ligand des Zinkatoms in Frage kommt. Die auf der Röntgenstrukturanalyse basierende dreidimensionale Struktur, die von der Gruppe um LIPSCOMB veröffentlicht wurde, zeigt jedoch, daß das nicht der Fall ist [119]. Da das Zinkatom für die katalytische Aktivität essentiell ist, ist es für uns wertvoll, einen kurzen Überblick über die Befunde zu geben, die über seine Bindung bekannt sind.

Silber(I) und p-Mercuribenzoat werden normalerweise als Thiolreagenzien benutzt und es ist oft möglich, durch Titration mit diesen Reagenzien die Zahl der Thiolgruppen pro Proteinmolekül zu bestimmen (mit Ag(I) amperometrisch, mit p-Mercuribenzoat spektroskopisch [127]). COOMBS et al. [120] fanden, daß native Carboxypeptidase A keine mit Silber(I) oder p-Mercuribenzoat nachweisbare Thiolgruppen besitzt. Nach Entfernung des Zinkions durch Dialyse gegen einen 1,10-phenanthrolinhaltigen Puffer konnte eine Thiolgruppe pro Molekül nachgewiesen werden. Nach Zugabe von einem Zinkatom pro Molekül Apoenzym war wiederum keine Thiolgruppe nachweisbar. Wird weniger als ein Zinkatom pro Molekül zugegeben, so war die Summe des gebundenen Zinks plus der Zahl der nachweisbaren SH-Gruppen annähernd eins. Das Apoenzym verbraucht 1,22 Äquivalente Hexacyanoferrat-(III), das ein weiteres gebräuchliches Thiolreagenz ist (die für diese Reaktion angewandten Bedingungen waren ziemlich drastisch: 4 M Harnstoff, 36molarer Reagenzüberschuß, 48 Stunden).

Weitere Informationen wurden aus Untersuchungen über die Stabilitätskonstanten verschiedener Komplexe des Apoenzyms mit Metallionen erhalten. Die Größenordnungen der Stabilitätskonstanten der Hg(II)-, Cd(II)-, Zn(II)-, Cu(II)-, Ni(II)-, Co(II)- und Mn(II)-Carboxypeptidasen und ihre Reihenfolge stimmen mit den Werten der entsprechenden Modellkomplexe überein, die bifunktionelle Stickstoff-Schwefel-Liganden wie Cystein, Mercaptoäthylamin und Glutathion enthalten. Mit Modellsystemen, die andere Liganden enthalten, wurde eine viel schlechtere Korrelation gefunden [128, 129].

Weiterhin zeigt die komplexometrische Titration, daß bei der Vereinigung des Zinkions mit dem Apoenzym zwei Protonen pro Molekül freigesetzt werden und daß die pK_s-Werte dieser zwei prototropen Gruppen 7,7 und 9,1 sind [130].

Messungen der Stabilitätskonstanten und die komplexometrische Titration der Procarboxypeptidase A zeigten, daß der oben erwähnte Stickstoffligand, der an der Bindung des Zinks an das Apo-enzym beteiligt ist, keine Rolle für dessen Bindung an das Proapoenzym spielt [131]. Für den letzteren Fall wird ein bifunktionelles Schwefel-Sauerstoff-System angenommen.

Über weitere Ergebnisse, die die Existenz eines schwefelhaltigen Liganden unterstützen, berichtete WILLIAMS [129]. Die stark gefärbte Kobalt(II)-carboxypeptidase A hat ein Absorptionsmaximum bei 530 nm (molarer Extinktionskoeffizient $\varepsilon = 120$). Das stimmt sowohl in Hinblick auf die Wellenlänge als auch auf die Absorptionsintensität ausgezeichnet mit bestimmten Kobalt(II)-Schwefelkomplexen überein. Eine weitere Übereinstimmung wurde in der Absorption bei 285—300 nm gefunden.

Andere spektroskopische Ergebnisse wurden aus Untersuchungen des Pyridoxalphosphates und seiner Komplexe mit der Apocarboxypeptidase erhalten. Pyridoxalphosphat kann mit Aminothiolen wie Cystein Komplexe bilden. Bei der Bildung solcher Komplexe verändert sich das Ultraviolettspektrum des Pyridoxalphosphates. Dabei tritt als charakteristisches Merkmal ein neues Maximum bei 330 nm auf, während die Absorption bei 388 nm absinkt. Das Produkt aus Apocarboxypeptidase A und Pyridoxalphosphat zeigt ein Absinken bei 388 nm und ein neues Maximum bei 325 nm [120].

Die oben zusammengefaßten Resultate weisen darauf hin, daß das Zinkion an das Apoenzym mindestens durch zwei (möglicherweise drei) Liganden gebunden wird; einer davon ist Schwefel, der andere Stickstoff. Der mögliche dritte Ligand enthält ein Sauerstoffatom. Im Falle des Proenzyms ist der stickstoffhaltige Ligand wahrscheinlich nicht beteiligt, so daß nur die S—O-Liganden zur Bindung beitragen.

Einige Ergebnisse sind jedoch mit dieser Annahme nicht vereinbar. Bestimmte Thiolreagenzien, wie z. B. Jod und Bromacetat, Jodacetamid und N-Äthylmaleimid, reagieren weder mit der nativen Carboxypeptidase noch mit dem Apoenzym [120]. Die Aminosäureanalyse des Proteins zeigt die Anwesenheit von zwei Halbcysteinresten in dem Molekül [118]. Wenn einer davon als Cystein an der Metallbindung beteiligt ist, entstehen die Fragen, warum der andere in dem nativen Enzym nicht mit Thiolreagenzien nachweisbar ist und warum bei Titration des Apoenzyms nicht zwei Cysteine pro Molekül gefunden werden? In diesem Zusammenhang ist es wichtig zu bemerken, daß nach Behandlung des Apoenzyms mit 8 M Harnstoff und einem Detergens sogar die eine Thiolgruppe nicht mehr titrierbar ist. Zwei Thiolgruppen können nur nach Reduktion des Apoenzyms nachgewiesen werden [132].

LIPSCOMB et al. [119] veröffentlichten ein Modell der dreidimensionalen Struktur der Carboxypeptidase A. Die außerordentlich gute Auflösung der von ihnen erhaltenen Elektronendichteverteilungen (2 Å) bestärkt die Richtigkeit ihrer Schlußfolgerungen. Es wurde nachgewiesen, daß das Enzym im kristallinen Zustand aktiv ist [133]. Damit werden die Ergebnisse der Röntgenstrukturanalyse relevant für die Analyse des Wirkungsmechanismus des Enzyms. Die Struktur zeigt, daß die zwei Halbcysteine eine Disulfidbrücke bilden, die von dem Zinkatom ziemlich weit entfernt ist. Die Zinkliganden werden repräsentiert durch die Seitenketten von zwei Histidinresten und einem Glutaminrest (Abb. 4.11.). Der vierte Ligand ist im nativen Enzym ein Wassermolekül.

Die Ergebnisse, die auf einen S-Liganden für Zink hindeuteten, bedürfen deshalb einer Reinterpretation. Das Ausbleiben der Reaktion mit Jodacetamid ist z. B. im Hinblick auf Abbildung 4.11 ebenso verständlich wie das scheinbar anomale Verhalten des zweiten Cysteinrestes; es gibt keine Thiolgruppe in dem Molekül. Die Resultate der Titration mit Silber(I) und p-Mercuribenzoat gehören in die gleiche Gruppe von Beweisen wie die aus den Stabilitätskonstanten abgeleiteten. Obwohl die Bindungsstelle der Metallionen am Apoenzym ein Stickstoff-Stickstoff-Sauerstoffsystem enthält, ähnelt sie stärker Modellen, die aus Schwefel-Stickstoff-Sauerstoffsystemen aufgebaut sind. Das kommt daher, daß ihre Bindungsstärke offenbar größer ist als für ein Stickstoff-Stickstoff-Sauerstoffmodell zu erwarten wäre. Im Hinblick auf die besonderen Eigenschaften der aktiven Zentren von Enzymen ist so etwas aber nicht ungewöhnlich. Unter solchen Umständen sind die Reaktionen von Silber(I) und p-Mercuribenzoat nicht mehr für Thiolgruppen spezifisch, sie machen nur ein Bindungszentrum mit ungewöhnlichen Eigenschaften deutlich. Dieses Bindungszentrum sollte in Gegenwart von 8 M Harnstoff und einem Detergens zerstört werden (s. o.). Die Absorption des Co(II)-Enzyms paßt gut zu dieser Interpretation, während die Daten bezüglich des Pyridoxalphosphatkomplexes noch auf eine Erklärung warten. Die pK_s-Werte der beiden an der Metallbindung beteiligten prototropen Gruppen lassen sich gut mit den Ergebnissen der Röntgenanalyse in Übereinstimmung bringen, wenn man den höheren Wert von 9,1 einer ungewöhnlichen Imidazolgruppe zuordnet. Ist der dritte Ligand die Carboxylgruppe eines Glutaminsäurerestes, so sollte er unter den angewandten Bedingungen durch Titration nicht nachweisbar sein.

Der Wirkungsmechanismus. Aus der Betrachtung der Substratspezifität des Enzyms kann man auf bestimmte Eigenschaften des aktiven Zentrums schließen. Da das Substrat eine freie Carboxylgruppe haben muß, kann man annehmen, daß komplementär zu ihr in dem Protein eine positiv geladene Gruppe existiert. Ähnlich muß eine geeignete apolare Region vorhanden sein, die der Seitenkette der terminalen Aminosäure zugeordnet werden kann. SCHECHTER und seine Gruppe [134] kamen zu der Auffassung, daß sich das aktive Zentrum der Carboxy-

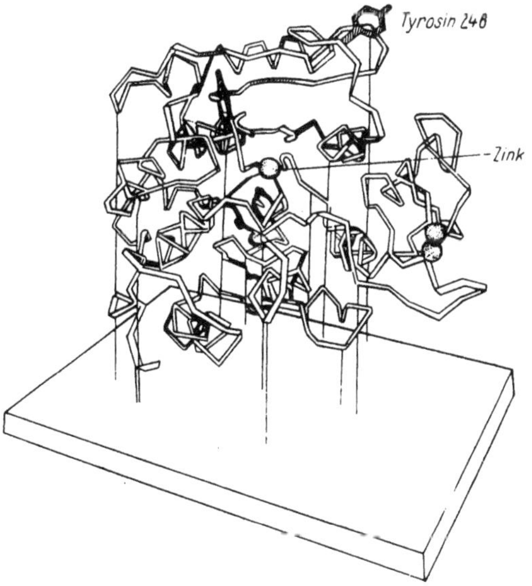

Abb. 4.11. Die dreidimensionale Gestalt der Carboxypeptidase, die die Spalte oberhalb und rechts vom Zinkatom zeigt, in welcher das Substrat gebunden wird. (Freundlicherweise überlassen von W. N. LIPSCOMB, New Scientist und dem M. R. C.).

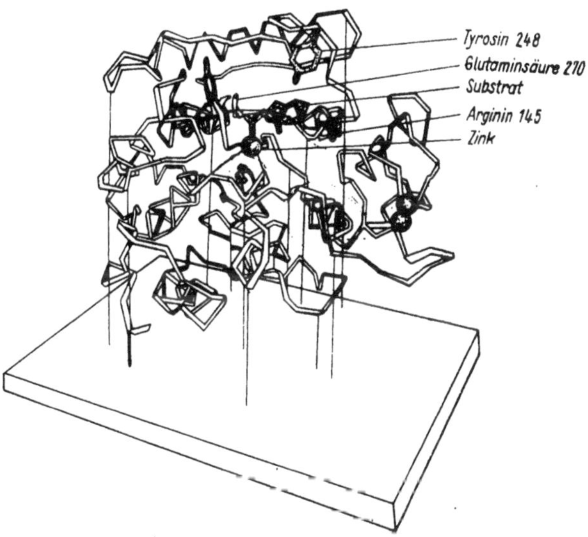

Abb. 4.12. Das Substrat in der Spalte der Carboxypeptidase. Das Substrat wird durch die Seitenkette des Arginins und das Zinkatom gebunden. Nach seiner Bindung bewegen sich sowohl das Tyrosin als auch das Arginin in Übereinstimmung mit der „induced fit"-Theorie der Enzymwirkung auf das Substrat zu. (Freundlicherweise überlassen von W. N. LIPSCOMB, New Scientist und dem M. R. C.)

peptidase A über 18 Å ausdehnt und fünf Regionen, eine für jede Aminosäure eines Pentapeptids, besitzt. Diese Vorstellung basiert auf Resultaten, die jenen ähnlich sind, die von diesen Forschern für das Papain veröffentlicht wurden (s. oben).

Von den möglichen Funktionen des essentiellen Metallions (s. Kapitel 2) kann eine ausgeschlossen werden. Das ist die, daß das Metallion für die Aufrechterhaltung der dreidimensionalen Struktur des Enzyms benötigt wird und der Aktivitätsverlust des metallfreien Enzyms nur eine Folge der Zerstörung dieser Struktur ist. Die Entfernung des Zinkions führt nur zu einer sehr geringen Änderung der Gesamtstruktur, so daß einige potentielle Substrate und Inhibitoren auch noch mit dem Apoenzym Komplexe bilden können.

Die Abbildungen 4.11. und 4.12. zeigen die dreidimensionalen Strukturen der Carboxypeptidase A und des Glycyltyrosin-Carboxypeptidase A-Komplexes. Die Struktur des letzteren Komplexes gewährt eine Vorstellung von einer Enzym-Substrat-Verbindung und zeigt deutlich den Anteil des Enzyms, der mit dem Substrat in Kontakt steht. Die Carboxylgruppe des Substrates ist mit der Guanidiniumgruppe eines Argininrestes verbunden und das aktive Zentrum enthält auch eine apolare Tasche, in die die aromatische Seitenkette der terminalen Aminosäure paßt. Diese Tasche ist sehr groß und deshalb in der Lage, ein bestimmtes Spektrum möglicher Seitenketten aufzunehmen, was der ziemlich breiten Spezifität des Enzyms entspricht. Die Carbonylgruppe der zu spaltenden Peptidbindung verdrängt das Wasser als vierten Liganden vom Zinkatom. Die Liganden sind mehr oder weniger tetrahedral angeordnet. Das Zinkion ist folglich an der Bindung des Substrates beteiligt. Sein Hauptbeitrag zu dem katalytischen Vorgang scheint aber die Polarisierung der Carbonylgruppe zu sein, die dadurch auf einen nucleophilen Angriff vorbereitet wird.

Die Assoziation eines Dipeptids mit dem Enzym löst einige sehr interessante Konformationsänderungen im Protein aus. So muß sich die Seitenkette des Arginylrestes, um sich mit dem Carboxylation des Substrates zu verbinden, um 2 Å bewegen. Die Seitenkette des Tyrosin-248, die im nativen Enzym in das Lösungsmittel ragt, verlagert sich um etwa 14 Å, so daß in dem Enzym-Substrat-Komplex ihre Hydroxylgruppe der Peptidbindung sehr nahekommt. In der Nähe des Substrates befindet sich in dem Komplex darüber hinaus ein zweiter Tyrosinrest.

Vallee und seine Gruppe [135, 136] lieferte eine Fülle von Erkenntnissen über die Rolle von ein oder zwei Tyrosinresten in dem katalytischen Vorgang. Die Acetylierung des Enzyms mit Essigsäureanhydrid oder Acetylimidazol ruft einen vollständigen Verlust der Peptidaseaktivität hervor. Das Ausmaß der Acetylierung dieser zwei Tyrosinreste geht mit dem Aktivitätsverlust parallel. Die Deacetylierung mit Hydroxylamin kehrt den Effekt um. Der kompetitive Inhibitor β-Phenylpropionat verhindert eine Acetylierung völlig. Andere Säureanhydride rufen ähnliche, wenn auch weniger markante Effekte hervor (eine Ausnahme ist das Bernsteinsäureanhydrid, das sogar eine Erhöhung der Peptidaseaktivität verursacht; jedoch wurde nachgewiesen, daß dieses Reagenz nicht mit dem aktiven

Zentrum reagiert). Eine Jodierung zerstört ebenfalls die enzymatische Aktivität gegenüber Peptiden. Daß die Jodierung an der gleichen Seitenkette, die für die Acetylierung empfindlich ist, stattfindet, zeigt die Beobachtung, daß die Jodierung von acetylierter Carboxypeptidase und ihre nachfolgende Deacetylierung mittels Hydroxylamin zu einer Regenerierung der Peptidaseaktivität führt. Die Nitrierung eines Tyrosinrestes mit dem selektiven Nitrierungsmittel Tetranitromethan ruft einen 90%igen Verlust der Peptidaseaktivität des Enzyms hervor.

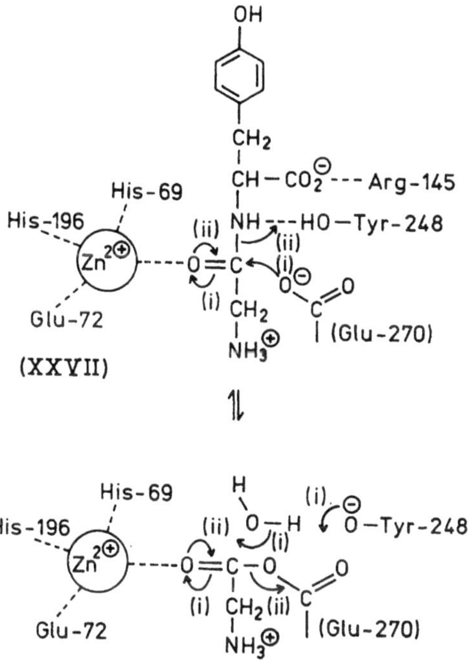

(XXVII)

(XXVIII)

Abb. 4.13. Der von LIPSCOMB und seinen Mitarbeitern vorgeschlagene Wirkungsmechanismus der Carboxypeptidase A [119, 119a]

Diese chemischen Ergebnisse befinden sich natürlich in Übereinstimmung mit dem Vorhandensein eines Tyrosinrestes am oder in der Nähe des aktiven Zentrums.

LIPSCOMB und seine Kollegen [119] schlugen einen Wirkungsmechanismus der Carboxypeptidase A vor, der auf der Anordnung der Gruppen im aktiven Zentrum basiert, wie sie durch die Röntgenkristallographie nachgewiesen wurde. Ihre Vorstellung ist in Abbildung 4.13. für die Hydrolyse von Glycyltyrosin dargestellt. Es wird angenommen, daß der Carboxylatsauerstoff der Glutaminsäure-270 mit Unterstützung des Zinkions (i) das Carbonyl der Peptidbindung (XXVII) angreift. Der Zerfall des resultierenden quarternären Komplexes (ii) wird durch die Säure-Katalyse der Hydroxylgruppe des Tyrosins-248 unterstützt. Das Produkt dieses Reaktionsschrittes ist ein Acylenzym mit einer Anhydridbindung. Für die

Hydrolyse dieser Anhydridbindung nimmt man einen durch die konjugierte Base des Tyrosins-248 (XXVIII) begünstigten Angriff von Wasser an. LIPSCOMB et al. [119] zeigten, daß die Bindung des Substrates an das Enzym zu einer Substitution des vierten Liganden des Zinkions, des Wassers, führt. Auf diese Weise erhält die Umgebung des Zinkions eine niedrigere Dielektrizitätskonstante, wodurch die Polarisation der Carbonylgruppe durch das Zinkion noch stärker wird. Eine Alternative dazu ist, daß die Reaktion nicht mit einem direkten Angriff des Glutaminsäurecarboxyls auf das Peptidcarbonyl abläuft, sondern einen Angriff durch Wasser beinhaltet, der durch dieses Carboxyl begünstigt wird. Dieser alternative Vorgang würde nicht zu der Bildung eines Acylenzyms führen.

Gegenwärtig gibt es sehr wenig Beweise zu Gunsten einer Acylcarboxypeptidase. GINODMAN et al. [137] fanden, daß Carboxypeptidase A den Austausch von ^{18}O aus $H_2\,^{18}O$ gegen den Sauerstoff der Carboxylgruppe des N-Acetylphenylalanins katalysiert. Dieses Ergebnis unterstützt die Acylenzymhypothese. Die Autoren waren aber nicht in der Lage, den Austausch von Tyrosin-^{14}C gegen das Tyrosin im N-Acetylphenylalanyltyrosin nachzuweisen. Solch ein Austausch ist zu erwarten, wenn der obige Mechanismus zutreffend ist. Bei vielen Enzymen liefern die pH-Abhängigkeiten Informationen über die Art der am katalytischen Vorgang beteiligten Aminosäuren. Bei der Carboxypeptidase A ist das nicht der Fall, weil das Profil der pH-Abhängigkeit vor allem die Metall-Proteinbindung widerzuspiegeln scheint, die natürlich für die Aktivität von besonderer Bedeutung ist, jedoch die Effekte der pH-Abhängigkeit anderer Prozesse offenbar überdeckt [125].

Wir haben schon auf die Fähigkeit des Enzyms, die Hydrolyse von Estern, wie beispielsweise N-Benzoylglycylphenylmilchsäure zu katalysieren, hingewiesen. Die Bindung zwischen dem Enzym und einem derartigen Substrat ist stärker als die zwischen dem Enzym und dem zugehörigen Peptid. Da die katalytischen Konstanten (k_{kat} in Gl. 4.3) für Peptide und Ester ziemlich ähnlich sind, ist die Gesamtgeschwindigkeit der Hydrolyse eines Esters größer als die des entsprechenden Peptids [138].

Es gibt Hinweise dafür, daß die chemische Modifizierung eines Histidinrestes zu einem Verlust der Peptidaseaktivität führen kann [120, 135]. Ob dies ein Histidinrest ist, der an der Bindung des Metallions beteiligt ist, oder ein anderer, ist unbekannt. Unverkennbar ist, daß über dieses Enzym und seinen Wirkungsmechanismus tiefere Einsichten benötigt werden.

L-Leucylpeptidhydrolase (*Leucinaminopeptidase, 3.4.1.1*)

Über andere metallabhängige Hydrolasen ist sehr wenig bekannt. Bei der Leucinaminopeptidase liegt der Grund darin, daß es Schwierigkeiten gibt, dieses Enzym aus verschiedenen Quellen eindeutig zu identifizieren. Zuerst wurde Leucinaminopeptidase von SPACKMAN et al. [139] aus Schweinenieren isoliert. Ein Enzympräparat aus Rinderaugenlinsen erwies sich ihr sehr ähnlich, wenn nicht überhaupt identisch [140]. Die Aminopeptidase aus Schweinenierenmikrosomen erwies sich jedoch von ihr sowohl im Hinblick auf die Substratspezifität wie auch auf die erforderlichen Metallionen als völlig verschieden [141, 142]. Kürzlich isolierten JOSEPH und FRUTON ein Enzym aus Schweinemuskel, das der Nieren-Leucinaminopeptidase sehr ähnlich ist [143].

Leucinaminopeptidase ist ein Protein mit dem hohen Molekulargewicht von etwa 300000 und ist aus Subeinheiten aufgebaut, die ein Aggregat bilden. Ihre Spezifität ist derart, daß sie die N-terminale Peptidbindung von Peptiden und Proteinen hydrolysiert. Bestimmte Aminosäurederivate können ebenfalls als Substrate dienen [144]. Die Hauptanforderung an das Substrat ist eine freie N-terminale Aminogruppe. Substrate, die N-terminale Aminosäuren mit aliphatischen Seitenketten besitzen, werden am schnellsten hydrolysiert, solche mit aromatischen Seitenketten weniger schnell, während diejenigen mit polaren (Arginyl-, Glutamyl- usw.) oder überhaupt keinen Seitenketten (Glycin) nur sehr schlecht gespalten werden. Peptide mit N-terminalen D-Isomeren werden nicht angegriffen. SCHECHTER und BERGER zeigten, daß die Anwesenheit eines D-Isomeren einige Aminosäuren vom N-Ende der Kette entfernt, ein Absinken der Hydrolysegeschwindigkeit hervorruft [145]. Es ist demzufolge wahrscheinlich, daß das Enzym eine apolare Region zur Bindung der Seitenkette des ersten Restes und wahrscheinlich auch einige Bindungsstellen für die Seitenketten der anderen Peptidreste besitzt. Das Vorhandensein einer apolaren Region wird außerdem durch die Beobachtung, daß bestimmte langkettige aliphatische Alkohole wirksame kompetitive Inhibitoren sind, unterstützt [146].

Das Enzym wird durch Magnesiumionen aktiviert und stabilisiert [144]. Die Entfernung des Metallions führt zu einer schnellen irreversiblen Inaktivierung. Obwohl das Mangan(II)-ion ein besserer Aktivator als Mg ist, ist es als Stabilisator weniger wirksam. Es ist möglich, daß die Metallionen die aggregierte Form des Enzyms stabilisieren. WOLFF und RESNICK [147] fanden, daß die Aminopeptidase aus Rinderaugenlinsen durch Co(II)-, Mg(II)- oder Mn(II)-ionen aktiviert werden kann, daß aber die beste Aktivierung durch die Kombination Co(II) und Mg(II) bzw. Co(II) und Mn(II) erreicht wird. Sie bezeichneten diesen Effekt als *synergistische Aktivierung*. Da die Kobaltionen die Reaktion des Apoenzyms mit p-Hydroxymercuribenzoat verhindern, nahmen sie an, daß eine Thiolgruppe an der Kobaltbindung beteiligt ist. Im Hinblick auf die Resultate an der Carboxypeptidase muß eine solche Interpretation jedoch mit Vorbehalt behandelt werden.

Das pH-Bindungsprofil für Magnesium oder Mangan deutet darauf hin, daß eine Amino- oder eine Imidazolgruppe daran beteiligt ist [148]. Es wurde die Vorstellung entwickelt, daß die Aminogruppe des Substrates in ihrer nichtprotonisierten Form ebenfalls ein Ligand des Metallions ist [144]. Das pH-Geschwindigkeitsdiagramm der Katalyse, das die Metallionenbindung widerzuspiegeln scheint (pH-Optimum 9—9,3), ist mit dieser Vorstellung gut vereinbar. Die Jodierung eines Tyrosinrestes der Augenlinsen-Aminopeptidase verursacht eine Inaktivierung [149], so daß es möglich ist, daß der Aktivitätsabfall des Enzyms oberhalb von pH 9 auf die Ionisation einer essentiellen Tyrosingruppe zurückgeführt werden kann.

Obwohl frühere Forscher weder eine Transpeptidierung noch eine Transamidierung in den Produkten der durch die Aminopeptidase katalysierten Reaktionen nachweisen konnten, berichteten Hanson und Lasch [146], daß sowohl Linsenaminopeptidase als auch das Enzym aus Rattenserum fähig ist, die nachfolgenden Reaktionen zu katalysieren.

L-Leucinmethylcellosolveester	→ L-Leucyl-L-leucin
L-Leucylamid	→ L-Leucylleucylamid
L-Phenylalanylamid	→ L-Phenylalanyl-L-phenylalanylamid

Diese Ergebnisse deuten auf die Bildung eines Acylenzyms hin. Keine Transpeptidierung wurde mit D-Leucylamid, L-Valylamid und L-Tyrosylmethylcellosolveester beobachtet.

Wir haben im 1. Kapitel dieses Buches schon ein Beispiel einer aminopeptidaseartigen Hydrolyse, die durch ein metallionenhaltiges Reagenz ausgelöst wird, kennengelernt (Kapitel 1, Seite 57), so daß es naheliegend ist, einen prinzipiell ähnlichen Wirkungsmechanismus für die Leucinaminopeptidase anzunehmen (Abb. 4.14.). Demnach können die Aminogruppe und die Peptidcarbonylgruppe des Substrates Liganden des Metallions werden, was die Empfindlichkeit des Carbonyls gegenüber einem nucleophilen Angriff erhöht (XXIX). Wird ein Acylenzym gebildet, dann muß das Nucleophil (N) vom Proteinmolekül stammen. Die Ablösung der substituierbaren stickstoffhaltigen Gruppe aus dem tetrahedralen Zwischenprodukt könnte durch die Anwesenheit einer sauren Gruppe

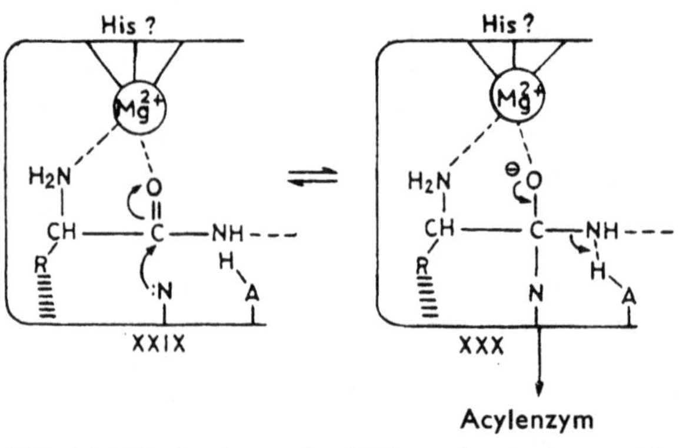

Abb. 4.14. Mechanismus der Wirkung der Aminopeptidase.

(H—A) (XXX) begünstigt werden. Die saure Gruppe könnte dabei der oben erwähnte Tyrosinrest sein. Dieser Mechanismus ist dem, der für die Carboxypeptidase A entwickelt wurde, sehr ähnlich.

Hydrolasen, die bei niedrigen pH-Werten wirken

Pepsin (3.4.4.1)

Pepsin [150] ist ein proteolytisches Enzym, das im sauren Milieu des Magensaftes wirkt. Es wird als inaktives Propepsin (Pepsinogen) gebildet und unter den sauren Bedingungen spontan in die aktive Form umgewandelt. Pepsin, das aus einer einzigen Kette mit einem Molekulargewicht von 35000 besteht, ist ein ungewöhnliches Protein. In Einklang mit seiner biologischen Funktion ist es unter stark sauren Bedingungen stabil; sein isoelektrischer Punkt liegt bei etwa pH 1. Seine Aminosäurezusammensetzung ist gleichermaßen ungewöhnlich; es besitzt sechsunddreißig freie Carboxylgruppen pro Molekül und nur vier basische Reste.

Im Gegensatz zu anderen Enzymen zeigt Pepsin nur eine Peptidaseaktivität; Ester oder Amide werden im allgemeinen nicht hydrolysiert. Die Peptide, die hydrolysiert werden, müssen auf beiden Seiten der Peptidbindung L-Konfiguration besitzen. Tragen diese beiden Reste aromatische Seitenketten, so ist die Hydrolyse begünstigt [151, 152].

Es wurde schon gesagt, daß dieses Enzym bei niedrigen pH-Werten wirkt. Das pH-Optimum liegt bei etwa 2. Es kann in Abhängigkeit von der Art des Substrates variieren [151, 152], jedoch ist es unbekannt, ob diese Variation durch die Ionisation einer Gruppe in dem Substrat oder durch die Interaktion des Substrates mit prototropen Gruppen des Enzyms verursacht wird. Zur Klärung dieser Fragen untersuchten Clement und Snyder [153] die pH-Abhängigkeit der Hydrolyse von N-Acetylphenylalanyltyrosinmethylester, der in dem benutzten pH-Intervall neutral bleibt. Das pH-Geschwindigkeitsdiagramm zeigt die Beteiligung von zwei prototropen Gruppen, eine mit einem pK_s von 1,62 in der basischen und die andere mit einem pK_s von 3,48 in der sauren Form. Diese pK_s-Werte weisen auf die Beteiligung von zwei Carboxylgruppen in dem katalytischen Prozeß hin. Ähnliche Ergebnisse wurden von Fruton et al. [151] erhalten, die berichteten, daß das pH-k_{kat}-Profil der Hydrolyse anderer Substrate auf die Abhängigkeit von zwei (Carboxyl)-Gruppen mit pK_s-Werten von 3,2 und 4,5 hinweist; die höheren pK_s-Werte, die im letzteren Fall gefunden wurden, könnten auf die Ionisation des Substrates zurückzuführen sein.

Es gibt sehr viele chemische Beweise für die Richtigkeit der Vorstellung, daß zumindest eine Carboxylgruppe für die Aktivität des Pepsins notwendig ist. Herriott et al. [154] zeigten, daß die Alkylierung von Carboxylgruppen durch Schwefellost ($ClCH_2CH_2SCH_2CH_2Cl$) zu einer Inaktivierung des Enzyms führt. Gross und Morell [155] sowie Erlanger et al. [156] zeigten unabhängig voneinander, daß eine andere „aktive" Halogenverbindung, das p-Bromphenacylbromid (XXXI) eine Inaktivierung des Pepsins durch die Veresterung der Seitenkettencarboxylgruppen eines Asparaginsäurerestes verursachen kann. Das Reaktionsschema zeigt, wie die Reaktion verläuft. Das Halogenid (XXXI) reagiert mit dem Enzym unter Bildung des inaktiven p-Bromphenacylderivates (XXXII) in einem Verhältnis von 1:1. Daß diese Reaktion am aktiven Zentrum stattfindet, wird dadurch bewiesen, daß sie durch die Anwesenheit von Substrat verhindert wird. Außerdem ist das pH-Profil der Inaktivierung dem der Proteinhydrolyse ähnlich. Die Reaktion von XXXII mit Hydroxylamin führt unter Freisetzung von p-Brom-α-hydroxyacetophenon zur Bildung des Hydroxamatderivates des Pepsins (XXXIII) (wieder in einer 1:1 Stöchiometrie), das mit

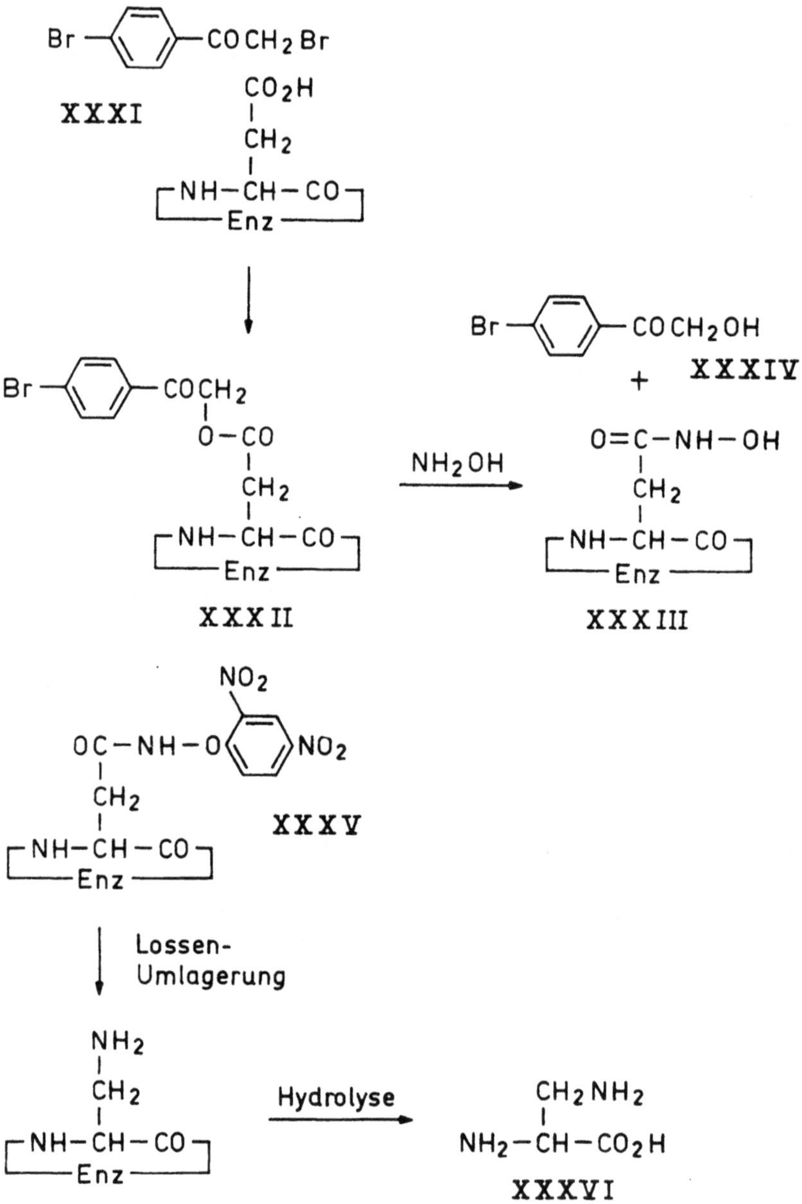

Fluordinitrobenzol unter Bildung der Dinitrophenylverbindung (XXXV) reagieren kann. Die LOSSEN-Umlagerung [157] führt zur Substitution des ursprünglichen Carboxyls durch eine Aminogruppe und nach Hydrolyse wurde Diaminopropionsäure (XXXVI) identifiziert. Wäre ein Glutaminsäurerest beteiligt, hätte Diaminobuttersäure erhalten werden müssen. ERLANGER et al. [156] konnten die Aminosäuresequenz um diese essentielle Asparaginsäure aufklären: Gly.Gly.Asp.Ser.Glu. GROSS und MORELL [155] reduzierten das p-Bromphenacylenzym mit Lithiumborhydrid und wandelten den ursprünglichen Asparaginsäurerest in ein Homoserin (XXXVII) um. Homoserinpeptide sind sehr labil; die Behandlung von XXXVII mit äthanolischer Salzsäure ergab ein Peptid in dem der C-terminale Homoserinrest identifiziert werden konnte.

XXXII

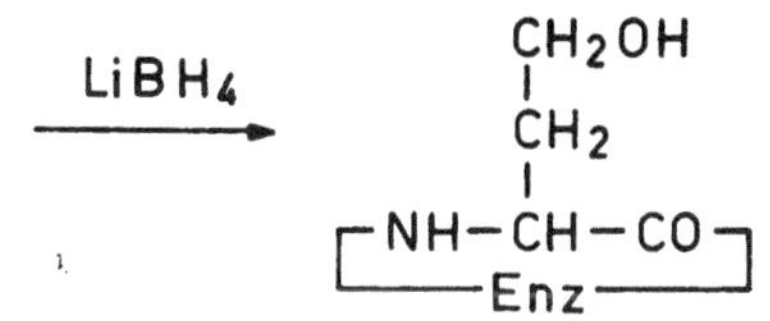

XXXVII

Der essentielle Asparaginsäurerest kann auch mit bestimmten Diazoverbindungen, insbesondere Diazocarbonylverbindungen, in Gegenwart von Kupferionen [158, 159] verestert werden. Ein Beispiel ist die Behandlung von Pepsin mit L-1-Diazo-6-phenyl-3-toluolsulfonamidobutan-2-on (XXXVIII) durch FRUTON et al. [159]. Diese Verbindung ist das Diazoäquivalent des Tosylphenylalaninchlorketons (V), das beim Chymotrypsin so effektiv benutzt wurde (s. Seite 175). In allen Fällen reagieren die resultierenden Esterderivate mit Hydroxylamin.

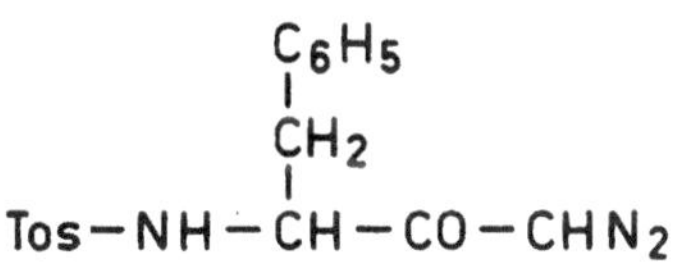

XXXVIII

Abgesehen von der oben erwähnten Carboxylgruppe ist der Tyrosinrest als einzige weitere Aminosäure in den katalytischen Prozeß einbezogen. Acetylierung des Tyrosinhydroxyls sowie seine Jodierung oder Kupplung mit Diazoverbindungen führen zur Inaktivierung des Pepsins [160].

Eine der interessantesten vom Pepsin katalysierten Reaktionen ist die Transpeptidierung; das am häufigsten erwähnte Beispiel ist die Reaktion mit dem synthetischen Substrat N-Acetyl-L-tyrosyl-L-tyrosin. Neben den erwarteten Reaktionsprodukten wird im Verlauf der Reaktion das Dipeptid L-Tyrosyl-L-tyrosin gebildet [161]. Da Pepsin die Hydrolyse der Acetylaminobindung nicht bewerkstelligen kann, kann das Peptid nur aus einem Transferprozeß stammen, wie dies in dem Schema dargestellt ist. Das Acetyltripeptid kann danach durch das Enzym entweder in Tyrosin und das Ausgangsmaterial oder Acetyltyrosin und das beobachtete Dipeptid Tyrosyltyrosin gespalten werden. Transfervorgänge dieses Typs deuten gewöhnlich auf ein kovalentes Zwischenprodukt in dem Prozeß hin. In diesem Fall muß der Transfer des Tyrosinrestes in der Reaktion (4.11)

$$\text{Ac}\cdot\text{Tyr}\cdot\text{Tyr} + \text{Ac}\cdot\text{Tyr}\cdot\text{Tyr} \rightarrow \text{Ac}\cdot\text{Tyr} + \text{Ac}\cdot\text{Tyr}\cdot\text{Tyr}\cdot\text{Tyr} \tag{4.11}$$

über ein Aminoenzymintermediat führen (ein Derivat, in dem die Aminosäure durch das Enzym acyliert ist). Die alternative Möglichkeit, ein Acylenzym, würde einen nucleophilen Angriff durch die Aminospecies verlangen, ein Prozeß der bei dem niedrigen pH, bei dem Pepsin wirkt, sehr unwahrscheinlich ist. Das intermediäre Aminoenzym steht im direkten Gegensatz zu den Mechanismen anderer, in diesem Kapitel besprochener hydrolytischer Enzyme, in denen Acylenzyme als Zwischenstadien auftreten. Eine Unterstützung für die Aminoenzymhypothese liefern Untersuchungen über die Substratspezifität und die Kinetik der pepsin-katalysierten Hydrolyse- und Transferreaktionen. Diese machen deutlich, daß an dem Enzym Bindungsstellen für die Seitenketten der Aminosäurereste auf beiden Seiten der Peptidbindung existieren, die entweder gespalten oder neu gebildet wird [162, 164, 165]. Daß an der Bindung tatsächlich beide Reste beteiligt sind, wird durch die Kinetik der Hydrolyse von Acetyl-L-phenylalanyl-L-tyrosin unterstrichen, die zeigt, daß beide Reaktionsprodukte (Acetyl-L-phenylalanin und Tyrosin) das Enzym hemmen [165].

Akhtar und Al-Janabi [168] lieferten weitere Beweise für die Bildung eines Aminoenzymderivats während der Reaktion. Sie inkubierten Benzyloxycarbonyltyrosyltyrosin (das an beiden Tyrosinresten $\text{Z}\cdot\overset{*}{\text{Tyr}}\cdot\overset{*}{\text{Tyr}}\cdot\text{OH}$ markiert war) mit Pepsin und denaturierten dann das Protein schnell. Es wurde eingebaute Radioaktivität gefunden, die nicht durch Dialyse gegen 8 M Harnstoff und Hydroxylamin entfernt werden konnte, d. h. es liegt offenbar eine kovalente Bindung, die keine Esterbindung ist, vor. Wurde $\text{Z}\cdot\overset{*}{\text{Tyr}}\cdot\text{Tyr}\cdot\text{OH}$ verwendet, wurde keine Radioaktivität im Enzym gefunden, was darauf hinweist, daß das C-terminale Tyrosin eingebaut wird.

Ein Bruchstück des Substrates wird folglich als Aminoenzymderivat an das Enzym gebunden. Pepsin katalysiert jedoch auch den Sauerstoffaustausch zwischen $H_2{}^{18}O$ und acylierten Aminosäuren wie Benzyloxycarbonyl-L-phenylalanin (jedoch nicht dem D-Isomeren) und N-Acetyl-L-phenylalanin [163]. Das deutet darauf hin, daß das andere Bruchstück des Substrates ebenfalls an das Enzym gebunden wird, jedoch in der Form eines Acylenzyms. Es waren wieder Akhtar und Al-Janabi [168], die entsprechende Beweise für die Existenz eines derartigen Acylenzymderivates lieferten.

Die Fakten, die gegenwärtig bekannt sind, zeigen, daß (a) zwei Carboxylgruppen und möglicherweise eine Tyrosylgruppe an dem katalytischen Vorgang beteiligt sind, (b) eine der Carboxylgruppen ionisiert sein muß, (c) beide Aminosäurereste, die die Peptidbindung des Substrates bilden, im Michaelis-Komplex an das

Enzym gebunden werden und (d) daß ein Acyl- und ein Aminoenzym als Intermediate während der Reaktion gebildet werden. BENDER und KEZDY [166] schlugen einen möglichen Mechanismus für die pepsin-katalysierten Reaktionen vor, der auf den obigen Betrachtungen basiert. Die zwei Carboxylgruppen im aktiven Zentrum treten miteinander unter Bildung eines Anhydrids (XXXIX)

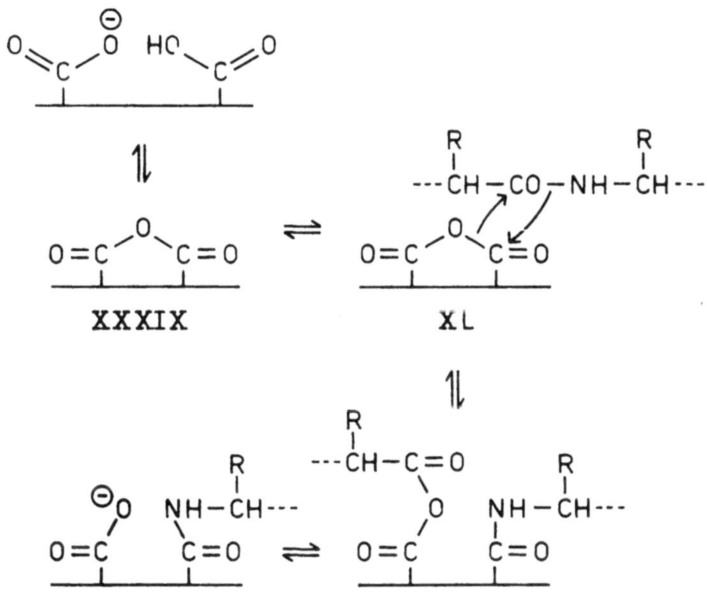
XXXIX XL XLII XLI

in Wechselwirkung. Dieses unterliegt nach Bildung des Enzym-Substrat-Komplexes einer Vierzentren-Umlagerung mit dem zu spaltenden Peptid (XL). Dies führt zur Bildung des Amino- und Acylenzyms (XLI). Der Acylenzymanteil enthält ein gemischtes Anhydrid, weshalb zu erwarten ist, daß er sehr schnell unter Bildung des Aminoenzyms hydrolysiert (XLII). Die Hydrolyse der Amidbindung in XLII sollte durch die benachbarte Carboxylgruppe in einer ähnlichen Weise begünstigt werden, wie es für die Hydrolyse des Phthalsäuremonoamids (XLIII) beschrieben wurde. Das hat die Rückbildung des Anhydrids (XXXIX) zur Folge. Phthalsäureanhydrid (XLIV) wurde als Zwischenprodukt bei der Hydrolyse des Phthalsäuremonoamids nachgewiesen [167].

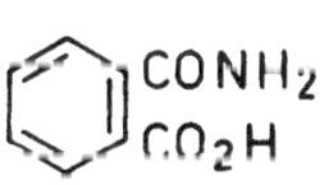
XLIII

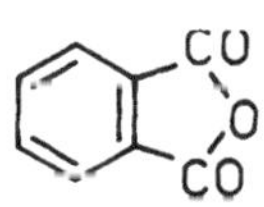
XLIV

In diesem Mechanismus hat der für die Reaktion als essentiell erkannte Tyrosinrest keine Funktion. Es ist natürlich möglich, daß dieser Rest nicht direkt an dem katalytischen Vorgang beteiligt ist, sondern entweder zur Enzym-Substrat-Bindung oder zur Aufrechterhaltung der Struktur des aktiven Zentrums beiträgt. Tatsächlich ist es schwierig, dieser phenolischen OH-Gruppe bei dem niedrigen pH eine andere Rolle als die eines sauren Katalysators zuzuschreiben, eine Möglichkeit, die zumindest für den geschwindigkeitsbestimmenden Schritt auszuschließen ist, da ein kinetischer Effekt des Deuterium nicht nachweisbar ist. AKHTAR und AL-JANABI [168] schlugen einen ziemlich ähnlichen Mechanismus vor, der eine „potentielle" Anhydridgruppe in dem Enzym beinhaltet.
Andere proteolytische Enzyme, die bei niedrigen pH-Werten arbeiten, besitzen möglicherweise einen ähnlichen Wirkungsmechanismus wie das Pepsin. Dazu gehören Pepsin B (3.4.4.2), Rennin (3.4.4.3), Gastricsin (3.4.4.—) und die Kathepsine (3.4.4.23 usw.).

Literatur

[1] DIXON, M., und WEBB, E. C., Enzymes, 2. Aufl. (Longmans, London, 1964)

[2] HARTLEY, B. S., Nature, Lond. **201**, 1284 (1964); HARTLEY, B. S., The Structure and Activity of Enzymes, Hrsg. T. W. GOODWIN, J. I. HARRIS, und B. S. HARTLEY, S. 47 (Academic Press, London, 1964)

[3] DESNUELLE, P., The Enzymes Bd. 4, S. 106 (Academic Press, New York, 1960)

[4] NEURATH, H., RUPLEY, J. A., und DREYER, W. J., Archs biochem. Biophys. **65**, 243 (1956)

[5] CHERVENKA, C. H., Biochim. biophys. Acta **26**, 222 (1957)

[6] VASLOW, F., und DOCHERTY, D. G., J. Am. chem. Soc. **75**, 928 (1953)

[7] GREEN, N. M., und NEURATH, H., The Proteins, Hrsg. K. Bailey and H. Neurath, Bd. 2, Teil B, S. 1057 (Academic Press, New York, 1954)

[8] LABOUESSE, B., OPPENHEIMER, H. L., und HESS, G. P., Biochem. biophys. Res. Commun. **14**, 318 (1954)

[9] BENDER, M. L., GIBIAN, M. J., und WHELAN, D. J., Proc. natn. Acad. Sci. U.S.A. **56**, 833 (1966)

[10] KNOWLES, J. R., Biochem. J. **95**, 180 (1965)

[11] KEZDY, F. J., FEDER, J., und BENDER, M. L., J. Am. chem. Soc. **89**, 1009 (1967)

[12] HILLE, M. B., und KOSHLAND, D. E., jr., J. Am. chem. Soc. **89**, 5945 (1967)

[13] WEIL, L., J. cell comp. Physiol. **47**, Suppl. 1, 144 (1956); WEIL, L., JAMES, S., und BUCHERT, A. R., Archs. Biochem. **46**, 266 (1953)

[14] WOOD, H. N., und BALLS, A. K., J. biol. Chem. **213**, 297 (1955); VISWANATHA, T., und LAWSON, W. B., Archs. biochem. Biophys. **93**, 128 (1961)

[15] KOSHLAND, D. E., jr., STRUMEYER, D. H., und RAY, W. J., jr., Brookhaven Symp., Biol. **15**, 101 (1962)

[16] WHITAKER, J. R., und JANDORF, B. J., J. biol. Chem. **223**, 751 (1956)

[17] SCHRAMM, V. H. J., Z. physiol. Chem. **348**, 232 (1967)

[18] GUTFREUND, H., und STURTEVANT, J. M., Biochem. J. **63**, 656 (1956)

[19] SCHOELLMAN, G., und SHAW, E., Biochemistry **2**, 252 (1963); Biochem. biophys. Res. Commun. **7**, 36 (1962)

[20] Ong, E. B., Shaw, E., und Schoellman, G., J. Am. chem. Soc. 86, 1271 (1964); J. biol. Chem. 240, 694 (1965)

[21] Kezdy, F. J., Thomson, A., und Bender, M. L., J. Am. chem. Soc. 89, 1004 (1967)

[22] Schaffer, N. K., May, S. C., jr., und Summerson, W. H., J. biol. Chem. 202, 67 (1953); Jansen, E. J., Jang, R., und Balls, A. K., J. biol. Chem. 196, 247 (1952)

[23] Oosterbaan, R. A., Kunst, P., van Rotterdam, J., und Cohen, J. A., Biochim. biophys. Acta 27, 556 (1958)

[24] Balls, A. K., und Aldrich, F. L., Proc. natn. Acad. Sci. U.S.A. 41, 190 (1955)

[25] Oosterbaan, R. A., van Adrichem, M., und Cohen, J. A., Biochim. biophys. Acta 63, 204 (1962)

[26] Schonbaum, G. R., Zerner, B., und Bender, M. L., J. biol. Chem. 236, 2930 (1961); Dixon, G. H., und Neurath, H., J. biol. Chem. 225, 1049 (1957)

[27] Strumeyer, D. H., White, W. N., und Koshland, D. E., jr., Proc. natn. Acad. Sci. U.S.A. 50, 931 (1963)

[28] Weiner, H., White, W. N., Hoare, D. G., und Koshland, D. E., jr., J. Am. chem. Soc. 88, 3851 (1966)

[29] (a) Dixon, G. H., Dreyer, W. J., und Neurath, H., J. Am. chem. Soc. 78, 4810 (1956); (b) Anderson, B. M., Cordes, E. H., und Jencks, W. P., J. biol. Chem. 236, 455 (1961)

[30] Bender, M. L., Schonbaum, G. R., und Zerner, B., J. Am. chem. Soc. 84, 2540 (1962)

[31] Wagner-Jauregg, T., und Hackley, B. E., jr., J. Am. chem. Soc. 75, 2125 (1953)

[32] Gutfreund, H., und Sturtevant, J. M., Proc. natn. Acad. Sci. U.S.A. 42, 719 (1956)

[33] Kallos, J., und Avatis, K., Biochemistry 5, 1797 (1966)

[34] Schafer, J., Baronowsky, P., Laursen, R., Finn, F., und Westheimer, F. H., J. biol. Chem. 241, 421 (1966)

[35] Balls, A. K., und Wood, H. N., J. biol. Chem. 219, 245 (1956)

[36] Bender, M. L., Clement, G. E., Gunter, C. R., und Kezdy, F. J., J. Am. chem. Soc. 86, 3697 (1964)

[37] Sprinson, D. P., und Rittenberg, D., Nature, Lond. 167, 484 (1951); Docherty, D. G., und Vaslow, F., J. Am. chem. Soc. 74, 931 (1952); Bender, M. L., und Kemp, K. C., J. Am. chem. Soc. 79, 111, 116 (1957)

[38] Epand, R. M., und Wilson, I. B., J. biol. Chem. 238, 1718 (1963)

[39] Zerner, B., und Bender, M. L., J. Am. chem. Soc. 86, 3669 (1964)

[40] Bruice, T. C., und Benkovic, S. J., Bioorganic Mechanisms Band 1. (Benjamin, New York, 1966)

[41] Spencer, T., und Sturtevant, J. M., J. Am. chem. Soc. 81, 1874 (1959)

[42] Zerner, B., Bond, R. P. M., und Bender, M. L., J. Am. chem. Soc. 86, 3674 (1964)

[43] Bender, M. L., Kezdy, F. J., und Gunter, C. R., J. Am. chem. Soc. 86, 3714 (1964)

[44] Himoe, A., Parks, P. C., und Hess, G. P., J. biol. Chem. 242, 919 (1967)

[45] Himoe, A., und Hess, G. P., Biochem. biophys. Res. Commun. 23, 234 (1966)

[46] Bender, M. L., und Hamilton, G. A., J. Am. chem. Soc. 84, 2570 (1962)

[47] Bender, M. L., und Kezdy, F. J., J. Am. Chem. Soc. 86, 3704 (1964)

[48] Bergmann, M., und Fruton, J. S., Adv. Enzymol. 1, 63 (1941); Kauffman, S., und Neurath, H., Archs. Biochem. 21, 437 (1949)

[49] Jennings, R. R., und Niemann, C., J. Am. chem. Soc. 75, 4687 (1953)

[50] Bender, M. L., und Turnquest, B. W., J. Am. chem. Soc. 77, 4271 (1955); Cohen, S. G., und Weinstein, S. Y., J. Am. chem. Soc. 86, 5326 (1964); Hein, G., und Niemann, C., Proc. natn. Acad. Sci. U.S.A. 47, 1341 (1961)

[51] HEIN, G., und NIEMANN, C., J. Am. chem. Soc. **84**, 4495 (1962)
[52] INGLES, D. W., KNOWLES, J. R., und TOMLINSON, T. A., Biochem. biophys. Res. Commun. **23**, 619 (1966)
[53] RAPP, J. R., NIEMANN, C., und HEIN, G. E., Biochemistry **5**, 4100 (1966)
[54] MATTHEWS, B. W., SIGLER, P. B., HENDERSON, R., und BLOW, D. M., Nature, Lond. **214**, 652 (1967)
[54a] BLOW, D. M., BIRKTOFT, J. J., und HARTLEY, B. S., Nature, Lond. **221**, 337 (1969)
[54b] WRIGHT, C. S., ALDEN, R. A., und KRAUT, J., Nature, Lond. **221**, 235 (1969)
[55] BENDER, M. L., J. Am. chem. Soc. **84**, 2582 (1962)
[56] WALSH, K. A., KAUFFMANN, D. L., SAMPATH-KUMAR, K. S. V., und NEURATH, H.. Proc. natn. Acad. Sci. U.S.A. **51**, 301 (1964)
[57] PORTER, G. R., RYDON, H. N., und SCHOFIELD, J. A., Nature, Lond. **182**, 927 (1958); RYDON, H. N., Nature, Lond. **182**, 928 (1958)
[58] BERNHARD, S. A., J. cell. comp. Physiol. **54**, Suppl. 1, 195 (1958)
[59] COHEN, J. A., OOSTERBAAN, R. A., JANSZ, H. S., und BERENDS, F., Nat. meeting A.C.S. 17C (1962)
[60] GOLD, A. M., und FAHRNEY, D. E., Biochem. biophys. Res. Commun. **10**, 55 (1963)
[61] DESNUELLE, P., The Enzymes, Band 4, S. 119 (Academic Press, New York, 1960)
[62] STEWART, J. A., und OUELLET, L., Can. J. Chem. **37**, 751 (1959)
[63] BENDER, M. L., und KAISER, E. T., J. Am. chem. Soc. **84**, 2556 (1962)
[64] WALSH, K. A., und NEURATH, H., Proc. natn. Acad. Sci. U.S.A. **52**, 884 (1964)
[65] JENSEN, E. J., und BALLS, A. K., J. biol. Chem. **194**, 721 (1952)
[66] THOMASEK, V., MIKES, O., HOLEYSOVSKY, V., KEIL, B., und SORM, F., Biochim. biophys. Acta **69**, 186 (1963); MIKES, O., HOLEYSOVSKY, V., THOMASEK, V., und SORM, F., Biochem. biophys. Res. Commun. **24**, 346 (1966)
[67] TRAVIS, J., und LIENER, I. E., J. biol. Chem. **240**, 1967 (1965)
[68] GUTFREUND, H., Trans. Faraday Soc. **51**, 441 (1955)
[69] SHAW, E., MARES-GUIA, M., und COHEN, W., Biochemistry **4**, 2219 (1965)
[70] PETRA, P. H., COHEN, W., und SHAW, E., Biochem. biophys. Res. Commun. **21**, 612 (1965)
[71] NORD, F. F., BIER, M., und TERMINIELLO, L., Archs biochem. Biophys. **65**, 120 (1956)
[72] RIORDAN, J. F., WACKER, W. E. C., und VALLEE, B. L., Biochemistry **4**, 1758 (1965)
[73] LOCKSLEY-TRENHOLM, H., SPOMER, W. E., und WOOTTON, J. F., J. Am. chem. Soc. **88**, 4281 (1966)
[74] HACHIMORI, Y., MATSUSHIMA, A., SUZUKI, M., INADA, Y., und SHIBATA, K., Biochim. biophys. Acta **124**, 395 (1966)
[75] ALDRIDGE, W. N., Biochem. J. **53**, 110 (1953)
[76] HOFSTEE, B. H. J., The Enzymes Band 4, S. 485 (Academic Press, New York, 1960)
[77] MOUNTER, L. A., J. biol. Chem. **209**, 813 (1954); **215**, 705 (1955); MOUNTER, L. A., ALEXANDER, H. L., TUCK, K. D., und DIEN, T. T. H., J. biol. Chem. **226**, 867 (1957)
[78] MALHOTRA, O. P., und PHILLIPS, G., Biochem. Z. **346**, 386 (1966)
[79] JANSEN, E. F., JANG, R., und MACDONNELL, I. R., Archs Biochem. **15**, 415 (1947); JANSEN, E. F., NUTTING, M.-D. F., und BALLS, A. K., J. biol. Chem. **175**, 975 (1948)
[80] WHITTAKER, V. P., Physiol. Rev. **31**, 312 (1951); AUGUSTINNSON, K.-B., The Enzymes Band 4, S. 521 (Academic Press, New York, 1960)
[81] WILSON, I. B., und BERGMAN, F., J. biol. Chem. **185**, 479 (1950)
[82] WILSON, I. B., J. biol. Chem. **197**, 215 (1952)
[83] KRUPKA, R. M., Biochemistry **5**, 1983, 1988 (1966)

[84] Ryle, A. P., Annual Reports (Chem. Soc.) **63**, 614 (1966)
[85] Oosterbaan, R. A., und Cohen, J. A., The Structure and Activity of Enzymes, Hrsg. T. W. Goodwin, J. I. Harris und B. S. Hartley (Academic Press, London (1964)
[86] Hartley, B. S., Brown, J. R., Kauffmann, D. L., und Smillie, L. B., Nature, Lond. **207**, 1157 (1966); Rovery, M., Bull. Soc. Chim. biol. **46**, 1757 (1964)
[87] Light, A., Frater, R., Kimmel, J. R., und Smith, E. L., Proc. natn. Acad. Sci. U.S.A. **52**, 1276 (1964)
[88] Drenth, J., Jansonius, J. N., Koekoek, R., Swen, H. M., und Wolthers, B. G., Nature, Lond. **218**, 929 (1968)
[88a] Husain, S. S., und Lowe, G., Biochem. J. **114**, 286 (1969)
[89] Bersin, J., Ergebn. Enzymforsch. **4**, 68 (1935)
[90] Finkle, B. J., und Smith, E. L., J. biol. Chem. **230**, 669 (1958)
[91] Kimmel, J. R., und Smith, E. L., J. biol. Chem. **207**, 515 (1954)
[92] Brubacher, L. J., und Bender, M. L., J. Am. chem. Soc. **88**, 5871, 5880 (1966)
[93] Williams, A., Dissertation, Oxford (1964), zitiert in Lit. [94]
[94] Lowe, G., und Williams, A., Biochem. J. **96**, 194 (1965); Lake, A. W., und Lowe, G., Biochem. J. **101**, 402 (1966)
[95] Lowe, G., und Williams, A., Biochem. J. **96**, 199 (1965)
[96] Kimmel, J. R., und Smith, E. L., Adv. Enzymol. **19**, 267 (1957)
[97] Husain, S. S., und Lowe, G., Chem. Commun. 310 (1968)
[97a] Perutz, M., Royal Soc. Meeting, Dez. 1968
[98] Bergmann, M., und Fruton, J. S., Adv. Enzymol. **1**, 263 (1957)
[99] Johnston, R. B., J. biol. Chem. **221**, 1037 (1956)
[100] Schechter, I., und Berger, A., Biochem. biophys. Res. Commun. **27**, 157 (1967)
[100a] Schechter, I., und Berger, A., British Biophysical Society Meeting (London, Dez. 1968)
[101] Brubacher, L. J., und Bender, M. L., Biochem. biophys. Res. Commun. **27**, 176 (1967)
[102] Schechter, I., Abramowitz, N., und Berger, A., Israel. J. Chem. **3**, 101 (1965)
[103] Smith, E. L., und Kimmel, J. R., The Enzymes Band 4, S. 165 (Academic Press, New York, 1960)
[104] Stein, M. J., und Liener, I. E., Biochem. biophys. Res. Commun. **26**, 376 (1967)
[105] Wong, R. C., und Liener, I. E., Biochem. biophys. Res. Commun. **17**, 470 (1964)
[106] Lowe, G., Nature, Lond. **212**, 1263 (1966)
[107] Sorm, F., und Keil, B., Adv. Protein Chem. **17**, 167 (1962)
[108] Neet, K. E., und Koshland, D. E., jr., Proc. natn. Acad. Sci. U.S.A. **56**, 1606 (1966)
[109] Polgar, L., und Bender, M. L., Biochemistry **6**, 610 (1967)
[110] Neurath, H., The Enzymes Band 4, S. 11 (Academic Press, New York, 1960)
[111] Vallee, B. L., Riordan, J. F., und Coleman, J. E., Proc. natn. Acad. Sci. U.S.A. **49**, 109 (1963)
[112] Brown, J. R., Greenshields, R. N., Yamasaki, M., und Neurath, H., Biochemistry **2**, 867 (1963); Yamasaki, M., Brown, J. R., Cox, D. J., Greenshields, R. N., Wade, R. D., und Neurath, H., Biochemistry **2**, 859 (1963); Brown, J. R., Yamasaki, M., und Neurath, H., Biochemistry **2**, 877 (1963)
[113] Neurath, H., und Schwert, G. W., Chem. Rev. **46**, 69 (1950)
[114] Dekker, C. A., Taylor, S. P., jr., und Fruton, J. S., J. biol. Chem. **180**, 155 (1949); Smith, E. L., J. biol. Chem. **175**, 39 (1948)

[115] SNOKE, J. E., SCHWERT, G. N., und NEURATH, H., J. biol. Chem. **175**, 7 (1948)
[116] SNOKE, J. E., und NEURATH, H., J. biol. Chem. **181**, 789 (1949)
[117] ELKINS-KAUFMAN, E., und NEURATH, H., J. biol. Chem. **175**, 893 (1948); **178**, 645 (1949)
[118] SMITH, E. L., und STOCKELL, A., J. biol. Chem. **207**, 501 (1954)
[119] LIPSCOMB, W. N., HARTSUCK, J. A., REEKE, G. N., QUIOCHO, F. A., BETHGE, P. H., LUDWIG, M. L., STEITZ, T. A., MUIRHEAD, H., und COPPOLA, J. C., Brookhaven Symposia in Biology, Nr. 21 (Brookhaven National Laboratory, Upton, New York, 1968); REEKE, G. N., HARTSUCK, J. A., LUDWIG, M. L., QUIOCHO, F. A., STEITZ, T. A., und LIPSCOMB, W. N., Proc. natn. Acad. Sci. U.S.A. **58**, 2220 (1967); LIPSCOMB, W. N., HARTSUCK, J. A., QUIOCHO, F. A., und REEKE, G. N., Proc. natn. Acad. Sci. U.S.A. im Druck
[120] COOMBES, T. L., OMOTE, Y., und VALLEE, B. L., Biochemistry **3**, 653 (1964)
[121] SAMPATH-KUMAR, K. S. V., CLEGG, J. B., und WALSH, K. A., Biochemistry **3**, 1728 (1964); BARGETZI, J.-P., THOMPSON, E. O. P., SAMPATH-KUMAR, K. S. V., WALSH, K. A., und NEURATH, H., J. biol. Chem. **239**, 3767 (1964); SAMPATH-KUMAR, K. S. V., WALSH, K. A., BARGETZI, J.-P., und NEURATH, H., Aspects of Protein Structure, Hrsg. G. N. Ramachandran, S. 319 (Academic Press, New York, 1963)
[122] VALLEE, B. L., und NEURATH, H., J. Am. chem. Soc. **76**, 5006 (1954)
[123] VALLEE, B. L., RUPLEY, J. A., COOMBS, T. C., und NEURATH, H., J. Am. chem. Soc. **80**, 4750 (1958); J. biol. Chem. **235**, 64 (1960)
[124] RUPLEY, J. A., und NEURATH, H., J. biol. Chem. **235**, 609 (1960)
[125] COLEMAN, J. E., und VALLEE, B. L., J. biol. Chem. **235**, 390 (1960)
[126] NEURATH, H., RUPLEY, J. A., und VALLEE, B. L., Amino Acids, Proteins and Cancer Biochemistry, Hrsg. J. T. Edsall, S. 43 (Academic Press, New York, 1960)
[127] BOYER, P. D., The Enzymes, Band 1, S. 511 (Academic Press, New York, 1959); J. Am. chem. Soc. **76**, 4331 (1954)
[128] VALLEE, B. L., WILLIAMS, R. J. P., und COLEMAN, J. E., Nature, Lond. **190**, 633 (1960)
[129] WILLIAMS, R. J. P., Nature, Lond. **188**, 322 (1960)
[130] COLEMAN, J. E., und VALLEE, B. L., J. biol. Chem. **236**, 2244 (1961)
[131] PIRAS, R., und VALLEE, B. L., Biochemistry **6**, 348 (1967)
[132] WALSH, K. A., SAMPATH-KUMAR, K. S. V., BARGETZI, J.-P. und NEURATH, H., Proc. natn. Acad. Sci. U.S.A. **48**, 1443 (1962)
[133] QUIOCHO, F. A., and RICHARDS, F. M., Proc. natn. Acad. Sci. U.S.A. **52**, 833 (1964)
[134] ABRAMOWITZ, N., SCHECHTER, I., und BERGER, A., Biochem. biophys. Res. Commun. **29**, 862 (1967)
[135] SIMPSON, R. T., RIORDAN, J. F., und VALLEE, B. L., Biochemistry **2**, 616 (1963); RIORDAN, J. F., SOKOLOVSKY, M., und VALLEE, B. L., Biochemistry **6**, 358 (1967); SOKOLOVSKY, M., und VALLEE, B. L., Abstr. 152nd meeting A.C.S. 171C (1966); COLEMAN, J. E., PULIDO, P., und VALLEE, B. L., Biochemistry **5**, 2019 (1966); VALLEE, B. L., Fedn. Proc. **23**, 8 (1964)
[136] VALLEE, B. L., RIORDAN, J. F., und COLEMAN, J. E., Proc. natn. Acad. Sci. U.S.A. **49**, 109 (1963)
[137] GINODMAN, L. M., MAL'SEV, N. I., und OREKHOVICH, V. N., Biokhimiya **31**, 1073 (1966)
[138] NEURATH, H., und SCHWERT, G. W., Chem. Rev. **46**, 69 (1950)
[139] SPACKMAN, D. H., SMITH, E. L., und BROWN, D. M., J. biol. Chem. **212**, 255 (1955)

[140] Hanson, H., Glasser, D., und Kirschke, H., Z. phys. Chem. **340**, 107 (1965); Kretschmer, K., und Hanson, H., Z. phys. Chem. **340**, 126 (1965)
[141] Wachsmuth, E. D., Fritze, I., und Pfleiderer, G., Biochemistry **5**, 169 (1966); Wachsmuth, E. D., Biochem. Z. **344**, 361 (1966)
[142] Pfleiderer, G., und Celliers, P. G., Biochem. Z. **339**, 186 (1963); Hanson, H., Hutter, H.-J., Mannsfeldt, H.-G., Kretschmer, K., und Sohr, C., Z. physiol. Chem. **348**, 680 (1967)
[143] Joseph, R. L., und Sanders, W. J., Biochem. J. **100**, 827 (1966)
[144] Smith, E. L., und Hill, R. L., The Enzymes, Band **4**, S. 37 (Academic Press, New York, 1960)
[145] Schechter, I., und Berger, A., Biochemistry **5**, 3371 (1966)
[146] Hanson, H., und Lasch, J., Z. physiol. Chem. **348**, 1525 (1967)
[147] Wolff, J. B., und Resnick, R. A., Biochim. biophys. Acta **73**, 588 (1963)
[148] Smith, E. L., und Spackman, D. H., J. biol. Chem. **212**, 271 (1955)
[149] Wachsmuth, E. D., Biochem. Z. **346**, 446 (1967)
[150] Bovey, F. F., und Yanari, S. S., The Enzymes, Band **4**, S. 63 (Academic Press, New York, 1960)
[151] Fruton, J. S., und Bergmann, M., J. biol. Chem. **127**, 627 (1939)
[152] Baker, L. E., J. biol. Chem. **193**, 809 (1951)
[153] Clement, G. E., und Snyder, S. L., J. Am. chem. Soc. **88**, 5338 (1966)
[154] Herriott, R. M., Anson, M. L., und Northrop, J. H., J. gen. Physiol. **30**, 185 (1946)
[155] Gross, E., und Morell, J. L., J. biol. Chem. **241**, 3638 (1966)
[156] Erlanger, B. F., Vratsanos, S. M., Wassermann, N., und Cooper, A. G., J. biol. Chem. **240**, PC 3447 (1965); Biochem. biophys. Res. Commun. **23**, 243 (1966)
[157] Gould, E. S., Mechanism and Structure in Organic Chemistry S. 623 (Holt, Rinehart and Winston, London, 1959)
[158] Delpierre, G. R., und Fruton, J. S., Proc. natn. Acad. Sci. U.S.A. **54**, 1161 (1965); Rajagopalan, T. G., Stein, W. H., und Moore, S., J. biol. Chem. **241**, 4295 (1966); Koslov, L. V., Ginodman, L. M., und Orekhovich, V. N., Biokhimiya **32**, 1011 (1967); Hamilton, G. A., Spona, J., und Crowell, L. D., Biochim. biophys. Res. Commun. **26**, 193 (1967)
[159] Delpierre, G. R., und Fruton, J. S., Proc. natn. Acad. Sci. U.S.A. **56**, 1817 (1966)
[160] Philpott, J. St. L., und Small, P. A., Biochem. J. **32**, 542 (1938); Herriott, R. M., J. gen. Physiol. **19**, 283 (1935); Herriott, R. M., J. gen. Physiol. **31**, 19 (1947); Li, C. H., J. Am. Soc. **67**, 1065 (1945)
[161] Neumann, H., Berger, A., und Katchalski, E., Biochem. J. **73**, 33 (1959)
[162] Fruton, J. S., Fugii, S., und Knappenberger, M. H., Proc. natn. Acad. Sci. U.S.A. **47**, 759 (1961); Mal'sev, N. I., Ginodman, L. M., Orekhovich, V. N., Valuera, T. A., und Akimora, L. N., Biokhimiya **31**, 983 (1966)
[163] Sharon, N., Grisaro, V., und Neumann, H., Archs biochem. Biophys. **97**, 219 (1962); Koslov, L. V., Ginodman, L. M., und Orekhovich, V. N., Doklady, Akad. Nauk S.S.R. **172**, 1207 (1967)
[164] Jackson, W. T., Schlamowitz, M., und Shaw, A., Biochemistry **5**, 4105 (1966)
[165] Jackson, W. T., Schlamowitz, M., und Shaw, A., Biochemistry **4**, 1537 (1965)
[166] Bender, M. L., und Kezdy, F. J., Ann. rev. Biochem. **34**, 49 (1965)
[167] Bender, M. L., Chow, Y.-L., und Chloupe, F., J. Am. chem. Soc. **80**, 5380 (1958)
[168] Akhtar, M., und Al-Janabi, J. M., Chem. Commun. 859, 1002 (1969)

AULD, D. S., und VALLEE, B. L., Kinetics of carboxypeptidase A. The pH-dependence of tripeptide hydrolysis catalyzed by zinc, cobalt, and manganese enzymes. Biochemistry **9**, 4352 (1970)

MARES-GUIA, M., und FIGUEIREDO, A. F. S., Thermodynamics of the hydrophobic interaction in the active center of trypsin. Investigation with amidines and guanidines. Biochemistry **9**, 3223 (1970)

WILLIAMS, A., Chymotrypsin-catalyzed phenylester hydrolysis. Evidence for electrophilic assistance on carbonyl oxygen. Biochemistry **9**, 3383 (1970)

O-LEARY, M. H., und KLUETZ, M. D., Identification of the rate-limiting step in the chymotrypsin-catalyzed hydrolysis of N-acetyl-L-tryptophanamide. J. Am. Chem. Soc. **92**, 6089 (1970)

TOMALIN, G., KAISER, B. L., und KAISER, E. T., A search for an intermediate in carboxypeptidase A catalyzed ester hydrolysis. J. Am. Chem. Soc. **92**, 6046 (1970)

HEIDEMA, J. H., und KAISER, E. T., Studies on the desulfonylation of 2-hydroxy-5-nitro-α-toluenesulfonyl-α-chymotrypsin. J. Am. Chem. Soc. **92**, 6050 (1970)

SILVER, M. S., STODDARD, M., SONE, T., und MATTA, M. S., α-Chymotrypsin. The use of substrates of restricted geometry to define the reactive conformation of methyl-N-acetyl-L-phenylalaninate. J. Am. Chem. Soc. **92**, 3151 (1970)

BRUICE, T. C., KURY, P. G., und McMAHON, D. M., Chromophoric lactones and the mechanism of chymotrypsin action. J. Am. Chem. Soc. **92**, 6674 (1970)

FURLANETTO, R. W., und KAISER, E. T., Reaction of the active site of papain with a "reporter" group labeled phenacyl halide. J. Am. Chem. Soc. **92**, 6980 (1970)

SILVER, M. S., STODDARD, M., und STEIN, T. P., On the mechanism of the pepsin-catalyzed exchange of carboxylic acids with water-^{18}O. J. Am. Chem. Soc. **92**, 2883 (1970)

CLEMENT, G. C., ROONEY, J., ZAKHEIM, D., und EASTMAN, J., The pH dependence of the dephosphorylated pepsin-catalyzed hydrolysis of N-acetyl-L-phenylalanyl-L-tyrosine methylester. J. Am. Chem. Soc. **92**, 186 (1970)

BELLEAU, B., und DITULLIO, V., Kinetic effects of alkyl quaternary ammonium salts on the methanesulfonylation of the acetylcholinesterase catalytic center. Significance of substituent volumes and binding enthalpies. J. Am. Chem. Soc. **92**, 6320 (1970)

KEILOVA, H., und TURKOVA, J., Analogy between active sites of cathepsin B_1 and papain. FEBS Letters **11**, 287 (1970)

KETTMANN, U., und HANSON, H., Zur Bedeutung des Zinks in der Leucinaminopeptidase aus Rinderaugenlinsen. FEBS Letters **10**, 17 (1970)

BAUMANN, W. K., BIZZOZERO, S. A., und DUTLER, H., Specificity of α-chymotrypsin. Dipeptide substrates. FEBS Letters **8**, 257 (1970)

BEREZIN, I. V., und MARTINEK, K., Specificity of α-chymotrypsin. FEBS Letters **8**, 281 (1970)

BITTNER, E. W., und GERIG, J. T., The inactivation of α-chymotrypsin with methyl-, trideuteriomethyl-, and trifluoromethyl-substituted N-phenyl-α-bromoacetamides. J. Am. Chem. Soc. **92**, 2114 (1970)

OKA, T., und MORIHARA, K., Specificity of pepsin: size and property of the active site. FEBS Letters **10**, 222 (1970)

RUMSH, L. D., VOLKOVA, L. J., und ANTONOV, V. K., Hydrolysis of L-3-benzyl-2,5-diketomorpholine by chymotrypsin. FEBS Letters **9**, 64 (1970)

ANTONOV, V. K., und RUMSH, L. D., Substrate activation by non-covalent binding in the active site of chymotrypsin. FEBS Letters **9**, 67 (1970)

BROCKLEHURST, K., und LITTLE, G., A novel reactivity of papain and a convenient active site titration in the presence of thiols. FEBS Letters **9**, 113 (1970)

FEMFERT, U., und PFLEIDERER, G., On the mechanism of amide-bond-cleavage catalyzed by aminopeptidase M. FEBS Letters **8**, 68 (1970)

COLETTI-PREVIERO, M.-A., AXELRUD-CAVADORE, C., und PREVIERO, A., Intramolecular reaction of specific substrate as a step in α-chymotrypsin catalyzed hydrolysis. FEBS Letters **11**, 213 (1970)

COLETTI-PREVIERO, M.-A., AXELRUD-CAVADORE, C., und PREVIERO, A., Intramolecular dehydratation of phenylthiocarbamylamino acids induced by α-chymotrypsin. FEBS Letters **11**, 218 (1970)

JACQUOT-ARMAND, Y., und HILL, M., Activite trypsique a l'egard de certains substrats chromogenes. FEBS Letters **11**, 249 (1970)

PLUMMER, T. H., jr., Evidence for a carboxyl group at the active center of bovine carboxypeptidase B. J. Biol. Chem. **246**, 2930 (1971)

HEXTER, C. S., und WESTHEIMER, F. H., S-carboxymethylcysteine from the photolysis of diazoacyl trypsin and chymotrypsin. J. Biol. Chem. **246**, 3934 (1971)

HARDMAN, M. J., VALENZUELA, P., und BENDER, M. L., Acylation of α- und δ-chymotrypsins by p-nitrophenyl acetate. J. Biol. Chem. **246**, 5907 (1971)

BOSEN, S. F., und KAISER, E. T., The reactions of nonspecific ester substrates with δ-chymotrypsin. J. Am. Chem. Soc. **93**, 1038 (1971)

ROSENBERRY, T. L., und BERNHARD, S. A., Studies of catalysis by acetylcholinesterase. Biochemistry **10**, 1010 (1971)

PETRA, P. H., Modification of carboxyl groups in bovine carboxypeptidase A. Biochemistry **10**, 3163, 3171 (1971)

VALENZUELA, P., und BENDER, M. L., The differences between α- and δ-chymotrypsins. Preparation and alkaline pH dependence of α_1-chymotrypsin-catalyzed hydrolysis of N-acetyl-L-tryptophanmethyl ester (ATME). The involvement of alanine-149 in α-chymotrypsin catalysis. J. Am. Chem. Soc. **93**, 3783 (1971)

FERSHT, A. R., und REQUENA, Y., Mechanism of the α-chymotrypsin-catalyzed hydrolysis of amides. pH-dependence of k_c and K_m. Kinetic detection of an intermediate. J. Am. Chem. Soc. **93**, 7079 (1971)

O'LEARY, M. H., und KLUETZ, M. D., Orientation effects in reactions of acylchymotrypsins. J. Am. Chem. Soc. **93**, 7341 (1971)

MAY, S. W., und KAISER, E. T., The pH-dependence of the pepsin-catalyzed hydrolysis of bis-p-nitrophenylsulfite. J. Am. Chem. Soc. **93**, 5567 (1971)

FRESHT, A. R., Acyl-transfer reactions of amides and esters with alcohols and thiols. A reference system for the serine and cysteine proteinases. Concerning the N protonation of amides and amide-imidate equilibria. J. Am. Chem. Soc. **93**, 3504 (1971)

BEREZIN, I. V., KAZANSKAYA, N. F., und KLYOSOV, A. A., Determination of the individual rate constants of α-chymotrypsin-catalyzed hydrolysis with the added nucleophilic agent, 1,4-butanediol. FEBS Letters **15**, 121 (1971)

BLAIR, T. T., MARINI, M. A., AGARWAL, S. P., und MARTIN, C. J., Succinylation of the amino group of isoleucine-16 in δ-chymotrypsin with retention of activity. FEBS Letters **14**, 86 (1971)

FEMFERT, U., und PFLEIDERER, G., The effects of cations and complexing agents on the hydrolysis of L-alanine-4-nitroanilide by aminopetidase M. FEBS Letters **14**, 89 (1971)

FEMFERT, U., On the mechanism of amide bond cleavage catalyzed by aminopeptidase M. Kinetic studies in deuteriumoxyde. FEBS Letters **14**, 92 (1971)

Kitson, T. M., und Knowles, J. R., The effect of arginine modification on the pH dependence of pepsin activity. FEBS Letters **16**, 337 (1971)

Berezin, I. V., Kazanskaya, N. F., Klyosov, A. A., und Martinek, K., On the relationship between structure and reactivity of α-chymotrypsin substrates. FEBS Letters **15**, 125 (1971)

Pattabiraman, T. N., und Lawson, W. B., Stereochemistry of the active site of a α-chymotrypsin. J. Biol. Chem. **247**, 3029 (1972)

Al-Janabi, J., Hartsuck, J. A., und Tang, J., Kinetics and mechanism of pepsinogen activation. J. Biol. Chem. **247**, 4628 (1972)

Kimmel, M. T., und Plummer, T. H., jr., Identification of a glutamic acid at the active center of bovine carboxypeptidase B. J. Biol. Chem. **247**, 7864 (1972)

Silver, M. S., und Stoddard, M., Amino-enzyme intermediates in pepsin-catalyzed reactions. Biochemistry **11**, 191 (1972)

Jost, R., Masson, A., und Zuber, H., A strong competitive peptide-inhibitor for leucine-aminopeptidase. FEBS Letters **23**, 211 (1972)

Antonov, V. K., Ivanina, T. V., Ivanova, A. G., Berezin, I. V., Levaskov, A. V., und Martinek, K., Binding-catalysis relationship in α-chymotrypsin action as revealed from reversible inhibition study of phenylalkyl boronic acids. FEBS Letters **20**, 37 (1972)

Blair, T. T., Marini, M. A., und Martin, C. I., A reexamination of the reaction of TPCK with α-chymotrypsin. FEBS Letters **20**, 41 (1972)

Rosenberry, T. L., und Bernhard, S. A., Studies of catalysis by acetylcholinesterase. Synergistic effects of inhibitors during the hydrolysis. Biochemistry **11**, 4308 (1972)

Johansen, J. T., Livingston, D. M., und Vallee, B. L., Chemical modification of carboxypeptidase A crystals. Azo coupling with tyrosine-248. Biochemistry **11**, 2584 (1972)

Hunkapiller, M. W., und Richards, J. H., Studies on the catalytic mechanism of pepsin using a new synthetic substrate. Biochemistry 11, 2829 (1972)

Robbillard, G. T., Powers, J. C., und Wilcox, P. E., A chemical and cryštallographic study of carbamyl-chymotrypsin A. Biochemistry **11**, 1773 (1972)

Dorovska, V. N., Varfolomeyev, S. D., Kazanskaya, N. F., Klyosov, A. A., und Martinek, K., The influence of the geometric properties of the active centre on the specificity of α-chymotrypsin catalysis. FEBS Letters **23**, 122 (1972)

May, S. W., und Kaiser, E. T., On the mechanism of the pepsin-catalyzed hydrolysis of sulfite esters. Biochemistry **11**, 592 (1972)

Belke, C. J., Su, S. C. K., und Shafer, J. A., Imidazole-catalyzed displacement of an amine from amide by a neighboring hydroxyl group. A model for the acylation of chymotrypsin. J. Am. Chem. Soc. **93**, 8568 (1972)

Kuntz, I. D., Tertiary structure in carboxypeptidase. J. Am. Chem. Soc. **94**, 8568 (1972)

Fresht, A. R., Mechanism of the α-chymotrypsin-catalyzed hydrolysis of specific amide substrates. J. Am. Chem. Soc. **94**, 297 (1972)

Lucas, E. C., und Caplaw, M., Chymotrypsin catalysis. Evidence for a new intermediate. J. Am. Chem. Soc. **94**, 960 (1972)

Carpenter, F. H., und Vahl, J. M., Leucine aminopeptidase (bovine lens). Mechanism of activation by Mg^{2+} and Mn^{2+} of the zinc metalloenzyme, amino acid composition, and sulfhydryl content. J. Biol. Chem. **248**, 294 (1973)

Royer, G. P., und Andrews, J. P., Immobilized derivatives of leucine aminopeptidase and aminopeptidase M. Applications in protein chemistry. J. Biol. Chem. **248**, 1807 (1973)

Bosshard, H. R., Kinetic evidence for two different productive substrate binding sites in subtilisins. FEBS Letters **30**, 105 (1973)

SHINITZKY, M., DUDAI, Y., und SILMAN, I., Spectral evidence for the presence of tryptophan in the binding site of acetylcholinesterase. FEBS Letters **30**, 125 (1973)

KATRUKKA, G. S., ZYLBER, N., und KEIL-DLOUKA, V., Influence of the substitution of tryptophan 215 in bovine chymotrypsinogen A on its potential enzymic activity. FEBS Letters **29**, 25 (1973)

RENARD, M., und FERSHT, A. R., Anomalous pH dependence of k_{cat}/K_M in enzyme reactions. Rate constants for the association of chymotrypsin with substrates. Biochemistry **12**, 4713 (1973)

THOMPSON, R. C., und BLOUT, E. R., Peptide chloromethyl ketone as irreversible inhibitors of elastase. Biochemistry **12**, 44 (1973)

THOMPSON, R. C., und BLOUT, E. R., Dependence of the kinetic parameters for elastase-catalyzed amide hydrolysis on the length of peptide substrates. Biochemistry **12**, 57 (1973)

KORTT, A. A., und LUI, T. Y., On the mechanism of action of streptococal proteinase. Biochemistry **12**, 320, 328, 338 (1973)

MARSHALL, T. H., und CHEN, V., Activation parameters of elastase and chymotrypsin catalyzed hydrolysis. Differential role of favorable enthalpy in determining reactivity. J. Am. Chem. Soc. **95**, 5400 (1973)

LUCAS, E. C., CAPLAW, M., und BESH, K. J., Chymotrypsin catalysis. Evidence for a new intermediate. J. Am. Chem. Soc. **95**, 2670 (1973)

YU, N.-T., und JO, B. H., Comparison of protein structure in crystals and in solution by laser raman scattering. Ribonuclease A and carboxypeptidase A. J. Am. Chem. Soc. **95**, 5033 (1973)

BOSSHARD, H. R., The interaction of D-amino acid residues with the aromatic binding site of α-chymotrypsin. FEBS Letters **38**, 139 (1974)

GERLER, A., WALSH, K. A., und NEURATH, H., Catalysis by chymotrypsinogen: increased reactivity due to oxidation of methionine-192. FEBS Letters **38**, 157 (1974)

TAKAHASHI, T., YAMAZAKI, Y., und KAID, K., Substrate specificity of an α-amino acid ester hydrolase produced by Acetobacter turbidans A. T. C. C. 9325. Biochem. J. **137**, 497 (1974)

COGGINS, J. R., KRAY, W., und SHAW, E., Affinity labelling of proteinases with tryptic specificity by peptides with C-terminal lysine chloromethyl ketone. Biochem. J. **137**, 579 (1974)

Kapitel 5

HYDROLYSE II

Dieses Kapitel beschäftigt sich mit den chemischen Mechanismen, mit denen andere Verbindungen als Carbonsäurederivate in Anwesenheit von Enzymen hydrolysiert werden. Solche Verbindungen (Phosphorsäureester, Polyphosphate, Glycoside und verschiedene Purinderivate) werden nach Mechanismen hydrolysiert, die zumindest auf den ersten Blick von jenen sehr verschieden sind, denen man bei den Carbonsäurederivaten begegnet. Trotzdem gibt es zahlreiche Parallelen bei den entsprechenden enzymatischen Mechanismen.

Die Hydrolyse von Phosphorsäureestern

Die nichtenzymatische Hydrolyse von Phosphorsäureestern (1) wird durch verschiedene Faktoren, nicht zuletzt durch die Tatsache, daß die Ester ionisierbare Hydroxylgruppen besitzen, kompliziert. Sogar wenn diese wie bei den Phosphorsäuretriestern abwesend sind, gibt es mehrere Möglichkeiten für den jeweiligen Reaktionsmechanismus. In alkalischer Lösung verläuft die Hydrolyse von Trimethylphosphat mit einer P—O-Bindungsspaltung, wie dies in Experimenten mit Isotopensubstitution [2] gezeigt wurde. Die Reaktion wurde als direkter nucleophiler Angriff des Hydroxidions auf das zentrale Phosphoratom formuliert.

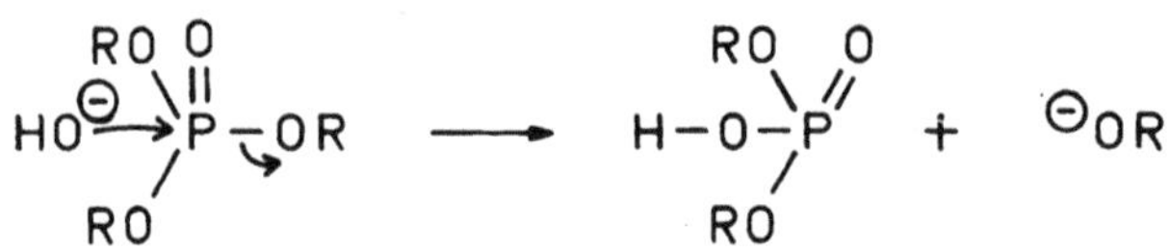

Dieser Mechanismus unterscheidet sich von der alkalischen Hydrolyse der Carboxylester dadurch, daß ein pentacovalentes Addukt (I) analog zu (II) nicht als Intermediat gebildet wird [2].

I II

In neutraler Lösung wird Trimethylphosphat durch einen Vorgang hydrolysiert, der eine Spaltung der C—O-Bindung bewirkt [2]. In diesem Fall findet der nucleophile Angriff an der Methylgruppe statt.

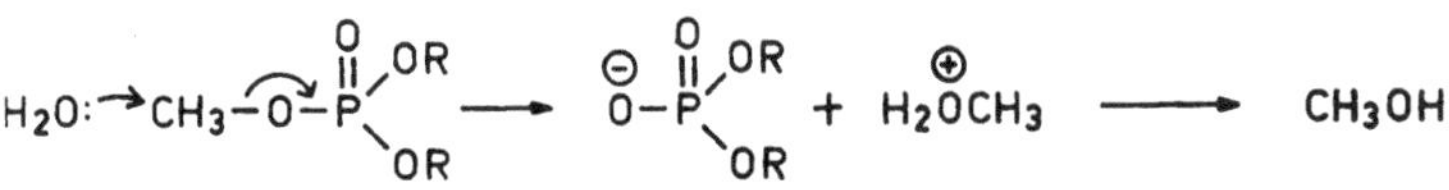

Dieser Reaktionstyp, in dem die Alkylgruppe angegriffen wird, ist für die Phosphatesterhydrolyse bedeutungsvoller als für den analogen Vorgang der Carboxylesterhydrolyse, obwohl ein Mechanismus dieser Art im letzteren Fall auch nicht unbekannt ist.

Die Anwesenheit der Hydroxylgruppe in einem Phosphodiester ist ein komplizierender Faktor. Die P=O-Doppelbindung in Phosphodiestern, Phosphomonoestern und Phosphorsäure macht die Hydroxylgruppen sehr sauer. Das liegt daran, daß das nach Ionisation erhaltene Anion durch Resonanz stabilisiert ist (III), ähnlich wie das Carboxylation stabilisiert wird. Im Fall der Phosphorsäure

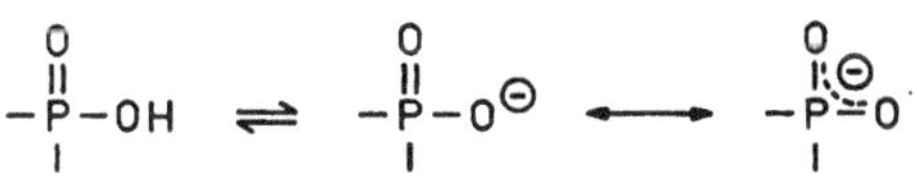 III

verläuft die Ionisation der ersten Hydroxylgruppen sehr leicht, der pK_s ist niedrig (kleiner als 2) (Gleichung 5.1). Die zweite Hydroxylgruppe wird weniger leicht ionisiert, da es schwieriger ist, ein Proton von einer Verbindung zu entfernen, die eine negative Ladung besitzt (Gleichung 5.2). Die dritte Ionisation wird dementsprechend noch schwieriger (Gleichung 5.3) [3].

 (5.1)

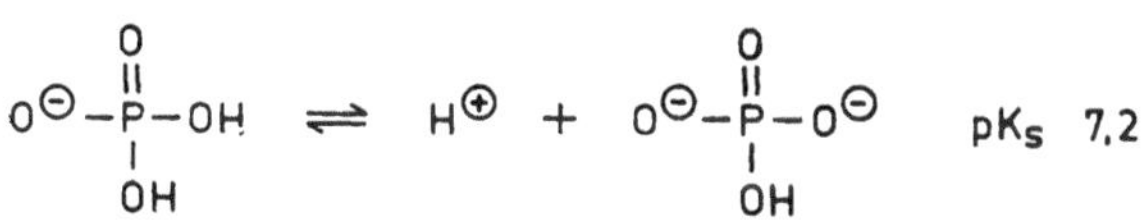 (5.2)

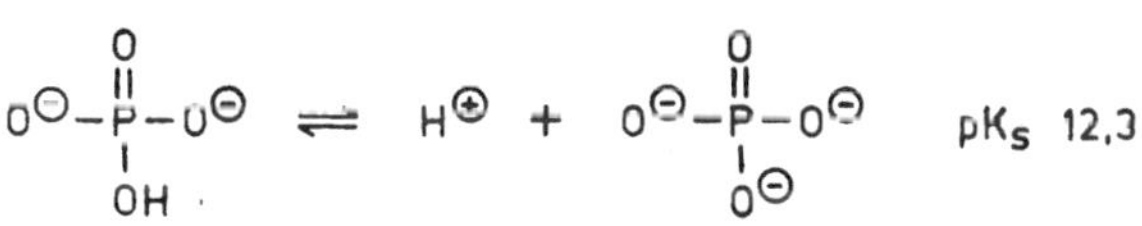 (5.3)

Der pK_s-Wert der Hydroxylgruppe in den meisten Phosphorsäurediestern unterscheidet sich nicht sehr von dem der ersten Dissoziationsstufe der Phosphorsäure. Das bedeutet, daß für alle pH-Werte über 2 ein Phosphorsäurediester hauptsächlich in der anionischen Form vorliegt.

Unter den Mechanismen, mit denen Dimethylphosphat hydrolysiert werden kann, führen die beiden folgenden zur Spaltung der P—O-Bindung [4]:

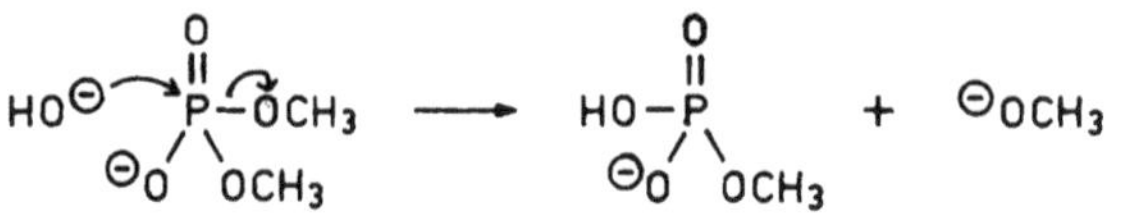

(5.4)

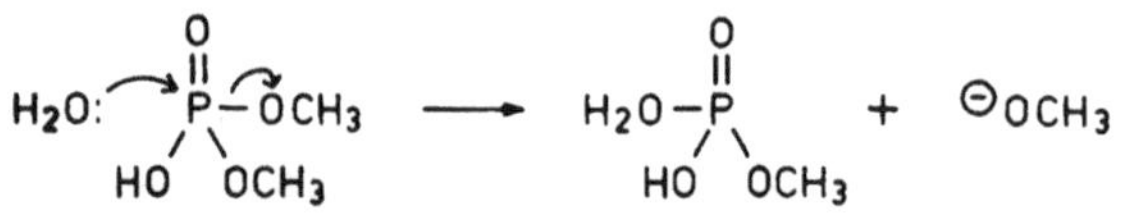

(5.5)

Gleichung (5.4) zeigt die Hydrolyse der anionischen Form durch ein Hydroxylion, während Gleichung (5.5) die Hydrolyse der neutralen (nichtionisierten) Form veranschaulicht. Letztere ist, außer bei sehr niedrigen pH-Werten, relativ bedeutungslos.

Die Hydrolyse von Diestern kann auch durch eine Spaltung der C—O-Bindung durch Vorgänge, die in einem Angriff des Alkylgruppenkohlenstoffs bestehen, verlaufen.

In Verbindung mit den Phosphorsäurediestern ist es wichtig darauf hinzuweisen, daß bestimmte cyclische Derivate der Hydrolyse mit abnorm hoher Geschwindigkeit unterliegen. Zum Beispiel wird Äthylenphosphat (IV) sowohl im alkalischen wie auch im sauren Milieu [5] etwa 10^7mal schneller hydrolysiert als Dimethyl-

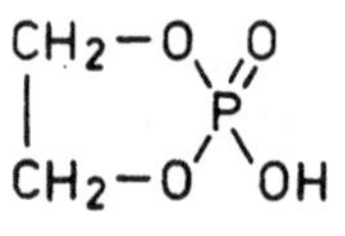

IV

phosphat. Im allgemeinen zeigen fünfgliedrige cyclische Phosphate wie IV diese Steigerung der Reaktivität, während sechs- oder siebengliedrige Ringverbindungen dies nicht tun [6].

Die Hydrolyse von Äthylenphosphat (IV) verläuft sowohl in Alkali als auch in Säure ausschließlich mit einer Spaltung der P—O-Bindung [7], was auf einen direkten nucleophilen Angriff durch Wasser oder ein Hydroxidion auf das Phosphoratom hinweist. Die Anwesenheit einer Ringstruktur steigert demzufolge nicht nur die Reaktionsgeschwindigkeit, sondern kontrolliert auch in gewissem Maße den Mechanismus, mit dem die Reaktion abläuft.

Um die große Steigerung der Reaktivität von cyclischen Phosphorsäurediestern zu erklären, werden zwei Faktoren angenommen. Vor allem ist das fünfgliedrige Ringsystem beträchtlich gespannt [8]. Die Hydrolyse setzt die Spannung stark herab. Diese Spannung wird durch die Bindungswinkel des Phosphoratoms in dem fünfgliedrigen Ring und durch die Verdeckung der Wasserstoffatome bzw. der ungepaarten Elektronen am Estersauerstoffatom verursacht [8]. Außerdem ist der partielle Doppelbindungscharakter einer P—O-Bindung, der die

offenkettigen Phosphorsäureester stabilisiert, in einem cyclischen Ester abgeschwächt.
Ein cyclischer Phosphodiester wird, wie wir später sehen werden (Kapitel 6), auch als Zwischenprodukt der durch Ribonuclease katalysierten Hydrolyse von Ribonucleinsäuren gebildet. Es ist interessant, daß trotz der hohen Reaktivität dieser Verbindung in Wasser die Hydrolyse überdies noch durch ein Enzym katalysiert wird. Diese Bemerkungen zielen darauf ab, die Formulierung zu rechtfertigen, derartige Reaktionen als einen nucleophilen Angriff durch ein Wassermolekül auf den Phosphor zu betrachten (s. Seite 299).
Bei den Monoestern der Phosphorsäure ist die Ionisation der Hydroxylgruppen ebenfalls ein wesentlicher Faktor. Bei pH-Werten oberhalb des Neutralpunktes dominiert die zweiwertig negative Form und die Hydrolyse ist langsam, wenn nicht eine Alkyl- (oder Aryl-) Gruppe abgespalten wird, so daß eine ausgezeichnet substituierbare Gruppe entsteht. In diesem Fall kann eine Substitution durch ein Hydroxylion unter Spaltung der P—O-Bindung stattfinden [9]. Am eindrucksvollsten ist jedoch die Hydrolyse der monoanionischen Form von Estern, wie Methylphosphat, die bei pH 4 der Hauptprozeß zu sein scheint. Bei diesem pH ist die Hydrolyse des Monoanions sehr viel schneller als die des Dimethylphosphatanions [4], was darauf hindeutet, daß der Vorgang die Anwesenheit eines nichtionisierten Hydroxyls mehr benötigt als die einer Alkoxygruppe. Verschiedene Arbeitsgruppen entwickelten die Vorstellung, daß die Hydrolyse des Methylphosphatanions über die Bildung des instabilen Metaphosphations (V) verläuft, welches mit Wasser schnell unter Bildung von anorganischem Phosphat[1] reagiert [10]. Ein möglicher Bildungsweg des Metaphosphations verläuft über den Wasserstoffbindungskomplex (VI) zwischen dem Phosphatester und Wasser.
Jeder Weg, der über ein Metaphosphation führt, beinhaltet die Spaltung der P—O-Bindung.

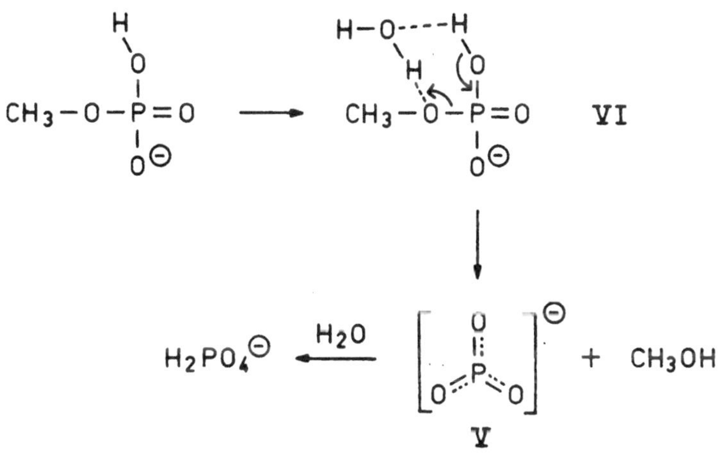

[1] oft durch P_a symbolisiert.

Andere Vorgänge, durch die Monomethylphosphat in wäßriger Lösung hydrolysiert werden kann, beruhen auf dem Angriff eines neutralen Wassermoleküls auf die Methylgruppe der nichtionisierten Form oder, in sehr stark saurem Milieu, der protonisierten Form (VII). Beide Vorgänge führen natürlich zur Spaltung der C—O-Bindung.

Bei hohen $H^{\oplus}$-Konzentrationen wird ebenfalls eine Spaltung der P—O-Bindung nachgewiesen, die durch Angriff von Wasser auf die protonisierte Form (VII) hervorgerufen wird.

Insgesamt scheinen drei Mechanismen für die nichtenzymatische Hydrolyse von Phosphorsäureestern möglich zu sein. Der erste, ein nucleophiler Angriff am zentralen Phosphoratom, führt zur Spaltung der P—O-Bindung, während der zweite, bei dem eine Umlagerung am Alkylkohlenstoff stattfindet, zur Spaltung der C—O-Bindung führt. Der dritte, der besonders bei den Monoestermonoanionen beobachtet wird, verläuft über das Metaphosphation als Zwischenprodukt. Die enzym-katalysierten Hydrolysen der Phosphorsäureester scheinen fast ausschließlich über eine Spaltung der P—O-Bindung mit einem Mechanismus, der dem erstgenannten sehr ähnlich ist, zu verlaufen.

Die „Alternativweg" oder nucleophile Katalyse, die im Kapitel 1 hauptsächlich im Zusammenhang mit der Hydrolyse von Carbonsäurederivaten besprochen wurde, wurde bei der nichtenzymatischen Hydrolyse von Phosphorsäureestern und anderen Phosphorsäurederivaten ebenfalls nachgewiesen. Von besonderem Interesse ist der Fall, bei dem das angreifende Nucleophil eine Hydroxylgruppe des gleichen Moleküls ist [11]. Auf diese Weise kann ein Phosphorsäurediester wie VIII in Säure oder Lauge schnell unter Abgabe der Gruppe RO unter Bildung des cyclischen Esters (IX) reagieren. Dieser unterliegt, wie früher beschrieben,

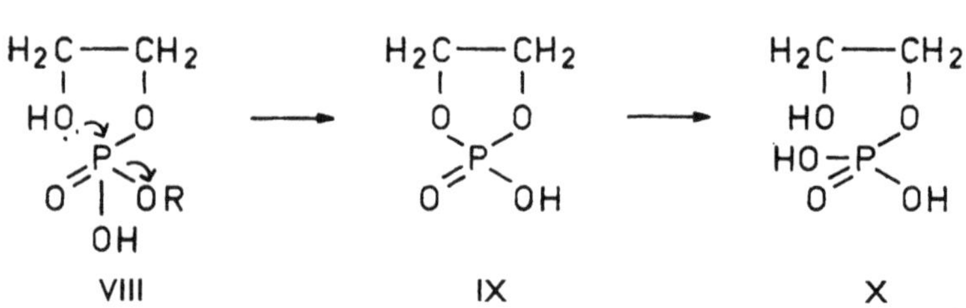

einer raschen Hydrolyse zu X. Das Ergebnis ist eine intramolekulare Katalyse der Hydrolyse eines Di- zu einem Monoester. Dieser Reaktionstyp ist für die alkalische Hydrolyse der Ribonucleinsäure wichtig, wo intermediär cyclische 3′,5′-Phosphatester gebildet werden. Die weitere Hydrolyse liefert 3′-Mono-

nucleotide (neben wenig 2'-Mononucleotiden) (vgl. mit Abb. 6.10., in der die durch Ribonuclease katalysierte Hydrolyse der RNS dargestellt ist).
Ein nucleophiler Angriff auf das Phosphoratom eines Phosphatesters ist weniger begünstigt, wenn die Verbindung anionisch ist, da die negative Ladung abstoßend wirkt. Umgekehrt führt die Protonisierung zu einer Verbesserung einer solchen

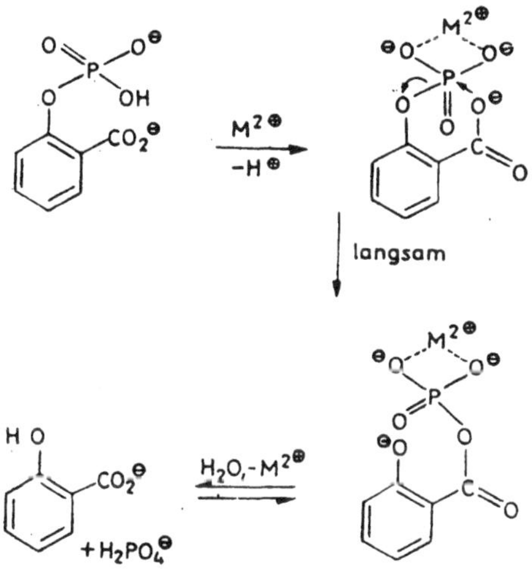

Abb. 5.1. Schema des Mechanismus der metallionen-katalysierten Hydrolyse von Salicylsäurephosphat (Lit.: [12]).

Angriffsmöglichkeit. Die Bildung eines Komplexes zwischen einer ionisierten Phosphatgruppe und einem Metallion sollte die Geschwindigkeit einer solchen nucleophilen Reaktion ebenfalls erhöhen. Die Hydrolyse von Salicylsäurephosphat zum Beispiel ist einer solchen Metallionen-Katalyse unterworfen [12]. In einem hypothetischen Mechanismus (Abb. 5.1.) fungiert das Phosphatanion dabei als bifunktioneller Ligand. Das Metallion unterstützt die Angreifbarkeit des Phosphors gegenüber einem nucleophilen Angriff. Es ist zu beachten, daß dieser Prozeß auch eine intramolekulare nucleophile Katalyse enthält.

Die enzym-katalysierte Hydrolyse von Phosphorsäureestern

Von den Phosphatesterhydrolasen ist die Orthophosphorsäuremonoesterhydrolase (alkalische Phosphatase, 3.1.3.1) am besten untersucht. Es ist ein zinkhaltiges Enzym [13] mit einem Molekulargewicht (E. coli) von etwa 86000 [14], das die Hydrolyse eines breiten Spektrums von Phosphorsäureestern katalysiert. Die Bezeichnung *alkalische* Phosphatase bezieht sich auf das pH-Optimum, das bei etwa pH 8 liegt, im Gegensatz zu einem anderen Typ der Phosphorsäuremonoesterasen (saure Phosphatase, 3.1.3.2), der bei niedrigeren pH-Werten optimal arbeitet.
Es ist bewiesen, daß die alkalische Phosphatase verschiedener Herkunft (Säugetiere, Bakterien) die Hydrolyse in einem zweistufigen Prozeß bewerkstelligt, der

die intermediäre Bildung eines Enzymphosphat-Derivates beinhaltet,

$$\text{Enzym} + \text{HPO}_3\text{OR}^{\ominus} \xrightleftharpoons{\text{Phosphorylierung}} \text{Enzymphosphat} + \text{ROH} \qquad (5.6)$$

$$\text{Enzymphosphat} + \text{H}_2\text{O} \xrightleftharpoons{\text{Hydrolyse}} \text{Enzym} + \text{P}_a \qquad (5.7)$$

Dieser Reaktionstyp ergab sich daraus, daß das Enzym neben der Phosphatase-aktivität die Fähigkeit besitzt, als Transferase zu wirken [15, 16].

Als Acceptoren für das Phosphat des Phosphoenzym-Zwischenproduktes können verschiedene Alkohole dienen. MORTON [19] beobachtete eine Konkurrenz zwischen Wasser und dem Alkohol als Acceptoren der Phosphatgruppe, was darauf hindeutet, daß beide an die gleiche Stelle im Enzym-Phosphat-Komplex gebunden werden.

Die durch die alkalische Phosphatase katalysierte Hydrolyse verläuft unter Spaltung der P—O-Bindung in dem Substrat [17], und in Übereinstimmung mit dem obigen Mechanismus katalysiert das Enzym den Einbau von ^{18}O aus $H_2{}^{18}O$ in das Phosphat und umgekehrt [18], so wie es Gleichung (5.7) verlangt.

Andere Untersuchungen, die indirekt das Vorhandensein eines Phosphorylenzym-Zwischenproduktes bestätigen, schlossen kinetische Untersuchungen ein, in denen gezeigt wurde, daß unter Bedingungen, wo der Hydrolyseschritt (5.7) geschwindigkeitsbestimmend ist, die alkalische Phopshatase die Hydrolyse einer Vielzahl von Substraten mit ähnlicher Geschwindigkeit katalysiert [16, 20, 21].

Die Geschwindigkeit des Dephosphorylierungsschrittes sinkt in saurer Lösung [21, 22], wodurch eine Isolierung des Phosphorylenzyms bei niedrigen pH-Werten ermöglicht wurde [23, 24]. Die Phosphorylierung des Proteins kann sowohl in Gegenwart eines Phosphorsäureesters als auch durch anorganisches Phosphat erfolgen. Die gegenseitige Kompetition der Einbaureaktionen der Phosphatester und des anorganischen Phosphat zeigt, daß der Phosphatester und das Phosphation an die gleiche Stelle des Enzyms gebunden werden [24]. Die Phosphorylierung durch die Substrate verläuft jedoch schneller als durch anorganisches Phosphat.

Die Hydrolyse der Phosphorylenzyme (Säugetier und Bakterien) ergibt O-Phosphorylserin [23, 24]. Die Aminosäuresequenz um dieses „aktive“ Serin ist Thr.Asp.Ser.Ala.Ala. [25].

Diese Sequenz ist der des aktiven Zentrums im Chymotrypsin und verwandter hydrolytischer Enzyme sehr ähnlich. Gegenwärtig scheint es jedoch unwahrscheinlich, daß die alkalische Phosphatase in diese Gruppe von Hydrolasen eingeordnet werden kann. Ihr Molekulargewicht ist sehr viel höher und die Teilnahme eines Histidinrestes an dem katalytischen Vorgang — in ähnlicher Weise wie sie beim Chymotrypsin vorliegt — ist keineswegs sicher. Photooxidationsversuche von VALLEE und seinen Mitarbeitern [13] deuteten darauf hin, daß kein Histidin an der katalytischen Reaktion beteiligt ist, obgleich solch ein Rest zur Bindung des Metallions beitragen kann. Die Notwendigkeit eines Metallions ist ein weiterer wesentlicher Unterschied zwischen den Phosphatasen und den serinabhängigen Peptidhydrolasen.

Schwartz [22] entwickelte eine plausible Vorstellung über den Wirkungsmechanismus der alkalischen Phosphatase, der alle diesbezüglichen Ergebnisse berücksichtigt. Er ist in seinen wesentlichen Aspekten in Abbildung 5.2. dargestellt. Dieser Mechanismus verlangt, daß in dem Enzym-Substrat-Komplex (XI) ein nucleophiler Angriff durch das Serinhydroxyl unter Abspaltung der Alkoxygruppe (OR) stattfindet. Aus unseren Darlegungen über andere enzym-katalysierte Reaktionen können wir annehmen, daß in dem aktiven Zentrum des

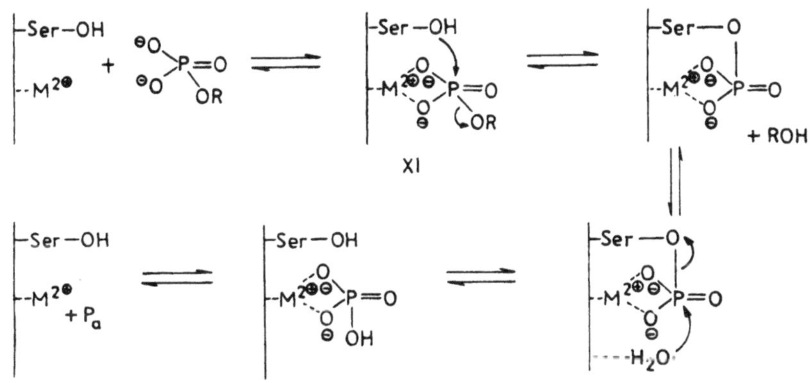

Abb. 5.2. Wirkung der alkalischen Phosphatase auf eine Phosphatverbindung vom Typ RO.PO$_3^{2-}$ (Lit. [22]). Freundlicherweise überlassen von J. H. Schwartz und der National Academy of Sciences.

Enzyms solche Bedingungen existieren, die die Nucleophilie des Serinhydroxyls steigern, und andere, die möglicherweise durch Protonisierung die Ablösung der substituierbaren Gruppe unterstützen. Wie bei anderen metallabhängigen Enzymen ist es schwierig, aus dem pH-Geschwindigkeitsprofil Schlüsse über die Natur der daran beteiligten Gruppen zu ziehen. Es wird angenommen, daß das Metallion die Bindungsstelle für die dianionische Form des Phosphats liefert und daß die Bildung des Metallion-Phosphat-Komplexes den nucleophilen Angriff auf das Phosphoratom begünstigt.

Es ist wahrscheinlich, daß die alkalischen Phosphatasen von verschiedenen Quellen mittels ähnlicher Mechanismen wirken. Für das aus menschlicher Plazenta isolierte Enzym wurde eine Phosphattransferreaktion und eine Abhängigkeit von Metallionen nachgewiesen [26].

Ein Phosphorylenzym als Zwischenprodukt wurde auch für die Reaktion einer Phosphodiesterase, der Phospholipase D (Phosphatidylcholin-phosphatidohydrolase, 3.1.4.4) postuliert. In Gegenwart dieses Enzyms wird die Cholin-Phosphat-Bindung des Phosphatidylcholins (XII) gespalten [27, 28]. Yang et al. [27] berichteten, daß Phosphatidyläthanol, -äthanolamin und -glycerin in Gegenwart des Enzyms aus Phosphatidylcholin erhalten werden können, d. h. Transferaseaktivität nachweisbar ist. Außerdem ist das Enzym in der Lage, den Austausch zwischen Cholin und Phosphatidylcholin zu katalysieren. Da die Phospholipase D durch PCMB gehemmt wird, nehmen diese Forscher an, daß dieses Enzym einen aktiven Cysteinrest anstelle des aktiven Serins besitzt und daß demzufolge in dem Phosphorylenzym eine Phosphothioesterbindung vorliegen könnte.

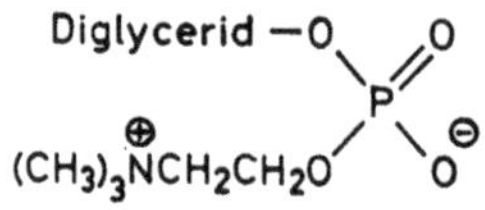

Phosphatidyl-cholin
XII

Die Hydrolyse von Polyphosphaten

Die nichtenzymatische Hydrolyse der Polyphosphate scheint sich nicht grundlegend von der der Phosphate zu unterscheiden [1]. In saurer Lösung besteht die Reaktion in einem Angriff des Wassers auf die konjugierte Säure der betreffenden Pyrophosphatverbindung und verläuft möglicherweise mit einem ähnlichen Angriff des Wassers auf das neutrale Pyrophosphatmolekül.

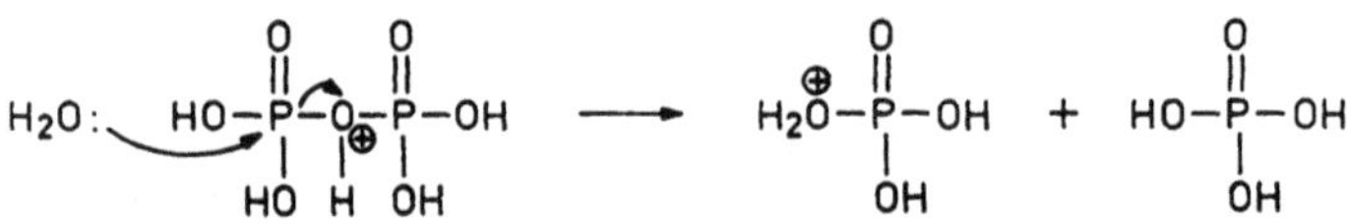

Die Hydrolyse des Polyphosphatmonoanions kann über ein Metaphosphat als Zwischenprodukt verlaufen, wie dies analog für das Phosphorsäuremonoesteranion angenommen wurde (Seite 233).
Ein interessantes Beispiel für eine basen-katalysierte Spaltung eines Pyrophosphatmoleküls liefert die Reaktion von Tetrabenzylpyrophosphat (XIII) mit Propanol in Gegenwart von Lutidin oder Collidin [29]. Die Bildung von Propyldibenzylphosphat in dieser Reaktion zeigt, daß die substituierte Pyrophosphatverbindung, wie in Gleichung 5.8 dargestellt, gegen einen nucleophilen Angriff empfindlich ist. Beachte, daß dieser Mechanismus dem der Phosphotransferasen sehr ähnlich ist.

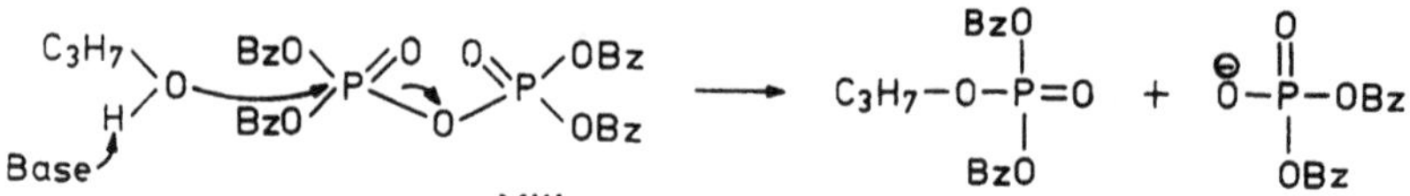

XIII (5.8)

Die Hydrolyse bestimmter Polyphosphate, z. B. verschiedener Nucleosidtriphosphate kann durch zweiwertige Metallionen katalysiert werden. Das ist sehr wichtig, da fast alle Enzyme, die Reaktionen mit Nucleosidtriphosphaten katalysieren, einen absoluten Bedarf an Metallionen haben. Auf der Grundlage ihrer

Untersuchungen nahmen LOWENSTEIN und Mitarbeiter [30] an, daß ein 1:1 ATP-Metallkomplex gebildet wird, in dem das Metallion an die Sauerstoffatome der β- und γ-Phosphatgruppe gebunden wird. COHN und HUGHES [31] bestätigten durch NMR-Messungen, daß die Ionen des Zn, Ca und Mg sich vor allem an die β- und γ-Phosphatgruppe des ATP (XIV) binden.

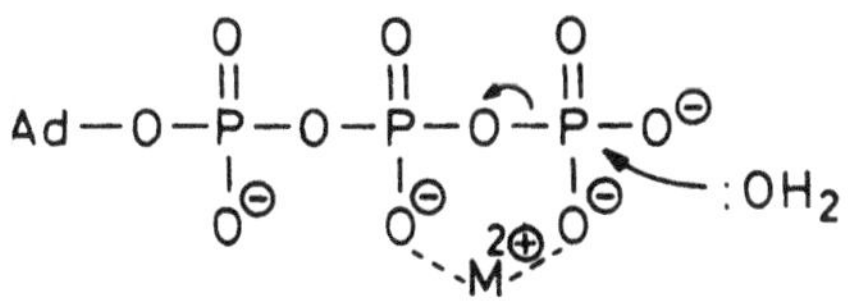

XIV

Die Beobachtung, daß bei der Cu(II)-katalysierten Hydrolyse von ATP der ^{18}O des $H_2{}^{18}O$ in der terminalen Phosphatgruppe (d. h. in dem freiwerdenden P_a) gefunden wird, ist eine Stütze für den vorgeschlagenen Reaktionsmechanismus. SELWYN [31a] wies darauf hin, daß die durch Lanthanide katalysierte Hydrolyse als Modell für die mitochondriale ATPase dienen kann.
Für die nichtenzymatische Reaktion schlug er vor, daß das angreifende Nucleophil ein Hydroxidion ist, das so an das Metallion gebunden wird, daß die Liganden eine oktahedrale Konfiguration haben (5.9).

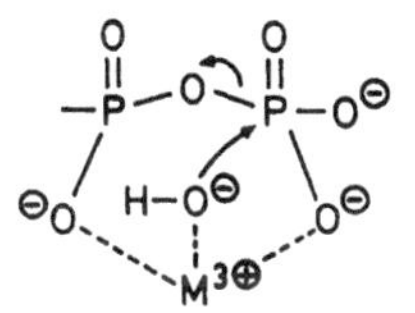

(5.9)

ATP-Phosphohydrolase (ATPase, 3.6.1.3)

Die Eigenschaft verschiedener Proteine, ATP in ADP und P_a zu spalten, ist in der Biochemie von großer Bedeutung, da bei einer solchen Hydrolyse ein großer Energiebetrag freigesetzt wird. Es ist bedeutungsvoll, daß ATPase-Aktivitäten vor allem an zwei Stellen, an denen eine Energieumwandlung direkt mit biochemischen Vorgängen verbunden ist, nachweisbar sind. Das sind die Muskulatur (Myosin), wo die Muskelkontraktion mit Arbeitsleistung verbunden ist, und die Membranen, wo die ATPase-Aktivität mit der „Kationenpumpe", d. h. dem aktiven Kationentransport durch die Membranen assoziiert ist.
Eine Form der ATPase (in Membranen und anderen Quellen) ist von $Na^{\oplus}$- und $K^{\oplus}$-Ionen abhängig [32, 33, 34]. Dieser Effekt kommt zu der normalen Mg-Abhängigkeit der Reaktionen mit ATP hinzu. SKOU [32] nahm an, daß an der Reaktion ein Phosphorylenzym als Zwischenprodukt teilnimmt, da er einen enzym-katalysierten ATP-ADP-Austausch nachweisen konnte. Später zeigten andere Forscher, daß das markierte Phosphat (^{32}P) vom terminalen Rest des ATP in das Protein der (Na und K)-abhängigen ATPase-Präparationen eingebaut

werden kann [35, 36]. Natriumionen erhöhen die in das Protein eingebaute Phosphatmenge, während eine nachfolgende Zugabe von Kaliumionen einen schnellen Verlust des gebundenen Phosphats verursacht.

$$\mathrm{E + ATP \xrightarrow{Na^{\oplus}} \underset{+\ ADP}{E{-}P} \xrightarrow{K^{\oplus}} E + P_a} \tag{5.10}$$

Auf der Grundlage dieser Ergebnisse wurde die Reaktion zunächst in der Form von Gleichung (5.10) formuliert. Man nahm an, daß die Natriumionen die Bildung des Phosphoenzyms bewirken, während die Dephosphorylierung durch Kaliumionen induziert wird. Verschiedene Untersuchungen zeigten jedoch bald, daß das Schema (5.10) zumindest für in vitro Bedingungen eine zu starke Vereinfachung ist [37, 38, 39]. Es wurde zwischen dem Vorgang der Hydrolyse des ATP und dem der Phosphorylierung keine Parallelität gefunden. Außerdem hat die enzymatische Reaktion in verschiedenen Temperaturbereichen unterschiedliche Eigenschaften [37, 38]. Im Bereich von 0—25° wurde eine Aktivierungsenergie von 29,5 kcal/Mol beobachtet, während oberhalb von 25° 18,4 kcal/Mol gefunden wurden. In Abwesenheit von Kaliumionen, d. h. bei alleiniger Gegenwart von $Mg^{2\oplus}$ und $Na^{\oplus}$, war die Aktivierungsenergie scheinbar über den gesamten Temperaturbereich konstant.

Alle diese Resultate scheinen mit zwei Wirkungsweisen der (Na-, K-) abhängigen ATPase vereinbar zu sein. Bei niedrigen Temperaturen ist der Hauptweg nur von Natriumionen abhängig und verläuft über eine direkte Hydrolyse ohne einen Phosphoenzymkomplex. Bei höheren Temperaturen gewinnt ein anderer Vorgang an Bedeutung; er benötigt sowohl Natrium- als auch Kaliumionen und durchläuft einen intermediären Phosphoenzymkomplex. Dementsprechend gibt die Gleichung (5.11) am besten die Wirkungsweise dieses Enzyms wieder [37]. Es ist nicht anzunehmen, daß sich beide Mechanismen gegenseitig ausschließen.

$$\mathrm{E + ATP} \begin{cases} \xrightarrow{Na^{\oplus}} \mathrm{E + ADP + \underline{P_a}} \text{ (niedrige Temperatur)} \\ \xrightarrow{Na^{\oplus}} \mathrm{\underset{+\ ADP}{E{-}P} \xrightarrow{K^{\oplus}} E + \underline{P_a}} \text{ (höhere Temperatur)} \end{cases} \tag{5.11}$$

Der Phosphoenzymkomplex kann bei alleiniger Anwesenheit von Natriumionen isoliert werden und ist in saurem Milieu stabil [40], während er in Alkali mit einer Kinetik 1. Ordnung zerfällt [37]. Da auch eine Behandlung mit Hydroxylamin eine Abspaltung des Phosphates verursacht, kam man zu dem Schluß, daß das Phosphat durch eine Acylphosphatbindung an das Enzym gebunden ist [41], d. h. als gemischtes Anhydrid mit dem Seitenkettencarboxyl eines Aspartyl- oder Glutamylrestes vorliegt (die α-Carboxylgruppe eines terminalen Aminosäurerestes kann jedoch nicht ausgeschlossen werden). Abbildung 5.3. zeigt einen auf diesen Vorstellungen basierenden Wirkungsmechanismus der ATPase. Die Rolle der Natrium- und Kaliumionen in der Reaktion der (Na-, K-)-abhängigen ATPase kann gegenwärtig noch nicht befriedigend formuliert werden.

Myosin, ein aus der Muskulatur isoliertes Protein, besitzt ebenfalls ATPase-Aktivität. In vitro wurde in Gegenwart von Calciumionen als Aktivator ein Aktivitätsoptimum bei pH 9 gefunden. Man nimmt an, daß unter physiologischen Bedingungen bei pH 7 das Enzym jedoch durch Magnesiumionen [42] aktiviert

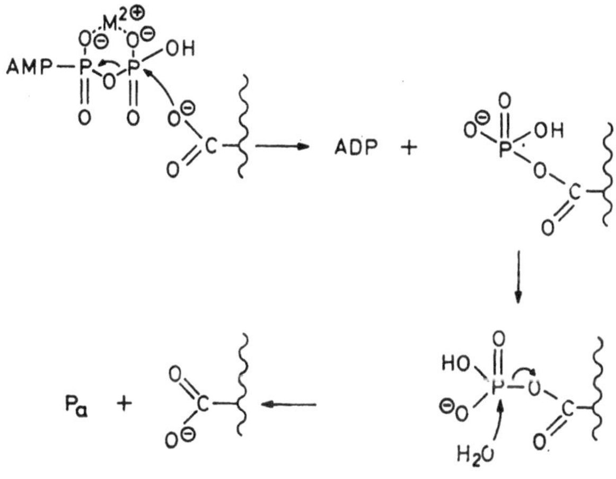

Abb. 5.3. Schema des Partialmechanismus der ATPase.

wird. Es wurde nachgewiesen, daß pro 2×10^5 g Myosin eine Thiolgruppe mit dem Thiolreagenz N-Äthylmaleimid und ein Lysinrest mit Trinitrobenzolsulfonat reagiert, und daß sich ein Pyrophosphatmolekül mit etwa 2×10^5 g Myosin reversibel zu einem Komplex verbindet [44]. Demzufolge ist das chemische Molekulargewicht 2×10^5 oder ein Vielfaches davon. Da Tonomura et al. [43] zwei unterschiedlich substituierte Lysinpeptide aus dem mit Trinitrobenzolsulfonat behandelten Myosin isolieren konnten, nimmt man ein Molekulargewicht von 4×10^5 an.

Koshland und Mitarb. [42, 45] zeigten, daß Myosin einen stärkeren Austausch von ^{18}O zwischen Wasser und anorganischem Phosphat als normalerweise erwartet wird auslöst, und schlossen daraus auf die Existenz eines austauschenden Zwischenproduktes in der ATPase-Reaktion. Sie nahmen dafür ein Phosphomyosin an. Sichere Beweise für die Bildung eines Phosphoenzym als Zwischenprodukt stammen aus der Untersuchung des „pre-steady states" der ATP-Hydrolyse durch Myosin [43]. Tonomura und Mitarb. beobachteten eine schnelle initiale Extrafreisetzung von Phosphat aus ATP (das terminale Phosphat). Diese findet bei einem Myosin-ATP-Verhältnis von 1:1 statt (bezogen auf ein Molekulargewicht für Myosin von 4×10^5) und scheint auf eine initiale irreversible Reaktion zwischen ATP und Myosin zurückzuführen zu sein. Tonomura untersuchte diesen Prozeß auch mit Hilfe der Methoden zur Messung schneller Reaktionen [46] und entwickelte das in Gleichung (5.12) dargestellte Reaktionsschema, das zeigt, auf welche Weise Wasserstoffionen auf verschiedenen Stufen gebildet und verbraucht werden. Unter E—P wird dabei das Phosphomyosin verstanden.

$$\begin{array}{ccccc} E + S + H^{\oplus} & \underset{}{\overset{k_{+1}}{\rightleftharpoons}} & E_1S + H^{\oplus} & \xrightarrow{k_{+2}} & E + ADP + Pa + 2H^{\oplus} \\ & & \downarrow k_{+3} & & \uparrow k_{+5} \\ & & E_2SH & \xrightarrow{k_{+4}} & E - P + ADP + H^{\oplus} \end{array} \tag{5.12}$$

Die Geschwindigkeit der Bildung dieses Phosphomyosins ist größer als die der ATPase-Reaktion im steady state. Die Extrafreisetzung der stöchiometrischen Menge P_a findet bei dem Zerfall des Phosphomyosins nach der Zugabe von Trichloressigsäure statt, die bei der Untersuchung des Systems benutzt wird.

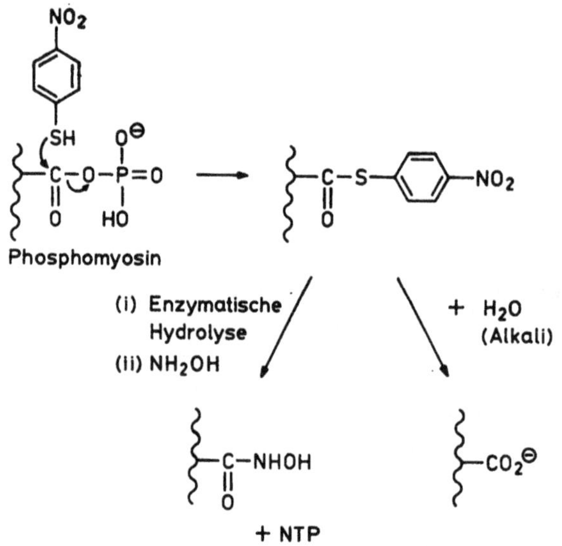

Abb. 5.4. Reaktionen des Phosphorylmyosins mit Nitrothiophenol.

Unter den Bedingungen, unter denen die schnelle initiale Extrafreisetzung von P_a beobachtet wurde (d. h. wenn Phosphomyosin vorhanden ist), kann sich Nitrothiophenol mit dem Protein verbinden [47]. Das Nitrothiophenylmyosin (NTP-Myosin) zeigt Absorptionseigenschaften, die jenen ähnlich sind, wo die NTP-Gruppe als Thioester an eine Carboxylgruppe gebunden ist [48]. Es ist im Sauren und Neutralen stabil, aber instabil im Alkalischen.
Bei der enzymatischen Spaltung des NTP-Myosins konnte ein NTP-Peptid erhalten werden, aus dem durch Behandlung mit Hydroxylamin die NTP-Gruppe freigesetzt wird. Diese Ergebnisse zeigen, daß die NTP-Gruppe an das Protein

wahrscheinlich über das Seitenkettencarboxyl eines Glutamyl- oder eines Aspartylrestes gebunden ist. Demnach könnte die Phosphatgruppe in dem Myosin als Acylphosphat (Abb. 5.4) vorliegen.
KOSHLAND und Mitarbeiter [49] beobachteten bei der Mg(II)-aktivierten Myosin-ATPase eine hohe Austauschrate zwischen $H_2{}^{18}O$ und dem terminalen Phosphatrest des ATP. Bei Aktivierung des Myosin durch Ca(II)-Ionen wird dieser Effekt jedoch nicht gefunden. Die zwei Metallionen beeinflussen demnach die Reaktion auf ganz unterschiedliche Weise. Es hat den Anschein, als ob die Ca(II)-Aktivierung den direkten Hydrolysemechanismus begünstigt, während die Mg(II)-Ionen zu einer Hydrolyse über ein austauschbares Intermediat führen.
Die durch Myosin katalysierte Hydrolyse des ATP ist nach dem Gesagten der von der (Na-, K-) ATPase verursachten Reaktion sehr ähnlich. Beide scheinen mittels zweier Mechanismen zu wirken, einem direkten und einem, der über ein phosphoryliertes Proteinintermediat verläuft. Ein Acylphosphat als Zwischenprodukt scheint beiden gemeinsam zu sein. Die komplizierte Temperaturabhängigkeit beider ATPase-Aktivitäten [38, 45] könnte Konformationsänderungen der Enzymproteine widerspiegeln. Der partielle Mechanismus in Abbildung 5.3. könnte aus diesen Gründen auf beide ATPase anwendbar sein. In dieser Abbildung ist die Hydrolyse des Enzymphosphats als nucleophiler Angriff des Wassers auf das Phosphoratom dargestellt.

Die Hydrolyse von Glycosiden

Die nichtenzymatische Hydrolyse von Glycosiden

Glycoside sind Acetale. Die nichtenzymatische Glycosidspaltung ist deshalb, wie die Hydrolyse der Acetale überhaupt, einer spezifischen Säure-Katalyse unterworfen, d. h. sie wird durch Wasserstoffionen katalysiert. Die Hydrolyse liefert, wie in Gleichung (5.13) dargestellt, einen Alkohol und ein Zuckermolekül in der Halbacetalform.

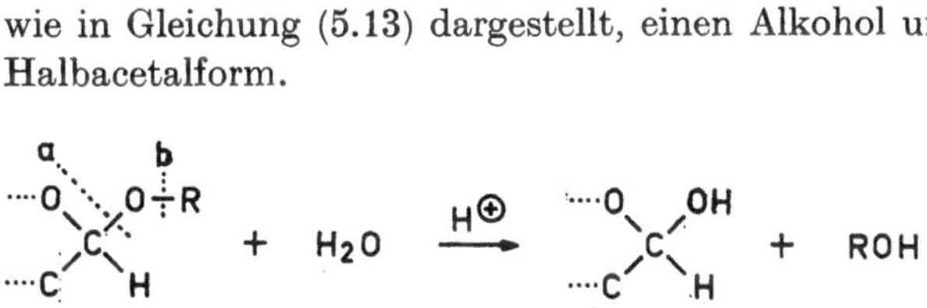

(5.13)

Die Hydrolyseprodukte können durch Spaltung einer der beiden Bindungen a oder b entstehen, so daß es von Interesse ist, den Reaktionsmechanismus aufzuklären und festzustellen, welche Bindung tatsächlich gesprengt wird. Diese Arbeiten wurden von BURTON et al. [50] durchgeführt, die mit ^{18}O angereichertes Wasser benutzten und zeigten, daß außer in einem sehr ungewöhnlichen Fall die Glycosidhydrolyse stets unter Spaltung der Hexose Sauerstoff-Bindung (Position a) verläuft. Das C_1-Atom des Glycosids ist das Zentrum der Substitution. α-Glucosidase aus Hefe und β-Glucosidase aus bitteren Mandeln katalysieren ebenfalls hydrolytische Reaktionen, in denen die Hexose-Sauerstoff-Bindung gespalten wird [51].

Für eine säure-katalysierte Substitutionsreaktion sind zwei Mechanismen möglich, die in Abbildung 5.5. für die Hydrolyse eines β-Glucosids dargestellt sind. Der erste, mit A 2 bezeichnete Fall (vgl. diesen mit S_N2-Reaktionen), enthält einen direkten nucleophilen Angriff des Wassers auf die konjugierte Säure des Glucosids und ist bimolekular. Solch ein Prozeß verläuft mit einer Inversion der Konfiguration am

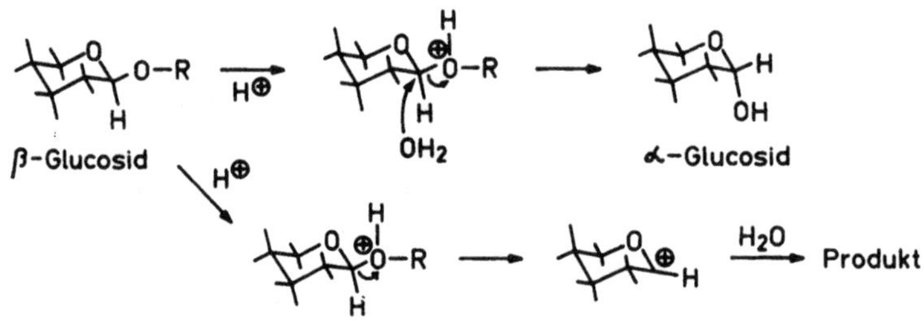

Abb. 5.5. Zwei Mechanismen für die säure-katalysierte Hydrolyse eines β-Glucosids. Im oberen Mechanismus führt der direkte nucleophile Angriff des Wassers auf die konjugierte Säure des Glycosids zu einer Inversion am C—1. Im unteren Mechanismus zerfällt die konjugierte Säure in einem monomolekularen Prozeß unter Bildung eines Carboniumions, das danach mit Wasser reagiert. Der erste Mechanismus wird als A2, der letztere als A1 bezeichnet.

C_1-Kohlenstoff. Beim zweiten Mechanismus (A 1) zerfällt die konjugierte Säure des Glucosids in einer monomolekularen Reaktion unter Bildung eines Carboniumions, welches im nachfolgenden Schritt mit einem Wassermolekül reagiert. In manchen Fällen führt eine solche Reaktion zur Racemisierung am C_1, da das Wassermolekül sich von beiden Seiten her nähern kann; bei vielen Glycosiden ist es deshalb sehr schwierig, den sterischen Verlauf einer A 1-Reaktion vorauszusagen.

Im allgemeinen haben die Ergebnisse kinetischer Untersuchungen die meisten Forscher zu dem Schluß geführt, daß bei der nichtenzymatischen Glycosidspaltung der A 1-Mechanismus vorliegt [52]. Ein Carboniumion in der Form eines geschlossenen Ringes, wie in Abbildung 5.5. dargestellt, ist das am wahrscheinlichsten auftretende Zwischenprodukt (die alternative, ringoffene Form konnte anhand

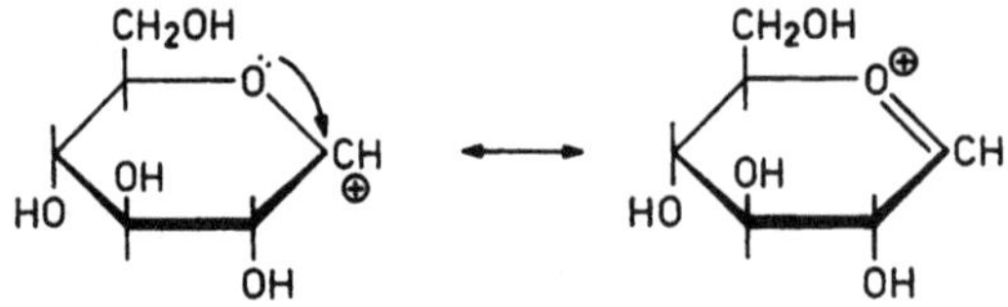

XV

der Messung des Sauerstoffisotopeneffekts ausgeschlossen werden [53]). Ein solches Carboniumion wird durch die Delokalisierung der Elektronen des Sauerstoffs über den Ring stabilisiert, so daß das Molekül eher den Charakter der Struktur XV hat. Die Verbindung XV kann nicht in der „Sessel"-Form existieren, die gewöhnlich für gesättigte sechsgliedrige Ringe (XVI) angenommen wird; der Doppelbindungscharakter der C—O-Bindung zwingt vielmehr das Molekül in die Halbsesselkonfiguration (XVII).

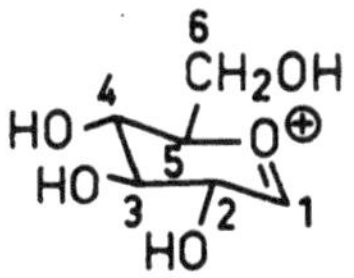

XVI

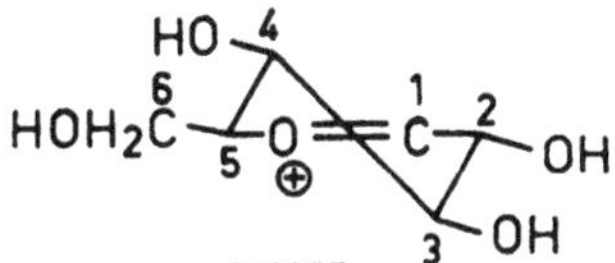

XVII

N-Acetylmuramid-glycanhydrolase (*Muramidase, Lysozym, 3.2.1.17*)

Unter den Enzymen nimmt das Lysozym eine besondere Stellung ein, da es das erste Enzym war, dessen dreidimensionale Struktur aufgeklärt wurde. Diese Arbeiten wurden durchgeführt, bevor die meisten chemischen Untersuchungen daran gemacht waren, so daß die Gruppen am Enzym, die für die Bindung und den katalytischen Vorgang Bedeutung haben, aus den Strukturuntersuchungen eher bekannt waren als aus den chemischen Befunden. Das steht im Gegensatz zu anderen Enzymen, bei denen eine umfangreiche chemische Charakterisierung erfolgte, bevor die Röntgenstrukturanalyse abgeschlossen war.

Lysozym bewirkt die Lyse bestimmter Bakterienzellen: sein natürliches Substrat ist ein Polysaccharid, das in der Bakterienzellwand zu finden ist und aus dem durch dieses Enzym N-Acetylaminozucker freigesetzt werden [54]. Das Enzym spaltet auch das aus N-Acetylglucosamin aufgebaute Chitin [55]. Salton und Ghuysen [56] isolierten aus Bakterienzellwänden, die durch Lysozym gespalten worden waren [57], ein Tetrasaccharid mit der Struktur XVIII. Diese Verbindung wird durch Lysozym an der markierten Stelle weiter gespalten unter Bildung von zwei Molekülen eines Disaccharids, das sich von dem N-Acetylglucosamin und der N-Acetylmuraminsäure ableitet. Das Polysaccharid der Bakterienzellwand ist offenbar ein Polymer, das aus einander sich abwechselnden N-Acetylglucosamin-

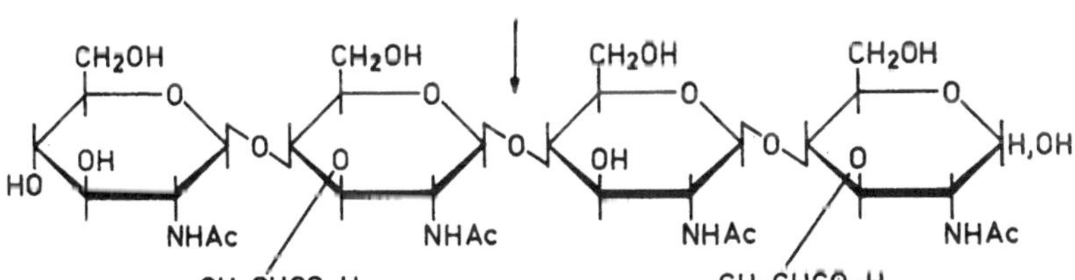

XVIII

und N-Acetylmuraminsäureeinheiten aufgebaut ist, die durch β-(1-4)-Bindungen verknüpft sind. Die Ähnlichkeit zwischen diesem Bakterienpolysaccharid und dem Chitin, das ein Polymeres von β-(1-4)-verbundenen N-Acetylglucosamineinheiten ist, wird besonders deutlich.

Lysozym stellt eine einzige Polypeptidkette dar, die aus 129 Aminosäureresten aufgebaut ist. Die von Jolles und Mitarbeitern [58] sowie von Canfield [59] ermittelte Aminosäuresequenz ist in Abbildung 5.6. dargestellt.

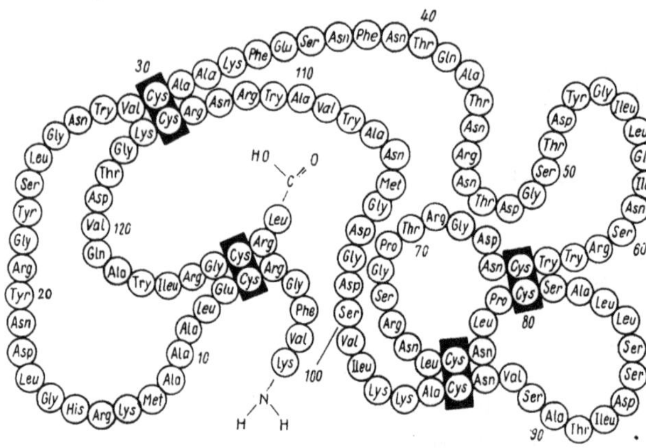

Abb. 5.6. Die Aminosäuresequenz des Lysozyms, wie sie von Jolles et al. [58] und durch Canfield [59] aufgeklärt wurde. (Freundlicherweise überlassen von R. E. Canfield und der American Society of Biological Chemists.)

Die vier intramolekularen Disulfidbrücken sind für die enzymatische Aktivität des Moleküls essentiell. Werden sie durch Reduktion oder Oxidation zerstört, geht die katalytische Aktivität verloren. Partiell reduziertes Lysozym kann durch Oxidation mit Sauerstoff seine Aktivität wiedererlangen [59]. Möglicherweise sind einige Tryptophanreste am katalytischen Prozeß beteiligt, da ihre Zerstörung eine Inaktivierung verursacht [60]. Lysozym aus Hühnereiweiß enthält nur einen Histidinrest. Da bei vielen anderen Enzymen die Imidazolgruppe von wenigstens einem Histidinrest am katalytischen Vorgang beteiligt ist, nahmen einige Forscher an, daß dieser einzelne Histidinrest am Prozeß der Katalyse teilnimmt. Jolles, Spotorno und Jolles [61] fanden jedoch, daß ein Lysozym aus Enteneiweiß keinen Histidinrest besitzt und trotzdem voll aktiv ist. Demnach scheint dem Histidinrest keine Funktion in dem Wirkungsmechanismus zuzukommen.

Die röntgenkristallographischen Untersuchungen des Lysozyms und der Lysozym-Inhibitor-Komplexe waren sehr aufschlußreich [62]. Da Lysozym seine katalytische Aktivität im kristallinen Zustand behält [63], ist es durchaus gerechtfertigt, die Schlußfolgerungen, die aus der Röntgenstruktur gezogen wurden, auf den katalytischen Vorgang in Lösung zu übertragen. Das Molekül trägt an seiner Oberfläche polare Gruppen, die in Kontakt mit dem Lösungsmittel stehen, während im Inneren apolare Gruppen vorherrschen. Das Enzym ist durch eine große Spalte zweigeteilt (Vgl. mit dem Papain). Auf der Oberfläche dieser Spalte liegen einige hydrophobe Reste (Tryptophan-62, -63 und -108, Isoleucin-98 und Valin-109).

N-Acetylglucosamin, aber nicht Glucosamin, hemmt Lysozym [64]. Diese Beobachtung zeigt, daß die Acetylgruppe des Substrats bzw. Inhibitors für die Bindung bedeutsam sein könnte. Das Trimer des N-Acetylglucosamins, die Chitotriose, wird durch Lysozym nur extrem langsam hydrolysiert [64, 65]. Größere Polymere des N-Acetylglucosamins werden schneller gespalten, dabei steigt die Geschwindigkeit bis zum Hexamer mit der Kettenlänge des Substrates an [65, 66].

Röntgenographische Untersuchungen [62] des Lysozym-N-Acetylglucosamin- und des Lysozym-Chitotriose-Komplexes zeigten, daß die Zuckerreste in der Spalte des Enzymmoleküls gebunden werden. Chitotriose bildet einen stabilen Komplex, in dem die drei Zuckerreste offenbar drei Bindungsstellen besetzen. Aus diesen und anderen Ergebnissen wurde gefolgert, daß während der Hydrolyse eines Polysaccharidsubstrates sechs Zuckereinheiten in dem Spalt des Enzyms durch Bindung an spezifische Stellen beherbergt werden können. Die Chitotriose wird deshalb nur sehr langsam hydrolysiert, da die Art der Bindung dieses Trisaccharids an das Enzym katalytisch nicht wirksam ist. Man nimmt an, daß der unwirksame Komplex einen Teil des Enzym-Substrat-Komplexes darstellt. In Abbildung 5.7. ist der Lysozym-Substrat-Komplex schematisch dargestellt. Sechs Zuckerreste sind in den Spalt eingelagert. Die ersten drei Reste A, B und C veranschaulichen die Position des Trisaccharids im unwirksamen Enzym-Trisaccharid-Komplex. Durch den Bau eines Modells konnten Blake et al. [62] zeigen, wie die drei anderen Zuckereinheiten D, E und F an das Enzym gebunden sind. Eine geeignete Bindung findet nur statt, wenn für den Ring des Restes D eine Halbsesselform ähnlich der des Carboniumions (XVII) angenommen wird. Mit dieser Form von D konnte ein Modell konstruiert werden, in dem Wasserstoffbindungen und apolare Wechselwirkungen geeignete Positionen erhalten. Es wurde weiter geschlußfolgert, daß die glucosidische Bindung zwischen den Ringen D und E die einzige ist, die bei der Einwirkung des Enzyms gespalten wird. Das stimmt mit den Ergebnissen von Rupley [66] überein, der zeigte, daß das Hexamer des N-Acetylglucosamins in ein Tetramer und ein Dimer gespalten wird, während das Pentamer auf zwei verschiedene Weisen unter Bildung eines Tetramers und eines Monomers bzw. eines Dimers und eines Trimers hydrolysiert werden kann. Das ist in völliger Übereinstimmung mit der Hypothese, daß das Bindungssystem sechs Reste, die zwischen dem vierten und fünften Ring gespalten werden, aufnehmen kann. Ein Hexamer wird nur auf eine einzige Art gebunden, während es für ein Pentamer zwei gleichberechtigte Bindungsmöglichkeiten gibt.

Die Reaktion läuft auch hier, wie bei anderen hydrolytischen Reaktionen der

Glycoside, über eine Hexose-Sauerstoff-Spaltung ab [66]; so daß der C_1-Kohlenstoff des Ringes D demzufolge das Zentrum der Substitution ist. Aus dem Modell ist zu sehen, daß die Carboxylgruppe der Seitenkette des Asp-52 etwa 3 Å von diesem C_1-Atom entfernt ist. Außerdem befindet sich die Seitenkette des Glu-35 in etwa gleichem Abstand von dem Sauerstoffatom zwischen den Resten D und E.

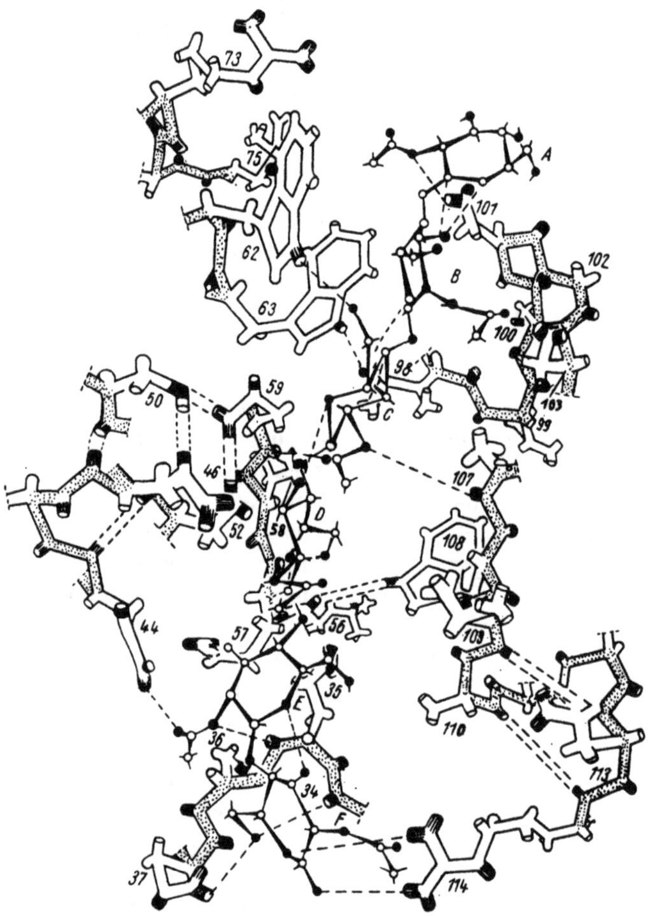

Abb. 5.7. Graphische Darstellung eines Teils der dreidimensionalen Struktur des Lysozyms und seines Substrates. Die sechs Ringe des an das Enzym gebundenen Hexasaccharids sind mit A, B, C, D, E und F bezeichnet. Beachte die Wasserstoffbindungen, insbesondere die mit den Seitenkettengruppen des Tryptophan-62 und Tryptophan-63, die das Substrat an das Enzym binden. Beachte außerdem, daß der Ring D nicht in der normalen Sesselform vorliegt und daß sich die Seitenketten der Asparaginsäure-52 und der Glutaminsäure-35 in der Nähe dieses Rings befinden (Lit. [62]). (Freundlicherweise überlassen von D. C. Phillips und dem Brookhaven National Laboratory.)

Wahrscheinlich befindet sich die Seitenkette des Glu-35 in einer apolaren Region, so daß angenommen werden kann [52], daß diese Carboxylgruppe selbst bei relativ hohen pH-Werten undissoziiert bleibt und demzufolge als allgemeiner Säurekatalysator die Spaltung der glycosidischen Bindung bewirken kann. Die Seitenkette des Asp-52 befindet sich dagegen in einer polaren Region und ist vermutlich in einem größeren pH-Bereich dissoziiert.

Lowe [67], der die lysozym-katalysierte Hydrolyse verschiedener β-Phenylglycoside der Chitobiose untersuchte, zeigte, daß die katalytische Reaktion sowohl Eigenschaften einer nucleophilen bzw. Basen- wie auch einer Säure-Katalyse besitzt.

Der vorgeschlagene Wirkungsmechanismus des Lysozyms kann wie folgt zusammengefaßt werden (Abb. 5.8.) [52, 62]. Bei der Bildung des Enzym-Substrat-

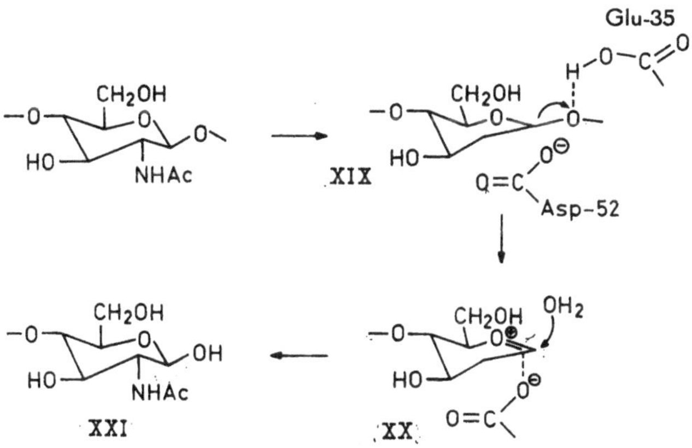

Abb. 5.8. Schema für die Wirkung des Lysozyms [52, 62].

Komplexes wird der Ring D in die Halbsessel-Konfiguration (XIX) gezwängt. Damit ist dieser Ring bereits auf dem Wege in Richtung eines Carboniumions. Das Sauerstoffatom der D—E-Bindung wird durch die Carboxylgruppe des Glu-35 protonisiert und die C_1—O-Bindung heterolytisch gespalten. Dieser Vorgang wird durch die Carboxylatgruppe des Asp-52 unterstützt, die außerdem zur Stabilisierung des entstehenden Carboniumions dient (XIX, XX). Die Hydrolyse ist abgeschlossen, wenn ein Wassermolekül das Carboniumion von der gleichen Seite, von der das E—F Disaccharid abgelöst wurde, angreift; die Reaktion verläuft demnach unter Erhaltung der Konfiguration (XXI). Es wird angenommen, daß die eben dargelegte Unterstützung durch die Asp-52-Carboxylatgruppe ausreicht, um den nucleophilen bzw. basischen Charakter der Reaktion zu erklären, den die Ergebnisse von Lowe fordern.

Vernon [52] betonte, daß drei Faktoren zur Erklärung der katalytischen Wirkungsweise dieses Enzyms von Bedeutung sind. Das sind die allgemeine Säure-Katalyse durch das Carboxyl des Glu-35 und die Verdrehung des Ringes im Rest D, wodurch die Bildung der Carboniumions begünstigt wird, sowie drittens die

Stabilisierung des Carboniumions durch das benachbarte Carboxylatanion des Asp-52.

Es ist interessant, daß für das Lysozym auch eine Transferaseaktivität beschrieben wurde. Bei vielen Enzymen wird eine Transferaseaktivität als ein Hinweis für ein kovalentes Zwischenprodukt genommen. Beim Lysozym kann man sich ein kovalentes Intermediat derart vorstellen, daß die Carboxylatgruppe des Asp-52 eine kovalente Bindung mit dem C_1-Kohlenstoff des Restes D bildet. Das Modell zeigt jedoch, daß das sehr unwahrscheinlich ist, obwohl die Wechselwirkung zwischen dem Carboxylation und dem Carboniumion partiell kovalenten Charakter besitzen kann [52]. Auf jeden Fall ist es nicht unbedingt nötig, daß sich eine kovalente Bindung in dem Intermediat bildet, die Hauptanforderung ist eine hinreichend große Lebensdauer des Zwischenproduktes, so daß die substituierbare Gruppe vom Enzym wegdiffundieren und der Acceptor gebunden werden kann. In den meisten anderen Fällen wird dies durch die Ausbildung eines kovalenten Intermediates ermöglicht.

Andere Glycosidasen

Die durch Lysozym hydrolysierten Polysaccharide Chitin und die Bakterienzellwandpolysaccharide besitzen Strukturfunktionen. Die Amylasen dagegen hydrolysieren Polysaccharide, die in den lebenden Systemen zum Zwecke der Speicherung gebildet werden. Diese Polysaccharide, wie Amylose und Glycogen, bestehen aus α-1,4-glucosidisch verknüpften Glucoseeinheiten. α-Amylase [69] ist eine Endoglucosidase, die die Polysaccharidkette wahllos unter Bildung von Oligosacchariden angreift. Der C_1-Kohlenstoff des neu entstandenen reduzierenden Endes besitzt α-Konfiguration, d. h. bei der Einwirkung der α-Amylase bleibt die Konfiguration erhalten. Die β-Amylase [70] ist im Gegensatz dazu eine Exoglucosidase, die fortlaufend Maltoseeinheiten vom nichtreduzierenden Ende der Polysaccharidkette abspaltet. Die gebildete Maltose hat am reduzierenden Ende β-Konfiguration, d. h., die enzymatische Reaktion verläuft unter Inversion.

Die α-Amylasen verschiedener Herkunft scheinen Metallenzyme zu sein, die ein Atom $Ca^{2\oplus}$ pro Enzymmolekül besitzen [70, 71]. Die Entfernung des Calciumions führt zu einem vollständigen Verlust der Aktivität [70, 72], während der Zusatz von Calcium zu metallfreien Präparationen eine Reaktivierung verursacht. Die Calciumionen besitzen möglicherweise eine Funktion in der Stabilisierung der aktiven Konformation des Enzyms.

Amylasen werden auch durch die Anwesenheit von Anionen, beispielsweise Chlorid, beeinflußt. Diese Ionen treten nicht mit dem aktiven Zentrum des Enzyms in Wechselwirkung, da die Bildung des Enzym-Substrat-Komplexes durch ihre Anwesenheit nicht beeinflußt wird [73]. Sie bewirken möglicherweise Konformationsänderungen des Enzyms; physikalische Eigenschaften wie Löslichkeit und elektrophoretische Mobilität werden dabei verändert [74].

Wie bei nahezu allen Glycosidspaltungen werden, wie Versuche mit ^{18}O markiertem Wasser zeigen, auch hier die C_1-O-Bindungen gespalten, wenn α-Amylasen auf

Stärke oder Glycogen einwirken [75, 76]. Weiterhin nehmen die meisten Forscher an, daß in fast allen Fällen eine Carboxylgruppe (pK 4—5) und eine Imidazolgruppe (pK angenähert 8) am Katalysemechanismus beteiligt sind [77, 78]. MAYER und LARNER [76] nahmen an, daß nach Ausbildung des Enzym-Substrat-Komplexes der glycosidische Brückensauerstoff durch ein Imidazoliumion protonisiert wird und sich ein Carboniumion bildet. Danach greift ein Wassermolekül das Carboniumion an, wobei infolge der sterischen Anordnung des Enzym-Carboniumion-Komplexes das α-Produkt entsteht. Dieser Mechanismus ist demzufolge dem für das Lysozym entwickelten ähnlich. FISCHER und STEIN [69] entwickelten die Vorstellung, daß die Erhaltung der Konfiguration durch eine Zweischrittreaktion erklärt werden könnte, bei der das an der Reaktion beteiligte Carboxylatanion eine direkte nucleophile Substitution am C_1-Atom durchführt, die durch die allgemeine Säure-Katalyse der Imidazoliumgruppe unterstützt wird. Dieser letztgenannte Mechanismus schließt natürlich ein kovalent gebundenes Glycosylenzymintermediat ein. THOMA [77] berechnete, daß das Zusammenwirken der funktionellen Gruppen in dieser Weise, selbst wenn dies in konzertierter Form geschehen würde, nicht genügt, um den hohen Wirkungsgrad der α-Amylase zu erklären. Er nimmt an, daß ähnlich wie beim Lysozym bei der Bindung eine Verdrehung des Substrates stattfindet und daß dieser Effekt einen großen Beitrag zur katalytischen Wirksamkeit des Enzyms liefert.

Da bei der Reaktion der β-Amylase am zentralen C_1-Atom eine Inversion stattfindet, wurde angenommen, daß sie mit einem völlig anderen Mechanismus als die α-Amylase wirkt [79]. THOMA zeigte jedoch, daß die Amylasen mittels grundsätzlich gleicher Mechanismen wirken können, wenn man nur annimmt, daß der einzige Unterschied darin besteht, daß das Wassermolekül auf der letzten Stufe des Prozesses von einer anderen Richtung her angreift (XXII). Geringe Änderungen

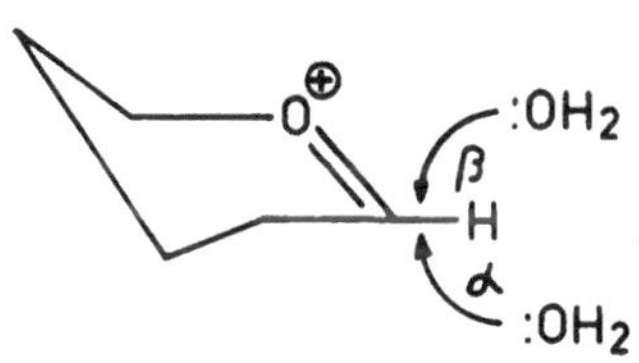

XXII

der dreidimensionalen Struktur des Enzym-Carboniumion-Komplexes könnten eine Inversion herbeiführen oder eine Erhaltung der Konfiguration bewirken. Man kann sich vielleicht vorstellen, daß alle Glucosylenzym-Zwischenprodukte (Glycosyltransferasen, wie auch Glucanhydrolasen) in der Carboniumionform vorliegen. Jedoch ist es sehr schwierig, eine kovalente Bindung zwischem dem Glycosylrest und dem Enzym von einer ionischen Bindung mit partiell kovalentem Charakter zu unterscheiden. Gegen die Vorstellungen von THOMA über den Wirkungsmechanismus der β-Amylasen sprechen die Beobachtungen, daß pflanzliche β-Amylasen durch Thiolreagenzien vollständig inaktiviert werden, was darauf hindeutet, daß eine Thiolgruppe im katalytischen Prozeß eine Rolle spielt [70, 80].

Die Beteiligung von mindestens einer Carboxylgruppe an der katalytischen Reaktion der β-Glucosidase aus Mandeln wurde durch die Experimente von Hofstee [81] wahrscheinlich gemacht, die auf eine für die Reaktion essentielle ionisierbare Gruppe mit einem pK_s von etwa 4 hinwiesen. Weiterhin wurde die Anwesenheit einer Carboxylgruppe im aktiven Zentrum durch die Reaktion des Enzymproteins mit Conduritol-B-epoxid (XXIII), das dem natürlichen Substrat des Enzyms strukturell ähnlich ist, nachgewiesen [82]. Bei dieser Reaktion, die zu

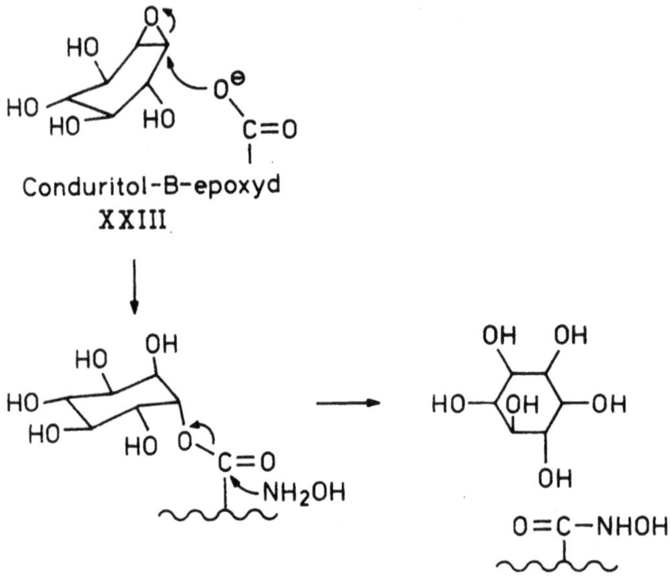

Conduritol-B-epoxyd
XXIII

XXIV

einer vollständigen Inaktivierung des Enzyms führt, wird ein Mol Inhibitor pro Enzymmolekül gebunden. Bei der Reaktion des inaktivierten Enzyms mit Hydroxylamin wird (+)-Inositol (XXIV) freigesetzt. Diese Reaktionen sind in den Formelbildern dargestellt. Conduritol-B-epoxid wird an das aktive Zentrum des Enzyms gebunden und der Epoxidring durch einen nucleophilen Angriff eines Carboxylations geöffnet. Das Produkt ist ein Ester, der der Spaltung durch Hydroxylamin unterliegt.

Purinaminohydrolasen

Diese Enzyme katalysieren die Desaminierung der Aminopurine und ihrer Derivate. Die Reaktion umfaßt die Hydrolyse des cyclischen Amidinsystems und die Substitution einer Aminogruppe durch eine Hydroxylgruppe unter Freisetzung von Ammoniak (das Produkt, ein Enol, liegt bei normalen pH-Werten gewöhnlich in der Ketoform vor). So katalysiert die Adeninaminohydrolase (Adenindesaminase, 3.5.4.2) die Bildung von Hypoxanthin (XXVI) aus Adenin (XXV) und die

Guaninaminohydrolase (3.5.4.3) die Umwandlung von Guanin (XXVII) in Xanthin (XXVIII).

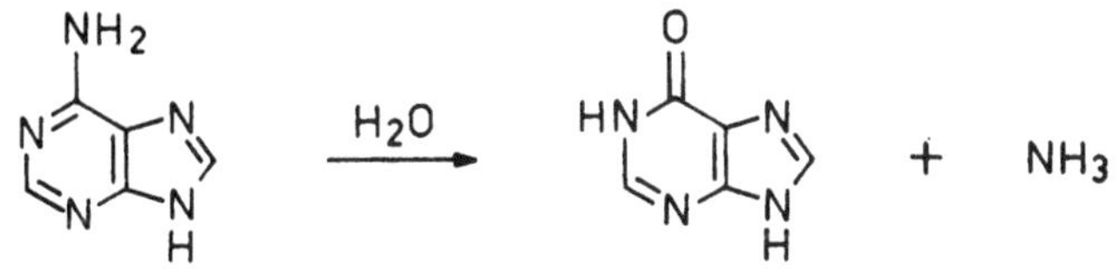

XXV. XXVI

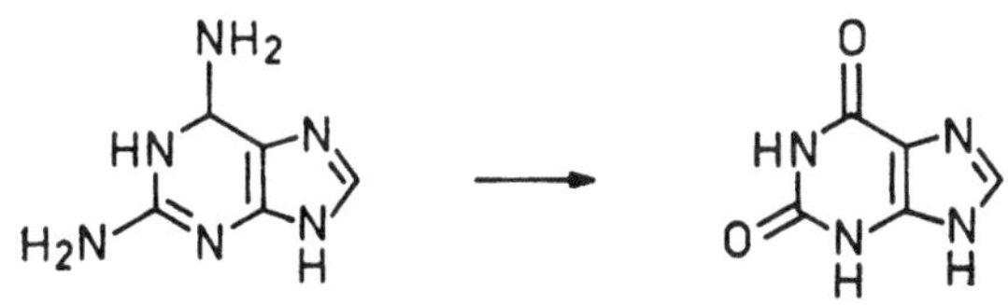

XXVII XXVIII

Es wurden Enzyme beschrieben, die spezifisch für Adenin, Adenosin, AMP, ADP und ATP [83] sind. Besonders eingehend wurde eine bakterielle Adenosinaminohydrolase (3.5.4.4) untersucht. Dieses Enzym zeigt eine ziemlich breite Spezifität gegenüber Verwandten des Adenosins, einschließlich des Adenins und der Adeninnucleotide [84]. Seine Aktivität gegenüber Adenylsäureoligonucleotiden sinkt mit steigender Molekülgröße des Substrates. Der K_M-Wert für Adenosin verändert sich mit dem pH und hängt von zwei prototopen Gruppen mit pK_s-Werten von 3,3 bzw. 8,9 ab. Die Gruppe mit einem pK_s von 3,3 gehört zu dem Substrat, während die Gruppe mit pK_s 8,9 wahrscheinlich ein Teil des aktiven Zentrums des Enzyms ist [84].

Die Wirkung des Enzyms ist nicht auf die Desaminierung beschränkt; es katalysiert auch die Hydrolyse von Verbindungen mit anderen funktionellen Gruppen, wenn sie sich in 6-Stellung anstelle der Aminogruppe befinden. 6-Hydrazino-, 6-Chlor-, 6-Methylamino- und 6-Methoxy-Adenosin können ebenfalls als Substrate fungieren [85]. Weiterhin werden diese Verbindungen mit Geschwindigkeiten hydrolysiert, die der des Adenins sehr ähnlich sind. Das ist ein guter Beweis für die Existenz eines gemeinsamen Zwischenproduktes bei der Hydrolyse all dieser Verbindungen, möglicherweise eines Purinylenzyms.

Die Hydrolyse könnte demzufolge nach einem Mechanismus ablaufen, wie er in Abbildung 5.9. dargestellt ist. Eine nucleophile Gruppe im aktiven Zentrum des Enzyms entfernt X aus der C-6-Stellung unter Bildung des Purinylenzyms (XXIX), welches danach durch Wasser unter Bildung der Enolform des Produkts angegriffen wird. Die Art der nucleophilen Gruppe im aktiven Zentrum des Enzyms ist unbekannt. Aus der pH-Abhängigkeit von V_{max} wird dafür kein Hinweis erhalten, da diese über einen breiten pH-Bereich konstant ist. Es ist möglich, daß dieselbe Gruppe mit dem pK_s von 8,9, die an der Enzym-Substrat-

Bindung beteiligt ist, auch am katalytischen Prozeß teilnimmt [84]. Diese Gruppe könnte eine Thiolgruppe sein, da das Enzym durch Quecksilberverbindungen inaktiviert wird. Eine Unsicherheit entsteht dadurch, daß das Enzym gegenüber Oxidationen und Alkylierungen resistent ist [84]. Wir sahen bereits im Falle der Carboxypeptidase, daß Quecksilberverbindungen nicht spezifisch für Thiolgruppen zu sein brauchen.

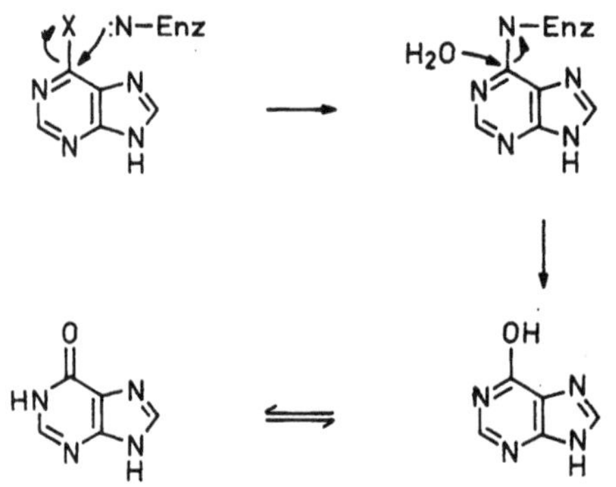

XXIX

Abb. 5.9. Möglicher Wirkungsmechanismus der Purinaminohydrolasen.

Für eine Adenosinaminohydrolase aus der Dünndarmmucosa des Kalbes [86], eine bakterielle Adeninaminohydrolase [87] und eine bakterielle ATP-Desaminase [88] wurde nachgewiesen, daß sie generell die Hydrolyse der 6-substituierten Derivate katalysieren. Weiterhin spaltet eine Guanindesaminase verschiedenartige Gruppen aus der 2-Stellung von 6-Hydroxypurinderivaten hydrolytisch ab [89]. Das in Abbildung 5.9. gezeigte Reaktionsschema kann deshalb als allgemeingültig angenommen werden.

Literatur

[1] Bruice, T. C., und Benkovic, S. J., Biorganic Mechanisms Band 2, S. 1 (Benjamin, New York, 1966)
[2] Bunton, C. A., Llewellyn, D. R., Vernon, C. A., und Welch, V. A., J. chem. Soc. 1636 (1961)
[3] Mahler, H. R., und Cordes, E. H., Biological Chemistry, S. 192 (Harper and Row, New York, 1966)
[4] Bunton, C. A., Mhala, M. M., Oldham, K. G., und Vernon, C. A., J. chem. Soc. 3293 (1960)
[5] Westheimer, F. H., Chem. Soc. (London), Special Publication, **8**, 1 (1957); Lecoq, J., Compt. rend. **242**, 1902 (1956)
[6] Khorana, H. G., Tener, G. M., Wright, R. S., und Moffatt, J. G., J. Am. chem. Soc. **79**, 430 (1957); Cherbuliez, E., Probst, H., und Rabinowitz, J., Helv. chim. Acta **42**, 1377 (1959)
[7] Hoake, P. C., und Westheimer, F. H., J. Am. chem. Soc. **83**, 1102 (1961)
[8] Kaiser, E. T., Panar, M., und Westheimer, F. H., J. Am. chem. Soc. **85**, 602 (1963)

[9] DESJOBERT, A., Bull. Soc. chim. Fr. 683 (1963); siehe auch Lit. [1]
[10] BUNTON, C. A., LLEWELLYN, D. R., OLDHAM, K. G., und VERNON, C. A., J. chem. Soc. 3574 (1958); BUTCHER, W. W., und WESTHEIMER, F. H., J. Am. chem. Soc. **77**, 2420 (1955); JENCKS, W. P., Brookhaven Symposia in Biology **15**, 134 (Brookhaven National Laboratory, Upton, New York, 1962); KUMAMOTO, J., und WESTHEIMER, F. H., J. Am. chem. Soc. **77**, 2515 (1955)
[11] BROWN, D. M., MAGRATH, D. I., NEILSON, A. H., und TODD, A. R., Nature, Lond. **177**, 1124 (1956)
[12] HOFSTETTER, R., MURAKAMI, Y., MONT, G., und MARTELL, A. E., J. Am. chem. Soc. **84**, 3041 (1962)
[13] TAIT, G. H., und VALLEE, B. L., Proc. natn. Acad. Sci. U.S.A. **56**, 1247 (1966); PLOCKE, D. J., LEVINTHAL, C., und VALLEE, B. L., Biochemistry **1**, 373 (1962)
[14] FIFE, W. K., Biochem. biophys. Res. Commun. **28**, 309 (1967)
[15] MORTON, R. K., Diss. Faraday Soc. **20**, 149 (1955)
[16] WILSON, I. B., DAYAN, J., und CYS, K., J. biol. Chem. **239**, 4182 (1964)
[17] COHN, M., J. biol. Chem. **180**, 771 (1949)
[18] STEIN, S. S., und KOSHLAND, D. E., jr., Archs biochem. Biophys. **39**, 229 (1952)
[19] MORTON, R. K., Biochem. J. **70**, 139, 15 (1958); GAREN, A., und LEVINTHAL, C., Biochim. biophys. Acta **38**, 470 (1960)
[20] HEPPEL, L. A., HARKNESS, D. R., und HILMOE, R. J., J. biol. Chem. **237**, 841 (1962)
[21] FERNLEY, H. N., und WALKER, P. G., Nature, Lond. **212**, 1435 (1960)
[22] SCHWARTZ, J. H., Proc. natn. Acad. Sci. U.S.A. **49**, 871 (1963)
[23] ENGSTROM, L., und AGREN, G., Acta chem. scand. **12**, 357 (1958); ENGSTROM, L., Biochim. biophys. Acta **52**, 36, 49 (1961); Biochim. biophys. Acta **56**, 606 (1962)
[24] SCHWARTZ, J. H., und LIPMANN, F., Proc. natn. Acad. Sci. U.S.A. **47**, 1996 (1961)
[25] SCHWARTZ, J. H., CRESTFIELD, A. M., und LIPMANN, F., Proc. natn. Acad. Sci. U.S.A. **49**, 772 (1963)
[26] GEORGATSOS, J. G., Archs biochem. Biophys. **121**, 619 (1967)
[27] YANG, S. F., FREER, S., und BENSON, A. A., J. biol. Chem. **242**, 477 (1967)
[28] DAWSON, R. M. C., und HEMINGTON, N., Biochem. J. **102**, 76 (1967)
[29] DUDEK, G. O., und WESTHEIMER, F. H., J. Am. chem. Soc. **81**, 2641 (1959)
[30] TETAS, M., und LOWENSTEIN, J. M., Biochemistry **2**, 350 (1963)
[31] COHN, M., und HUGHES, T. R., J. biol. Chem. **235**, 3250 (1960); J. biol. Chem. **237**, 176 (1962)
[31a] SELWYN, M. J., Nature, Lond. **219**, 490 (1968)
[32] SKOU, J. C., Biochim. biophys. Acta **23**, 394 (1957)
[33] SKOU, J. C., Phys. Rev. **45**, 596 (1965)
[34] JUDAH, J. D., und AHMED, K., Biol. Rev. Cambridge Phil. Soc. **39**, 160 (1964)
[35] AHMED, K., und JUDAH, J. D., Biochim. biophys. Acta **101**, 112 (1965)
[36] POST, R. L., SEN, A. K., und ROSENTHAL, A. S., J. biol. Chem. **240**, 1437 (1965)
[37] NAGANO, K., MIZUNO, N., FUJITA, M., TASHIMA, Y., NAKAO, T., und NAKAO, M., Biochim. biophys. Acta **143**, 239 (1967)
[38] KANAZAWA, T., SAITO, M., und TONOMURA, Y., J. Biochem. (Tokio) **61**, 555 (1967)
[39] TOKIWA, T., und TONOMURA, Y., J. Biochem. (Tokio) **57**, 616 (1965)
[40] NAGANO, K., KANAZAWA, T., MIZUNO, N., TASHIMA, Y., NAKAO, T., und NAKAO, M., Biochem. biophys. Res. Commun. **10**, 750 (1965); BADER, H., POST, R. L., und JEAN, D. H., Biochim. biophys. Acta **143**, 229 (1967)

[41] CHIGNELL, C. F., und TITUS, E., Biochim. biophys. Acta **159**, 343 (1968); HOKIN, L. E., SASTRY, P. S., GALSWORTHY, P. R., und YODA, A., Proc. natn. Acad. Sci. U.S.A. **54**, 177 (1965); BADER, H., SEN, A. K., und POST, R. L., Biochim. biophys. Acta **118**, 106, 116 (1966)

[42] LEVY, H. M., und KOSHLAND, D. E., jr., J. biol. Chem. **234**, 1102 (1959)

[43] KANAZAWA, T., und TONOMURA, Y., J. Biochem. (Tokio) **57**, 604 (1965)

[44] SEKINE, T., BARNETT, C. M., und KEILLEY, W. W., J. biol. Chem. **237**, 2769 (1962); KUBO, S., TOKURA, S., und TONOMURA, Y., J. biol. Chem. **235**, 2835 (1960); TONOMURA, Y., und MORITA, F., J. Biochem. (Tokio) **46**, 1367 (1959)

[45] LEVY, H. M., SHARON, N., LINDEMANN, E., und KOSHLAND, D. E., jr., J. biol. Chem. **235**, 2628 (1960)

[46] TOKIWA, T., und TONOMURA, Y., J. Biochem. (Tokio) **57**, 616 (1965)

[47] IMAMURA, K., KANAZAWA, T., TADA, M., und TONOMURA, Y., J. Biochem. (Tokio) **57**, 627 (1965)

[48] KITAGAWA, S., CHIANG, K.-K., und TONOMURA, Y., Biochim. biophys. Acta **82**, 83 (1964)

[49] LEVY, H. M., und KOSHLAND, D. E., jr., J. Am. chem. Soc. **80**, 3164 (1968); KOSHLAND, D. E., jr., BUDENSTEIN, Z., und KOWALSKY, A., J. biol. Chem. **211**, 279 (1954)

[50] BUNTON, C. A., LEWIS, T. A., LLEWELLYN, D. R., und VERNON, C. A., J. chem. Soc. **4419** (1955)

[51] BUNTON, C. A., LEWIS, T. A., LLEWELLYN, D. R., TRISTRAM, H., und VERNON, C. A., Nature, Lond. **174**, 560 (1954)

[52] VERNON, C. A., Proc. R. Soc. **167 B**, 389 (1967)

[53] BANKS, B. E. C., MEINWALD, Y., RHIND-TUTT, A. J., SHEFT, I., und VERNON, C. A., J. chem. Soc. 3240 (1961)

[54] MEYER, K., PALMER, J. W., THOMPSON, R., und KHORAZO, D., J. biol. Chem. **113**, 303 (1936); MEYER, K., und HAHNEL, E., J. biol. Chem. **163**, 723 (1946); EPSTEIN, L. A., und CHAIN, E., Br. J. exp. Path. **21**, 339 (1940)

[55] BERGER, L. R., und WEISER, R. S., Biochim. biophys. Acta **26**, 517 (1957)

[56] SALTON, M. R. J., und GHUYSEN, J. M., Biochim. biophys. Acta **36**, 552 (1959); **45**, 355 (1960)

[57] JEANLOZ, R. W., SHARON, N., und FLOWERS, H. M., Biochem. biophys. Res. Commun. **13**, 20 (1963)

[58] JOLLES, P., Proc. R. Soc. **167 B**, 350 (1967)

[59] CANFIELD, R. E., J. biol. Chem. **238**, 2698 (1963)

[60] HAYAISHI, K., IMOTO, T., und FUNSTEIN, M., J. Biochem. (Tokio) **54**, 381 (1963); HARTDEGEN, F. J., und RUPLEY, J. A., Biochim. biophys. Acta **92**, 625 (1964)

[61] JOLLES, J., SPOTORNO, G., und JOLLES, P., Nature, Lond. **208**, 1204 (1965)

[62] BLAKE, C. C. F., MAIR, G. A., NORTH, A. C. T., PHILLIPS, D. C., und SARMA, V. R., Proc. R. Soc. **167 B**, 365 (1967); BLAKE, C. C. F., KOENIG, D. F., MAIR, G. A., NORTH, A. C. T., PHILLIPS, D. C., und SARMA, V. R., Nature, Lond. **206**, 757 (1965); BLAKE, C. C. F., JOHNSON, L. N., MAIR, G. A., NORTH, A. C. T., PHILLIPS, D. C., und SARMA, V. R., Nature, Lond. **206**, 378 (1965)

[63] BUTLER, L. G., und RUPLEY, J. A., J. biol. Chem. **242**, 1077 (1967)

[64] WENZEL, M., LEUK, H.-P., und SCHUTTE, E., Z. Physiol. Chem. **327**, 13 (1964)

[65] RUPLEY, J. A., Biochim. biophys. Acta **83**, 245 (1964)

[66] RUPLEY, J. A., Proc. R. Soc. **167 B**, 416 (1967)

[67] LOWE, G., SHEPPARD, G., SINNOTT, M. L., und WILLIAMS, A., Biochem. J. **104**, 893 (1967)

[68] Pollock, J. J., Chipman, D. M., und Sharon, N., Archs biochem. Biophys. **120**, 235 (1967); Pollock, J. J., Chipman, D. M., und Sharon, N., Biochem. biophys. Res. Commun. **28**, 779 (1967); Kravchenko, N. A., Proc. R. Soc. **167 B**, 429 (1967)
[69] Fischer, E. H., und Stein, E. A., The Enzymes Band 4, S. 313 (Academic Press, New York, 1960)
[70] French, D., The Enzymes Band 4, S. 345 (Academic Press, New York, 1960)
[71] Vallee, B. L., Stein, E. A., Summerwell, W. N., und Fischer, E. H., J. biol. Chem. **234**, 2901 (1959)
[72] Fischer, E. H., und Haselbach, Helv. chim. Acta **34**, 325 (1951)
[73] Myrback, K., Z. Physiol. Chem. **159**, 1 (1926)
[74] Muus, J., Compte. rend. Trav. Lab. Carlsberg, ser. chim. **28**, 317 (1953) zitiert in Lit. [69]
[75] Halpern, M., und Leibowitz, J., Biochim. biophys. Acta **36**, 29 (1959)
[76] Mayer, F. C., und Larner, J., Biochim. biophys. Acta **29**, 465 (1958)
[77] Thoma, J. A., J. Theoret. Biol. **19**, 297 (1968)
[78] Wakim, J., Dissertation, Indiana University (1965), zitiert in Lit. [77]; Dahl, C., Dissertation, Iowa State University, zitiert in Lit. [77]; Thoma, J. A., und Koshland, D. E., jr., J. molec. Biol. **2**, 69 (1960); Greenwood, C. T., MacGregor, A. W., und Milne, E. A., Archs biochem. biophys. **459**, **466** (1965); Die Stärke **7**, 219 (1965)
[79] Koshland, D. E., jr., Mechanism of Enzyme Action S. 608, Hrsg. W. D. McElroy und B. Glass (Johns Hopkins Press, Baltimore, 1954)
[80] Weill, C. E., und Caldwell, M. L., J. Am. chem. Soc. **67**, 212, 214 (1945); Englard, S., Soraf, S., und Singer, T. P., J. biol. Chem. **189**, 217 (1951)
[81] Hofstee, B. H. J., J. Am. chem. Soc. **80**, 3966 (1958); Archs biochem. Biophys. **59**, 398 (1955)
[82] Legler, G., Z. Physiol. Chem. **345**, 197 (1966); **349**, 767 (1968); Biochim. biophys. Acta **151**, 728 (1968)
[83] Dixon, M., und Webb, E. C., Enzymes 2. Aufl. (Longmans, London, 1964)
[84] Wolfenden, R., Sharpless, T. K., und Allan, R., J. biol. Chem. **242**, 977 (1967)
[85] Wolfenden, R., J. Am. chem. Soc. 88, 3157 (1966)
[86] Chassy, B. M., und Suhadolnik, R. J., J. biol. Chem. **242**, 3655 (1967)
[87] Hartenstein, R. C., und Fridovich, I., J. biol. Chem. **242**, 740 (1967)
[88] Chung, S., und Aida, K., J. Biochem. (Tokio) **61**, 1 (1967)
[89] Roy, J. E., und Roy, K. L., Can. J. Biochem. **45**, 1263 (1967)

Neuere Literatur

Lindner, D. W., und Bryan, W. P., Chitotriose, a "tritium exchange probe" of the cleft of lysozyme. J. Am. Chem. Soc. **93**, 3061 (1971)
Secemski, I. I., und Lienhard, G. E., The role of strain in catalysis by lysozyme. J. Am. Chem. **93**, 3549 (1971)
Zielke, C. L., und Suelter, C. H., Substrate specificity and aspects of deamination catalyzed by rabbit muscle 5'-adenylic acid aminohydrolase. J. Biol. Chem. **246**, 1313 (1971)
Zielke, C. L., und Suelter, C. H., Rabbit muscle adenosine 5'-monophosphate aminohydrolase. J. Biol. Chem. **246**, 2179 (1971)
Dey, P. M., und Pridham, J. B., Biochemistry of α galactosidases. Adv. Enzymol. **36**, 91 (1972)

McBridge-Warren, P. A., und Mueller, D. D., Hydrogen-deuterium exchange of lysozym. Biochemistry **11**, 1785 (1972)

Holmquist, L., und Brossmer, R., On the specificity of neuramidase. FEBS Letters **22**, 46 (1972)

Orsi, B. A., McFerran, N., Hill, A., und Bingham, A., Kinetics and mechanism of action of adenosine aminohydrolase. Biochemistry **11**, 3386 (1972)

Dougherty, T. B., Williams, V. R., und Younathan, E. S., Mechanism of action of aspartase. A kinetic study and isotopic rate effects with ^{2}H. Biochemistry **11**, 2493 (1972)

Parsons, S. M., und Raftery, M. A., Ionization behaviour of the catalytic carboxyls of lysozyme. Biochemistry **11**, 1623, 1630, 1633 (1972)

Smith, L. E. H., Mohr, L. H., und Raftery, M. A., Mechanism for lysozym-catalyzed hydrolysis. J. Am. Chem. Soc. **94**, 7497 (1972)

Albers, R. W., und Koval, G. J., Sodium-potassium-activated adenosine triphosphatase. J. Biol. Chem. **247**, 3088 (1972)

Siegel, G. J., und Goodwin, B., Sodium-potassium-activated adenosine triphosphatase: potassium regulation of enzyme phosphorylation. Sodium-stimulated, potassium-inhibited uridine triphosphate hydrolysis. J. Biol. Chem. **247**, 3630 (1972)

Ridlington, J. W., und Butler, L. G., Yeast inorganic pyrophosphatase. J. Biol. Chem. **247**, 7303 (1972)

Moe, O. A., und Butler, L. G., Yeast inorganic pyrophosphatase. J. Biol. Chem. **247**, 7308 und 7315 (1972)

Sperow, J. W., und Moe, O. A., Yeast inorganic pyrophosphatase. Studies on specificity and mechanism. J. Biol. Chem. **248**, 2062 (1973)

Post, R. L., und Kume, S., Evidence for an aspartyl phosphate residue at the active site of sodium and potassium ion transport adenosine triphosphatase. J. Biol. Chem. **248**, 6993 (1973)

Kapitel 6

GRUPPENÜBERTRAGUNGSREAKTIONEN

Methylgruppenübertragung

Auf Seite 19 des 1. Kapitels besprachen wir einen der einfachsten Reaktionstypen der organischen Chemie. Es handelte sich dabei um die Reaktion eines Chloridions mit Methylbromid. Im Ergebnis einer nucleophilen Substitution wird die Methylgruppe von dem Brom- auf das Chloratom übertragen. In dieser Reaktion wirkt das Methylbromid als Methylgruppendonator und das Chloridion als Acceptor. Die nucleophile Substitution ist tatsächlich der häufigste Mechanismus für Gruppenübertragungen, besonders bei einfachen Alkylgruppen. Ein guter Methylgruppendonator ist folglich ein Molekül, das gegenüber einem nucleophilen Angriff sehr empfindlich ist, dessen Methylgruppe also mit einer leicht substituierbaren Gruppe verbunden ist. Dies ist bei dem oben erwähnten Methylbromid wie auch bei anderen in der organischen Chemie gut bekannten methylierenden Agenzien wie Methyljodid, Dimethylsulfat und protonisiertem Diazomethan der Fall.
In diese Kategorie gehört auch einer der wichtigsten uns in der Enzymchemie begegnenden Methylgruppendonatoren, das S-Adenosylmethionin (I). Bei diesem

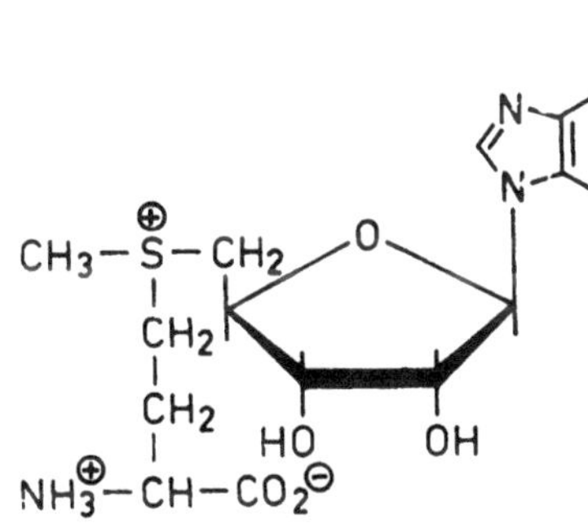

I S-Adenosylmethionin (SAM)

stellt die positiv geladene Sulfoniumgruppe im Falle eines nucleophilen Angriffs auf das Methyl eine gut substituierbare Gruppe dar. Eine solche Reaktion würde S-Adenosylhomocystein ergeben. Da bei enzym-katalysierten Reaktionen mit S-Adenosylmethionin als Methyldonator tatsächlich dieses Produkt entsteht, kann man daraus mit Sicherheit auf eine nucleophile Substitution schließen.
Der Methylgruppentransfer ist ein wichtiger Schritt bei der Synthese vieler für den Stoffwechsel bedeutungsvoller Substanzen. Beispielsweise besteht der letzte Schritt der Methioninsynthese in der Übertragung einer Methylgruppe auf das

Homocystein. Wenigstens eines der Enzyme, die diese Reaktion katalysieren, besitzt ein hohes Interesse aufgrund der Beteiligung von Vitamin B_{12} an dieser Reaktion. In Abbildung 6.1. [1] ist die Struktur des Vitamin B_{12} dargestellt. Wichtige Charakteristika dieses Moleküls sind das Cobaltion, das von vier Stickstoffliganden des vielfach substituierten, reduzierten, porphyrinähnlichen Corrinrings umgeben ist und die Dimethylbenzimidazolgruppe, die den fünften Liganden

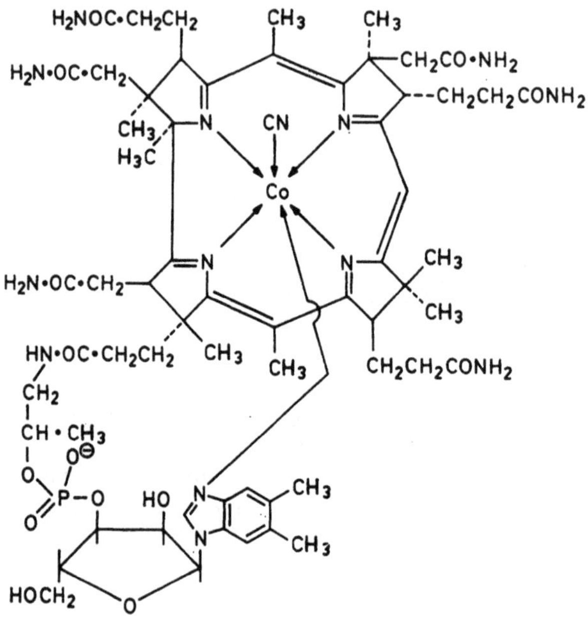

Abb. 6.1. Vitamin B_{12}, Cyanocobalamin. (Freundlicherweise überlassen von S. Moore und der American Society of Biological Chemists)

bildet und über eine Ribosephosphatbrücke ebenfalls mit dem Corrinring verknüpft ist. Der sechste Ligand des Metallions ist ein Cyanidion. Die vollständige Struktur unter Ausschluß des Cyanidions wird als Cobalamin und das in Abbildung 6.1. dargestellte Vitamin B_{12} als Cyanocobalamin bezeichnet. Beim üblichen Isolierungsverfahren wird das Vitamin in Form des Cyanocobalamins gewonnen; es ist jedoch möglich, das Cyanidion durch andere Liganden wie Wasser oder das Hydroxidion unter Bildung von Aquo- oder Hydroxocobalamin zu ersetzen.

Durch Reduktion von Aquo- oder Cyanocobalamin und nachfolgender Umsetzung mit einem geeigneten alkylierenden Agenz werden die in Gruppenübertragungsreaktionen wirksamen Derivate des Vitamin B_{12} erhalten. Der Reduktionsschritt kann mittels Reagenzien wie Natriumborhydrid, Zink und Essigsäure, reduziertes Ferredoxin [2] sowie enzymatisch [3] durchgeführt werden. Durch die Reduktion wird das Cyanocobalamin in eine Form (B_{12S}) umgewandelt, in der das Cobalt mit Methyljodid oder einem anderen Methyldonator unter Bildung von Methylcobalamin reagieren kann.

Das Methylcobalamin besitzt als außergewöhnliches Merkmal eine Cobalt-Kohlenstoff-Bindung, die wahrscheinlich mittels einer Reaktion gebildet wird, in der das Metallion als Nucleophil wirkt. Bei Annahme einer normalen kovalenten Bindung zwischen dem Cobalt und dem Kohlenstoffatom können wir die Reaktion folgendermaßen formulieren (Gleichung 6.1). Das Cobaltion nimmt bei der Reduktion zwei Elektronen auf, die es zur Teilnahme an nucleophilen Vorgängen befähigen.

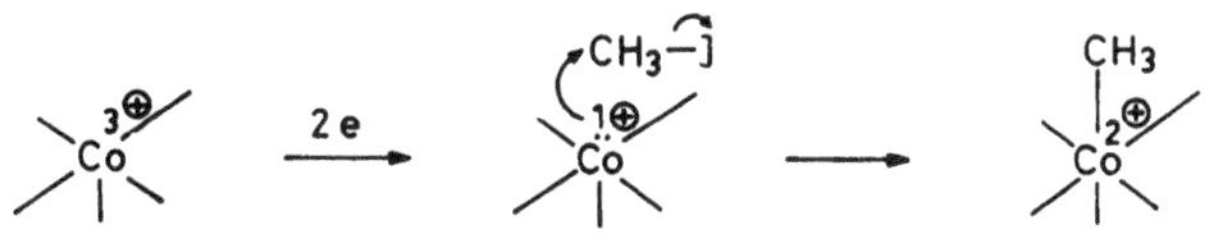

(6.1)

Die Reaktion des reduzierten Cobalamins mit 5'-Tosyl[1]-2',3'-isopropylidenadenosin ergibt ein 5'-Deoxyadenosylcobalaminderivat (II) [4]. Das 5'-Deoxyadenosylcobalamin wird oft als B_{12} Coenzym bezeichnet. Es wird durch Systeme, die anscheinend zuerst das Cobalamin reduzieren und anschließend von ATP die Deoxyadenosylgruppe übertragen, enzymatisch gebildet [3].

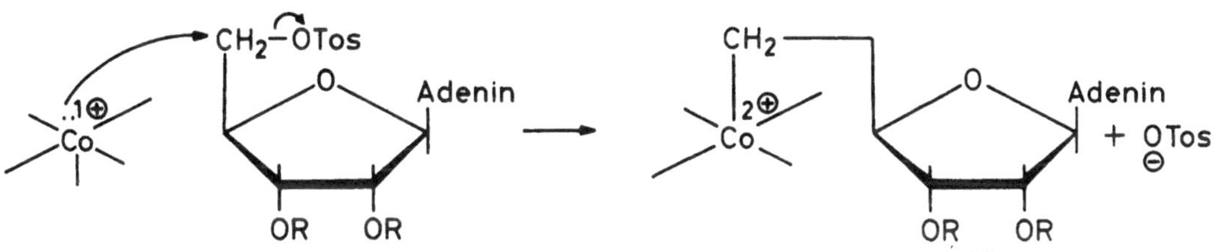

II

Die Ähnlichkeit des einwertigen Cobaltsystem mit anderen in der organischen Chemie bekannten Nucleophilen wird besonders durch Reaktionen von B_{12s} mit Säurechloriden und Anhydriden sichtbar; es werden dabei Acylcobalamine gebildet [5]. Ähnlich anderen Acylderivaten sind diese Acylcobalamine gegenüber nucleophilen Reagenzien wie Hydroxylamin empfindlich. Die Reaktion

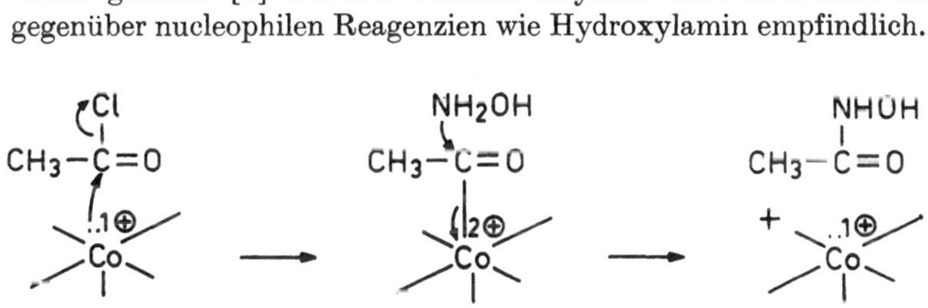

[1] p-Toluolsulfonyl: eine durch nucleophile Substitution leicht substituierbare Gruppe.

von Acetylcobalamin mit Hydroxylamin führt somit zur Bildung von Acethydroxamsäure und zur Regeneration der reduzierten Cobaltspezies.
Demzufolge reagiert das Cobaltsystem reversibel; es kann sowohl als Nucleophil als auch als substituierbare Gruppe fungieren. Wir können aufgrund dieser Darlegungen sehen, daß es als ein wirksames Agenz bei Gruppenübertragungsreaktionen auftreten kann.
Ein anderer interessanter und wichtiger Aspekt der Chemie der Alkylcobalamine ist die Wirkung des Lichts. Diese Derivate sind nur im Dunkeln stabil und erleiden eine homolytische Spaltung bei Einwirkung von Licht (Gleichung 6.2). Das Ergebnis ist die Bildung eines Alkylradikals und die Umwandlung des Cobalamins in eine Form (B_{12R}), die ein um ein Elektron höheres Oxidationsniveau als das vollreduzierte B_{12S} hat. Die Form B_{12R} wirkt nicht nucleophil. Sie kann in Gegenwart von Sauerstoff zu Aquocobalamin umgewandelt werden, während sie durch bestimmte reduzierende Agenzien in die B_{12S}-Form überführt werden kann [2, 6, 7, 8]. Das Schicksal des Alkylradikals hängt von der Natur der Gruppe R ab (Beispiele hierfür s. Literatur [8]).

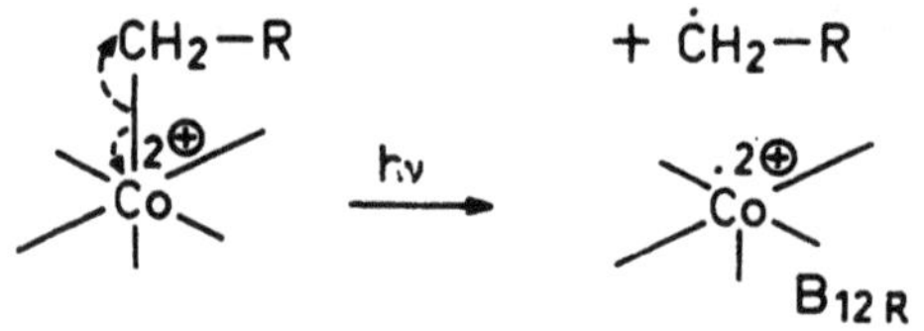

(6.2)

In vielen lebenden Systemen ist der letzte Schritt der Synthese von Methionin die Übertragung einer Methylgruppe von N^5-Methyltetrahydrofolat (III) auf Homocystein. Katalysiert wird diese Reaktion durch das cobamidhaltige Enzym N^5-Methyl-THF: Homocysteinmethyltransferase (2.1.1.-). Die Gesamtreaktion scheint die Gegenwart einer geringen (katalytischen) Menge an S-Adenosylmethionin (SAM) zu erfordern [9, 6]. Die Fähigkeit des Enzyms zur Übertragung der Methylgruppe vom Methylcobalamin auf Homocystein führte zu der Annahme, daß in der Reaktion ein Methylcobalamin als Intermediat auftreten könnte. Dieser Methyltransfer erwies sich als nicht von SAM abhängig [6, 9].

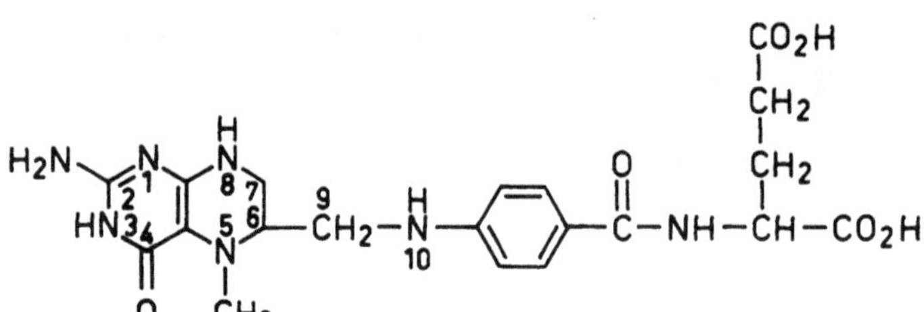

III N^5–Methyltetrahydrofolsäure (N^5–Methyl–THF)

Es konnte gezeigt werden, daß das freie Methylcobalamin kein Zwischenprodukt der Reaktion ist [10]. Wird N^5-Methyl-THF als Methyldonator in die Gesamtreaktion eingesetzt, dessen Methylgruppe mit ^{14}C markiert ist, so wird ein markiertes Protein isoliert, das mindestens 0,3 nMol ^{14}C pro nMol B_{12} enthält [11]. Die markierte Methylgruppe des Proteins kann stöchiometrisch auf Homocystein übertragen werden. Für diesen zweiten Methylübertragungsschritt ist die Gegenwart von SAM nicht erforderlich. Daraus wurde geschlossen, daß die Reaktion in wenigstens zwei Schritten erfolgt. Zuerst wird die Methylgruppe vom Methyldonator N^5-Methyl-THF auf den Cobalaminanteil des Enzyms übertragen, der zweite Schritt besteht in der Übertragung vom Methylcobalaminenzym auf den Methylacceptor Homocystein. Während die erste Teilreaktion SAM als Cofaktor benötigt, ist die zweite unabhängig davon.

Ein weiterer Hinweis für die Beteiligung des Intermediats Methylcobalamin als Zwischenprodukt wurde durch Propylierung des Enzyms mittels Propyljodid erhalten [11]. Die dadurch verursachte Inaktivierung kann durch Einwirkung von Licht wieder rückgängig gemacht werden (s. auch Literatur [7]). Die Hemmung durch Propyljodid kann durch N^5-Methyl-THF in Gegenwart von SAM dadurch verhindert werden, daß das gesamte Cobalamin vermutlich in die Methylform überführt wird. Die Hemmung ist folglich an die Bildung eines Propylcobalaminenzyms geknüpft.

Die Rolle des SAM in der Reaktion gab Anlaß zu vielerlei Vermutungen. In großen Mengen kann es in der Gesamtreaktion als Methyldonator fungieren. In diesem Falle kann ein Mechanismus angenommen werden, der in einem durch die früher beschriebene nucleophile Reaktion ausgelösten Methyltransfer vom SAM auf das Cobalaminenzym mit nachfolgendem nucleophilen Angriff des Homocysteinschwefels auf das Methylcobalamin besteht.

SAM + Cobalaminenzym → S-Adenosylhomocystein + Methylcobalaminenzym

Homocystein + Methylcobalaminenzym → Methionin + Cobalaminenzym

Bei Verwendung von N^5-Methyl-THF als Methyldonator muß SAM anwesend sein. Weissbach et al. [9] stellten fest, daß die katalytische Aktivität von SAM auf seiner Fähigkeit beruht, das Enzym zu methylieren. Der Cofaktor kann durch ein chemisch methylierendes Agens ersetzt werden. Folglich kann SAM als intermediärer Methylacceptor und -donator zwischen dem N^5-THF und dem Cobalamin fungieren. Möglicherweise werden zwei spezifische Methylübertragungsreaktionen durch das eine Enzym katalysiert. Andererseits besteht auch die Möglichkeit, daß zwei verschiedene, aber sehr eng miteinander verwandte Enzyme daran beteiligt sind.

Das Methylcobalamin ist auch an den enzymatischen Reaktionen bei der Bildung von Methan aus Methanol durch zellfreie Extrakte von *Methanosarcina barkeri* beteiligt. Das System kann sowohl Methylcobalamin aus Aquocobalamin und Methanol bilden als auch Methylcobalamin in Methan umwandeln. Beide Reaktionen werden durch Propyljodid gehemmt, die Hemmung kann durch Licht aufgehoben werden. Wie Stadtman und Blaylock zeigten, verläuft die Umwandlung von Methanol zu Methan durch diese Organismen über Methylcobalamin als Zwischenprodukt [12].

$$CH_3OH + \text{Cobalamin} \rightarrow CH_3\text{-Cobalamin} \xrightarrow{\text{Reduktion}} CH_4 + \text{Cobalamin}$$

Carboxylübertragung – Biotinenzyme [16]

Die Carboxyltransferasen (2.1.3.-) katalysieren die Übertragung einer Carboxylgruppe von einem Donator auf einen geeigneten Acceptor. Das Vitamin H (Biotin (IV)) ist ein essentieller Bestandteil der Methylmalonyl-CoA: Pyruvatcarboxyltransferase. Auch eine andere Gruppe von Enzymen, die Kohlendioxidligasen (Carboxylasen, 6.4.1.-) besitzt Biotin als wirksamen Bestandteil. Bei diesen beiden Enzymgruppen scheint das Biotin auf jeweils die gleiche Weise an der Reaktion beteiligt zu sein, so daß wir sie gemeinsam abhandeln werden.

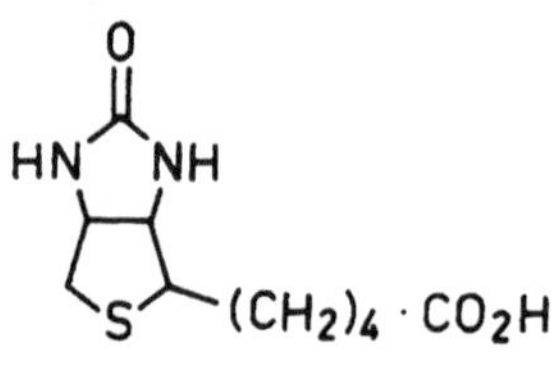

IV

Die Methylmalonyl-CoA-carboxyltransferase (2.1.3.1) katalysiert die Übertragung von CO_2 aus der 2-Stellung von Methylmalonyl-CoA, einem Thioester (s. später, Seite 269), auf den β-Kohlenstoff von Pyruvat unter Bildung von Oxalacetat (Gleichung 6.3).

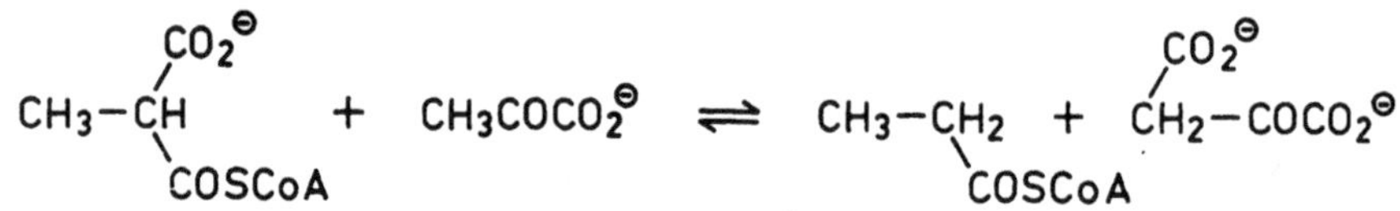

Methylmalonyl-CoA Pyruvat Propionyl-CoA Oxalacetat (6.3)

Im Gegensatz dazu werden die Carboxylasen in die sechste Kategorie der Enzymklassen eingruppiert, da sie als echte Ligasen synthetisierende Reaktionen katalysieren, bei denen gleichzeitig ATP in ADP unter Freisetzung von anorganischem Phosphat (P_a) überführt wird. Propionyl-CoA-carboxylase (6.4.1.3) katalysiert beispielsweise die Carboxylierung von Propionyl-CoA entsprechend Gleichung (6.4). Die Carboxylgruppe des Produkts stammt vom Bicarbonat.

$$\text{ATP} + HCO_3^{\ominus} + \text{Propionyl-CoA} \xrightleftharpoons{Mg^{2\oplus}} \text{ADP} + P_a + \text{Methylmalonyl-CoA} \quad (6.4)$$

Die obige Gleichung gibt die von Magnesiumionen abhängige Gesamtreaktion wieder. Es wurde gezeigt, daß die Gesamtreaktion (6.4) in zwei Schritte zerlegt werden kann:

1. Schritt:

$$ATP + HCO_3^{\ominus} + Enzym \xrightleftharpoons{Mg^{2\oplus}} ADP + P_a + CO_2\text{-}Enzym \tag{6.5}$$

2. Schritt:

$$CO_2\text{-}Enzym + Propionyl\text{-}CoA \rightleftharpoons Methylmalonyl\text{-}CoA + Enzym \tag{6.6}$$

Der erste Schritt besteht danach in der Bildung eines carboxylierten Enzyms. Diese Reaktion ist es, die die Gegenwart von Magnesiumionen erfordert. Im zweiten Schritt wird die Carboxylgruppe vom Protein auf den Acceptor übertragen.

Ein großer Teil der erhaltenen Befunde unterstützt die Vorstellung vom Zweischrittmechanismus dieser Reaktion. Diese Befunde schließen auch die Ergebnisse verschiedener Isotopenaustauschexperimente ein. In Abwesenheit von Propionyl-CoA zum Beispiel läuft der erste Schritt (6.5) noch ab. Folglich kann ein Austausch von markiertem anorganischen Phosphat ($^{32}P_a$) mit dem ATP nachgewiesen werden [13]. In ähnlicher Weise katalysiert das Enzym den Austausch von (^{32}P) ADP oder (^{14}C) ADP mit ATP. Diese Reaktionen sind von Magnesiumionen abhängig. In Abwesenheit von Magnesium kann nur der 2. Schritt (6.6) stattfinden und es konnte gezeigt werden, daß eine ^{14}C-Markierung von Propionyl-CoA im Methylmalonyl-CoA wiedergefunden wird [14, 24].

Ein weiterer direkter Beweis für das angegebene Reaktionsschema wurde von Kaziro und Ochoa [15] erhalten, die nach Inkubation von Propionyl-CoA-carboxylase mit ATP, $Mg^{2\oplus}$ und $^{14}C{-}HCO_3^{\ominus}$ ein radioaktiv markiertes Enzym nachweisen konnten. Das Protein wird durch die Vorwärtsreaktion in Schritt 1 markiert. Markiertes Protein kann auch durch Inkubation des Enzyms mit Methylmalonyl-CoA (das an der freien Carboxylgruppe markiert ist) in Abwesenheit von Magnesiumionen (2. Schritt, umgekehrte Richtung) erhalten werden [16]. Es wird dabei in das Enzym ein Molekül CO_2 pro Biotinrest des Proteins eingebaut. Das markierte gebundene CO_2 dieser Präparate kann auf übliche Weise enzymatisch auf einen geeigneten Acceptor übertragen werden. Das Carboxylenzym ist in sauren Medien nicht stabil und zerfällt dabei unter Bildung von freiem Enzym und ^{14}C-markiertem Kohlendioxid.

Spaltungsversuche haben ergeben, daß das CO_2 über den Biotinrest an das Protein gebunden wird [17, 18]. Der Biotinrest selbst ist durch eine Amidbindung zwischen der Carboxylgruppe und der ε-Aminogruppe eines Lysinrestes mit dem Protein kovalent verbunden. Durch Behandlung des $^{14}CO_2$-Biotin-Enzym-Komplexes mit Diazomethan wird die CO_2-Bindung stabilisiert. Nach Abbau des Proteins mit Pronase kann 1'-N-Carbomethoxybiocytin (V) isoliert werden, das die radioaktive Markierung in der Carbomethoxygruppe enthält. 1'-N-Carbomethoxybiocytin kann durch das Enzym Biotinamidamidohydrolase (Biotinidase, 3.5.1.12), einem hydrolytisch wirkenden Enzym, das die Spaltung von Biotinamiden katalysiert, in 1'-N-Carbomethoxybiotin umgewandelt werden.

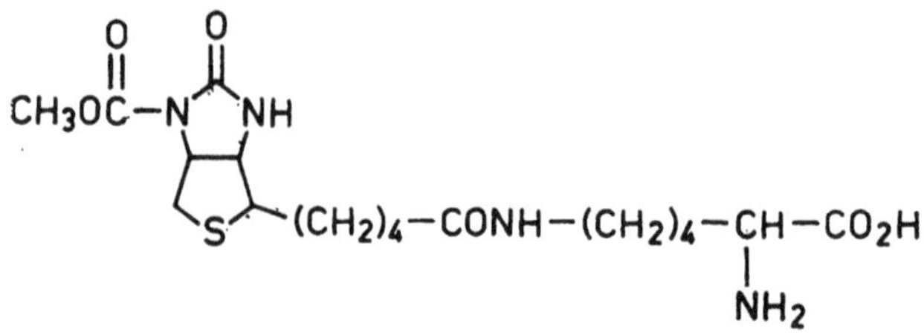

V; 1'-N-Carbomethoxybiocytin

Ähnliche Ergebnisse wurden an anderen Carboxylasen [16, 19] und an der Methylmalonyl-CoA-carboxyltransferase [20] erhalten. Im letzteren Falle besteht der Vorgang der Carboxylübertragung in einem Transfer der Carboxylgruppe vom Donator auf das Enzym und von diesem auf den Acceptor. Es finden also im Grunde genommen, ähnlich wie in Gleichung (6.6), zwei Schritte statt.

Obwohl die Gesamtreaktionen mittels der oben beschriebenen Methoden gut untersucht sind, ist über die Mechanismen der verschiedenen Schritte wenig bekannt. Jedoch können einige wichtige Angaben hierzu gemacht werden. In allen bisher untersuchten Fällen besitzt das Molekül, das die Carboxylgruppe aus dem CO_2-Biotin-Enzym-Komplex aufnimmt, eine sog. aktive Methylengruppe. Dabei handelt es sich um eine in Nachbarschaft zu einer Carbonylgruppe sich befindende $-CH_2$-Gruppe, die sich entweder von einem Ester oder von einem Keton ableitet. Die Gegenwart der Carbonylgruppe erhöht die Acidität des Methylens, das dadurch in Anwesenheit einer Base ein Proton abgeben und ein resonanzstabilisiertes Carbanion bilden kann. Ein solches Carbanion ist als Nucleophil sehr wirksam.

$$-CH_2-\overset{\overset{O}{\|}}{C}- \quad + \quad \text{Base} \quad \rightleftharpoons \quad -\overset{\ominus}{C}H-\overset{\overset{O}{\|}}{C}- \quad + \quad H-\overset{\oplus}{\text{Base}}$$

Die Aufnahme der Carboxylgruppe in dieser Enzymreaktion ist demzufolge wahrscheinlich ein nucleophiler Vorgang. Auch die Stickstoffatome des Biotins besitzen nucleophile Eigenschaften. So ergibt die Reaktion von Biotin mit Chlor-

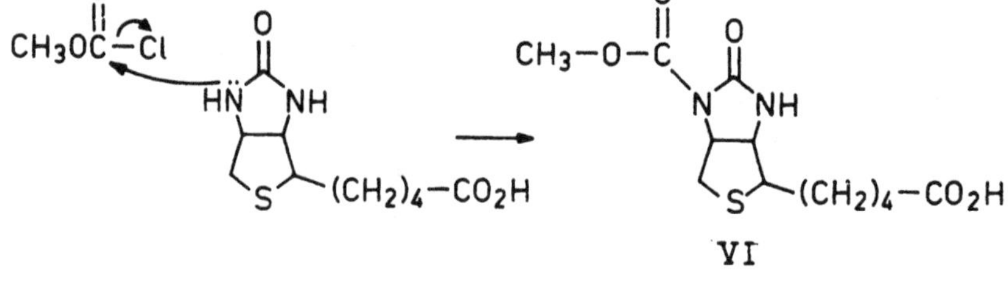

VI

ameisensäuremethylester 1'-N-Carbomethoxybiotin (VI) als Hauptprodukt [21]. Die Carboxylierung des Biotins im Enzym ist somit fast immer eine Reaktion, bei der das Biotin als Nucleophil fungiert [22].

Der erste Schritt der Pyruvat-CoA-carboxylase (6.4.1.1)-Reaktion (Gleichung 6.5) ist magnesiumabhängig. Utter und Mitarbeiter [23] zeigten, daß das Enzym außerdem Manganionen benötigt. Die Manganionen sind im Gegensatz zu den Magnesiumionen, die dialysierbar sind, fest gebunden (nicht dialysierbar) und für den zweiten Schritt der Reaktion, d. h. für die Übertragung der Carboxylgruppe vom Biotinenzym auf den Acceptor (Pyruvat), erforderlich. Die Autoren nehmen an, daß das $Mn^{2\oplus}$-Ion während der Reaktion an einen Sauerstoff der N-Carboxylgruppe gebunden wird, wodurch der Carboxylkohlenstoff gegenüber dem nucleophilen Angriff durch das Pyruvat empfindlicher wird. Nach Caplow [22] wird außer dem Sauerstoff der Carboxylgruppe auch die Carbonylgruppe der Ureidokomponente des N-Carboxybiotins an das Metallion gebunden. Es ist also vorstellbar, daß ein Zwischenprodukt mit tetrahedraler Struktur gebildet wird; durch die Komplexbildung des Ureidocarbonyls des Biotins mit dem Metallion wird die Aufspaltung dieser tetraedrischen Struktur beschleunigt.

Der wahrscheinliche Mechanismus des Carboxyltransfers vom Carboxybiotinintermediat ist unten dargestellt. Er gilt für den zweiten Schritt sowohl der Carboxylase- als auch der Transcarboxylasereaktion. X ist dabei der nucleophile Acceptor, der wahrscheinlich durch Basen-Katalyse von der aktiven Methylenverbindung gebildet wird, so wie diese im 1. Kapitel beschrieben wurde. Vermutlich stellt das Enzym die basische Gruppe, die diese Funktion übernimmt, selbst zur Verfügung.

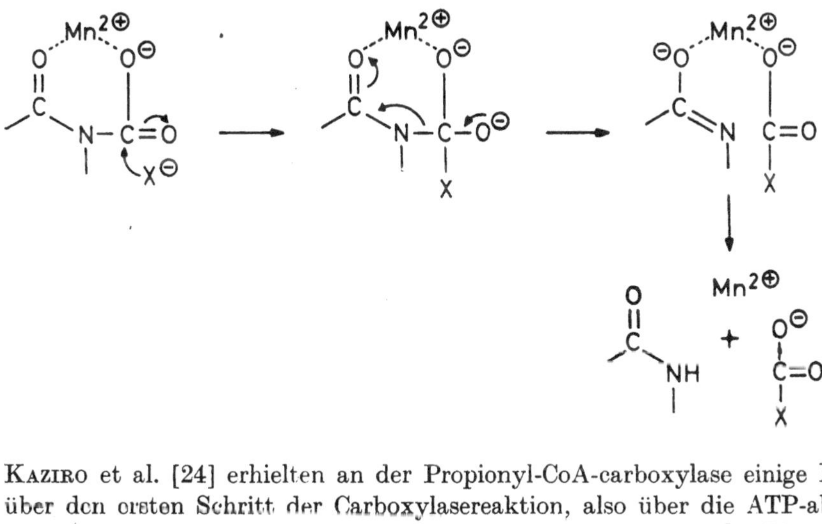

Kaziro et al. [24] erhielten an der Propionyl-CoA-carboxylase einige Hinweise über den ersten Schritt der Carboxylasereaktion, also über die ATP-abhängige Carboxylierung des Biotinenzyms. Die reaktive Molekülform ist das Bicarbonation $HCO_3^{\ominus}$; eines der drei Sauerstoffatome des Bicarbonats erscheint im freigesetzten anorganischen Phosphation. Das deutet darauf hin, daß auf irgendeiner Stufe

ein nucleophiler Angriff des Bicarbonatsauerstoffs auf die terminale Phosphatgruppe des ATP stattfindet. Die Magnesiumionen, die für diesen Schritt der Enzymreaktion essentiell sind, können durch die unten dargestellte Chelatbildung die Wirksamkeit eines solchen nucleophilen Angriffs erhöhen. Ein derartiges System finden wir auch bei der durch Metallionen katalysierten Hydrolyse bestimmter Pyrophosphate und Triphosphate [25].
Das Metallion spielt bei diesem Vorgang eine doppelte Rolle. Durch Komplexbildung mit der terminalen Phosphatgruppe wird diese gegenüber einem nucleophilen Angriff empfindlicher. Durch Wechselwirkung mit dem vorletzten Phosphatrest wird außerdem die Tendenz zur Abspaltung des ADP-Restes erhöht. Es ist nicht bekannt, ob die Carboxylierung des Biotinrestes in diesem System in zwei verschiedenen Schritten oder als konzertierter Prozeß stattfindet. Caplow [22] diskutiert die Möglichkeit eines Carbonylphosphats als Zwischenprodukt; in einem derartigen Fall würde ein Zweistufenvorgang vorliegen.

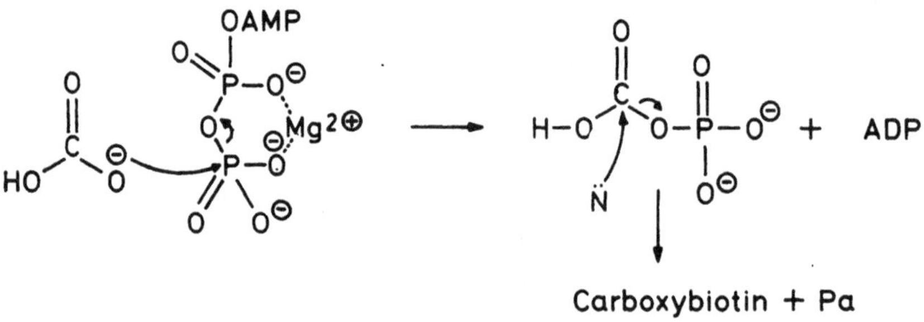

Carbonylphosphat konnte jedoch noch nicht als Intermediat identifiziert werden. Ochoa und Kaziro [16] schlugen einen einstufigen, konzertierten Vorgang vor, der ebenfalls für das beobachtete Auftreten eines Sauerstoffatoms aus dem Bicarbonat im Phosphat zutreffen könnte.

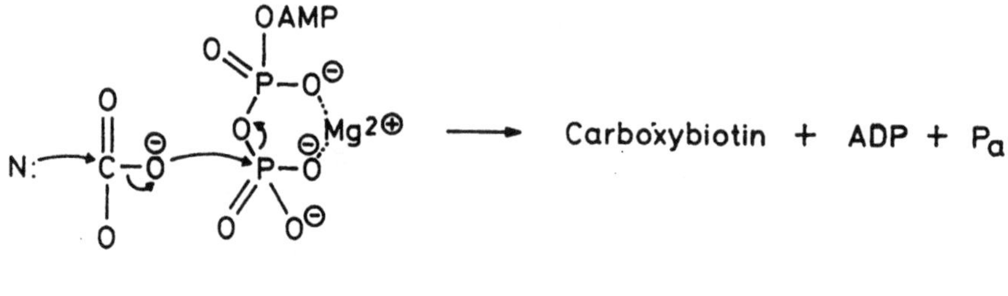

Bei den beiden oben dargestellten möglichen Mechanismen ist der Biotinstickstoff als N: dargestellt. Es ist sehr wahrscheinlich, daß die Fähigkeit des 1-N-Atoms des Biotins zur Teilnahme an der Reaktion durch eine allgemeine Basen-Katalyse mit dem Enzym, das eine geeignete basische Gruppe liefert, erhöht wird.

Acyltransferasen

Selbstverständlich sind die meisten Enzyme, die die Hydrolyse von Carbonsäurederivaten katalysieren, auch zur Katalyse von Acylübertragungsreaktionen befähigt, bei denen andere Moleküle als Wasser als Acceptoren fungieren (s. Kapitel 4). Sie werden jedoch eher zu den Hydrolasen als zu den Transferasen gerechnet, da angenommen wird, daß ihre hydrolytischen Eigenschaften von primärer Bedeutung sind, während ihre Gruppentransferfunktionen als weniger physiologisch erscheinen. Die Enzyme, die als Acyltransferasen eingruppiert werden, haben als Hauptfunktion die Acylübertragung (nahezu ausschließlich von einem Acyl-CoA-Derivat; s. weiter unten).
CoA ist die übliche Abkürzung für „Coenzym A", das ein zusammengesetztes Molekül darstellt, dessen wichtigstes Merkmal eine Thiolgruppe ist (VII). Die Thiolgruppe kann acyliert werden, wobei ein Thioester gebildet wird; das Produkt ist als „Acyl-CoA" bekannt.

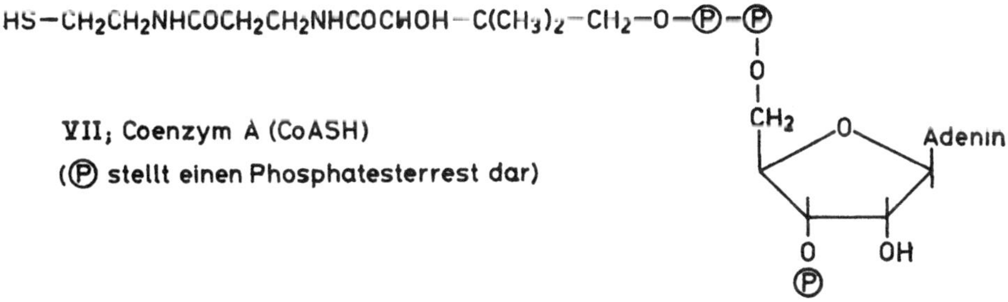

VII; Coenzym A (CoASH)
(Ⓟ stellt einen Phosphatesterrest dar)

Die Acyl-CoA-Derivate sind insgesamt bessere Acylgruppendonatoren als die Oxyester, da Thioester reaktiver sind. Ein Thioester wird als ein aktivierter Ester angesehen (Acetyl-CoA wird auch oft als „aktiviertes Acetat" bezeichnet), und die Acylübertragung von einem derartigen Ester findet durch einen normalen Acylierungsvorgang statt (Gleichung 6.7, in der $N^{\ominus}$ ein beliebiges Nucleophil darstellt).

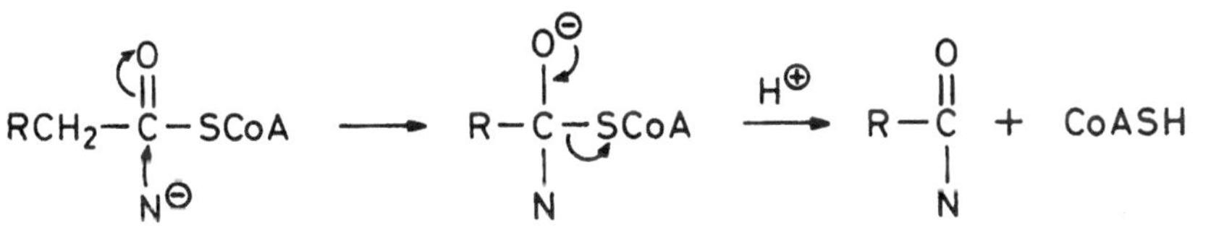

(6.7)

Die Enzyme in der Gruppe der Acyltransferasen (2.3.1.-) können sowohl für den Acyldonator als auch für den Acceptor spezifisch sein. Die durch die Acetyl-CoA: L-Glutamat-N-acetyltransferase (2.3.1.1) katalysierte Reaktion besteht in der Acetylierung von L-Glutamat. Das Enzym wirkt auch mit L-Aspartat und wesentlich langsamer mit einigen anderen Aminosäuren [26]. Wir können deshalb annehmen, daß das Enzym eine spezifische Bindungsstelle für solche Aminosäuren als Acceptoren besitzt, die negativ geladene Gruppen in ihren Seitenketten tragen. Diese Stelle enthält vielleicht eine protonisierte Lysin- oder Argininseitenkette, die mit der Carboxylgruppe des Substrats in Wechselwirkung tritt. Eine solche Situation begegnete uns bei der Carboxypeptidase A (s. d.).

Andere Acyltransferasen wiederum zeigen geringere Spezifität gegenüber den Acylresten als den zu übertragenden Gruppen. Die Imidazolacetyltransferase (2.3.1.2), die die Übertragung des Acetylrestes vom Acetyl-CoA auf Imidazol katalysiert, reagiert auch mit Propionyl-CoA. Ähnlich wirkt die Glycinacyltransferase auch mit CoA-Derivaten verschiedener aliphatischer und aromatischer Säuren.

Von Interesse ist die Spezifität dieser Enzyme gegenüber dem Coenzym A-Anteil des Acyldonators. Vom Reaktionsmechanismus her gesehen wirkt das Coenzym A als Thiol, wobei dieser Teil des Moleküls selbstverständlich essentiell ist. Jedoch können nicht alle Thiole das Coenzym A ersetzen. Die Mindestanforderung an die Struktur eines CoA-Analogen scheint eine N-acylierte Thioäthanolamineinheit zu sein. Das N-Acetylcysteamin (VIII) ist demzufolge genauso wie komplexere Moleküle, die noch mehr Merkmale der Coenzymstruktur besitzen, enzymatisch aktiv [27]. Diese Substanzen

$HS-CH_2CH_2-NHCO-CH_3$ VIII; N-Acetylcysteamin

scheinen jedoch nicht so fest wie das intakte CoA an die Enzyme gebunden zu werden und somit ist es wahrscheinlich, daß die Acyldonatorbindungsstellen eine Komplementarität zu den wesentlichsten Struktureigentümlichkeiten des Coenzym A aufweisen.

Möglicherweise verlaufen alle enzym-katalysierten Reaktionen, bei denen eine Acylgruppe vom oder zum Acyl-CoA übertragen wird, über die Bildung eines Acylenzyms (Gleichungen 6.8 und 6.9). Bessman und Lipmann [28] konnten an der Arylaminacetyltransferase (2.3.1.5) einen schnellen Austausch von radioaktiv markiertem Arylamin gegen Acetylarylamin nachweisen (Reaktion 6.9 und ihre Umkehrung; das Arylamin stellt den Acceptor dar).

$$\text{Acyl-CoA} + \text{Enzym} \rightleftharpoons \text{Acylenzym} + \text{CoA SH} \tag{6.8}$$

$$\text{Acylenzym} + \text{Acceptor} \rightleftharpoons \text{Acylacceptor} + \text{Enzym} \tag{6.9}$$

Die Beteiligung einer Austauschreaktion im Acylierungsschritt des Reaktionsmechanismus (6.8) konnte Lynen [29, 30] für das Enzym β-Ketothiolase (Acetyl-CoA-acylthiolase, 2.3.1.16), das die Übertragung von Acetyl- und Propionylgruppen katalysiert, zeigen. Die Bildung eines Propionylenzyms als Zwischenprodukt würde bedeuten, daß ein Austausch zwischen dem mit ^{35}S markiertem CoASH und dem Propionyl-CoA katalysiert werden könnte. Dies wurde auch wirklich nachgewiesen.

Obwohl es wenige Hinweise über die Art der kovalenten Bindung zwischen dem jeweiligen Enzym und den Acylgruppen gibt, führte die Möglichkeit der Inaktivierung vieler dieser Enzyme durch Thiolgruppenreagenzien [30, 33] zu der Annahme, daß die Acylenzyme Thioester unter Verwendung der Thiolgruppen von Cysteinylresten in ihrem Molekül bilden können.

Aus dieser Kenntnis heraus ist es möglich, einen Mechanismus für die Wirkung eines bestimmten acylübertragenden Enzyms, der Acetyl-CoA: Acetyl-CoA-C-acyltransferase (2.3.1.9), das die in Gleichung (6.10) angegebene Reaktion katalysiert, zu postulieren Bei dieser Reaktion wird eine Acetylgruppe

$$CH_3CO{-}SCoA + CH_3CO{-}SCoA \rightleftharpoons CH_3COCH_2COSCoA + CoASH \qquad (6.10)$$

auf das Kohlenstoffatom 2 eines anderen Acetyl-CoA-Moleküls übertragen. Diese Reaktion ist deshalb interessant, weil zwei Arten der chemischen Aktivierung

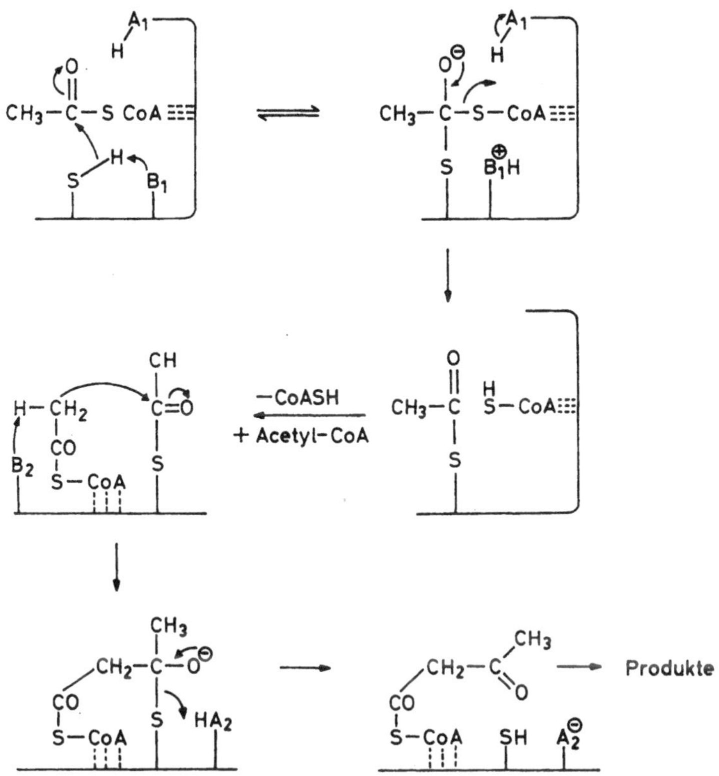

Abb. 6.2. Postulierter Wirkungsmechanismus für das Enzym Acyl-CoA: acyl-CoA-acetyltransferase (2.3.1.9).

durch die Thiolesterwirkung eines Acyl-CoA bedeutsam sind. Im Acetyldonator wird die Estergruppe aktiviert und dadurch gegenüber einem nucleophilen Angriff empfindlich gemacht. Eine Thiolgruppe des Enzyms wirkt nucleophil und bildet das Acylenzym. Außerdem wird die Methylengruppe des Acceptormoleküls aktiviert (s. Seite 266), so daß die Übertragung der Acylgruppe vom Acylenzym vor sich gehen kann. Der postulierte Mechanismus ist in Abbildung 6.2. dargestellt. Es wird eine Erhöhung der Nucleophilie der Thiolgruppe des Enzyms durch eine basische Gruppe B_1 und die Mitwirkung einer Säure HA_1 bei der Abspaltung der CoA-Gruppe angenommen. Analog kann durch Basen-Katalyse mittels B_2 der Methylkohlenstoff des Acetylacceptors aktiviert werden, während die Säure HA_2 die Ablösung der Thiolgruppe vom Enzym unterstützt. Jedoch sind Existenz, Identität und Konformation der postulierten Gruppen A_1, A_2, B_1 und B_2 noch ungeklärt.

Folk et al. [31, 32] untersuchten die Aminoacyltransferase „Transglutaminase" (2.3.2.-) und erhielten wichtige und direkte Befunde für diesen Typ von Reaktionsmechanismen. Das Enzym katalysiert den Austausch von Amidgruppen, Peptiden oder Proteinen, die an Glutaminreste gebunden sind, gegen primäre Amine. Beispielsweise überträgt es die α-Glutaminylgruppe des Benzyloxycarbonylglutaminylglycins auf Hydroxylamin (Gleichung 6.11). Außerdem katalysiert das Enzym die Hydrolyse

(6.11)

von Estern wie p-Nitrophenylacetat und p-Nitrophenyltrimethylacetat. Wie wir bereits zeigten, erfolgt die Hydrolyse dieser unphysiologischen Substrate an derselben Stelle wie die normale Transferasereaktion; wir sind also berechtigt, diese Verbindungen zur Gewinnung von Informationen über das aktive Zentrum und somit über den Mechanismus des Transferprozesses zu verwenden. Bei Verwendung von p-Nitrophenyltrimethylacetat als Substrat, das in seiner Trimethylacetatgruppe radioaktiv markiert wurde, konnte ein markiertes Proteinderivat erhalten werden. Nach enzymatischer Hydrolyse wurde ein markiertes Peptid isoliert. Folk und seine Mitarbeiter konnten zeigen, daß dieses Peptid die Trimethylacetylgruppe als Thioester an der Seitenkette eines Cysteinylrestes trägt (IX). Der gleiche Cysteinrest reagiert mit Jodacetamid unter Bildung eines inaktiven Proteins.

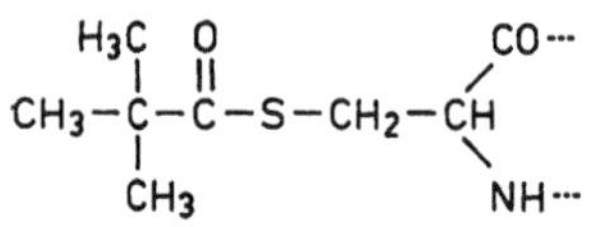

IX

Wie wir sehen, ist die Situation hier sehr ähnlich wie beim Papain und den anderen aktiven Cysteinhydrolasen (s. 4. Kapitel).

Die Übertragung der Glycosylgruppe

Gleichung (6.12) gibt die allgemeine Reaktion wieder, die durch die Glycosyltransferasen (2.4.–.–) katalysiert wird [33, 34]. Donator ist ein Glycosid, das mit der Gruppe —OX an das anomere Kohlenstoffatom eines Kohlenhydratrestes

geknüpft ist. Dieser Kohlenhydratrest ist die Glycosylgruppe, die auf einen Acceptor übertragen wird.
Die Spezifitäten dieser Enzyme hängen insbesondere von der Natur der zu übertragenden Glycosylgruppe ab, obwohl es in Abhängigkeit von der Natur der Moleküle X und Y verschiedene Typen von Enzymen gibt. Beispielsweise können X und Y Phosphat, Pyrophosphat, Nucleosiddiphosphat oder Zuckermoleküle

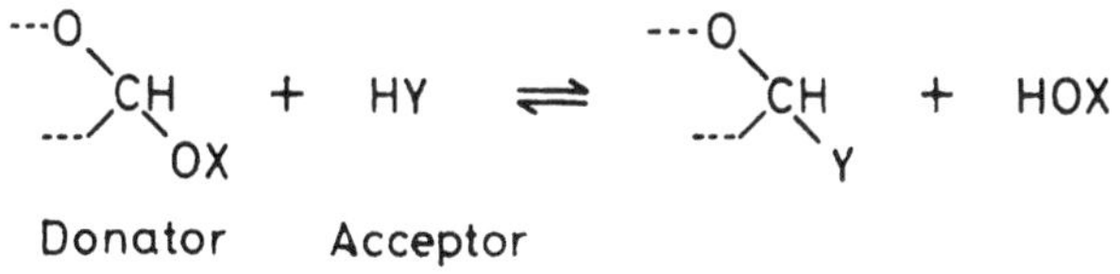

(6.12)

sein. Die am besten untersuchten Gruppen sind die, in denen XO⁻ Phosphat und HY eine Zuckereinheit ist; in diesem Falle werden die Rückwärtsreaktion von Gleichung (6.12) als Phosphorolyse und die zugehörigen Enzyme als Phosphorylasen bezeichnet. Die Phosphorolyse, bei der eine Spaltung unter Einbau von Phosphat erfolgt, besitzt formale Beziehungen zur Hydrolyse, bei der jedoch ein Wassermolekül aufgenommen wird.
Ein wichtiger Punkt bezüglich des Mechanismus der Glycosylübertragungsreaktion ist die in allen Fällen nachweisbare Spaltung der Bindung zwischen dem anomeren Kohlenstoffatom und dem Sauerstoffatom der ⁻OX-Gruppe [35, 36]. Dies wurde als Bestätigung dafür genommen, daß die Substitution am anomeren Kohlenstoffatom erfolgt und als Ergebnis dessen die ⁻OX-Gruppe abgelöst wird. Eine Substitutionsreaktion vom S_N2-Typ führt stets zu einer Umkehr der Konfiguration; diese Tatsache führt uns zu einer anderen wichtigen Eigenschaft dieser enzym-katalysierten Reaktionen, nämlich dem Typ der Bindung am anomeren Kohlenstoffatom und die Möglichkeit der Erhaltung oder der Inversion der Konfiguration an diesem Kohlenstoff im Produkt. Nach Koshland [37] ist anzunehmen, daß bei einer Inversion die Umwandlung des Substrates in das Produkt wahrscheinlich in einer einzigen nucleophilen Substitutionsreaktion erfolgt, während bei einer Erhaltung der Konfiguration zwei nacheinander ablaufende nucleophile Substitution stattfinden. (Cohn [34] schlußfolgerte, daß die Erhaltung der Konfiguration aus einem anormalen nucleophilen Angriff von vorn resultieren könnte). Es sind also aufgrund dieser Ausführungen zwei Möglichkeiten im Mechanismus der Glycosyltransferasen zu berücksichtigen. Für den ersten Fall ist ein intermediäres Glycosylenzymderivat zu postulieren, wobei die Gruppenübertragung in zwei Schritten verläuft. Sind diese beiden Schritte S_N2-Reaktionen, so wird das Produkt die gleiche Konfiguration wie die Ausgangssubstanz haben.
Der zweite mögliche Mechanismus besteht aus nur einem Schritt und bewirkt demzufolge eine Konfigurationsumkehr.
Experimente haben bei einigen Enzymreaktionen Produkte mit der ursprüng-

lichen Konfiguration ergeben, während in anderen Fällen eine Inversion beobachtet wurde; das bedeutet, daß die Glycosyltransferasen wenigstens über zwei verschiedene Mechanismen in ihrer Reaktionsweise verfügen.

Saccharoseglucosyltransferase (Saccharosephosphorylase, 2.4.1.7.)

Dieses Enzym katalysiert die Phosphorolyse von Saccharose unter Bildung von Glucose-1-phosphat und Fructose (6.13).

$$\alpha\text{-Glucose-1,2-fructose} + P_a \rightleftharpoons \alpha\text{-Glucose-1-phosphat} + \text{Fructose} \qquad (6.13)$$
(Saccharose)

Obwohl das Enzym spezifisch für die zu übertragende Gruppe, d. h. für die D-Glucosylgruppe ist, erweist es sich als relativ unspezifisch gegenüber der anderen an der Reaktion beteiligten Molekülart. Außer Fructose oder Phosphat können auch bestimmte andere Gruppen als Acceptoren fungieren, z. B. Sorbose, Xylulose, Arabinose, Arsenat und Wasser [38].
Die Saccharoseglucosyltransferase wirkt unter Erhaltung der Konfiguration [35], und außer diesem Hinweis erhielt man weitere Informationen zur Unterstützung eines Zweistufenmechanismus, in dem ein Glucosylenzym als Zwischenprodukt gebildet wird (Gleichung 6.14).

$$\text{Saccharose} + \text{Enzym} \rightleftharpoons \text{Glucosylenzym} + \text{Fructose}$$

$$\text{Glucosylenzym} + P_a \rightleftharpoons \text{Glucose-1-phosphat} + \text{Enzym} \qquad (6.14)$$

Die Ergebnisse von Austauschuntersuchungen mit Isotopen zeigten, daß in Abwesenheit von Fructose das Enzym den Einbau von markiertem Phosphat in Glucose-1-phosphat katalysiert [40]:

$$\alpha\text{-Glucose-1-phosphat} + {}^{32}P_a \rightleftharpoons \alpha\text{-Glucose-1-phosphat } ({}^{32}P) + P_a$$

Außerdem wird in Anwesenheit von Phosphat der Austausch von markierter D-Fructose mit Saccharose katalysiert [41]. Dieser Vorgang erfolgt durch den ersten reversiblen Schritt im Reaktionsablauf (6.14).
Es wurde bereits erwähnt, daß Arsenat das Phosphat als Glucosylacceptor ersetzen kann. Die Glucosylarsenate sind jedoch außerordentlich instabil und werden in Wasser spontan hydrolysiert. Die Saccharosephosphorylase katalysiert bei Anwesenheit von Arsenat die beiden folgenden Reaktionen, wobei die erste in Abwesenheit von Fructose und die zweite in Abwesenheit von Phosphat abläuft. Diese beiden Reaktionen unterstützen die Vorstellung

$$\alpha\text{-Glucose-1-phosphat} \xrightarrow[+H_2O]{\text{Arsenat}} \text{Glucose} + P_a$$

$$\text{Saccharose} \xrightarrow[+H_2O]{\text{Arsenat}} \text{Glucose} + \text{Fructose}$$

von dem Auftreten einer Glucosylenzymverbindung dadurch, daß jede von ihnen einen Schritt des Mechanismus (6.14) repräsentiert (entweder in der Vorwärts- oder in der Rückwärtsreaktion), der jeweils zur Bildung des Glucosylenzyms als Zwischenprodukt führt. Von diesem Intermediat wird anschließend die Glucosylgruppe auf Arsenat übertragen, worauf das resultierende Glucose-1-arsenat zerfällt.

Einen sehr direkten Hinweis für die Beteiligung eines Glucosylenzym-Komplexes erhielten SILVERSTEIN et al. [39], die zwei Aspekte dieser Reaktion prüften. Zuerst untersuchten sie die Reaktion kinetisch. Da die beiden möglichen Mechanismen, die wie unten angegeben formuliert werden können, zwei verschiedene Sätze von Geschwindigkeitsgleichungen ergeben [42], konnten die Autoren durch Bestimmung der Reaktionsgeschwindigkeiten bei verschiedenen Konzentrationen an Fructose, Phosphat, Saccharose usw. zeigen, daß die Reaktion am ehesten dem Mechanismus (a), also dem Glucosylenzymmechanismus (s. 2. Kapitel) entspricht.

$$
\begin{aligned}
\text{(a)}\quad G - X + E &\rightleftharpoons GXE \\
GXE &\rightleftharpoons G - E + X \\
GE + Y &\rightleftharpoons GEY \\
GEY &\rightleftharpoons GY + E
\end{aligned}
$$

$$
\begin{aligned}
\text{(b)}\quad GX + E &\rightleftharpoons GXE \\
GXE + Y &\rightleftharpoons GYE + X \\
GYE &\rightleftharpoons GY + E
\end{aligned}
$$

(G — X ist der Glucosyldonator, GXE der Enzym-Substrat-Komplex, G — E das Glucosylenzym, Y der Glycosylacceptor und GY sowie X sind die Reaktionsprodukte).

Der zweifellos beste Beweis für ein kovalent gebundenes Enzymderivat als Zwischenprodukt ist natürlich dessen Isolierung und Identifizierung. Im Falle der Saccharosephosphorylase war dies keine leichte Aufgabe, da Wasser selbst als ein Glucosylacceptor fungieren kann und das Glucosylenzym folglich instabil ist; es wird also beim Versuch seiner Isolierung rasch hydrolysiert. Einen wichtigen Schritt zur Erreichung dieses Zieles taten SILVERSTEIN et al. durch Isolierung des denaturierten Enzyms aus einer Reaktionsmischung, deren Saccharose im Glucoseteil radioaktiv markiert war. Das denaturierte Glucosylenzym erwies sich als stabil. Das ausgefällte Protein war radioaktiv markiert und enthielt bei einem Molekulargewicht von 80000 einen Glucosylrest pro Mol Enzym (dieses Molekulargewicht stimmt mit dem durch Sedimentationsuntersuchungen ermittelten gut überein). Die Radioaktivität konnte durch verdünntes Alkali vom Protein abgetrennt werden, wobei sich das freigesetzte Bruchstück als Glucose erwies.

Bei Verwendung von Saccharose, die im Fructoseteil markiert war, wurde das Protein nicht markiert. Obwohl aufgrund der Isolierung eines inaktiven Glucosylenzymkomplexes nur noch geringe Zweifel an der Richtigkeit von Mechanismus (a) bestehen, müßte noch gezeigt werden, daß dieser Komplex wirklich die für diesen Mechanismus geforderte Reaktionsfolge durchlaufen kann.

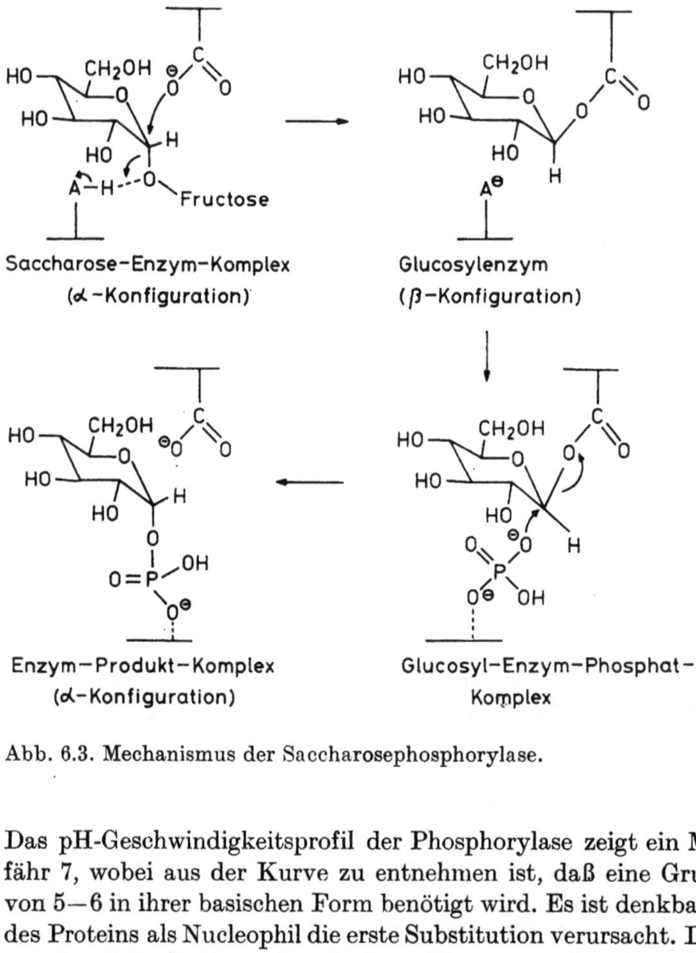

Abb. 6.3. Mechanismus der Saccharosephosphorylase.

Das pH-Geschwindigkeitsprofil der Phosphorylase zeigt ein Maximum bei ungefähr 7, wobei aus der Kurve zu entnehmen ist, daß eine Gruppe mit einem pK von 5—6 in ihrer basischen Form benötigt wird. Es ist denkbar, daß diese Gruppe des Proteins als Nucleophil die erste Substitution verursacht. Dabei könnte es sich um das Seitenkettencarboxyl eines Glutamin- oder eines Asparaginsäurerestes handeln; in diesem Falle wäre das Glycosylenzym ein Ester. Wenn der denaturierte Komplex (s. o.) einen Ester darstellen würde, könnte die Glucose leicht durch alkalische Hydrolyse freigesetzt werden. Aus dem pH-Geschwindigkeitsprofil geht auch die Notwendigkeit einer sauren Gruppe mit einem pK von etwa 8 hervor. Sie kann als saurer Katalysator die Ablösung der substituierbaren Gruppe unterstützen. Das Reaktionsschema (6.14) kann somit zu dem in Abbildung 6.3 dargestellten möglichen Mechanismus erweitert werden.

In gewissen anderen Fällen, in denen die Reaktion unter Erhaltung der Konfiguration stattfindet, ist ein ähnlicher Mechanismus anzunehmen. Die Saccharose-6-fructosyltransferase (Laevansaccharase 2.4.1.10) katalysiert die Übertragung eines Fructosylrestes von Fructoseoligosacchariden auf verschiedene geeignete Acceptoren. Sie katalysiert den Austausch von markierter Glucose in der Saccharose sowie verschiedene andere Reaktionen, die unter der Annahme der Bildung eines Fructosylenzyms als Intermediat verständlich werden [43].

Maltosephosphorylase

Dieses Enzym (2.4.1.8) katalysiert die Phosphorolyse von Maltose unter Bildung von D-Glucose-1-phosphat und Glucose, wobei die Konfiguration am anomeren Kohlenstoffatom umgekehrt wird. Folglich wird als Produkt β-D-Glucose-1-phosphat gebildet (im Vergleich dazu bildet die Saccharosephosphorylase das α-Isomere, obwohl beide Enzyme auf Disaccharide, die aus Glucose mit α-Bindungen aufgebaut sind, einwirken). Nach der Theorie von Koshland [37]

α-1,4-D-Glucosyl-D-glucose + $P_a \rightleftharpoons \beta$-D-Glucose-1-phosphat + D-Glucose
(Maltose)

würde demnach eine einzige Substitutionsreaktion stattfinden. In diesem Falle würde kein Glycosylenzym gebildet werden und es dürfte auch keine der bei der Saccharosephosphorylase beobachteten Austauschreaktionen erfolgen. Im Falle der Maltosephosphorylase [44] stimmt die Abwesenheit solcher Austauschreaktionen und der Arsenolyse mit dem unten angegebenen Einstufenmechanismus tatsächlich überein. Andere Enzyme wie die Cellobiosephosphorylase (2.4.1.20) und die Purinnucleosidphosphorylase (2.4.2.1), die Produkte mit umgekehrter Konfiguration bilden [33, 34], sind vermutlich derselben Kategorie zuzordnen.

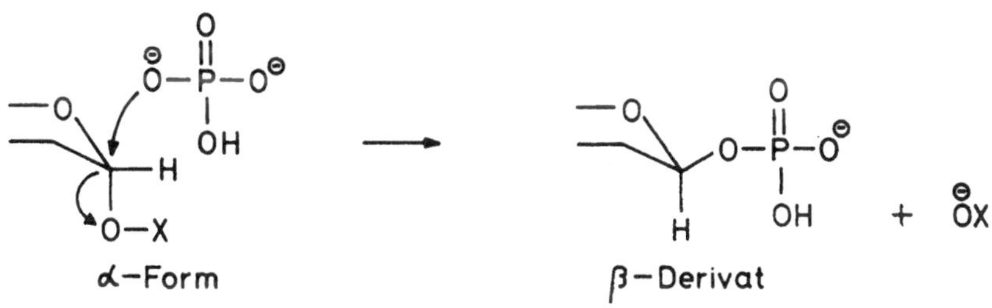

α-1,4-Glucan: orthophosphatglucosyltransferase (2.4.1.1.)

Dieses seit vielen Jahren als Glycogenphosphorylase oder einfach Phosphorylase a bekannte Enzym wurde intensiv erforscht, aber es gibt aufgrund gewisser komplizierender Faktoren nur wenige gesicherte Informationen über seinen Reaktionsmechanismus.

Die durch die Phosphorylase katalysierte Reaktion besteht im Abbau von Polysacchariden wie Glycogen zu Monosaccharideinheiten (Gleichung 6.15), einem Vorgang, der für die Mobilisierung von Kohlenhydraten in lebenden Systemen außerordentlich wichtig ist.

$$\alpha\text{-1,4-Glycosyl-}(\alpha\text{-1,4-glucosyl})_n + P_a \rightarrow$$
$$\alpha\text{-Glucose-1-phosphat} + (\alpha\text{-1,4-Glucosyl})_n \qquad (6.15)$$

Phosphorylase a besteht aus vier identischen Untereinheiten; jede Einheit besitzt einen Serinrest, dessen Hydroxylgruppe mit Phosphat verestert ist. Ein interessantes Merkmal des Enzyms ist sein Gehalt an Pyridoxalphosphat (X), der für die Enzymaktivität essentiell ist [46]. Seine Aufgabe ist jedoch noch nicht genau bekannt. Wie verschiedene Untersuchungen zeigten, werden die Kohlenhydrat-

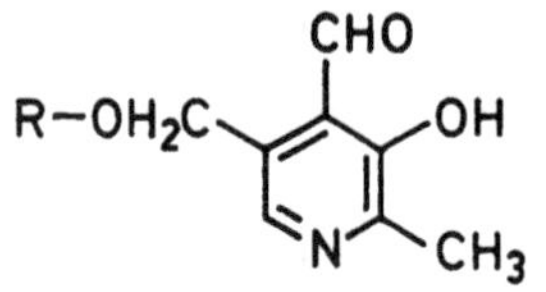

X; (a) R=H, Pyridoxal
(b) $R=PO_3H^{\ominus}$, Pyridoxalphosphat

substrate nicht kovalent an das Pyridoxalphosphat gebunden [47]; es erfolgt auch kein Austausch zwischen anorganischem Phosphat und seinen Phosphatresten [48]. Folglich ist es unwahrscheinlich, daß das Pyridoxalphosphat eine direkte Rolle im Verlauf der katalytischen Reaktion spielt. Dies steht in starkem Gegensatz zur Situation bei anderen Pyridoxalphosphatenzymen, wie den Aminotransferasen (s. später in diesem Kapitel), bei denen direkte Wechselwirkungen stattfinden. Glaser [33] zeigte, daß es eine Funktion bei der Aggregation und Desaggregation des Proteinmoleküls erfüllt.

Das Enzym Phosphorylasephosphatase (3.1.3.17) bewirkt die Hydrolyse der Serinphosphatesterbindungen der Phosphorylase und wandelt diese dabei in eine als Phosphorylase b bekannte Form um. Diese Form ist inaktiv, wird jedoch durch Adenosinmonophosphat (AMP) aktiviert, das als allosterischer Aktivator (s. 2. Kapitel) fungiert [49]. ADP und ATP dagegen sind Inhibitoren [50].

Obgleich Adenosinmonophosphat für die Aktivität der Phosphorylase nicht unbedingt erforderlich ist, kann es jedoch einen Anstieg ihrer katalytischen Aktivität bewirken. Neuere Untersuchungen haben sowohl für die Phosphorylase a als auch für die Phosphorylase b ein sehr komplexes kinetisches Verhalten ergeben. Diese Komplexität ist teilweise auf die Assoziation und Dissoziation der dimeren und tetrameren Formen mit ihren unterschiedlichen Aktivitäten und auf verschiedene Ioneneffekte, die einen Einfluß auf die Struktur des Enzyms zu haben scheinen, zurückzuführen [51, 52].

Wie Gleichung (6.15) zeigt, führt die durch dieses Enzym bewirkte Phosphorylierung zu einer Erhaltung der Konfiguration, einem Phänomen, das einen Zweistufenmechanismus unter Beteiligung eines kovalenten Zwischenproduktes nahelegt. Das Enzym katalysiert jedoch nicht den Austausch zwischen Glucose-1-

phosphat und markiertem Phosphat [53]. Dieses negative Resultat in einem für einen Zweischrittmechanismus wichtigen experimentellen Test könnte bedeuten, daß es entweder kein Glucosylenzym als Intermediat gibt oder daß der erste Schritt nicht ablaufen kann, solange Phosphat (der Reaktant des zweiten Schrittes) nicht anwesend ist. Hinweise wurden dafür erhalten, daß die zweite Alternative nicht zutrifft [34, 54].

Es könnte demzufolge ein Einschrittmechanismus zutreffen, der unter Aufrechterhaltung der Konfiguration, d. h. in Form eines nucleophilen Angriffs „von vorn" abläuft [34].

Pyridoxalenzyme

Aminogruppenübertragung

Allgemein betrachtet stellt eine Transaminierungsreaktion die Übertragung einer Aminogruppe von einem Molekül auf ein anderes ohne intermediäre Bildung von freiem Ammoniak dar. Die häufigsten enzymatischen Transaminierungen betreffen Amino- und Ketosäuren entsprechend der allgemeinen Reaktionsgleichung (6.16).

$$R\cdot CHNH_2\cdot CO_2H + R^1\cdot CO\cdot CO_2H \rightleftharpoons R\cdot CO\cdot CO_2H + R^1\cdot CHNH_2\cdot CO_2H \quad (6.16)$$

Direkte Transaminierungen, die weder durch Enzyme noch durch irgendeine andere Molekülart katalysiert werden, wurden von HERBST und ENGELL [55] sowie von NAKADA und WEINHOUSE [56] studiert. Der Mechanismus für den direkten Prozeß wurde wie im Formelschema angegeben formuliert. Der erste Schritt der Reaktion zwischen einer Aminosäure (XI) und Glyoxylsäure (XII)

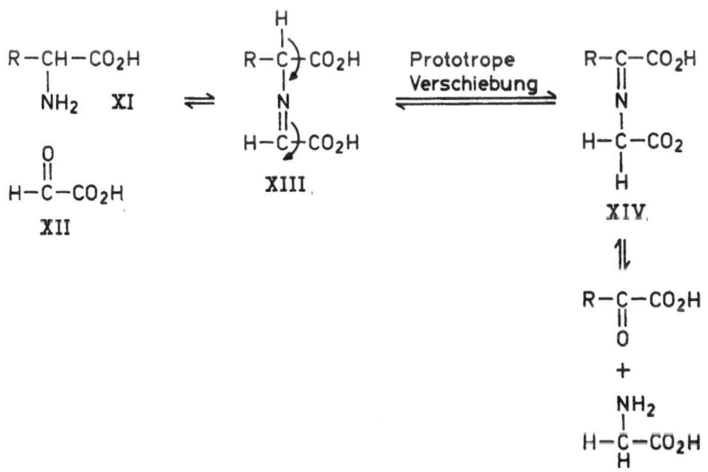

besteht in der Bildung einer Schiffschen Base (XIII). Bei der anschließenden Umlagerung entsteht durch eine prototrope Verschiebung eine neue Schiffsche Base (XIV), aus der durch Hydrolyse eine neue Ketosäure und Glycin freigesetzt werden.

In vielen anderen Fällen, in denen andere Ketosäuren anstelle von Glyoxylsäure eingesetzt werden, kann auch eine Decarboxylierung beobachtet werden.

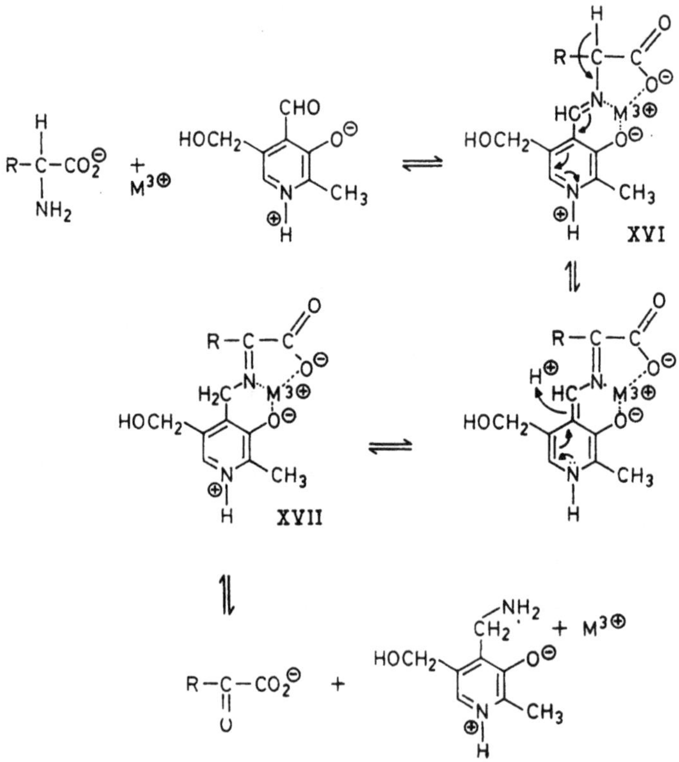

Abb. 6.4. Transaminierung zwischen einer Aminosäure und Pyridoxal.

Wie BRAUNSTEIN [57], COHEN [58] und SNELL [59] zeigten, benötigen die enzymatischen Transaminierungen Pyridoxalphosphat (X b) oder Pyridoxal (X a) als Coenzym, und es war deshalb von großer Bedeutung, als SNELL, METZLER und Mitarbeiter [59] berichteten, daß Pyridoxalphosphat allein oder in Gegenwart von Metallionen Transaminierungen katalysieren kann. Die Reaktion zwischen einer Aminosäure und dem Pyridoxalphosphat führt zur Bildung der entsprechenden Ketosäure und Pyridoxaminphosphat (XV). Der durch Pyridoxal und Metallionen ausgelöste Mechanismus der Transaminierungsreaktion [60] ist dem der direkten Transaminierungen grundsätzlich ähnlich, d. h. er verläuft über eine Schiffsche Base und eine prototrope Verschiebung (Abb. 6.4.). Der besonders in seiner protonisierten Form kräftig elektronenanziehende Pyridinring bewirkt in

Verbindung mit der Imindoppelbindung von (XVI) eine starke Labilisierung des α-Wasserstoffs des Aminosäurerestes, so daß die prototrope Verschiebung leicht stattfinden kann. Das Metallion stabilisiert das Imin (XVI) und sichert ein planares, konjugiertes System [61, 62].

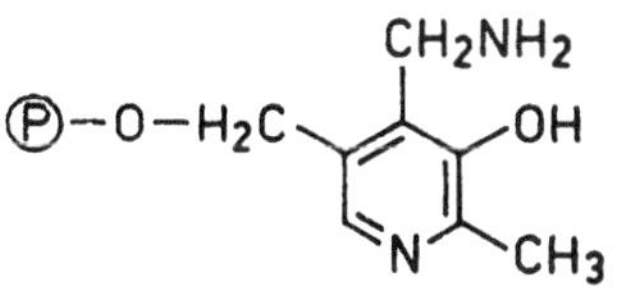

XV

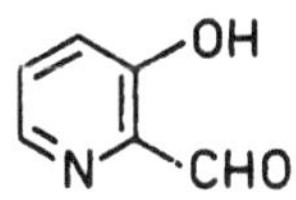

XVIII

Da die Reaktionen in diesem Schema reversibel sind, kann das gebildete Pyridoxamin mit einer anderen Ketosäure unter Bildung einer neuen Aminosäure und Regenerierung des Pyridoxals reagieren; auf diesem Wege erfolgt die Transaminierung zwischen einer Aminosäure und einer Ketosäure.

Dieser Reaktionsmechanismus erlaubt es, die Bedeutung verschiedener struktureller Besonderheiten des Pyridoxalmoleküls in Verbindung mit seiner Fähigkeit zur Katalyse von Transaminierungsreaktionen in Gegenwart von Metallionen zu erklären. SNELL und seine Mitarbeiter [59, 63] untersuchten verschiedene Strukturanaloge des Pyridoxals und zeigten, daß 3-O-Methylpyridoxal unwirksam ist. Demzufolge ist eine freie Hydroxylgruppe in Orthostellung zur Formylgruppe, die selbst natürlich essentiell ist, erforderlich. 2-Formyl-3-hydroxypyridin (XVIII) mit einer dem Pyridoxal sehr ähnlichen elektronischen Struktur ist aktiv. Die Methyl- sowie die Hydroxymethylgruppen sind unwichtig, zumindestens soweit es die nichtenzymatischen Reaktionen betrifft. In bestimmten anderen durch Pyridoxal katalysierten Reaktionen mit einem ähnlichen Mechanismus kann der Pyridinring durch einen Benzolring mit einer Nitrogruppe ersetzt werden. Dadurch wird die Rolle des heterocyclischen Rings als elektronenanziehende Spezies erhärtet.

VERNON und seine Mitarbeiter [64] konnten diesen Mechanismus der pyridoxalkatalysierten Transaminierung durch kinetische Studien bestätigen. Sie zeigten, daß der Vorgang in der schnellen Bildung einer Schiffschen Base und einer nachfolgenden geschwindigkeitsbestimmenden Tautomerisierung (einer prototropen Verschiebung) zwischen XVI und XVII besteht. Da die Umwandlung der beiden Imine den geschwindigkeitsbestimmenden Schritt darstellt, ist die Aufklärung seines Mechanismus natürlich von großer Bedeutung. BRUICE und

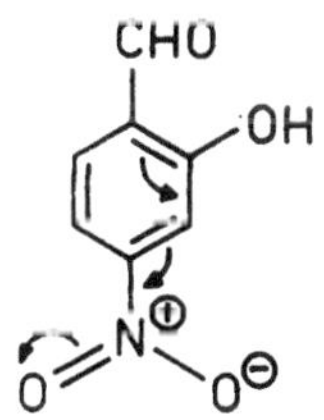

TOPPING [65] untersuchten deshalb die Wirkung bestimmter Säuren und Basen auf die metallunabhängige Transaminierung von Pyridoxal und α-Aminophenylessigsäure. Sie konnten als außerordentlich wirksamen Katalysator der Reaktion das Imidazol nachweisen, das sowohl in protonisierter als auch in nichtprotonisierter Form die Iminumwandlung katalysiert. Folglich kann der Vorgang am besten dadurch charakterisiert werden, daß ein Komplex, bestehend aus Imin, Imidazol und Imidazoliumion, gebildet wird und nachfolgend durch einen

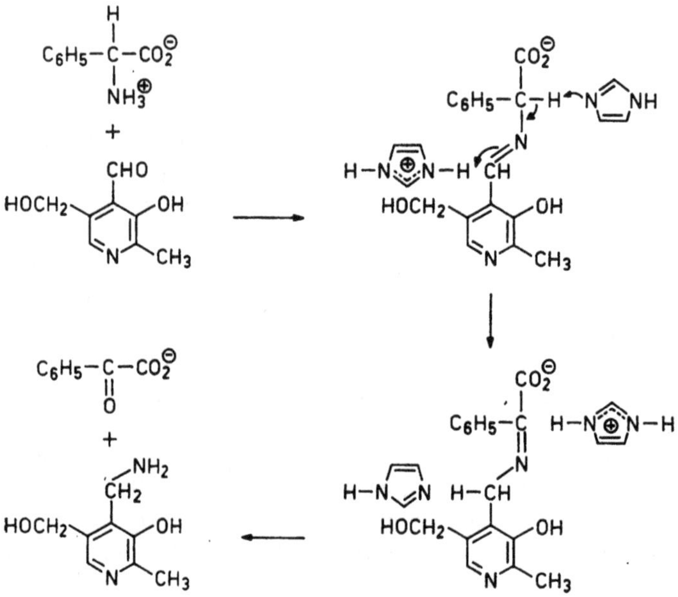

Abb. 6.5. Mechanismus der Aspartataminotransferasereaktion. B und H—A stellen unspezifische basische und saure Gruppen dar.

konzertierten Mechanismus eine prototrope Verschiebung, bei der das Imidazol und das Imidazoliumion als basischer bzw. saurer Katalysator fungieren, stattfindet (Abb. 6.5.). Dieser Mechanismus mit einem konzertierten Vorgang besitzt große Ähnlichkeit mit dem der Katalyse der Mutarotation von Tetramethylglucose durch α-Hydroxypyridin (s. 1. Kapitel, Seite 51).

Wenn der Tautomerisierungsschritt in der nichtenzymatischen Reaktion des Pyridoxals geschwindigkeitsbestimmend ist, muß die erste Stufe der Reaktion, die Bildung des Imins aus Pyridoxal und der Aminosäure, schnell verlaufen. Wir haben bereits gesehen (Kapitel 1, Seite 62), daß die Bildung von Iminen oder ähnlichen Carbonylderivaten durch primäre Amine katalysiert wird (d. h., die Transiminierung erfolgt leichter als die Iminbildung aus Carbonylverbindungen). JENCKS und CORDES [66] zeigten, daß dies auch für die Bildung von Iminen aus Pyridoxal und Aminosäuren zutrifft; dieser Punkt dürfte auch für die enzymkatalysierten Transaminierungen von Bedeutung sein.

Nach der kurzen Besprechung der durch Pyridoxal und Pyridoxalphosphat hervorgebrachten nichtenzymatischen Transaminierungen können wir uns nunmehr den Eigenschaften eines repräsentativen Enzyms, der Aspartataminotransferase (L-Aspartat: 2-Oxoglutarataminotransferase, 2.6.1.1) zuwenden. Wie alle Aminotransferasen benötigt dieses Enzym Pyridoxalphosphat als Coenzym (einige Enzyme benötigen das Pyridoxal selbst). Es katalysiert die in (6.17) angegebene Reaktion.

$$\text{L-Aspartat} + \text{2-Oxoglutarat} \rightleftharpoons \text{Oxalacetat} + \text{L-Glutamat} \qquad (6.17)$$

Alle kinetischen und chemischen Daten zeigen, daß der Wirkungsmechanismus dieses Enzyms dem der nichtenzymatischen pyridoxal-katalysierten Transaminierungen grundsätzlich ähnlich ist [67, 68, 69, 70, 71]. Es wird also zwischen dem enzymgebundenen Pyridoxal und dem Aspartat ein Imin (XVIII) gebildet, das unter Bildung eines neuen Imins (XX) tautomerisiert. Letzteres wird zu Oxalacetat, das freigesetzt wird, und zu enzymgebundenem Pyridoxamin aufgespalten. Anschließend findet der umgekehrte Vorgang statt, der in der Aminierung von 2-Oxoglutarat zu L-Glutamat besteht.

Außer dem an der Reaktion direkt beteiligten Coenzym wurden die Seitenketten bestimmter Aminosäurereste identifiziert, die sich in der Nachbarschaft des aktiven Zentrums des Enzyms befinden. Das Coenzym liegt im Enzym-Coenzym-Komplex nicht als Aldehyd, sondern vielmehr als Schiffsche Base mit der ε-Aminogruppe eines Lysylrestes vor. Dies wurde durch spektroskopische Untersuchungen [72] und durch Experimente, in denen das Holoenzym mit Natriumborhydrid reduziert wurde [73, 74], das Imine in stabile sekundäre Amine umwandelt, nachgewiesen. Aus dem reduzierten Holoenzym können Peptide isoliert werden, die ε-Pyridoxyllysylreste enthalten. Demzufolge muß der erste Schritt der enzymatischen Reaktion in einer Transiminierung bestehen (s. Abb. 6.6) Anderson und Song [75] nehmen aufgrund der außerordentlich schnell ablaufenden Borhydridreduktion an, daß die Schiffsche Base entweder durch Protonisierung oder durch eine Wasserstoffbindung aktiviert wird. Eine derartige Situation würde natürlich zusätzlich den Vorgang der Transaminierung begünstigen.

Durch andere Untersuchungen konnte der Nachweis geführt werden, daß ein zweiter Lysylrest sich in der Nähe des aktiven Zentrums befindet [76, 77]. Turano et al. [78] wiesen außerdem auf die unmittelbare Nähe eines Histidylrestes hin. Mittels des bifunktionellen 3-Brompropionylchlorids ist eine Verknüpfung eines der Lysinreste mit einem Histidin möglich [78]. Da nach Zerstörung eines Histidyl restes im Enzym durch Photooxidation die katalytische Aktivität verlorengeht, ist der Nachweis dieses Histidylrestes im aktiven Zentrum wichtig [79]. Dieser Histidylrest fungiert möglicherweise beim Vorgang der Tautomerisierung als saurer oder basischer Katalysator. Das Verhalten der Ultraviolettabsorption vieler pyridoxalabhängiger Enzyme im Verlauf der Reaktion führte jedoch zu der Schlußfolgerung, daß die chinoide Form (XIX) des Coenzyms beteiligt ist

(s. 7. Kapitel). Wenn dies der Fall ist, dann dürfte die von Bruice und Topping [65] für den nichtenzymatischen Prozeß vorgeschlagene Rolle des Histidins nicht ganz richtig sein.

Abbildung 6.6. zeigt einen für die erste Hälfte der Aspartataminotransferasereaktion möglichen Mechanismus. Da das Enzym stereospezifisch ist, kann angenommen werden, daß die Aminosäure sowohl mit der Carboxylgruppe als auch mit dem Rest R an das Enzym gebunden wird. Die Bindung des Pyridoxamins an

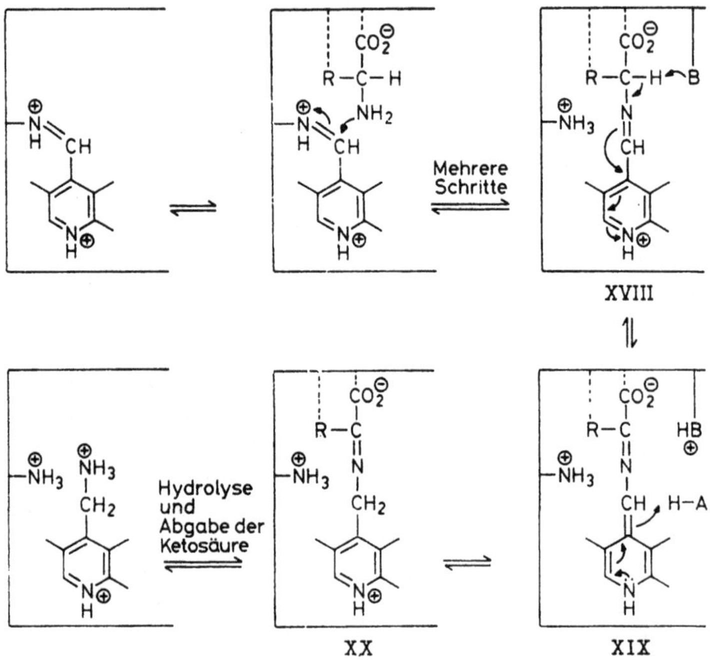

Abb. 6.6. Möglicher Mechanismus der Aspartataminotransferasereaktion. B und H—A sind unspezifische basische bzw. saure Gruppen.

das Enzym ist sehr fest ($K_m = 5{,}3 \times 10^{-7}$ M für ein entsprechendes Enzym pflanzlicher Herkunft [80]. Über den Mechanismus der Hydrolyse der Schiffschen Base (XX), die zur Freisetzung der Ketosäure führt, ist sehr wenig bekannt.

Serinhydroxymethyltransferase (2.1.2.1.)

An dieser Stelle ist der geeignete Platz zur Besprechung einer anderen Transferase, die für ihre Aktivität Pyridoxalphosphat benötigt. Dieses Enzym, das eine wichtige Rolle im Stoffwechsel des Serins spielt, katalysiert die Übertragung einer Hydroxymethylgruppe zwischen Glycin und Tetrahydrofolat (Gleichung 6.18).

Das im N⁵,N¹⁰-Methylen-FH_4 enthaltene C_1-Bruchstück hat die Oxidationsstufe des Formaldehyds. Eine ähnliche Reaktion kann in einem nichtenzymatischen System demonstriert werden. In Gegenwart von Pyridoxal und Metallionen wird

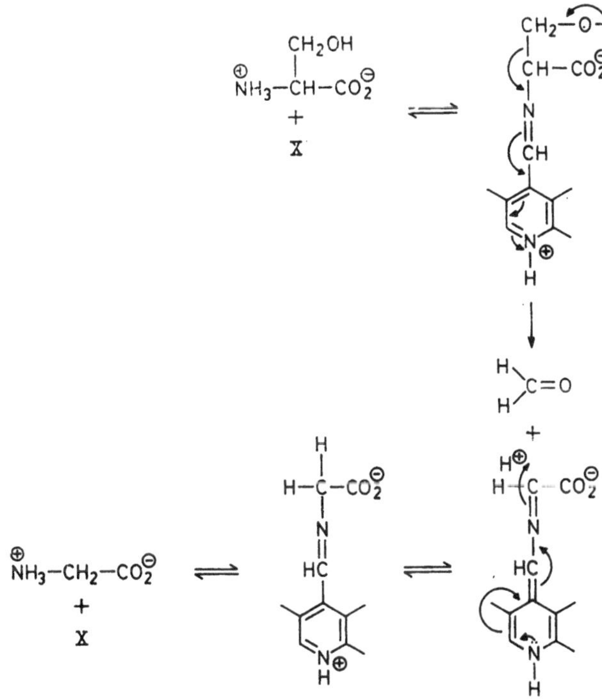

Abb. 6.7. Der pyridoxal-katalysierte Abbau von Serin zu Glycin und Formaldehyd.

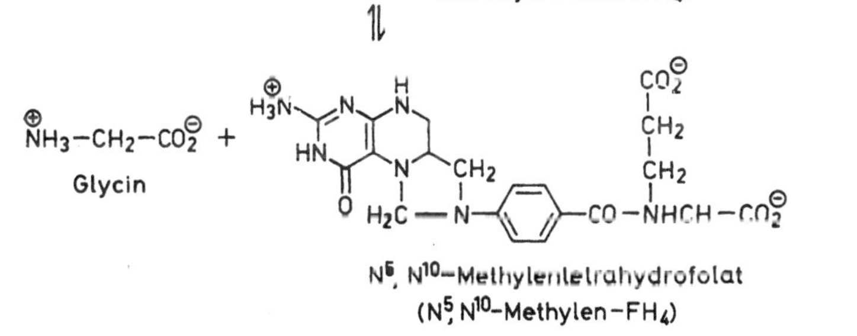

(6.18)

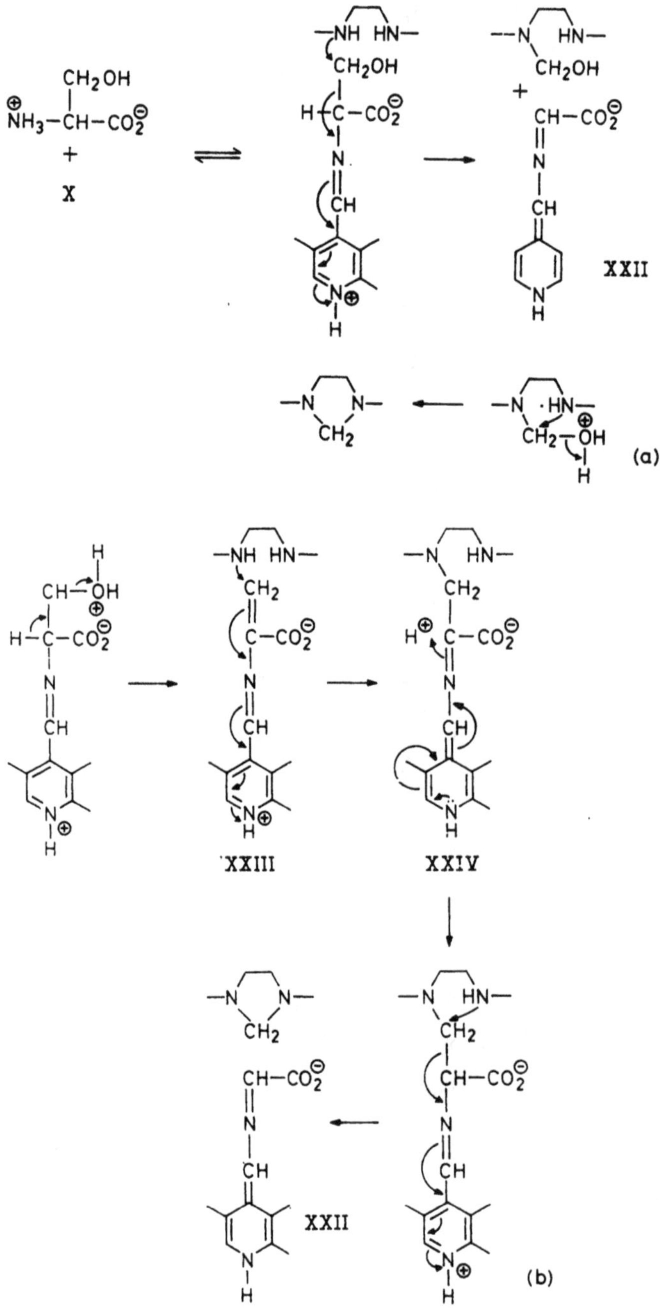

Abb. 6.8. Alternative Mechanismen für die Übertragung einer Methylengruppe auf THF. Dargestellt sind nur die N^5- und N^{10}-Positionen des THF.

Serin zu Glycin und Formaldehyd abgebaut [81]. Der für diese Reaktion vorgeschlagene Mechanismus bezieht eine intermediäre Schiffsche Base (Abb. 6.7.) zwischen der Aminosäure und dem Aldehyd ein. Dieses Imin (XXI) wird durch die dargestellten Elektronenverschiebungen, die wiederum durch die stark elektronenanziehende Kraft des heterocyclischen Rings als der treibenden Kraft der Reaktion bewirkt werden, aufgespalten.

In umgekehrter Richtung, d. h. in Richtung der Serinsynthese, wird das Imin aus Glycin und Pyridoxal gebildet, das durch die prototrope Verschiebung in XXII übergeht. Anschließend erfolgt der nucleophile Angriff auf den Carbonylkohlenstoff des Formaldehyds. Auffallend ist dabei die Ähnlichkeit dieser Reaktion mit den im 1. Kapitel dargelegten, durch primäre Amine katalysierten Aldolkondensationen.

Die Abbildungen 6.8a und 6.8b zeigen zwei hypothetische Wege der Serinhydroxymethyltransferasereaktion. Diese unterscheiden sich voneinander hauptsächlich auf der Stufe, auf der durch Abgabe der Hydroxylgruppe die Methylengruppe gebildet wird. In Abbildung 6.8a entsteht das N^5- (oder N^{10}-) Hydroxymethyl-FH_4 durch einen direkten nucleophilen Angriff auf die Hydroxymethylgruppe der aus Serin und Pyridoxal entstandenen Schiffschen Base. Bei einem Angriff durch das andere Stickstoffatom würde unter Abgabe des protonisierten Hydroxyls das N^5,N^{10}-Methylen-FH_4 gebildet werden. Durch Umgruppierung des Imins (XXII) würde der Glycin-Pyridoxal-Komplex entstehen, aus dem freies Glycin abgegeben wird.

Alternativ dazu kann die aus Serin und Pyridoxal bestehende Schiffsche Base Wasser abspalten. Das elektronenanziehende konjugierte System aktiviert das Proton am α-Kohlenstoff des Serins, das zusammen mit einer sauren Katalyse zur Abspaltung der Hydroxylgruppe, d. h. zur Dehydratisierung führt; dabei entsteht das Dehydroalaninsystem (XXIII). Der nucleophile Angriff des N^5- (oder N^{10}-) Stickstoffs des Tetrahydrofolats ergibt XXIV, das in der dargestellten Weise durch Aufnahme eines Protons ein System regeneriert, in dem die Methylgruppe wiederum gegen eine nucleophile Substitution, die zur Bildung von N^5,N^{10}-Methylen-FH_4 führt, empfindlich ist.

Die Übertragung phosphorhaltiger Gruppen

Die Phosphatgruppe spielt in Form der Phosphorsäureester sowie deren Amide und Anhydride eine wichtige Rolle in der Biochemie. Hierzu gehören einfache Phosphatester, wie Zuckerphosphate, Nucleotide, Amide (z. B. Kreatinphosphat), Pyrophosphate und gemischte Anhydride aus Carbonsäuren und Phosphorsäure. Der Stoffwechsel dieser Phosphatderivate wird in einem beträchtlichen Umfang durch Enzyme katalysiert, die den Transfer der phosphorhaltigen Gruppen von Donatoren auf geeignete Acceptoren bewirken. Stammt die übertragene Phosphatgruppe von einem Nucleosidtriphosphat (im allgemeinen ATP), so wird das

Enzym als *Kinase* bezeichnet. Die Kinasen werden in Abhängigkeit von der Natur des Acceptors in das Klassifizierungssystem eingeordnet.
Die Phosphoglucomutase (2.7.5.1) ist ein Vertreter einer kleinen, aber interessanten Gruppe von Enzymen, die den Austausch von Phosphatgruppen katalysieren. In einer durch ein derartiges Enzym katalysierten Reaktion wird der Donator ständig regeneriert, wobei die Gesamtreaktion als intermolekulare Gruppenübertragung abläuft. Der wichtigste Vertreter der Nucleotidyltransferasen ist die Ribonuclease (2.7.7.16), deren Struktur und Funktion in den letzten Jahren intensiv untersucht wurde.

Kinasen

Diese Enzyme katalysierten die Übertragung einer Phosphatgruppe von einem Nucleosidtriphosphat (ATP) auf einen geeigneten Acceptor, wobei ein Acceptorphosphat und das Nucleosiddiphosphat (ADP) entstehen. Ist der Acceptor ein Alkohol, so ist das resultierende Produkt ein Phosphatester. Beispielsweise katalysiert Hexokinase (2.7.1.1) die Bildung eines Hexose-6-phosphats (z. B. Glucose-6-phosphat, XXV) aus einer Hexose und ATP.

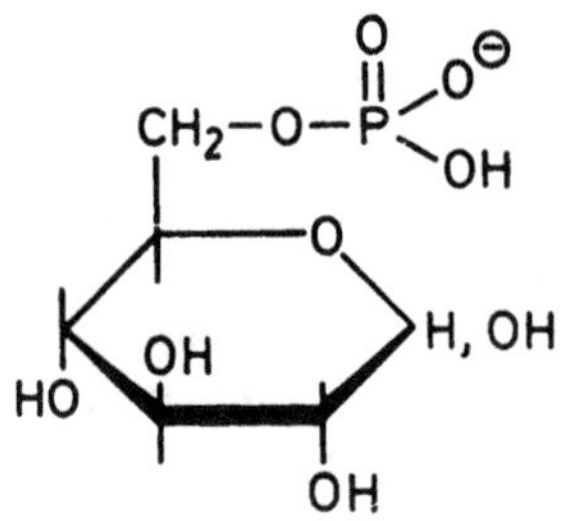

XXV; D-Glucose-6-phosphat

Ein anderes Beispiel ist die Phosphorylasekinase, durch deren Wirkung die Hydroxylgruppe eines Serinrestes des Enzyms Phosphorylase phosphoryliert wird. Im Falle der Pyruvatkinase (2.7.1.40) ist die das Phosphat aufnehmende Hydroxylgruppe von der Enolform des Pyruvats abgeleitet (Gleichung 6.19).

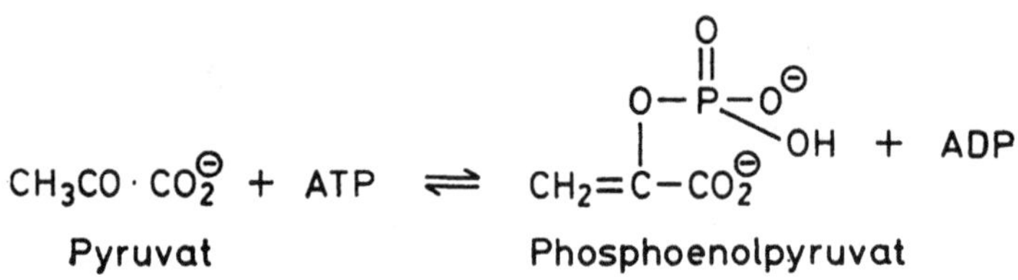

(6.19)

Dient wie bei der Reaktion der Acetatkinase (2.7.2.1) eine Carboxylgruppe als Acceptor, so ist das Produkt ein gemischtes Anhydrid (XXVI). Im Phospho-

creatin (XXVII), das durch die Wirkung der Creatinkinase (2.7.3.2) gebildet wird, liegt eine P-N-Bindung vor.
Bei der Diskussion des Mechanismus der Transferasen ist die erste Frage die, ob der Transfer direkt erfolgt oder ob intermediär ein kovalentes Enzymderivat gebildet wird. Im 2. Kapitel wurden die kinetischen Modelle bestimmter Mechanismen besprochen. Wird die übertragene Gruppe zuerst unter Bildung eines relativ stabilen kovalenten Komplexes auf das Enzym überführt, so liegt gewöhnlich ein

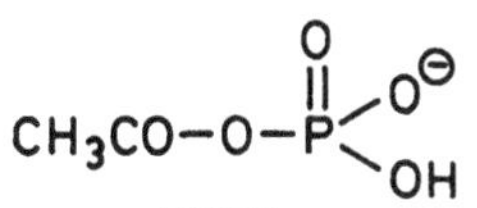

XXVI

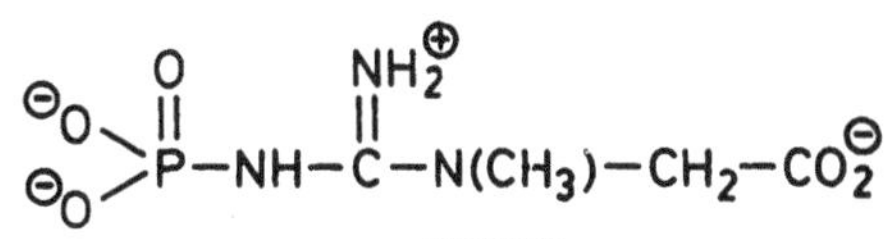

XXVII

„Ping-Pong"-Mechanismus mit dem entsprechenden kinetischen Verhalten vor. Erfolgt jedoch die Gruppenübertragung zwischen den Substraten direkt, so wird ein Ternärkomplex gebildet und die Gruppenübertragungsreaktion findet dann durch Umwandlung dieses Ternärkomplexes statt. Ist A der Acceptor, B der Donator und E das Enzym, so läßt sich eine derartige Situation folglich durch Gleichung (6.20) beschreiben, in der P und Q die Produkte darstellen.

$$\begin{array}{lllllll}
A + E \rightleftharpoons AE & & & & & & PE \rightleftharpoons E + P \\
 & \searrow\!\!\!\nwarrow + B & & & & -Q \nearrow\!\!\!\swarrow & \\
 & & AEB & \rightleftharpoons & PEQ & & \\
 & + A \nearrow\!\!\!\swarrow & & & & \searrow\!\!\!\nwarrow -P & \\
E + B \rightleftharpoons EB & & & & & & EQ \rightleftharpoons E + Q
\end{array} \qquad (6.20)$$

Bei nahezu allen untersuchten Kinasen deuten die kinetischen Analysen auf einen „random order"-Mechanismus hin, bei dem die Umwandlung des Ternärkomplexes geschwindigkeitsbestimmend ist [82]. In einigen Fällen konnte durch Experimente mit markierten Substraten nachgewiesen werden, daß kein Phosphoenzym als Intermediat gebildet wird [83].
Im allgemeinen kann der Ternärkomplex AEB formuliert werden wie er für die Hexokinase in Abbildung 6.9. angegeben ist, wobei A eine Hexose darstellt (Glucose, Mannose oder Fructose können als Acceptoren wirken). B, der Phosphatdonator, ist ein Komplex aus dem Nucleosidtriphosphat (ATP) und einem Magnesiumion. Die Magnesiumionen sind für alle Kinasereaktionen essentiell. Wie im Falle der früher besprochenen Carboxylasereaktionen (Seite 267) erhöht das Metallion die Empfindlichkeit der terminalen Phosphatgruppe gegenüber einem nucleophilen Angriff und verbessert wahrscheinlich die Fähigkeit des vorletzten Restes, als substituierbare Gruppe zu fungieren. Eine basische Gruppe B: des Enzyms dürfte wie dargestellt als basischer Katalysator wirken (s. auch Kapitel 5).

Für die Creatinkinase schlugen WATTS und RABIN [82] einen Mechanismus vor, bei dem die Aufgabe des basischen Katalysators von einer Thiolgruppe übernommen wird, die über eine Wasserstoffbindung an einen Imidazolring gebunden ist. Dieses Verhalten dürfte auf alle Kinasen anwendbar sein, da die meisten Vertreter dieser Gruppe, wenn nicht alle, durch Thiolgruppenreagenzien inaktiviert werden. Es ist interessant, daß ein ähnliches System, in dem eine

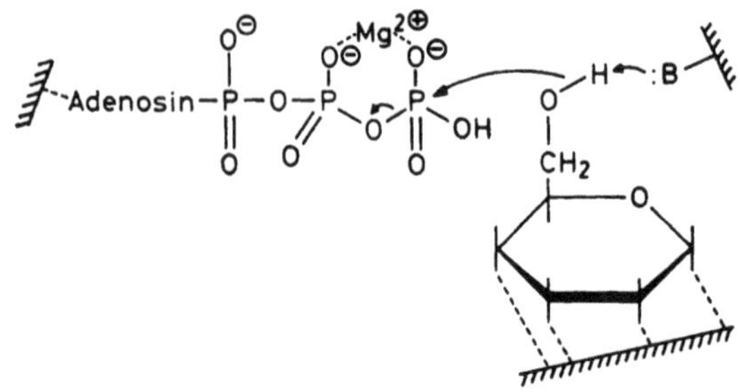

Abb. 6.9. Mechanismus der Hexokinasewirkung.

Thiolgruppe über eine Wasserstoffbindung an einen Imidazolring gebunden ist, für das aktive Zentrum bestimmter Peptidasen wie Papain (s. Kapitel 4) postuliert wurde.

Das Enzym Phosphoenolpyruvatsynthase (bis jetzt noch nicht klassifiziert) wirkt über einen anderen Mechanismus. Die von diesem Enzym katalysierte Gesamtreaktion (Gleichung 6.21) erfolgt unter Bildung von AMP und Phosphat und ist demnach nicht mit der durch Pyruvatkinase katalysierten (s. Gleichung 6.19) identisch.

$$\text{Pyruvat} + \text{ATP} \rightleftharpoons \text{Phosphoenolpyruvat} + \text{AMP} + P_a \qquad (6.21)$$

Im Falle der Pyruvatkinasereaktion stellt der im Phosphoenolpyruvat erscheinende Phosphatrest das terminale (oder γ-) Phosphat des ATP dar. Wird jedoch das Phosphoenolpyruvat durch die Wirkung der Phosphoenolpyruvatsynthase gebildet, so entstammt der in ihm enthaltene Phosphatrest der mittleren (oder β-) Position des ATP [84]. Die von COOPER und KORNBERG sowie BERMAN et al. [84] beschriebenen Experimente mit markierten Substraten deuten darauf hin, daß die Reaktion über mehrere Stufen abläuft (Gleichungen 6.22, 6.23, 6.24).

$$\text{E} + \text{ATP} \rightleftharpoons \text{E–P–P} + \text{AMP} \qquad (6.22)$$

$$\text{E–P–P} + H_2O \rightleftharpoons \text{E–P} + P' \qquad (6.23)$$

$$\text{E–P} + \text{Pyruvat} \rightleftharpoons \text{E} + \text{Phosphoenolpyruvat} \qquad (6.24)$$

In diesem Schema besteht der erste Schritt in der Übertragung eines Pyrophosphorylrestes auf das Enzym. Anschließend wird das Pyrophosphorylenzym

(E—P—P) zu einem Phosphorylenzym hydrolysiert, das die Phosphatgruppe an einen Acceptor abgeben kann. Diese Vorstellung wird durch folgende experimentelle Ergebnisse unterstützt. In Abwesenheit von Pyruvat wurde in Phosphatpuffer ein enzym-katalysierter Einbau von ^{14}C-8-markiertem AMP in das ATP beobachtet (Gleichung 6.22). ^{32}P-markiertes Phosphat (P_a) wird in Gegenwart von Enzym, Mg^{2+}-Ionen, ATP und AMP sowie bei Abwesenheit von Pyruvat, jedoch *nicht* bei Abwesenheit von AMP, in ATP eingebaut (Gleichungen 6.22 und 6.23). Das Enzym katalysiert auch in Abwesenheit von Phosphat den Einbau von ^{14}C-markiertem Pyruvat in Phosphoenolpyruvat (Gleichung 6.24).

Phosphoglucomutase (2.7.5.1)

Die durch dieses Enzym katalysierte Nettogesamtreaktion erscheint auf den ersten Blick als eine Isomerisierung (Gleichung 6.25), bei der eine Phosphatgruppe innerhalb eines Glucosemoleküls aus einer Position in eine andere übertragen wird. Detaillierte Untersuchungen haben jedoch gezeigt, daß

$$\alpha\text{-D-Glucose-1-phosphat} \rightleftharpoons \alpha\text{-D-Glucose-6-phosphat} \quad (6.25)$$

diese Reaktion nicht einfach in einem intramolekularen Gruppentransfer besteht. LELOIR et al. [85] wiesen nach, daß Glucose-1,6-diphosphat eine wichtige Rolle in der Reaktion spielt, die sie wie folgt formulierten:

$$\alpha\text{-D-Glucose-1-phosphat} + \alpha\text{-D-Glucose-1,6-diphosphat} \rightleftharpoons$$
$$\alpha\text{-D-Glucose-1,6-diphosphat} + \alpha\text{-D-Glucose-6-phosphat} \quad (6.26)$$

Folglich beruht die Reaktion auf einer intermolekularen Übertragung einer Phosphatgruppe aus der 1-Stellung des Diphosphates auf die 6-Stellung des Glucose-1-phosphats. Gestützt wird dieses Schema durch Befunde aus Experimenten mit markierten Substraten [86]. Wird das Enzym mit α-D-Glucose-1-phosphat, bei dem sowohl der Zucker (^{14}C) als auch das Phosphat (^{32}P) markiert sind, zusammen mit α-D-Glucose-1,6-diphosphat inkubiert, so stellt sich ein Gleichgewicht der Isotope entsprechend der Verteilung der sich im Gleichgewicht befindlichen Mono- und Diphosphatester ein, d. h. das ^{14}C wird sowohl im Glucose-1,6-diphosphat als auch im Glucose-6-phosphat gefunden.

Die Übertragung der Phosphatgruppe in Reaktion (6.26) erfolgt über ein intermediäres Phosphoenzym. NAJJAR et al. [87] konnten das Enzym in phosphorylierter und in dephosphorylierter Form isolieren; das Phosphoenzym ist ziemlich stabil. Die Phosphatgruppe ist über eine Phosphoesterbindung mit der Seitenkette eines Serinrestes an das Enzymprotein gebunden [88]; durch enzymatischen Abbau werden Peptide, die Phosphoserylreste enthalten, freigesetzt [89].

Das phosphorylierte Enzym geht alle Reaktionen ein, die von ihm als obligates Zwischenprodukt erwartet werden. Beispielsweise kann α-D-Glucose-1-phosphat entsprechend der frei reversiblen Reaktion in Gleichung (6.27) in das 1,6-Diphosphat umgewandelt werden [87]. Obwohl unter normalen Umständen Glucose-

1,6-diphosphat ein

α-D-Glucose-1-phosphat + Phosphoenzym ⇌

α-D-Glucose-1,6-diphosphat + Enzym (6.27)

essentieller Cofaktor für die Phosphoglucomutasereaktion darstellt, ist sein Zusatz nicht erforderlich, wenn das phosphorylierte Enzym in größeren Mengen anwesend ist, die über den katalytisch notwendigen liegen.

Das dephosphorylierte Enzym reagiert weder mit Glucose-6-phosphat noch mit Glucose-1-phosphat. Außerdem reagiert das Glucose-1,6-diphosphat nicht mit dem voll phosphorylierten Enzym [89].

Die Gesamtreaktion der Phosphoglucomutase (α-D-Glucose-1,6-diphosphat:α-D-Glucose-1-phosphatphosphotransferase) folgt demnach dem nachstehend angegebenen Schema.

α-D-Glucose-1-phosphat + Phosphoenzym ⇌ ↘
α-D-Glucose-1,6-diphosphat: Enzym
α-D-Glucose-6-phosphat + Phosphoenzym ⇌ ↗

Es ist sehr schwierig, die genaue Natur des Glucosediphosphat-Enzym-Komplexes zu ermitteln. KOSHLAND und Mitarbeiter [90] haben die Gleichgewichtskonstante der Reaktion (6.27) gemessen und diese wesentlich niedriger gefunden als sie nach den Berechnungen anderer Autoren zu erwarten war. Sie schlußfolgerten daraus, daß die Phosphoglucomutase die reversible Übertragung von Phosphat ohne obligatorische Bildung von *freiem* α-D-Glucose-1,6-diphosphat katalysiert.

Einer Erläuterung bedarf ein weiterer Aspekt der Phosphoglucomutasereaktion. Während des katalytischen Vorgangs wird nur ein Serinrest des Enzymmoleküls phosphoryliert; es scheint daher, daß die Hydroxylgruppe dieses besonderen Serinrestes eine höhere nucleophile Aktivität als normal besitzt. Da die pH-Aktivitätskurve des Enzyms [89] bei etwa pH 7,5 einen Gipfel zeigt und die Reaktion von einer ionisierbaren Gruppe mit einem pK_s von 6—7 abzuhängen scheint, muß diese Gruppe in der basischen Form vorliegen. Es ist möglich, daß diese Gruppe die Imidazolgruppe eines Histidinrestes darstellt. RAY und KOSHLAND [91] wiesen nämlich nach, daß bei Zerstörung eines Histidinrestes durch Photooxidation der Verlust der katalytischen Aktivität eintritt. Möglicherweise fungiert die Imidazolgruppe eines Histidinrestes als basischer Katalysator, der die Reaktivität der Hydroxylgruppe des Serins im aktiven Zentrum erhöht. Eine derartige Situation trifft für die aktiven Serinhydrolasen zu und wurde eingehender im Zusammenhang mit der Wirkungsweise des Chymotrypsins besprochen.

Ribonuclease (2.7.7.16) [92a]

Die Ribonucleasen verschiedener Herkunft bewirken den Abbau von Ribonucleinsäuren zu Oligonucleotiden durch Hydrolyse der Phosphodiesterbindungen. Eingehende Untersuchungen der Reaktion haben ergeben, daß die Wirkung dieser

Enzyme nicht so sehr als Hydrolasen, sondern besser als Transferasen beschrieben werden sollte [92]. Der durch Ribonuclease katalysierte Abbau von Ribonucleinsäure besteht in erster Linie in der Übertragung einer Phosphatgruppe aus der 5-Position eines Nucleotidrestes auf die 2-Position des benachbarten Restes, wobei ein cyclisches 2',3'-Phosphat entsteht. Durch diese Reaktion wird die Polynucleotidkette gespalten (Abb. 6.10.). Das cyclische Phosphat wird anschließend

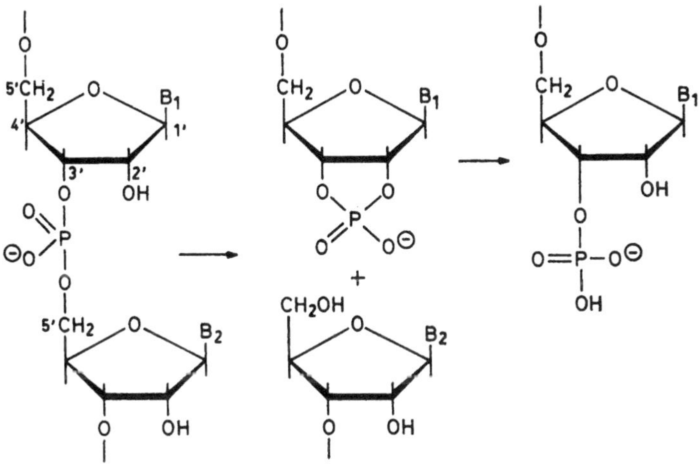

Abb. 6.10. Schema der durch Ribonuclease katalysierten Hydrolyse der RNS.

durch Hydrolyse in einen 3'-Phosphatmonoester umgewandelt. Beide Reaktionsschritte, die Bildung und die Öffnung des cyclischen Derivats, werden durch Ribonuclease katalysiert. Da der erste Schritt reversibel ist, kann Ribonuclease die Synthese verschiedener Nucleotidabkömmlinge aus cyclischem Phosphat und Alkohol katalysieren.

Weit intensiver als andere Ribonucleasen wurde die Ribonuclease A aus Rinderpankreas untersucht. Ihre Spezifität besteht in der Übertragung des Phosphatrestes eines Pyrimidinnucleotids in die 2'-Position. Deshalb muß die Base B_1 in Abbildung 6.10. Pyrimidin sein.

Die Ribonuclease A ist ein Protein, das aus einer einzigen Kette mit einem Molekulargewicht von 13800 besteht und 124 Aminosäurereste enthält. Die Aminosäuresequenz, die in Abbildung 6.11. dargestellt ist, wurde vor allem von Hirs, Moore, Smyth und Stein [93] aufgeklärt. Das Molekül besitzt vier intramolekulare Cysteinbrücken, die durch Reduktion gespalten werden können, wobei die katalytische Aktivität des Enzyms verlorengeht. Dieser Aktivitätsverlust beruht vor allem auf einer Änderung der Tertiärstruktur des Proteins. Durch Reoxidation tritt nahezu vollständige Reaktivierung ein; das bedeutet, daß das Protein die Fähigkeit zur Selbstorganisation unter Bildung seiner richtigen Konformation besitzt [94].

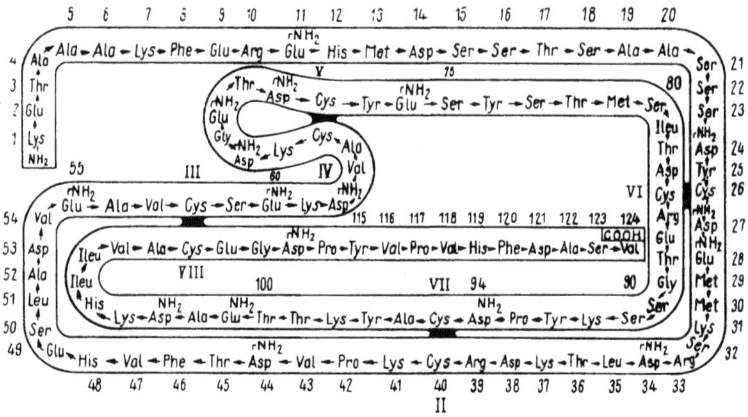

Abb. 6.11. Die von SMYTH, STEIN und MOORE [93] angegebene Aminosäuresequenz des Enzyms Ribonuclease A. (Freundlicherweise überlassen von S. MOORE und der American Society of Biological Chemists.)

Von besonderem Interesse sind die Histidinreste in den Positionen 12 und 119. Bei Behandlung der Ribonuclease mit Jodacetat werden zwei Produkte in verschiedenen Mengen erhalten [95]. Die größere Menge besitzt am Histidin-119 eine Carboxymethylgruppe, während die kleinere am Histidin-12 carboxymethyliert ist. Ein Produkt, in den beide Histidine im gleichen Molekül umgesetzt waren, wurde nicht erhalten. Dieses Experiment weist auf mehrere interessante und wichtige Punkte hin. Unter den verwendeten Bedingungen (pH 5,5) reagieren die Imidazolgruppen der Histidinreste normalerweise nicht mit Jodacetat. Folglich müssen sich die beiden Histidine in der Ribonuclease in einer besonderen Umgebung befinden. Da niemals beide Histidine eines Moleküls carboxymethyliert werden, muß die Reaktion eines Restes die Reaktion des anderen verhindern; diese beiden Reste müssen sich also, obwohl sie in der Aminosäuresequenz weit voneinander entfernt sind, im nativen Zustand des Enzyms in Wirklichkeit sehr nahe beieinander befinden. Jodacetamid reagiert unter den gleichen Bedingungen nicht; dies unterstreicht die Bedeutung der negativen Ladung des Jodacetatmoleküls. Möglicherweise wird das Carboxylation an eine (protonisierte) Imidazolgruppe gebunden, wobei die Reaktionsfähigkeit zunimmt. Aufgrund dieser Vorstellung kann die Entfernung zwischen den beiden Imidazolringen auf ungefähr 5 Å geschätzt werden.

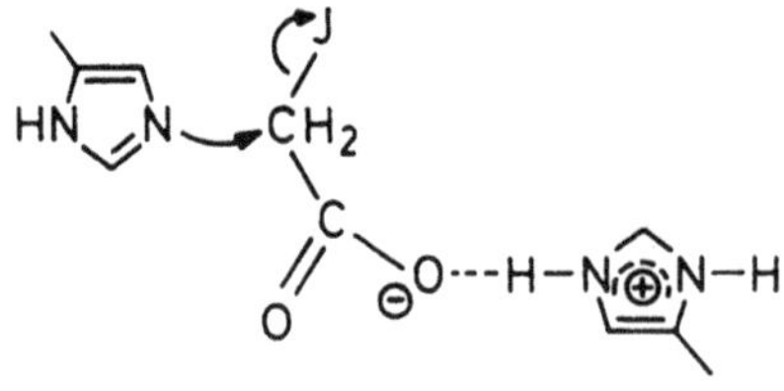

Die beiden Produkte der Jodacetatreaktion sind inaktiv; folglich ist die Region des Enzyms, die diese beiden Histidinreste enthält, das aktive Zentrum; entweder einer oder beide Reste sind für die Aktivität unbedingt erforderlich. Kompetitive Inhibitoren des Enzyms verlangsamen die Reaktion des Enzyms mit Jodacetat; das ist eine Bestätigung dafür, daß die Reaktion tatsächlich im aktiven Zentrum stattfindet. Eine Zerstörung der Histidinreste 12 und 119 durch Photooxidation bewirkt den Verlust der Aktivität [96].

Andere für die katalytische Aktivität der Ribonuclease bedeutsame Aminosäurereste sind die Asparaginsäure in Position 121 und das Lysin-41. Die Entfernung der Asparaginsäure durch Carboxypeptidase verursacht ebenso den Verlust der Aktivität [97] wie eine Blockierung der ε-Aminogruppe in Position 41 mit Fluordinitrobenzol [98].

Das nach Behandlung von Ribonuclease A mit dem proteolytischen Enzym Subtilopeptidase A (3.4.4.16) erhaltene Produkt ist katalytisch aktiv [99]. Dieses Produkt ist als Ribonuclease-S bekannt und kann in zwei Bruchstücke getrennt werden; das eine Fragment ist das N-terminale Peptid und enthält 20 Aminosäurereste (S-Peptid), das andere ist der Rest des Proteins (S-Protein) und besteht aus 104 Resten. Jedes dieser Fragmente, also sowohl das S-Peptid als auch das S-Protein, ist allein vollständig inaktiv. Werden sie jedoch im molaren Verhältnis von 1:1 miteinander gemischt, so wird die volle katalytische Aktivität zurückgewonnen. Das rekonstituierte Enzym ist als Ribonuclease-S′ bekannt. Dieses Ergebnis zeigt, daß jedes der Fragmente für die katalytische Aktivität des Enzyms notwendige Faktoren besitzt und durch Kombination der Bruchstücke das aktive Zentrum regeneriert wird. Jede Bindung zwischen dem S-Peptid und dem S-Protein muß nichtkovalent sein (s. die Aminosäuresequenz); sie muß jedoch außerordentlich fest sein, da bei einer Rekombination im Verhältnis von 1:1 die eigentliche Aktivität wiedererlangt wird. Das Gleichgewicht (6.28) begünstigt somit die Rekombination in einem sehr hohen Grad.

$$\text{S-Peptid} + \text{S-Protein} \rightleftharpoons \text{Ribonuclease-S}' \tag{6.28}$$

Die Ribonuclease-S bildet ein einmaliges System zum Studium zweier wichtiger Aspekte der Enzymchemie, nämlich die Untersuchung der Rolle bestimmter Aminosäurereste im katalytischen Prozeß und die Natur der Protein-Peptid-Wechselwirkung.

Hofmann und seine Mitarbeiter [100] und später Scoffone et al. [101] synthetisierten verschiedene, dem S-Peptid verwandte Peptide, um diese beiden Probleme näher zu untersuchen. Die folgenden Beispiele aus der großen Anzahl der von Hofmann et al. synthetisierten Peptide zeigen die dabei erhaltenen Ergebnisse. Das vollsynthetisierte S-Peptid, das die Sequenz 1—20 des Enzyms enthält, ergibt bei Kombination mit dem S-Protein im molekularen Verhältnis 1:1 volle Aktivität. Genauso ergibt das dem S-Peptid mit der Sequenz 1—14 entsprechende Peptid volle Aktivität bei einem 1:1-Verhältnis. Das zeigt, daß die Reste 15—20 weder für die Peptid-Protein-Bindung noch für die katalytische Aktivität notwendig sind. Das Peptid mit der Sequenz 1—13 ergibt jedoch nur 50% der

Aktivität bei einem Peptid:Protein-Verhältnis von 3:1. Volle Aktivität kann nur bei Verwendung eines sehr hohen Peptid-Protein-Verhältnisses erreicht werden. Das bedeutet, daß der Aspartylrest in Position 14 zwar nicht zur katalytischen Aktivität des Enzyms beiträgt, wohl aber signifikant an der Bindung zwischen dem Peptid und dem Protein in der Ribonuclease-S beteiligt ist (und vermutlich auch an den intramolekularen Kräften innerhalb des intakten Enzyms).

Das Dodecapeptid mit der Sequenz 1—12 ergibt bei einem Peptid-Protein-Verhältnis von 88 eine 50%ige Aktivierung; dieses Resultat zeigt die Bedeutung des Methioninrestes 13, der offenbar ebenfalls zur Bindung zwischen dem Peptid und dem Protein beiträgt. Wenn der Histidinrest 12 nicht vorhanden ist (Sequenz 1—11), so kann bei Kombination dieses Peptids mit dem S-Protein überhaupt keine katalytische Aktivität mehr nachgewiesen werden. Dieser wichtige Hinweis auf die essentielle Bedeutung des Histidinrestes 12 für den katalytischen Vorgang konnte von Hofmann und seiner Gruppe [102] bestätigt werden, indem sie ein dem Peptid mit der Sequenz 1—14 entsprechendes Peptid darstellten, bei dem der Histidinrest 12 durch einen 3-Pyrazolylalaninrest ersetzt wurde. Dieses Peptid besitzt als Seitenkette einen Pyrazolring, der in Größe und Form dem Imidazolring des Histidins ähnlich, aber durch ganz andere chemische Eigenschaften ausgezeichnet ist. Dieses neue Peptid ist nicht nur unfähig zur Aktivierung des S-Proteins, sondern es kann auch als kompetitiver Inhibitor auf die Wechselwirkung zwischen dem normalen S-Peptid und dem S-Protein wirken.

Wie andere Resultate ergaben, ist auch der Glutamylrest in Position 2 für die Bindung des S-Peptids an das S-Protein wichtig.

Rabin und seine Mitarbeiter führten einige wichtige kinetische Untersuchungen an der Ribonuclease A durch [103]. Danach besitzt das aktive Zentrum zwei ionisierbare Gruppen, die im freien Enzym pK_s-Werte von 5,22 und 6,78 haben und von denen eine in der Säureform vorliegt. Untersuchungen des katalytischen Vorgangs in Medien, die organische Lösungsmittel enthalten, ergaben, daß beide Gruppen Kationensäuren bilden und demzufolge höchstwahrscheinlich Histidylreste darstellen. Diese Autoren leiteten auch die Existenz einer Bindungsstelle am Enzym für ein Wassermolekül (während des Hydrolyseschritts) ab, das wahrscheinlich unter Ausbildung einer Wasserstoffbindung mit der basischen Form des Histidinrestes an das Enzym fixiert wird. Sie beobachteten auch Verschiebungen der pK_s-Werte der aktiven Gruppen bei Substratbindung und leiteten daraus ab, daß das Histidin in seiner sauren Form in noch unbekannter Weise mit dem Substrat in Wechselwirkung tritt.

Neuere kinetische Studien unter Einbeziehung von Techniken zur Messung schneller Reaktionen [104, 105] machen die große Komplexität des Mechanismus deutlich. Hammes und Mitarbeiter [105] fanden im Enzym wenigstens drei ionisierbare Gruppen (mit pK_s-Werten von 5, 6 und 6,7) und die Beteiligung von mindestens fünf Zwischenprodukten bei der Hydrolyse von cyclischem 2′,3′-Cytidinphosphat. Bei der Hydrolyse des Dinucleotidderivates Cytidyl-3′,5′-cytidin wird für den Enzym-Substrat-Komplex ein Minimum von sieben Zuständen gefordert. Nachdem der geschwindigkeitsbestimmende Schritt stattgefunden hat, wird freies Cytidin vom Dinucleotidphosphat abgespalten, wobei die Spaltung der 5'-O-Phosphatbindung und die Bildung des cyclischen Phosphats als geschwindigkeitsbestimmender Schritt angenommen wird. Die Reaktion zeigt also große Ähnlichkeit mit der der Kinasen, bei der im geschwindigkeitsbestimmenden Schritt eine direkte Übertragung des Phosphats stattfindet.

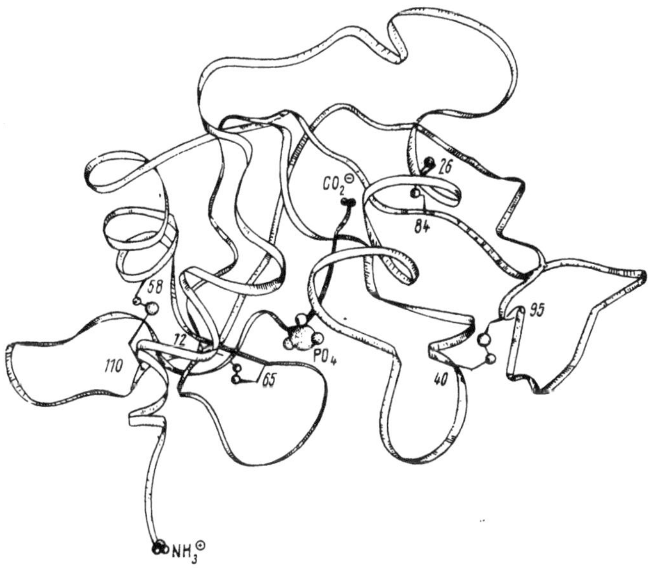

Abb. 6.12. Das Ribonucleasemolekül (G. KARTHA). Faltung der Hauptkette des Ribonucleasemoleküls aus Rinderpankreas. Das Protein besteht aus einer einzigen Kette mit 124 Aminosäureresten. Es beginnt am mit $NH_3^{\oplus}$ bezeichneten Aminoende und endet am mit $CO_2^{\ominus}$ bezeichneten carboxylterminalen Ende. Die Hauptkette ist an vier Stellen durch Disulfidbrücken aus Halbcystinresten quervernetzt. Die Disulfidpaarung dieser Brücken erfolgt zwischen den Positionen 26—84; 40—95; 58—110 und 65—72 der Sequenz. Der Bereich des aktiven Zentrums des Enzyms ist durch die Bindung des Phosphations (PO_4) und des Nucleotidinhibitors in einer Molekülspalte angedeutet. Dieses Modell wurde durch Röntgenbeugungsuntersuchungen an kristalliner Rinderpankreasribonuclease erhalten. (Freundlicherweise überlassen von G. KARTHA.)

Die Ergebnisse röntgenkristallographischer Untersuchungen bestätigen die mittels chemischer Methoden erhaltenen Resultate. Abbildung 6.12. zeigt die Faltung der Peptidkette des intakten Ribonucleasemoleküls [106]. Der N-terminale Anteil 1—20 (S-Peptid) liegt an der Vorderfläche und die Peptidbindung 20—21 befindet sich in der Schleife am oberen Ende des Moleküls. Dies erklärt die Wirkung der Subtilopeptidase A, da die von ihr aufgespaltene Peptidbindung dadurch leicht zugänglich ist. (In Wirklichkeit ist die Wirkung dieses Enzyms auf die Ribonuclease nicht so spezifisch wie ursprünglich angenommen wurde. Es werden mehrere in Nachbarschaft des Restes 21 sich befindliche Bindungen gespalten; das resultierende S-Peptid ist nicht homogen [107]. Da die Reste in diesem Bereich weder am katalytischen Vorgang noch an der Peptid-Protein-Bindung beteiligt sind, ist dieser Effekt für den Mechanismus relativ unwichtig.)

Abbildung 6.13. zeigt die von RICHARDS und seiner Gruppe [108] ermittelte dreidimensionale Struktur der Ribonuclease-S. Das aktive Zentrum des Enzyms

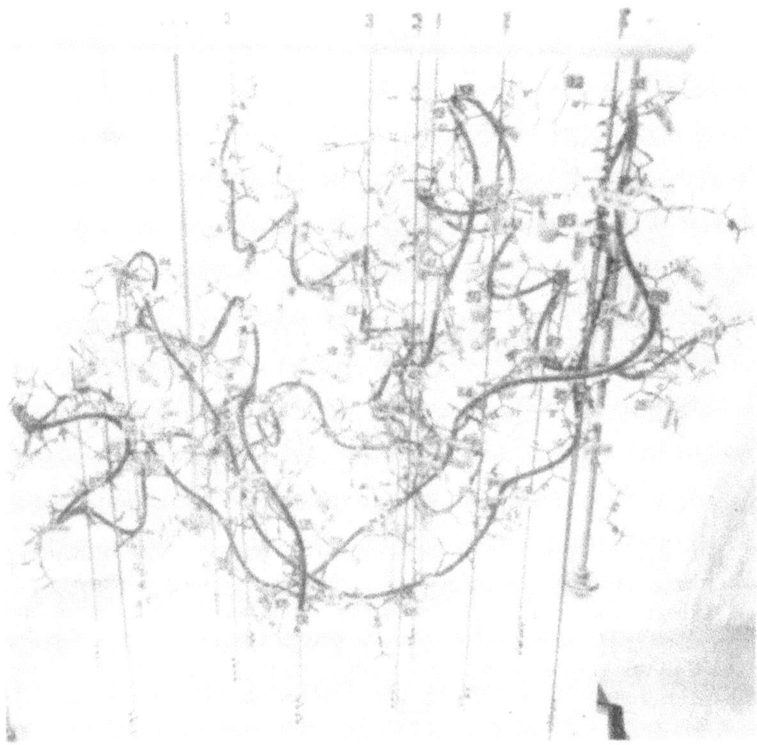

Abb. 6.13. Die dreidimensionale Struktur der Ribonuclease S [108]. (Freundlicherweise überlassen von F. M. RICHARDS.)

wurde mittels Bindung von Uridyl- und Joduridylsäure identifiziert. An dieser Stelle befinden sich die Histidine 12 und 119, wobei das Histidin 12 sehr nahe der 2'-Position des gebundenen Nucleosids liegt (in Übereinstimmung mit den Ergebnissen RABINS, die durch Messungen der optischen Rotationsdispersion und anderen Analysen bei Bindungen von Substraten und Inhibitoren erhalten wurden [103]). In der Nachbarschaft des aktiven Zentrums befinden sich auch das Lysin-41 und die Asparaginsäure-121 [97, 98]. Bestätigt wurden auch die mit den synthetischen Peptiden erhaltenen Resultate, nach denen die Asparaginsäure zur

Peptid-Protein-Bindung durch Bildung eines Ionenpaars mit der Guanidiniumgruppe des Arginins-33 beiträgt. Außerdem können die Reste 15—20 und 21—23 ohne Wirkung auf das restliche System entfernt werden.
Der zuerst von RABIN et al. [103] angenommene Mechanismus scheint mit den meisten, wenn nicht mit allen an der Ribonuclease A erhaltenen Daten übereinzustimmen. Nach Bildung des Enzym-Substrat-Komplexes ist der erste Schritt (Abb. 6.14.) eine konzertierte Säure-Basen-Katalyse, bei dem die basische Imidazolgruppe mit der 2'-Hydroxylgruppe in Wechselwirkung tritt und die Imidazolium-

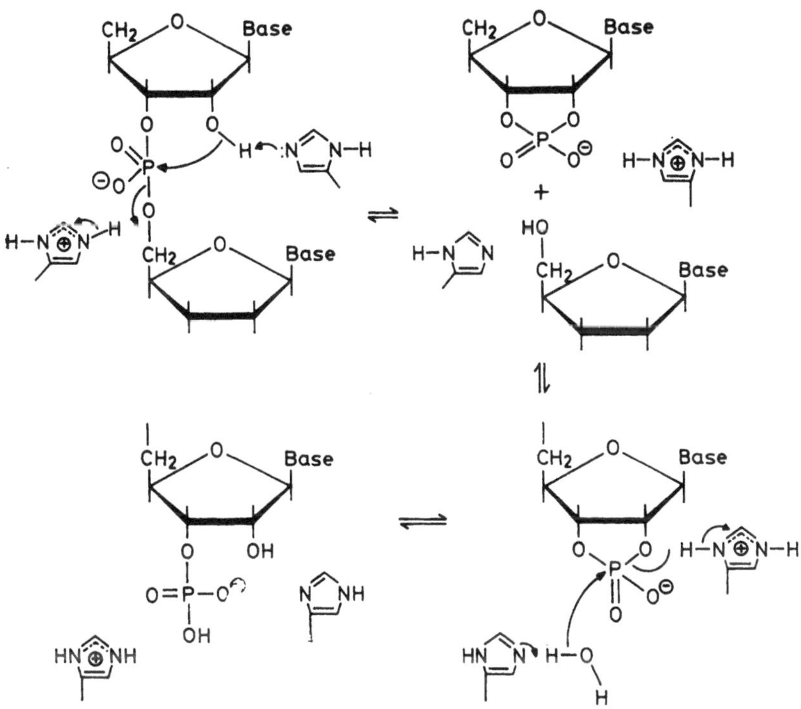

Abb. 6.14. Mechanismus der Ribonucleasewirkung.

gruppe bei der Substitution der sich abspaltenden Gruppe mitwirkt. Nach Abdissoziation des freigesetzten Nucleosids vom Enzym-Produkt-Komplex wird ein Molekül Wasser (oder möglicherweise auch ein Alkohol) gebunden, wobei die Spaltung der cyclischen Phosphatgruppe in umgekehrter Weise wiederum durch einen konzertierten Säure-Basen-Vorgang erfolgt. Dieser Schritt besteht in der Übertragung einer Gruppe auf ein Wassermolekül und kann als Hydrolyse angesehen werden. Der Übertragungsschritt besitzt in jedem Falle einen symmetrischen Übergangszustand (XXVIII), in dem das Phosphoratom in einer trigonalen bipyramidalen Elektronenkonfiguration vorliegt.

Eine kurze Darstellung eines anderen Aspektes der Ribonucleinsäurehydrolyse wurde in Kapitel 5 gegeben.

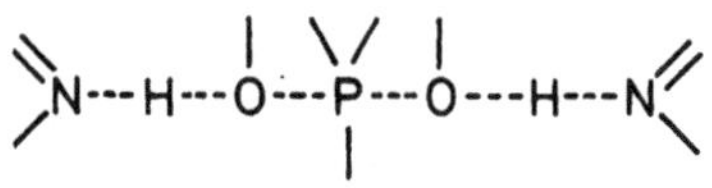

XXVIII

Literatur

[1] Hodgkin, D., Kamper, J., Lindsey, J., MacKay, M., Pickworth, J., Robertson, J. H., Shoemaker, C. B., White, J. G., Prosen, R. J., und Trueblood, K. N., Proc. R. Soc. **242 A**, 228 (1957)

[2] Guest, J. R., Friedman, S., und Woods, D. D., Nature, Lond. **194**, 340 (1962)

[3] Brady, R. O., und Barker, H. A., Biochim. biophys. Res. Commun. **4**, 464 (1961); Vitols, E., Walker, G., und Huennekens, F. M., Biochim. biophys. Res. Commun. **15**, 372 (1964)

[4] Smith, E. L., Mervyn, L., Johnson, A. W., und Shaw, N., Nature, Lond. **194**, 1175 (1962)

[5] Bernhauer, K., und Irion, E., Biochem. Z. **339**, 530 (1964)

[6] Taylor, R. T., und Weissbach, H., J. biol. Chem. **242**, 1509 (1967)

[7] Wood, J. M., und Wolfe, R. S., Biochemistry **5**, 3598 (1966)

[8] Weissbach, H., Peterkovsky, A., und Barker, H. A., Comprehensive Biochemistry, Hrsg. M. Florkin und E. H. Stotz, Bd. 16, S. 189 (Elsevier, 1965)

[9] Weissbach, H., und Taylor, R., Fedn. Proc. **25**, 1649 (1966)

[10] Weissbach, H., Peterkovsky, A., Redfield, B. G., und Dickerman, H., J. biol. Chem. **238**, 3318 (1963)

[11] Taylor, R. T., und Weissbach, H., Archs biochem. Biophys. **119**, 572 (1967)

[12] Stadtman, T. C., und Blaylock, B. A., Fedn. Proc. **25**, 1657 (1966)

[13] Kaziro, Y., Leone, E., und Ochoa, S., Proc. natn. Acad. Sci. U.S.A. **46**, 1319 (1960)

[14] Lane, M. D., Halenz, D. R., Kosow, D. P., und Hegree Carman, S., J. biol. Chem. **235**, 3082 (1960); Halenz, D. R., und Lane, M. D., Biochim. biophys. Acta **48**, 425 (1961)

[15] Kaziro, Y., und Ochoa, S., J. biol. Chem. **236**, 3131 (1961)

[16] Ochoa, S., und Kaziro, Y., Comprehensive Biochemistry Bd. 16, S. 210 (Elsevier, 1965)

[17] Lane, M. D., und Lynen, F., Proc. natn. Acad. Sci. U.S.A. **49**, 379 (1963)

[18] Kosow, D. P., und Lane, M. D., Biochem. biophys. Res. Commun. **7**, 439 (1963)

[19] Knappe, J., Wenger, B., und Wiegand, U., Biochem. Z. **337**, 232 (1963); Knappe, J., Biederbick, K. H., und Brummer, W., Angew. Chem. **74**, 432 (1962)

[20] Wood, H. G., Lochmüller, H., Riepentinger, C., und Lynen, F., Biochem. Z. **337**, 247 (1963)

[21] Knappe, J., Ringelmann, E., und Lynen, F., Biochem. Z. **335**, 168 (1961)

[22] Caplow, M., J. Am. chem. Soc. **87**, 5774 (1965)

[23] Mildvan, A. S., Scrutton, M. C., und Utter, M. F., J. biol. Chem. **241**, 3488 (1966)

[24] KAZIRO, Y., HASS, L. F., BOYER, P. D., und OCHOA, S., J. biol. Chem. 237, 1460 (1962)
[25] KOSHLAND, D. E., jr., Phosphorus Metabolism, Hrsg. W. D. McElroy und B. Glass, Bd. 1, S. 536 (Johns Hopkins Press, Baltimore, 1951)
[26] Enzyme Nomenclature, S. 97 (Elsevier, Amsterdam, 1965)
[27] JAENICKE, L., und LYNEN, F., The Enzymes Bd. 3, S. 3 (Academic Press, New York, 1960)
[28] BESSMAN, S. P., und LIPMAN, F., Archs biochem. Biophys. 46, 252 (1953)
[29] LYNEN, F., HENNING, U., BUBLITZ, C., SORBO, F., und KROPLIN-RUEFF, L., Biochem. Z. 330, 269 (1953)
[30] LYNEN, F., Fedn Proc. 12, 683 (1953)
[31] FOLK, J. K., MULLOOLY, J. P., und COLE, P. W., J. biol. Chem. 242, 1838 (1967); FOLK, J. K., COLE, P. W., und MULLOOLY, J. P., J. biol. Chem. 242, 2615, 4329 (1967)
[32] FOLK, J. K., und COLE, P. W., J. biol. Chem. 240, 2951 (1965)
[33] GLASER, L., Comprehensive Biochemistry Bd. 15, S. 93 (Elsevier, 1964)
[34] COHN, M., The Enzymes Bd. 5, S. 179 (Academic Press, New York, 1961); BROWN, D. H., und CORI, C. F., The Enzymes Bd. 5, S. 207 (Academic Press, New York, 1961)
[35] COHN, M., J. cell. comp. Physiol. 54, Suppl. 1, 17 (1959); J. biol. Chem. 180, 771 (1949)
[36] HESTRIN, S., First IUB/IUBS Symposium; Biological Structure and Function Bd. 1, S. 315 (1961)
[37] KOSHLAND, D. E., jr., The Mechanism of Enzyme Action, Hrsg. W. D. McElroy und B. Glass, S. 608 (Johns Hopkins Press, 1954)
[38] DOUDOROFF, M., The Enzymes Bd. 5, S. 229 (Academic Press, New York, 1961)
[39] SILVERSTEIN, R., VOET, J., REED, D., und ABELES, R. H., J. biol. Chem., 242, 1338 (1967)
[40] DOUDOROFF, M., BARKER, H. A., und HASSID, W. Z., J. biol. Chem. 168, 725 (1947)
[41] WOLOSHOW, H., PUTMAN, E. W., DOUDOROFF, M., HASSID, W. Z., und BARKER, H. A., J. biol. Chem. 180, 1238 (1949)
[42] ALBERTY, R. A., Adv. Enzymol. 17, 1 (1956)
[43] DEDONDER, R. A., Bull. soc. chim. biol. 42, 1748 (1960); JOYEUX, Y., und DEDONDER, R. A., Compt. rend. 255, 608 (1962)
[44] FITTING, C., und DOUDOROFF, M., J. biol. Chem. 199, 153 (1952)
[45] MADSEN, N. B., und CORI, C. F., J. biol. Chem. 223, 1055 (1956); MADSEN, N. B., J. biol. Chem. 223, 1067 (1956)
[46] BARANOWSKI, T., ILLINGWORTH, B., BROWN, D. H., und CORI, C. F., Biochim. biophys. Acta 25, 16 (1957); CORI, C. F., und ILLINGWORTH, B., Proc. natn. acad. Sci. U.S.A. 43, 547 (1957)
[47] ILLINGWORTH, B., JANSZ, H. S., BROWN, D. H., und CORI, C. F., Proc. natn. Acad. Sci. U.S.A. 44, 1180 (1958)
[48] FISCHER, E. H., KENT, K. B., SNYDER, E. R., und KREBS, E. G., J. Am. chem. Soc. 80, 2906 (1958)
[49] SEALOCK, R. W., und GRAVES, D. J., Biochemistry 6, 201 (1967)
[50] MADSEN, N. B., und SHECHOSKY, S., J. biol. Chem. 242, 3301 (1967)
[51] WANG, J. H., und GRAVES, D. J., Biochemistry 3, 1437 (1964); WANG, J. H., SHONKA, M. L., und GRAVES, D. J., Biochemistry 4, 229 (1965)
[52] LOWRY, O. H., SCHULZ, D. W., und PASSONEAU, J. V., J. biol. Chem. 242, 271 (1967)

[53] COHN, M., und CORI, C. F., J. biol. Chem. **175**, 89 (1948)
[54] KREBS, E. G., und FISCHER, E. H., Adv. Enzymol. **24**, 263 (1962)
[55] HERBST, R. M., und ENGELL, L. L., J. biol. Chem. **107**, 505 (1934); HERBST, R. M., J. Am. chem. Soc. **58**, 2239 (1936); HERBST, R. M., Adv. Enzymol. **4**, 75 (1944)
[56] NAKADA, H. I., und WEINHOUSE, S., J. biol. Chem. **204**, 831 (1953)
[57] BRAUNSTEIN, A. E., Enzymologia **7**, 25 (1939)
[58] COHEN, P. P., Biochem. J. **33**, 1478 (1939)
[59] SNELL, E. E., J. Am. chem. Soc. **67**, 194 (1945); METZLER, D. E., und SNELL, E. E., J. Am. chem. Soc. **74**, 979 (1952); METZLER, D. E., OLIVARD, J., und SNELL, E. E., J. Am. chem. Soc. **76**, 644 (1954); LONGENECKER, J. B., und SNELL, E. E., J. Am. chem. Soc. **79**, 142 (1957)
[60] METZLER, D. E., IKAWA, M., und SNELL, E. E., J. Am. chem. Soc. **76**, 648 (1954)
[61] SNELL, E. E., Chemical and Biological Aspects of Pyridoxal Catalysis, Hrsg. E. E. SNELL, F. M. FASELLA, A. E. BRAUNSTEIN und A. R. FANELI, S. 1 (Pergamon, London 1963)
[62] BRAUNSTEIN, A. E., und SHEMYAKIN, M. M., Doklady Akad. Nauk S.S.R. **85**, 1115 (1952); Biokhimiya **18**, 393 (1953), zit. in Lit. [61]
[63] IKAWA, M., und SNELL, E. E., J. Am. chem. Soc. **76**, 653 (1954)
[64] BANKS, B. E. C., DIAMANTIS, A. A., und VERNON, C. A., J. chem. Soc. 4253 (1961)
[65] BRUICE, T. C., und TOPPING, R. M., Chemical and Biological Aspects of Pyridoxal Catalysis S. 29 (Pergamon, London, 1963)
[66] JENCKS, W. P., und CORDES, E., Chemical and Biological Aspects of Pyridoxal Catalysis S. 57 (Pergamon, London, 1963)
[67] VELICK, S. F., und VAVRA, J., J. biol. Chem. **237**, 2109 (1962)
[68] HAMMES, G. G., und FASELLA, P., Chemical and Biological Aspects of Pyridoxal Catalysis, S. 185 (Pergamon, London, 1963)
[69] BANKS, E. C., LAURENCE, A. C., VERNON, C. A., und WOOTTON, J. F., Chemical and Biological Aspects of Pyridoxal Catalysis S. 197 (Pergamon, London, 1963)
[70] TURANO, C., FASELLA, P., und GIARTOSIO, A., Biochim. biophys. Acta **58**, 255 (1962)
[71] JENKINS, W. T., und SIZER, I. W., J. biol. Chem. **235**, 620 (1960)
[72] JENKINS, W. T., und SIZER, I. W., J. biol. Chem. **234**, 1179 (1959)
[73] FISCHER, E. H., und KREBS, E. G., Abst. Nat. Meeting A.C.S. 24C (1959); HUGHES, R. C., JENKINS, W. T., und FISCHER, E. H., Proc. natn. Acad. Sci. U.S.A. **48**, 1615 (1957)
[74] TURANO, C., FASELLA, P., und GIARTOSIO, A., Proc. Vth Int. Cong. Biochem. Abstracts, S. 128 (Moskau, 1961)
[75] ANDERSON, J. A., und SONG, P.-S., Archs biochem. Biophys. **122**, 224 (1967)
[76] POLYANOVSKY, O. L., und KEIL, B. A., Biokhimiya **28**, 375 (1963)
[77] TURANO, C., Abst. Meeting Fed. Eur. Biochem. Soc. 7 (1964)
[78] TURANO, C., GIARTOSIO, A., RIVA, F., BARONCELLI, V., und ROSSA, F., Archs biochem. Biophys. **117**, 678 (1966)
[79] MARTINEZ-CARRION, M., TURANO, C., RIVA, F., und FASELLA, P., J. biol. Chem. **242**, 1426 (1967)
[80] WONG, K. F., und COSSINS, E. A., Biochem. biophys. Res. Commun. **25**, 651 (1966)
[81] METZLER, D. E., LONGENECKER, J. B., und SNELL, E. E., J. Am. chem. Soc. **75**, 2786 (1953); METZLER, D. E., LONGENECKER, J. B., und SNELL, E. E., J. Am. chem. Soc. **76**, 639 (1954)

[82] APPS, D. K., Biochem. J. **104**, 35P (1967); FROMM, H. J., und ZEWE, V., J. biol. Chem. **237**, 3027 (1962); PARRY, M. J., und WALKER, D. G., Biochem. J. **105**, 473 (1967); LARSSON-RAZNIKIEWISZ, M., Biochim. biophys. Acta **132**, 33 (1967); WATTS, D. C., und RABIN, B. R., Biochem. J. **85**, 507 (1962); KERSON, L. A., GARFINKEL, D., und MILDVAN, A. S., J. biol. Chem. **242**, 2124 (1967) und andere in diesen Publikationen zit. Lit.

[83] GAMBLE, J. L., und NAJJAR, V. A., Science **120**, 1023 (1954); KAUFMAN, S., J. biol. Chem. **216**, 153 (1955)

[84] COOPER, R. A., und KORNBERG, H. L., Biochim. biophys. Acta **141**, 211 (1967); COOPER, R. A., und KORNBERG, H. L., Biochim. biophys. Acta **104**, 618 (1965); BERMAN, K., ITADA, N., und COHN, M., Biochim. biophys. Acta **141**, 214 (1967)

[85] LELOIR, L. F., TRUCCO, R. E., CARDINI, C. E., PALADINI, A., und CAPUTTO, R., Archs Biochem. **19**, 339 (1948); CARDINI, C. E., PALADINI, A. C., CAPUTTO, R., LELOIR, L. F., und TRUCCO, R. E., Archs Biochem. **22**, 87 (1949)

[86] SUTHERLAND, E. W., COHN, M., POSTERNAK, T., und CORI, C. F., J. biol. Chem. **180**, 1285 (1949)

[87] NAJJAR, V. A., und PULLMAN, M. E., Science **119**, 631 (1954); NAJJAR, V. A., The Enzymes Bd. 6, S. 161 (Academic Press, New York, 1962)

[88] ANDERSON, L., und JOLLÉS, G. R., Archs biochem. Biophys. **71**, 127 (1957); MILSTEIN, C., und SANGER, F., Biochem. J. **79**, 456 (1949); HARSHMAN, S., und NAJJAR, V. A., Fedn Proc. **21**, 233 (1962)

[89] CORI, C. F., und BROWN, D. H., Comprehensive Biochemistry Bd. 15, S. 212 (Elsevier, 1964)

[90] GOUNARIS, A. D., HORTON, H. R., und KOSHLAND, D. E., jr., Biochim. biophys. Acta **132**, 41 (1967)

[91] RAY, W. J., jr., und KOSHLAND, D. E., jr., J. biol. Chem. **237**, 2493 (1962)

[92] ANFINSEN, C. B., und WHITE, F. H., The Enzymes Bd. 5, S. 95 (Academic Press, New York, 1961)

[92a] BARNARD, E. A., Ann. rev. Biochem. **38**, 677 (1969)

[93] SMYTH, D. G., STEIN, W. H., und MOORE, S., J. biol. Chem. **238**, 227 (1963); HIRS, C. H. W., MOORE, S., und STEIN, W. H., J. biol. Chem. **235**, 633 (1960)

[94] WHITE, F. H., J. biol. Chem. **235**, 383 (1960)

[95] CRESTFIELD, A. M., STEIN, W. H., und MOORE, S., J. biol. Chem. **238**, 2413 (1963)

[96] KENKARE, U. W., und RICHARDS, F. M., J. biol. Chem. **241**, 3197 (1966)

[97] POTTS, J. T., YOUNG, D. M., ANFINSEN, C. B., und SANDOVAL, A., J. biol. Chem. **239**, 3781 (1964)

[98] HIRS, C. H. W., Brookhaven Symp. Biol. **15**, 154 (1962); MARFEY, P. S., UZIEL, M., und LITTLE, J., J. biol. Chem. **240**, 3270 (1960)

[99] RICHARDS, F. M., und VITHAYATHIL, P. J., J. biol. Chem. **234**, 1459 (1959); VITHAYATHIL, P. J., und RICHARDS, F. M., J. biol. Chem. **235**, 2343 (1960)

[100] HOFMANN, K., HAAS, W., SMITHERS, M. J., WELLS, R. D., WOLMAN, Y., YANAIHARA, N., und ZANETTI, G., J. Am. chem. Soc. **87**, 620 (1965); FINN, F. M., und HOFMANN, K., J. Am. chem. Soc. **89**, 5298 (1967); FINN, F. M., VISSA, J. P., und HOFMANN, K., Proc. IXth Eur. Peptide Symposium (1968)

[101] SCOFFONE, E., MARCHIORI, F., MORODER, L., ROCCHI, R., und SCATTURIN, A., Proc. IXth Eur. Peptide Symposium (1968) und frühere Lit.

[102] HOFMANN, K., FINN, F., LIMETTI, M., MONTIBELLER, J., und ZANETTI, G., J. Am. chem. Soc. **88**, 3633 (1966)

[103] Herries, D. G., Mathias, A. P., und Rabin, B. R., Biochem. J. **85**, 127 (1962); Findlay, D., Mathias, A. P., und Rabin, B. R., Biochem. J. **85**, 134, 139 (1962); Ross, C. A., Mathias, A. P., und Rabin, B. R., Biochem. J. **85**, 145 (1962); Findlay, D., Herries, D. G., Mathias, A. P., Rabin, B. R., und Ross, C. A., Biochem. J. **85**, 152 (1962); Deavin, A., Mathias, A. P., und Rabin, B. R., Biochem. J. **101**, 14C (1966); Mathias, A. P., und Rabin, B. R., Biochem. J. **103**, 62P (1967)

[104] Ramsden, E. N., und Laidler, K. J., Can. J. Chem. **44**, 2597 (1966)

[105] Hammes, G. G., und Schimmel, P. R., J. Am. chem. Soc. **87**, 4665 (1965); Cathou, R. E., und Hammes, G. G., J. Am. chem. Soc. **87**, 4674 (1965)

[106] Kartha, G., Bello, J., und Harker, D., Nature, Lond. **213**, 862 (1967)

[107] Doscher, M. S., und Hirs, C. H. W., Biochemistry **6**, 304 (1967)

[108] Wyckoff, H. W., Hardman, K. D., Allewell, N. M., Inagami, T., Johnson, L. N., und Richards, F. M., J. biol. Chem. **242**, 3984 (1967)

Neuere Literatur

Wang, J. H., und Tu, J. I., Allosteric properties of glutaraldehyde-modified glycogen phosphorylase b. J. Biol. Chem. **245**, 176 (1970)

Kosow, D. P., und Rose, I. A., Product inhibition of the hexokinases. J. Biol. Chem. **245**, 198 (1970)

Wyckoff, H. W., Tsernoglon, D., Hanson, A. W., Knox, J. R., Lee, B., und Richards F. M., The three-dimensional structure of ribonuclease-S. J. Biol. Chem. **245**, 305 (1970)

Peterson, D. L., und Martinez-Carrion, M., The mechanism of transamination. J Biol. Chem. **245**, 806 (1970)

Voet, J. G., und Abeles, R. H., The mechanism of action of sucrose phosphorylase. J. Biol. Chem. **240**, 1020 (1970)

Gold, A. M., Johnson, R. M., und Tsong, J. K., Kinetic mechanism of rabbit muscle glycogen phosphorylase a. J. Biol. Chem. **245**, 2564 (1970)

Johnson, G. F., Tu, J.-I., Bartlett, M. L. S., und Graves, D. J., Physical-chemical studies on the pyridoxal phosphate binding site in sodium borohydride-reduced and native phosphorylase. J. Biol. Chem. **245**, 5560 (1970)

Rosenberg, J. S., und Litwack, G., Liver cytosol tyrosine aminotransferase. J. Biol. Chem. **245**, 5677 (1970)

Abbott, E. H., und Martell, A. E., The reaction of amines with pyridoxal azomethines. The question of transaldimation and its role in the mechanism of vitamin B_6 enzymes. J. Am. Chem. Soc. **93**, 5852 (1971)

Rowley, G. L., Greenleaf, A. L., und Kenyon, G. L., On the specificity of creatine kinase. New glycocyamines and glycocyamine analogs related to creatine. J. Am. Chem. Soc. **93**, 5542 (1971)

Tu, J.-I., Jacobson, G. R., Graves, D. I., Isotopic effects and inhibition of polysaccharide phosphorylase by 1,5-gluconolactone. Relationship to the catalytic mechanism. Biochemistry **10**, 1229 (1971)

Riddle, B., und Jencks, W. P., Acetyl-coenzyme A: arylamine N-acetyltransferase. J. Biol. Chem. **246**, 3250 (1971)

Gold, A. M., Johnson, R. M., und Sánchez, G. R., Kinetic mechanism of potato phosphorylase. J. Biol. Chem. **246**, 3444 (1971)

Mieyal, J. J., Simon, M., und Abeles, R. H., Mechanism of action of sucrose phosphorylase. J. Biol. Chem. **247**, 532 (1972)

Cottam, G. L., Mildvan, A. S., Hunsley, J. R., und Suelter, C. H., Proton relaxation and kinetic studies of ternary complexes of an allosteric pyruvate kinase from yeast. J. Biol. Chem. **247**, 3802 (1972)

Finlay, T. H., Valinsky, J., Sato, K., und Abeles, R. H., Studies on the mechanism of action of coenzyme B_{12}. The formation of 5'-deoxy-adenosine and $B_{12}(r)$ in the reaction of dioldehydrase with chloroacetaldehyde. J. Biol. Chem. **247**, 4197 (1972)

Gutte, B., Lin, M. C., Caldi, D. G., und Merrifield, R. B., Reactivation of des (119-, 120-, or 121—124) ribonuclease A by mixture with synthetic COOH-terminal peptides of varying lengths. J. Biol. Chem. **247**, 4763 (1972)

Lin, M. C., Gutte, B., Caldi, D. G., Moore, S., und Merrifield, R. B., Reactivation of des (119—124) ribonuclease A by mixture with synthetic COOH-terminal peptides: the role of phenylalanine-120. J. Biol. Chem. **247**, 4768 (1972)

Cheng, S., und Martinez-Carrion, M., The active center of aspartate transaminase. A fluorine-19 nuclear magnetic resonance study of the anion binding site. J. Biol. Chem. **247**, 6597 (1972)

Flashner, M., Hollenberg, P. F., und Coon, M. J., Mechanism of action of pyruvate kinase. Role of sulfhydryl groups in catalytic activity as determined by disulfide interchange. J. Biol. Chem. **247**, 8114 (1972)

Polyanovsky, C. L., Demidkina, T. V., und Egorov, C. A., The position of an essential tyrosine residue in the polypeptide chain of aspartate transaminase. FEBS Letters **28**, 262 (1972)

Morrison, J. F., und Heyde, E., Enzymatic phosphoryl group transfer. Ann. Rev. Biochem. **41**, 30 (1972)

Torchinsky, Yu. M., Zufarova, R. A., Agalarova, M. B., und Severin, E. S., Identification of the functionally important cysteinyl residue in pig heart aspartate aminotransferase. FEBS Letters **28**, 302 (1972)

Pfeuffer, T., Ehrlich, J., und Helmreich, E., Role of pyridoxal 5'-phosphate in glycogen phosphorylase. Biochemistry **11**, 2125 (1972)

Raetz, C. R. H., und Auld, D. S., Schiff bases of pyridoxal phosphate with active center lysines of ribonuclease A. Biochemistry **11**, 2229 (1972)

See, J. P., und Fitt, P. S., Partial purification and properties of rat liver mitochondrial polynucleotide phosphorylase. Biochem. J. **130**, 343 (1972)

Purich, D. L., und Fromm, H. J., Activation of brain hexokinase by magnesium ions and by magnesium ion-adenosine triphosphate complex. Biochem. J. J. **130**, 63 (1972)

Fowler, L. J., und John, R. A., Active-site directed irreversible inhibition of rat brain 4-aminobutyrate aminotransferase by ethanolamine O-sulphate in vitro and in vivo. Biochem. J. **130**, 569 (1972)

Eisenthal, R., Harrison, R., Lloyd, W. J., und Taylor, N. F., Activity of fluoro and deoxy analogues of glycerol as substrates and inhibitors of glycerol kinase, Biochem. J. **130**, 199 (1972)

Okamoto, M., und Morino, Y., Affinity labeling of aspartate aminotransferase isozymes by bromopyruvate. J. Biol. Chem. **248**, 82 (1973)

Voet, J. G., Hindenlang, D. M., Blanck, T. J. J., Ulevitch, R. J., Kallen, R. G., und Dunathan, H. C., The stereochemistry of pyridoxal phosphate enzymes. The absolute stereochemistry of cofactor C_4, Protonation in the transamination of holoserine hydroxymethylase by D-alanine. J. Biol. Chem. **248**, 841 (1973).

Chaiken, J. M., Freedman, M. H., Lyerla, J. R., und Cohen, J. S., Preparation and studies of ^{19}F-labeled and enriched ^{13}C-labeled semisynthetic ribonuclease-S′ analogues. J. Biol. Chem. **248**, 884 (1973)

Finlay, T. H., Valinsky, J., Mildvan, A. S., und Abeles, R. H., Electron spin resonance studies with dioldehydrase. Evidence for radical intermediates in reactions catalyzed by coenzyme B_{12}. J. Biol. Chem. **248**, 1285 (1973)

Birchmeier, W., Wilson, K. J., und Christen, P., Cytoplasmic aspartate aminotransferase: syncatalytic sulfhydryl group modification. J. Biol. Chem. **248**, 1751 (1973)

Martinez-Carrion, M., Cheng, S., und Relimpio, A. M., Nuclear magnetic resonance of aspartate transaminase. A ^{19}F and ^{1}H investigation of the binding of dicarboxylic acids to various forms of each isoenzyme. J. Biol. Chem. **248**, 2153 (1973)

Flashner, M., Tamir, I., Mildvan, A. S., Meloche, H. P., und Coon, M. J., Magnetic resonance and catalytic studies of pyruvate kinase with essential sulfhydryl or lysyl ε-amino groups chemically modified. J. Biol. Chem. **248**, 3419 (1973)

Hayashi, R., Moore, S., und Merrifield, R. B., Preparation of pancreatic ribonucleases 1—114 and 1—115 and their reactivation by mixture with synthetic COOH-terminal peptides. J. Biol. Chem. **248**, 3889 (1973)

Humniski, P. M., Ho, H. C., und Wang, J. H., Preparation and partial characterization of catalytically active tryptic derivatives of phosphorylase b. J. Biol. Chem. **248**, 4933 (1973)

Hirose, M., Sugimoto, E., und Chiba, H., Studies on crystalline yeast phosphoglucomutase: the presence of intrinsic zinc. Biochim. Biophys. Acta **289**, 137 (1973)

Steitz, T. A., Fletterick, R. J., und Hwang, K. J., Structure of yeast hexokinase. J. Mol Biol. **78**, 551 (1973)

Buchanan, J. M., The amidotransferases. Adv. Enzymol. **39**, 93 (1973)

Heyde, E., Nagabhushanam, A., und Morrison, J. F., Mechanism of the reaction catalyzed by the catalytic subunit of aspartate transcarbamylase. Biochemistry **12**, 4718, 4727 (1973)

Hohnadel, D. C., und Cooper, C., The effect of structural alterations on the reactivity of the nucleotide substrate of rabbit muscle pyruvate kinase. FEBS Letters **30**, 18 (1973)

Gillham, B., The mechanism of the reaction between glutathione and 1-naphthyl sulphate catalyzed by a glutathione S-transferase from rat liver. Biochem. J. **135**, 797 (1973)

Dann, L. G., und Britton, H. G., The reaction of diethyl pyrocarbonate with pyruvate kinase. Biochem. J. **137**, 405 (1974)

Bryant, T. N., Watson, H. C., und Wendell, P. L., Structure of yeast phosphoglycerate kinase. Nature **247**, 14 (1974)

Clarke, J. B., und Britton, H. G., The mechanism of phosphoglucomutase from Micrococcus lysodeikticus. Biochem. J. **137**, 453 (1974)

Kapitel 7

LYASEN

Die durch die Lyasen (Klasse 4 im Klassifikationssystem der Enzyme) katalysierten Reaktionen können allgemein als Eliminierungsvorgänge angesehen werden, bei denen das Enzym auf nichthydrolytischem Wege bestimmte Gruppen aus dem Substrat entfernt, wobei es gewöhnlich zur Ausbildung von Doppelbindungen kommt. Demnach bewirken die Hydrolyasen oder Dehydratasen die Eliminierung von Wasser:

$$H{-}X{-}\overset{|}{\underset{|}{C}}{-}OH \rightleftharpoons X{=}\overset{|}{\underset{|}{C}} + H_2O$$

Die Ammoniaklyasen verursachen die Abgabe von Ammoniak; die Histidinammoniaklyase (4.3.1.3) wandelt Histidin zu Urocanat um (Gleichung 7.1). Im

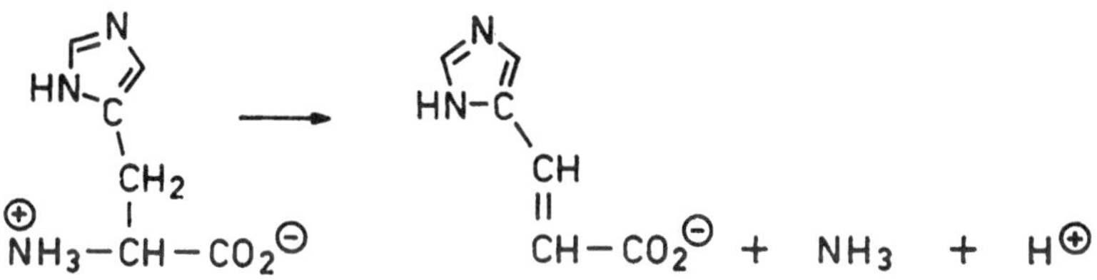

(7.1)

Falle einer Decarboxylierung erscheint die Doppelbindung im Kohlendioxid, das eliminiert wird.

$$R{-}CO_2H \rightarrow R{-}H + CO_2$$

Ein weniger einfaches Beispiel für einen durch eine Lyase katalysierten Prozeß ist die Reaktion der Ketose-1-phosphataldolase (4.1.2.7), bei der Dihydroxy-

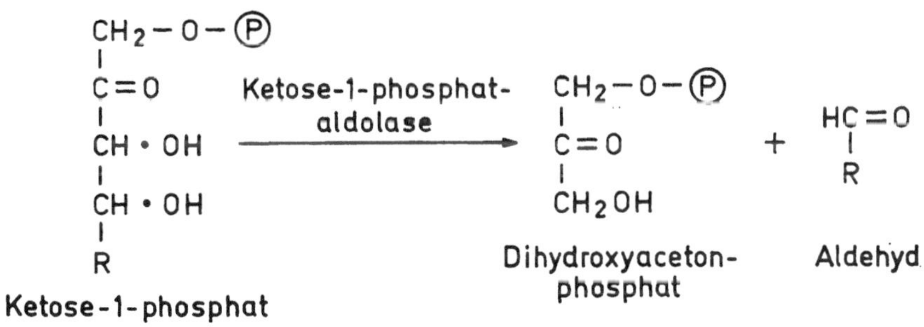

(7.2)

acetonphosphat eliminiert wird und sich die Doppelbindung nicht zwischen zwei Kohlenstoffatomen, sondern zwischen einem Kohlenstoff- und einem Sauerstoffatom bildet (Gleichung 7.2).
Die Aktivität vieler Lyasen hängt von der Gegenwart eines oder mehrerer Cofaktoren ab; ausgehend davon werden sie in fünf Gruppen eingeteilt: (a) solche, die pyridoxal- (oder pyridoxalphosphat-) abhängig sind, (b) die, die Thiaminpyrophosphat und ein Metallion benötigen, (c) jene, die kein Coenzym erfordern (mit aktiven Lysylresten), (d) metallabhängige Lyasen, (e) Lyasen, die ein von Vitamin B_{12} abgeleitetes Coenzym benötigen. Dieses Kapitel befaßt sich mit solchen Enzymen, die zu den ersten vier Gruppen gehören. Die Propandioldehydratase (4.2.1.28), die Vitamin B_{12} als Coenzym benötigt, wird im nächsten Kapitel gemeinsam mit anderen, dieses Coenzym benötigenden Enzymen besprochen.

Pyridoxalphosphatenzyme

Wenn eine Aminosäure einer Lyasereaktion unterworfen ist, so ist das Enzym gewöhnlich vom Pyridoxal oder seinem Phosphat abhängig.

Nichtenzymatische Reaktionen des Pyridoxals

Außer den früher erwähnten Transaminierungen kann Pyridoxal eine Reihe weiterer Reaktionen, die denen der Lyasereaktionen sehr ähnlich sind, nichtenzymatisch katalysieren [1]. Tabelle 7.1. gibt eine kurze Zusammenstellung einiger dieser Reaktionen.

Tabelle 7.1. Durch Pyridoxalphosphat katalysierte Reaktionen von Aminosäuren (aus Lit. [1])

1. Decarboxylierung zu primären Aminen
2. Abbau von β-Hydroxyaminosäuren zu Glycin und einem Aldehyd
3. Dehydratation von β-Hydroxyaminosäuren (unter Freisetzung von Ammoniak)
4. Synthese schwefelhaltiger Aminosäuren aus Serin
5. Synthese von Tryptophan aus Serin
6. Desulfurierung von Cystein (unter Freisetzung von Ammoniak)
7. β,γ-Eliminierung von Homocystein (unter Freisetzung von Ammoniak)

Wie im Falle der Transaminierungsreaktion beinhalten alle vorgeschlagenen Mechanismen der durch Pyridoxal ausgelösten chemischen Umwandlungen die vorhergehende Bildung einer Schiffschen Base zwischen Pyridoxal und der Aminosäure. In einer derartigen Verbindung (I) aktiviert oder labilisiert der Pyridinring (insbesondere, wenn er protonisiert ist) die Carboxylgruppe, den α-Wasserstoff oder den Rest R der Aminosäure. Bei den meisten Reaktionen verstärken Metallionen die Wirksamkeit des Katalysators in einer ähnlichen Weise, wie dies in Kapitel 6 beschrieben wurde.

In Abbildung 7.1. ist der Vorgang der Decarboxylierung einer α-Aminosäure dargestellt. Nach der Eliminierung des Kohlendioxids nimmt das Molekül aus dem Lösungsmittel (II) ein Proton auf. Der Decarboxylierungsprozeß unterscheidet sich von den meisten anderen pyridoxal-katalysierten Reaktionen dadurch, daß der α-Wasserstoff der Aminosäure stets am Kohlenstoffatom verbleibt.
Da es keine Reaktion gibt, bei der der α-Wasserstoff abgegeben wird, unterliegen Aminosäuren, die anstelle des Wasserstoffs andere Substituenten tragen, einer vollständigen Decarboxylierung [4].

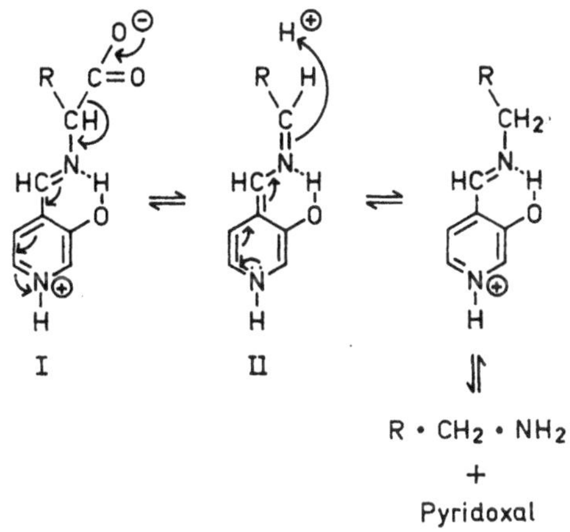

Abb. 7.1. Die pyridoxal-katalysierte Decarboxylierung einer Aminosäure. Die Methyl- und Hydroxymethylgruppen des Pyridoxalmoleküls sind in dieser und den folgenden Abbildungen weggelassen.

Metallionen, die die Geschwindigkeit anderer Reaktionen erhöhen, verlangsamen gewöhnlich die Decarboxylierung [4]. Die Komplexbildung zwischen der Carboxylatgruppe und dem Metallion (s. Metallkomplex III) hat zur Folge, daß die Fähigkeit der Carboxylgruppe zur Eliminierung als Kohlendioxid vermindert wird. Es ist deshalb sehr wahrscheinlich, daß die Decarboxylierung sogar in Gegenwart von Metallionen im metallfreien Komplex (I) abläuft [3, 4].
Die zweite in Tabelle 7.1. aufgeführte Reaktion, der Abbau von β-Hydroxyaminosäuren wie Serin oder Threonin zu Glycin und einem Aldehyd, wurde bereits am Beispiel des Serins im Kapitel 6 (s. Abb. 6.7.) beschrieben.
In Abbildung 7.2. sind mehrere Reaktionen dargestellt, die unter Bildung einer Schiffschen Base zwischen Serin und Pyridoxal ablaufen. Der erste Schritt besteht in der Aufspaltung der α-Kohlenstoff-Wasserstoff-Bindung unter Bildung der Moleküle (IV und V), die als resonanzstabilisierte Carbanionen betrachtet werden können. Die Aktivierung des α-Wasserstoffs begünstigt die Abgabe der Hydroxylgruppe (protonisiert oder wie hier dargestellt solvatisiert); das Ergebnis ist das durch α,β-Eliminierung von Wasser gebildete Imin (VI), das ein Derivat einer α-Aminoacrylsäure ist. Dieses Imin ist das Schlüsselintermediat in den Reaktionen 3, 4, 5 und 6 in Tabelle 7.1. Die Hydrolyse ergibt α-Aminoacrylat, das spontan unter Bildung von Pyruvat und Ammoniak reagiert; diese Reaktionsfolge bewirkt die desaminierende Dehydratation von Serin.

Die Addition verschiedener Thiole (RSH) an die Doppelbindung von (VI) ergibt Verbindung (VII), aus der verschiedene schwefelhaltige Aminosäuren wie Cystein (R=H), Methylcystein (R=CH_3) und Cystathionin (R=Homocysteinyl) entstehen können. Die Umkehr dieses Prozesses (VII → VI) und die nachfolgende

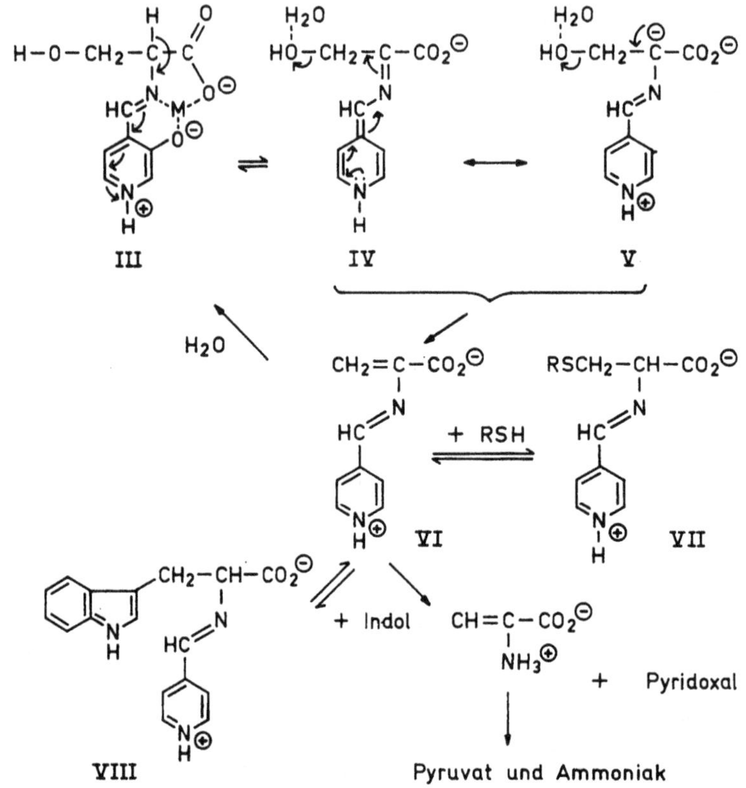

Abb. 7.2. Mechanismus der durch Pyridoxal und ein Metallion katalysierten desaminierenden Dehydratation von Serin, der Synthese schwefelhaltiger Aminosäuren (VII) und des Tryptophans (VIII) aus Serin, sowie der Desulfurierung von Cystein [14]. Das Metallion und der phenolische Sauerstoff des Pyridoxals sind mit Ausnahme von III in allen Formeln weggelassen.

Hydratation der ungesättigten Verbindung (VI) führt zur Bildung des jeweiligen Serinderivats (III) und bewirkt die Desulfurierung des Cysteins und seiner Derivate. Tryptophan (VIII) wird durch Addition von Indol an die Doppelbindung von (VI) gebildet. Die Reaktionen von VI unter Bildung von III, VII und VIII dürften auf einem nucleophilen Angriff auf den Methylenkohlenstoff und der nachfolgenden Aufnahme eines Protons am α-Kohlenstoff beruhen.
Als wesentlich komplexerer Vorgang muß die β,γ-Eliminierung aufgefaßt werden, die die Desulfurierung von Homocystein unter Abgabe von Ammoniak (Reaktion 6,

Tabelle 7.1.) bewirkt. Die übliche Abgabe des α-Wasserstoffs ergibt IX (Abb. 7.3.), in dem der β-Wasserstoff infolge der Gegenwart der Imingruppe (in der das Stickstoffatom mit dem Metallion koordinativ verbunden ist — in Abb. 7.3. nicht dargestellt) als labilisiert angesehen werden kann. Das Carbanion ist resonanzstabilisiert (Xa, Xb). Dadurch wird folglich die β,γ-Eliminierung von H_2S er-

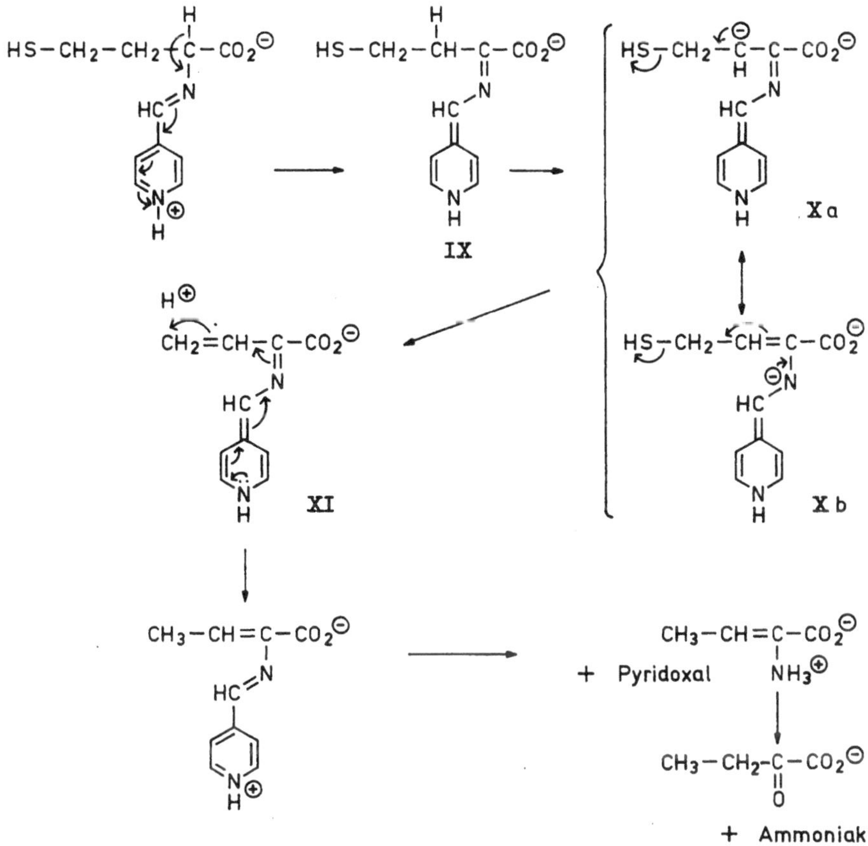

Abb. 7.3. Mechanismus der desaminierenden Desulfurierung von Homocystein.

leichtert. Die Aufnahme eines Protons durch den Methylenkohlenstoff (XI) und die nachfolgende Hydrolyse des Imins ergibt das α-Amino-β-methacrylat, aus dem spontan 2-Ketobutyrat entsteht (s. auch Lit. [5] für andere Mechanismen dieser Reaktion).

Enzym-katalysierte Reaktionen

L-Glutamatdecarboxylase (4.1.1.15) katalysiert die Bildung von 4-Aminobutyrat aus L-Glutamat (Gleichung 7.3); dabei kommt es zur Abspaltung der Carboxylgruppe.

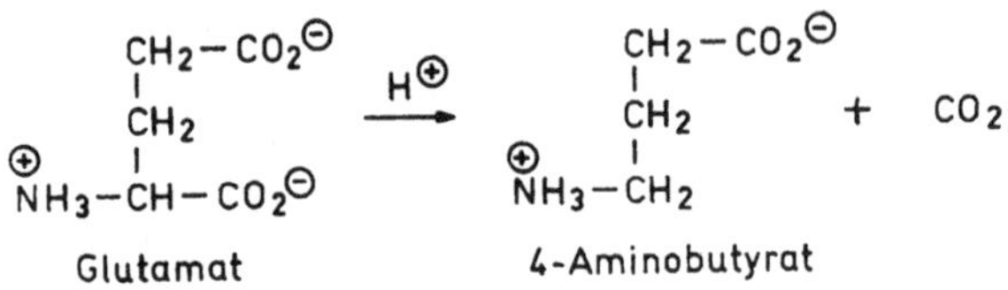

(7.3)

Das *E. coli*-Enzym enthält pro Proteinmolekül (Molekulargewicht 300000) zwei Moleküle fest gebundenes Pyridoxalphosphat [6]. Das Ultraviolettspektrum zeigt ähnlich wie bei den Transaminasen, daß das Pyridoxalphosphat über eine Aldiminbindung wahrscheinlich mit der ε-Aminogruppe eines Lysylrestes an das Enzym gebunden ist. Der initiale Enzym-Substrat-Komplex muß demzufolge durch eine Transaminierung gebildet werden. Die nachfolgenden Reaktionen laufen mit großer Wahrscheinlichkeit über einen Mechanismus ab, der den nichtenzymatischen, durch Pyridoxal allein katalysierten Vorgängen ähnlich ist.

Wird die enzym-katalysierte Reaktion in ^2H_2O durchgeführt, so enthält das Produkt ein Deuteriumatom [2]. Das bedeutet, daß bei der Decarboxylierung keine Labilisierung des α-Wasserstoffs eintritt. Wäre dies der Fall, dann würden zwei Deuteriumatome eingebaut werden. Da das Enzym für das L-Isomere des Glutamats spezifisch ist, ist zu erwarten, daß die Aufnahme des Deuteriumatoms durch den α-Kohlenstoff (der das Asymmetriezentrum darstellt) stereospezifisch erfolgt. Dies ist tatsächlich der Fall [7]. Es konnten die beiden Enantiomeren des 4-Monodeutero-4-aminobutyrats dargestellt werden [7]. Das eine Isomer wurde durch Decarboxylierung von L-α-Deuteroglutamat gewonnen. In diesem Isomer ist das Deuteriumatom nicht das aus dem Lösungsmittel aufgenommene Atom. Das andere Isomer wird durch enzymatische Decarboxylierung von L-Glutamat in Gegenwart von ^2H_2O erhalten. Hier stammt das Deuteriumatom aus dem Lösungsmittel, wobei in diesem Isomer der Isotopenaustausch mit Wasser durch das Enzym katalysiert wird. Dieses Ergebnis unterstreicht die Stereospezifität dieses Vorgangs und stimmt mit dem in Abbildung 7.1. gegebenen Schema des Reaktionsmechanismus überein, das den Austausch eines α-Wasserstoffs im gebildeten Amin mit dem Lösungsmittel vorhersagt.

Die beiden analogen Isomere des Monodeuterotyramins konnten mit dem Enzym Tyrosindecarboxylase (4.1.1.25) nachgewiesen werden [8].

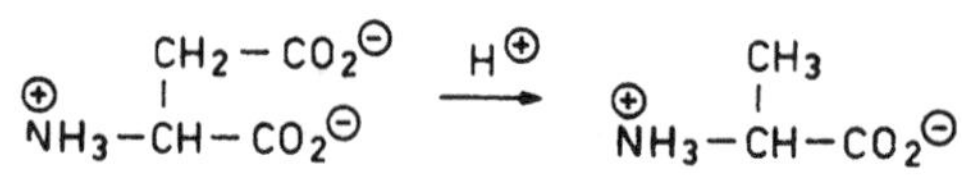

(7.4)

Bei der Aspartat-4-decarboxylase (4.1.1.2) ist die Situation komplizierter. Dieses Enzym verursacht die Eliminierung der β-Carboxylgruppe des Aspartats unter Bildung von Alanin (Gleichung 7.4). Obgleich das Pyridoxalphosphat bei diesem Enzym (bakterieller Herkunft) [9, 10, 11] über eine Aldiminbindung an das Protein gebunden zu sein scheint [12], deutet das Ultraviolettspektrum daraufhin, daß es nicht in genau der gleichen Weise wie bei den meisten anderen Pyridoxalenzymen gebunden ist [11, 12]. In Abbildung 7.4. ist ein Mechanismus der β-Decarboxylierung dargestellt. Das initiale Imin geht unter Abgabe seines α-Wasserstoffs in XII über. In dieser Verbindung ist die α-Carboxylgruppe durch die Gegenwart des Stickstoffatoms aktiviert (genauso wie der β-Wasserstoff in IX aktiviert ist). Dieser Stickstoff liegt im Enzym-Substrat-Komplex wahrschein-

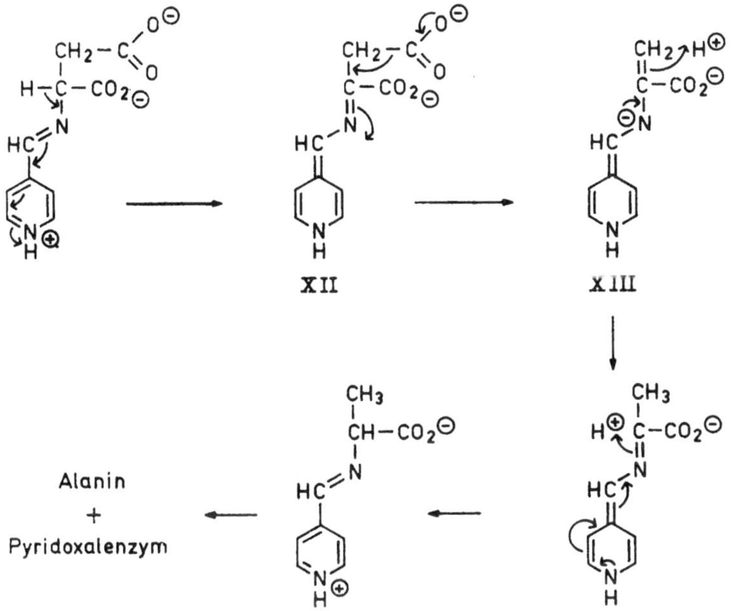

Abb. 7.4. Mechanismus der Aspartat-4-decarboxylase.

lich protonisiert vor oder geht wenigstens eine Wasserstoffbindung ein. Die Abgabe von Kohlenstoffdioxid aus XII ergibt XIII, das am β-Kohlenstoff ein Proton aufnimmt. In den Folgereaktionen entsteht das Alanin.

Das Enzym verliert bei Inkubation mit dem Substrat oder verschiedenen anderen Aminosäuren seine Aktivität [3,9]. Die Aktivität kann durch Zusatz von Pyridoxalphosphat oder einer Ketosäure regeneriert werden. MEISTER und Mitarbeiter [9, 10] konnten zeigen, daß dieses Verhalten auf der Fähigkeit des Enzyms zur relativ langsamen Katalyse unspezifischer Transaminierungen beruht. Die Gegenwart einer Aminosäure bewirkt die Umwandlung des Enzyms in die Pyridoxaminform, die für Decarboxylierungen inaktiv ist. Werden Pyridoxalphosphat oder Ketosäuren zugesetzt, so wird die aktive Pyridoxalform durch Transaminierung zurückgebildet.

Wie SNELL und Mitarbeiter [13] zeigten, katalysiert das Enzym Tryptophanase (4.2.1.20) eine Reihe von Umwandlungen von Aminosäuren einschließlich α,β-Eliminierungen, die in den Gleichungen (7.5), (7.6), (7.7) und (7.8) aufgeführt sind, sowie β-Substitutionen (7.9), (7.10) und (7.11).

$$\text{Tryptophan} + H_2O \rightarrow \text{Pyruvat} + NH_3 + \text{Indol} \quad (7.5)$$

$$\text{Serin} \rightarrow \text{Pyruvat} + NH_3 \quad (7.6)$$

$$\text{Cystein} + H_2O \rightarrow \text{Pyruvat} + NH_3 + H_2S \quad (7.7)$$

$$\text{S-Methylcystein} + H_2O \rightarrow \text{Pyruvat} + NH_3 + CH_3SH \quad (7.8)$$

$$\text{Serin} + \text{Indol} \rightarrow \text{Tryptophan} + H_2O \quad (7.9)$$

$$\text{Cystein} + \text{Indol} \rightarrow \text{Tryptophan} + H_2O \quad (7.10)$$

$$\text{4,5- oder 6-Methyltryptophan} + \text{Indol} \rightarrow \text{4,5- oder 6-Methylindol} + \text{Tryptophan} \quad (7.11)$$

Diese Reaktionen sind den in Abbildung 7.2. dargestellten nichtenzymatischen Umwandlungen ähnlich [14] und entsprechen nach SNELL et al. grundsätzlich den für die enzym-katalysierten Vorgänge gültigen Mechanismen. Alle diese Reaktionen können durch die Gleichungen (7.12) zusammengefaßt werden. Die Schlüsselreaktion ist die Bildung des enzymgebundenen α-Aminoacrylats, das all diesen Umwandlungen gemeinsam ist. Der α-Aminoacrylat-Enzym-Komplex kann irreversibel unter Bildung von Pyruvat und Ammoniak aufgespalten werden oder mit einer neuen RH-Spezies unter Bildung einer neuen Aminosäure reagieren.

$$\begin{aligned} &E + R\cdot CH_2CH(NH_2)\cdot CO_2H \rightleftharpoons E\cdot R\cdot CH_2CH(NH_2)\cdot CO_2H \\ &E\cdot RCH_2CH(NH_2)\cdot CO_2H \rightleftharpoons E\cdot CH_2{=}C(NH_2)\cdot CO_2H + RH \qquad (7.12) \\ &E\cdot CH_2{=}C(NH_2)\cdot CO_2H \rightleftharpoons E + CH_3\cdot CO\cdot CO_2H + NH_3 \end{aligned}$$

Eingehende kinetische Untersuchungen ermöglichten Vergleiche der Geschwindigkeitskonstanten und der K_m-Werte [13], die eine völlige Übereinstimmung mit diesem Mechanismus ergaben. Sie zeigten auch, daß die zur Bildung des α-Aminoacrylatkomplexes führende α,β-Eliminierung in jedem Falle der geschwindigkeitsbestimmende Schritt ist.

Das Pyridoxalphosphat ist im Holoenzym durch eine Aldiminbindung mit der ε-Aminogruppe eines Lysylrestes an das Protein gebunden. Im Spektrum ist der durch eine Wasserstoffbindung gebundenen Form (XIV) eine Absorptionsbande bei 420 nm zuzuordnen [13, 14, 15, 16], während bei höheren pH-Werten eine Bande bei 337 nm dominiert, die wahrscheinlich auf (XV) zurückzuführen ist. Eine Reduktion des Holoenzyms mit Natriumborhydrid bewirkt die Inaktivierung. Das Holoenzym reagiert mit Aminosäuren, sowohl solchen, die als Substrate, als auch solchen, die als Nichtsubstrate, wie z. B. Alanin, fungieren, unter Bildung des neuen Imins (XVI). Eine Inaktivierung dieses Komplexes durch die Borhydridreduktion ist nicht zu erwarten, da die entstehenden kovalenten Bindungen zwischen dem Substrat und dem Coenzym das Apoenzym freisetzen würden. Nach den Experimenten von MORINO und SNELL [13] trifft dies tatsächlich zu. Nach Zusatz eines Substrates oder des Alanins zum Holoenzym wird eine neue Absorptionsbande bei 500 nm beobachtet. In Gegenwart aller Substrate verschwindet diese Bande mit dem Fortschreiten der Reaktion unter Bildung von Pyruvat und Ammoniak. Bei Verwendung von Alanin bleibt die Bande jedoch

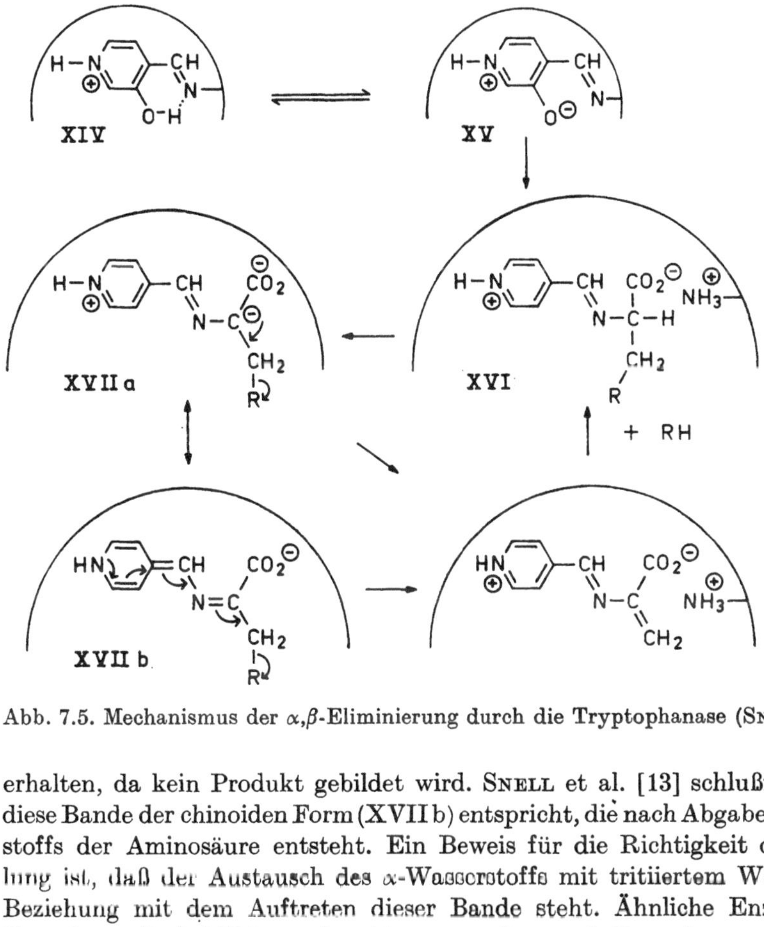

Abb. 7.5. Mechanismus der α,β-Eliminierung durch die Tryptophanase (SNELL et al. [13])

erhalten, da kein Produkt gebildet wird. SNELL et al. [13] schlußfolgerten, daß diese Bande der chinoiden Form (XVII b) entspricht, die nach Abgabe des α-Wasserstoffs der Aminosäure entsteht. Ein Beweis für die Richtigkeit dieser Vorstellung ist, daß der Austausch des α-Wasserstoffs mit tritiiertem Wasser in enger Beziehung mit dem Auftreten dieser Bande steht. Ähnliche Enzym-Substrat-Komplexe, die bei 500 nm absorbieren, wurden auch für andere pyridoxalabhängige Enzyme beschrieben [17]. Abbildung 7.5. zeigt das von SNELL et al. vorgeschlagene Schema des Reaktionsmechanismus der α,β-Eliminierung als Schlüsselreaktion der Tryptophanase.

Die Histidindesaminase katalysiert die Eliminierung von Ammoniak aus Histidin (s. Gleichung 7.1). ABELES und Mitarbeiter [18] beschrieben die Inaktivierung des Enzyms durch Carbonylreagenzien (Natriumborhydrid, Cyanid, Bisulfit,

Phenylhydrazin und Hydroxylamin) und zeigten, daß das Enzym eine für die Aktivität essentielle Carbonylgruppe besitzt. Dies wird bei Pyridoxalphosphatenzymen häufig angetroffen. Diese Autoren berichten jedoch, daß kein Pyridoxal-

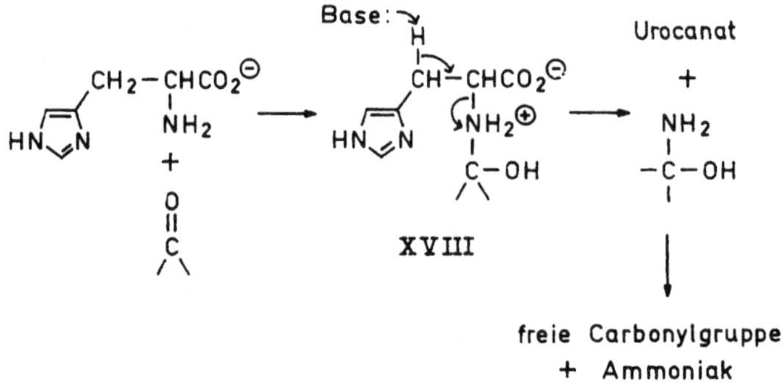

XVIII

phosphat zugegen ist. Sie schlugen für die Reaktion einen Mechanismus vor, bei dem durch Wechselwirkungen zwischen der Aminogruppe des Histidins und einer bislang noch nicht identifizierten Carbonylgruppe ein Carbinolamin (XVIII) gebildet wird. Da Carbinolamine um 2—3 Einheiten niedrigere pK_s-Werte als Amine besitzen [19], nehmen diese Autoren an, daß das Carbinolamin eine für die Eliminierung leichter abspaltbare Gruppe liefert. Die Eliminierung ergibt Urocanat und einen Ammoniak-Enzym-Komplex, der unter Bildung von Ammoniak und des freien Carbonyls zerfallen kann. Die Dissoziation des Ammoniaks als letzter Schritt scheint geschwindigkeitsbestimmend zu sein.

Thiaminpyrophosphatabhängige Enzyme

Die 2-Ketosäurecarboxylase (Pyruvatdecarboxylase, Carboxylase 4.1.1.1) war das erste Enzym, bei dem Thiaminpyrophosphat (XIX) als Coenzym gefunden wurde [20]; daraus ergibt sich auch die ursprüngliche Bezeichnung Cocarboxylase für dieses Coenzym. Das Thiamin besitzt eine Thiazoliumgruppe, die über eine Methylenbrücke mit einem substituierten Pyrimidinring verknüpft ist. Als

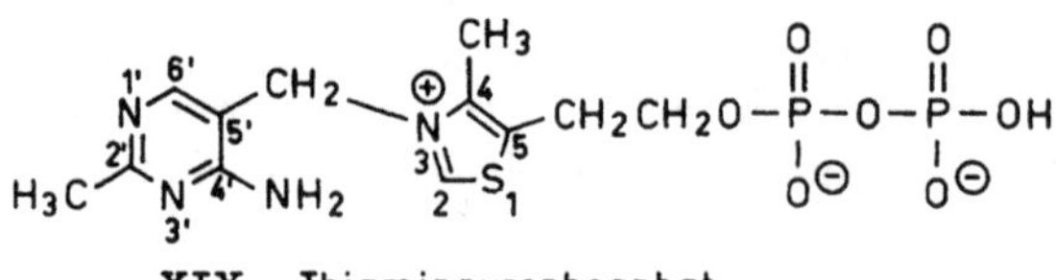

XIX Thiaminpyrophosphat

Coenzym wirkt es nur in der Form des Pyrophosphatderivats. Alle thiaminpyrophosphatabhängigen Enzyme benötigen auch Magnesiumionen als Cofaktor. Fehlt einer dieser Faktoren, so kann keine enzymatische Aktivität nachgewiesen werden.

Die verschiedenen Reaktionen, die durch thiaminpyrophosphatabhängige Enzyme katalysiert werden, sind einander grundsätzlich ähnlich und bestehen in der Spaltung einer Kohlenstoff-Kohlenstoffbindung in Nachbarstellung zu einer Ketogruppe im Substrat. Auf diese Weise katalysiert die Pyruvatdecarboxylase den Abbau des Pyruvats oder auch anderer Ketosäuren zu Kohlendioxid und Acetaldehyd bzw. zu dem korrespondierenden Aldehyd — entsprechend Gleichung (7.13). Eine oxidative Decarboxylierung wird durch die Pyruvatdehydrogenase (1.2.2.2, 1.2.4.1) (7.14) ausgelöst. Die Ketosäurecarboxylyasen verschiedener

$$R-\overset{O}{\overset{\|}{C}}-CO_2H \longrightarrow R-\overset{O}{\overset{\|}{C}}H + CO_2 \qquad (7.13)$$

$$\text{Pyruvat} \longrightarrow \text{Acetat} + CO_2 \qquad (7.14)$$

Herkunft katalysieren auch die Synthese von Acyloinen. Acetoin kann zum Beispiel aus Pyruvat und Acetaldehyd oder aus zwei Molen Pyruvat gebildet werden. Andere Prozesse dieser Art, die durch Thiaminpyrophosphatenzyme katalysiert werden, sind die Reaktionen der Transketolase (Gleichung 7.16) und der Phosphoketolase (Gleichung 7.17).

Nichtenzymatische thiamin-katalysierte Reaktionen

Wie im Falle der pyridoxalhaltigen Enzyme wurden viele unserer gegenwärtigen Vorstellungen über die Thiaminpyrophosphatenzyme durch Untersuchung der entsprechenden nichtenzymatisch katalysierten Reaktionen gewonnen. Die durch Thiamin und seine Derivate katalysierten Reaktionen sind denjenigen, die durch Enzyme katalysiert werden, grundsätzlich ähnlich. So katalysieren Thiamin- und Thiazoliumverbindungen die Acyloinkondensation von Furfural zu Furoin [21] (Gleichung 7.15). Thiamin bewirkt die Decarboxylierung von Pyruvat und die Synthese von Acetoin aus Pyruvat und Acetaldehyd [22]. Außerdem entsteht durch Thiamin aus Pyruvat in Abwesenheit von Acetaldehyd α-Acetolactat (XXV), das unter bestimmten Bedingungen sehr rasch Kohlendioxid unter Bildung von Acetoin abspaltet [23].

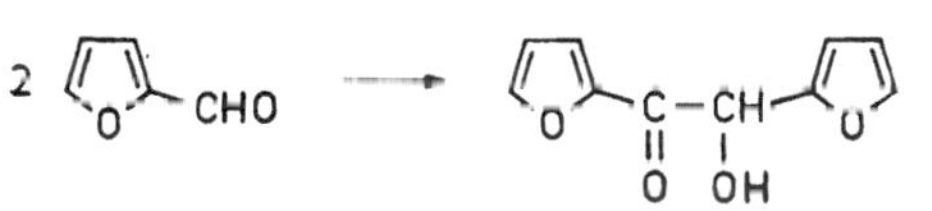

(7.15)

Bei den Reaktionen des Pyruvats [24] wird dieses im Verlauf der Reaktion in einen sogenannten „aktiven Acetaldehyd“ als Intermediat umgewandelt, der auf verschiedenen Wegen reagieren kann: (a) er kann mit weiterem Pyruvat zu Acetolactat kondensieren, (b) er kann mit Acetaldehyd unter Bildung von Acetoin reagieren, (c) er kann unter Einbeziehung von Wasser unter Bildung von

Acetaldehyd zerfallen. In den nichtenzymatischen Reaktionen verläuft (c) langsam, so daß Acetaldehyd kaum gebildet wird.

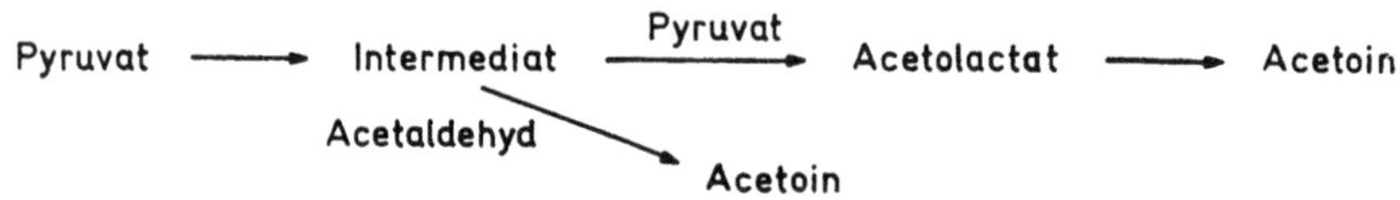

Bei Inkubation von Pyruvat mit Thiamin bei pH 8,8 erfolgt eine rasche Entwicklung von Kohlendioxid, während die Bildung von Acetoin oder Acetolactat stark verzögert eintritt [25]. Das bedeutet, daß die initiale Decarboxylierung schnell abläuft unter Bildung von „aktivem Aldehyd" als Zwischenprodukt, welches relativ stabil ist und sich demzufolge anhäuft.

Die Natur dieses Zwischenproduktes wurde von BRESLOW [26, 27] aufgeklärt, der zuerst zeigte, daß das Wasserstoffatom in 2-Stellung des 3,4-Dimethylthiazoliumbromids (XX) sehr schnell mit dem Deuterium des D_2O ausgetauscht wird. Die Labilität dieses Wasserstoffs bedeutet, daß das Anion (XXI) relativ stabil sein muß, wobei diese Stabilität im wesentlichen auf der Gegenwart des positiv geladenen und an den anionischen Kohlenstoff gebundenen Stickstoff-

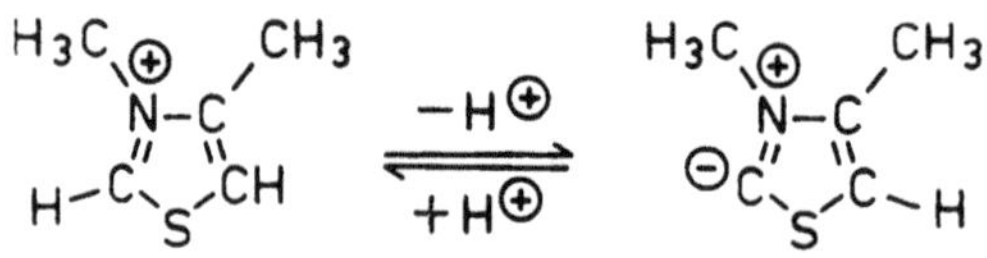

XX XXI

atoms beruht. Dieses Thiazoliumanion hat einen betont nucleophilen Charakter. BRESLOW schlug daher für die Umwandlung von Pyruvat zu Acetoin, Acetolactat und Acetaldehyd einen Mechanismus vor, bei dem der erste Schritt in einem nucleophilen Angriff auf die Carbonylgruppe des Pyruvatmoleküls besteht (Abb. 7.6.).

Die Decarboxylierung des entstandenen Moleküls (XXII) wird durch die positive Ladung des Thiazoliumrings erleichtert; durch diesen Vorgang entsteht die Verbindung (XXIIIa), die als ein resonanzstabilisiertes Carbanion (XXIIIb) angesehen werden kann. Dieses Carbanion ist ebenfalls nucleophil und kann Pyruvat unter Bildung des Komplexes (XXIV) angreifen; der Komplex zerfällt und bildet α-Acetolactat (XXV) oder Acetaldehyd, der möglicherweise Acetoin liefert. Nimmt das Carbanion (XXIIIb) aus dem Lösungsmittel ein Proton auf, so entsteht ein 2-(1'-Hydroxyäthyl-)thiazoliumderivat (XXVI), das unter Bildung von Acetaldehyd zerfällt.

An einem synthetisierten 2-(1'-Hydroxyäthyl)-thiazoliumderivat konnte ein Austausch des Wasserstoffs am 1-Kohlenstoff mit Wasser nachgewiesen werden [28]. Ein derartiger Austausch unterstreicht die Stabilität des Anions (XXIIIb).

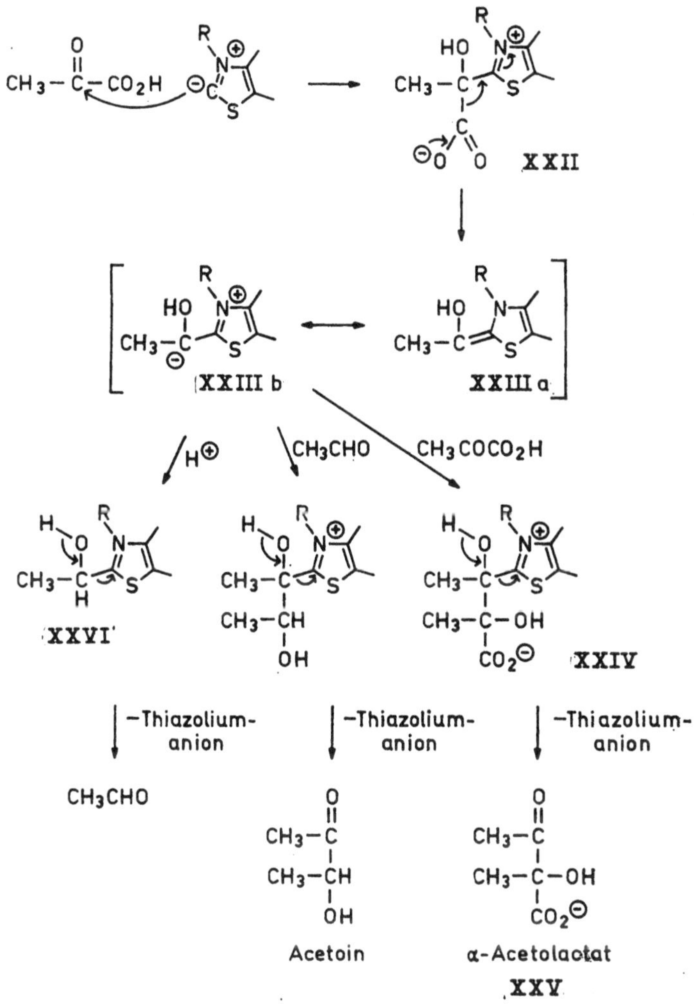

Abb. 7.6. Die Wege der thiazolium-katalysierten Reaktionen des Pyruvats [26, 27].

An dieser Stelle muß vor allem die Rolle der Thiazoliumverbindung sowohl bei der Decarboxylierung als auch bei den Acyloinreaktionen (s. auch Literatur [24, 29]) herausgestellt werden. Eine ähnliche Rolle spielen Pyridoxal, das Cyanidion und bestimmte Amine bei ähnlichen Reaktionen. Wir haben gesehen, daß die Decarboxylierung des Thiazoliumderivats (XXII) durch das positiv geladene Stickstoffatom erleichtert wird, wobei ein resonanzstabilisiertes Carbanion entsteht, an dem dieses Stickstoffatom beteiligt ist. In Kapitel 1 wurde die durch Cyanidionen katalysierte Decarboxylierung von α-Ketosäuren beschrieben und dabei die Wirkungsweise der Cyanidionen ihrer Fähigkeit zur Stabilisierung eines

analogen Carbanions (XXVII, Kapitel 1) zugeordnet. Die Stabilität und der nucleophile Charakter des Carbanions sind auch wichtige Faktoren für die durch Cyanidionen katalysierten Acyloinreaktionen.
Ebenso wie der positiv geladene Stickstoff der Thiazoliumgruppe und der Stickstoff im Cyanidion eine Decarboxylierung durch elektronenanziehende Wirkung und demzufolge durch Stabilisierung der entstehenden Carbanionen unterstützen, nimmt auch der heterocyclische Ring des Pyridoxals (in Verbindungen wie I) an der Decarboxylierung von Aminosäuren teil. In Abbildung 7.2. ist die Stabilisierung eines Carbanions durch Resonanz unter Einbeziehung des heterocyclischen Rings bei α, β-Eliminierung dargestellt. β,γ-Eliminierungen können bei Stabilisierungen eines Carbanions (Xa, Abb. 7.3.) durch einen Iminostickstoff auftreten.
Decarboxylierungen, Aldol- und Acyloinkondensationen können auch durch Amine katalysiert werden; die Mechanismen dafür sind den oben beschriebenen prinzipiell ähnlich. Von großem Interesse ist die Einbeziehung der Aminogruppen der Proteine in den Reaktionsmechanismus bestimmter Decarboxylasen und Aldolasen. Diese werden später in diesem Kapitel besprochen. Für die Richtigkeit der in Abbildung 7.6. dargestellten Mechanismen thiazolium-katalysierter Reaktionen wurden zahlreiche Befunde erhalten. So wurde die Bildung von 2-(1'-Hydroxyäthyl)-thiaminpyrophosphat aus Thiaminpyrophosphat und Acetaldehyd nachgewiesen und gezeigt, daß dieses mit Acetaldehyd unter Entstehung von Acetoin über einen Acetoin-Thiaminpyrophosphat-Komplex reagiert [30, 31]. Als sehr wirksam für die Katalyse von Acyloinreaktionen haben sich synthetische 2-(1'-Hydroxyäthyl)-Derivate des 3,4-Dimethylthiazoliums und des 3-Benzyl-4-methylthiazoliums erwiesen [32].

Enzym-katalysierte Reaktionen

Nachdem erst einmal ein Schema des Mechanismus der Katalyse einer Reaktion durch ein Coenzym in Abwesenheit seines Apoenzyms aufgestellt wurde, kann man einen prinzipiell ähnlichen Mechanismus für die entsprechende enzymatische Reaktion erwarten. Daß das in Abbildung 7.6. angegebene Schema für die Reaktionen der Thiaminpyrophosphatenzyme tatsächlich zutrifft, wird jetzt durch eine beträchtliche Anzahl experimenteller Befunde bestätigt.
Wie schon erwähnt, katalysiert die Pyruvatdecarboxylase die Decarboxylierung von Pyruvat unter Bildung von Acetaldehyd. Die Reaktion verläuft über die intermediäre Bildung des an das Apoenzym gebundenen „aktiven Acetaldehyds“. Aus einem Reaktionsansatz, der Pyruvat und das Enzym enthielt, konnte HOLZER und BEAUCHAMP [33] das 2-(1'-Hydroxyäthyl)-thiaminpyrophosphat isolieren; bei Inkubation des Enzyms (von dem das Coenzym entfernt wurde) mit ^{14}C-markiertem Hydroxyäthylthiaminpyrophosphat entsteht ^{14}C-markierter Acetaldehyd [30]. Im letzteren Experiment konnten KRAMPITZ et al. eine schnelle initiale Freisetzung von Acetaldehyd, die von einer viel langsameren Freisetzung gefolgt wurde, beobachten. Der Austausch von Thiaminpyrophosphat gegen

das Hydroxyäthylderivat muß demzufolge langsam ablaufen als Ausdruck der sehr festen Bindung von Apoenzym und Coenzym.

Zwischen den enzymatischen und den nichtenzymatischen Reaktionen von Thiamin und Pyruvat gibt es einen bedeutenden Unterschied. Im Falle des nichtenzymatischen Vorgangs herrscht die Acyloinbildung vor, wobei nur sehr wenig Acetaldehyd nachweisbar ist. Im Gegensatz dazu ist bei der Pyruvatdecarboxylasereaktion Acetaldehyd das Hauptprodukt. Als Grund für dieses Verhalten gibt JUNI [34] an, daß der Acetaldehyd-Thiaminpyrophosphat-Komplex ziemlich stabil ist und daß die Abgabe des freien Acetaldehyds bei der enzymatischen Reaktion in Form eines zusätzlichen Schrittes im Reaktionsablauf erfolgt. Die Decarboxylierung von Pyruvat wird durch Acetaldehyd gehemmt und es ist anzunehmen, daß das aktive Zentrum des Enzyms außer einer geeigneten Stelle für das Pyruvat eine zusätzliche Bindungsstelle für Acetaldehyd besitzt. Die Dissoziation des Acetaldehyds vom Enzym-Komplex erfolgt durch Übertragung des „aktiven Aldehyds“ auf diese Bindungsstelle am Enzym, von der der Acetaldehyd sehr schnell abgegeben werden kann. Zugesetzter Acetaldehyd würde sich an diese Stelle binden und somit die Gesamtreaktion hemmen. Die Übertragung der Aldehydgruppe auf diese Stelle ist anscheinend nicht für alle Substrate des Enzyms notwendig. Acetaldehyd hemmt nicht die Decarboxylierung höherer Ketosäuren. Die Aldehyd-Thiaminpyrophosphat-Komplexe längerkettiger Aldehyde sind weit weniger stabil als der des Acetaldehyds und erfordern wahrscheinlich aus diesem Grunde keinen besonderen Dissoziationsmechanismus.

Die Annahme einer zusätzlichen Stelle, die den „aktiven Aldehyd“ aufnimmt, ist vor allem im Hinblick auf die von SCHELLENBERGER und Mitarbeitern [35, 36] durchgeführten Arbeiten über die Coenzymaktivität verschiedener Analoge des Thiaminpyrophosphats von Interesse. Obgleich die Thiazoliumgruppe selbst bestimmte Reaktionen des Pyruvats katalysieren kann, sind die strukturellen Anforderungen, die das Enzym an die Coenzymaktivität stellt, viel höher [24]. So scheinen das Pyrophosphat und die 4′-Aminogruppe, die bei den nichtenzymatischen Reaktionen keine Rolle spielen, für die Aktivität der Pyruvatdecarboxylase essentiell zu sein. Es wird im allgemeinen angenommen, daß, abgesehen von der Thiazoliumgruppe, diese Teile des Coenzyms an der Coenzym-Apoenzym-Bindung mitwirken. Dies trifft für die Pyrophosphatgruppe des Moleküls mit hoher Wahrscheinlichkeit zu. Die 4′-Aminogruppe dürfte allerdings eine andere Aufgabe haben.

Das 4′-Hydroxy-4′-desaminothiaminpyrophosphat (XXVII; $X=OH$; $R'=CH_3$, $R''=H$) bindet sich so genau und so fest an das aktive Zentrum des Apoenzyms wie das Thiaminpyrophosphat selbst und ist dennoch als Coenzym inaktiv. Wird diese Hydroxyverbindung anstelle von Thiaminpyrophosphat gebunden, so wird zwar der „aktive Aldehyd“ gebildet, der Acetaldehyd kann jedoch nicht freigesetzt und somit kein aktives Enzym regeneriert werden. Die 4′-Aminogruppe scheint demzufolge bei der Dissoziation des Acetaldehyds von der 2-Stellung des Thiazoliumteils des Coenzyms eine Rolle zu spielen. SCHELLENBERGER [35] nimmt eine intramolekulare Übertragung der Aldehydspezies aus der 2- in die 4'-Stellung an. Die von JUNI [34] vorgeschlagene Acceptorstelle für den Acetaldehyd entspricht nach dieser Hypothese der 4'-Aminogruppe. SCHELLENBERGER et al. wiesen die Möglichkeit eines derartigen Vorgangs durch die katalytische Acetaldehydfreisetzung aus Hydroxyäthylthiazoliumsalzen nach, die

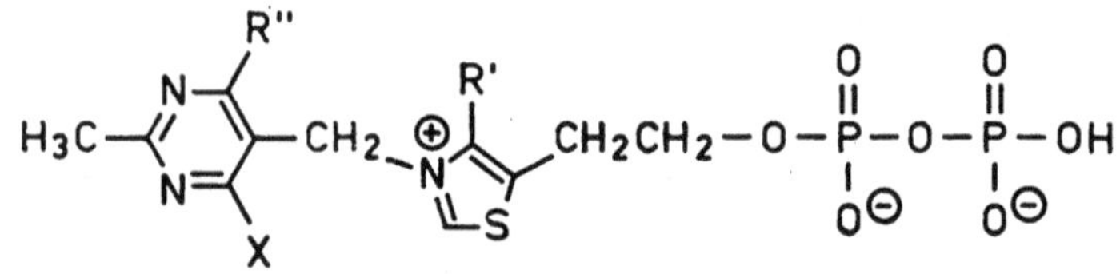

XXVII

durch bestimmte nucleophile Verbindungen wie 4-Aminopyrimidine erfolgt. Außerdem erwies sich das 6'-Methylthiaminpyrophosphat (XXVII; X=NH_2, R'=CH_3, R''=CH_3) inaktiv als Coenzym, obwohl es sich zu einem bestimmten Ausmaß an das Apoenzym bindet, während 6'-Methyl-4-nor-thiaminpyrophosphat (XXVII; X=NH_2, R'=H, R''=CH_3) aktiv ist. Es konnte gezeigt werden, daß bei den Coenzymanalogen, die sowohl in 6'- als auch in 4-Stellung eine Methylgruppe tragen, die Wechselwirkung zwischen diesen Methylgruppen einen Verlust der Coplanarität der beiden Ringe in einem solchen Ausmaß verursacht, daß sich die 4'-Aminogruppe nicht mehr in einer für die intramolekulare Übertragung geeigneten Stellung befindet.

Es wurde ein kinetisches Schema entwickelt, in dem die Übertragung der Aldehydgruppe von der 2- auf die 4'-Position des Coenzyms geschwindigkeitsbestimmend ist. Dies steht mit den an der Enzymreaktion erhaltenen Ergebnissen in Übereinstimmung [36].

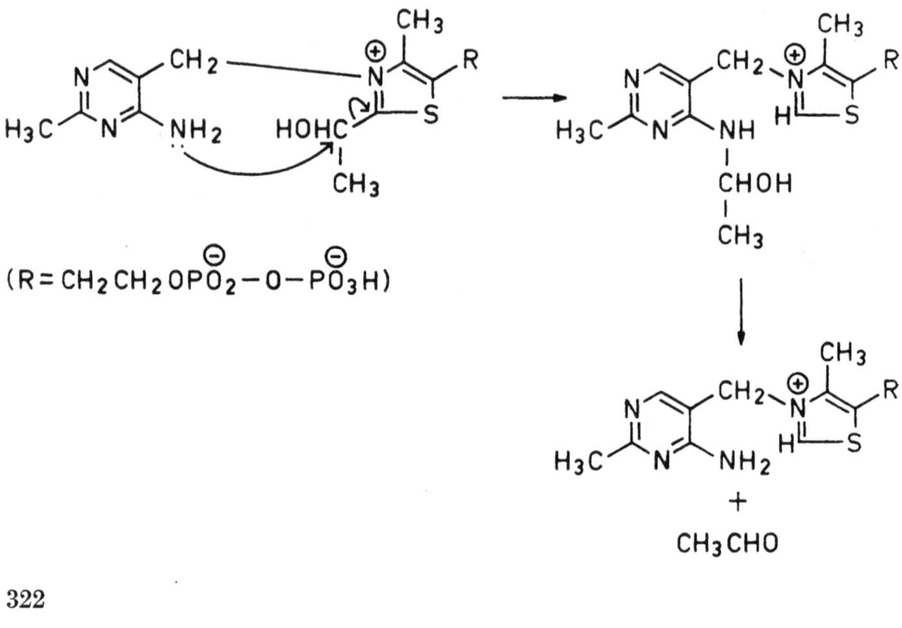

Die für die Aktivität der Pyruvatdecarboxylase erforderlichen Magnesiumionen können durch verschiedene andere Metallionen ersetzt werden. Die Aufgabe der Metallionen scheint in der Sicherstellung der Bindung zwischen Coenzym und Apoenzym zu bestehen. Die Geschwindigkeit der Zusammenlagerung der Komponenten des Enzyms (Apoenzym, Coenzym und Metallion) ist von der Natur der verwendeten Metallionen abhängig; nachdem das Enzym jedoch einmal gebildet ist, hängt seine Aktivität nicht mehr von dem in ihm enthaltenen Metallion ab [36].

Die oxidative Decaboxylierung von Pyruvat erfordert ein Enzym, das zwei Coenzyme besitzt. Das erste ist das Thiaminpyrophosphat, während das zweite ein Coenzym ist, das zum oxidativen Prozeß beiträgt. Das Pyruvat wird in Gegenwart eines geeigneten Elektronenacceptors in Acetat und Kohlendioxid umgewandelt. In Abwesenheit eines oxidierenden Agens katalysiert das Enzym die Acyloinkondensation über dasselbe Zwischenprodukt, welches an der einfachen Decarboxylasereaktion beteiligt ist. Die Schweinepyruvatoxidase katalysiert die Synthese von α-Acetolactat aus Pyruvat und Hydroxyäthylthiaminpyrophosphat [37]; durch ein bakterielles Präparat wird aus Acetaldehyd und Hydroxyäthylthiaminpyrophosphat Acetoin gebildet [30].

Die Gesamtreaktion schließt also die Decarboxylierung zum Hydroxyäthylderivat und die nachfolgende Oxidation, wahrscheinlich zu einem Acetylthiamin, ein. Acylthiazoliumverbindungen sind gegenüber einem nucleophilen Angriff unter Bildung von Acylderivaten empfindlich [38]. Durch Einwirkung von Wasser entsteht Acetat, durch Phosphat Acetylphosphat und durch Coenzym A Acetyl-CoA.

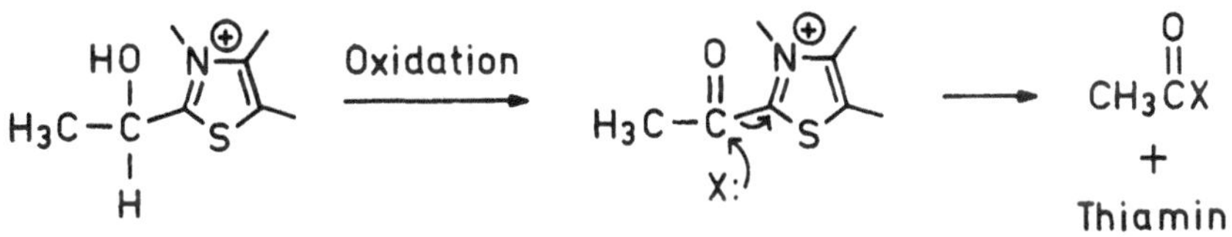

Die durch Transketolase (Sedoheptulose-7-phosphat: D-Glyceraldehyd-3-phosphat-glycolaldehydtransferase, 2.2.1.1) katalysierte Reaktion ist ein Übertragungsvorgang (Gleichung 7.16), bei dem ein Zweikohlenstofffragment (Glycolaldehyd) von D-Xylulose-5-phosphat auf D-Ribose-5-phosphat übertragen wird. Aus dieser Sicht wird das Enzym als eine Transferase klassifiziert; wir werden es an dieser Stelle besprechen, da es als thiaminpyrophosphatabhängiges Enzym einen Wirkungsmechanismus aufweist, der den oben besprochenen ähnlich ist. In der Reaktion werden Kohlenstoff-Kohlenstoff-Bindungen gespalten und gebildet; der gesamte Vorgang ist vollständig reversibel (der systematische Name des Enzyms ist unter Zugrundelegung der umgekehrten Reaktion abgeleitet). In der Vorwärtsrichtung der Reaktion kann wie in Gleichung (7.16) das Xylulose-5-phosphat als Glycolaldehyddonator und das Ribosephosphat als Acceptor betrachtet werden.

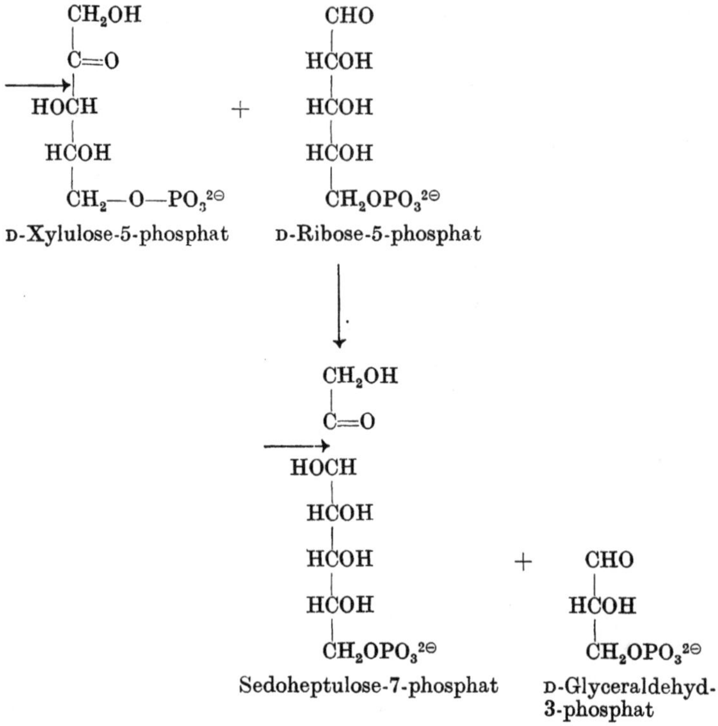

(7.16)

Die Transketolase besitzt eine ziemlich geringe Spezifität [39]. So können beispielsweise D-Fructose-6-phosphat, Octulose-8-phosphat, L-Erythrulose und auch Hydroxypyruvat als Glycolaldehyddonatoren fungieren und Glycolaldehyd sowie D-Glucose-6-phosphat als Acceptoren auftreten.

Die Transketolasereaktion verläuft in zwei Schritten. In Abwesenheit eines Acceptors wird Xylulose-5-phosphat in Glyceraldehydphosphat und „aktiven Glycolaldehyd", einen Zweikohlenstoffrest, der am Enzym gebunden bleibt, umgewandelt [40, 41]. Dieses Zweikohlenstofffragment wird auf einen in das System eingeführten Acceptor übertragen. Derselbe „aktive Glycolaldehyd" wird bei Verwendung von D-Fructose-6-phosphat als Donator erhalten.

E + Xylulose-5-phosphat $\rightleftharpoons$ E-Glycolaldehyd + Glyceraldehydphosphat

E-Glycolaldehyd + Ribose-5-phosphat $\rightarrow$ E + Sedoheptulose-7-phosphat

Bei Inkubation des Enzyms mit ^{14}C-markiertem Fructosephosphat ist das isolierte Protein radioaktiv [42]. Die Radioaktivität kann auf einen Acceptor wie Ribose-5-phosphat übertragen werden. Außerdem kann durch Erhitzen aus dem Protein radioaktiv markierter Glycolaldehyd gewonnen werden.

Die Natur des „aktiven Glycolaldehyds" wurde deutlich, als durch Breslow eine Erklärung des Mechanismus dieser thiaminkatalysierten Reaktionen entwickelt wurde. Die Transketolasereaktion beginnt mit einem nucleophilen Angriff auf die C-2-Carbonylgruppe des Substratdonators unter Bildung des Komplexes (XXVIII), der das an das Coenzym gebundene Zweikohlenstofffragment eliminiert und den Aldehyd RCHO freisetzt. Der isolierbare „aktive Glycolaldehyd“ ist Dihydroxyäthylthiaminpyrophosphat (XXIX), dessen konjugierte Base mit einem weiteren Aldehyd R'CHO unter Bildung des Produkts reagieren kann (Abb. 7.7.).

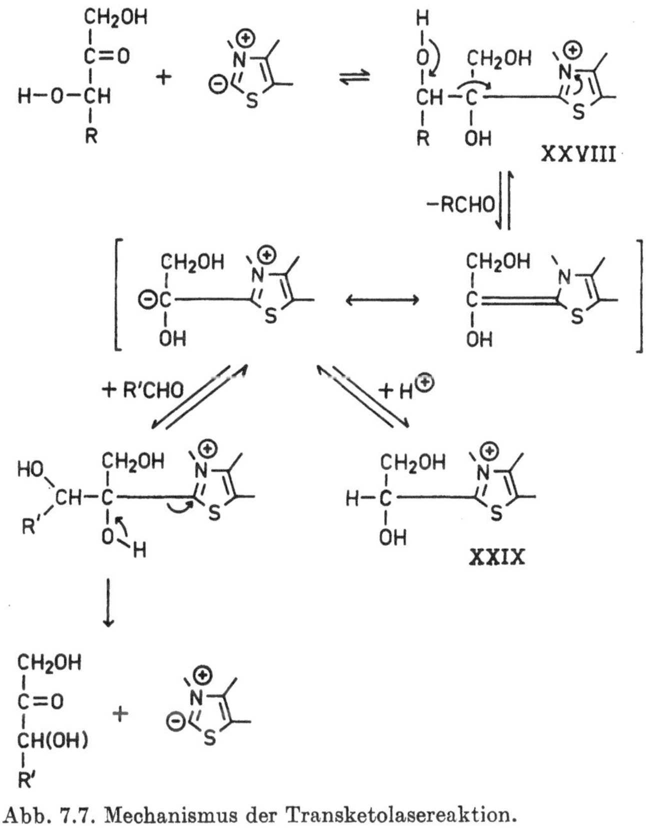

Abb. 7.7. Mechanismus der Transketolasereaktion.

Das Dihydroxyäthylthiaminpyrophosphat wurde nichtenzymatisch aus Thiaminpyrophosphat und Formaldehyd durch eine der Bildung von Acetointhiamin aus Thiamin und Acetaldehyd über Hydroxyäthylthiamin analogen Reaktion dargestellt [30]. Diese synthetische Substanz erwies sich als aktiv in Verbindung mit der Transketolase bei der Umwandlung von Ribose-5-phosphat in Sedoheptulose-7-phosphat.

Da Hydroxyäthylthiaminpyrophosphat als ein Zwischenprodukt bei der Pyruvatoxidasereaktion auftritt, schlossen Holzer et al. [43], daß das bei Inkubation von Hydroxypyruvat mit diesem Enzym entstehende Intermediat das Dihydroxyäthylthiaminderivat sei, welches mit dem bei der Transketolasereaktion gebildeten identisch ist. Es konnte gezeigt werden, daß dies tatsächlich zutrifft; das erhaltene Coenzymderivat ergab bei Inkubation mit Ribose-5-phosphat und Transketolase Sedoheptulosephosphat. Ein weiterer Beweis für die Struktur des „aktiven Glycolaldehyds“ konnte durch Abbaureaktionen erhalten werden [44].

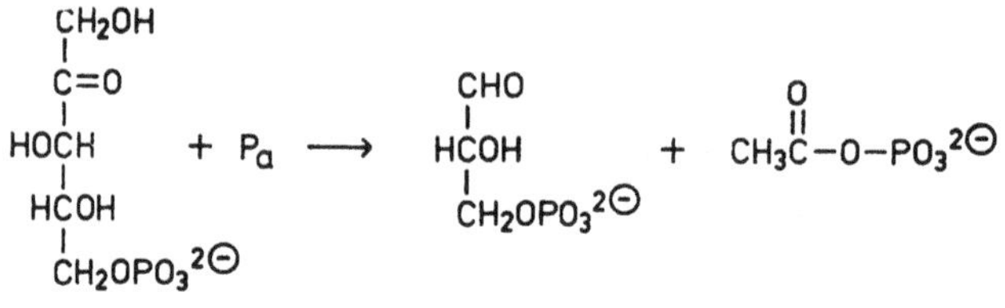

(7.17)

Während die Transketolase die Spaltung von D-Xylulose-5-phosphat zu Triosephosphat und einem Zweikohlenstoffbruchstück katalysiert, das anschließend auf einen geeigneten Acceptor übertragen wird, spaltet die Phosphoketolase (D-Xylulose-5-phosphat-D-glyceraldehyd-3-phosphatlyase, 4.1.2.9) dasselbe Substrat zum gleichen Triosephosphat und zu einem Zweikohlenstoffbruchstück auf, das schließlich als Acetylphosphat freigesetzt wird. Die Ähnlichkeit zwischen diesen beiden Reaktionen führte dazu, hierfür vergleichbare Mechanismen anzunehmen. In Abbildung 7.8. ist ein möglicher Mechanismus dargestellt, bei dem wie bei der Transketolasereaktion der erste Schritt zur Bildung des Dihydroxyäthyl-

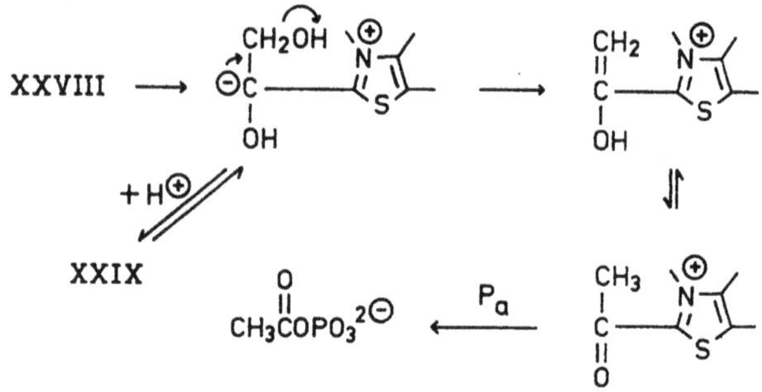

Abb. 7.8. Vorgeschlagener Mechanismus der Phosphoketolasereaktion.

thiaminpyrophosphations durch Eliminierung des Triosephosphats führt. Bei der sich anschließenden Eliminierung von Wasser entsteht ein Enol, das ketonisiert und dabei das Acetylderivat ergibt. Durch Einwirkung von Phosphat bildet sich Acetylphosphat. Dieser Mechanismus wird durch die Beobachtung bestätigt, daß in Gegenwart von Phosphoketolase aus Dihydroxyäthylthiaminpyrophosphat Acetylphosphat entsteht [45].

Das Enzym katalysiert aber nicht den Austausch zwischen Acetylphosphat und Phosphat [46]; dieses Resultat bedeutet, daß die Reaktion von Phosphat mit dem Acetylderivat praktisch irreversibel ist. HORECKER [39] nimmt an, daß das Phosphation mit der Enolform direkt reagiert. Der „aktive Glycolaldehyd" ist wahrscheinlich ein sich sehr schnell umsetzendes Intermediat in diesem Vorgang [39], da kein Austausch zwischen Xylulose-5-phosphat und dem Triosephosphat durch das Enzym katalysiert wird [46].

Lyasen mit aktiven Lysinresten

Wir haben in diesem Kapitel bereits zwei Typen von Enzymen kennengelernt, die Decarboxylierungen katalysieren. Die Pyridoxalenzyme wirken mit Aminosäuren als Substraten; die Thiaminpyrophosphatenzyme können die Decarboxylierungen von α-Ketosäuren katalysieren. Die Umkehr der Kohlendioxidligasereaktion ist ein anderer möglicher biologischer Mechanismus der Decarboxylierung. Die Decarboxylierung von β-Ketosäuren stellt noch ein weiteres Beispiel eines Decarboxylierungsmechanismus dar.

Acetoacetatdecarboxylase (4.1.1.4)

Dieses Enzym aus *Clostridium acetobutylicum* wurde sehr gründlich von F. H. Westheimer und seinen Mitarbeitern [47, 48, 49, 50, 51] untersucht. Normalerweise wird das Enzym als ein Aggregat, das aus Subeinheiten mit einem Molekulargewicht von ungefähr 29000 [51] zusammengesetzt ist, isoliert; pro aktives Zentrum werden zwei solcher Einheiten gefunden. Die Änderungen der kinetischen Parameter V und V/K_m mit dem pH-Wert weisen auf ionisierbare Gruppen mit pK_s-Werten von ca. 5,5 und 6,5 hin. Diese pK_s-Werte würden der Ionisierung zweier Gruppen im Enzym-Substrat-Komplex bzw. im Enzym entsprechen. Sie sind wahrscheinlich beide Kationsäuren (d. h. vom Typ $BH^{\oplus}$), da die pK_s-Werte in 30%igem wäßrigem Äthanol abnehmen (s. auch Kapitel 6, Seite 296).
Die durch primäre Amine katalysierte Decarboxylierung von β-Ketosäuren wurde in Kapitel 1 (Seite 64) kurz besprochen. Die Reaktion beginnt mit der Bildung einer Schiffschen Base zwischen dem Amin und der β-Carbonylgruppe; anschließend erfolgt die Eliminierung von Kohlendioxid, die zur Bildung eines Enamins führt. Das Enamin tautomerisiert zu einem Imin, aus dem durch Hydrolyse das Ketoprodukt entsteht. Bei einem derartigen Mechanismus wird der Carbonylsauerstoff der Ketosäure in einem Zwischenschritt abgegeben; folglich ist ein Austausch dieses Sauerstoffs in Wasser zu erwarten. Der Nachweis eines derartigen Austausches bei der durch das Enzym katalysierten Decarboxylierung von Acetoacetat (in der Carbonylgruppe mit ^{18}O markiert) [48] führte unmittelbar zu der Annahme, daß auch für den enzymatischen Vorgang ein Mechanismus zutrifft, der die Bildung einer Schiffschen Base einbezieht. Die Aminogruppe wird dabei vom aktiven Zentrum des Enzyms gestellt. In Abbildung 7.9. ist das Schema für einen solchen Mechanismus angegeben. In diesem Schema tritt das Enamin (XXX) als Intermediat auf. Es stellt das Tautomere der Schiffschen Base Acetonamin (XXXI) dar. Aus diesem Grunde müßte das Enzym den Austausch der Wasserstoffatome des Acetons mit denen des Wassers katalysieren.

Der Nachweis eines solchen Austausches durch WESTHEIMER und seine Mitarbeiter [51] stellt eine weitere Bestätigung dieses Mechanismus dar.
Der beste Nachweis für den Mechanismus über eine Schiffsche Base wurde jedoch aus Experimenten mit Natriumborhydrid gewonnen. Dieses Reagenz inaktiviert die Acetoacetatdecarboxylase in Gegenwart, jedoch nicht in Abwesenheit ihrer

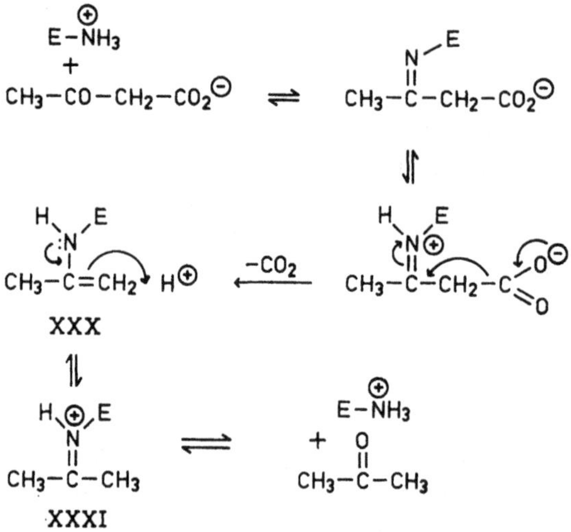

Abb. 7.9. Der Schiffsche-Base-Mechanismus der Decarboxylierung von Acetoacetat durch die Acetoacetatdecarboxylase (siehe Lit. [47, 59]).

Substrate. Wird das Enzym in Gegenwart von ^{14}C-markiertem Substrat mit Natriumborhydrid behandelt, so wird die radioaktive Markierung an das Protein gebunden [47]; bei saurer Hydrolyse entsteht eine radioaktive Verbindung, die als ε-Isopropyllysin (XXXII) identifiziert wurde.

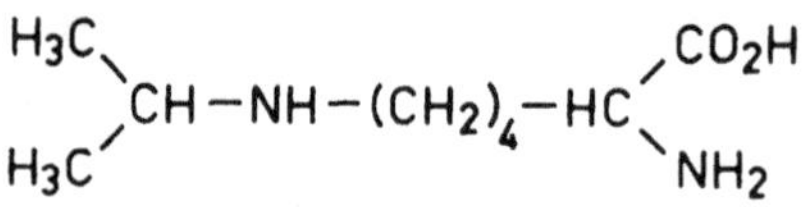

XXXII

Folglich ist das die Schiffsche Base bildende Amin die ε-Aminogruppe eines Lysylrestes des Enzyms. Weiterhin wird unter den experimentellen Bedingungen das Substrat bereits decarboxyliert, bevor die Reduktion stattfindet; es wird nur die Schiffsche Base des bereits decarboxylierten Moleküls nachgewiesen.
Von Interesse ist auch die Hemmung des Enzyms durch Cyanid. Cyanid verursacht nicht sofort eine Erniedrigung der Reaktionsgeschwindigkeit; es benötigt eine beträchtliche Induktionsperiode, es wirkt also verzögert. Diese Verzögerung kann weder durch Vorinkubation des Cyanids mit dem Enzym noch mit dem Substrat beseitigt werden; demnach reagiert das Cyanid vermutlich mit einer Form des Enzym-Substrat-Komplexes, wahrscheinlich mit der Schiffschen Base [47]. In diesem Falle müßte das Cyanid das Enzym vor Inaktivierung durch Borhydrid schützen. Ein derartiger Schutz wurde wirklich beobachtet [47].

Die Acetoacetatdecarboxylase wird auch durch Acetopyruvat gehemmt, das mit dem Amin des aktiven Zentrums in Wechselwirkung tritt, aber nicht decarboxyliert wird [51]. Die bei 325 nm beobachtete Absorption des Enzym-Acetopyruvat-Komplexes wird auf das Enamin (XXXIV) zurückgeführt, das durch Tautomerisierung der ursprünglich gebildeten Schiffschen Base (XXXIII) entsteht. Es wird pro Protein mit einem Molekulargewicht von 60000 ein Acetopyruvatmolekül gebunden. Borhydrid hebt die Acetopyruvathemmung durch Reduktion des Imins (XXXIII) nicht auf. Der Komplex liegt demzufolge vermutlich hauptsächlich in der Enaminform (XXXIV) vor, die gegenüber einer Reduktion unempfindlich ist.

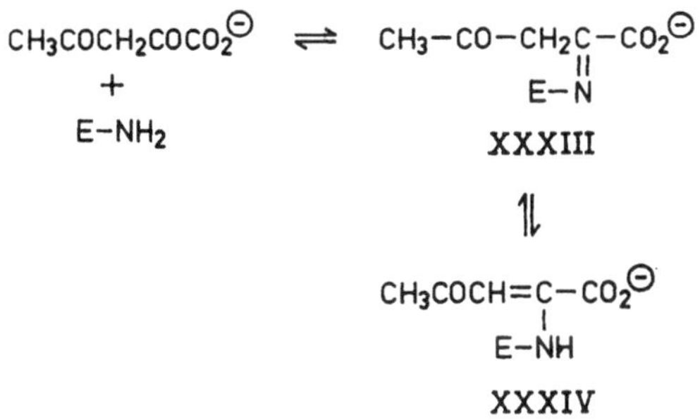

XXXIII, XXXIV

Das „aktive Lysin“ im aktiven Zentrum des Enzyms kann entweder durch Essigsäureanhydrid oder durch Dinitrophenylacetat acetyliert werden; das acetylierte Protein ist enzymatisch inaktiv [51]. Es wird anscheinend pro aktives Lysin ein Acetylrest eingeführt.

Aldolasen und Transaldolase

Für viele Enzyme, die Aldolkondensationen und Dealdolisierungen katalysieren, sind ebenfalls Mechanismen anwendbar, die unter Zwischenschaltung von Schiffschen Basen verlaufen [52]. Dies geht aus Befunden hervor, die auf Ähnlichkeiten mit dem Acetoacetatdecarboxylase-Mechanismus hindeuten. Die von diesen Enzymen am besten bekannten sind die Fructosediphosphataldolase (Fructose-1,6-diphosphat-D-glyceraldehyd-3-phosphatlyase, 4.1.2.13) und die Transaldolase (Sedoheptulose-7-phosphat-D-glyceraldehyd-3-phosphat-dihydroxyacetontransferase, 2.2.1.2). Diese beiden Enzyme sind bezüglich der Art der von ihnen katalysierten Reaktionen und ihrer Mechanismen sehr eng miteinander verwandt.
Die Transaldolase katalysiert die Übertragung einer Dihydroxyacetongruppe von einer Ketose auf einen geeigneten Aldehyd als Acceptor. In Gleichung (7.18) wird beispielsweise die Dihydroxyacetongruppe vom Sedoheptulose-7-phosphat auf den Acceptor D-Glyceraldehyd-3-phosphat unter Bildung von D-Fructose-6-phosphat übertragen.
In Gegenwart eines geeigneten Substrats (einer Ketose, die eine Dihydroxyacetongruppe abgeben kann) sowie in Abwesenheit eines Acceptors wird ein en-

zymgebundenes C_3-Fragment gebildet, das als „aktives Dihydroxyaceton" bezeichnet wird. Dieser Enzym-Dihydroxyaceton-Komplex ist relativ stabil; er kann durch Präzipitation oder durch Ionenaustauschchromatographie isoliert werden [39, 53]. Wird der Komplex durch Inkubation des Enzyms mit Fructose-6-phosphat, das in der C-1-Position mit ^{14}C markiert ist, dargestellt, so kann entweder durch Erhitzen radioaktives Dihydroxyaceton oder bei Inkubation mit einem geeigneten Acceptor ein markiertes Ketosephosphat entstehen [39, 53]. Folglich wird das bei der Reaktion auftretende C_3-Fragment in Gleichung (7.18) über ein

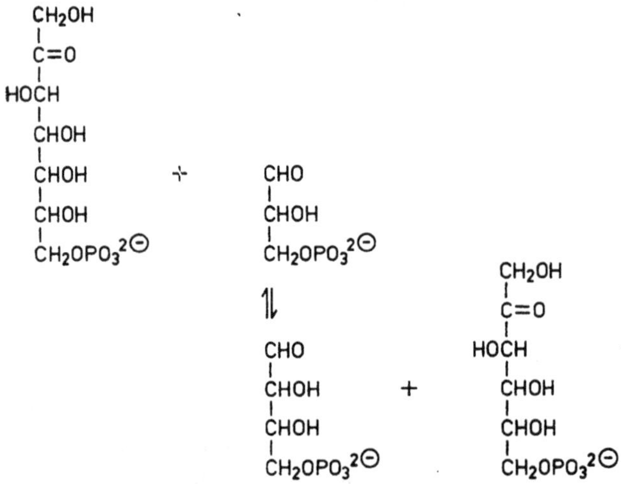

(7.18)

enzymgebundenes Zwischenprodukt vom Donator auf den Acceptor übertragen. Wie im Fall der Decarboxylase wurde die Art der Bindung zwischen dem Enzym und dem Dihydroxyaceton durch Reduktion mit Borhydrid aufgeklärt. Dieses Reagenz inaktiviert das Enzym in Gegenwart eines Substrats; ist das Substrat radioaktiv markiert, so wird der markierte Rest fest an das Protein gebunden [53]. Die Hydrolyse eines derartigen Proteinderivats ergibt markiertes N^6-β-Glyceryllysin (XXXV), was bedeutet, daß das Dihydroxyaceton über eine Schiffsche Base mit der ε-Aminogruppe eines Lysylrestes an das Enzym gebunden war [54, 55, 56]. Es scheint ein Lysin pro Molekulargewicht von 57000 wirksam zu sein [53].

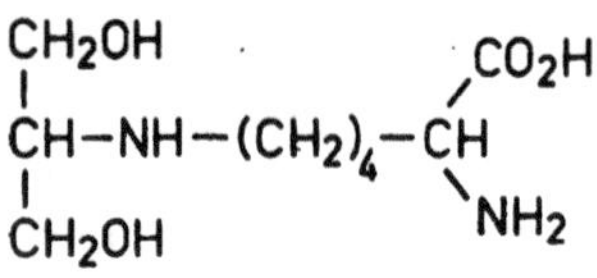

XXXV

Aus der Sicht dieser Ergebnisse wird für die Wirkung der Transaldolase ein Mechanismus angenommen, der dem der nichtenzymatischen amin-katalysierten Aldolkondensationen (s. Kapitel 1, S. 66) ähnlich ist. An dem Vorgang (Abb. 7.10.)

ist die uns schon gut bekannte, durch die protonisierte Imingruppe bewirkte Eliminierung beteiligt, durch die das Enamin, das „aktive Dihydroxyaceton“ (XXXVI) gebildet wird, das als ein resonanzstabilisiertes Carbanion angesehen werden kann. Dieses kann mit der Aldehydgruppe des Acceptormoleküls (R^3—CHO) unter Bildung der Schiffschen Base der Ketose oder eventuell der Ketose selbst reagieren. Die optische Reinheit des Produkts zeigt, daß die Kondensation stereospezifisch ist und das Acceptormolekül in der richtigen Position an der Oberfläche des Enzyms gehalten wird.

Der Reaktionsweg bei der Fructosediphosphataldolase ist dem der Transaldolase im Prinzip sehr ähnlich; der Hauptunterschied besteht in der viel geringeren Stabilität des Enzym-C_3-Komplexes (aktives Dihydroxyacetonphosphat), der

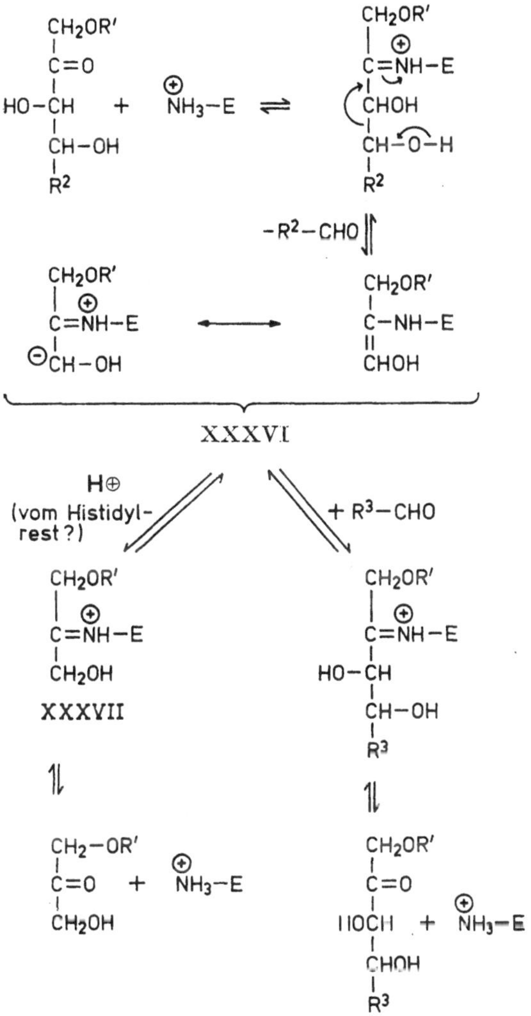

Abb. 7.10. Transaldolase-(R′=H) und Aldolasemechanismus (R′=PO_3^{2-}) [39, 52].

nicht isoliert werden kann. Folglich ist die Reaktion weniger ein Transferprozeß als vielmehr eine Dealdolisierung (Gleichung 7.19).

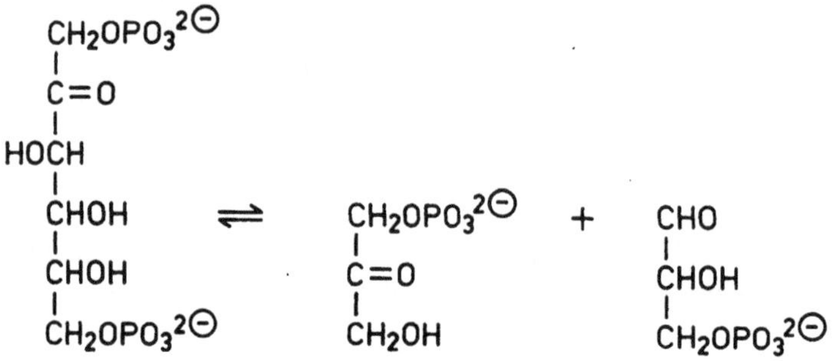

(7.19)

D-Fructose-1,6-diphosphat — Dihydroxyaceton phosphat — D-Glyceraldehyd-3-phosphat

Borhydrid inaktiviert das Enzym in Gegenwart eines großen Überschusses an Dihydroxyacetonphosphat [57], wobei als Hydrolyseprodukt N^6-β-Glyceryllysin, also dasselbe wie bei der Transaldolase (die Phosphatgruppe wird bei der Hydrolyse abgespalten), erhalten wird. Demnach war das Dihydroxyacetonphosphat über eine Schiffsche Base an das Protein gebunden. Ebenso wie aus dem Schiffschen Base-Mechanismus bei der Acetoacetatdecarboxylase die Katalyse eines Wasserstoffaustausches zwischen Aceton und Wasser abgeleitet wurde, ist auch bei der Fructosediphosphataldolase zu erwarten, daß sie einen Wasserstoffaustausch im Dihydroxyacetonphosphat katalysiert. Der Nachweis dieses Austausches [58] bestätigt den postulierten Mechanismus. Die Austauschreaktion ist hoch stereospezifisch; sie betrifft nur einen Wasserstoff [58].
Durch die von Horecker und seinen Mitarbeitern mittels Photooxidation [59] durchgeführten Untersuchungen wurden Einsichten in die Natur und die Bedeutung des an diesem Austausch beteiligten Protonentransfers gewonnen (die Umwandlung der Dihydroxyacetonphosphat-Schiffschen Base (XXXVII) und ihrer konjugierten Base (XXXVI)). Der Enzym-C_3-Komplex bei der Fructosediphosphataldolase wurde bereits als ziemlich instabil und schnell dissoziierend beschrieben, während der entsprechende Komplex der Transaldolase stabil ist. Die Photooxidation der Fructosediphosphataldolase in Gegenwart von „Rose Bengal", das ausschließlich die Zerstörung von Histidinresten verursacht [60], bewirkt den Verlust der Fähigkeit des Enzyms zur Spaltung von Fructosediphosphat. Ingram und Hochster [61] berichteten ebenfalls, daß durch die photooxidative Zerstörung von Histidin die Enzymaktivität verlorengeht. Wie Horecker et al. [59] berichteten, erniedrigt die Photooxidation auch die Geschwindigkeit des Tritiumaustausches im Dihydroxyacetonphosphat. Interessant ist jedoch, daß die Fähigkeit des Enzyms, als Transaldolase zu wirken (d. h. zur Übertragung von Dihydroxyacetonphosphat auf einen Acceptor), nicht vermindert wird. Die zerstörten Histidylreste sind demzufolge am Transfer von Protonen auf das C_3-Fragment beteiligt und dieser Transfer ist für die Dissoziation des

Dihydroxyacetonphosphats vom Protein essentiell. In Abwesenheit dieser Transferprozesse ermöglicht die Gegenwart eines Acceptors einen Alternativweg für die Abgabe des C_3-Bruchstückes und die Regeneration des freien Enzyms. Diese Aufgabe des Histidins in der Aldolasereaktion ist in Abb. 7.10. dargestellt.
Die Fructosediphosphataldolase zeigt keine sehr breite Substratspezifität. Obgleich sie beispielsweise die Spaltung von Fructose-1-phosphat katalysieren kann, ist ihre Aktivität gegenüber diesem Substrat wesentlich geringer als gegenüber dem Diphosphat. Wahrscheinlich gibt es am Enzym eine Bindungsstelle für die 6-Phosphatgruppe des Substrats. Die Einwirkung von Carboxypeptidase auf das Enzym verursacht den Verlust von 2—3 Tyrosinresten pro Molekül (das Molekül enthält wahrscheinlich vier Peptidketten [62, 63, 64, 65, 66, 67, 68, 69]); das dabei resultierende Protein hat gegenüber dem Diphosphat an Aktivität verloren [70, 71]. Daraus folgt, daß die C-terminalen Tyrosinreste eine Bindungsstelle für die 6-Phosphatgruppe des Substrats stellen könnten. HORECKER et al. [72] lieferten einen Beweis für diese These, indem sie zeigen konnten, daß die Acetylierung von Tyrosinresten im Enzym dessen Aktivität gegenüber dem Diphosphat, aber nicht gegenüber dem Monophosphat, vermindert.
Eine andere Aldolase, die Ketose-1-phosphataldolase (4.1.2.7) ist im Vergleich zur Diphosphataldolase für das Monophosphat spezifischer als für das Diphosphat. Sie scheint außerdem weniger C-terminale Tyrosinreste pro Molekül zu besitzen [73]. Möglicherweise sind aber diese beiden Enzyme einander sehr ähnlich; der Hauptunterschied besteht darin, daß die Diphosphataldolase mehr C-terminale Tyrosinreste besitzt und somit die 6-Phosphatgruppe des Substrats wirksamer binden kann.
Viele Aldolasen wirken anscheinend über einen Schiffschen-Base-Mechanismus und werden durch Borhydrid in Gegenwart ihrer Substrate inaktiviert. Dies betrifft auch die 2-Keto-4-hydroxyglutarataldolase (4.1.2.–) [74], die Desoxyribosephosphataldolase (4.1.2.4) [75] und die 2-Keto-3-desoxy-6-phosphogluconataldolase (4.1.2.14) [75, 76]. MELOCKE [76] zeigte, daß das letztgenannte Enzym, das die Synthese von 2-Keto-3-desoxy-6-phosphogluconat aus Pyruvat und D-Glyceraldehyd-3-phosphat katalysiert, durch Brompyruvat irreversibel inaktiviert wird. Pyruvat selbst bildet mit dem Enzym eine Schiffsche Base. Das Brompyruvat bildet vermutlich mit dem aktiven Lysin des Enzyms eine Schiffsche Base, wodurch die Brommethylgruppe in Nachbarschaft zu einer nucleophilen Gruppe gerät. Diese könnte ein Histidylrest sein, dessen normale Funktion der Protonentransfer ist.

2-Keto-3-desoxy-L-arabinonatdehydratase

ABELES und seine Mitarbeiter [77] berichteten über eine andere Lyasereaktion, bei der eine Schiffsche Base aus Enzym und Substrat gebildet wird. Es handelt sich um eine durch die 2-Keto-3-desoxy-L-arabinonatdehydratase (4.2.1.–) hervorgebrachte Dehydratation, bei der aus 2-Keto-3-desoxy-L-arabinonat das 2,5-Diketovalerat gebildet wird (Gleichung 7.20). Natriumborhydrid inaktiviert in

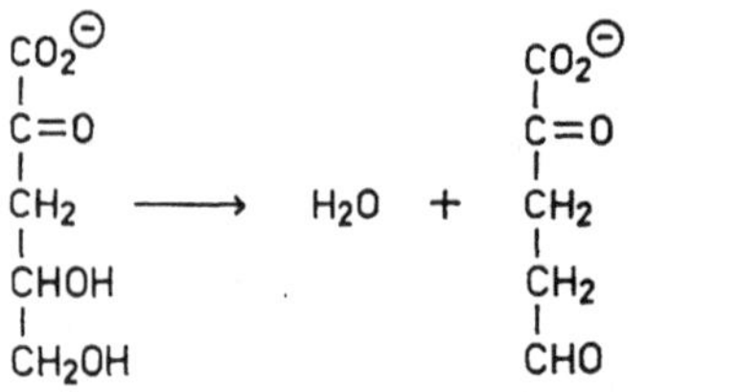

2,5-Diketovalerat

(7.20)

Gegenwart von Substrat das Enzym und verursacht den Einbau eines Substratmoleküls pro Molekül des Proteins. Die strukturellen Anforderungen für die Bildung der Schiffschen Base sind anscheinend gering: α-Ketobutyrat und 2-Keto-4-hydroxyvalerat sind kompetitive Inhibitoren der Enzymreaktion, und in Gegenwart einer dieser Verbindungen bewirkt Borhydrid die irreversible Inaktivierung des Enzyms.

Wird die Enzymreaktion in deuteriertem Wasser durchgeführt, so enthält das Produkt zwei Deuteriumatome, je eines am C-3- und am C-4-Atom. Die Aufnahme des Deuteriums an diesen beiden Stellen ist stereospezifisch, das dabei gebildete Produkt ist das 3(R), 4(R)-Dideutero-2,5-diketovalerat.

Abeles et al. [77] schlugen einen, die experimentellen Befunde erklärenden Mechanismus vor, der dem in Abbildung 7.11. angegebenen ähnlich ist. Bei diesem Mechanismus wird zuerst die Schiffsche Base zu einem Enamin umgelagert, aus dem Wasser eliminiert wird. Es findet dann eine weitere Umlagerung unter Bildung des konjugierten Enamins (XXXVIII) statt, das an den C-Atomen 3 und 4 stereospezifisch je ein Deuteriumatom aufnehmen kann.

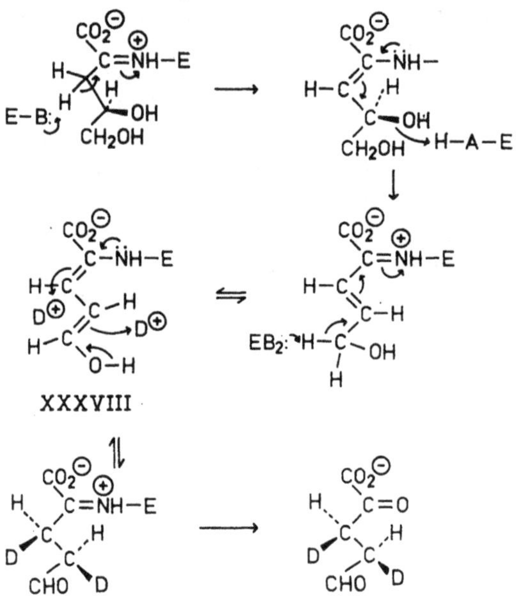

Abb. 7.11. Der für die 2-Keto-3-desoxy-L-arabinonatdehydratase vorgeschlagene Mechanismus (nach Abeles et al. [77]).

Insgesamt teilt man die Aldolasen in zwei Gruppen ein, die als Aldolasen der Klasse 1 und der Klasse 2 bekannt sind. Alle Aldolasen der Klasse 1 sind einander ähnlich und bilden mit ihren Substraten Schiffsche Basen. RUTTER [52] nimmt aus phylogenetischen Gründen an, daß sie alle aus einem in frühen Entwicklungsstadien vorhandenen Enzym hervorgegangen sind, das vielleicht der Acetoacetatdecarboxylase ähnlich war. Die Aldolasen der Klasse 2 sind bakteriellen Ursprungs und bezüglich ihrer Spezifität den Enzymen der Klasse 1 ähnlich, sie unterscheiden sich jedoch von diesen in der Art ihrer Wirkungsweise dadurch, daß sie Metallionen benötigen [78]. Es ist vorstellbar, daß ein Metallion aufgrund seiner elektrophilen Eigenschaften eine Dealdolisierung unterstützen kann. Seine Funktion ist hier der einer Schiffschen Base oder einer Thiamingruppe ähnlich.

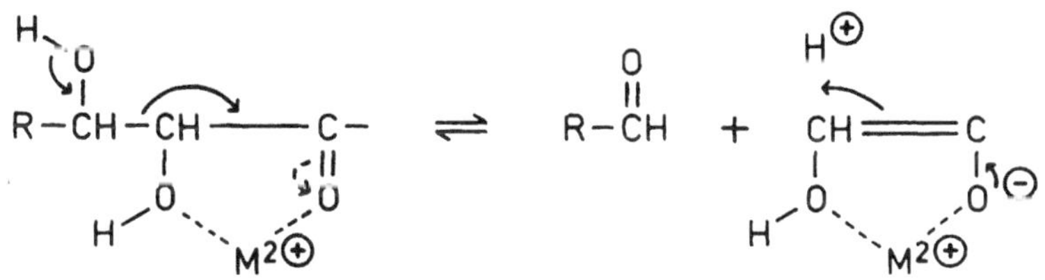

Kohlensäureanhydrase (*Carbonathydrolyase, 4.2.1.1*)

Diese Lyase ist der Vertreter eines besonderen Typs von Enzymen. Die von ihr katalysierte Reaktion, die Hydratation von Kohlendioxid oder umgekehrt die Dehydratation von Carbonat, ist von großer physiologischer Bedeutung.

$$CO_2 + H_2O \rightleftharpoons HCO_3^{\ominus} + H^{\oplus} \text{ (oder } H_2CO_3\text{)}.$$

Das Enzym hat ein Molekulargewicht von ungefähr 30000; seine Aminosäurezusammensetzung wurde von NYMAN und LINDSKOG [79] aufgeklärt. Vom enzymologischen Standpunkt aus betrachtet ist ihr wichtigstes Merkmal der Besitz von einem Zinkatom pro Enzymmolekül, dessen Entfernung den Verlust der katalytischen Aktivität nach sich zieht [80]. Außer dem Zink binden sich auch andere Metalle an das Apoenzym, von denen jedoch nur Cobalt (II) eine Reaktivierung des Enzyms bewirkt [80]. Da die kinetischen Parameter des Zink- und des Cobaltenzyms gleich sind und die durch Inhibitoren ausgelösten Änderungen im sichtbaren Absorptionsspektrum des Cobaltenzyms den Aktivitätsänderungen parallel gehen [81], kann angenommen werden, daß die Zink- und Cobaltionen am Apoenzym an derselben Stelle gebunden werden und beide dieselbe Rolle beim Katalysevorgang spielen. Die Untersuchung der magnetischen Suszeptibilität und des Infrarotspektrums des Cobaltenzyms [82] wiesen auf eine tetraedrische Anordnung der Liganden des Metallions hin.

Die Kohlensäureanhydrase wird durch verschiedene Sulfonamide stark gehemmt, das wirksamste von ihnen ist Acetazolamid (XXXIX). Diese Verbindung wird nur in Gegenwart des Metallions an das Protein gebunden [83] und hemmt das Enzym demzufolge durch Komplexbildung mit dem Metallion [84]. Letzteres konnte durch röntgenkristallographische Untersuchungen bestätigt werden [85, 86].

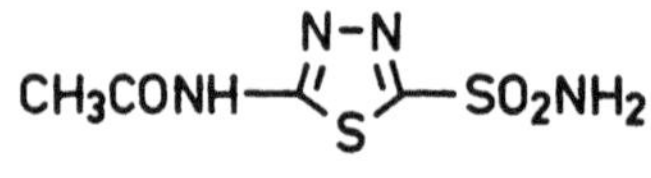

XXXIX

Das Enzym wird auch durch bestimmte Anionen wie beispielsweise Azid, Cyanid und Sulfid gehemmt, wobei die Hemmung ebenfalls durch Komplexbildung mit dem Metallion zu erfolgen scheint [83]. Diese Anionen rufen ähnliche spektrale Veränderungen wie das Acetazolamid hervor [83].
Die dreidimensionale Struktur des Enzyms wurde durch röntgenkristallographische Untersuchungen aufgeklärt [85, 86]. Das Zinkatom befindet sich in einer großen Tasche nahe dem aktiven Zentrum des Moleküls. Die einzige Thiolgruppe des Proteins ist etwa 14 Å vom Metallatom entfernt und kann somit nicht mit diesem in Wechselwirkung treten. Möglicherweise liefert ein terminaler Aminosäurerest einen Liganden für das Zink, da sich ein Kettenende in unmittelbarer Nähe der Tasche befindet, die vermutlich das aktive Zentrum darstellt.
Wie verschiedene Untersuchungen zeigten, hängt die katalytische Aktivität des Enzyms von einer Gruppe mit einem pK_s-Wert von etwa 7 ab [87, 88, 89, 90, 91, 92]. Möglicherweise besteht diese Gruppe aus einem an das Zinkatom koordinativ gebundenem Wassermolekül [93]; wenngleich es gegenwärtig wichtige Hinweise dafür gibt, daß sich in der Nachbarschaft des aktiven Zentrums ein Histidinrest befindet und daß die pH-Abhängigkeit der Reaktion viel wahrscheinlicher durch dessen Imidazolseitenkette kontrolliert wird. Die Kohlensäureanhydrase wird durch Bromacetat und durch Jodacetamid, die den Imidazolring eines Histidinrestes pro Molekül in 3-Stellung alkylieren, inaktiviert [94]. Da Sulfonamidderivate das Enzym stark, aber reversibel, durch Komplexbildung mit dem Metallion hemmen, wurde die Wirkung von Chloracetylsulfonamiden geprüft. Diese verursachen durch Alkylierung eines Histidins pro Molekül eine irreversible Inaktivierung. Die Inaktivierung durch diese Verbindungen findet in zwei Schritten statt. Zuerst wird der Enzym-Inhibitor-Komplex gebildet, indem das Sulfonamid koordinativ an das Zinkion gebunden wird. Anschließend reagiert die Imidazolgruppe eines naheliegenden Histidinrestes mit der Chloracetylgruppe unter Bildung eines kovalent gebundenen Komplexes. In Abwesenheit des Zinkions inaktivieren die Chloracetylderivate das Enzym nicht. Außerdem verbinden sich die Chloracetylverbindungen nicht mit dem durch Bromacetat inaktivierten Enzym [94]. Die Kohlensäureanhydrase B wird durch Bromacetazolamid gehemmt [95, 96].

Noch umstritten ist die Rolle des Metallions beim Katalysevorgang. Anscheinend ist es keine Bindungsstelle für das Kohlendioxidmolekül [88, 97, 98]. Genaue Messungen mit Hilfe der Differenzinfrarotspektroskopie ergaben, daß das Kohlendioxidmolekül bei Bindung an das Enzym nicht verdreht wird [99]. Es scheint sich in einer hydrophoben Tasche zu befinden. Bei Bindung des Kohlendioxids an das Cobaltenzym bleibt das sichtbare Spektrum unverändert; diese Tatsache stimmt damit überein, daß das Kohlendioxid nicht an das Metallion gebunden wird [99]. Azide binden sich an das Zinkion und verdrängen das Kohlendioxid aus seiner Tasche; es besteht dabei ein Verhältnis von 1:1 zwischen den Mengen zinkgebundenen Azids und verdrängten Kohlendioxids [99]. Das bedeutet, daß die Kohlendioxidtasche so nahe am Zinkatom liegt, daß sich das Azidion in diese hinein erstreckt.
Wie Infrarotuntersuchungen zeigten, verdrängt Bicarbonat das Azid vom Zink und auch das Kohlendioxid aus seiner Tasche. Aufgrund dieser Ergebnisse folgerten Riepe und Wang, daß das Bicarbonation mit seinem negativ geladenen Sauerstoffatom koordinativ an das Zinkion und über seinen neutralen Sauerstoff und das Hydroxyl in der hydrophoben Tasche gebunden ist. Die Hydratation erfolgt demnach durch den Angriff des metallgebundenen Hydroxidions (oder eines Wassermoleküls, das durch Basen-Katalyse durch die Seitenkette eines Histidinrestes unterstützt wird) auf das Kohlendioxidmolekül (Abb. 7.12.).

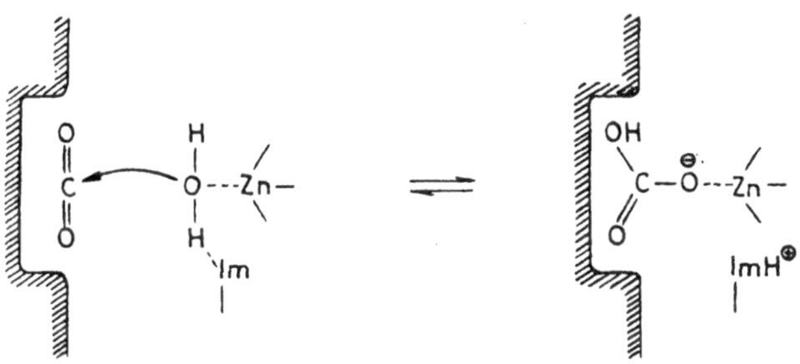

Abb. 7.12. Die Hydratation von Kohlendioxid durch die Kohlensäureanhydrase, nach Riepe und Wang [99].

Kohlensäureanhydrase ist nicht spezifisch für Kohlendioxid. Das Enzym katalysiert die Hydratation verschiedener Aldehyde und die Hydrolyse bestimmter Ester [87, 100, 101]. Die Hemmung der Esterase- und der Aldehydhydrataseaktivität geht der Kohlensäureanhydraseaktivität parallel, und es wird auch die selbe pH-Abhängigkeit beobachtet. Demnach erfolgen diese Reaktionen mit großer Wahrscheinlichkeit an demselben aktiven Zentrum und nach grundsätzlich gleichen Mechanismen. Alle durch die Kohlensäureanhydrase katalysierten Reaktionen sind im Prinzip gleichartig und bestehen in der Hydratation einer Carbonylgruppe; bei einem Ester wird der entstandene tetraedrische Komplex schnell gespalten. (Bei der Hydrolyse eines Sulfons [101] wird eine S=O-Gruppe

hydratisiert.) Die Hydrolyse von p-Nitrophenylacetat liefert möglicherweise eine an das Zinkion koordinativ gebundene Acetatgruppe (Abb. 7.13.).
Die Aufgabe des Zinkions im Mechanismus der Kohlensäureanhydrase ist nicht die gleiche wie die anderer Metallionen in den meisten anderen Reaktionen. Normalerweise binden sich die Metallionen koordinativ mit dem Sauerstoffatom der Carbonylgruppe und bewirken die Spaltung der Kohlenstoff-Sauerstoff-

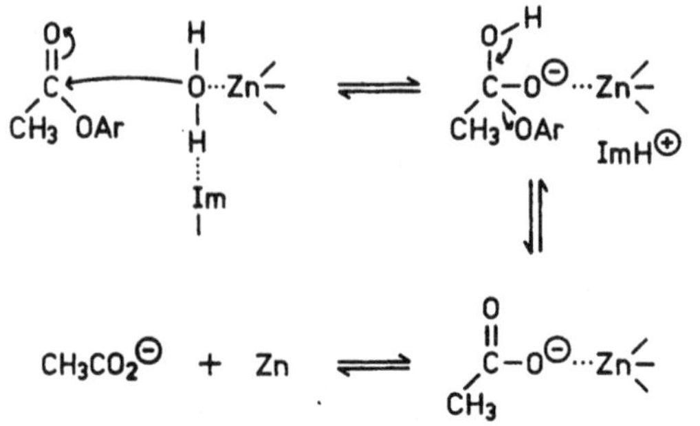

Abb. 7.13. Die Hydrolyse von p-Nitrophenylacetat durch die Kohlensäureanhydrase, nach POCKER et al. [87]. Ar = p-Nitrophenylgruppe.

Doppelbindung (s. 1. Kapitel sowie die Carboxypeptidase). Beim Kohlendioxid unterstützt das Zink diesen Vorgang offenbar nicht. Seine Hauptfunktion scheint in der Gewährleistung der korrekten stereochemischen Anordnung des Wassermoleküls für einen nucleophilen Angriff zu bestehen.

Malatsynthase (L-Malatglyoxalatlyase, CoA-acetylierend, 4.1.3.2)

Dieses Enzym ist ein Beispiel für eine andere metallabhängige Lyase, eine Ketosäurelyase. Es katalysiert entsprechend Gleichung (7.21) die Synthese von L-Malat aus Acetyl-CoA und Glyoxalat. Bei der Synthesereaktion wird die Coenzym A-thioestergruppe hydrolysiert.

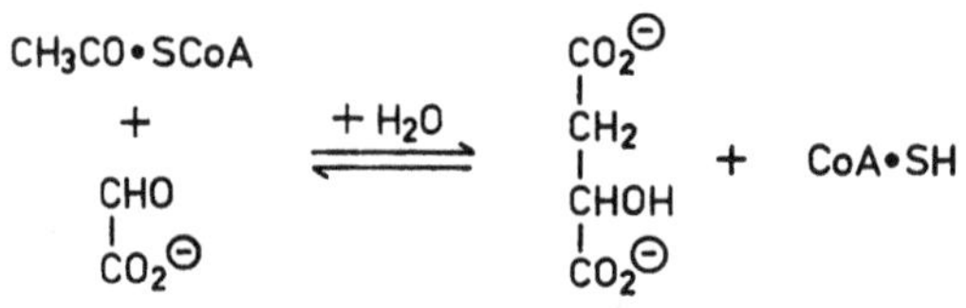

(7.21)

EGGERER und KLETTE [102] untersuchten die einzelnen Schritte der Reaktion. Der erste Schritt ist wahrscheinlich die Enolisierung von Acetyl-CoA; in Abwesenheit von Glyoxalat katalysiert das Enzym einen Wasserstoffaustausch an der Methylgruppe des Acetyls. Die Enolisierungsgeschwindigkeit ist ungefähr tausendmal niedriger als die Synthesegeschwindigkeit des Malats. Obgleich das Magnesium partiell durch andere Metallionen ersetzbar ist, sind die Magnesiumionen für die Enolisierung essentiell. Das Metallion bewirkt wahrscheinlich die Enolisierung durch Komplexbildung mit dem Carbonylsauerstoff. Verschiedene α-Ketosäuren erhöhen die Enolisierungsgeschwindigkeit. Ihre Wirksamkeit ergibt folgende Reihe: Pyruvat > Oxalacetat > Ketobutyrat > Ketoglutarat > Ketovalerat; demnach sind die Ketosäuren am wirksamsten, die dem Glyoxalat am ähnlichsten sind. Pyruvat hemmt die Synthese von Malat und steigert die Enolisierungsgeschwindigkeit von Acetyl-CoA auf das Tausendfache, einem Wert, der dem der Synthesegeschwindigkeit von Malat in Gegenwart von Glyoxalat

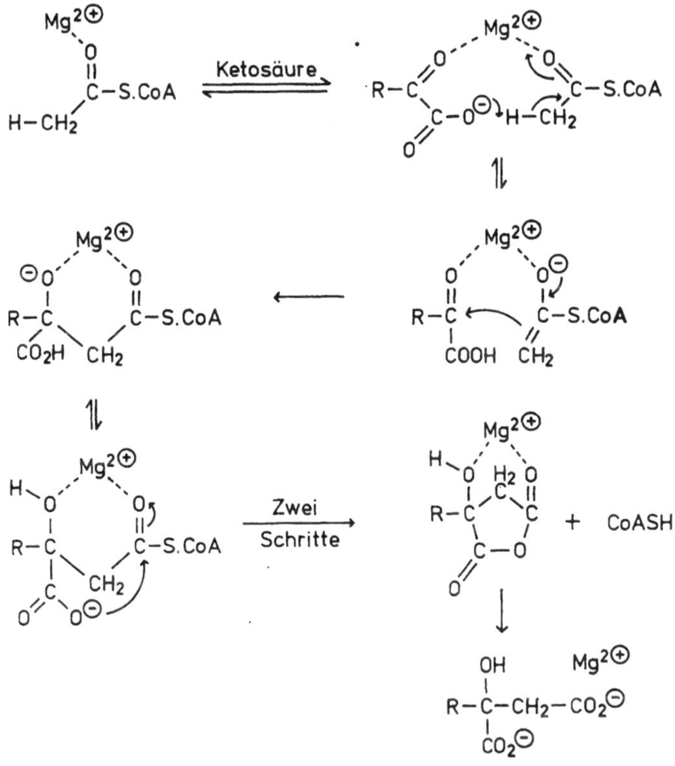

Abb. 7.14. Der von EGGERER und KLETTE [102] vorgeschlagene Wirkungsmechanismus der Malatsynthase (R=H) und Citratsynthase ($R{=}CH_2CO_2^{\ominus}$).

sehr nahekommt. Aufgrund dieser Ergebnisse nahmen EGGERER und KLETTE für die Enolisierung von Acetyl-CoA durch das Enzym eine konzertierte Säure-Basen-Katalyse an, bei der das Metallion als Säure fungiert und die Carboxylatgruppe der Ketosäure als Base wirkt (Abb. 7.14.).

Der nächste Schritt ist die Aldolkondensation selbst, bei der die Methylengruppe die Carbonylgruppe des Glyoxalats angreift. Es darf angenommen werden, daß das Metallion diesen Vorgang ebenfalls unterstützen kann. Das Ergebnis dieser Reaktion ist ein enzymgebundenes Malyl-CoA. Die Beobachtung der durch das Enzym katalysierten Hydrolyse von Malyl-CoA zeigt, daß eine derartige Verbindung tatsächlich ein Zwischenprodukt in dieser Reaktion ist. Nach EGGERER und KLETTE erfolgt diese Hydrolyse unter Mitwirkung des Metallions und der vorliegenden Carboxylatgruppe derart, daß intermediär ein cyclisches Anhydrid gebildet wird.

Bei Durchführung der Reaktion in tritiiertem Wasser enthält das entstandene Malat kein Tritium. Dieser Befund und die Tatsache, daß die Enolisierungsgeschwindigkeit in Gegenwart von Pyruvat (das dem Glyoxalat sehr ähnlich ist) der Geschwindigkeit der Malatsynthese nahezu identisch ist, zeigen, daß die Enolisierung des Acetyl-CoA den geschwindigkeitsbestimmenden Schritt des Gesamtvorgangs darstellt.

Es wird angenommen, daß viele Enzyme über Mechanismen, die in einer konzertierten Säure-Basen-Katalyse bestehen, wirken. Dieser Mechanismus ist deshalb besonders interessant, da der für den konzertierten Vorgang benötigte basische Katalysator nicht vom Enzym, sondern vom zweiten Substrat geliefert wird. Für das Enzym Citratsynthase (Citrat-Oxalacetatlyase, CoA-acetylierend **4.1.3.7**) wurde ein grundsätzlich ähnlicher Mechanismus vorgeschlagen [**103**]. In diesem Falle ist aufgrund der Experimente mit ^{18}O-markiertem Wasser [104] die Möglichkeit eines cyclischen Anhydrids als Intermediat nicht ausgeschlossen.

Literatur

[1] SNELL, E. E., Chemical and Biological Aspects of Pyridoxal Catalysis, Hrsg. E. E. SNELL, F. M. FASELLA, A. E., BRAUNSTEIN und A. R. FANELI, S. 1 (Pergamon Press, London, 1963)

[2] MANDELES, S., KOPPELMAN, R., und HANKE, M. E., J. biol. Chem. **209**, 327 (1954)

[3] GUIRAD, R. M. und SNELL, E. E., Comprehensive Biochemistry Bd. 15, S. 138 (Elsevier, 1964)

[4] KALYANKAR, G. D., und SNELL, E. E., Biochemistry **1**, 594 (1962)

[5] FLAVIN, M., Chemical and Biological Aspects of Pyridoxal Catalysis, S. 377 (Pergamon Press, London, 1963)

[6] SHUKUYA, R., und SCHWERT, G. W., J. biol. Chem. **235**, 1649, 1653 (1960)

[7] MANDELES, S., und HANKE, M. E., Abst. 124th Meeting A. C. S. 55C (1953)

[8] BELLEAU, B., und BURBA, J., J. Am. chem. Soc. **82**, 5751 (1960)

[9] CATTANEO, J., und SENEZ, J. C., Chemical and Biological Aspects of Pyridoxal Catalysis S. 217 (1963); MEISTER, A., NISHIMURA, J. S., und NOVOGRODSKY, A., Chemical and Biological Aspects of Pyridoxal Catalysis S. 229 (Pergamon Press, London, 1963)

[10] NISHIMURA, J. S., MANNING, J. M., und MEISTER, A., Biochemistry **1**, 442 (1962); NOVOGRODSKY, A., NISHIMURA, J. S., und MEISTER, A., J. biol. Chem. **238**, PC1903 (1963)

[11] WILSON, E. M., Biochim. biophys. Acta **67**, 345 (1963)

[12] WILSON, E. M., und KORNBERG, H. L., Biochem. J. **88**, 578 (1963)

[13] NEWTON, W. A., und SNELL, E. E., Proc. natn. Acad. Sci. U.S.A. **51**, 382 (1964); NEWTON, W. A., MORINO, Y., und SNELL, E. E., J. biol. Chem. **240**, 1211 (1965); MORINO, Y., und SNELL, E. E., J. biol. Chem. **242**, 2793 (1967)

[14] SNELL, E. E., Vitamins and Hormones 16, 77 (1958); BRAUNSTEIN, A. E., The Enzymes Bd. 2, S. 113 (Academic Press, New York, 1960)
[15] FISCHER, E. H., KENT, A. B., SNYDER, E. R., und KREBS, E. G., J. Am. chem. Soc. **80**, 2906 (1958)
[16] METZLER, D. E., J. Am. chem. Soc. **79**, 485 (1957)
[17] SCHIRCH, L., und JENKINS, W. T., J. biol. Chem. **239**, 3801 (1964); JENKINS, W. T., J. biol. Chem. **239**, 1742 (1964); JENKINS, W. T., und D'ARI, L., J. biol. Chem. **241**, 2845 (1966); SCHIRCH, L., und SLOTTER, R. A., Biochemistry **5**, 3175 (1966)
[18] SMITH, T. A., CORDELLE, F. H., und ABELES, R. H., Archs. biochem. Biophys. **120**, 724 (1967)
[19] KALLAN, K. G., und JENCKS, W. P., J. biol. Chem. **241**, 5864 (1966)
[20] LOHMANN, K., und SCHUSTER, P., Biochem. Z. **294**, 188 (1943)
[21] UKAI, T., TANAKA, S., und DOKAWA, S., J. pharm. Soc. Japan **63**, 269 (1943)
[22] MIZUHARA, S., TAMURA, R., und ARATA, H., Proc. Japan. Acad. **27**, 302 (1951); MIZUHARA, S., und ARATA, H., Proc. Japan. Acad. **27**, 700 (1951); MIZUHARA, S., und OONO, K., Proc. Japan. Acad. **27**, 704 (1951); MIZUHARA, S., und HANDLER, P., J. Am. chem. Soc. **76**, 571 (1954); TAKEUCHI, Y., OKUDA, T., HAYAKAWA, S., und MIZUHARA, S., J. Biochem. (Tokio) **42**, 93 (1955)
[23] KOFFLER, H., und KRAMPITZ, L. O., Bacteriol. Proc. 7 (1955)
[24] METZLER, D. E., The Enzymes Bd. 2, S. 215 (Academic Press, New York, 1960)
[25] YATCO-MANZO, E., RODDY, F., YOUNT, R. G., und METZLER, D. E., J. biol. Chem. **234**, 733 (1959)
[26] BRESLOW, R., J. Am. chem. Soc. **79**, 1762 (1957)
[27] BRESLOW, R., Chemy Ind. 893 (1957)
[28] MIEYAL, J. J., VOTAW, R. G., KRAMPITZ, L. O., und SABLE, H. Z., Biochim. biophys. Acta **141**, 205 (1967)
[29] BRUICE, T. C., und BENKOVIC, S. J., Bioorganic Mechanisms Bd. 2, S. 181 (Benjamin, 1966)
[30] KRAMPITZ, L. O., SUZUKI, I., und GREULL, G., Fedn. Proc. **20**, 971 (1961)
[31] KRAMPITZ, L. O., GREULL, G., und SUZUKI, I., Fedn. Proc. **18**, 266 (1959).
[32] BRESLOW, R., und MCNELLS, E., J. Am. chem. Soc. **81**, 3080 (1959)
[33] HOLZER, H., und BEAUCAMP, K., Angew. Chem. **71**, 776 (1959); Biochim. biophys. Acta **46**, 225 (1961)
[34] JUNI, E., J. biol. Chem. **236**, 2302 (1961)
[35] SCHELLENBERGER, A., und HÜBNER, G., Z. Physiol. Chem. **348**, 491 (1967); SCHELLENBERGER, A., WENDLER, K., CREUTZBURG, P., und HÜBNER, G., Z. Physiol. Chem. **348**, 501 (1967); SCHELLENBERGER, A., HEINROTH, I., und HÜBNER, G., Z. Physiol. Chem. **348**, 506 (1967); SCHELLENBERGER, A., und WINTER, K., Z. Physiol. Chem. **344**, 16 (1966); SCHELLENBERGER, A., MÜLLER, V., WINTER, K., und HÜBNER, G., Z. Physiol. Chem. **344**, 244 (1966); SCHELLENBERGER, A., RODEL, W., und RODEL, H., Z. Physiol. Chem. **339**, 122 (1964)
[36] SCHELLENBERGER, A., HÜBNER, G., SCHWAIBERG, R., HELBIG, D., SCHUMACHER, S., THIENE, R., BOUILLON, G., und RADLER, K.-P., Z. Physiol. Chem. **346**, 123 (1966)
[37] HOLZER, H., und KOHLHOW, G., Biochem. biophys. Res. Commun. **5**, 452 (1961)
[38] WHITE, F. G., und INGRAHAM, L. L., J. Am. chem. Soc. **82**, 4114 (1960); **84**, 3109 (1962)
[39] HORECKER, B. L., Comprehensive Biochemistry Bd. 15, S. 48 (Elsevier, 1964)
[40] HORECKER, B. L., SMYRNIOTIS, P. Z. ,und KLENOW, H., J. biol. Chem. **205**, 661 (1953)

[41] Racker, E., Adv. Enzymol. **15**, 141 (1954)
[42] Datta, A. G., und Racker, E., J. biol. Chem. **236**, 624 (1961)
[43] Fonseca-Wollheim, F., Bock, K. W., und Holzer, H., Biochem. biophys. Res. Commun. **9**, 466 (1962)
[44] Bock, K. W., Jaenicke, L., und Holzer, H., Biochem. biophys. Res. Commun. **9**, 472 (1962)
[45] Votaw, R., Williamson, W. T., Krampitz, L. O., und Wood, W. A., Biochem. Z. **338**, 756 (1963)
[46] Heath, E. C., Hurwitz, J., Horecker, B. L., und Ginsburg, A., J. biol. Chem. **231**, 1009 (1958)
[47] Westheimer, F. H., Proc. chem. Soc. 253 (1963)
[48] Hamilton, G. E., und Westheimer, F. H., J. Am. chem. Soc. **81**, 6332 (1959)
[49] Fridovich, I., und Westheimer, F. H., J. Am. chem. Soc. **84**, 3208 (1962)
[50] Warren, S., Zerner, B., und Westheimer, F. H., Biochemistry **5**, 817 (1966)
[51] Tagaki, W., und Westheimer, F. H., Biochemistry **7**, 891 (1968)
[52] Rutter, W. J., Fedn Proc. **23**, 1248 (1964); Blostein, R. E., und Rutter, W. J., J. biol. Chem. **238**, 3280 (1963); Rose, I. A., O'Connell, E. L., und Mehler, A. H., J. biol. Chem. **240**, 1758 (1965)
[53] Venkataraman, R., und Racker, E., J. biol. Chem. **236**, 1883 (1961); Pontremoli, S., Prandini, B. D., Bonsignore, A., und Horecker, B. L., Proc. natn. Acad. Sci. U.S.A. **47**, 1942 (1961); Horecker, B. L., Pontremoli, S., Ricci, C., und Cheng, T., Proc. natn. Acad. Sci. U.S.A. **47**, 1947 (1961)
[54] Grazi, E., Rowley, P. T., Cheng, T., Tchola, O., und Horecker, B. L., Biochem. biophys. Res. Commun. **9**, 38 (1962)
[55] Speck, J. C., Rowley, P. T., und Horecker, B. L., J. Am. Chem. Soc. **85**, 1012 (1963)
[56] Horecker, B. L., Rowley, P. T., Grazi, E., Cheng, T., und Tchola, O., Biochem. Z. **338**, 36 (1963)
[57] Grazi, T., Cheng, T., und Horecker, B. L., Biochem. biophys. Res. Commun. **7**, 250 (1962)
[58] Rose, I. A., J. Am. chem. Soc. **80**, 5835 (1958)
[59] Hoffee, P., Lai, C. Y., Pugh, E. L., und Horecker, B. L., Proc. natn. Acad. Sci. U.S.A. **57**, 107 (1967)
[60] Westhead, E. W., Biochemistry, **4**, 2139 (1965)
[61] Ingram, J. M., und Hochster, R. M., Can. J. Biochem. **45**, 929, 1505 (1967)
[62] Kobashi, K., Lai, C. Y., und Horecker, B. L., Archs biochem. Biophys. **117**, 437 (1966)
[63] Ginsburg, A., Archs biochem. Biophys. **117**, 451 (1966)
[64] Chan, W., Morse, D. E., und Horecker, B. L., Proc. natn. Acad. Sci. U.S.A. **57**, 1013 (1967)
[65] Fluri, R., Ramasarma, T., und Horecker, B. L., Eur. J. Biochem. **1**, 117 (1967)
[66] Shimizu, H., und Ozawa, H., Biochim. biophys. Acta **133**, 195 (1967)
[67] Stellwagen, E., und Schachman, H. K., Biochemistry **1**, 1056 (1962)
[68] Kowalsky, A., und Boyer, P. D., J. biol. Chem. **235**, 604 (1960)
[69] Deal, W. C., und van Holde, K. E., Fedn. Proc. **21**, 254 (1962)
[70] Drechsler, E. R., Boyer, P. D., und Kowalsky, A. G., J. biol. Chem. **234**, 2627 (1959)
[71] Rutter, W. J., Richards, O. C., und Woodfin, B. M., J. biol. Chem. **236**, 3193 (1961)

[72] PUGH, E. L., und HORECKER, B. L., Biochem. biophys. Res. Commun. **26**, 360 (1961)
[73] LARDY, et al. zitiert in Biological Chemistry, Hrsg. H. R. Mahler und E. H. Cordes, S. 425 (Harper und Row, 1966)
[74] KOBES, R. D., und DEKKER, E. E., Biochem. biophys. Res. Commun. **25**, 329 (1966); **27**, 607 (1967)
[75] GRAZI, E., MELOCHE, H., MARTINEZ, G., WOOD, W. A., und HORECKER, B. L., Biochem. biophys. Res. Commun. **10**, 4 (1963)
[76] MELOCHE, P., Biochemistry **6**, 2273 (1967)
[77] PORTSMOUTH, D., STOOLMILLER, A. C., und ABELES, R. H., J. biol. Chem. **242**, 2751 (1967)
[78] RUSSELL, G. K., und GIBBS, M., Biochim. biophys. Acta **132**, 145 (1967); RICHARDS, O. C., und RUTTER, W. J., J. biol. Chem. **236**, 3185 (1961); JAGANNATHAN, V., SINGH, K., und DAMODARAN, M., Biochem. J. **63**, 94 (1956)
[79] NYMAN, P.-O., und LINDSKOG, S., Biochim. biophys. Acta **85**, 141 (1964)
[80] LINDSKOG, S., und MALMSTROM, B. G., J. biol. Chem. **237**, 1129 (1962)
[81] LINDSKOG, S., Biochemistry **5**, 2641 (1966)
[82] LINDSKOG, S., und EHRENBERG, A., J. molec. Biol. **24**, 133 (1967)
[83] COLEMAN, J. E., Nature, Lond. **214**, 193 (1967)
[84] MALSTROM, B. G., NYMAN, P.-O., STRANDBERG, B., und TILANDER, B., Structure and Activity of Enzymes, Hrsg. T. W. GOODWIN, J. I. Harris und B. S. HARTLEY, S. 121 (Academic Press, New York, 1964)
[85] TILANDER, B., STRANDBERG, B., und FRIDBORG, K., J. molec. Biol. **12**, 740 (1965)
[86] FRIDBORG, K., KANNAN, K. K., LILJAS, A., STRANDBERG, B., STRANDBERG, R., TILANDER, B., und WIREN, G., J. molec. Biol. **25**, 505 (1967)
[87] POCKER, Y., und STONE, J. T., Biochemistry **6**, 668 (1967)
[88] POCKER, Y., und MEANY, J., Biochemistry **4**, 2535 (1965)
[89] KERNOHAN, J. C., Biochim. biophys. Acta **96**, 304 (1965); **81**, 346 (1964)
[90] ROUGHTON, F. J. W., und BOOTH, V. H., Biochem. J. **40**, 319 (1946)
[91] KIESE, M., Biochem. Z. **307**, 400 (1941)
[92] LINDSKOG, S., J. biol. Chem. **238**, 945 (1963)
[93] DAVIES, R. P., J. Am. chem. Soc. **81**, 5674 (1959)
[94] WHITNEY, P. L., NYMAN, P.-O., und MALMSTROM, B. G., J. biol. Chem. **242**, 4212 (1967)
[95] KANDEL, S. I., WONG, S.-C., KANDEL, M., und GORNALL, A. G., J. biol. Chem. **243**, 2437 (1967)
[96] NILSSON, A., und LINDSKOG, S., Eur. J. Biochem. **2**, 309 (1967)
[97] DAVIES, R. P., The Enyzmes Bd. **5**, S. 545 (Academic Press, New York, 1961)
[98] KERNOHAN, J. C., Biochim. biophys. Acta **81**, 346 (1964)
[99] RIEPE, M. E., und WANG, J. H., J. Am. chem. Soc. **89**, 4229 (1967)
[100] VEERPOORTE, J. A., MEHTA, S., und EDSALL, J. T., J. biol. Chem. **242**, 4221 (1967)
[101] LO, K.-W., und KAISER, E. T., Chem. Commun. 834 (1966)
[102] EGGERER, H., und KLETTE, A., Eur. J. Biochem. **1**, 447 (1967)
[103] EGGERER, H., Biochem. Z. **343**, 111 (1965)
[104] SUELTER, C. H., und ARRINGTON, S., Biochim. biophys. Acta **141**, 423 (1967)

Croshy, J., und Lienhard, G. E., Mechanism of thiamine catalyzed reactions. A kinetic analysis of the decarboxylation of pyruvate by 3,4-dimethylthiazolium ion in water and ethanol. J. Am. Chem. Soc. **92**, 5707 (1970)

Olander, J., und Kaiser, E. T., The binding of 4-hydroxy-3-nitrobenzenesulfonamide, a reporter group labeled inhibitor, to carbonic anhydrase. J. Am. Chem. Soc. **92**, 5758 (1970)

Crosby, J., Stone, R., und Lienhard, C. E., Mechanism of thiamine-catalyzed reactions. Decarboxylation of 2-(1-carboxy-1-hydroxyethyl)-3,4-dimethylthiazolium chloride. J. Am. Chem. Soc. **92**, 2891 (1970)

Gibbons, J., Anderson, P. J., und Perham, R. N., Amino acid sequence homology in the active site of rabbit and sturgeon muscle aldolase. FEBS Letters **10**, 49 (1970)

Schutzbach, J. S., und Feingold, D. S., Biosynthesis of uridine diphosphate D-xylose. J. Biol. Chem. **245**, 2476 (1970)

Kagamiyama, H., Morino, Y., und Snell, E. E., The chemical structure of tryptophanase from *Escherichia coli*. J. Biol. Chem. **245**, 2819 (1970)

Houer, J. F., Henkens, R. W., und Clesnut, D. B., A spin label investigation of the active site of an enzyme. Bovine carbonic anhydrase. J. Am. Chem. Soc. **93**, 6665 (1971)

Sukhareva, B. S., Dunathan, H. C., und Braunstein, A. E., The stereochemistry of the abortive transamination shown by glutamate decarboxylase. FEBS Letters **15**, 241 (1971)

Hammerstedt, R. H., Möhler, H., Decker, K. A., und Wood, W. A., Structure of 2-keto-3-deoxy-6-phosphogluconate aldolase. J. Biol. Chem. **246**, 2069 (1971)

Robertson, D. C., Hammerstedt, R. H., und Wood, W. A., Structure of 2-keto-3-deoxy-6-phosphogluconate aldolase J. Biol. Chem. **246**, 2075 (1971)

Robertson, D. C., Altekar, W. W., und Wood, W. A., Structure of 2-keto-3-deoxy-6-phosphogluconate aldolase. J. Biol. Chem. **246**, 2084 (1971)

Khalifah, R. G., The carbon dioxide hydration activity of carbonic anhydrase. J. Biol. Chem. **246**, 2561 (1971)

Barran, L. R., und Wood, W. A., The mechanism of 2-keto-3-deoxy-6-phosphogluconate aldolase. J. Biol. Chem. **246**, 4028 (1971)

Boeker, E- A., Fischer, E. H., und Snell, E. E., Arginine decarboxylase from *Escherichia coli*. J. Biol. Chem. **246**, 6776 (1971)

Toraya, T., Kondo, M., Isemura, Y., und Fukui, S., Coenzyme B_{12}-dependent propanediol dehydratase system. Nature of cobalamin binding and some properties of apoenzymecoenzyme B_{12} analog complexes. Biochemistry **11**, 2599 (1972)

Wood, T., The forward an reverse reactions of transaldolase. FEBS Letters **25**, 153 (1972)

O-Leary, M. H., und Baughn, R. L., Acetoacetate decarboxylase. Identification of the rate-determining step in the primary amine catalyzed reaction and the enzymic reaction. J. Am. Chem. Soc. **94**, 626 (1972)

Klee, C. B., Metal activation of histidine ammonia-lyase. J. Biol. Chem. **247**, 1398 (1972)

Wong, S.-C. C., Kandel, S. I., Kandel, M., und Gornall, A. G., Covalent labeling of the active site of human carbonic anhydrase B with N-bromoacetylacetazolamide. J. Biol. Chem. **247**, 3810 (1972)

Meloche, H. P., Luczak, M. A., und Wurster, J. M., The substrate analog, bromopyruvate, as both a substrate and alkylating agent for 2-keto-3-deoxy-6-phosphogluconic aldolase. Kinetic and stereochemical studies. J. Biol. Chem. **247**, 4186 (1972)

BABIOR, B. M., MOSS, T. H., und GOULD, D. C., The mechanism of action of ethanolamine ammonia lyase, a B_{12}-dependent enzyme. J. Biol. Chem. **247**, 4389 (1972)
COLEMAN, J. E., und COLEMAN, R. V., Magnetic circular dichroism of Co(II) carbonic anhydrase. J. Biol. Chem. **247**, 4718 (1972)
HUANG, Y. Z., und SNELL, E. E., D-Serine dehydratase from *Escherichia coli*. J. Biol. Chem. **247**, 7358 (1972)
KLEE, C. B., und GLADNER, J. A., Isolation of a cysteine-peptide at the active site of histidine ammonia lyase. J. Biol. Chem. **247**, 8051 (1972)
DEAN, B., und BARTLEY, W., Oxaloacetate decarboxylases of rat liver. Biochem. J. **135**, 667 (1973)
LIN, K.-T. D., und DEUTSCH, H. F., Human carbonic anhydrases. J. Biol. Chem. **248**, 1881 und 1885 (1973)
CYBULSKY, D. L., KANDEL, S. I., KANDEL, M., und GORNALL, A. G., Location of histidine residues that react with bromoacetazolamide and N-bromoacetylacetazolamide in human and bovine carbonic anhydrases. J. Biol. Chem. **248**, 3411 (1973)
MELOCHE, H. P., The substrate analog, bromopyruvate, as a bridging agent for the active site of 2-keto-3-deoxy-6-phosphogluconic aldolase. Chemical evidence for a carboxylate adjacent to the Schiff's base-forming lysine. J. Biol. Chem. **248**, 6945 Y (1973)
SILVERMAN, D. N., Carbonic anhydrase catalyzed oxygen-18 exchange between bicarbonate and water. Arch. Biochem. Biophys. **155**, 452 (1973)
COCKLE, S. A., Electron-paramagnetic-resonance studies on cobalt (II)-carbonic anhydrase. Low spin cyanide complexes. Biochem. J. **137**, 587 (1974)
ANDERSON, B. J., und KAPLAN, H., Reactivity of the active-centre lysine residue of rabbit muscle aldolase. Biochem. J. **137**, 181 (1974)

Kapitel 8

ISOMERASEN UND LIGASEN

Isomerasen

Obwohl über die Isomerasen im allgemeinen weniger bekannt ist als über die meisten anderen Enzymklassen, können doch einige Schlußfolgerungen über ihren Wirkungsmechanismus gezogen werden. Die Isomerasen bewirken in ihren Substraten folgende molekulare Umlagerungen:

a) die Inversion an einem asymmetrischen Kohlenstoffatom (D-Ribulose-5-phosphat-3-epimerase, 5.1.3.1, Gleichung 8.1).

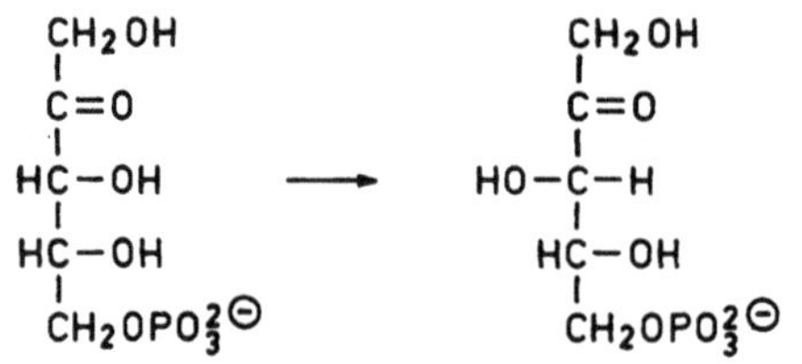

(8.1)

b) die Racemisierung an einem asymmetrischen Kohlenstoffatom (Alaninracemase, 5.1.1.1, Gleichung 8.2).

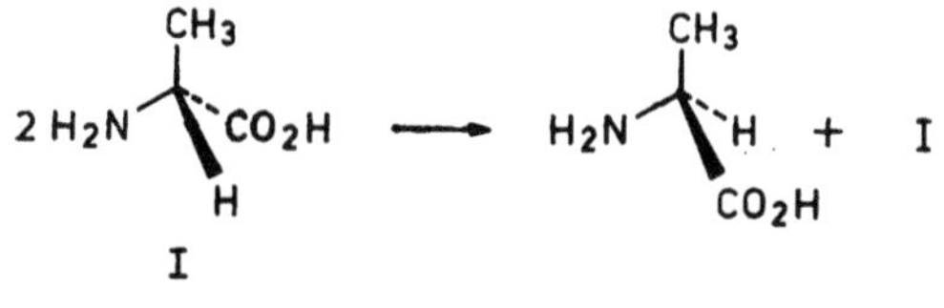

(8.2)

c) die Wanderung einer Doppelbindung (3-Ketosteroid Δ^4, Δ^5-isomerase, 5.3.3.1, Gleichung 8.3).

(8.3)

d) Bestimmte intramolekulare Transferreaktionen (zum Beispiel L-threo-3-Methylaspartatcarboxyaminomethylmutase, 5.4.99.1, Gleichung 8.4).

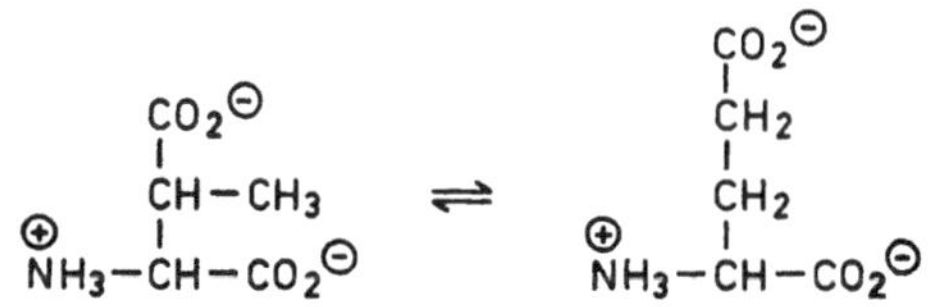

3-Methyl-L-aspartat L-Glutamat (8.4)

e) die Umwandlungen von Aldosen und Ketosen (z. B. D-Glucose-6-phosphat-isomerase, 5.3.1.9, Gleichung 8.5).

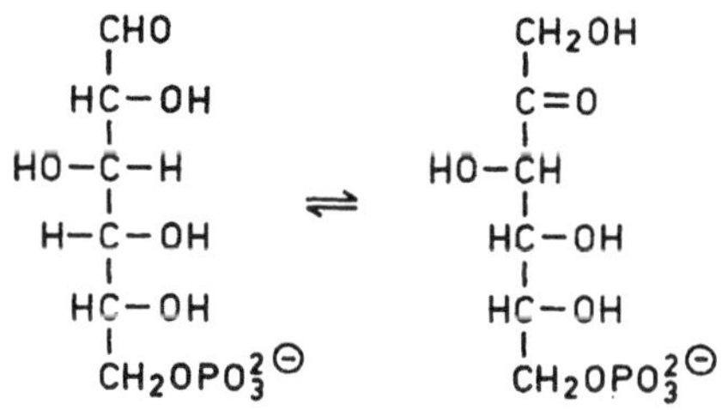

D-Glucose-6-phosphat D-Fructose-6-phosphat (8.5)

Aminosäureracemasen (5.1.1.–)

Diese Enzyme sind pyridoxalphosphatabhängig und es wird angenommen, daß der Mechanismus der Racemisierung bei Anwesenheit von Enzymen im wesentlichen dem durch dieses Coenzym katalysierten nichtenzymatischen Prozeß ähnlich ist. Die gebildete Schiffsche Base zwischen der Aminosäure und dem Pyridoxal hat die Aufgabe, den α-Wasserstoff zu lockern, dessen Verlust zur Bildung eines resonanzstabilisierten Carbanions führt (Abb. 8.1). Bei Enzymen wie den Transaminasen und jenen, die β-Eliminierungen katalysieren (s. Kapitel 7), nimmt dieser Typ des Carbanions vom Lösungsmittel in hochspezifischer Weise ein Proton auf, so daß nur L-Aminosäuren entstehen. Bei den Racemasen jedoch muß der Aminosäure-Pyridoxal-Komplex in einer solchen Weise an der Oberfläche des Enzyms gebunden sein, daß das Proton von beiden Seiten unter Bildung einer Mischung der D- und L-Formen der Aminosäure [1] angreifen kann.

Enzyme, die das Vitamin B_{12} als Coenzym benötigen

Vitamin B_{12}, das 5'-Desoxyadenosylcobalamin (s. II, Kapitel 6 und Abb. 6.1.), wird von einer Anzahl von Enzymen als Coenzym benötigt, die intramolekulare Umlagerungen von dem in Gleichung (8.6) dargestellten allgemeinen Typ katalysieren.

(8.6)

X kann dabei eine Carboxyaminomethyl-(Methylaspartatmutase), eine Thioester-(Methylmalonyl-CoA-mutase, 5.4.99.2) oder eine Hydroxylgruppe (Propandioldehydratase, 4.2.1.28) sein. Im letzten Fall folgt der Übertragung des Hydroxyls auf den b-Kohlenstoff eine Eliminierung von Wasser; das Enzym ist deshalb eher zu den Lyasen zu rechnen als zu den Isomerasen. Seine Wirkungsweise

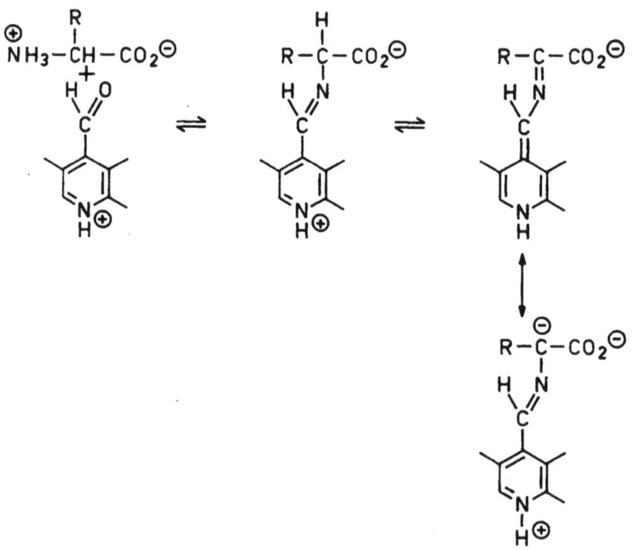

Abb. 8.1. Racemisierung einer Aminosäure durch Pyridoxal. Außer der essentiellen Aldehydgruppe wurden alle anderen Substituenten am Pyridoxalring weggelassen.

stimmt jedoch mit dem allgemeinen Mechanismus, der bei den B_{12}-Isomerasen in Anwendung kommt, besser überein, weshalb eine Besprechung in diesem Abschnitt geeignet ist. Es ist zu sehen, daß bei der in Gleichung (8.6) dargestellten Reaktion ein Wasserstoffatom vom b-Kohlenstoff (der am Ende die Gruppe X übernimmt) abgegeben und vom a-Kohlenstoff ein Wasserstoff aufgenommen wird und demnach eine intramolekulare Wasserstoffübertragung stattfindet. Die Natur dieser Wasserstoffübertragung ist grundlegend für den Mechanismus dieser und anderer Isomerasen. Es wurden Untersuchungen mit Wasserstoffisotopen ausgeführt, um diesen Schritt zu verstehen. Bei allen B_{12}-Isomerasen stammt der vom α-Kohlenstoff aufgenommene Wasserstoff nicht vom Lösungsmittel [2, 3, 4, 5]. Reaktionen in Deuteriumoxid verliefen ohne Einbau von Deuterium in das Molekül.

Die Wasserstoffübertragung von C-a zum C-b erfolgt aber nicht notwendigerweise direkt, wie die Experimente von ABELES und FREY [2] zeigen. In diesen Experimenten wurde eine Mischung von 1,2-Propandiol (das mit Tritium in der 1-Stellung markiert war) und Äthylenglykol (unmarkiert) mit dem Enzym Propandioldehydrase inkubiert, das mit beiden Substraten reagiert. Falls eine direkte intramolekulare Wasserstoffübertragung stattfindet, dürfte nur der Propionaldehyd Tritium enthalten. Jedoch enthielt der isolierte Acetaldehyd ebenfalls Tritium (Gleichung 8.7). Dieses Ergebnis zeigt deutlich, daß die Reaktion mit dem Diol in zwei getrennten Stufen ablaufen muß, auf der ersten wird der Wasserstoff vom Diol auf einen intermediären Acceptor übertragen und in der zweiten von diesem Zwischenprodukt weiter übertragen.

$$\begin{array}{ccc} \overset{(Tr)}{CH_3 \cdot CHOH \cdot CH_2OH} & & CH_3 \cdot CH_2 \cdot CHO \text{ (markiert)} \\ + & \xrightarrow{\text{Enzym}} & + \\ CH_2OH \cdot CH_2OH & & CH_3 \cdot CHO \text{ (markiert)} \end{array} \tag{8.7}$$

Die Rolle des Vitamin B_{12}-Coenzyms als wasserstoffübertragendes Agens ist jetzt für die meisten dieser Enzyme bewiesen worden. So zeigten ABELES und FREY [2, 6], daß bei der Inkubation vom Propandioldehydrase und Coenzym B_{12} mit Propandiol (1-^{3}H) das Coenzym in der 5′-Stellung markiert wird. Die Inkubation von synthetisch dargestelltem Coenzym, das mit Tritium in der 5′-Stellung markiert wurde, mit dem Enzym und unmarkiertem Propandiol führt zur Bildung von tritiiertem Propionaldehyd. In analoger Weise überträgt markiertes Coenzym, das wie oben beschrieben, an der Propandioldehydrase entstehen kann, seinen Marker in Gegenwart der Methylmalonyl-CoA-mutase auf Succinyl-CoA [7]. Die Methylmalonyl-CoA-mutase katalysiert die in Gleichung (8.8) dargestellte Reaktion.

$$\underset{\text{Methylmalonyl-CoA}}{CH_3-\overset{\overset{\ominus}{O_2C}}{\underset{H}{C}}-\overset{O}{\overset{\|}{C}}-S \cdot CoA} \longrightarrow \underset{\text{Succinyl-CoA}}{\overset{\overset{\ominus}{CO_2}}{CH_2}-CH_2-\overset{O}{\overset{\|}{C}}-S \cdot CoA} \tag{8.8}$$

Quantitative Experimente zeigen, daß beide Wasserstoffatome in der 5′-Stellung des Coenzyms an der Reaktion teilnehmen, die demnach in bezug auf diese Stelle am Coenzym nicht stereospezifisch ist. Das bedeutet möglicherweise, daß die Spaltung der Kobalt-Kohlenstoff-Bindung während dieses Vorgangs eine freie Rotation in 5′-Stellung gestattet.

In Gegenwart von Glycolaldehyd wird das Holoenzym inaktiviert und Glyoxal (II) gebildet [8]. Nach Denaturierung des Protein-Coenzym-Komplexes wurde Hydroxycobalamin und 5′-Desoxyadenosin isoliert. Ein Wasserstoff vom Glycolaldehyd wurde auf die 5′-Stellung übertragen. In diesem Fall war das Coenzym in der Lage, einen Wasserstoff aufzunehmen, den es infolge der Struktur des Substrates nicht wieder abgeben konnte.

Zwei mögliche Mechanismen wurden für die Wirkung dieser Enzyme in Betracht gezogen. Einer, in dem die Wasserstoffübertragung ein Hydrid enthält und ein anderer, für den ein Radikalmechanismus angenommen wird.

$$\begin{matrix} CHO \\ | \\ CH_2OH \end{matrix} + \text{Coenzym } B_{12} \xrightarrow{\text{Enzym}} \begin{matrix} CHO \\ | \\ CHO \end{matrix} + \begin{matrix} \text{Hydroxycobalamin} \\ \text{5'-Desoxyadenosin} \end{matrix}$$

II

Hydridübertragung. In Kapitel 4 wurde gezeigt, daß im allgemeinen die Alkyl- (bzw. Acyl-)gruppen in substituierten Cobalaminen gegenüber einem nucleophilen Angriff empfindlich sind. Die $Co^{2\oplus}$-Verbindungen sind gut substituierbare Gruppen. Entsprechend sind die $Co^{1\oplus}$-Verbindungen als gute Nucleophile anzusehen, und diese Eigenschaften sind für die Wirkung der Methylcobalamine als Methylüberträger verantwortlich. Diese Überlegungen können ausgedehnt werden, um die Funktion der 5'-Desoxyadenosylcobalamine als Hydridüberträger zu erklären. Abbildung 8.2a. zeigt wie diese Wirkung dargestellt werden kann. Das 5'-Methylen unterliegt einem nucleophilen Angriff durch das Hydrid, so daß die Kobalt-Kohlenstoffbindung gespalten wird unter Bildung von 5'-Desoxyadenosin und der reduzierten B_{12}-Verbindung. Die Abgabe des Hydrids vom Substrat führt zur Bildung eines Carboniumions und die Gruppe X wandert wie im Schema dargestellt. Eine Hydridübertragung in umgekehrter Richtung führt dazu, daß der Kohlenstoff b den Wasserstoff trägt. Die Abgabe des Hydrids vom Kohlenstoff a ist als Bildung eines Carboniumions dargestellt, obwohl das nicht notwendigerweise der Fall sein muß. Bei solchen Verbindungen zum Beispiel, in denen der a-Kohlenstoff auch eine Hydroxylgruppe besitzt (Propandiol), wird der Verlust des Hydrids zur Bildung einer Carbonylgruppe führen. Das ist kein ungewöhnlicher Vorgang und die Oxidation des Glycolaldehyds zu Glyoxal durch den Enzym-Coenzym-Komplex kann am besten auf diese Weise erklärt werden. In anderen Fällen ist die Abgabe des Hydrids weniger leicht vorstellbar; das Enzym muß hierzu eine zusätzliche Unterstützung liefern.

Der Radikalmechanismus. Der Nachweis von Radikalen im Propandioldehydrasesystem (durch ESR- und UV-Absorptionsspektroskopie) durch WILLIAMS und seine Mitarbeiter [9] macht wahrscheinlich, daß während der Reaktion eher eine homolytische als eine heterolytische Spaltung der Bindung stattfindet. Abbildung 8.2b. zeigt die möglichen Mechanismen für diesen Fall.

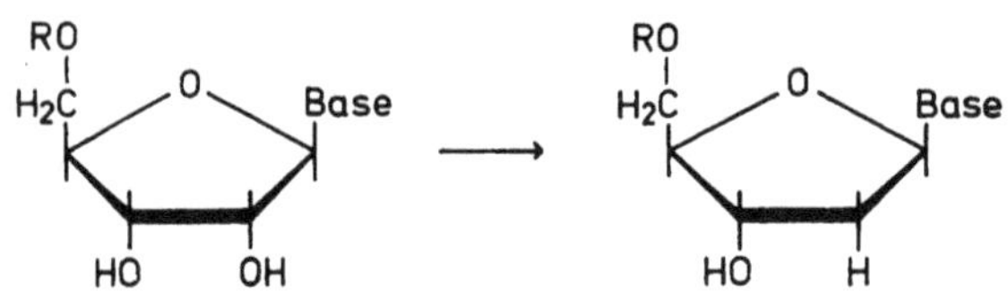

Unabhängig davon, welcher von diesen Mechanismen richtig ist, ist anzunehmen, daß das 5-'Desoxyadenosin, das in jedem Fall als Zwischenprodukt auftritt, in der Nähe des übrigen Teils des Coenzyms gebunden bleibt; selbst wenn es abdissoziiert, ist es unwahrscheinlich, daß die Wasserstoffisotope in der 5'-Stellung mit Wasser austauschen.

Das Enzym Ribonucleotidreductase, das die Reduktion von Ribonucleotiden zu Desoxyribonucleotiden katalysiert, ist ebenfalls ein B_{12}-Enzym. Es wurde nach-

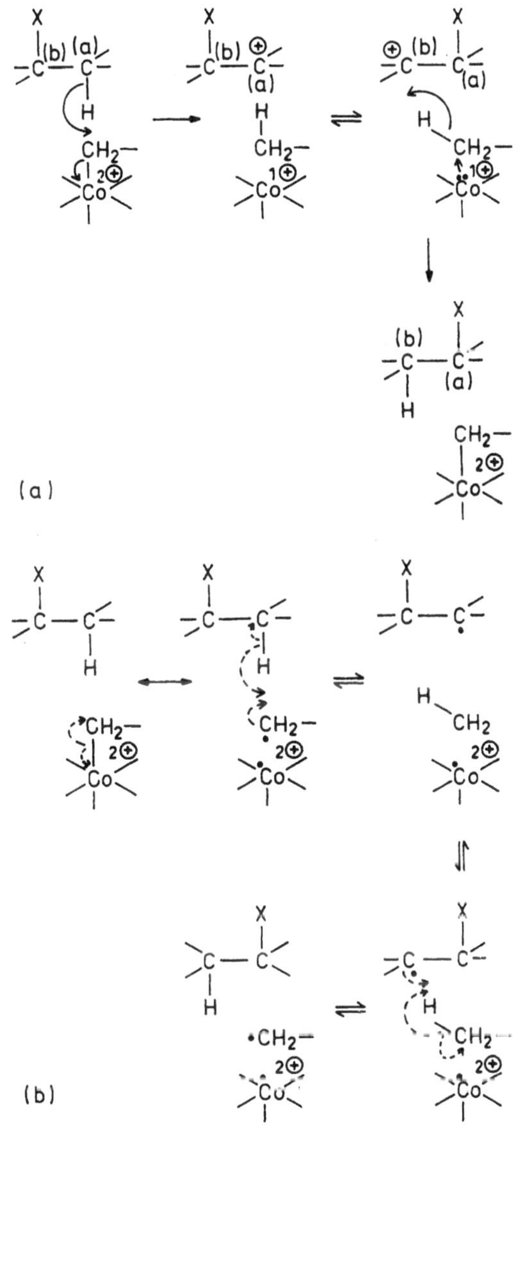

Abb. 8.2.
a) Hydridtransfermechanismus der Isomerasen mit Vitamin B_{12} als Coenzym.
b) Radikalischer Mechanismus. Beachte, daß in jedem Fall der Wasserstoff vom C-(a) zum C-(b) über die 5'-Stellung der Desoxyadenosylgruppe übertragen wird.

gewiesen, daß auch in diesem Fall das Coenzym als Wasserstoffüberträger wirkt. So wird Tritium aus der 5'-Stellung des Coenzyms auf den 2'-Kohlenstoff der Desoxyriboseverbindung übertragen [10]. Die Reduktion des Ribonucleotids erfordert die Anwesenheit eines reduzierten Agens, z. B. eines Dithiols, das als terminaler Wasserstoffdonator wirkt. Die Rolle des B_{12}-Coenzyms in diesem Enzym ist demzufolge der des FAD in anderen Oxidoreduktasen ähnlich.

3-Ketosteroid-Δ^4-Δ^5-isomerase (5.3.1.1)

Dieser Typ von Enzymen katalysiert die Wanderung einer Doppelbindung. So wird Androst-5-en-3,17-dion (III) in sein Isomeres (IV) umgewandelt. Praktisch muß die Reaktion irreversibel sein, weil entsprechend der Konjugation zwischen

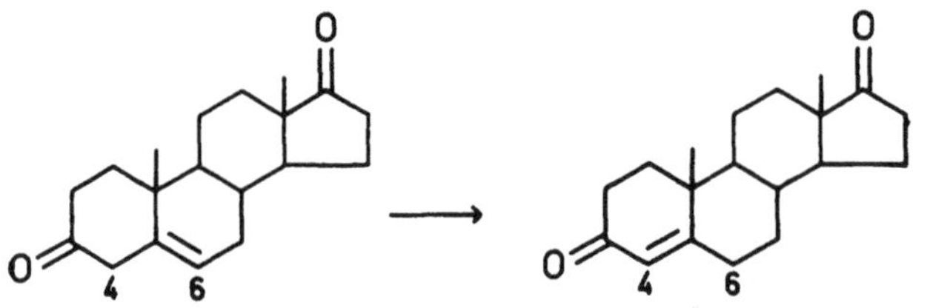

III IV

der olefinischen und der Carbonyldoppelbindung die Verbindung (IV) eine größere thermodynamische Stabilität hat als (III) und folglich im Gleichgewicht stark bevorzugt ist.

Es ist interessant, daß Experimente zur Isotopensubstitution mit bakteriellen und Säugetierenzymen unterschiedliche Ergebnisse erbracht haben. Wird die durch ein bakterielles Enzym katalysierte Isomerisierung in Deuteriumoxid durchgeführt, so wird kein Deuterium in das Produkt eingebaut [11]. Das steht im Gegensatz zu den säure- und basen-katalysierten Reaktionen und weist darauf hin, daß in dem enzymatischen Vorgang das in der 6-Stellung aufgenommene Wasserstoffatom das gleiche Atom ist, das in der 4-Stellung abgegeben wird. Die direkte Übertragung wurde bestätigt, als Malhotra und Ringold [12] die Produkte untersuchten, die bei der Isomerisierung von Steroiden auftraten, die in 4-Stellung markiert waren. Es war eindeutig, daß der Wasserstoff, der in der 6-Stellung erscheint, aus der 4-Stellung stammt. Außerdem erwies sich die Übertragung als streng stereospezifisch; der 4-β-Wasserstoff wird in die 6-β-Stellung übertragen. Als geschwindigkeitsbestimmender Schritt wurde die Abgabe des 4-β-Wasserstoffs nachgewiesen.

In ihrem Modell des Reaktionsablaufes nahmen Malhotra und Ringold an, daß daran ein protonenübertragendes Agens beteiligt ist. Die Reaktion verläuft folglich über die Abtrennung eines Protons aus der 4-β-Stellung durch eine basische Gruppe B in dem Enzym. Dieser Vorgang kann durch die Anwesenheit einer

sauren Gruppe am Carbonylsauerstoff unterstützt werden. Das Produkt ist demnach ein konjugiertes Enol (V), das von der konjugierten Säure von B ein Proton aufnimmt unter Bildung des isomeren Produkts. Daß die gleiche Gruppe B als Protonenacceptor und danach als Protonendonator wirkt, wurde dadurch nachgewiesen, daß die Reaktion auf der gleichen Seite des Moleküls stattfindet, also in beiden Fällen der β-Wasserstoff beteiligt ist, und daß das Deuterium aus der 4-Stellung in der 6-Stellung erscheint.
Die Reaktion findet ohne Austausch mit dem Lösungsmittel statt, was mit dem Modell vereinbar ist, wenn die Ablösung des Protons von der 4-Stellung viel

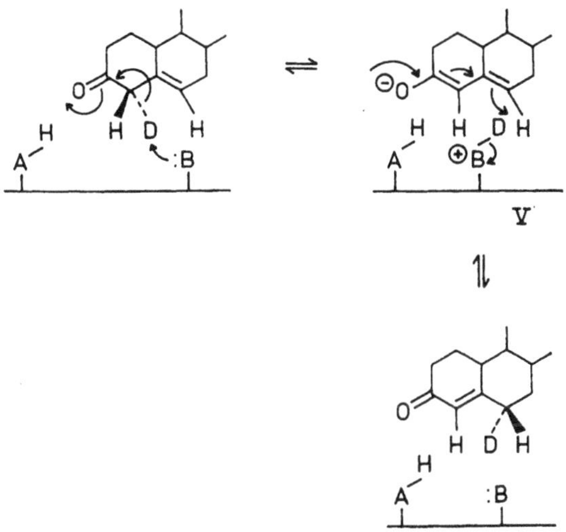

Abb. 8.3. Mechanismus der Deuteriumübertragung von der 4-β-Stellung eines 3-Keto-Δ^5-steroids auf die 6-β-Stellung bei Anwesenheit der 3-Keto-Δ^4-Δ^5-steroidisomerase. Es wird angenommen, daß sich die B-Gruppe unterhalb der Ebene der zwei sechsgliedrigen Ringe befindet.

langsamer ist als die Protonenabgabe an die 6-Stellung. Das trifft zu, da die Ablösung des Protons aus der 4-Stellung geschwindigkeitsbestimmend ist. Außerdem kann die Anordnung des Enols (V) an der Oberfläche des Enzyms die Gruppe B für Lösungsmittelmoleküle unzugänglich machen.
Diese Forscher wiesen auch auf die Schnelligkeit der Enolisierung und Protonisierung hin und nahmen an, daß die Reaktion in einem hydrophoben Bereich des Enzyms stattfindet.
Bei den Säugetierenzymen tritt jedoch ein etwas anderes Bild zutage. Die Tritiummarkierung in 4-β-Stellung wird an das Lösungsmittel abgegeben [13]. Weiterhin zeigten Oleinick und Koritz [14], daß in Gegenwart des entsprechenden Rattenenzyms aus Deuteriumoxid Deuterium in die 6-β-Stellung und außerdem in die C-4-Position eingebaut wird. Es ist demzufolge möglich, daß die Gruppe, von der man annimmt, daß sie das Proton vom C-4 entfernt, nicht die

gleiche ist, die das C-6 protonisiert. Der in Abbildung 8.3. dargestellte Mechanismus kann trotzdem mit den an Säugetierenzymen erhaltenen Resultaten vereinbar sein, wenn (a) die Abtrennung des Protons vom C-4 sehr viel schneller ist als die Protonisierung des C-6 und (b) die protonisierte Form von B zum freien Austausch mit dem Lösungsmittel befähigt ist. OLEINICK und KURITZ hoben die Ähnlichkeiten zwischen der basen-katalysierten Isomerisierung und der durch das Rattenenzym katalysierten Reaktion hervor. In dem basen-katalysierten Vorgang ist die Protonisierung der 6-Stellung geschwindigkeitsbestimmend. Aufgrund der erwähnten Ähnlichkeit schlugen diese Autoren vor, daß das Enolatanion (VI) eine besondere Rolle in dem enzymatischen Prozeß spielt.

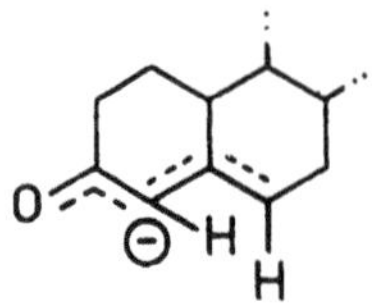

VI

Es gibt Hinweise darauf [12], daß ein Histidinrest für die enzymatische Aktivität benötigt wird; B kann demzufolge eine Imidazolgruppe sein.

D-Glucose-6-phosphatketolisomerase (5.3.1.9)

Die durch dieses Enzym katalysierte Reaktion, die Umwandlung von D-Glucose-6-phosphat in D-Fructose-6-phosphat, stellt einen anderen Typ dar, bei dem ein Wasserstoff von einem Kohlenstoffatom abgelöst und von einem anderen gebunden wird. Gleichung (8.9) zeigt solch eine Aldose-Ketose-Umwandlung für die offenkettigen Formen der Kohlenhydrate. Zwischen Glucose-6-phosphat und Fructose-6-phosphat ist das Gleichgewichtsverhältnis 3:1 zugunsten des Glucosederivates.

$$-\underset{\underset{O}{\|}}{C}-\underset{\underset{OH}{|}}{CH_2} \rightleftharpoons -\overset{H}{\underset{\underset{OH}{|}}{C}}-CHO \qquad (8.9)$$

Wie bei allen anderen betrachteten Isomerasen ist die Art des Wasserstofftransfers für den Mechanismus entscheidend. Zwei Aspekte sind dabei von besonderem Interesse, (a) ob der Austausch direkt erfolgt und (b) ob der übertragene Wasserstoff ein Proton, ein Wasserstoffradikal oder ein Hydridion ist. Die Übertragung eines Hydridions erfolgt im allgemeinen entweder direkt oder mit Hilfe eines hydridionen-übertragenden Agens, gewöhnlich eines Coenzyms. Bei der Glucosephosphatisomerase ist weder ein Coenzym noch ein anderer Cofaktor erforderlich.

Frühere Experimente deuteten darauf hin, daß keine direkte Übertragung stattfindet. Wird die Umwandlung von Fructose-6-phosphat in Glucose-6-phosphat in Deuteriumoxid durchgeführt, so wird Deuterium an das C-2 angelagert [15, 16].

Spätere Untersuchungen von Rose et al. [17] zeigten jedoch, daß eine besondere Art einer direkten Übertragung stattfindet. Bei der Isomerisierung von Fructose-6-phosphat, das am C-1 mit Tritium markiert ist, trägt das gebildete Glucosederivat das Tritium am C-2. Die Umsetzung war jedoch nicht quantitativ, da ein Teil des Tritiums sich mit dem Lösungsmittel ausgetauscht hatte.

Die wahrscheinlich beste Interpretation dieser Ergebnisse ist ein Protontransfermechanismus mit einem Endiol als Zwischenprodukt. Wenn die gleiche basische Gruppe B an der Abtrennung des Protons vom C-1 und bei der Aufnahme des

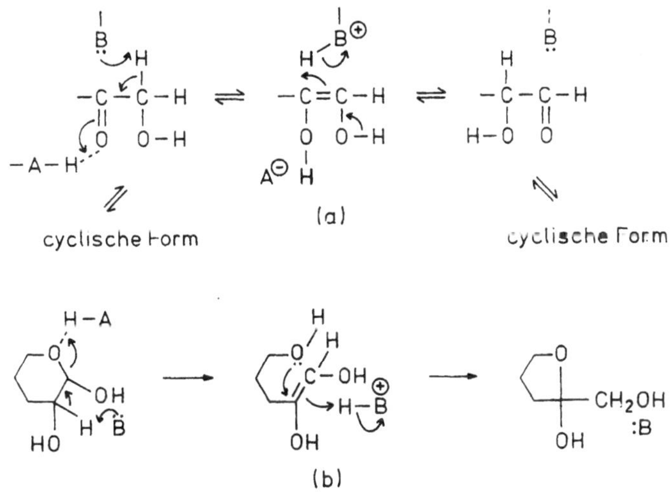

Abb. 8.4. Mechanismus der Protonenübertragung bei der Glucose-6-phosphatisomerase mit einem Endiol als Zwischenprodukt.

Protons an das C-2 beteiligt ist, erklärt der dargestellte Mechanismus (Abb. 8.4.) die scheinbar direkte Übertragung. Die partielle Tritiumübertragung rührt daher, daß die Geschwindigkeiten der einzelnen Vorgänge so sind, daß die konjugierte Säure von B partiell austauscht ehe das Proton vom C-2 aufgenommen wird.

Dieser Mechanismus ist demzufolge dem der 3-Keto-Δ^5-steroidisomerase sehr ähnlich. Er scheint eine Zwischenstellung zwischen denen der bakteriellen und Säugetierenzyme einzunehmen.

Es ist gegenwärtig unbekannt, ob die Isomerisierung mit der offenkettigen oder der cyclischen Halbacetalform der Zucker stattfindet. Abbildung 8.4 b. zeigt, wie ein Endiolmechanismus für die cyclische Form abgewandelt werden kann. In diesem Fall ist das Endiol nicht cyclisch, sondern mit dem Endiolintermediat in dem Reaktionsablauf der offenkettigen Form identisch. Hines et al. [18] bevorzugen einen Mechanismus, an dem die cyclische Form beteiligt ist, da sie für die offenkettigen Formen, wenn diese wirksam sein sollten, K_m-Werte in der Größenordnung von 10^{-9} berechneten. Diese Werte wären aber beträchtlich kleiner als sie für K_m-Werte üblich sind.

Diese Forscher zeigten auch durch kinetische Experimente und Untersuchungen der pH-Abhängigkeit, daß die Reaktion eine nichtprotonisierte Gruppe mit einem pK von 6—7 und eine protonisierte Gruppe mit einem pK von 9—10 benötigt. Aufgrund dessen könnte B ein Histidinrest und AH die ε-Aminogruppe eines Lysins sein. Kürzlich wurde gezeigt, daß ein Histidinrest für die katalytische Aktivität essentiell sein könnte [19].

Ein Endiolintermediat wurde auch für die Reaktion der Ribulose-5-phosphat-3-epimerase angenommen, bei der eine Inversion an dem der Carbonylgruppe benachbarten Kohlenstoffatom stattfindet [15]. Während der Reaktion nimmt das Substrat Deuterium bzw. Tritium aus dem Wasser auf [20]. Beide Epimere können in Abhängigkeit davon gebildet werden, auf welche Weise das Endiol das Proton aufnimmt.

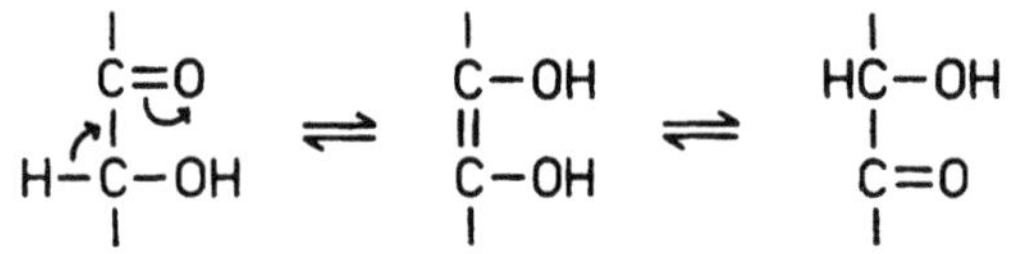

Ligasen

Jedes dieser Enzyme bewirkt eine synthetische Reaktion, d. h. die Vereinigung zweier Moleküle zu einem dritten. Die Reaktion ist stets von einer ATP-Hydrolyse begleitet, die den Energiebedarf des synthetischen Vorganges deckt. Die Gleichungen (8.10) und (8.11) sind Beispiele für ligase-katalysierte Reaktionen. Die Reaktion (8.10) wird durch die γ-Glutamylcysteinsynthetase (L-Glutamat: L-Cystein-γ-ligase (ADP), 6.3.2.2), die andere (8.11) durch die Acetyl-CoA-synthetase (Acetat:CoA-ligase (AMP), 6.2.1.1) katalysiert.

$$\text{Glutamat} + \text{Cystein} + \text{ATP} \rightleftharpoons \gamma\text{-Glutamylcystein} + \text{ADP} + \text{P}_a \quad (8.10)$$

$$\text{Acetat} + \text{CoASH} + \text{ATP} \rightleftharpoons \text{Acetyl-CoA} + \text{AMP} + \text{PP}_a \quad (8.11)$$

Wir sehen, daß in dem einen Fall die β-γ-Pyrophosphatbindung des ATP unter Bildung von ADP und P_a gespalten wird, während in dem anderen Fall die α-β-Bindung gespalten wird, wobei AMP und Pyrophosphat entstehen.

Mit Ausnahme der Kohlendioxidligasen (6.4.–.–), die biotinabhängig sind und im Kapitel über Transferasen besprochen wurden, sind die ligase-katalysierten Reaktionen solche, die in der organischen Chemie durch „Aktivierung“ und nachfolgende Reaktion einer Carboxyl- oder einer ähnlichen Gruppe vonstatten gehen. In diesem Zusammenhang bedeutet „Aktivierung“ die Einführung einer gut substituierbaren Gruppe in das Molekül, wobei eine energiereiche Verbindung entsteht, die gegenüber einer nucleophilen Substitution empfindlich ist. Zum Beispiel muß bei einer in vitro, nichtenzymatisch durchgeführten Peptidsynthese wie in Gleichung (8.10) die Carboxylgruppe vor der Reaktion mit einer Aminogruppe durch Überführung in ein gemischtes Anhydrid oder einen „aktivierten Ester" aktiviert werden [21, 22].

Glutathionsynthetase

Das Tripeptid Glutathion (γ-Glytamylcysteinylglycin) wird enzymatisch aus γ-Glutamylcystein und Glycin durch das Enzym Glutathionsynthetase (γ-Glutamylcystein:Glycinligase (ADP), 6.3.2.3) synthetisiert. Die Spezifität des Enzyms in bezug auf den Cysteinrest ist nicht sehr groß; die Synthese von γ-Glutamyl-α-aminobutyrylglycin aus γ-Glutamyl-α-aminobutyrat und Glycin wird ebenfalls katalysiert [23, 24, 25]. Frühere Experimente, die zeigten, daß die Glutathionsynthetase den Austausch zwischen ATP und ADP katalysiert, deuteten darauf hin, daß der erste Schritt der Reaktion entsprechend Gleichung (8.12) abläuft. In ihr ist E—P ein phosphoryliertes Enzym.

$$\text{ATP} + \text{E} \rightleftharpoons \text{ADP} + \text{E—P} \quad (8.12)$$

Meister und Mitarbeiter wiesen jedoch nach, daß ein hochgereinigtes Präparat diesen Austausch nur noch sehr wenig katalysiert. Außerdem lieferten sie weitere Beweise, die zeigten, daß die Reaktion (8.12) nicht der erste Schritt des Gesamtvorganges ist.

Obwohl ein phosphoryliertes Enzym wahrscheinlich nicht als Zwischenprodukt in dieser Reaktion auftritt, ist es gegenwärtig gut begründet, daß ein aktiviertes Dipeptid an einem Zwischenschritt der Reaktion beteiligt ist. Es wurden „pulse-labelling" Experimente durchgeführt, bei denen eine große Enzymmenge kurz mit ^{14}C-markiertem γ-Glutamyl-α-aminobutyrat und ATP inkubiert und danach mit einer Mischung aus Hydroxylamin und einem Überschuß an nichtmarkiertem Dipeptid versetzt wurde. Unter diesen Bedingungen wird das ^{14}C-markierte Dipeptidhydroxamat in größeren Mengen gebildet als es zu erwarten wäre, wenn die Gleichgewichtseinstellung mit dem freien Dipeptid stattgefunden hätte. Meister et al. [23, 24, 25] folgerten daraus, daß ein aktiviertes γ-Glutamyl-α-aminobutyrylderivat während der Reaktion gebildet wird und daß die gemessene Menge markiertes Dipeptidhydroxamat ein Maß für die Bildung des aktivierten Dipeptids ist. Die Bildung der aktivierten Verbindung ist zuerst schnell und wird dann möglicherweise langsamer, so daß die gebildete Menge einen Grenzwert erreicht, der von der anwesenden Enzymmenge abhängig ist (d. h. es findet ein initialer Stoß statt). In anderen Experimenten [24] wurde eine Verbindung mit den Eigenschaften des γ-Glutamyl-α-aminobutyrylphosphates aus einer Reaktionsmischung, die γ-Glutamyl-α-aminobutyrat, ATP, $Mg^{2\oplus}$ und das Enzym enthielt, isoliert. Die Identifizierung des aktivierten Dipeptids als Dipeptidphosphat wird durch die Beobachtung unterstützt, daß das Enzym chemisch synthetisiertes γ-Glutamyl-α-aminobutyrylphosphat für die Synthese des Tripeptids mit Glycin und von ATP aus ADP verwenden kann.

Das aktivierte Dipeptid bildet mit dem Enzym einen Komplex. Dieser Komplex tauscht schnell mit freiem Dipeptid aus, und die Geschwindigkeit des Austausches ist der des Gesamtvorganges annähernd gleich, was zeigt, daß der Komplex des aktivierten Dipeptids kinetisch fähig ist, als Zwischenprodukt der Reaktion zu wirken.

Auf der Grundlage dieser Ergebnisse scheint die Gesamtreaktion wie folgt zu verlaufen:

$$E + ATP + \gamma\text{-Glu-Bu} \rightleftharpoons E \cdot \gamma\text{-Glu-Bu-P} \cdot ADP \tag{8.13}$$

$$E \cdot \gamma\text{-Glu-Bu-P} \cdot ADP + Gly \rightleftharpoons \gamma\text{-Glu-Bu-Gly} + ADP + P_a + E \tag{8.14}$$

In diesen Gleichungen ist γ-Glu-Bu-P das gemischte Anhydrid zwischen der terminalen Carboxylgruppe des Dipeptids und der Phosphatgruppe.

Da das ADP in dem Dipeptidphosphat-Enzym-Komplex fest gebunden bleibt, ist bei diesem Mechanismus kein ADP-ATP-Austausch zu erwarten, außer in Anwesenheit des Dipeptids und Glycins. Es gibt jedoch eine langsame Freisetzung von ADP aus dem Komplex entsprechend dem spontanen Zerfall des enzymgebundenen Acylphosphates. Das führt zu einem sehr kleinen ADP-ATP-Austausch [25].

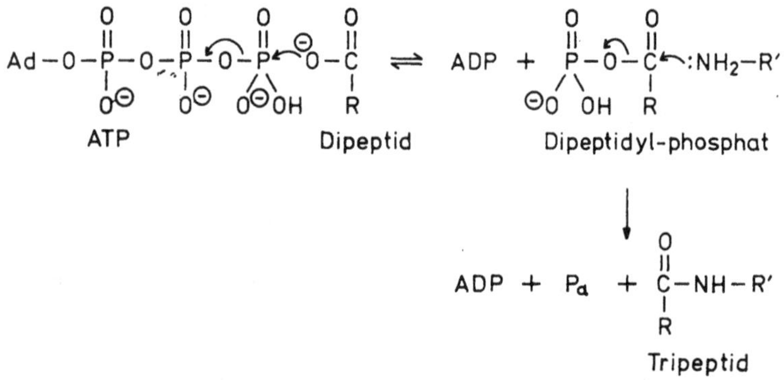

Abb. 8.5. Modell des Mechanismus der Glutathionsynthetase

Die Gleichungen (8.13) und (8.14) zeigen die minimale Anzahl von Reaktionsschritten, die mit diesen Daten vereinbar sind. Obwohl keine Phosphorylierung des Enzyms nachgewiesen werden konnte [25], kann man die Möglichkeit einer Vorreaktion, wie sie in (8.15) gezeigt ist, nicht völlig ausschließen. Jedoch

$$E + ATP \rightleftharpoons E - P \cdot ADP \tag{8.15}$$

zeigt die obige Diskussion deutlich, daß das ADP nicht aus dem E—P·ADP-Komplex abdissoziieren kann, selbst wenn eine solche Reaktion stattfindet.

Im Gesamtmechanismus wird das Dipeptidcarboxyl durch Phosphorylierung mit ATP so aktiviert, daß die Peptidsynthese stattfinden kann. Die Phosphorylierung findet durch einen nucleophilen Angriff auf das terminale Phosphat des ATP statt. ADP ist die substituierbare Gruppe (s. Abb. 8.5.). Das Carboxylphosphatanhydrid selbst wird in einem zweiten Schritt durch das Amin angegriffen.

Die intermediäre Bildung eines Dipeptidylphosphates ist mit der Fähigkeit des Enzyms, alle unten aufgeführten Reaktionen (Gleichungen 8.16—8.20) zu katalysieren, im Einklang.

$$\text{Dipeptid} + \text{ATP} + \text{Gly} \rightleftharpoons \text{Tripeptid} + \text{ADP} + \text{P}_a \tag{8.16}$$

$$\text{Dipeptid} + \text{ATP} + \text{NH}_2\text{OH} \rightleftharpoons \text{Dipeptid-NHOH} + \text{ADP} + \text{P}_a \tag{8.17}$$

$$\text{Tripeptid} + \text{NH}_2\text{OH} \rightleftharpoons \text{Dipeptid-NHOH} + \text{Glycin} \tag{8.18}$$

$$\text{Dipeptidylglycin}^* + \text{Gly} \rightleftharpoons \text{Dipeptidylglycin} + \text{Gly}^* \tag{8.19}$$

$$\text{Tripeptid} + \text{H}_2\text{O} \xrightleftharpoons{\text{Arsenat}} \text{Dipeptid} + \text{Gly} \tag{8.20}$$

Die Reaktion (8.16) ist die normale synthetische Reaktion, die durch dieses Enzym katalysiert wird, und wie in der Reaktion (8.17) kann das Glycin durch Hydroxylamin ersetzt werden (wie im „pulse-labelling" Experiment) [26]. Die Reaktionen (8.18) und (8.19) enthalten die Übertragung der Dipeptidylgruppe von einer Aminoverbindung auf eine andere. Bei den Peptidasen usw. werden solche Transferreaktionen als Hinweis auf die intermediäre Bildung eines kovalenten Komplexes betrachtet. Die Reaktion (8.20), in der die Hydrolyse des Tripeptids in Gegenwart von Arsenat vor sich geht, zeigt, daß das Arsenat das Phosphat ersetzen kann, wobei in diesem Fall wahrscheinlich eine Carboxyl-Arsenat-Anhydrid-Bindung gebildet wird. Die drei Reaktionen (8.18) bis (8.20) benötigen alle die Anwesenheit von Phosphat oder Arsenat und katalytischen Mengen des Nucleotids ATP bzw. ADP. Die Notwendigkeit der Nucleotide in diesen Reaktionen liefert einen weiteren Hinweis darauf, daß ADP für die Bildung des Dipeptidylphosphat-Enzym-Komplexes erforderlich ist [25].

γ-Glutamylcysteinsynthetase

Ein im wesentlichen analoger Mechanismus wird für das Enzym γ-Glutamylcysteinsynthetase angenommen, welches die Bildung des Dipeptids aus Glutamat und Cystein bewirkt (8.10). Auch dieses Enzym ist in bezug auf den Cysteinrest relativ unspezifisch und kann die Synthese verschiedener γ-Glutamylpeptide katalysieren [27]. Enzymgebundenes γ-Glutamylphosphat (VII) scheint in dieser Reaktion als Zwischenprodukt gebildet zu werden. Eine Differenz, die in der Wirkungsweise dieses Enzyms und der Glutathionsynthetase besteht, ist die, daß kein ADP für die Bildung des intermediären Komplexes erforderlich ist. Der enzym-katalysierte Austausch von ADP und ATP benötigt weder Glutamat noch Cystein [28]. In Hinblick darauf kann Gleichung (8.12) den ersten Schritt der Reaktion darstellen. Phosphat wird vor der Zugabe von Cystein nicht freigesetzt, und die Reaktionsfolge nach Gleichung (8.12) verläuft wie folgt:

$$\text{E—P} + \text{Glu} \rightleftharpoons \text{E} \cdot \gamma\text{-Glu-P}$$

$$\text{E} \cdot \gamma\text{-Glu-P} + \text{Cys} \rightleftharpoons \text{E} + \text{P}_a + \gamma\text{-Glu-Cys}$$

Die Reaktion unterscheidet sich von der der Glutathionsynthetase nur durch den zusätzlichen Schritt der Enzymphosphorylierung. Der hypothetische Reaktionsmechanismus ist in Abbildung 8.6. dargestellt. Wird für die Reaktion Glutamat verwendet, dessen Carboxyl mit ^{18}O markiert ist, enthält das freigesetzte Phosphat ^{18}O [27]. Das ist mit der Annahme in Übereinstimmung, daß γ-Glutamylphosphat Intermediat der Reaktion ist (s. Abb. 8.6.).

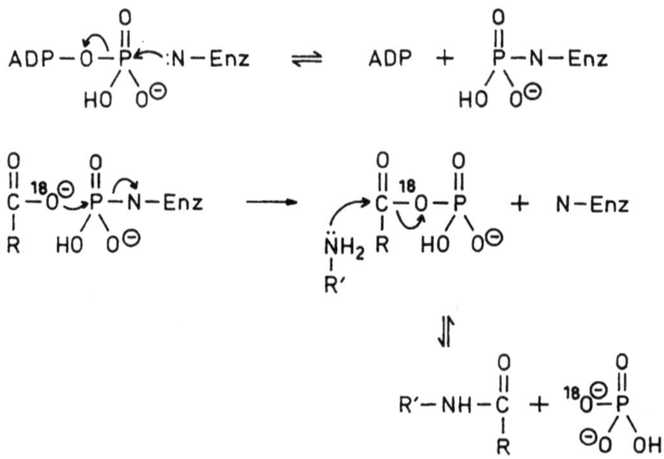

Abb. 8.6. Modell des Mechanismus der γ-Glutamylcysteinsynthetase. N ist eine nucleophile Gruppe im aktiven Zentrum des Enzyms.

Das gleiche Zwischenprodukt, γ-Glutamylphosphat, ist an der enzym-katalysierten Bildung von Glutamin aus Glutamat beteiligt. Das entsprechende Enzym ist die Glutaminsynthetase (L-Glutamat: Ammoniakligase (ADP), 6.3.1.2).

$$\text{Glutamat} + \text{ATP} + \text{NH}_3 \rightleftharpoons \text{Glutamin} + \text{ADP} + \text{P}_a \qquad (8.21)$$

Ein schrittweiser Verlauf dieser Reaktion wurde zuerst von LEVINTOW und MEISTER [29] angenommen und durch weitere Untersuchungen von MEISTER und seinen Mitarbeitern [30, 31, 32, 33] bestätigt. In Gegenwart von ATP und $Mg^{2\oplus}$ und Abwesenheit von Ammoniak verbindet sich Glutamat mit dem Enzym unter Bildung eines aktivierten Glutamat-Enzym-Komplexes, der auch ADP und P_a enthält. Dieser Komplex zerfällt langsam unter Freisetzung von ADP und

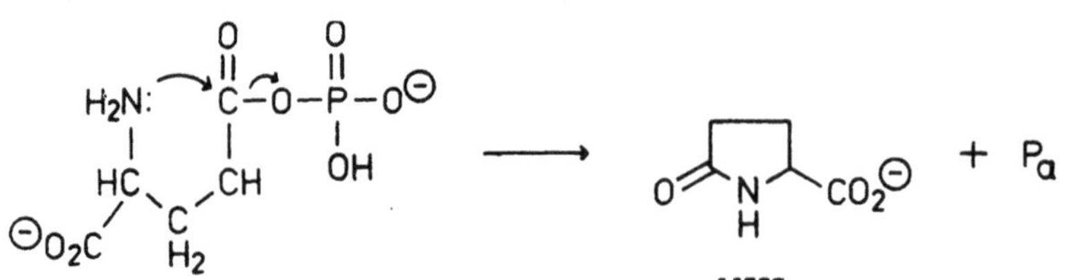

VII VIII

Bildung von Pyrrolidon-2-carboxylat (VIII). (Vergleiche mit der langsamen ADP-Freisetzung aus dem aktivierten Komplex der Glutathionsynthetase.) Mit Ammoniak bildet der Komplex Glutamin. Bei der Denaturierung des Komplexes werden Glutamat, ADP und Phosphat erhalten. Die Bildung des Enzym-Glutamylphosphat-Komplexes benötigt, wie bei der Glutathionsynthetase, die Anwesenheit des Nucleotids. In Abwesenheit von ATP wird kein Glutamat gebunden, während bei Abwesenheit von ADP kein Glutamin gebunden wird. MEISTER et al. [30] nahmen an, daß die Bindungsstelle für die Aminosäure erst nach Bindung des Nucleotids an das Enzym entsteht und daß das ADP selbst eine wichtige bindende Gruppe ist.

Wenn ^{18}O markiertes Glutamat verwendet wird, erscheint der markierte Sauerstoff im freigesetzten Phosphat [34]. Dies half die Beteiligung von Glutamylphosphat als Intermediat der Reaktion zu bestätigen. Insgesamt ist der Reaktionsmechanismus der Glutaminsynthetase dem der Glutathionsynthetase (Abb. 8.5.) sehr ähnlich.

Die Bildung des Pyrrolidon-2-carboxylats aus dem Glutamylphosphat ist die Folge eines intramolekularen nucleophilen Angriffs der Aminogruppe auf das Carboxyl-Phosphat-Anhydrid.

Die zwei Enzyme γ-Glutamylcysteinsynthetase und Glutathionsynthetase katalysieren die Synthese von Peptiden. Ihre Spezifität ist jedoch, wie wir sahen, nicht absolut und es können andere Aminosäuren, insbesondere anstelle des Cysteins, eingebaut werden. Zur Synthese kleiner Peptide kann diese Art von Enzymaktivitäten für lebende Systeme nützlich sein, während sie für die Proteinsynthese enorme Nachteile besitzt. Wäre für die Bildung jeder Peptidbindung in jedem Protein ein spezielles Enzym verantwortlich, so würde eine riesige Anzahl von Enzymen benötigt werden, welche ihrerseits als Proteine auf die gleiche Weise synthetisiert werden müßten. Dies würde eine eindeutig unmögliche Situation ergeben. Der Mangel an absoluter Spezifität bei diesem Enzymtyp würde außerdem auch zu vielen Fehlern in der Proteinsequenz mit unheilvollen Effekten für das Leben des Organismus führen.

Aminoacyl-t-RNS-synthetase

Die Proteinsynthese in der Zelle verläuft deshalb nach einem völlig anderen Mechanismus. Eine Aminosäure wird an ein spezifisches RNS-Molekül (lösliche oder transfer-RNS, t-RNS) gebunden, wobei jeder t-RNS-Typ nur eine bestimmte Aminosäure binden kann. Die Bildung der Peptidbindung findet an den Ribosomen in Gegenwart einer anderen RNS-Art (messenger-RNS, m-RNS) statt, die die Aminosäuresequenz des Proteins determiniert. Die m-RNS und die t-RNS besitzen innerhalb ihrer Nucleotidsequenz Erkennungsregionen. Für jede t-RNS, die für eine bestimmte Aminosäure spezifisch ist, besitzt die m-RNS ein „Codon" aus drei Nucleotidresten, ein sog. Triplett; die t-RNS besitzt ein „Anticodon", das ein komplementäres Nucleotidtriplett repräsentiert. Da die Erkennung zwischen m-RNS und t-RNS, die für eine korrekte Proteinsynthese lebenswichtig ist, vollständig von der Natur der beiden Nucleinsäuremoleküle abhängt und nicht von der durch die t-RNS transportierten Aminosäure, ist es erforderlich, daß die richtige Aminosäure an das richtige t-RNS-Molekül gebunden wird. Demzufolge müssen die Aminoacyl-t-RNS-synthetasen, also die Enzyme, die diese Bindung bewirken, eine Spezifität besitzen, die weit größer ist als bei Enzymen üblich. Diese hohe Spezifität ist vor allem eine Folge der Wechselwirkung der t-RNS mit dem Proteinmolekül. Eine Wechselwirkung zwischen zwei großen Molekülen, wie einer RNS und einem Protein, ist infolge der höheren sterischen Anforderungen komplizierter und demzufolge spezifischer als eine Wechselwirkung zwischen einem großen und einem kleinen Molekül, wie z. B. der Wechselwirkung zwischen einem Enzym und einer Aminosäure.

Alle t-RNS-Moleküle sind einander sehr ähnlich. Sie enthalten 70—80 Nucleotide pro Molekül und tragen an einem Ende einen freien Adenosinrest. Eine Aminoacyl-t-RNS-synthetase (6.1.1.–) katalysiert die Veresterung der Aminosäure mit

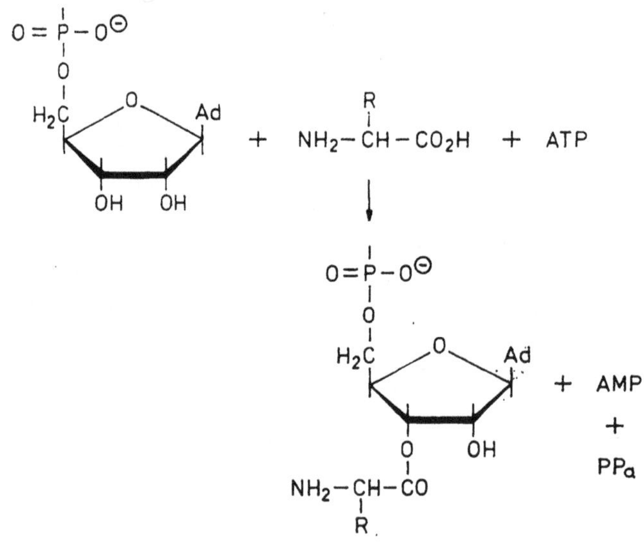

(8.22)

dem 2′- oder 3′-Hydroxyl des terminalen Adenosinrestes der für diese Aminosäure spezifischen t-RNS. Gleichung (8.22) zeigt die Produkte, wenn ein 3′-Ester gebildet wird. Wie diese Gleichung zeigt, wird die gleiche Phosphat-Phosphat-Bindung des ATP gespalten wie bei den vorher in diesem Kapitel besprochenen Ligasen. Es wird die α-β-Bindung gespalten und AMP und Pyrophosphat (PP_a) gebildet.

Es ist jetzt gut begründet, daß bei jedem dieser Enzyme die Reaktion in zwei Schritten verläuft, wobei ein enzymgebundenes Aminoacyladenylat (IX) als Zwischenprodukt entsteht. Die Aminosäure wird zuerst in einen an das Enzym gebundenen aktivierten Zustand überführt und dann auf den terminalen Rest der t-RNS übertragen [35].

$$AS + E + ATP \rightleftharpoons AS\text{-}AMP \cdot E + PP \quad (8.23)$$

$$AS\text{-}AMP \cdot E + t\text{-}RNS \rightleftharpoons AS\text{-}t\text{-}RNS + AMP + E \quad (8.24)$$

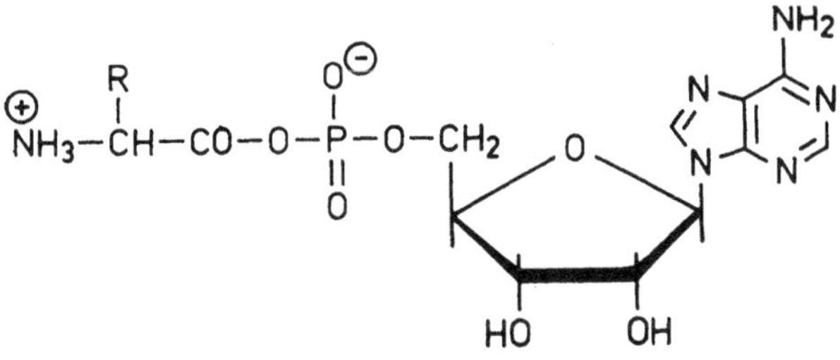

IX

Die Gleichheit der aktivierten Aminosäurezwischenprodukte wurde bei vielen Enzymen nachgewiesen. So ergibt die Inkubation der Tryptophanyl-t-RNS-synthetase mit Tryptophan und ATP einen Komplex, der die Aminosäure und AMP enthält [36]. Entsprechende Komplexe, die andere Aminosäuren, AMP und die jeweiligen Enzyme enthalten, konnten ebenfalls isoliert werden [37, 38, 39, 40]. Diese Komplexe unterliegen Reaktionen, die man von diesen Zwischenprodukten erwartet. Zum Beispiel wird Threonin aus den Threonyl-AMP-Enzymkomplexen auf die threonin-spezifische t-RNS [37] und Isoleucin aus dem Isoleucyl-AMP-Komplex auf seine spezifische RNS übertragen [38].

Diese Komplexe werden auch bei der Wechselwirkung von chemisch synthetisierten Aminoacyladenylaten mit den betreffenden Enzymen gebildet. Unabhängig davon, ob sie aus der freien Aminosäure und ATP oder aus dem Aminoacyladenylat gebildet wurden, können diese Komplexe ATP aus Pyrophosphat bilden [41].

Cassio et al. [42] stellten einige Aminoalkyladenylate (X) dar und testeten sie als Inhibitoren verschiedener Enzyme. Diese Verbindungen, die den Aminoacyladenylaten sehr ähneln, erwiesen sich als wirksame Inhibitoren mit hoher Spezi-

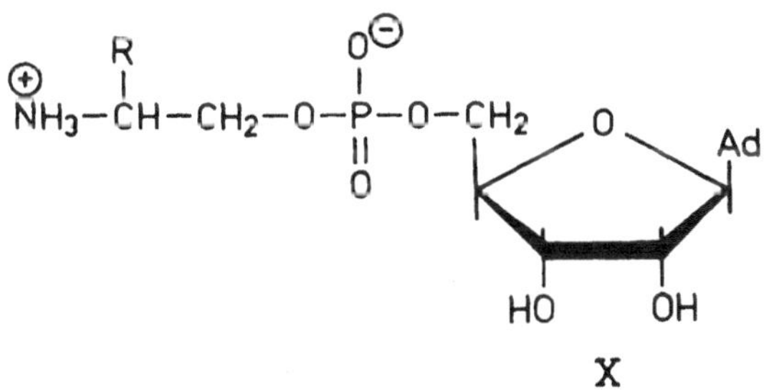

X

fität. Im allgemeinen hat ein Aminoalkyladenylat nur einen geringen Effekt auf ein Enzym, das mit einer nicht verwandten Aminosäure arbeitet. Das zeigt, daß die Aminoalkyladenylate zwar von den entsprechenden Enzymen, aber nicht von anderen gebunden werden. Ein Mangel an absoluter Spezifität wurde jedoch ebenfalls beobachtet. Die Isoleucyl-t-RNS-synthetase wird durch das Valinderivat und die Valin-t-RNS-synthetase wird durch die entsprechenden Derivate des Isoleucins und Alanins gehemmt.

Diese geringe Spezifität veranschaulicht eine weitere allgemeine Eigenschaft dieser Enzyme: der erste Schritt der Reaktion, die Bildung des intermediären Komplexes ist nicht absolut spezifisch. Die meisten synthetischen Aminoacyladenylatsysteme sind in der Lage, in Gegenwart der Tyrosyl-t-RNS-synthetase oder der Methionyl-t-RNS-synthetase ATP aus Pyrophosphat zu bilden [41]. Die Isoleucyl-t-RNS kann außerdem Adenylat-Enzymkomplexe sowohl mit Isoleucin wie auch mit Valin bilden [39]. Die große, für die korrekte Proteinsynthese notwendige Spezifität scheint in dem zweiten Schritt der Reaktion (Gleichung 8.24) zu liegen, in welchem die Aminosäure auf die t-RNS übertragen wird. Die Spezifität dieses Schrittes hat ihre Ursache in zwei Faktoren. Der erste dieser beiden Faktoren ist die Natur der Bindung zwischen der RNS und dem Enzym. Nur die entsprechende t-RNS kann die Aminosäure von dem Enzym übernehmen. Selbst die korrekte RNS von einer anderen biologischen Art kann nicht immer erfolgreich wirken. Zum Beispiel sind die Valyl-, Phenylalanyl- und Leucylenzyme aus Hefe in der Lage, mit den korrespondierenden t-RNS-Molekülen aus *E. coli* zu reagieren, während von den E. coli-Enzymen nur die Valyl-t-RNS-synthetase die entsprechende Hefe-t-RNS verestern kann [43, 44]. Der zweite Faktor ist wahrscheinlich subtiler. Selbst wenn das Enzym und die t-RNS einander komplementär sind, wird die „falsche“ Aminosäure nicht übertragen. Baldwin und Berg [39] stellten einen Valyl-AMP-Enzym-Komplex dar, wobei sie das isoleucin-spezifische Enzym benutzten. In Gegenwart der isoleucin-spezifischen t-RNS wird der Komplex unter Bildung von Valin und AMP zerstört. Wurde Isoleucin verwendet, verlief die Reaktion normal.

Die Bindung zwischen der RNS und dem Enzym ist folglich nicht der einzige an dieser Reaktion beteiligte Vorgang. Für die Wechselwirkung zwischen RNS und Protein wurde deshalb eine Konformationsänderung des Enzyms angenommen [45, 46]. Messungen des Circulardichroismus zeigten, daß bei der Behandlung der Tyrosyl-RNS-synthetase mit der tyrosin-spezifischenRNS eine Konformationsänderung auftritt. Die Hydrolyse des „falschen“ Komplexes (s. o.) bei Anwesenheit der RNS kann das Ergebnis einer solchen Konformationsänderung sein.

In Fällen, wo die Riboseeinheit des terminalen Adenosinrestes der t-RNS durch Perjodatoxidation zerstört wurde und die RNS den Aminosäurerest nicht mehr aufnehmen konnte, ist der restliche Teil der RNS immer noch fähig, an das Protein gebunden zu werden und so den katalytischen Prozeß zu hemmen [47, 48]. Das ist jedoch nicht immer der Fall, und es scheint viele Möglichkeiten zu geben, wie die modifizierte RNS die Enzymaktivität beeinflußt. Gegenwärtig scheinen keine einheitlichen Vorstellungen darüber zu existieren, wie die Wechselwirkung zwischen diesen Enzymen und ihren zugehörigen t-RNS-Molekülen im Detail erfolgt, so daß es möglich ist, daß jedes Enzym-t-RNS-Paar in individueller Weise in Wechselbeziehung steht. Die Aktivierung der Aminosäuren verläuft bei diesem Reaktionstyp über einen nucleophilen Angriff des Carboxylats auf die α-Phosphatgruppe des ATP, wobei Pyrophosphat der zu ersetzende Substituent ist (Abb. 8.7.). Die Anhydridgruppierung des Carboxylat-AMP reagiert dann mit der Acceptorhydroxylgruppe der t-RNS unter Bildung des Esters.

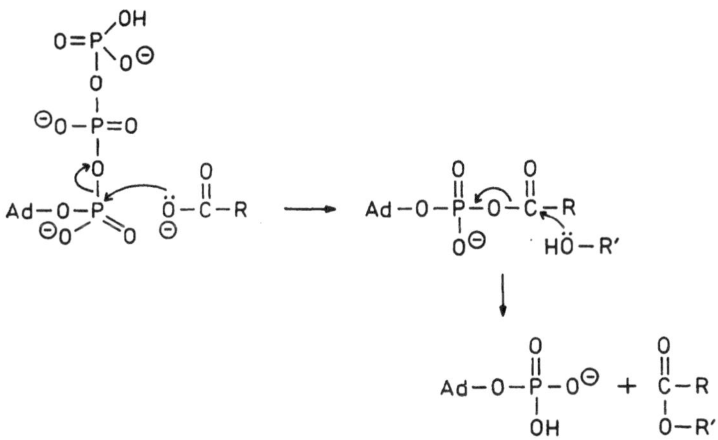

Abb. 8.7. Mechanismus der Aminoacyl-t-RNS-ligasereaktion. $R \cdot CO_2^{\ominus}$ ist die Aminosäure, die „aktiviert" wird, und R'—OH die t-RNS.

Die Synthese des Acetyl-CoA aus Acetat und Coenzym A, die durch die Acetyl-CoA-synthetase katalysiert wird, verläuft auch über die Bildung eines Acyladenylatkomplexes als Zwischenprodukt. Sowohl Acetat als auch CoA sind für den enzym-katalysierten Austausch von AMP und ATP erforderlich, während für den Acetat-Acetyl-CoA-Austausch AMP und Pyrophosphat vorhanden sein müssen [49].

$$ATP + Acetat + E \rightleftharpoons E \cdot Acetyl\text{-}AMP + PP_a$$

$$E \cdot Acetyl\text{-}AMP + CoA\text{-}SH \rightleftharpoons E + Acetyl\text{-}CoA + AMP$$

Außerdem katalysiert das Enzym die Synthese von ATP aus synthetischem Acetyladenylat und Phosphat mit einer ähnlichen Geschwindigkeit wie den Pyrophosphat-ATP-Austausch. Acetyladenylat konnte auch aus dem säuredenaturiertem intermediären Komplex erhalten werden [50].

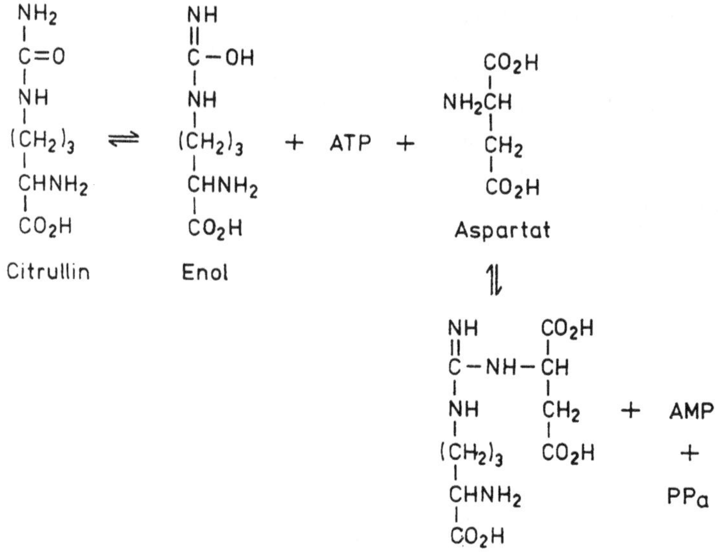

Argininosuccinatsynthetase

Eine analoge, an das Enzym gebundene Adenylatverbindung wurde auch als Zwischenprodukt in der Reaktion der Argininosuccinatsynthetase (Citrullin: L-Aspartatligase (AMP), 6.3.4.5) postuliert, die die in Gleichung (8.25) dargestellte Reaktion katalysiert. Die Ähnlichkeit zwischen der Enolform der Ureidogruppe des Citrullins und einer Carbonsäuregruppe ist unverkennbar, deshalb ähnelt die Reaktion den anderen in diesem Kapitel besprochenen Re-

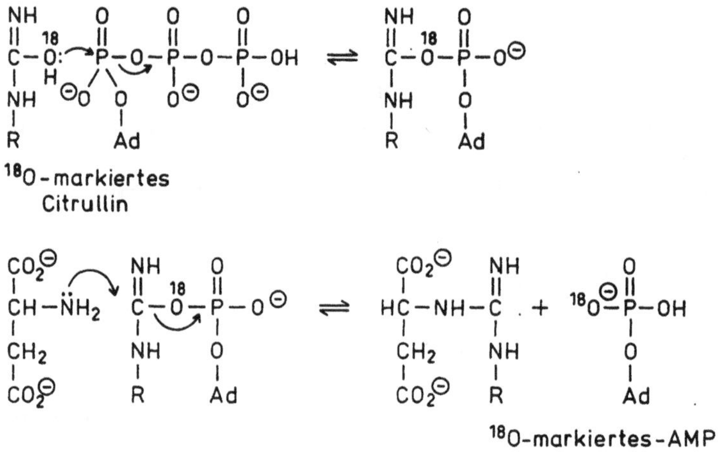

Abb. 8.8. Mechanismus der Argininosuccinatsynthetasereaktion mit Angabe des Schicksals des ^{18}O, mit dem die Ureidogruppe des Citrullins markiert ist.

aktionen. Abbildung 8.8. zeigt den für die Reaktion mit einer Adenylatzwischenverbindung vorgeschlagenen Mechanismus und veranschaulicht, wie der ^{18}O-markierte Ureidosauerstoff des Citrullins schließlich in dem Produkt AMP erscheint [51, 52].

Succinyl-CoA-synthetase

Die Bildung des Succinyl-CoA, die durch das Enzym Succinyl-CoA-synthetase (Succinat:CoA-ligase (ADP), 6.2.1.5) katalysiert wird, erfolgt nach einem völlig anderen Mechanismus wie die Synthese des Acetyl-CoA. Aufgrund eines ADP-ATP-Austausches wurde von Kaufmann [53] ein Phosphoenzym als Zwischenprodukt gefordert. Ein weiterer Beweis für das Auftreten eines solchen Zwischenproduktes war die Bildung eines phosphorylierten Proteins bei dessen Inkubation mit Succinyl-CoA und Phosphat bzw. ATP [54]. Weiterhin wurde Phosphat freigesetzt, wenn das phosphorylierte Protein mit Coenzym A oder Coenzym A plus Succinat oder ADP inkubiert wurde [55]. Die Bindung der Phosphatgruppe an das Enzym erfolgt durch einen Histidinrest [55].
Während dieser Reaktion wird eine weitere Zwischenverbindung gebildet, nämlich ein Enzym-Coenzym-A-Komplex, der bei der Einwirkung des Enzyms auf Succinyl-CoA entsteht [55]. Dieser Komplex wird in Gegenwart des Enzyms auch aus ATP und Coenzym A gebildet. Er unterliegt Reaktionen, die mit seiner Funktion als Zwischenprodukt der Reaktion in Übereinstimmung stehen. So reagiert er mit Phosphat unter Bildung des phosphorylierten Enzyms und mit ADP plus Phosphat unter Bildung von ATP. Das freie Enzym, die phosphorylierte Form und der Enzym-Coenzym-A-Komplex besitzen alle die gleichen katalytischen Aktivitäten.
Auf der Grundlage dieser Resultate kann die Reaktion der Succinyl-CoA-synthetase wie folgt formuliert werden:

$$\mathrm{E + ATP \rightleftharpoons E{-}P + ADP}$$

$$\mathrm{E{-}P + CoA{-}SH \rightleftharpoons E{-}CoA + P_a}$$

$$\mathrm{E{-}CoA + Succinat \rightleftharpoons Succinyl\text{-}CoA + E}$$

Die Natur der Bindung zwischen Enzym und Coenzym in dem intermediären Komplex ist unbekannt. Der Wirkungsmechanismus der Succinyl-CoA-synthetase bleibt bis zur Klärung dieses Punktes offen.

Literatur

[1] Olivard, J., Metzler, D. E., und Snell, E. E., J. biol. Chem. **199**, 669 (1952)
[2] Abeles, R. H., und Frey, P. A., Fedn Proc. **25**, 1639 (1966)
[3] Abeles, R. H., und Zagalak, B., J. biol. Chem. **241**, 1245 (1966)
[4] Brownstein, A. M., und Abeles, R. H., J. biol. Chem. **236**, 1199 (1961)

[5] ERFLE, J. D., CLARK, J. M., jr., NYSTROM, R. F., und JOHNSON, B. C., J. biol. Chem. **239**, 1920 (1964); IODICE, A. A., und BARKER, H. A., J. biol. Chem. **238**, 2094 (1963)
[6] FREY, P. A., und ABELES, R. H., J. biol. Chem. **241**, 2732 (1966)
[7] RETEY, J., und ARIGONI, D., Experientia **22**, 783 (1966)
[7a] EGGERER, H., OVERATH, P., LYNEN, F., und STADTMAN, E. R., J. Am. chem. Soc. **82**, 2643 (1960)
[8] WAGNER, O. W., LEE, H. A., jr., FREY, P. A., und ABELES, R. H., J. biol. Chem. **241**, 1751 (1966)
[9] COCKLE, S., DAVIES, S., FOSTER, M., HILL, H. A. O., und WILLIAMS, R. J. P., Symposium on Chemical Reactivity and Biological Role of Functional Groups in Enzymes 501st meeting, Biochem. Soc. (Jan. 1970)
[10] ABELES, R. H., und BECK, W. S., J. biol. Chem. **242**, 3589 (1966); VITOS, E., BROWNSON, C., GARDINIER, W., und BLAKLEY, R. L., J. biol. Chem. **242**, 3035 (1967)
[11] KAWAHARA, F. S., und TALALAY, P., J. biol. Chem. **235**, PC1 (1960); TALALAY, P., und WANG, V. S., Biochim. biophys. Acta **18**, 300 (1955)
[12] MALHOTRA, S. K., und RINGOLD, H. J., J. Am. chem. Soc. **87**, 3228 (1965)
[13] WERBIN, H., und CHAIKOFF, I. L., Biochim. biophys. Acta **71**, 471 (1963)
[14] OLEINICK, N. L., und KORITZ, S. M., Biochemistry **5**, 3400 (1966)
[15] TOPPER, Y., The Enzymes Bd. 5, S. 413 (Academic Press, New York, 1961)
[16] TOPPER, Y., J. biol. Chem. **225**, 419 (1957)
[17] ROSE, J. A., und O'CONNELL, E. L., J. biol. Chem. **236**, 3086 (1961)
[18] HINES, M. C., und WOLFE, R. G., Biochemistry **2**, 770 (1963)
[19] CHATTERJEE, G. C., und NOLTMANN, E. A., Eur. J. Biochem. **2**, 9 (1967)
[20] WOOD, W. A., und MCDONOUGH, M. W., Fedn Proc. **18**, 354 (1959)
[21] SCHRODER, E., und LUBKE, K., The Peptides Bd. 1 (Academic Press, New York, 1965)
[22] HOFMANN, K., und KATSOYANNIS, P. G., The Proteins, Hrsg. H. Neurath, 2. Aufl., Bd. 1, S. 53 (Academic Press, New York, 1963)
[23] NISHIMURA, J. S., DODD, E. A., und MEISTER, A., J. biol. Chem. **239**, 2553 (1964)
[24] NISHIMURA, J. S., DODD, E. A., und MEISTER, A., J. biol. Chem. **238**, PC1179 (1963)
[25] MOOZ, E. D., und MEISTER, A., Biochemistry **6**, 1722 (1967)
[26] SNOKE, J. E., J. biol. Chem. **213**, 813, 825 (1955); SNOKE, J. E., YANARI, S., und BLOCH, K., J. biol. Chem. **201**, 573 (1953)
[27] RATHBUN, W. B., Arch. biochem. Biophys. **122**, 62, 73 (1967)
[28] STRUMEYER, D. H., und BLOCH, K., J. biol. Chem. **235**, PC27 (1960)
[29] LEVINTOW, L., und MEISTER, A., J. Am. chem. Soc. **75**, 3039 (1953)
[30] KRISHNASWAMI, P. R., PAMILJANS, V., und MEISTER, A., J. biol. Chem. **237**, 2923 (1962)
[31] KRISHNASWAMI, P. R., PAMILJANS, V., und MEISTER, A., Fedn Proc. **19**, 349 (1966)
[32] KRISHNASWAMI, P. R., PAMILJANS, V., und MEISTER, A., J. biol. Chem. **235**, PC39 (1960)
[33] MEISTER, A., KRISHNASWAMI, P. R., PAMILJANS, V., und DUMVILLE, G., Fedn Proc. **20**, 229 (1961)
[34] BOYER, P. D., KOEPPE, O. J., und LUCHSINGER, W. W., J. Am. chem. Soc. **78**, 356 (1956)
[35] NOVELLI, G. D., Ann. rev. Biochem. **36**, Teil 2, 449 (1967)
[36] WONG, K., und MOLDAVE, K., J. biol. Chem. **235**, 694 (1960)
[37] ALLENDE, J. E., ALLENDE, C. C., GATICA, M., und MATAMALA, M., Biochem. biophys. Res. Commun. **16**, 342 (1964)
[38] NORRIS, A. T., und BERG, P., Proc. natn. Acad. Sci. U.S.A. **52**, 330 (1964)
[39] BALDWIN, A. N., und BERG, P., J. biol. Chem. **241**, 833 (1966)

[40] LAGERKVIST, U., und WALDENSTROM, J., J. biol. Chem. **240**, 2264 (1965)
[41] MOLDAVE, K., CASTELFRANCO, P., und MEISTER, A., J. biol. Chem. **234**, 841 (1959)
[42] CASSIO, D., LEMOINE, F., WALLER, J.-P., SANDRIN, E., und BOISSONNAS, R. A., Biochemistry **6**, 827 (1967)
[43] LAGERKVIST, U., und WALDENSTROM, J., J. molec. Biol. **8**, 28 (1964)
[44] HAYASHI, H., J. molec. Biol. **19**, 161 (1966)
[45] DEUTSCHER, M. P., J. biol. Chem. **242**, 3601 (1967)
[46] OHTA, T., SHIMADA, I., und IMAHORI, K., J. molec. Biol. **26**, 519 (1967)
[47] PREISS, J., BERG, P., OBENGAND, E. J., BERGMANN, F. H., und DIECKMANN, M., Proc. natn. Acad. Sci. U.S.A. **45**, 319 (1959)
[48] ROY, K. L., und TENER, G. M., Biochemistry **6**, 2847 (1967)
[49] BERG, P., J. biol. Chem. **222**, 991, 1015 (1956)
[50] WEBSTER, L. T., J. biol. Chem. **242**, 1232 (1967)
[51] ROCHOVANSKY, O., und RATNER, S., J. biol. Chem. **236**, 2254 (1961)
[52] ROCHOVANSKY, O., und RATNER, S., J. biol. Chem. **242**, 3839 (1967)
[53] KAUFMANN, S., J. biol. Chem. **216**, 153 (1955)
[54] MITCHELL, R. A., BUTLER, L. G., und BOYER, P. D., Biochem. biophys. Res. Commun. **16**, 545 (1964); KREIL, G., und BOYER, P. D., Biochem. biophys. Res. Commun. **16**, 551 (1964)
[55] RAMALEY, R. F., BRIDGER, W. A., MOYER, R. W., und BOYER, P. D., J. biol. Chem. **242**, 4287 (1967)

Neuere Literatur

HARTMAN, F. C., Isolation and characterization of an active site peptide from triose phosphate isomerase. J. Am. Chem. Soc. **92**, 2170 (1970)

SCHRAUZER, G. N., und SIBERT, J. W., Coenzyme B_{12} and coenzyme B_{12} model compounds in the catalysis of the dehydration of glycols. J. Am. Chem. Soc. **92**, 1022 (1970)

NELSESTUEN, G. L., und KIRKWOOD. S., The mechanism of action of the enzyme uridine diphosphoglucose 4-epimerase. J. Biol. Chem. **246**, 7533 (1971)

ESSENBERG, M. K., FREY, P. A., und ABELES, R. H., Studies on the mechanism of hydrogen transfer in the coenzyme B_{12} dependent dioldehydrase reaction. J. Am. Chem. Soc. **93**, 1242 (1971)

SCHRAUZER, G. N., HOLLAND, R. J., und SECK, J. A., Mechanism of coenzyme B_{12} action in dioldehydrase. J. Am. Chem. Soc. **93**, 1503 (1971)

TSUDA, Y., STEPHANI, R. A., und MEISTER, A., Direct evidence for the formation of an acyl phosphate by glutamine synthetase. Biochemistry **10**, 3186 (1971)

LEVITZKI, A., und KOSHLAND, D. E., Jr., Cytidine triphosphate synthetase. Covalent intermediates and mechanism of action. Biochemistry **10**, 3365 (1971)

KLINMAN, J. P., und ROSE, J. A., Mechanism of the aconitate isomerase reaction. Biochemistry **10**, 2259 (1971)

SCHRAY, K. J., und MILDVAN, A. S., Kinetic and magnetic resonance studies of the mechanism of D-xylose isomerase. J. Biol. Chem. **247**, 2034 (1972)

DEUPREE, J. D., und WOOD, W. A., L-Ribulose 5-phosphate 4-epimerase from Aerobacter aerogenes. J. Biol. Chem. **247**, 3093 (1972)

SALO, W. L., FOSSITT, D. D., BEVILL, R. D., KIRKWOOD, S., und WOOD, W. A., L-Ribulose 5-phosphate 4-epimerase from Aerobacter aerogenes. J. Biol. Chem. **247**, 3098 (1972)

DAVIS, L., LEE, N., und GLASER, L., On the mechanism of the pentose phosphate epimerases. J. Biol. Chem. **247**, 5862 (1972)

FENN, R. H., und MARSHALL, G. E., The stereochemical structure of disodium D,L-glycerol 3-phosphate hexahydrate, the D isomer of which is an inhibitor of triose phosphate isomerase. Biochem. J. **130**, 1 (1972)

COCKLE, S. A., HILL, H. A. O., WILLIAMS, R. J. P., DAVIES, S. P., und FOSTER, M. A., The detection of intermediates during the conversion of propane-1,2-diol to propionaldehyde by glyceraldehydrase, a coenzyme B_{12}-dependent reaction. J. Am. Chem. Soc. **94**, 275 (1972)

NISHIMURA, J. S., und GRINNELL, F., Mechanism of action and other properties of succinyl coenzyme A synthetase. Adv. Enzymol. **36**, 183 (1972)

WANG, T., JURASEK, L., und BRIDGER, W., Succinyl coenzyme A synthetase of *Escherichia coli*. Sequenz of a peptide containing the active site phosphohistidin residue. Biochemistry **11**, 2067 (1972)

POZDNYAKOV, V. A., MITIN, YU. V., KUKHANOVA, M. K., NIKOLAEVA, L. V., KRAYEVSKY A. A., und GOTTIKH, B. P., On the mechanism of peptide bond synthesis in the ribosome. FEBS Letters **24**, 177 (1972)

MORLEY, C. G. C., und STADTMAN, T. C., The role of pyridoxal phosphate in the B_{12}-coenzyme dependent D-α-lysine mutase reaction. Biochemistry **11**, 600 (1972)

BRITTON, H. G., und CLARKE, J. B., Mechanism of the 2,3-diphosphoglycerate-dependent phosphoglycerate mutase from rabbit muscle. Biochem. J. **130**, 397 (1972)

WEE, T. G., und FREY, P. A., Studies on the mechanism of action of uridine diphosphate galactose 4-epimerase. Substrate-dependent reduction by sodium borohydride. J. Biol. Chem. **248**, 33 (1973)

SÖDERHALL, S., und LINDAHL, T., Mammalian deoxyribonucleic acid ligase. Isolation of an active enzyme-adenylate complex. J. Biol. Chem. **248**, 672 (1973)

MAITRA, U. S., und ANKEL, H., The intermediate in the uridine diphosphate galactose 4-epimerase reaction. Resolution of an apparent ambignity. J. Biol. Chem. **248**, 1477 (1973)

SCHRAY, K. J., O'CONNELL, E. L., und ROSE, I. A., Inactivation of muscle triose phosphate isomerase by D- and L-glycidol phosphate. J. Biol. Chem. **248**, 2214 (1973)

SCHRAY, K. J., BENKOVIC, S. J., BENKOVIC, P. A., und ROSE, I. A., Catalytic reactions of phosphoglucose isomerase with cyclic forms of glucose 6-phosphate and fructose 6-phosphate. J. Biol. Chem. **248**, 2219 (1973)

O'CONNELL, E. L., und ROSE, I. A., Affinity labeling of phosphoglucose isomerase by 1,2-anhydrohexitol-6-phosphates. J. Biol. Chem. **248**, 2225 (1973)

ROSE, I. A., O'CONNELL, E. L., und SCHRAY, K. J., Mannose 6-phosphate: anomeric form used by phosphomannose isomerase and its 1-epimerization by phosphoglucose isomerase. J. Biol. Chem. **248**, 2232 (1973)

TAMAO, Y., und BLAKLEY, R. L., Direct spectrophotometric observation of an intermediate formed from deoxyadenosylcobalamin in ribonucleotide reduction. Biochemistry **12**, 24 (1973)

AMAN, Z. Z., JORDAN, P. M., und AKHTAR, M., Mechanism and stereochemistry of the 5-aminolaevulinate synthetase reaction. Biochem. J. **135**, 757 (1973)

BESSEL, E. M., und THOMAS, P., The deoxyfluoro-D-glucopyranose-6-phosphates and their effects on yeast glucose phosphate isomerase. Biochem. J. **131**, 77 (1973)

YOUNG, O. A., und ANDERSEN, J. W., The enzymology of short-chains fatty acyl-coenzyme A synthetase from seeds of Pinus radiata. Kinetic studies and a proposed reaction mechanism. Biochem. J. **137**, 435 (1974)

MIDDLETON, B., und TUBBS, P. K., An enzyme-bound intermediate in the biosynthesis of 3-hydroxy-3-methylglutaryl-coenzyme A. Biochem. J. **137**, 15 (1974)

Kapitel 9

DIE NATUR DER ENZYM-KATALYSE

Es ist für Wissenschaftler immer reizvoll, nach einer einheitlichen allgemeinen Theorie zu suchen, die eine große Vielfalt von Erscheinungen umfaßt. Für die Enzym-Katalyse scheint es aber offenbar — dies haben die vorangegangenen Kapitel gezeigt — keine derartige zusammenfassende Theorie zu geben, ebenso wie es keinen einheitlichen Mechanismus für alle Reaktionen der organischen Chemie gibt. Sogar innerhalb von Enzymgruppen, die ähnliche Reaktionen katalysieren, unterscheiden sich die Mechanismen der Katalyse mehr oder weniger stark voneinander. So unterscheidet sich zum Beispiel die Hydrolyse einer Peptidbindung durch Chymotrypsin wesentlich von der Wirkungsweise des Pepsins, mit welcher dieses Enzym die gleiche Peptidbindung spaltet.

Im Kapitel 1 wurde die Katalyse einiger organischer Reaktionen durch relativ einfach gebaute Verbindungen dargestellt und dabei bestimmte Typen und Mechanismen der Katalyse diskutiert. Diese können zusammengefaßt werden als (a) Katalyse durch Säuren und Basen (in deren allgemeinstem Sinn) und (b) Katalyse durch Beschreiten alternativer Wege (engl. „alternative pathway catalysis“) (diese wird häufig als nucleophile Katalyse bezeichnet, weil der Katalysator wie ein Nucleophil wirkt). Im ersten Fall wird die Reaktivität bestimmter Gruppen des Substratmoleküls durch dessen Wechselwirkung mit einer Säure (Unterstützung des Elektronenacceptors) oder einer Base (Erhöhung des nucleophilen Charakters bzw. Unterstützung des Elektronendonators) erhöht. Im Hinblick auf (b) sollte beachtet werden, daß der Ausdruck „Katalyse durch alternative Wege“ einen weiten Bereich von Reaktionen und Mechanismen umfaßt, wobei der wichtigste Punkt ist, daß jeder Schritt in einem derartigen alternativen Reaktionsweg schneller sein muß als der langsamste der nichtkatalysierten Reaktion.

Es wurde auch erwähnt, daß eine Änderung in der Umgebung der reagierenden Moleküle, z. B. eine Änderung der Dielektrizitätskonstanten, ebenfalls die Geschwindigkeit einer Reaktion beeinflussen kann. Steigert die Zugabe eines neuen Lösungsmittels zu dem bereits vorhandenen die Reaktionsgeschwindigkeit, so kann das zugesetzte Lösungsmittel als Katalysator angesehen werden.

Andere Faktoren können, obwohl sie selbst nicht am Katalysemechanismus teilnehmen, große Effekte auf die Reaktionsgeschwindigkeit ausüben. Im wesentlichen handelt es sich dabei um strukturelle Besonderheiten in bestimmten Molekülen, die deren erhöhte Reaktivität im Vergleich zu ähnlich gebauten

Verbindungen bewirken, die diese speziellen Merkmale nicht besitzen. Dazu gehört der Nachbargruppeneffekt, der bewirkt, daß zwei reaktive Gruppen, die in demselben Molekül in geeigneter Weise zueinander orientiert sind, schneller miteinander reagieren, als wenn sie in getrennten, voneinander unabhängigen Molekülen vorhanden wären. Die konzertierte Säure-Basen-Katalyse kann als eine Erweiterung des Nachbargruppeneffekts angesehen werden. Schließlich erhöht das Vorhandensein einer Spannung in einem Molekül die Geschwindigkeit aller der Reaktionen, die diese Spannung herabsetzen.

Die Forscher haben bei der Suche nach einer Erklärung der Enzym-Katalyse stets diese möglichen Faktoren berücksichtigt. Gegenwärtig wird allgemein angenommen, daß die Katalyse durch jedes Enzym größtenteils durch diese Effekte erklärt werden kann.

Die Chemie jedes Moleküls, einschließlich seine Fähigkeit, eine chemische Reaktion zu katalysieren, muß erklärbar sein aus den Eigenschaften seiner Bausteine und aus der Art, wie diese Bausteine in dem Molekül angeordnet sind. Jede Theorie für eine enzym-katalysierte Reaktion, die diesen Bedingungen nicht gerecht wird, muß als unbefriedigend oder bestenfalls als unvollständig betrachtet werden. Mit anderen Worten, eine Theorie, die die Bedeutung eines besonderen Faktors in der Wirkungsweise eines Enzyms postuliert, ist nicht annehmbar, solange dieser Faktor nicht experimentell bewiesen oder theoretisch gerechtfertigt ist.

Das erste Merkmal in der Struktur eines Enzyms, das zum Verständnis seiner Wirkungsweise von großer Bedeutung ist, ist der Besitz einer Vielzahl von funktionellen Gruppen. In Kapitel 2 wurde ausgeführt, daß die Seitenketten der Aminosäuren viele der bedeutungsvollen funktionellen Gruppen der organischen Chemie repräsentieren. Außerdem führt die Fähigkeit eines Enzyms, Coenzyme oder Metallionen zu binden, zu einer Erweiterung des Bereichs der an ihm vorhandenen funktionellen Gruppen. Im großen und ganzen sind die funktionellen Gruppen eines Enzyms sowohl zu einer Säure-Basen-Katalyse als auch zu einer Katalyse über alternative Wege geeignet. Dafür sind in diesem Buch viele Beispiele zu finden. Beim Lysozym protonisiert beispielsweise die Carboxylgruppe des Restes 35 den Glycosidsauerstoff des Substrates. Für die Wirkung der Carboxypeptidase A wurde ein Tyrosinhydroxyl als saurer Katalysator erkannt und für die Wirkung der Ribonuclease A wurde ein protonisiertes Imidazol verantwortlich gemacht. Insbesondere die zuletztgenannte Gruppe, das Imidazol des Histidins, ist von großer Bedeutung. Diese Gruppe wurde bei vielen Enzymen als essentielles protonenübertragendes Agens erkannt, z. B. bei Transaminasen, bestimmten Glucosidasen, Fructosediphosphataldolase und Ribonuclease A.

Das aktive Serin im Chymotrypsin, das aktive Lysin in der Acetoacetatdecarboxylase und die Coenzyme Pyridoxal und Thiaminpyrophosphat nehmen an Alternativwegmechanismen teil. An dieser Stelle muß betont werden, daß die Aufstellung eines Alternativwegmechanismus nicht automatisch die Katalyse erklärt, er erklärt sie eigentlich wenig. Der bloße Besitz funktioneller Gruppen verleiht einem Protein noch nicht die besonderen Eigenschaften eines Enzyms. Albumin und andere Proteine zum Beispiel besitzen alle funktionellen Gruppen des Chymotrypsins und des Trypsins, zeigen aber trotzdem keine katalytischen Eigenschaften. Obwohl diese Gruppen offensichtlich für die Katalyse essentiell sind, sind sie im aktiven Zentrum wirksamer als anderswo, so daß es diese besondere Reaktivität ist, die erklärt werden muß.

Ein sehr wichtiger Faktor in der Entstehung dieser besonderen Reaktivität steht mit dem Nachbargruppeneffekt in Beziehung. Zwei Merkmale des Nachbargruppeneffekts müssen im Falle von enzym-katalysierten Reaktionen betrachtet werden. Erstens ist das Proteinmolekül so gefaltet, daß bestimmte funktionelle Gruppen einander nahe genug sind, um sich gegenseitig in ihrer Aktivität zu beeinflussen. Das führt oft zu einer Säure- oder Basen-Katalyse. Es kann aber auch die Polarität des Milieus beeinflußt werden, was wahrscheinlich einer der wichtigsten Faktoren bei allen Enzymen ist. Das wahrscheinlich beste Beispiel dieses Effektes für eine Säure-Basen-Katalyse ist das Chymotrypsin, wo die Nucleophilie des Serinhydroxyls durch die Gegenwart einer Imidazol- und einer Carboxylatgruppe in der richtigen Stellung zueinander, im Rahmen der dreidimensionalen Struktur, stark beeinflußt wird. Zweitens muß die entsprechende Gruppe (oder Gruppen) des Substrates zu den reaktiven Gruppen des Enzyms räumlich richtig angeordnet sein. Das wird durch die Bindung des Substrats an das Enzym im Enzym-Substrat-Komplex erreicht. Die Enzym-Substrat-Bindung ist besonders wichtig in jenen Fällen, bei denen es im nativen Zustand des Enzyms kein vorgebildetes aktives Zentrum gibt und die Einführung des Substrats eine Konformationsänderung im Enzymmolekül auslöst. Carboxypeptidase A ist ein gutes Beispiel für diesen „induced fit" Mechanismus.

Das Zusammenbringen von Substrat und reaktiven Gruppen in eine enge und geeignete Nachbarschaft im aktiven Zentrum wird von den meisten Forschern als Hauptfaktor der Enzymwirkung angenommen. Bei allen Anstrengungen, Verbindungen zu synthetisieren, die die Enzymwirkungen nachahmen, mußten stets Moleküle projektiert werden, die das Substrat binden und dieses in enge Nachbarschaft zu den katalytischen Gruppen bringen können. Mehrere Beispiele basieren auf der bekannten Fähigkeit des Imidazols, eine Esterhydrolyse zu katalysieren. Wagner, Hou und Pratt [1] zeigten, daß N-Stearylhistidin die Hydrolyse des Esters (I) besser katalysiert als N-Acetylhistidin. Diese Forscher

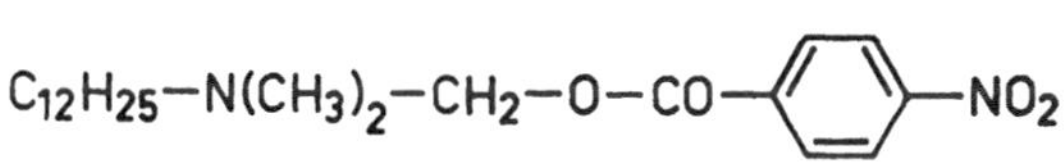

I

fuhrten diese erhöhte Aktivität auf die Bildung eines Ester-Stearylhistidin-Komplexes zurück (die großen apolaren Teile der Moleküle verbinden sich miteinander), in dem das Imidazol der Estergruppe sehr nahe ist. Schneider et al. [2] berichteten, daß aromatische Histidinderivate (N-Benzoyl-, N α Naphtoyl-) für die Hydrolyse des p-Nitrophenylacetat bessere Katalysatoren sind als aliphatische Derivate. Auf einem anderen Gebiet zeigten Bender et al. [3], daß

Cycloamylosen die Hydrolyse bestimmter Phenylester katalysieren. Diese Katalyse zeigt Eigenschaften, die jenen ähneln, die für Enzyme charakteristisch sind, wie die Sättigung des Katalysators durch das Substrat und die Erscheinung der kompetitiven Hemmung. Auch für dieses Beispiel wird ein Katalysator-Substrat-Komplex diskutiert, in dem eine Hydroxylgruppe der Cycloamylose dem Estercarbonyl nahe genug ist, um an einem nucleophilen Angriff teilzunehmen.

Bestimmte synthetische Polymere bewerkstelligen eine Katalyse auf analoge Weise. Polyäthylenimin katalysiert die Freisetzung von p-Nitrophenol aus p-Nitrophenylacetat und p-Nitrophenyllaurat [4]. Wenn ein geringer Prozentsatz apolarer Seitenketten (Lauroylgruppen) in das Polymer eingeführt wird, wird es zu einem wesentlich wirksameren Katalysator für die Reaktion von p-Nitrophenyllaurat als für die des betreffenden Acetats. Die Vergrößerung der Aktivität wird ebenfalls auf die Bildung eines Polymer-Substrat-Komplexes als Folge der apolaren Wechselwirkungen der Lauroylgruppen zurückgeführt, wodurch die Estergruppe und das Nucleophil einander nähergebracht werden. Ein Copolymer aus Vinylimidazol und Acrylsäure katalysiert die Hydrolyse kationischer Ester mit einer gewissen Spezifität [5]; in diesem Fall ist das Polymer anionisch und bindet den kationischen Ester durch elektrostatische Bindungen.

Die theoretischen Grundlagen des Nachbargruppeneffekts bringen BRUICE und BENKOVIC [6] vor allem mit Entropiebetrachtungen in Zusammenhang. Diese Autoren betrachten das Problem vor allem vom Standpunkt der Reaktionsordnung. Demnach kann der Enzym-Substrat-Komplex als ein einziges Molekül angesehen werden, so daß die Reaktion zwischen den funktionellen Gruppen des Enzyms und dem Substrat demzufolge erster Ordnung ist. Ein solcher Vorgang hat eine günstigere Aktivierungsentropie als eine Reaktion, bei der zwei unabhängige Moleküle in einem Vorgang zweiter Ordnung miteinander reagieren.

Es gibt sehr wenig quantitative Untersuchungen über die thermodynamischen Parameter der Zwischenstufen in einer enzymkatalysierten Reaktion, die diese Vorstellung unterstützen könnten. Eine erwähnenswerte Untersuchung ist die von BENDER et al., auf die in Kapitel 4 verwiesen wurde. Diese Forscher untersuchten den Deacylierungsschritt bei der Hydrolyse der Substrate durch Chymotrypsin. Sie kamen zu dem eindeutigen Schluß, daß die Änderungen der Geschwindigkeitskonstanten für die verschiedenen Substrate hauptsächlich auf Änderungen der Aktivierungsentropie zurückzuführen sind. Es wurde auch gezeigt, daß die Aktivierungsentropie für bessere Substrate günstiger ist, was die Bedeutung der Enzym-Substratbindung für den katalytischen Effekt betont.

Im Zusammenhang mit der Aktivierungsentropie ist die relativ starre Organisation des großen Proteinmoleküls von großer Bedeutung. Infolge dieser Organisation befindet sich der Enzym-Substrat-Komplex bereits in einem Zustand mit sehr niedriger Entropie, und beim Durchlaufen des Übergangszustandes der Reaktion tritt keine weitere starke Erniedrigung des Entropiefaktors ein (d. h. die Aktivierungsentropie hat keinen großen negativen Wert).

Im Gegensatz dazu läßt sich eine nichtkatalysierte Reaktion als Vorgang zwischen zwei unabhängigen Spezies betrachten, die bei der Bildung des Übergangszustandes zu einer bestimmten Struktur assoziieren. Obwohl ein derartiger Übergangszustand nicht notwendigerweise besser definiert zu sein braucht als im Falle des enzym-katalysierten Vorganges, muß die Entropieänderung bei der nichtkatalysierten Reaktion groß und negativ sein. Die freie Aktivierungsenthalpie der Gesamtreaktion ist demzufolge größer und die Geschwindigkeit niedriger.

Selbstverständlich ist dieses Argument für die Reaktionsgeschwindigkeit des Enzym-Substrat-Komplexes nur dann bedeutsam, wenn die Bildung des Komplexes hinreichend rasch erfolgt. Diese Stufe des Vorganges muß eine sehr ungünstige Aktivierungsentropie haben, da sie in einer Assoziation von zwei Molekülen und in der Einnahme von fest definierten Positionen durch die reagierenden Gruppen besteht. Dieser ungünstige Faktor wird jedoch wahrscheinlich durch die bei der partiellen oder vollständigen Bildung von Bindungen freiwerdenden Energie aufgehoben.

Der Nachbargruppen- bzw. Entropieeffekt trägt in einem bestimmten Ausmaß zur Umsatzrate wahrscheinlich aller Enzyme bei. Thoma [7] berechnete jedoch, daß er nicht allein für den hohen Wirkungsgrad der Enzyme verantwortlich sein kann. In einigen Fällen ist vermutlich ein anderer Faktor beteiligt. Dieser besteht in der Ausbildung einer Spannung in dem Substrat [8], wenn es in den Enzym-Substrat-Komplex eingebaut wird. Die am Lysozym [9] ausgeführten röntgenkristallographischen Untersuchungen zeigten, daß in dem Enzym-Substrat-Komplex der glycosidische Ring am aktiven Zentrum in einer solchen Weise verdreht ist, daß seine Konfiguration dem Übergangszustand der Reaktion sehr ähnlich wird. Auf diese Weise wird die Spaltung der Bindung zwischen den Ringen erleichtert. Ein nichtenzymatisches Beispiel, bei dem der Bindungsprozeß eine ähnliche Rolle spielt, wurde von Lovrien und Linn [10] beschrieben. Die cis-trans-Isomerisierung bestimmter Azofarbstoffe wird durch einige Proteine katalysiert, die normalerweise nicht zu den Enzymen gerechnet werden. Es wird angenommen, daß dieser katalysierte Vorgang über die Bildung eines Protein-Azofarbstoff-Komplexes verläuft, in dem das Farbstoffmolekül verdreht ist. Die verdrehte Konfiguration des Moleküls ist dabei dem Übergangszustand der cis-trans-Isomerisierung ähnlich.

Wir stellen dadurch wiederum die Bedeutung der Bindung des Substrates an das Enzym fest, da es dieser Bindungsprozeß ist, der die Energie liefert, die für die Verdrehung bzw. die Einführung einer Spannung in das Substrat benötigt wird.

Es wurde bereits dargelegt, daß die Polarität des Milieus die Geschwindigkeit einer Reaktion beeinflussen kann. Eine starke Betonung wird jetzt auf die Natur des Mikromilieus des aktiven Zentrums als wichtiger Eigentümlichkeit für die Erklärung der katalytischen Aktivität eines Enzyms gelegt. Für das Chymotrypsin spielen verschiedene Milieufaktoren eine wesentliche Rolle. Der erste ist die apolare Region, die die aromatische Seitenkette des bevorzugt gespaltenen

Substrates aufnimmt. Der zweite ist der apolare Bereich um die Carboxylgruppe des Asp-102, der die Lokalisation der negativen Ladung am Serin-195-hydroxyl begünstigt, woraus dessen erhöhte Nucleophilie resultiert. Der dritte ist die hoch polare Region am aktiven Zentrum, welche die Übertragung der negativen Ladung auf das Substrat unterstützt. In ähnlicher Weise erniedrigt das apolare Milieu am Gly-35 im Lysozym die Stabilität seines Carboxylatanions und erhöht somit den pK_s. Dadurch kann dieses bei höheren pH-Werten als protonisierendes Agens wirken. In einem anderen Bereich des aktiven Zentrums des Lysozyms dient ein Mikromilieu hoher Polarität (in der Umgebung des Asp-52) der Stabilisierung des Carboniumions, das als obligates Zwischenprodukt postuliert wurde. Das Vorhandensein eines polaren oder apolaren Mikromilieus trägt demzufolge zur Bindung der Substrate und zur Steigerung der Reaktionsgeschwindigkeit bei.

Im ersten Kapitel dieses Buches wurde gezeigt, daß die kritische Größe, die die Reaktionsgeschwindigkeit beeinflußt, die freie Aktivierungsenthalpie ist und daß demzufolge ein Katalysator nur als solcher wirken kann, wenn er diese freie Aktivierungsenthalpie wirksam erniedrigt. Demzufolge muß man den Mechanismus, mit dem ein Enzym eine Katalyse bewirkt, daraufhin untersuchen, wie es die Aktivierungsenergie dieser Reaktion senkt.

Ganz allgemein gesagt, können wir die gegenwärtigen Vorstellungen über die Enzym-Katalyse derart zusammenfassen, indem wir die Energieterme der einzelnen durchlaufenden Teilschritte betrachten. Betrachten wir zuerst den nichtkatalysierten Prozeß als eine Einschrittreaktion. Die freie Aktivierungsenthalpie kann man sich aus verschiedenen Größen zusammengesetzt vorstellen: (a) die Energie, die zur partiellen Auflösung der Bindung, die während der Reaktion vollständig gespalten wird, benötigt wird, (b) die Energie, die zur Überwindung von abstoßenden Kräften dient, welche die Ausbildung des Übergangszustandes verhindern, (c) die Aktivierungsentropie, die dann groß ist, wenn der Übergangszustand weniger Freiheitsgrade besitzt als das Ausgangsmaterial. Zur Kompensation dieser Größen dienen andere Faktoren: (d) die bei der partiellen Bildung von Bindungen erhaltene Energie, (e) jede Energie, die bei der Aufhebung von Spannung beim Durchlaufen des Übergangszustandes frei wird.

Jetzt können wir diese Situation mit dem enzym-katalysierten Vorgang vergleichen, wobei wir einen einfachen Fall mit drei Schritten betrachten. Im ersten Schritt wird der Enzym-Substrat-Komplex gebildet, im zweiten Schritt wird dieser Komplex in den Enzym-Produkt-Komplex umgewandelt und im dritten Schritt dissoziiert der Enzym-Produkt-Komplex. Es wurde gefunden, daß der erste Schritt immer sehr schnell verläuft. Die Aktivierungsenergie ist wahrscheinlich niedrig, weil ein großer Energiebetrag bei der (zumindest teilweisen) Bildung von Wasserstoffbindungen sowie von ionischen und apolaren Bindungen zwischen Substrat und Enzym freigesetzt wird. Diese Größe überwindet die ungünstige Aktivierungsentropie. Sie kann auch jeden ungünstigen Faktor, der an der Ausbildung einer Spannung in dem Substrat oder an der Auslösung einer notwendigen Konformationsänderung im Protein beteiligt ist, überwinden. Die Aktivierungsenergie für den zweiten Schritt ist aus folgenden Gründen viel kleiner als für den entsprechenden nichtkatalysierten Vorgang: (i) die Reaktion kann jetzt in einem Medium mit einer anderen Dielektrizitätskonstanten stattfinden, was zu einer Erniedrigung der für die Spaltung der Bindung benötigten und zu einem Ansteigen der bei der Bildung der Bindung freiwerdenden Energie führen kann, (ii) die Bildung des Enzym-Substrat-Komplexes kann zur Bildung von Wasserstoffbindungen zwischen bestimmten Gruppen des Substrats und sauren und basischen Gruppen des Enzyms führen, d. h. es kann jetzt eine konzertierte Säure-Basen-Katalyse stattfinden. Dieser Effekt kann wiederum die freie Aktivierungsenthalpie erniedrigen, indem er die für die Bindungsspaltung benötigte Energie herabsetzt, (iii) die Aktivierungsentropie, die beim nichtkatalysierten Vorgang sehr ungünstig ist, da dieser einen hochgeordneten Übergangszustand durchläuft, ist jetzt günstiger, da der größte Teil von ihr bereits durch den ersten Schritt übernommen wurde, (iv) in einigen Fällen ist das Substrat jetzt stark gespannt, und eine Aufhebung der Spannung bedeutet, daß die für die Bindungsspaltung benötigte Energie stark reduziert wird. Es bleibt der dritte Schritt übrig. Dieser ist der Umkehrung des ersten Schrittes vergleichbar. Der Übergangszustand der Dissoziation des Enzym-Produkt-Komplexes ist dem Übergangszustand des ersten Schrittes der enzym-katalysierten Reaktion in entgegengesetzter Richtung sehr ähnlich. In der Vorwärtsrichtung ist die Aktivierungsentropie des dritten Schrittes vermutlich günstiger, was zum Ausgleich des Energiebedarfs für die Spaltung der Bindung beiträgt.

In dieser kurzen und qualitativen Zusammenfassung konnten wir eine Reihe von Faktoren berücksichtigen, von denen angenommen wird, daß sie einen Beitrag zur Enzym-Katalyse liefern. Nur entsprechende quantitative Informationen über jeden Schritt einer enzym-katalysierten Reaktion können den Chemiker und Biochemiker zu der Erkenntnis führen, welcher dieser Faktoren von besonderer Wichtigkeit ist, so daß es dadurch möglich wird, die Natur der Enzym-Katalyse besser zu verstehen.

Literatur

[1] Wagner, T. E., Hou, C.-J., und Pratt, C. S., J. Am. chem. Soc. **89**, 6366 (1967)

[2] Schneider, V. F., und Wenck, H., Z. Physiol. Chem. **348**, 1221 (1967)

[3] van Etten, E. L., Sebastian, J. F., Clowes, G. A., und Bender, M. L., J. Am. chem. Soc. **89**, 3242 (1967)

[4] Klotz, I. M., und Stryker, V. H., J. Am. chem. Soc. **68**, 1486 (1946)

[5] Morewetz, H., Overberger, C. G., Salamone, J. C., und Yaroslavsky, S., J. Am. chem. Soc. **90**, 651 (1968)

[6] Bruice, T. C., und Benkovic, S. J., Bioorganic Mechanisms (Benjamin, London, 1966)

[7] Thoma, J. A., J. Theoret. Biol. **19**, 297 (1968)

[8] Jencks, W. P., Ann. rev. Biochem. **32**, 658 (1963); Current Aspects Biochem. Energetics, Hrsg. N. O. Kaplan und E. P. Kennedy, S. 273 (Academic Press, New York, 1966)
[9] Blake, C. C. F., Mair, G. A., North, A. C. T., Phillips, D. C., und Sarma, V. R., Proc. R. Soc. **167 B**, 365 (1967)
[10] Lovrien, R., und Linn, T., Biochemistry **6**, 2281 (1967)

Neuere Literatur

Tutt, D. E., und Schwartz, M. A., Model catalysts which simulate penicillinase. The cycloheptaamylose-catalyzed hydrolysis of penicillins. J. Am. Chem. Soc. **93**, 767 (1971)

SACHREGISTER

www.ingramcontent.com/pod-product-compliance
Lightning Source LLC
LaVergne TN
LVHW080744300926
849162LV00008BA/1745